硝化作用
Nitrification

[美] 贝丝·沃德（Bess B. Ward）
丹尼尔·阿尔普（Daniel J. Arp） 编著
马丁·克洛茨（Martin J. Klotz）

刘秀红　张树军　李健敏　译

中国建筑工业出版社

著作权合同登记图字：01-2020-6720 号
图书在版编目(CIP)数据

硝化作用/（美）贝丝·沃德（Bess B. Ward），
（美）丹尼尔·阿尔普（Daniel J. Arp），（美）马丁·
克洛茨（Martin J. Klotz）编著；刘秀红，张树军，李
健敏译. —北京：中国建筑工业出版社，2021.12
书名原文：Nitrification
ISBN 978-7-112-26432-2

Ⅰ.①硝… Ⅱ.①贝…②丹…③马…④刘…⑤张
…⑥李… Ⅲ.①污水处理—研究 Ⅳ.①X703

中国版本图书馆 CIP 数据核字(2021)第 167738 号

Nitrification/edited by Bess B. Ward, Daniel J. Arp, and Martin J. Klotz
(ISBN 9781555817145)
Copyright © 2011 ASM Press

Chinese Translation Copyright © 2024 China Architecture & Building Press
All Rights Reserved. This translation published under license with the original publisher John Wiley &
Sons, Inc. No part of this book may be reproduced in any form without the written permission of the original copyrights holder.
Copies of this book sold without a Wiley sticker on the cover are unauthorized and illegal.

本书中文简体字版专有翻译出版权由 John Wiley & Sons, Inc. 公司授予。未经许可，不得以任何手段和形式复制或抄袭本书内容

本书封底贴有 Wiley 防伪标签，无标签者不得销售

责任编辑：石枫华　程素荣
责任校对：张　颖
校对整理：赵　菲

硝化作用
Nitrification
　　　贝丝·沃德（Bess B. Ward）
[美] 丹尼尔·阿尔普（Daniel J. Arp）　编著
　　　马丁·克洛茨（Martin J. Klotz）
　　　刘秀红　张树军　李健敏　译

*

中国建筑工业出版社出版、发行（北京海淀三里河路 9 号）
各地新华书店、建筑书店经销
北京科地亚盟排版公司制版
廊坊市金虹宇印务有限公司印刷

*

开本：787 毫米×1092 毫米 1/16 印张：26 字数：644 千字
2024 年 9 月第一版　　2024 年 9 月第一次印刷
定价：99.00 元
ISBN 978-7-112-26432-2
(37944)

版权所有　翻印必究
如有内容及印装质量问题，请联系本社读者服务中心退换
电话：(010) 58337283 QQ：2885381756
（地址：北京海淀三里河路 9 号中国建筑工业出版社 604 室　邮政编码：100037）

译　者　序

硝化作用是生态系统氮循环中至关重要且必不可少的生化反应过程，广泛存在于水体、森林、草原、农田、城市等生态系统中。随着工业化的快速发展，水环境中氮磷污染日趋严重，为解决水体富营养化等问题，在污水处理系统中通过人工强化微生物的硝化和反硝化作用，将污水中的氮转化为氮气。同时，农业生产中大量施肥，在促进植物氮素利用的同时，也人为地强化了土壤中的硝化作用。硝化作用不仅是将氨氮氧化为亚硝酸盐和硝酸盐的生化反应过程，还存在一些新型的氨氧化过程和氨氧化微生物。值得关注的是，硝化作用过程中也可能产生氧化亚氮温室气体，这些发现使人们对氮素转化途径和硝化作用涉及的微生物代谢途径的认知不断更新。

水资源短缺和水污染已经成为制约中国经济和社会发展的重要因素。随着治理力度的加大，有机污染物已经得到有效治理，而氮素的污染仍是最突出的问题，是造成水体富营养化的主要因素之一。为此，总氮已成为中国排放总量限制性指标。硝化反应以及与之相关的厌氧氨氧化反应在污水处理和水体富营养化防治方面都有重要的研究和应用价值。传统生物脱氮技术建设和运行费用高，难以满足未来高效低碳的污水处理和回用要求，以新型微生物研究为基础的氮素污染治理新理论和新技术亟待开发与应用。目前国内科研工作者十分重视硝化过程的研究，但是在以分子生物学为基础的遗传学和基因组学领域，以及以氨氧化古菌和厌氧氨氧化菌为代表的新型脱氮微生物及其应用领域仍缺乏系统的研究。迄今为止，我国尚缺乏一本全面、系统、有深度的关于硝化过程的译著。

《硝化作用》是一部综合性专著，该书由"Nitrification Network"创办成员提议，每一章节均由该领域国际知名大学和研究院所的权威专家撰写，这些专家在环境微生物和水处理领域享有很高的知名度。本书由贝丝·沃德，丹尼尔·阿尔普和马丁·克洛茨编辑，国际水协会出版。本书既注重基本理论，也总结了最新的科研成果与工程实践应用，内容涵盖了硝化过程相关的重要微生物：传统的好氧氨氧化细菌，最近发现的氨氧化古菌和厌氧氨氧化菌，以及亚硝酸盐氧化菌。同时，对于每一种微生物种属，通过系统发育、生态分布、生物化学和基因组学等方面进行详细的阐述，提供翔实的资料和参考文献。通过硝化过程发生的生态环境，系统介绍了海洋，陆地（包括农田），淡水系统和污水处理系统内硝化过程及其相关微生物。为地球氮循环的硝化过程提供了详尽的介绍，并提出了未来的硝化过程研究的发展方向。对解决我国目前水体污染严重，污水处理资源化程度低具有重要的理论和应用依据；对污水处理的节能降耗、天然水体富营养化防治和温室气体减排等均有一定的指导意义。

本书由多年来一直从事新型污水生物脱氮工艺理论和应用研究，并在该领域取得多项创新性成果的刘秀红和张树军组织并指导翻译完成。此书的翻译出版是北京工业大学和北京排水集团科技研发中心高效低碳课题组集体智慧与贡献的结晶，参与翻译的人员有刘秀红、张树军、李健敏、谷鹏超、黄思婷、周薛扬、崔斌、周桐、周瑶、贾方旭和冯红利等。

译 者 序

同时，非常感谢李健敏、曹馨月、张楠、黄松庆、吕觊凯、黄晨铎、章世勇、王亚鑫、贾翔、景如贤和韩伟朋等对译稿进行的多次相互校核工作。刘秀红和张树军对全书进行了认真、仔细的统稿和审校。此外，本书的翻译出版过程，得到了国家自然科学基金（NSFC）（51508561）和北京市教育委员会科技/社科计划项目（KZ202210005012）提供的经费支持，在此表示感谢。最后衷心感谢在本书翻译出版过程中给予热心帮助和无私奉献的每一个人！

译者非常期望本书的出版能够抛砖引玉，为硝化作用微生物分子生物学特性和新型高效低耗污水处理技术开发与应用研究提供权威性参考。本书可为环境微生物学、生态学、环境工程、市政工程及相关领域的科研人员、高校教师和学生，以及从事污水处理的工程人员提供较为详尽的参考，帮助大家在学习和回顾硝化过程研究领域的发展历程，了解最新科研成果并把握未来的发展方向。

刘秀红

2021 年 5 月 21 日于北京

原 著 前 言

硝化作用,是指氨氮(NH_4^+-N)氧化成亚硝酸盐(NO_2^--N)和硝酸盐(NO_3^--N)的过程。硝化作用是氮循环中一个重要组成部分,在自然界和工农业环境中广泛存在。硝化作用的终产物 NO_3^--N 是海洋环境中可生物利用的主要无机氮,是海洋初级生产的主要限制因素。在农田中发生硝化作用会引起肥料流失并导致受纳水体的氮素污染。在污水处理过程中,硝化作用是生物脱氮的重要过程,硝化作用与反硝化作用共同协作,将 NH_4^+-N 转化为 N_2。

19 世纪末期,科学家发现了自养硝化细菌。在其后约 100 年,学者仍认为硝化细菌是唯一能够将 NH_4^+-N 氧化成 NO_2^--N 和 NO_3^--N 的微生物。但是近年来的发现改变了我们对硝化作用的传统认知,即微生物也能够在厌氧的条件下氧化 NH_4^+-N。虽然利用 NO_2^--N 将 NH_4^+-N 氧化成氮气的化学过程是热力学上的自发过程,但是直到 19 世纪 90 年代,厌氧环境中 NH_4^+-N 被氧化的现象才首次被发现,被称为厌氧氨氧化过程。有证据表明,在海洋和众多陆地环境中,氨氧化微生物主要是古菌而不是细菌。这一发现还有许多尚未研究的方面,包括在深海中氨氧化的监测和自养碳固定的量级,以及陆地和水生环境中硝化作用的控制等。除此之外,有确凿的证据表明,氨氧化化能自养微生物与甲烷循环存在部分关系,而这种关系对甲烷和氧化亚氮的释放有显著的影响。

最后一本关于硝化作用的专著发表于 1986 年(J. I. Prosser 编写),当时厌氧氨氧化菌和氨氧化古菌还未被发现,分子生物学技术和基因组学技术也未广泛的应用于硝化过程的遗传学和生物化学研究。之后,业界研究硝化过程的兴趣不断提高,发表的文章也越来越多。因此,再次出版一本综合性专著,回顾该领域的发展并汇总目前的科研成果十分必要。本书内容主要集中介绍硝化过程中不同微生物特性。全书有 4 章内容,涵盖了硝化过程的主要微生物,包括传统的好氧氨氧化细菌、最新发现的氨氧化古菌、厌氧氨氧化细菌和亚硝酸盐氧化细菌。本书从系统发育、生态分布、生物化学和基因组学等方面对每一种微生物的种属进行了详细阐述,提供了丰富的资料和参考文献。最狭义的硝化作用与氮循环中的其他几个过程密切相关,最广义的硝化作用甚至是这些过程的一部分。因此,本书介绍了硝化细菌的反硝化过程以及厌氧氨氧化过程,但是没有专门论述反硝化过程,也没有论述和硝化过程密切相关的甲烷氧化。最后一章内容介绍了硝化过程发生的生态环境,分为海洋、陆地(包括农田)、淡水系统和污水处理系统。该书撰写的提议来自"Nitritation Network"创办成员,目的是为学生、运行人员、科研人员和教师提供关于硝化作用的参考资料。希望本书可以为下一代的硝化研究人员提供相关背景知识和最新的发展状况介绍。从 Prosser 1986 年出版的专著到这篇综述出版已有近 30 年的时间,但是由于该领域发展迅猛,可能出版下一本专著所需的时间大大降低。

我们感谢所有章节作者的付出与努力,感谢他们愿意与我们分享其卓越的工作成果。我们同样感谢其他的研究人员对本书不同章节的审阅,为我们提供了很多补充和反馈。最后,我们期待着硝化作用的研究走进下一个令人激动的时代。

目　　录

译者序
原著前言

第一篇　综述

第1章　硝化作用的研究现状 ………………………………………………… 1
1.1　氮循环中的硝化作用 ……………………………………………………… 1
1.2　硝化微生物 ………………………………………………………………… 1
1.3　硝化作用在过去25年里的发展 …………………………………………… 2
1.4　硝化作用研究的前景 ……………………………………………………… 3

第二篇　氨氧化细菌

第2章　氨氧化细菌：生物化学和分子生物学 ……………………………… 5
2.1　引言 ………………………………………………………………………… 5
2.2　氨——一种能量源 ………………………………………………………… 7
2.3　氨单加氧酶 ………………………………………………………………… 9
2.4　羟氨氧化还原酶 …………………………………………………………… 14
2.5　中心碳代谢 ………………………………………………………………… 19
2.6　生物合成及运输 …………………………………………………………… 21
2.7　展望 ………………………………………………………………………… 23

第3章　氨氧化细菌的多样性及其在环境中的分布 ………………………… 25
3.1　引言 ………………………………………………………………………… 25
3.2　好氧氨氧化细菌的系统发展史和分类学 ………………………………… 25
3.3　好氧氨氧化细菌的环境分布及生物地理学 ……………………………… 30
3.4　原生和次生演替期间的氨氧化细菌群落 ………………………………… 31
3.5　好氧氨氧化细菌生物地理学的展望 ……………………………………… 33

第4章　氨氧化细菌的基因组学及其进化 …………………………………… 35
4.1　引言 ………………………………………………………………………… 35
4.2　有氧氧化氨生成亚硝酸盐细菌的基因组学 ……………………………… 38
4.3　硝化作用库的分子进化 …………………………………………………… 53
4.4　总结和展望 ………………………………………………………………… 59

第5章　异养硝化和硝化细菌反硝化 ………………………………………… 60
5.1　引言 ………………………………………………………………………… 60
5.2　异养硝化作用 ……………………………………………………………… 61

5.3	硝化细菌的反硝化作用	68
5.4	展望	71

第三篇 氨氧化古菌

第6章 氨氧化古菌的生理学和基因组学 … 73
6.1	引言	73
6.2	生理与超微结构	75
6.3	氨氧化古菌的基因组分析	80
6.4	进化	97
6.5	结论与展望	99

第7章 氨氧化古菌在自然环境中的分布和活性 … 100
7.1	古菌：生物地球化学循环中的重要组成	100
7.2	群体基因组学（宏基因组学）	100
7.3	氨氧化古菌的多样性和分布	103
7.4	不同环境中氨氧化古菌的活性	108
7.5	结论	113

第四篇 厌氧氨氧化（ANAMMOX）

第8章 厌氧氨氧化菌的代谢和基因组学 … 114
8.1	引言	114
8.2	厌氧氨氧化菌的生理学	116
8.3	厌氧氨氧化菌的细胞生物学	121
8.4	厌氧氨氧化菌的基因组学	124
8.5	厌氧氨氧化过程中的生物学及生物能学	127
8.6	展望	129

第9章 水生环境中厌氧氨氧化菌的分布、活性和生态学特性 … 130
9.1	引言	130
9.2	水生生态系统中厌氧氨氧化的生态学意义	130
9.3	水体沉积物中的厌氧氨氧化反应	132
9.4	海洋最低含氧区（OMZs）的厌氧氨氧化	145
9.5	全球底栖和深海中的氮预算	154

第10章 厌氧氨氧化反应过程的应用 … 155
10.1	引言	155
10.2	生理学	156
10.3	脱氮过程	159
10.4	测量与控制	165
10.5	启动时间和策略	167
10.6	可处理的废水	168
10.7	描述性术语	170

10.8　环境影响 170
　10.9　数学模型 171
　10.10　当前发展状况：实际规模反应器 172
　10.11　展望 175

第五篇　亚硝酸盐氧化细菌

第 11 章　亚硝酸盐氧化细菌的代谢及基因组学：重点研究纯培养和硝化杆菌 176
　11.1　引言 176
　11.2　分类学/系统学 177
　11.3　硝化杆菌基因组 178
　11.4　亚硝酸盐氧化细菌的超微结构 181
　11.5　生长特征 183
　11.6　生理和代谢 184
　11.7　异化硝酸盐还原 188
　11.8　氮同化的生物合成 189
　11.9　碳的储存和代谢 190
　11.10　亚硝酸盐氧化细菌和氨氧化细菌共培养时亚硝酸盐氧化细菌的行为 194
　11.11　结论及启示 195

第 12 章　亚硝酸盐氧化细菌的多样性、环境基因组学和生理生态学 196
　12.1　引言 196
　12.2　亚硝酸盐氧化细菌多样性和环境分布 197
　12.3　硝化杆菌和硝化螺旋菌的生理生态学和生态位分离 207
　12.4　"Candidatus Nitrospira defluvii"的环境基因组和全基因分析 210

第六篇　过程、生态学和生态系统

第 13 章　海洋中的硝化作用 217
　13.1　引言 217
　13.2　海洋中硝化作用的分布和速率 217
　13.3　氨氧化细菌和氨氧化古菌 220
　13.4　海洋中的亚硝酸盐氧化细菌 222
　13.5　海洋中硝化细菌的生理学和生态学 222
　13.6　海洋中的碳、氮通量 223
　13.7　最小含氧区中的氧化亚氮及氮循环 228
　13.8　传统硝化过程和厌氧氨氧化之间的关系 229
　13.9　未来发展方向 230

第 14 章　土壤中硝化菌和硝化作用 232
　14.1　引言 232
　14.2　土壤硝化菌的群落组成 233
　14.3　表面附着 234

	14.4	底物供应	237
	14.5	土壤 pH	243
	14.6	土壤结构、异质性和微环境	248
	14.7	温度和二氧化碳对硝化作用的影响	252
	14.8	硝化作用抑制剂	253
	14.9	当前问题与未来研究	255
	14.10	方法	255
第15章	内陆水中的硝化作用		259
	15.1	引言	259
	15.2	湖泊中的硝化作用	259
	15.3	溪流和河流中的硝化作用	262
	15.4	淡水中氨氧化细菌的谱系	264
	15.5	湖泊中的谱系分离	266
	15.6	河流中的谱系分离	268
	15.7	结论	270
第16章	废水处理中的硝化作用		272
	16.1	引言	272
	16.2	活性污泥系统	278
	16.3	生物膜系统	282
	16.4	建模	286
	16.5	结论与展望	292
	16.6	结束语	293
参考文献			294

第一篇 综 述

第1章 硝化作用的研究现状

1.1 氮循环中的硝化作用

空气和自然水域中的氮素，氮气（N_2）占绝大多数；其他由氮组成的气体要么片刻即逝，要么在环境中是微量的。虽然离子态氮和有机态氮只占地球上氮总量的一小部分，但是对于地球上生物化学过程和生命的持续来说，它们是非常重要的。氮（N）是生命中必需的元素，它是蛋白质和核酸中的主要组成部分；此外，还会在微生物调节转化过程中作为电子供体或电子受体，例如氮从+5价（$NO_3^- $-N）到-3价（$NH_3$ 和 NH_4^+-N）的一系列过程。相对于生物需求来说，这些离子态氮或有机态氮数量是有限的，但是这一系列的转化过程有助于加速氮循环（见图13-1）。

在河流、湖泊、海洋这样的有氧环境中，NO_3^--N 很稳定同时很丰富；而且往往会在无光的环境中积聚，因为这里的植物和藻类不会进行光合作用。在厌氧环境中，例如浸饱水的土壤、地下沉积物以及污水中，NH_4^+-N 是主要的氮素。在氮循环过程中，硝化作用主要分两个阶段进行，首先 NH_4^+-N 氧化成 NO_2^--N，然后 NO_2^--N 再氧化成 NO_3^--N。之后产生的 NO_3^--N 会传递到缺氧的环境中进行反硝化反应。传统的反硝化过程，NO_3^--N 代替氧作为呼吸作用的基质，促进化合态的氮转变成氮气释放到大气中。由于硝化作用在有氧时进行，反硝化主要在缺氧时进行，因此这两个过程经常通过好氧/厌氧接触面来连接。例如，沉淀物/水的界面或者土壤聚合物的表面。硝化和反硝化的结合对农业发展非常有益。一方面，氮经常作为肥料而被大量消耗，使氮素大大减少；另一方面，农业中过量的氮会聚集在海岸边和内陆水域，引起赤潮和水华，通过反硝化工艺，可以限制其累积。因此，硝化作用和反硝化作用的耦合可以控制自然界中氮的量。

固氮作用主要包括生物固氮和工业固氮。工业固氮过程中生产的肥料与陆生系统固定的氮或者海洋和陆地上微生物固定的氮一样多；大约为1亿吨/年（Galloway et al.，2004）。虽然硝化作用与固定氮的量并不直接相关，但是它与造成固定氮流失的两个过程紧密相关，即硝化作用能够降低从农业系统中挥发的 NH_4^+-N 的含量，还为反硝化作用提供了基质 NO_3^--N。

1.2 硝化微生物

1980年，Winogradsky 在研究硝化细菌的过程中发现了化能自养型细菌，并从土壤中分离出了氨氧化细菌（AOB）和亚硝酸盐氧化细菌（NOB），定量试验证明了这些细菌都是自养的。一个多世纪以来，人们一直认为硝化细菌是唯一能够进行自养硝化的微生物。AOB和NOB的纯培养，为深入研究硝化细菌的生理特性奠定了基础，并且有助于验证之前得到的一些推论。在自然环境中硝化细菌的大部分生理特征（例如，必须在有氧条件下生存；能够忍受低氧环境；对光的抑制作用很敏感等）都可以观察到，且这些生理特性在纯培养过程中得到了进一步验证。一百多年以来，研究硝化作用的最重要突破是在2004年发现了氨氧化古菌（AOA）的存在，且在多数环境中AOA要远远高于AOB（Venter et al.，2004；Konneke et al.，2005；Schleper et al.，2005；Treusch et al.，2005）。

在细菌中，能够氧化NH_4^+-N和NO_2^--N的菌群只是很小的一部分，这部分菌群是从能进行光合作用的变形杆菌进化而来的（Teske et al.，1994）。随着分子生物学技术的发展，且该技术有利于研究微生物生理多样性和分布，因此成为研究硝化细菌的主要技术，因为微生物的生理特性和系统发育紧密相关（Kowalchuk and Stephen，2001）。相比于纯培养技术，PCR扩增技术可以发现硝化细菌功能基因的多样性，从而推断其生理特性。之前几乎全部的研究都集中在AOB，对环境中NOB的研究非常少。对编码氨单加氧酶（氨氧化过程中的第一种酶）的基因（*amoABC*）的研究使科学家们发现了AOA的存在。在海洋（Venter et al.，2004）和土壤（Treusch et al.，2005）有关古菌的宏基因组文库中发现了*amoA*的同系物。之后，在多种环境中也发现了古菌*amoA*基因（Francis et al.，2005），这开始转换了我们对硝化细菌的认识。虽然在AOA中发现了氨氧化过程中的第一种酶，但是接下来转化为亚硝酸盐过程的酶仍是未知的。因此，在撰写这本书的过程中仍存在许多未知的问题，包括古生细菌硝化作用的生化途径、氨氧化古菌是否会产生氧化亚氮（N_2O）、AOA自养程度以及AOA在自然生态系统和人工生态系统对硝化作用的贡献程度等。

传统的硝化反应必须是好氧的，但是厌氧氨氧化的热力学表明，通过消耗NO_2^--N或NO_3^--N来进行氨氧化，对于微生物生存也是一个可行的方法（Richards，1965）。1995年科学家发现了厌氧氨氧化菌（van de Graaf et al.，1995）；不久利用厌氧氨氧化的化学计量法证明，产生N_2所需的NH_4^+-N和NO_2^--N消耗量为1:1，并且参与的微生物是罕见的自养型微生物，属于浮霉菌门（*Planctomycetales*）(Strous et al.，1999）。与好氧氨氧化不同，终产物为N_2的厌氧氨氧化过程其实是一种反硝化模式（Katal et al.，2006），这导致固定氮的直接流失，而不是被氧化。在污/废水处理系统中发现厌氧氨氧化反应的随后十年里，在沉积物和海水中也发现了厌氧氨氧化反应；与传统的反硝化反应相比，沉积物和海水中的厌氧氨氧化反应比传统反硝化更加普遍、更加高效（Dalsgaard et al.，2005）。在沉积物和海水中的一些位点上，厌氧氨氧化作用几乎普遍存在，但却没有发现反硝化作用。无论N_2产生于传统反硝化作用还是厌氧氨氧化作用，这对于整个固定氮总量几乎没有影响；但是，如果用于厌氧氨氧化作用的NH_4^+-N和NO_2^--N，并未用于反硝化作用，那么就会存在氮质量守恒问题。因此，厌氧氨氧化和反硝化作用对氮损失的相对贡献仍然是一个需要研究与探讨的问题。

1.3 硝化作用在过去25年里的发展

自1986年有关硝化作用的专著出版后，在硝化反应领域中最重要的发现就是新的微生物和新的途径。此外，研究硝化反应的技术也发生了重要的改变，且研究方法的改变对这些新发现是至关重要的。与所有微生物学一样，分子生物学界的革命已经完全改变了我们对硝化反应的种种看法和疑问。Saiki 等人（1985）提出 PCR 技术一年后，关于硝化反应的著作就出版了（Prosser，1986）。第一次在环境方面应用 PCR 技术是扩增 16S rRNA 基因（Head et al., 1993），这一技术让我们看到了一个庞大的、不曾领略的多样的微生物世界（Pace，1997）。科学家通过 16S rRNA PCR 技术研究了 AOB 有限的发展史，并且使我们对硝化细菌以及硝化作用产生了极大的兴趣。目前对 AOB 的多样性、分布和生物地理学方面的知识大部分来自 16S rRNA 和 *amoA* 序列数据分析，这些数据是由 Norton 整理的（见第 3 章）。Daims 等人对 NOB 进行了回顾（见第 12 章），Nicol 等人对 AOA 进行了回顾（见第 7 章）。

虽然 PCR 技术通过单个基因研究了微生物的多样性和生物地理性，但是完整基因组和宏基因组的序列和分析对于我们了解 AOB、NOB 和 anammox 的生化机理也发挥了很大的作用。两者既相互独立又统一于分子生物技术。在 25 年前，有关了解微生物生物化学和生活规律技术就出现过。Klotz 和 Stein、Sayavedra-Soto、Arp 分别在第 4 章、第 2 章、第 5 章介绍了 AOB 的基因组和新陈代谢特性；Starkenburg 等人在第 11 章介绍了 NOB；Kartal 等人在第 8 章介绍了 anammox。AOA 的发现与环境宏基因组学有直接关系；在首次培养出 AOA 后第 5 年，就完成了第一批自由生活的 AOA 完整基因的分析（Walker et al., 2010）。Urakawa 等人在第 6 章介绍了 AOA 的基因组和新陈代谢特点。

如今，微生物生态学已经转变成分子生态学，分子生物学方法对自然界中微生物以及人工系统的研究影响非常大。现在核糖体 RNA 和功能基因序列是研究微生物在环境中活性、多样性和分布的标准。调查研究环境对硝化反应的影响、应对环境变化的规律、未培养生物的多样性、对同功能类型中微生物演替和生物地理学的了解，都可以通过分子生物技术实现。在这本书的一些章节中，介绍了硝化反应在地球生态环境中所发挥的作用，包括陆地（见第 14 章）、河流和湖泊（见第 15 章）、海洋（见第 9 章、第 13 章）和污/废水（见第 10 章、第 16 章）。

1.4 硝化作用研究的前景

本书在 2005 年开始构思，当时，硝化反应的研究变化非常快。即使在本书公布 5 年后，那些没有被解决的主要问题依旧存在，即：

(1) 环境中的主要硝化细菌是哪些？菌群结构是怎样随环境条件的变化而变化的？以及环境中重要菌群的新陈代谢特性是什么？这些问题可以在基因库和宏基因组学中的序列信息中找到答案。这些问题的答案使我们更清楚的认识到，培养的菌群并不能代表环境中的主要参与者。例如，在陆地和水生系统克隆库中发现大量的 AOB 种系，其中最丰富的就是类亚硝化螺菌属，但是这类细菌在培养中就不存在。最近培养的 AOA *Nitrosopumilus maritimus* 具有海洋微生物的一些特性（培养基质很丰富），但是在海洋中的一些地方却没发现这类微生物（N. J. Bouskill and B. B. Ward，未出版），因为深冷的海水满足不了 AOA 生活最适的 pH 和温度。因此，只依赖一些已知的基因进行研究，会使我们对环境中硝化细菌的个体生态学的认识受限。这是当前法发展的现状，但是除了 *amoA* 基因，像

hao（编码羟胺氧化还原酶的基因，AOB、厌氧氨氧化中的同系物）、*nxr*（在 NOB 中编码亚硝酸盐氧化酶的基因）和其他的菌种的基因也会有助于该领域的研究。

（2）AOA 的新陈代谢机理是什么？NH_4^+-N 氧化成 NO_2^--N 的途径是什么？因为 AOA 自身没有羟胺氧化还原酶，在 AOB 中这种酶执行氨氧化过程的第二阶段，所以一定会有新的发现（见第 6 章）。AOA 中能产生 N_2O 吗（像 AOB 一样）？如果是，那么在什么条件下、通过什么途径产生的呢？

（3）厌氧氨氧化和反硝化之间有什么联系？虽然这个问题与传统硝化没有太大关系，但是这个问题对陆地和水生环境中的氮循环有重要影响，也对全球固定氮的总量有重要影响。然而，厌氧氨氧化菌虽然在厌氧条件下进行新陈代谢，但也可能会和微氧条件下的 AOA 和 AOB 竞争环境中的 NH_4^+-N（Lam et al., 2009），由此就会在氮循环中的氮氧化和固定氮流失中形成一个中心点。

（4）硝化反应和氮循环是如何处理环境中人们排放的氮的？在改良富营养化水质工艺中，传统反硝化反应是不可或缺的；水体富营养化是由河流和沿海水域里多余的氮引起的。在测定 AOB 和 AOA 群体组分时，基质浓度经常被用作控制变量；天然水体中氮负荷的增加会影响周围生物的分布。天然水体的自净能力主要取决于硝化细菌的数量以及对外界环境的抵抗力。污水处理主要依靠传统硝化作用、反硝化作用和厌氧氨氧化作用来降低人类、农业和工业对水的污染。在处理污/废水方面（见第 10 章和第 16 章）和利用微生物代谢能力方面，欧洲和日本处于世界领先的地位。效仿他们，减少向海洋中排入氮，这样才有可能避免海洋化学成分发生重大变化（Duce et al., 2008）。传统硝化反应（能够为传统反硝化反应提供基质）和厌氧氨氧化反应（在一种微生物中利用硝化和反硝化两个过程）在调节全球固定氮总量问题上发挥着巨大的作用。硝化细菌的反硝化作用（见第 5 章）和传统反硝化作用都能产生 N_2O（一种温室气体），并且这种气体会受现代农业实践而不断增多。环境中不断增加的氮素对这些脱氮工艺有何影响？虽然人类永远不可能用完所有的固定氮，但是海洋研究团体仍然在继续讨论海洋氮平衡问题。虽然有些预测可能会出现错误，但通常认为脱氮过程（反硝化加厌氧氨氧化）的速率大于固氮工艺（生物固氮和陆源输入）。相反地，陆地生态系统中多余的氮也会引起海洋生态系统的重大变化。农业和林业遭受着氮饱和的危害，并且导致内流水域中氮的过剩。

虽然自上次《硝化作用》专题著作出版后（Prosser, 1986），人们学到了很多。但是显然，人们关心的实践问题和基础研究问题仍然存在。在 2010 年，我们希望这本书能够展示出硝化过程的研究现状以及未来研究的发展方向。

第二篇 氨氧化细菌

第 2 章 氨氧化细菌：生物化学和分子生物学

2.1 引言

2.1.1 NH₃ 和 AOB

氨（NH_3）是氮循环过程中重要的一环（第 1 章）（Mancinelli and Mckay, 1988）。NH_3 在不同的生态系统中主要通过微生物产生和消耗；有机体的腐烂会产生 NH_3，农业中尿素的使用也会产生 NH_3，而 NH_3 又会为植物和微生物提供氮元素。AOB（Arp and Stein, 2003）、AOA（Francis et al, 2007）和 anammox 菌（Jetten et al, 2005）能从 NH_3 的氧化中获得能量以用于生长。本章内容涵盖了 AOB 生物化学和基因学方面的知识。AOA 和 anammox 菌分别在第 3 篇和第 4 篇进行介绍。

AOB 主要是化能无机自养型微生物（用 NH_3 作为能源和还原剂，用 CO_2 作为碳源）。在好氧条件下虽然有一些菌群具有有限的异养能力（吸收简单的有机物质）（Arp and Bottomley, 2006），但是没有菌群能够以有机化合物作为唯一能量来源。尽管氨氧化产生的能量很低（$\Delta G^{0\prime} = -271$ kJ/mol）（Wood, 1986），但是 AOB 仍会依赖于氨氧化获得的能量进行生长。AOB 能够通过氧化氨汲取足够的能量来完成包括同化 CO_2 在内的所有必要的新陈代谢过程。

我们所了解的与 AOB 有关的分子生物学，生理学和生物化学知识，都是源自对 *Nitrosomonas europaea* 的研究（图 2-1）。相对于其他 AOB 来说，*Nitrosomonas europaea* (*N. europaea*) 能够快速生长（倍增时间为 7~8h），而且能够忍受高浓度的 NH_4^+-N（高达 100 mmol/L）和 NO_2^--N（在分批培养中能够积累到 25 mmol/L）。*N. europaea* 可以在恒化器或截留恒化器中分批培养繁殖，还可在琼脂板上形成单个菌落。*N. europaea* 还被用来构建第一株 AOB 突变体。*Nitrosomonas* sp. ENI-11 也会应用于很多研究中，它是一种与 AOB 具有相似特性的微生物（Yamagata et al., 2000；Hirota et al., 2006）。对 *Nitrosococcus oceani*、*Nitrosomonas eutropha*、*Nitrosospira* sp. NpAV 等其他 AOB 的研究，也增加了我们对 AOB 的认识。尽管 *N. europaea* 属于 AOB 中被广泛使用的一种菌群，但相比于与其他 AOB，它们的分布不广泛（第 3 章）。*N. europaea* 普遍存在于污水处理系统以及沉积物中，但是在土壤或海洋中却不常见；这可能是因为污水处理系统和沉积物中的 NH_4^+-N 浓度较高。因此继续研究其他栖息地中有代表性的 AOB 是非常必要的。

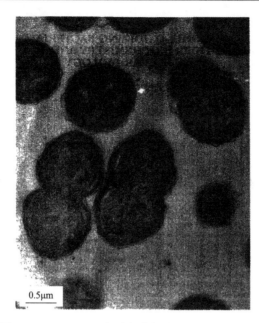

图 2-1 *N. europaea* 细胞超薄切片的电子显微成像图
(其中一些细胞正在分裂；注意细胞周围形成的胞质内膜)

2.1.2 生物信息学和 AOB

1986 年，第一本有关硝化作用的专著出版，但是这本书中并没有介绍与氨代谢有关的 AOB 基因序列（Prosser，1986）。如今，我们获得了多种生态类型中具有代表性 AOB 的完整基因。β-变形菌门中的亚硝化单胞菌科（*Nitrosomonadaceae*)（例如，*N. europaea*, *N. eutropha*, *Nitrosospira multiformis*) 和 γ-变形菌门中的着色菌科（*Chromatiaceae*)（例如，*N. oceani*）基因组信息为进一步了解 AOB 菌的细胞功能和代谢机理奠定了基础（Arp et al.，2007）。

AOB 基因组相对来说较小（平均只有 3 Mb），这一特性可能与微生物特定的生存环境有关（例如石油降解细菌、强甲烷氧化菌和生活在极端环境条件下的微生物）。AOB 基因组揭示了生物合成细胞时编码必需无机营养物有关的基因（Arp et al.，2007）；同时也说明了在 AOB 体内编码降解有机物的酶基因有限。例如，编码降解大多数氨基酸、碳氢化合物、磷脂质和嘌呤的酶基因在已知的 AOB 基因组中并没有发现。因此，我们对 AOB 中有机分子的了解也非常少。

通过对 AOB 基因组的研究，科学家分析了 4 种环境中 AOB 的不同点；这 4 种环境分别是淡水沉积物、污/废水、土壤和海洋（见第 3 章）。在淡水沉积物中，兼性好氧菌与 AOB 竞争氧气（O_2）。这种环境下，溶解氧含量通常很低，但是，由于 *Nitrosomonadaceae*（在这个环境中 AOB 普遍存在）具有特定的遗传组成，因此能与兼性好氧菌共存。例如，*N. eutropha* 有编码 cbb_3-型终端氧化酶的基因，在溶解氧浓度低的条件下，这种酶会参与微生物的呼吸（Stein et al.，2007；Norton et al.，2008）。在 *Nitrosomonadaceae* 存在的溶解态生态系统中，铁的浓度非常低（pH=7 时浓度为 10^{-18} mol/L）；尽管如此，AOB 基因组序列里仍含有获取铁离子的基因。*N. multiformis* 是土壤中普遍的一种 AOB，含有分解尿素的基因，这种基因使得 Nitrosospira 更具竞争优势（Norton et al., 2008）。微生物利用尿素进行生长是为了更好地在酸性土壤中生存（Norton et al., 2008）。除了高盐浓度的海洋环境，氨在盐浓度低的环境也始终存在。海洋中 Nitrosococcus 属的 AOB 含有表达 ATP 酶（质子和钠离子的运输依靠 ATP 酶）和 NDH-1 复合物的基因，这使得细胞能够从外界环境中获得物质（Klotz et al., 2006）。

AOB 的基因组表明编码的 4 个特殊蛋白的作用是氧化 NH_3；这 4 种特殊蛋白包括氨单加氧酶（AMO）、羟胺氧化还原酶（HAO）、细胞色素 c_{554}（cyt c_{554}）和细胞色素 c_{m552}（cyt c_{m552}）。AOB 基因组中存在许多几乎完全相同的能够编码这些蛋白质的基因（例如，amo，hao，cycA，cycB）；β-变形菌门中的 AOB 基因数量和染色体的位置有所不同，但在 γ-变形菌门中（Nitrosococcus）序列却是单一的（Arp et al., 2007）。连接编码 AMO 的保守开放可读框（ORFs）在不同的 AOB 中都存在，但这些未知的 ORFs 在氨氧化过程中的作用还不是很清楚。

总的来说，AOB 基因组序列构成决定了其高度专一的无机化能营养生长（Arp et al., 2007）。然而，AOB 的某些方面在测序过程中得到了进一步的认识。例如，N. europaea 有一个与完全氧化部分有机化合物相关的基因库（见下文）(Chain et al., 2003; Hommes et al., 2003)。基因序列也表明，在我们所已知的 AOB 基因组中，只有 N. multiformis 有编码 NiFe 氢化酶的基因，因此，N. multiformis 除了氧化氨获得能量外，或许还可以利用氢气获得能量（Norton et al., 2008）。在 N. multiformis 中，氢可能和氨交替作为还原反应基质，或者当细胞氧化氨时氢可能会作为补充（Norton et al., 2008）。N. europaea 和 N. eutropha 会在氧浓度有限、没有氨存在的条件下利用 H_2 生长（Bock, 1995），这一说法有待考究。因为在它们的基因组中，没有与编码氢化酶基因相似的基因（Stein et al., 2007）。

2.2 氨——一种能量源

在好氧条件下，AOB 新陈代谢所需的能源都源于 NH_3 氧化为 NO_2^- 的过程（图 2-2）。AOB 首先利用膜表面的 AMO 催化 NH_3 氧化成羟胺（NH_2OH），然后在胞质中，利用 HAO 进一步催化 NH_2OH 氧化成 NO_2^-。NH_3 氧化成 NH_2OH 时需要 1 个分子氧，2 个质子和 2 个电子：1 个氧原子与 NH_3 结合形成 NH_2OH，另 1 个氧原子则与 2 个质子及 2 个电子结合生成水（Wood, 1986; Hooper et al., 1997; Poughon et al., 2001）。

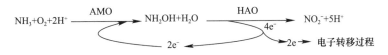

图 2-2 氨的分解代谢：参与的蛋白质、产物和电子流动

NH_2OH 氧化为 NO_2^- 的过程中，释放 4 个电子；这 4 个电子穿过位于胞质中的四亚铁血红素细胞色素 c_{554}，并穿过第二个膜结合的四亚铁血红素细胞色素 c_{m552}（c_{m552} 是一种醌还原酶（Hooper, 1989）），进而进入辅酶 Q（图 2-3）。之后胞质辅酶 Q 中的电子被分离，其中 2 个电子用来辅助 AMO 氧化氨，另 2 个电子穿过电子传递链产生 ATP，同时也为其

他细胞作用提供还原剂（例如，无机营养物的同化作用）。试验证明，在体外，4-三甲基氢醌有助于实现氨氧化，从而使上述反应模式更具说服力（Shears and Wood，1986）。$N.\ europaea$ 电子传递链中的主要电子传递复合物和线粒体电子传递链中的相同。然而，这两种传递链的电子穿过这些复合物之后的流向却大不相同（Wood，1986；Whittaker et al.，2000；Poughon et al.，2001）。最重要的是，NH_2OH 氧化释放的电子在通过复合物 I（NADH 氧化还原酶）时并没有形成向前的电子流（例如，正还原电位）。NH_2OH 氧化释放的电子在 +127 mV 时进入电子传递链，这比把 $NAD(P)^+$ 直接还原成 $NAD(P)H$（$E^{0'}$ = −320 mV）的电压高很多。电子传递抑制剂穿过细胞色素 $bc1$ 会阻碍氨的氧化，这就表明在 AOB 中氨氧化释放的电子会流向细胞色素复合物（Suzuki and Kwok，1970）。$NAD(P)H$ 的产生需要转移电子至一个更强的负还原电位，在此电位产生 $NAD(P)H$，因此，该过程涉及反向电子流过程。

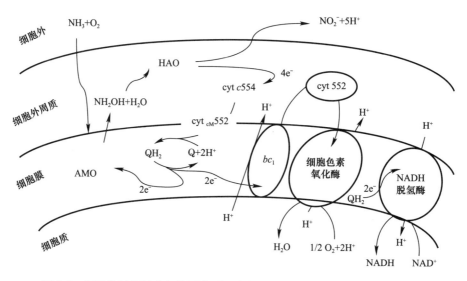

图 2-3　氨氧化过程及参与的蛋白质，包括 bc_1 复合物 III、QH_2 和对苯二酚
（改自 Arp and Stein (2003) 和 Hooper et al (1997)）

NH_4^+ 完全氧化成 NO_2^- 时，O_2 作为最终电子受体；该过程会释放出 2 个质子（$NH_4^+ + 1.5O_2 \rightarrow NO_2^- + H_2O + 2H^+$）。因此，氨的氧化能引起生长介质或生长环境的酸化，使 NH_3/NH_4^+ 的平衡转向于 NH_4^+（在 25 ℃ 下 pK_a 为 9.25）。因为 AMO 消耗 NH_3 而不消耗 NH_4^+，所以 pH 降低会影响微生物生长所必须的 NH_3 浓度（Suzuki et al.，1974）。$N.\ europaea$ 中 NH_4^+ 的 K_s 值为 1.3 mmol/L（Keener and Arp，1993），在 pH 为 7.7 条件下，这一浓度相当于 46 μmol/L 的 NH_3 浓度。然而，众所周知，一些 AOB 也可以生活在酸性环境中。当环境中 pH 较高且很多氮素都以 NH_3 的形式存在时，AOB 会经常利用周围的微环境进行聚合或形成一层生物膜（De Boer et al.，1991；Gieseke et al.，2005）。有证据表明，一些 AOB 在低 pH 条件下仍能保持高活性（Tarre and Green，2004），这一发现说明在微生物内存在一种活跃的转移机制来促进 NH_3 的吸收（Weidinger et al.，2007）。

为了理解 AOB 的氨分解代谢，有必要了解这些细菌面临的生物能量挑战。首先，好

氧条件下 NH_3 氧化成 NO_2^- 释放出的能量是 $\Delta G^{0\prime} = -271$ kJ/mol（Wood，1986），这一能量使氮素在正常氧化作用下从 -3 价升到 $+3$ 价。相比之下，葡萄糖中 1 mol 的碳在好氧条件下氧化成 CO_2 时，碳的化合价态从 0 价升到 $+4$ 价，产生 480 kJ/mol 能量。第二，氧化还原反应释放出的能量通过电化学梯度吸收，所以氨的代谢途径会受其影响。电压在 $+800 \sim +900$ mV 时，NH_3 会氧化成 NH_2OH（Wood，1986；Poughon et al.，2001）。这一过程不会产生还原性物质但是会消耗还原剂。中间点电位为 $+127$ mV 时，NH_2OH 氧化成 NO_2^-；这一过程会为电子通过电子传递链流向氧气提供能量（对 O_2/H_2O 来说 $E^{0\prime} = +820$ mV）。但是这些能量远远少于一些系统产生的能量，在这些系统中 NADH 作为电子供体会直接将电子传到电子传递链（例如，线粒体）($E^{0\prime} = 320$ mV)。而 NH_2OH 氧化成 NO_2^- 时释放的电子，其中一半用于进一步的氨氧化，另一半参与完成细胞相关的还原反应，包括生物合成和质子驱动力的产生（图 2-2）。氨氧化第一步得到的还原性物质必须通过 NO_2^-/NH_2OH 的耦合（$E^{0\prime} = +120$ mV）。因此，鉴于 NAD/NADH 复合体较低的中间点电位，NADH 不可能是 AOB 进行氨氧化过程中还原剂的来源；还原剂最可能的来源是辅酶 Q，其中辅酶 Q/泛醇耦合的中间点电位在 $+50$ mV 到 $+100$ mV 之间。

NO_2^- 作为氨氧化的主要产物，对 AOB 会产生多种影响。例如，NO_2^- 会使 AMO 失活，而 NH_3 会保护 AMO 免受失活的影响，但这一作用机制尚不明确（Stein and Arp，1998b）。有趣的是，在饥饿期后，NO_2^- 可以刺激 AOB 中的氨氧化过程（Laanbroek et al.，2002）。在 NH_3 氧化过程中 AOB 仅产生少量物质，包括微量的 N_2O、NO 和其他的氮化物（Arp and Stein，2003）。在接下来的章节中 Stein 将会介绍这些微量气体的产生（第 5 章）。

一些 AOB 会产生广泛的细胞质内膜（ICM）。例如，*Nitrosomonas* 有沿着细胞周围堆起的细胞质内膜（图 2-1）；*Nitrosococcus* 的细胞质内膜平铺于细胞的中心；*Nitrosolobus* 中的细胞质内膜被细胞膜分为细胞隔间（Watson et al.，1971）。虽然 AOB 中细胞质内膜的功能尚不明确，但胞质内膜能增加酶的附着空间，这些酶可以用于氨的代谢。电子显微镜研究表明高浓度的氨单加氧酶蛋白与这些细菌的细胞质内膜相关（Fiencke and Bock，2006）。然而，*Nitrosospira* 和 *Nitrosovibrio* 没有细胞质内膜，但它们的细胞形状具有较高的表面积，可以弥补没有细胞质内膜的缺憾。

2.3 氨单加氧酶

2.3.1 组成、结构和金属含量

AMO 是一种完全的膜表面酶，催化 NH_3 氧化为 NH_2OH，NH_2OH 尚未被纯化至均一活性。因此，AMO 的结构和催化机制中的很多细节仍有待研究。到目前为止，通过不同的试验方法，以及与颗粒状甲烷单加氧酶（pMMO）的比较，已经对 AMO 有了一定的了解。从结构和催化性能上看，pMMO 与 AMO 相似；从进化角度看，pMMO 与 AMO 相关。目前对 pMMO 结构的研究要比 AMO 的更深入。

AMO 包括 3 个亚基：AmoA 或 α（27 kDa），AmoB 或 β（38 kDa），和 AmoC 或 γ（31.4 kDa）。每个亚基的初级蛋白质氨基酸序列表明一些跨膜蛋白为 α-螺旋。对结合

AmoA 的乙炔灭活剂作用机制的研究表明，AmoA 亚基包括活性位点。通过与 pMMO 类比（pMMO 的晶体结构是可以获得的）(Hakemian and Rosenzweig, 2007)，AMO 可能由 $\alpha_3\beta_3\gamma_3$ 亚基组成。抑制剂和活性的研究表明铜（Cu）在催化反应中会发挥一定的作用（Ensign et al., 1993），而且在 pMMO 的结构中含有 Cu（Hakemian and Rosenzweig, 2007）。利用铜复合物（例如，烯丙基硫，黄原胶，二硫化碳，α, α'-联吡啶，或氰化物）或者在细胞提取物中添加铜暂时恢复 AMO 活性可以表明 AMO 活性的维持需要铜（Ensign et al., 1993）。在 AMO 和 pMMO 中铁（Fe）的重要性也得到证实。虽然在 pMMO 的晶体结构中没有发现 Fe，但是该酶的前体也没有活性。最近对 pMMO 的研究明确了二价铁的作用，这与在可溶性甲烷单加氧酶中发现的类似（Martinho et al., 2007）。铁在 AMO 中类似的作用还不明确，但很可能与 pMMO 相似。

当 *N. europaea* 细胞暴露在强烈的光线下会迅速失去 AMO 活性，这也间接证明了铜在 AMO 中的作用。1985 年，Shears 和 Wood 提出了 AMO 的催化循环，在这一过程中 O_2 在酶的双核铜位点减少。氧化的 AMO 的光敏态类似于铜酪氨酸酶的光敏状态。确切地测定 AMO 中铜的组成需要将酶纯化至均一的活性。

细胞破碎后，AMO 失去活性（Suzuki et al., 1981；Ensign et al., 1993）。当加入动物血清蛋白、精胺或作为稳定剂的 Mg^{2+} 后，会得到具有活性的细胞提取物（Ensign et al., 1993；Juliette et al., 1995）。然而，酶在这些制剂中存储数小时就会失活。加入含有 HAO 或者可溶性细胞色素的物质也会恢复 AMO 的部分活性。在体外，通过加入铜刺激 AMO 活性，这表明，当细胞溶解时铜的消失可能是细胞提取物缺少活性的原因（Ensign et al., 1993）。细胞破碎可能会破坏酶与辅助蛋白之间的完整性，这些蛋白用于电子转移（Ensign et al., 1993）。在存储期间，细胞提取物中游离脂肪酸的积累也会造成制剂中 AMO 的失活。细胞破碎时，加入牛血清蛋白（BSA）可以稳定 AMO 活性，这是因为 BSA 能抑制脂类分解（Juliette et al., 1995）。尽管 BSA 对维持酶活性不是必需的，但在无细胞制剂时它能稳定 AMO 活性。有研究表明细胞提取物中棕榈油酸的产生与酶失活具有相关性。大部分学者认为 BSA 的稳定影响是由于脂解抑制而不是由于细胞破碎后释放的游离脂肪酸的影响。在细胞溶解后，由于缺少铜，AMO 失活；但在体外添加铜后酶活性增加（Ensign et al., 1993）。二价的金属，如锌（Zn）、镍（Ni）或 Fe 不能代替 Cu 使失活的酶恢复活性；然而，在恢复酶活性过程中，它们会与铜竞争。有趣的是，Cu^{2+} 和 Hg^{2+} 也有助于维持活性，因为有研究表明它们对某些系统中细胞提取物中的脂解过程有抑制作用。

最近科学家分离出了溶解型的 AMO，命名为 α-β-γ 三聚物（分子质量为 238 kDa），γ 亚基不是 AmoC 而是血红素细胞色素 c_1。溶解型 AMO 含有 Cu、Fe 和 Zn（Zn 仍在试验阶段）(Gilch et al., 2009a)；溶解型 AMO 形状像颗粒，在细胞破碎会很快失活。在完整细胞中溶解型 AMO 可以被放射性乙炔标记，这表明它具有催化活性（Gilch et al., 2009a）。但是在 NH_3 的分解代谢过程中，溶解型的作用尚不明确。

尽管是在制备的活性细胞提取物中分离出 pMMO，且酶活性要低于完整细胞中的酶活性，但是与 AMO 相比，仍分离出具有活性的 pMMO（Hakemian and Rosenzweig, 2007），pMMO 的研究有助于我们进一步了解 AMO。一般认为，pMMO 和 AMO 有相似的亚基组成、催化性能、金属含量、编码基因的核苷酸序列（见下文）。活性制备剂表明 pMMO 由 3 种亚基组成，其分子量大约为 47 kDa、27 kDa 和 25 kDa。某些情况下，pM-

MO 的分离会导致其只有两个较大的亚基；然而，这些制备剂中并没有酶活性。现在普遍认为 pMMO 包含铜，但酶中的铜离子会随制备剂的变化而变化，即每 100 kDa 中铜离子在 4~59 之间变化。电子顺磁共振光谱表明在 pMMO 中存在氧化还原型的铜原子（Zahn et al.，1996）；铁也在一些膜制剂和纯化的 pMMO 中发现。在纯化的 *Methylococcus capsulatus*（*M. capsulatus*）的 pMMO 中，每 100 kDa 中铁原子在 0.5~2.5 之间变化（Lieberman and Rosenzweig，2005；Hakemian and Rosenzweig，2007）。最近的研究结果表明 pMMO 中二价铁中心可能与酶活性有关（Martinho et al.，2007）。

虽然在 AMO 中没有发现金属辅助因子的连接位点，但是通过对 *M. capsulatus* 中 pMMO 的晶体结构分析得到了一些启发（Hakemain and Rosenzweig，2007）。例如，在 AmoB 中有 4 个 His 和一个 Gln 残基；在 AmoA 中有 1 个 Glu，1 个 Asp 和 2 个 His，这可能是铜原子的结合位点。此外，金属结合模体可以在 AmoB（双核铜中心和单核铜中心）、AmoC 和 AmoA（单核金属中心；结晶时的 Zn；活体内的 Cu 和 Fe）中推断，这表明，pMMO 发挥催化作用时，Cu 或 Fe 是必不可少的。在许多编码 AMO 的核苷酸基因已知的 AOB 中，金属结合的氨基酸序列是高度保守的。

2.3.2 AMO 作用底物和抑制剂

与大多数单加氧酶相同，AMO 也具有有广泛的底物特异性（图 2-4）。AMO 通过向分子中传递 1 个氧原子，来催化多种多样的烷烃、烯烃、芳香烃和醚（Hoffman and Lee，1953；Hyman and Wood，1983；Vanelli and Hooper，1995；Keener and Arp，1994）。AMO 也可以催化乙苯的脱氢反应和三氯甲基吡啶等有机化合物的还原脱卤反应（Arp and Stein，2003），还能作用于许多氯化烃类，包括氯乙烯，三氯乙烯，三氯甲烷和氯苯等。AMO 作用底物的普遍特性是不带电荷和极性低，这表明 AMO 存在疏水性底物结合的活性部位（Arp and Stein，2003）。

氧化过程

天然基质： $NH_3 \xrightarrow{AMO} NH_2OH$

烷烃到乙醇： $CH_3-CH_3 \xrightarrow{AMO} CH_3-CH_2-OH$

烯烃到环氧化合物： $CH_2=CH_2 \xrightarrow{AMO}$ 环氧乙烷

芳香烃到醇类： 苯 $\xrightarrow{AMO}$ 苯酚

烃类到醛类的脱卤反应： $CH_3-CH_2-Cl \xrightarrow{AMO} CH_3-CH=O + Cl^-$

脱氢过程

乙苯到苯乙烯： 乙苯 $\xrightarrow{AMO}$ 苯乙烯

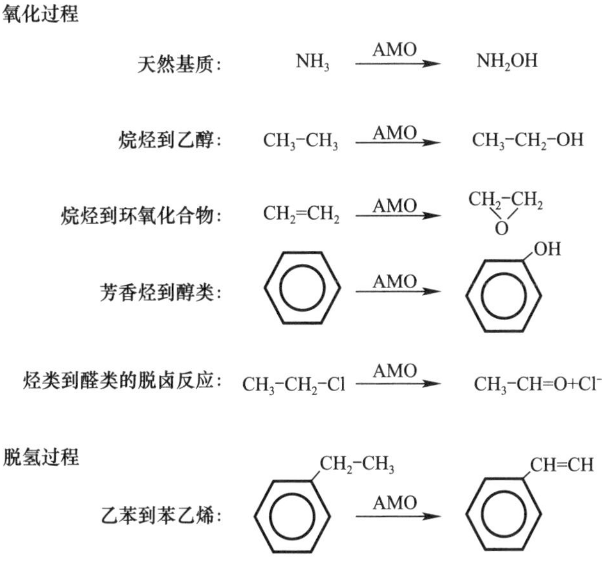

图 2-4 由 AMO 催化的反应具有广泛特异性，反应包括氧化反应和脱氢反应
(Hoffman and Lee，1953；Hyman and Wood，1983；Vanelli and Hooper，1995；Keener and Arp，1994)

氨氧化活性抑制剂的研究有助于分析氨氧化机制和电子转移途径。AMO 活性抑制剂有竞争性的、非竞争性的或者机理性的。竞争性抑制剂包括甲烷、乙烯和一氧化碳（Hooper and Terry，1973；Keener and Arp，1993）；非竞争性抑制剂包括乙烷、氯乙烷和硫脲。在已知的 AMO 活性抑制剂中，在有氧的条件下，硝化反应的产物 NO_2^- 会抑制氨氧化过程，但这一机制尚不明确（Stein and Arp，1988b）。有趣的是，NH_3 本身和短链烷烃可以保护 AMO 免受 NO_2^- 的抑制。

三氯甲基吡啶是一种被称为氮肥增效剂的氨氧化抑制剂。这种抑制剂用于某些农田来降低氨肥向硝酸盐的转化，从而减少因过滤和反硝化造成的肥料损失。如上所述，三氯甲基吡啶是一种 AMO 底物并且参与不常见的还原消除反应（Vannelli and Hooper，1992）。

二苯基碘（DPI）是一种有效的黄素蛋白抑制剂，曾经用于研究 pMMO 和 AMO 的电子转移途径（Shiemke et al.，2004）。在低浓度情况下（K_i，5 μmol/L），DPI 通过抑制 2-型 NADH 阻碍甲烷氧化菌中的电子从 NADH 到 pMMO 的转移；2-型 NADH 是一种醌氧化还原酶，这种酶可以调节电子流从 NADH 到醌。在较高浓度的情况下（K_i，100 μmol/L），DPI 通过阻碍电子流从辅酶 Q 到单加氧酶的传递，从而直接抑制 pMMO 和 AMO 的活性。与这一机制相同，在 *N. europaea*、*N. multiformis* 和 *N. oceani* 中不能识别基因编码的 2-型 NADH 即醌氧化还原酶。辅助基质也不能保护 AMO 免受 DPI 的抑制，但是 DPI 不会影响从 HAO 到末端氧化酶的电子转移。

在 AMO 的机理型抑制剂中，乙炔（C_2H_2）是最有效的。当活性的 AMO 在有 $^{14}C_2H_2$ 的制备剂中培育时，27-kDa 的 AmoA 亚基被标记，这表明这一亚基中包含催化位点（Hyman and Arp，1992）。C_2H_2 修饰了 *N. europaea* 中 AmoA 的 His-191 残基，这表明 His 残基是乙炔结合位点的重要部分或者与乙炔结合位点紧密相连（Gilch et al.，2009b）。其他机理型抑制剂包括较长链炔烃（直到辛烯）和烯丙基硫（Hyman et al.，1988；Juliette et al.，1993）。

2.3.3 分子生物学

AMO 由基因簇 *amoCAB* 编码，这一基因簇在不同 AOB 的基因组中有 1～3 个拷贝（Arp et al.，2007）。编码 AMO 的氨基酸序列与 NCBI 数据库的比对，仅与其他 AOB 的 AMO（相似度大于 85%）和甲烷氧化菌的 pMMO 显著匹配。（例如，*M. capsulatus* 或者相似度大于 80% 的 *Methylosinus trichosporium*，大多数不同点发生在 N 末端）(Hakemian and Rosenzweig，2007）。在 *N. europaea* 体内，*amoCAB* 有 2 个基因拷贝，它们的 DNA 序列在 *amoA* 中有 1 个核苷酸不同，这导致只有 1 个氨基酸改变（Hommes et al.，1998）。同样的，在其他 AOB 基因组中有许多 AMO 基因拷贝，所有拷贝在一个有机体中几乎完全相同；检测出来的唯一不同是在 γ-AOB 中的 *N. oceani*，仅包含 AMO 操纵子的单一拷贝。在甲烷氧化菌中编码 pMMO（*pmoCAB*）的基因有与其同系物，AOB 中它们在 AOB 中作为操纵了一部分的同系物（*amoCAB*）的序列相同（Hakemian and Rosenzweig，2007）。

与 σ-70 型大肠杆菌启动子相似，串联启动子核苷酸序列和 *N. europaea* 的 AMO 操纵子有着密切的关系。不同 NH_3 浓度下，这些启动子会呈现差异性表达，这表明在不同生长条件下微生物有特定的复制表达过程（Hommes et al.，2001）。与 *amoC*（AMO 操纵子的第一个基因）相关的多个启动子的作用以及 amo 操纵子具有多拷贝数的原因并不是很明确（Sayavedra-Soto et al., Hommes et al., 2001; Berube et al., 2007）。在 N. europaea 中，amoA 上游存在另一种 σ-70 型大肠杆菌启动子的可能性，但其作用仍是未知的（Hommes et al., 2001）。这个 amoA 启动子在 Nitrosospira sp. NpAV 中也存在，并且在 E. coli 中能够促进 amoA 基因的表达。这表明，至少在 N. europaea 和 Nitrosospira sp. NpAV 中该启动子是发挥作用的。有趣的是，科学家认为 amo、hao 和 cycA 的启动子一般不会有相同的地方（Hommes et al., 2001）（见下文）。

大多数测序的 AOB 基因组都有一个额外的 amoC 拷贝；这个基因版本与 amoAB 没有关联，与其他两个版本也略有不同。例如，在 N. europaea 中，amoC3 与 amoC1 或 amoC2 有 67.5% 的同一性，81.4% 相似性（Sayavedra-Soto et al., 1998），amoC3 的具体功能尚不明确，可能在饥饿状态下恢复的过程中发挥了一定的作用。当微生物经历长时间饥饿后，在恢复过程中，amoC3 的转录水平有所提高。但是，当微生物生长或者从剥夺底物的实验中恢复时，N. europaea 中 amoC3 的缺失突变体和野生型菌株也没有什么不同。

在 N. europaea 和 Nitrosospira sp. NpAV 中，编码 AMO 的基因转录成一条长 3.5kb 的多顺反子 mRNA（Sayavedra-Soto et al., 1998）。通过 Northern 杂交技术分析转录产物，结果表明在两种硝化细菌中含有 3 个 mRNA，一个源自整个的 amoCAB 操纵子，另两个源自 amoAB 和 amoC，这是完整 mRNA 作用的结果。这三个片段中，amoC 是最稳定的；由于 amoC 是环结构，所以能够通过电脑模型检测（Sayavedra-Soto et al., 1998）。amoC 转录的 mRNA 稳定性和 γ-AOB 和 β-AOB 相似；amoC 转录的 mRMA 稳定性和 $AmoC_{1,2}$ 的功能仍有待进一步研究。

在 N. europaea 中 AMO 的两种拷贝都具有一定的功能，每个都足以促进生长，但有证据表明，这两种拷贝生长规律具有差异性（Hommes et al., 1998; Stein et al., 2000）。在突变体的研究中，灭活其中一个拷贝（amoA1）其生长速度减慢了 25%，但灭活另一个拷贝（amoA2）对其生长并没有产生消极影响。如果将突变细胞接种到新鲜培养基上，则缺少 amoA1 或 amoB1 拷贝的 N. europaea 菌株要比缺少 amoA2 和 amoB2 的突变菌株反应更慢（Stein et al., 2000）。突变体也能合成很少一部分 AMO 多肽；当 AMO 灭活后，突变体比野生菌株恢复略慢（Stein et al., 2000）。在细胞生长过程中，缺少一个或几个 amoAB 基因其生长差异并不明显，这是因为 N. europaea 中 AMO 启动子的 DNA 序列是相同的。在 N. oceani 单一 amo 操纵子中，3 个启动子被识别并差异性表达，这一过程取决于氨的浓度。这一发现表明 γ-AOB 与 β-AOB 中 AMO 表达机制不同（El Sheikh and Klotz, 2008）。在 N. oceani 中，在 amoCAB 上游发现了 amoR 基因，在有氨存在的细胞中 amoR 基因进行表达。此外，邻近下游名为 amoD 的 ORF 在高氨浓度下（5 mmol/L）在相同的 mRNA（amoCABD）中共转录（El Sheikh et al, 2008）。与 N. europaea（一种 β-AOB）中 amo 基因簇的转录相比，N. oceani 中 amo 基因簇的转录与 M. capsulatus（一种甲烷氧化菌）中 amo 基因簇的转录更加相似。

在 N. europaea 中，氨调控的 AMO 活性分为 3 个水平，即转录的、转移的和转译后的，不同调节机制依据环境条件进行。在原核生物中，mRNA 的降解机制能帮助细胞抵抗饥饿，并且当遇到新基质时会很快恢复。稳定的 mRNAs 意味着能量不会被用来合成新 RNA 基因库，继而生成关键酶。N. europaea 具有转录和转移 2 种水平的反应机制，这样才能在缺氧和缺氨的环境下生存（Geets et al., 2006）。在贮存细胞中，24 h 内 AMO 活性会降到 85%；但 HAO 活性不受影响（Stein and Arp, 1998a）。当 N. europaea 细胞浓度低时，细胞会在不含氨的培养基中保持悬浮状态，且在长达 4 天的时间内检测到了 amo 的 mRNAs（Berube et al., 2007）。这表明微生物会通过转录调控机制来维持 mRNAs 水平，要么抑制它们的降解，要么能使其在稳定水平下持续合成 mRNA。在氨竞争激烈的环境中，不同生理条件下氨缺失后，AOB 快速反应的能力是一种重要的生存方式。例如，重新供应氨的细胞会表现出 AMO 双倍活性，之后又会恢复到最初的活性（Stein et al., 1997）；这种反应与合成 mRNA 和 AMO 多肽同时发生。细胞中 AMO 浓度随基质中氨浓度的增加而增加；同样，当细胞进入富含氨的基质中时，翻译成 AMO 和 HAO 的 mRNA 也会表现出更高的浓度（Sayavedra-Soto et al., 1996）。当 Nitrosospira briensis 在间歇培养基中饥饿培养 10d 后，发现 amoA 的 mRNA 浓度下降，但溶解蛋白浓度却发生很小的变化（Bollmann et al., 2005）。一旦转移到新的氨培养基上，这些细胞很容易合成新的 amoA mRNA。在保持蛋白质水平的同时从头进行 amoA 的 mRNA 合成，这可能是 AOB 适应氨浓度波动的一种调控机制（Bollmann et al., 2005）。

2.4 羟氨氧化还原酶

2.4.1 结构和金属含量

氨分解代谢中参与的第二种酶是羟胺氧化还原酶（HAO），这种酶催化 NH_2OH 氧化成 NO_2^-；HAO 在 AOB 呼吸链中起到连接作用。HAO 以 α_3-低聚物形式存在，是一种复杂的含亚铁血红素的酶。三个亚基中的每一个都具有修饰的、高自旋和五配位的 c-型亚铁血红素，称为亚铁血红素 P460，其为催化位点。亚铁血红素 P460 是 HAO 中特有的；每个亚基中其余的 7 个亚铁血红素参与催化位点电子的转移（Arciero et al., 1993）。HAO 中亚铁血红素 P460 的名称源于其在 460 nm 处有最大吸收峰（Andersson et al., 1991）。在 AOB 中也发现了第二种 P460 发色团，它存在于一小部分可溶性胞质蛋白中，称为细胞色素 P460 但功能尚不清楚（Pearson et al., 2007）。在细胞色素 P460 中每 18.8-kDa 多肽中仅有一个高度螺旋，五配位的亚铁血红素 P460，并且结构与 HAO 中的不同。细胞色素 P460 连接着羟胺、联氨、氰化物（以 Fe^{3+} 形式）和 CO（以 Fe^{2+} 形式），表现出一种弱羟胺氧化或细胞色素 c 氧化还原酶的活性（Numata et al., 1990）。

长度为 2.8 Å 的 N. europaea 中 HAO 的 X 射线晶体结构表明，天然的 HAO 低聚体由三个相同的亚基组成（Igarashi et al., 1997）(图 2-5)。晶体结构显示一个 100 Å 的带有候补腔的梨形结构可以结合细胞色素 c_{554} (cyt c_{554})（Igarashi et al., 1997）。除了柔软的疏水性 C 末端之外，每个亚基都折叠成两个不同的结构域。前 269 个氨基酸形成一个短的双链 β-折叠，包括 5 个 c-型亚铁血红素和亚铁血红素 P460；氨基酸 270 和氨基酸 499 间的中心区域包含两个 c-型亚铁血红素和 10 个 α-螺旋。在 HAO 中每个亚基有 8 个亚铁血红素，一共有 24 个亚铁血红素，都位于分子较厚的下半部分（Igarashi et al., 1997）。c-型亚铁血红素是有两个 His 作为轴向配体、以 Fe 原子为中心的八面体配位结构；每个都有不同的氧化还原电势，并且彼此之间的影响很强（Hendrich et al., 2001）。周围的环境决定了

每个 c-型亚铁血红素的氧化还原电势。通过穆斯堡尔和电子顺磁共振（EPR）研究发现，当 pH 值为 7 时，c-型亚铁血红素在正常氢电极上的中点电位范围为 $-412 \sim +288$ mV，而亚铁血红素 P460 的中点电位为 -260 mV（Kurnikov et al.，2005）。对 HAO 晶体结构的分析表明亚铁血红素由四部分组成，包括 1 个 P460、2 个 c-型簇、2 个双亚铁血红素簇和一个单一亚铁血红素簇（图 2-5）。亚铁血红素 P460 位于起催化作用的凹槽里，形成典型的亚铁血红素聚合物（Cys-X-X-Cys-His），此外，它还通过酪氨酸残基以共价键的方式特异性地与相邻的亚基连接；三聚作用需要这种连接，同时这种连接对分子稳定作用和催化作用是非常必要的。其中酪氨酸平面与亚铁血红素环是垂直的（Igarashi et al.，1997；Pearson et al.，2007）。亚铁血红素 P460 中的 Fe 有 6 个配位点，其中一个用于结合 NH_2OH。亚铁血红素簇紧密连接以及圆形排列，保证 HAO 能够在相对大的距离上有效地转移电子（Igarashi et al.，1997；Kurnikov et al.，2005）。

图 2-5 $N.\ europaea$ 中 HAO 在三维 X 射线下的晶体结构

每个亚基带以不同的色调出现，亚铁血红素分子显示为棒状结构。该图来自文件
PDB ID 1FGJ（www.pdb.org）(Igarashi et al.，1997) 和 MacPyMOLsoftware（wwwpymol.org）

为了引发 NH_2OH 氧化，HAO 可能同时从 NH_2OH 中吸收 2 个电子，形成 HNO，作为酶结合的中间体。为了防止 HNO 形成 N_2O 或 NO，氧化必须以连续的方式发生以去除 2 个以上的电子。但是，真正的反应机理并不清楚。在一个 NO 气压下，HAO 完全氧化产生稳定的物质 $[FeNO]^6$（K_{eq}，$\sim 10^5$ L/mol 或更高）（Hendrich et al.，2002）；这表明并不容易产生 NO，这就为 HAO 完全氧化 NH_2OH 提供了可能。其他可能的反应中间产物包括 $Fe^{III}-NH_2OH$、$Fe^{III}-HNO$ 和 $[FeNO]^7$（Fernandez et al.，2008）。

暴露于溶剂中的亚铁血红素 P460 和亚铁血红素 2 之间的氧化还原电位差足以容纳由羟胺氧化产生的 2 个电子。当 cyt c_{554} 将 P460 的电位转变为更正值时，电子才能被释放出来（Kurnikov et al.，2005）。单独发现的亚铁血红素位于亚基之间，它可以将多余的电子重定向到相邻亚基中的另一个被氧化的亚铁血红素中。HAO 中另外两个双亚铁血红素之一中的电子以连续的方式转移到周质丰富的 cyt c_{554}。HAO 的 C 末端既柔软又高度疏水,这些特点可能与膜表面的酶或是膜表面连接的呼吸链酶有关。亚铁血红素 P460 中的铁原子高度螺旋,且在失活的酶中可能是五配位的(5c),但是在第六配位上并不能排除存在水的可能性(Igarashi et al., 1997; Arciero et al., 1998; Hendrich et al., 2001);第六个空缺的位点可以用来连接羟胺。剩下的 c-型亚铁血红素呈低自旋的三价铁状态,且呈现六配位(6c),这种状态促使电子转移到电子转移链中进而为所有的新陈代谢提供能量。

在甲基紫还原剂参与的条件下,HAO 能在体外催化 NO 还原成 NH_3(Kostera et al., 2008)。在这一反应中,NO 被迅速还原成 NH_2OH,进而再还原成 NH_3,后者比前者的反应速度慢 10 倍。通过阻止 NO 积累,该还原反应可以在低氧或缺氧条件下具有一些生理相关性。当 HAO 催化 NO 还原成 NH_3 时,cyt c_{554} 可能是该氧化还原反应的参与者。cyt c_{554} 具有 4 个亚铁血红素(见下文),并且其中有 2 个的中点电位是 +47 mV(Arciero et al., 1991a; upadhyay et al., 2003)。NO/NH_3 耦合的还原电位大约在 +339 mV;因此,还原性的 cyt c_{554} 将会为 NO 还原成 NH_3 提供有效的细胞电位(+292 mV)。在类似于联氨的氧化还原酶的反应中,HAO 也能把联氨氧化成 N_2O_4(Klotz et al., 2008; Jetten et al., 2009)(第四篇)。

2.4.2 分子生物学

在 β-AOB 中,编码 HAO 的基因是多拷贝的。编码膜蛋白(*orf2*)、cyt c_{554}(*cycA*)和 cyt c_{m552}(*cycB*)的基因与 *hao* 相邻,并且在所有已知的 AOBs 中,这些基因的结构相似(Arp et al., 2007)。但是在这些几乎相同的拷贝中,微生物染色体之间的距离是不同的。在所有已测序的 AOB 基因组中,*orf2* 基因遵循 *hao* 基因,在 γ-MOB *M. capsulatues* 的基因组中以及硫氧化的 *Silicibacter pomeroyi* 的质粒中也都是这种情况(Klotz et al., 2008)。*N. Europaea* 和 *N. eutropha* 中 *hao* 的三个基因拷贝中没有一个与之相关的 *cycB* 拷贝。这种基因结构的变化归因于亚硝基单体之间的进化差异。这种基因结构的变化归因于亚硝基单体之间的进化差异。在 *M. capsulatus*(Bath)、*S. pomeroyi*、*Magnetococcus* sp. Mc-1、*Desulfovibrio desulfuricans* G20、*Geibacter metallireducens* GS15 和 *Methanococcoides burtoni* 的基因组中有与编码 HAO 类似的基因,但这些微生物不能催化氨氧化(Bergmann et al., 2005; Klotz et al., 2008);这些非 AOB 的微生物是否能产生 HAO 功能蛋白尚不明确。类 HAO 的基因与 AOB 中任何编码 HAO 的基因有大约 30% 的相似度;在类 HAO 基因中,相似度低是由于核酸序列间的差异造成的。氨存在时,*M. capsulatus*(Bath)中类 HAO 基因与位于下游的 *orf2* 基因发生转录,从而有利于甲烷氧化菌中功能 HAO 的出现(Poret-Peterson et al., 2008)。

自养 β-变形菌 *N. europaea* 和 *N. multiformis* 中的 HAO 初级蛋白质氨基酸序列有 68% 相似度,但与 γ-变形菌和非氨氧化菌中的类 HAO 蛋白有较低的相似度(~50%)(见第 4 章)。尽管多亚铁血红素蛋白,如细胞色素 c 亚硝酸盐还原酶(Einsle et al., 1999)和四亚铁血红素细胞色素 c(Leys et al., 2002),和 HAO 没有太大关系,但是却有相似的空间亚铁血红素排列。尽管在延胡索酸脱氢酶与 HAO 之间没有明显的保守氨基酸序列,但是从组成亚铁血红素的三个亚基的排列方式来看，这两种蛋白质还是有相似性的（Taylor et al.，1999）。厌氧氨氧化菌的 HAO 是从厌氧氨氧化细菌菌株 KSU-1 占优势的厌氧污泥中分离出来的，这种酶的催化特性不同于 AOB 中的 HAO，也与厌氧氨氧化菌中的联氨氧化还原酶不同（Shimamura et al.，2008），这种 HAO 具有 P468 发色团，这使人联想到 P460 发色团。

在 N. europaea 中，对于每一个 hao 的拷贝来说，只有在转录开始时才能被检测到（Sayavedra-Soto et al.，1994），这就说明 hao 的多拷贝可能是同时转录的。在 Nitrosomonas ENI-11 中 hao-3 基因是由两个启动子启动转录的，这不同于在 N. europaea 中观察到的。通过转录融合（Hirota et al.，2006）以及 Nitrosomonas sp. ENI-11（Yamagata et al.，2000）和 N. europaea（Hommes et al.，1996，2002）中基因的失活来研究 hao 多拷贝的表达。两种菌株中的所有拷贝都不是生长所必需的；在 N. europaea 菌株中，即使有一个 hao 拷贝被破坏，其生长也与野生型类似；在 ENI-11 中，hao 中任意一个拷贝失活会导致其生长速率比野生型低 30%（Yamagata et al.，2000）。在 ENI-11 中，hao-3 表现出最高的表达水平；hao-1 和 hao-2 的启动子几乎是一样的，但是与 hao-3 不同。尽管 hao-1 和 hao-2 的启动子在 ENI-11 中具有相似性，但是 hao-2 与 hao-1 相比具有较高的表达水平（Hirota et al.，2006）。在 N. europaea 中，双突变体的活性是在体外培养的野生型细胞活性的 1/2，且其活性反映在 mRNA 水平上，但未观察到生长速率或体内 HAO 活性的降低（Hommes et al.，2002）。该结果说明，细胞可以丢失大量的 HAO 活性但不会限制细胞生长。编码 HAO 的基因中单拷贝基因失活不会产生可识别的表型（对生长速率，氨/羟胺摄取氧的速率无影响）。在 ENI-11 能量耗尽的条件下，hao3 在恢复的过程中发挥了重要作用，因为它在加入氨后表达量的增加明显高于其他两种类型的 hao 拷贝。Nitrosomonas sp. 中三种类型的 hao 转录表明，不同类型转录方式的不同取决于细胞能量的供应（Hirota et al.，2006）。

2.4.3 来自 HAO 的电子转移

2.4.3.1 细胞色素 c_{554}

科学家通过对 AOB 晶体结构的研究，提出电子会从 HAO 流向细胞色素 c_{554}（cyt c_{554}）。晶体结构表明微生物中存在某一区域，其中 HAO 和 cyt c_{554} 之间可能存在相互作用，从而有效地转移电子（Iverson et al.，1998，2001）。cyt c_{554} 是一个质量为 25-kDa 的单体蛋白质，与其他已知蛋白质没有氨基酸序列相似性；包括四种 c-型血红素，通过典型的化学共价键连接：包括序列-Cys-X-Tyr-Cys-His-中的两个 Cys 硫醚键。cyt c_{554} 其中一种血红素为五配位的且结合一个轴向的组氨酸配体，其他三种血红素与两个组氨酸轴向配位。虽然四种血红素中一级氨基酸的序列不同，但它们都有一个保守的结构排列；这种现象在其他细菌中的多亚铁血红素 c-型细胞色素中也观察到过，如 HAO、细胞色素 c、亚硝酸盐还原酶、延胡索酸还原酶、NapB 和 split-Soret 细胞色素。但是 cyt c_{554} 与其他特征性的四亚铁血红素细胞色素 c3 蛋白质却无相似之处。由于血红素高螺旋和低螺旋的特性，cyt c_{554} 的紫外-可见光光谱在最大波长 407 nm 处有一条很宽的 Soret 带。蛋白质还原后，在 554 nm 处观察到 α-带，cyt c_{554} 因此而得名。通过穆斯堡尔光谱发现氧化的 cyt c_{554} 中所有的铁离子都以 3 价铁的形式存在。配体结合试验表明，cyt c_{554} 除了电子传递外没有其他功能。但是它可能会通过 NO 的还原实现了生物解毒的作用，因为它既从 HAO 处接受电子，又提供电子给 NO（Upadhyay et al.，2006）。在体外进行的生化试验表明，cyt c_{554} 可以接受来自于 HAO 中的电子（Yamanaka and Shinra，1974）。科学家已计算出 4 种血红素在 pH 值为 7 的条件下的还原电势，其中高度螺旋的血红素为 47 mV，剩下的 3 种血红素分别为 47 mV，−147 mV，276 mV（Upadhyay et al.，2003）。当第一个电子由 HAO 转移到 cyt c_{554} 时，血红素的还原有一个恒定速率，即 250～300 s^{-1}，而第二个电子转移过程中，其恒定速率为 25～30 s^{-1}（Arciero et al.，1991b）。

虽然编码 cyt c_{554}（cycA）的基因可能由 hao 独立转录，但是会通过一个 σ-70 型启动子启动转录，它紧挨 hao，表明在转录过程中它们一起发挥作用（Arp et al.，2007）。

2.4.3.2 细胞色素 c_{m552}

细胞色素 c_{m552}（cyt c_{m552}）的膜位置使其成为 cyt c_{554} 和泛醌池之间电子转移的中间物质（Kim et al.，2008），然而这仍有待实验证实。最近，从 N. europaea 细胞膜中纯化出了 cyt c_{m552}；它往往会形成二聚体，这归因于跨膜基序（Kim et al.，2008）。基于此，形成二聚体和多聚体对其功能发挥是非常必要的。细胞色素纯化制剂的紫外可见光光谱特征表明，其属于 NapC/NRH 家族并且含有高螺旋的血红素。pH=7.8 条件下，cyt c_{m552} 在波长 408 nm 处出现最大吸收峰，属于 Soret γ-带；在 Q-带区（嘧啶铬铁光谱的 α-带区）(Kim et al.，2008) 532 nm 处有一个较为明显的峰，在 550 nm 处吸收峰趋于平缓。而且，还原 ^{57}Fe 富集蛋白的穆斯堡尔光谱表明，其特征与几种低自旋式或高自旋 Fe（Ⅲ）血红素特征一致，比例为 1∶3。纯化的 cyt c_{m552} 的电子顺磁共振（EPR）光谱也发现血红素中高螺旋/低螺旋对之间的相互关系。与亚硝酸盐还原性蛋白质的世代相似性表明，cyt c_{m552} 可能直接接受来自于 HAO 的电子，但这一推论尚未通过试验证明。

从编码氨基酸的序列可知，cyt c_{m552} 的四血红素中心与 NapC/NrfH/NirT/TorC 家族的四和五醌醇脱氢酶具有世代相似性（Bergmann et al.，2005）。这些脱氢酶存在于兼性厌氧菌中，其作用是将电子从辅酶 Q 传递到电子受体。基于 cyt c_{m552} 氨基酸序列同源性，提出 cyt c_{m552} 可能具有喹啉氧化还原酶功能（Kim et al.，2008），科学家预测 cyt c_{m552} 的分子量为 27.1 kDa。

2.4.3.3 醌

接下来，电子从 cyt c_{m552} 转移到醌。泛醌（也称为辅酶 Q）是好氧硝化细菌主要的醌类物质。细胞中包含的泛醌-8（Hooper et al.，1972）是 HAO 的 13 倍。在已知 AOB 的基因组中发现了可与泛醌相互作用的蛋白质（Q/QH2）基因。在 N. europaea 中纯化出了细胞色素 aa3 家族（DiSpirito et al.，1986）和泛醌-8 的末端氧化酶（Hooper et al.，1972）。

2.4.3.4 亚硝基花青素

亚硝基花青素（nitrosocyanin）是一种小的、单核的铜蛋白，为 AOB 所特有。虽然它的作用尚不清楚，但是由于它与另一种电子转移蛋白-质体蓝素具有相似性，故将其归类在电子转移蛋白的部分。将亚硝基花青素与其他蓝铜蛋白区别开来的一个特征是 390 nm 处的铜吸收带；与 450 nm 和 600 nm 蓝铜蛋白带相比，亚硝基花青素会在 390 nm 处产生特有的鲜红色。亚硝基花青素第二个明显的特点是它的还原电位为+85 mV，这要低于蓝铜蛋白+184 mV 到+680 mV 的范围。研究发现，亚硝基花青素与氨氧化系统的其他组分的比例相同；其基因核糖核酸序列表明它存在于胞质中（Arciero et al.，2002）。尽管亚硝基花青素确切的作用仍有待确定，但它的性质和丰度表明了其重要的生理作用。亚硝基花青素可能具有电子转移的作用，但它的晶体结构却与这一作用不相符（Lieberman et al., 2001）。亚硝基花青素的 EPR 特征是 2-型四方铜中心，它通常与催化作用相关，而与电子转移无关（Arciero et al., 2002）。水合铜离子的存在为底物结合提供了一个开放的配位点，而且能够结合底物的氧化型亚硝基花青素中的空腔强化了其催化作用（Lieberman et al., 2001）。

2.5 中心碳代谢

2.5.1 自养作用

大量研究表明，AOB 能够吸收和同化少量有机碳，尤其是在缺氧的条件下（Clark and Schmidt, 1966；Wallace et al., 1970；Krummel and Harms, 1982；Martiny and Koops, 1982；Schmidt, 2009）。然而，有氧条件下吸收的碳并不能满足细胞的需求，绝大多数细胞的碳源来自于二氧化碳/重碳酸盐。在有些无机营养菌中也观察到了相同的现象。有一种理论认为，专性自养是由于不完整的三羧酸（TCA）循环造成的。在 N. europaea 的早期研究中，并没有检测出 α-酮戊二酸脱氢酶的活性，但该酶是自养菌生存的基础（Hooper, 1969）。此外，具有氧化特性的三羧酸循环与利用氨作为能源是相互矛盾的。在兼性甲基营养菌 Methylobacterium extorquens AM1 中发现，编码 α-酮戊二酸脱氢酶的基因失活会导致其突变，除非基质中含有 C_1，否则微生物不能在基质中生长；这就论证了专性自养假说的准确性（Van Dien et al., 2003）。之后根据专性自养假说，将 AOB 划分为专性自养菌。

随着 N. europaea 基因组的完成，从而可以以另一种方式研究专性自养菌。N. europaea 基因谱与一些糖（如果糖）和有机酸（如丙酮酸）的完全代谢一致（Chain et al., 2003）。该分析指导了试验的进行，从而证明以果糖或丙酮酸作为碳源的 N. europaea 的光合异养生长（图 2-6），不过氨依然作为能源。试验需要完全去除 CO_2 以证明异养并导致生长缓慢，因此表明自养是优选的生长模式。在已知的 AOB 基因组中存在 sucA、sucB 和 lpd（编码酮戊酸脱氢酶）基因。在 N. europaea 中，证实了表达酮戊二酸脱氢酶的 mRNA，这就表明编码该酶的这些基因是功能性的。即便如此，在有氧的条件下仍不能测定酶活性。N. europaea 中 sucA 缺失型突变体的生长与利用氨和果糖或丙酮酸培养的野生型菌株一样，这就表明不完全的三羧酸循环仍然与 AOB 中的异养性相容。不完全的三羧酸循环并不会妨碍利用 CO_2 或者有机复合物中的碳作为碳源。三羧酸循环的分支为生物合成提供了必要的碳骨架。然而，不完全的三羧酸循环不能提供有机营养物质。α-酮戊二酸脱氢酶活性的缺乏并不能解释专性自养过程，但却与在有氧条件下生长的 AOB 中观察到的专性自养作用一致。转录研究发现在静止期，sucA 转录的 mRNA 水平更高，这就表明 α-酮戊二酸脱氢酶在 AOB 中可能具有协助细胞应对氨短缺的作用（Hommes et al., 2006）。在微生物厌氧生长过程中，以丙酮酸作为电子供体，NO_2^- 作为电子受体，完整的三羧酸循环（包括 α-酮戊二酸脱氢酶）能够把丙酮酸氧化成 CO_2。

2.5.2 CO_2 的同化作用

在 AOB 中，CO_2 的同化作用发生在卡尔文-本森-巴沙姆（CBB）循环过程中，在这一

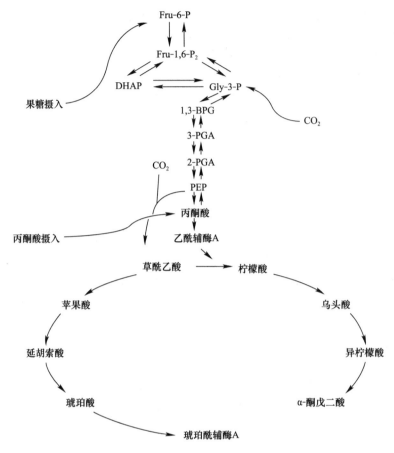

图 2-6 好氧条件下 N. europaea 的中心碳代谢

过程中 1,5-二磷酸核酮糖羧化酶/加氧酶（RuBisCO）催化羧化反应。编码 CBB 循环过程的所有酶基因都出现在 AOB 基因组序列中，但是唯独没有 1,7-二磷酸景天庚酮糖。在 CBB 循环中，AOB 中的 1,6-二磷酸果糖脱氢酶可能是 1,7-二磷酸景天庚糖水解酶，而不是在糖异生作用下水解 1,6-二磷酸果糖。一般认为，RuBisCO 有 4 种形式（即从 Form Ⅰ～Form Ⅳ）(Ezaki et al., 1999; Maeda et al., 1999; Utaker et al., 2002; Tabita et al., 2008)。已获得的基因组表明，在 AOB 中占主导地位的 RuBisCO 是 Form Ⅰ。例如，N. europaea 和 N. eutropha 中的 RuBisCO 为 Form IA（类绿色），而 N. multiformis 和 N. oceani 中的 RuBisCO 为 Form IC（类红色）(Stein et al., 2007; Norton et al., 2008)。在 AOB 中，RuBisCO 在氨基酸序列中有超过 80% 的同一性。

唯一具有产生羧酶体能力的 AOB 是 N. eutropha。这些羧酶体与其他不相关的自养微生物中观察到的很相似，如 Thiobacillus denitrificans (Beller et al., 2006)。N. eutropha 中的羧酶体基因包括编码结构蛋白、二氧化碳浓缩蛋白和蛋白质外鞘的基因，这些蛋白质也是其他不相关自养生物的羧基体的特征 (Stein et al., 2007)。

2.5.3 糖原和蔗糖

对 AOB 基因组的分析明确了能够产生和代谢糖原及蔗糖等碳水化合物的基因 (Arp

et al.，2007）。在 N. europaea 中有控制糖原生物合成和降解的基因，基因集中在两个基因簇中，其他基因座上存在其他基因（Chain et al.，2003）。糖原是一种碳源也是一种能量储存物，普遍存在于动物和原核生物中（Ball and Morell，2003；Lodwig et al.，2005）。细胞应激可导致糖原的积累（Sherman et al.，1983）。当 N. europaea 在标准的实验室条件下生长时，其每毫克蛋白质中含有将近 10-20 ng 的糖原（糖原被 α-淀粉酶水解成葡萄糖后测定）(Vajrala et al.，2010)(图 2-7)。N. europaea 中编码糖原合成酶（NE2264）的基因被破坏后，会降低细胞对氨缺失的环境的抵抗力（Arp 实验室，尚未发表）。因此，AOB 可能会利用糖原帮助自身度过氨供应不足的时期。

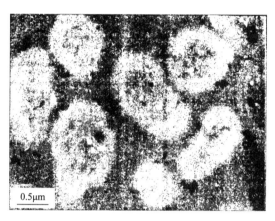

图 2-7 N. europaea 薄片的电子显微镜图片
(N. europaea 经氨基硫脲四氧化锇酸处理后细胞中会形成可见的糖原颗粒)

有研究记录了原核生物中跨膜转运和蔗糖降解的途径（Monchois et al.，1999；Ajdic and Pham，2007），但是微生物蔗糖产生途径的研究却非常有限（Arp et al.，2007；Lunn，2002）。虽然我们已经在蓝细菌中检测出蔗糖产物，但是只有一小部分变形菌具有合成蔗糖的基因。相比于作为一种能量或碳储备物来说，蔗糖可能更多用于保护细胞免受渗透压冲击。两种编码产生蔗糖的基因存在于四种 AOB 基因组序列中（Arp et al.，2007）；在 N. europaea 中已检测出蔗糖，这就证明这些基因具有编码产生蔗糖的功能（Vajrala et al.，2010）。在 AOB 中，磷酸蔗糖合成酶和磷酸蔗糖磷酸酶可能是由同一个基因编码的。与卤代酸脱卤酶、磷酸酶超级家族相关的保守残基在磷酸蔗糖合成酶 C 末端的延伸中进行编码。在 4 种 AOB 序列中，蔗糖合成酶基因与磷酸蔗糖合成酶基因相邻（Arp et al.，2007）。N. europaea 突变体中没有编码蔗糖合成的基因，因此不会产生可检测水平的蔗糖（Vajrala et al.，2010）。

2.6 生物合成及运输

2.6.1 氨同化及转运

基于测序的 AOB 基因谱，发现氨可能通过谷氨酸脱氢酶同化。氨基酸以及其他含氮化合物的合成途径已经确定，并且与其他生物体中已建立的途径一致（Arp et al.，2007）。

在 N. europaea 基因组中识别出一种能编码 Rh（Rhesus）-型转运体的基因，该转运体与普遍存在于其他生物体中的 Amt-B 氨转运蛋白相似（Weidinger et al., 2007）。在细菌、真菌和植物中发现，Amt-B 蛋白主要为 NH_3/NH_4^+ 的通道（Winkler, 2006），能够用于氨转运（Weidinger et al., 2007）。在反硝化条件下，N. europaea 细胞中 rh1 的相对表达会降低，而当其进入到好氧条件下时，rh1 的表达又会增加。但是，rh1 的转录不会随氨浓度的变化而改变。科学家观察到 NH_4^+ 吸收 ^{14}C 标记的甲基胺后，会产生有效的抑制作用，这表明两者都涉及相同的转运系统。甲基胺的转运与 pH 无关，这表明不带电荷的分子被转运，如 NH_3。然而，N. europaea 突变体（编码 Rh1 的基因被破坏）在一定范围的氨氮浓度下可以与野生型一起生长（Vajrala et al., 2010）。

在 1.8 Å 和 1.3 Å 的分辨率下，发现了 N. europaea 中氨转运 Rh 蛋白的 X 射线晶体结构。这种蛋白是由结晶三轴产生的 $α_3$ 同源三聚体，其中缺少前 24～27 个氨基酸，这些氨基酸可能被信号肽酶切割。C 末端延伸表明未知的细胞质伴侣间的相互作用。与其他已知的 Amt 蛋白相比，N. europaea 中 Rh 蛋白的结构与 NH_3 或 CO_2 转运蛋白相似（Li et al., 2007；Lupo et al., 2007）；尽管目前还没有证据显示 Amt 蛋白能够转运 CO_2。

2.6.2 铁

在 AOB 中，对于氨氧化、细胞生长及维持所必需的细胞色素、含血红素的酶、含铁酶，铁是必不可少的。的确，AOB 基因组中有很多与铁吸收相关的基因（Arp et al., 2007）。在 AOB 中，N. europaea 具有最多的铁积累的基因，近 100 种基因与铁的摄取有关，有趣的是，却没有用于铁载体生物合成的基因。在 N. multiformis 基因组中，有 29 种基因被认为与铁的主动运输有关，4 种基因可能与荧光铁载体的产生有关（Norton et al., 2008）。在 N. oceani 和 N. eutropha 中，与铁吸收有关的基因分别有 22 种和 28 种，其中的两种基因认为与铁载体的产生有关。N. europaea、N. eutropha、N. multiformis 和 N. oceani 基因组中许多编码的铁载体转运体/受体能参与其他微生物产生的负载铁的摄取（例如，高铁色素，去铁胺，粪生素，荧光噬铁素和苯邻二酚/苯酚）（Arp et al., 2007）。

N. europaea 在富含铁的基质（浓度为 10 μmol/L）中生长时，细胞也会含有较高的铁浓度（16.3 mmol/L，比大肠杆菌中的高 80 倍）。尽管没有提供外源性铁载体，N. europaea 也可以在铁浓度低至 0.2 μmol/L 时适度生长（Wei et al., 2006）。由于 N. europaea 对铁的需求量高且无法产生铁载体，因此能够在铁浓度如此低的情况下生长是很罕见的。对于其他铁需求量较低的微生物来说（低于 1 μmol/L），可以依赖铁载体生存。

对于铁吸收来说，除了需要铁载体转运体/受体之外，还需 Fe ABC 转运蛋白，且在一些微生物中发现编码这些蛋白的基因彼此之间相互关联。例如，E. coli 含有三组基因，Pseudomonas aeruginosa 含有 4 组基因（Andrews et al., 2003）。除了含有大量铁载体转运体/受体基因之外，N. europaea 还具有编码一组完整的 Fe ABC 转运蛋白组的基因，但是这些基因与受体基因没有任何联系。在 N. europaea 中，对于异羟肟酸形式的铁载体和混合螯合形式的荧光铁载体来说，Fe ABC 转运蛋白是特定的（Vajrala et al., 2010）。特定于儿茶酚-型铁载体或混合螯合-型铁载体转运蛋白的基因仍然未知。N. eutropha 没有可识别的 Fe ABC 转运蛋白，但它却含有能潜在导入铁载体的主要辅助超级家族（MFS）的家族转运蛋白（Stein et al., 2007）。

当细胞内铁浓度变低时，铁摄取基因的上调通常通过铁摄取调控子（Fur）控制的抑制基因的释放而发生（Andrews et al.，2003）。一般认为在 N. europaea 中 fur 基因（NE0616）被破坏会导致铁吸收基因的上调（Arp 实验室，未发表）。当 N. europaea 在铁含量不足的基质中生长时，一些含铁蛋白的表达水平不高（Wei et al.，2006）。这些发现表明 N. europaea 在铁吸收和铁消耗之间保持一种微妙的平衡，因为允许 N. europaea 从 NH_3 中获取能量的酶也是那些具有高铁含量的酶。

N. europaea 具有编码高亲和力、不依赖铁载体的铁摄取系统的基因。例如，它含有不依赖于铁载体的 Fe^{3+} 转运蛋白（被 NE0294 编码，细胞色素 c-型蛋白），这与酵母菌 Ftr1 Fe^{3+} 转运蛋白相似，都含有特有的 Glu-X-X-Glu 铁结合位点（Stearman et al.，1996；Severance et al.，2004）。尽管是一个 Fe^{3+} 转运蛋白，Ftr1 也能转运高亲和力的 Fe^{2+}，这是因为它与一个多铜氧化酶相耦合，可将 Fe^{2+} 氧化为 Fe^{3+}，随后通过 Ftr1 将 Fe^{3+} 运输至细胞质。在 N. europaea 中至少有 7 种编码多铜氧化酶的基因。在细菌中，多铜氧化酶参与铁吸收过程（Herbik et al.，2002；Huston et al.，2002）。微生物中也存在与 Fe^{2+} 转运蛋白具有相对低相似性的基因（NE1286，feoB），但在有氧生长环境中，Fe^{2+} 很少。FeoB 的功能和 Fe^{2+} 对 N. europaea 营养的贡献水平仍有待研究。其他一些与 Fe 营养有关的基因包括铁贮存蛋白-细菌铁蛋白和细菌铁蛋白巯基过氧化物酶蛋白。

2.7 展望

1986 年，Prosser 发表了第一篇有关硝化作用的论文，氨分解代谢的基础途径就已经明确了（Prosser，1986）。然而，在这一过程中涉及到的酶和基因的研究尚处在初期。在之后的 23 年间，我们对氨分解代谢极为重要的一些酶的认识相对增多，对编码这些蛋白质的基因的了解也增多。科学家也纯化出了一些蛋白质和酶，并且了解了它们的生化特性以及氨氧化中一些关键蛋白质的晶体结构。其中最主要的就是对 HAO 结构的阐述：它是一种非常复杂的含有八血红素亚基的三聚体。通过与其他蛋白相比较，我们确定了 AOB 特有的细胞色素结构，包括亚硝基花青素和 AmtB。这些工作极大地提高了我们对氨氧化的认识。即便如此，仍然存在着很多问题。最值得注意的是，启动整个过程的 AMO 酶尚未通过活性纯化至同一性。因此，AMO 中的金属含量尚不明确，氨氧化反应的机制也没有确切的认识。对抑制剂和替代底物的研究以及对 pMMO 的比较为我们进一步认识 AMO 提供了见解，但更深层次的表征需要做更充分的准备。此外，我们也提高了对酶催化作用的认识，增加了对其特异性的了解。不过，其他方面的途径也仍有待确定。例如，虽然已经提出了良好支持的工作模型，但电子转移的精确途径尚不清楚。氨氧化菌的一个有趣的方面，是需要从具有更多正电位的还原剂产生还原性物质[NAD(P)H]用于生物合成（比如：通过"反向电子流"）。

在 AOB 中，应用生物化学、生理学和分子生物学对碳代谢研究要比氨代谢少。科学家已经确定了 RubisCOs 中一些基因的核苷酸序列，但是对于蛋白质的生化特性却研究的很少。碳代谢最受关注的是从基因组测序中推断出的基因谱。通过对基因谱的分析，第一次证明在好氧条件下，AOB 能进行化能异养生长。但是，异养生长要比二氧化碳条件下生长得慢，并且受限于碳源。因此，当同化二氧化碳时，这些细菌如何最有效的发挥作用，仍然是一个问题。科学家也没有完全研究清楚好氧条件下 AOB 的专性自养特性。AOB 中存在控制完整的 TCA 循环的基因，并且可以表达，但一些步骤中的活性低于检测范围。对 AOB 基因谱的研究发现，有必要进一步了解中心碳代谢过程；特别是 1,6-二磷酸果糖和 6-磷酸果糖间的相互转换、糖酵解和糖原异生作用之间的关键控制点。虽然有研究表明微生物中存在可逆的焦磷酸依赖酶，但尚没有提供相关的实验证明。基因谱表明自养过程中必要的生物分子合成途径与预期的相同。但是，有机分子去除的途径还不明确。虽然这种循环能力的缺乏与 AOB 主要自养性质相一致，但它也提出了氨基酸、核苷酸和磷脂在蛋白质，RNA 和脂质翻转时的命运问题。蔗糖的合成和降解的作用仍有待进一步研究。

自上一篇论文以来（Prosser，1986），已经大大推进的领域是 AOB 中的基因核苷酸序列和基因谱。从不涉及基因核苷酸序列的氨代谢到完成多个 AOB 基因组测序，我们已经取得很大进步，并且还有更多正在研究的基因组序列。对于 AOB 来说，了解这些核苷酸序列需深入考虑所需的核心基因，这不同于自养、细胞分裂、修护所需的基因。

研究各种生态系统中 AOB 的氮活动具有重要的意义，像自然的、管理的（如耕地）和工程的（如废水处理）。而正是这种重要性，使科学家保有着对这种细菌的浓厚兴趣。但这种微生物从氨中获得能源的能力和不需要其他能源的独特生活方式，已经并仍将继续吸引生物化学家和其他对酶和代谢途径感兴趣的人的注意力。这些酶和代谢途径使微生物进化，使其具有生活在独特环境中的能力。

我们感谢许多研究人员的工作，他们为我们在过去 40 年中对生物化学、分子生物学以及氨氧化细菌代谢的理解做出了贡献。特别是在过去的 20 年中，虽然我们试图捕捉重大进展，但鉴于空间限制，我们无法引用所有相关出版物。我们感谢三位匿名审稿人和我们的章节编辑马丁·克茨，感谢他们对每章谨慎和批判性的阅读。

第 3 章 氨氧化细菌的多样性及其在环境中的分布

3.1 引言

　　根据环境过程需要对细菌进行分类通常是权宜之计，后续必须要重新划分。但是这项工作仍然很吸引人。从 1890 年到 20 世纪 80 年代，硝化细菌被划为硝化细菌科，根据它们在氨氧化过程或亚硝酸盐氧化过程所起的作用或者其形态学上的差异进行属划分（Bock et al.，1986）。早在 1971 年，Stanley Watson 就认为有必要对硝化细菌科进行重新划分（Watson，1971b）。但重要的是，基于系统发育的硝化细菌科的重建，只有在 16S 核糖体 RNA 寡核苷酸目录可用时才可以进行（Woese et al.，1984，1985；Head et al.，1993）。随着其他核糖体测序技术的发展，硝化细菌作为一个群体，并非来自任何祖先的硝化表型，但是这些世系是由不同的光合祖先多次产生的（Teske et al.，1994）。氨氧化菌群可能是通过 β-变形菌门亚硝化单胞菌科祖先的横向迁移产生的（Klotz and Stein，2007）（见第 4 章）。最近在陆地和海洋环境中发现了一类丰富的古菌，这类菌有与细菌中编码氨单加氧酶（*amo*）基因相似的基因（Treusch et al.，2005），且分离株中存在氨氧化的代谢特性（Konneke et al.，2005）（第三篇）。古菌氨氧化过程以及厌氧氨氧化（anammox）过程在全球氮循环中起着重要的作用（Francis et al.，2007），我们将在以下章节讨论。本章回顾了氨氧化原核生物的一部分，即好氧无机化能营养菌-氨氧化细菌（AOB）的多样性、分布和生物地理学。

3.2 好氧氨氧化细菌的系统发展史和分类学

3.2.1 分类学概述

　　目前，对于好氧无机化能自养型 AOB 的分类主要依靠核糖体序列和比较基因组学（见第 4 章），但是，之前确立的分类学名称主要取决于细胞形态和细胞质膜的排列方式。在陆地上，AOB 一般属于 β-变形菌门；而在海洋中，一般属于 β-变形菌门和 γ-变形菌门。*Nitrosococcus*（γ-变形菌纲，着色菌目，着色菌科）在海洋系统中分布广泛（Ward and O'Mullan，2002）。科学家已经发表了关于已知 AOB 纯培养物和物种的综述（Purkhold et al.，2000），介绍了系统发育谱系或聚类（Purkhold et al.，2000；Kowalchuk and Stephen，2001）。变形菌门中 AOB 聚类系统发育树如图 3-1 所示，表 3-1 给出了涉及可选择性培养 AOB 的主要参考文献和 GenBank 登录号。

第 3 章 氨氧化细菌的多样性及其在环境中的分布

表 3-1　选择性纯培养化能自养型 AOB 分离菌株的分类概述[a]

属和种	菌株	基因簇[b]	典型的生产环境	细胞形状	16S rRNA 基因库	amo 基因库	参考文献
β-变形菌							
Nitrosomonas europaea	ATCC 19718	7	土壤，水，污水	直杆状	基因组：AL954747		Winogradsky, 1982; Chain et al., 2003
N. mobilis[c]	Nc2	7	盐水	球状	AJ298701	AF037108	Koops et al., 1976
N. communis	Nm2	8	土壤	棒状	AF272417	AF272399	Koops et al., 1991
N. eutropha	C-91 (Nm57)	7	污水	棒状到梨状	基因组：CP000450 染色体 1，CP000451 和 CP000452 质粒 1 和 2		Koops et al., 1991; Stein et al., 2007
N. halophila	Nm1		含盐或含碱湖	短棒状	AF272413	AF272398	Koops et al., 1991
N. marina	(Nc4) Nm22	6B	海水	直杆状	AF272418	AF272405	Koops et al., 1991
N. nitrosa	Nm90	8	富营养化的水域，污水	球状或棒状	AF272425	AF272404	Koops et al., 1991
N. oligotropha	Nm45	6A	淡水，土壤	直杆状	AF272422	AF272406	Koops et al., 1991
N. ureae	Nm10	6B	土壤，淡水	棒状	AF272414	AF272403	Koops et al., 1991
N. aestuarii	Nm36	6B	盐水	棒状	AJ298734	AF272400	Koops et al., 1991
N. cryotolerans	NW430 (Nm55)		海水	直杆状	AJ298738	AF314753	Jones et al., 1988
Nitrosomonas sp.	Nm143		海洋河口	棒状	AY123794	AY123816	Purkhold et al., 2003
Nitrosospira sp.	40KI	0	土壤	螺旋紧线圈状	X84656	AJ298687	Utaker et al., 1995; Jiang 和 Bakken, 1999
Nitrosospira	No cultures	1	海水或沉积物	ND	AY461519 LD2-2 克隆	未知的	Freitag and Prosser, 2004
Nitrosospira sp.	AHB1	2	酸性土壤	螺旋状	X90820	X90821	DeBoer et al., 1991; Rotthauwe et al., 1995
Nitrosospira briensis	C-76 (Nsp10)	3	土壤	螺旋状	AY123800	AY123821	Watson, 1971a; Purkhold et al., 2003
N. briensis	C-128 (Nsp4)	3	土壤	螺旋状	L35505 M96396	U76553	Watson, 1971a; Norton et al., 2002
Nitrosospira multiformis[d]	C-71	3	土壤	叶状	基因组 NC_007614（染色体） NC_007615, NC_007616, NC_007617（质粒 1, 2, 3）		Watson et al., 1971; Norton et al., 2008
Nitrosospira tenuis[e]	Nv1	3	土壤	曲杆状，弧形	AY123803	AY123824	Harms et al., 1976; Purkhold et al., 2003

续表

属和种	菌株	基因簇[b]	典型的生产环境	细胞形状	16S rRNA 基因库	amo 基因库	参考文献
Nitrosospira sp.	AF	3	酸性土壤	弧形	X84658	AJ298689	Utaker et al., 1995; Jiang 和 Bakken, 1999
Nitrosospira sp.	KA3	4	土壤	螺旋状	AY123806	AY123827	Jiang 和 Baken, 1999
Nitrosospira sp.	Nsp57	—	砖石	螺旋状	AY123791	AY123835	Purkhold et al. 2003
Nitrosospira sp.	Nsp65		砖石	螺旋状	AY123813	AY123838	Purkhold et al., 2003
γ-变形菌							
N. oceani	C-107		海水	球状	基因组 NC_007484（染色体）和 NC_007483（质粒 A）		Watson, 1965; Alzerreca et al., 1999; Klotz et al., 2006
N. oceani	C-27		海水	球状			
N. oceani	AFC27		海水	球状	AF508988	AF509001	Ward 和 O'Mullan, 2002
N. halophilus	Nc4		含盐池塘	球状	AF287298	AJ555509	Koops et al., 1990; Purkhold et al., 2000
Nitrosococcus "watsonii"	C-113		海水	球状	AF153343	AF153344	Alzerreca et al., 1999; M. G. Klotz

[a] 对于具有可用基因组序列的菌株，将提供基因组的登录，而不是单个基因的登录
[b] 见 Purkhold et al. (2003)
[c] 应该被重新划分至 *Nitrosomonas*
[d] 早先以 *Nitrosolobus multiformis* 所知（Head et al., 1993）
[e] 之前为 *Nitrosovibrio tennis*（Head et al., 1993）

3.2.2 β-变形菌中的 AOB（细菌域，变形菌门，β-变形菌纲，亚硝化单胞菌目，亚硝化单胞菌科）

人们普遍认为 *Nitrosomonas* 和 *Nitrosospira* 属于 β-变形菌。在 β-变形菌中，*Nitrosococcus mobilis* 并不是一个有效的出版名称，但仍没有正式重新划分到 *Nitrosomonas* 属中。基于当前数据集的系统发育推断不支持所有亚硝基单体彼此之间的关系比 *Nitrosospira* 谱系成员之间的关系更密切（Purkhold et al., 2000），尤其是 *Nitrosomonas cryotolerans* 和 *Nitrosomonas* sp. strain Nm143 的归属问题。因此，当基于分类学的系统发育学方法修订之后，*Nitrosomonadaceae* 属于 2 个或更多属的经典划分可能不会继续保留。尽管 *Nitrosospira* 取代了 *Nitrosolobus* 和 *Nitrosovibrio*，但这个决定仍具有争议，尤其是对 "*Nitrosolobus*" 来说。对这些菌群进行基因组测序有助于描述属或谱系的边界。

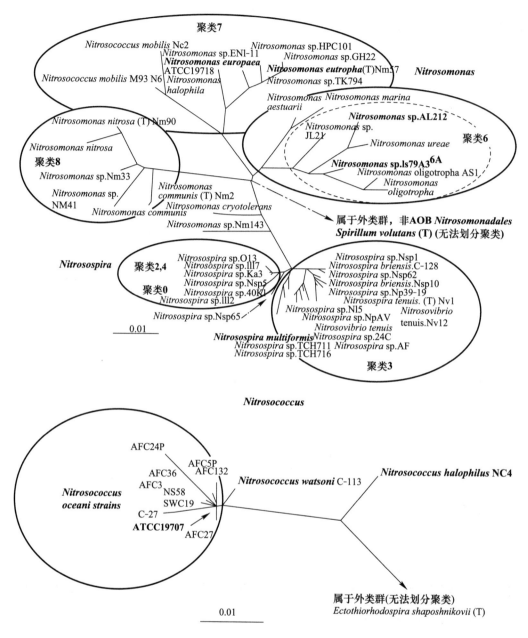

图 3-1 β-变形菌（上）和 γ-变形菌（下）中 AOB 16S rRNA 聚类图

（基于分离菌株的高质量序列（>1200bp）进行划分；序列数据的检索和分析是利用 RDP 版本 10 数据库功能实现的（Cole et al., 2009）；一些 Nitrosococcus 16S rRNA 基因序列来自正在进行的基因组测序项目（M.G.Klotz, personal communication）。菌株的选择和聚类的命名是基于 Purkhold et al.（2000, 2003）、Kowalchuk and Stephen（2001）和 Ward and O'Mullan（2002）的研究）

3.2.2.1 *Nitrosomonas*（亚硝化单胞菌）

目前定义的 *Nitrosomonas* 中至少有 6 个谱系（Pommerening-Roser et al., 1996）。这些谱系是由 16S rRNA 基因序列、*amoA* 基因序列以及生理生态学特性所确定的（Purkhold et al., 2000; Koops and Pommerening-Roser, 2001)。遗憾的是，这些群体中的许多物种名称都有可能从有效列表中删除，因为不同国家的两个不同收藏中的沉积物尚未记录（Euzeby and Tindall, 2004），并且一些类型的菌株无法公开获取。*Nitrosomonas* 的谱系或物种一般分布在不同的环境中。其中关键性的环境特征包括盐度、氨浓度以及 pH（第 6 章）。以 *Nitrosomonas oligotropha* 和其他氨敏感菌株为代表的聚类 6A 主要存在于淡水中，但是在河口和陆地生态系统中也有发现（Coci et al., 2005, 2008; Fierer et al., 2009）。与聚类 6B 密切相关的成员，例如 *Nitrosomonas aestuarii* 和 *Nitrosomonas marina*，具有较高盐浓度的耐受性，包括海洋生态系统。聚类 7 包括 *Nitrosomonas europaea*，*Nitrosomonas mobilia strains* 和 *Nitrosomonas eutropha*，它们具有高氨浓度耐受性。目前，科学家已从各种环境中分离出来了 *Nitrosomonas* 中的代表性菌种，包括污废水、水生和陆地生态系统。*Nitrosomonas communis* 和 *Nitrosomonas nitrosa* 以及相关菌株（有时称为聚类 8）具有不同的生理生态学特性和来源。以 *Nitrosomonas* sp. strain NM 143 和 *Nitrosomonas cryotolerans* 为代表的谱系都是深海海洋生物。

3.2.2.2 *Nitrosospira*（亚硝化螺菌属）

基于 16S rRNA 系统发育的稳定聚类在 *Nitrosospira* 内是有问题的，因为 16S rRNA 的整体高度一致性（> 97%）。通过使用其他标记可能会实现 *Nitrosospira* 的更精细的分类，例如利用 16S-23S rRNA 基因间隔区（Aakra et al., 2001）或者完整的 *amoA* 基因（Norton et al., 2002）。*Nitrosospira* spp. 的额外基因组测序和 DNA 同源性分析结果的确定将会进一步提高我们对 *Nitrosospira* 的了解。目前，具有代表性的分离菌株包括聚类 0，2，3 和 4（图 3-1 和表 3-1 所示）；聚类 1 仍然没有具有代表性的纯培养菌株。土壤通常以 *Nitrosospira* spp. 为主，而海洋和淡水系统往往是不同属的 AOB 混合存在。*Nitrosospira* 聚类的分布与生理生态特性相关，包括 pH 耐受性、脲酶活性、尿素水解的最适 pH 和耐盐性（De Boer and Kowalchuk, 2001; Koops and Pommerening-Roser, 2001; Pommerening-Roser and Koops, 2005）。在土壤和淡水系统中发现了聚类 0 中微生物的序列；而聚类 1 的序列主要在海水或海洋沉积物中发现。聚类 2，3，4 在各类环境中都有发现，包括土壤、淡水以及海洋系统。其中聚类 2 序列常在酸性土壤中发现（Kowalchuk and Stephen, 2001）；聚类 3 序列普遍存在于陆地系统，尤其是农业、草地或草坪系统（Kowalchuk and Stephen, 2001; Webster et al., 2002; Dell et al., 2008; Le Roux et al., 2008; Norton, 2008）。科学家已经提出了聚类 3 的进一步划分（即 3A，3B），以促进具有特征动力学或生长参数微生物的聚类（Avrahami et al., 2003; Webster et al., 2005）。

3.2.3 γ-变形菌中的 AOB（细菌域，变形菌门，γ-变形菌纲，着色菌目，着色菌科，亚硝化球菌属）

目前，所有 γ-变形菌中的 AOB 都属于 *Nitrosococcus* 属。*Nitrosococcus* 属的原始菌株是 *Nitrosococcus winogradskyi* 1892（Winogradsky, 1892），但原始菌株已经丢失。然而，科学家认为 *Nitrosococcus oceani* ATCC 19707（C-107）（Watson, 1965）与之前描述的 *N. oceani* 菌株非常相似，它属于着色菌科，也称为紫色硫细菌。目前，*N. oceani* 和 *Nitrosococcus halophilus* 是唯一被认可的 γ-变形 AOB 物种，尽管另外的菌株 *Nitrosococcus watsoni* C-113 也有描述。通过免疫荧光和检测天然海水中提取的 DNA 16S rRNA 基因和

amo 序列，发现 *N. oceani* 在海洋中广泛分布（Ward and O'Mullan，2002；O'Mullan and Ward，2005）。除了海洋，在南极常年冰层覆盖的含盐湖泊中也发现了 *Nitrosococcus*（Voytek et al.，1999）。*N. halophilus* 只从含盐池塘中分离出来了（Koops et al.，1990）。在基于 16S rRNA 基因序列的环境样本中检测到的 γ-变形 AOB 的有限多样性可能部分由引物选择性解释，但其已通过使用 *amoA* 的方法得到证实（O'Mullan and Ward，2005）。表 3-1 中列出了选定的 *Nitrosococcus* 菌株，菌株之间的关系如图 3-1 所示。

3.3 好氧氨氧化细菌的环境分布及生物地理学

3.3.1 海洋系统（见第 7 章和第 13 章）

尽管在大部分海洋环境中检测到了大量的氨氧化古菌，但是在海洋系统中也发现了 γ-变形和 β-变形 AOB（Francis et al.，2005；Wuchter et al.，2006）。在全球范围内的海水以及永久冰层覆盖的南极盐湖中检测到了 *N. oceani* 菌株（Ward and O'Mullan，2002；O'Mullan and Ward，2005）。*N. cryotolerans*、*N. marina*、*Nitrosomonas* sp. strain Nm143 以及聚类 6 中一些耐盐的代表性菌株，像 *Nitrosomonas ureae*，已经被分离出或者如在表层海水或沉积物中检测到了并分离出 *Nitrosomonas ureae*（Purkhold et al.，2003；O'Mullan arid Ward，2005；Ward et al.，2007）。科学家已经在海洋系统中检测出 *Nitrosospira* 聚类 1 和聚类 3 的序列（Bano and Hollibaugh，2000；Freitag and Prosser，2004；O'Mullan and Ward，2005）。在这些环境中耐盐和耐温是影响菌群组成的选择性因素（Ward et al.，2007）。

3.3.2 河口和淡水系统（见第 7 章和第 15 章）

科学家检测了不同河口梯度中的 AOB 菌群，主要集中在美国切萨皮克湾（Ward et al.，2007）、较浅的法国塞纳河（Cebron et al.，2003，2004）、美国马萨诸塞州普拉姆岛海峡（Bernhard et al.，2005，2007）、英国苏格兰地区东海岸的伊森河（Freitag et al.，2006）及荷兰和比利时斯海尔德河口（de Bie et al.，2001；Bollmann and Laanbroek，2002；Coci et al.，2005）。尽管氨氧化古菌可能在这些系统中起着重要的作用，但大多数研究并没有分析它们具体作用及群落组成，尤其是河口梯度伸向海洋的地方（Ward et al.，2007）。在一些研究中发现，从淡水到海水，AOB 菌群会随着盐浓度梯度的改变而改变。在河口普遍发现的菌群包括与 Nm143 菌株相似的 *Nitrosomonas*、*Nitrosomonas* 聚类 6A、与海洋系统中其他菌群相关的 *Nitrosospiras*（Bernhard et al.，2005；Freitag et al.，2006；Ward et al.，2007）。

淡水湖和溪流的特性随着贫营养到富营养的转化而不同，而废水处理或农业处理会造成氮源的大量排放。在这些系统中，AOB 菌群反映了氮元素的形态变化（Whitby et al.，2001；Caffrey et al.，2003；Cebron et al.，2004；Coci et al.，2008）。在淡水湖和溪流中普遍发现的 AOB 菌群包括与 *N. oligotropha*（聚类 6A）相关的微生物及沉积物和附生环境中的 *Nitrosospiras*（Coci et al.，2008）。

3.3.3 污水和其他工程的脱氮处理系统（见第 16 章）

污水处理厂是一个高度管理的体系，主要目标是处理氨/铵。不同处理阶段通常用于促进硝化和保留硝化生物质（Viessman and Hammer，2004），二级或工业高氨氮废水通常分开处理，以去除过量的氨。AOB 已经在这些系统中进行了广泛的研究，尽管重点通常是硝化动力学和过程特征，而不是所涉及的生物，但是 AOB 被认为是一个限速因子（Wagner et al.，1996；Juretschko et al.，1998；Kelly et al.，2005；Wells et al.，2009）。尽管在污水处理系统中也发现了 *Nitrosospira*（Park et al.，2002），但是依赖于培养和不依赖于培养的方法都发现各种 *Nitrosomonas* 在污水处理系统中是常见的 AOB；这可能是由于 *Nitrosospira* 更适应在低温和高溶解氧环境中生存（Wells et al.，2009）。对高浓度氨有耐受性的 *N. eutropha* 和 *N. nitrosa* 菌株已从污水中分离出来（表 3-1）。用于污水处理的人工湿地中的微生物一般是 *Nitrosospira* 和 *Nitrosomonas*（Ibekwe et al.，2003；Gorra et al.，2007；Ruiz-Rueda et al.，2009），其控制因素与植物种类和污染物强度有关。虽然通常认为污水系统具有较高的氨/铵含量，但管理良好的成熟系统通常通过相当低的铵/氨池维持较高的硝化速率。因此，分子生物学研究发现，与 *N. oligotropha* 有关的 *Nitrosomonas* 聚类 6A 是最多的 AOB（Park et al.，2002；Siripong and Rittmann，2007），且使用低氨介质从污水中分离出相关菌株（Suwa et al.，1994）。最近，在一些污水系统中发现了氨氧化古菌 *amoA* 序列，其在系统中的功能重要性仍是当前研究的话题（Park et al.，2006；Wells et al.，2009；Zhang et al.，2009）。

3.3.4 陆地系统和土壤（见第 14 章）

利用分子生物学技术发现，通常情况下，陆地环境中 *Nitrosospira* 聚类 3，2，4 是 AOB 常见的类型，*Nitrosomonas* 聚类 6A 和 7 却不是很常见（Kowalchuk and Stephen，2001；Prosser and Embley 2002；Avraharm and Conrad，2005；Norton，2008；Fierer et al.，2009）。总而言之，*Nitrosospira* 聚类 3 是 AOB 最常见的，但这可能反映了世界范围内农业和草原系统的大量观测（参见"生物地理学"部分）。研究发现，生态生理学特征与系统发育聚类有一些明显的相关性，例如：*Nitrosospira* 聚类 2 和酸性土壤有关（De Boer and Kowalchuk，2001；Nugroho et al.，2007），*Nitrosospira* 聚类 4 在天然未耕种的土壤中较常见（Bruns et al.，1999；Kowalchuk et al.，2000a，2000b）。仅用 16S rRNA 做基因标记物完全区分陆地 *Nitrosospira*，这样概括是有问题的。编码氨单加氧酶、脲酶、亚硝酸盐还原酶及其各自活性的基因的差异可能有助于进一步描绘 *Nitrosospira* 的功能性状和生态型（Koper et al.，2004；Avrahami and Conrad，2005；Ponmierening-Roser and Koops，2005；Webster et al.，2005；Avrahami and Bohannan，2007；Camera and Stein，2007；Garbeva et al.，2007；Le Roux et al.，2008）。

3.4 原生和次生演替期间的氨氧化细菌群落

原生演替发生在新暴露的或者沉积的基质中，例如熔岩流、沙丘或冰川沉积物中，并且需要从外界输入风或水分散的繁殖体（Chapin et al.，2002）。生态学家会观察演替过程中的氮循环，因为氮的可用性经常限制植物的建立和生长。尽管科学家对硝化细菌的活性进行了研究（Vitousek et al.，1989；Merila et al.，2002），但很少有研究专门检测过 AOB 利用新的初级底物的能力。利用分子生物学方法，在洲际航空尘埃（Polymenakou et al.，

2008）和冰川融化的部分（Nemergut et al., 2007）中检测到了AOB。新底物的利用通常受局部位点条件和接种源距离的控制（Sigler and Zeyer, 2002; Gomez-Alvarez et al., 2007）。基于无机氮池大小和活性测量的推断，硝化作用应该在原生演替开始后几十年到几百年建立（Kitayama, 1996; Merila et al., 2002; King, 2003; Gomez-Alvarez et al., 2007; Nemergut et al., 2007）。

在次生演替期间，微生物群落会在土壤中发展，通常这些土壤缺乏微生物、多样性低。一些研究表明，在次生演替过程中会发生硝化作用；包括火灾后的森林系统（Smithwick et al., 2005; Turner et al., 2007），移动沙丘（Kowalchuk et al., 1997）以及一些农业遗址（Bruns et al., 1999; Kowalchuk et al., 2000a）。2000年黄石公园生态系统发生一场重大的林分替换火后，科学家检测到了无机氮的有效性和转化（Turner et al., 2007）。土壤中的无机氮（主要是氨氮）在火灾后急剧升高然后迅速下降。大火后的4年里，硝酸盐和硝化速率逐年增高（Turner et al., 2007）；观察这一过程中硝化细菌群落的变化将会非常有趣。通过跨越大约200年的移动沙丘的横断面来看，在邻近海洋的、历史最短的沙丘中发现了海洋聚类 *Nitrosomonas* 和 *Nitrosospira* 的序列，而靠近陆地的位置 *Nitrosospira* 聚类3，4和2占优势（Kowalchuk et al., 1997）。在荷兰钙化的草原中，对处于早期次生演替的土壤停止施肥后，土壤中的优势菌群由 *Nitrosospira* 聚类3A转变成聚类4，这类微生物出现在较早的数十年没有施肥的田地中（Kowalchuk et al., 2000a, 2000b）。同样的，在已经耕种和施肥100年的土壤中，*Nitrosospira* 聚类3占优势，而相邻的天然土壤还含有聚类4和2的序列（Bruns et al., 1999）。在生育力和植物物种管理方面存在差异10~20年的牧草土壤中，来自改良施肥地点的AOB群落的多样性较少，而 *Nitrosospira* 聚类3和2是常见的。在未改良的地点，发现了聚类3，7，2和一个新的群体（Webster et al., 2002, 2005）。土壤硝化细菌群落及其生理生态生境的进一步讨论见第14章。

利用基于化能自养型的生活方式的分离技术研究AOB已超过一个世纪（Winogradsky 1892; Koops and Pommerening-Roser, 2001）。最近，出现了利用16S rRNA序列和对一种关键酶，即氨单加氧酶进行基因编码的分子生物学技术来研究AOB（Kowalchuk and Stephen, 2001; Prosser and Embley, 2002）。虽然有许多研究指出，需要利用巢式PCR技术对低丰度种群进行连续检测（Ward et al., 1997; Hastings et al., 1998; Phillips et al., 1999; Whitby et al., 2001; Fierer et al., 2009），但相对而言，很少有环境显示出AOB的可检测分子特征（Bano and Hollibaugh, 2000; Hatzenpichler et al., 2008）。所有陆地（Kowalchuk and Stephen, 2001; Yergeau et al., 2007）和海洋中的AOB（Ward and O'Mullan, 2002）都已经进行过检测。在远低于冰点时，科学家检测到了 *N. cryotolerans* 活性（Miteva et al., 2007）；在中度嗜热环境中检测到了AOB（Lebedeva et al., 2005），尽管在大多数高温环境中，氨氧化生物中的优势种群是氨氧化古菌（Zhang et al., 2008）。在酸性（De Boer and Kowalchuk, 2001）和极端碱性（Sorokin et al., 2001）的环境中，不但检测并且分离出了AOB。虽然已经从多种不同的环境中检测和分离出AOB，这些环境会供应其基本代谢需要的氨和氧气，但在实验室中成功培养还存在困难，因为实验室中的培养环境需要与原始栖息地的环境条件相同。

3.5 好氧氨氧化细菌生物地理学的展望

物种形成、灭绝以及传播在全球范围内产生了可观察到的微生物分布（Ramette and Tiedje，2007a）。微生物的生物地理学和环境分布是环境决定、随机分布以及定殖过程的结果（Martiny et al.，2006；Green et al.，2008）。细菌在不利于生长的条件下长时间休眠的能力有利于其破除生态系统障碍而进行传播。科学家在种系多样性和汇总变量方面对整体土壤细菌群落多样性进行了比较（Fierer and Jackson，2006；Horner-Devise and Bohannan，2006）。科学家认为土壤pH是整体细菌多样性的最佳预测因子，而且这一因子对AOB也很重要（见第14章）。好氧AOB被用作分子生态学的模型（Kowalchuk and Stephen，2001），并且引起生态学家和生物地球化学家的极大兴趣。由于这些原因，它是具有已知功能的少数连贯的微生物之一，其具有足够的表征深度以完成大陆尺度上的生物地理比较（Ramette and Tiedje，2007a，2007b）。对于该分析，选择源自近中性pH范围内（pH为5.8~8）但来自不同大陆的表层草地和农业土壤的 *Nitrosospira* 16S rRNA基因序列（>440个碱基对）用于比较（总共493对序列）。选择的16S rRNA基因序列包括分离菌株和全世界研究范围内的克隆文库（Koops and Harms，1985；Utaker et al.，1995；Stephen et al.，1996；Bruns et al.，1999；Mendum et al.，1999；Phillips et al.，2000；Purkhold et al.，2000；Oved et al.，2001；Mendum and Hirsch，2002；Ida et al.，2005；Nejidat，2005；Mertens et al.，2006；Song et al.，2007；Dell et al.，2008；Le Roux et al.，2008）；这些文库可以在核糖体数据库项目中获得（Ribosomal Database Project）(Cole et al.，2009)。这种分析的目的是：通过更精确的分类学方法以及研究 *Nitrosospira* spp. 是地方性分布还是世界性分布来探究AOB的生物地理学特性（Ramette and Tiedje，2007a）。依据曼特尔r检验的结果（Dray and Dufour，2007），遗传距离和地理距离的矩阵是显著相关的（$r=0.22$，$P=0.001$）。当菌株来自比地理学上更接近的位置时，16S rRNA基因序列对之间的遗传距离更大（图3-2）。研究结果表明：在大的地理距离内，*Nitrosospira* 中虽然存在空间结构，但遗传分辨率非常高（分歧度总共小于3%）(图3-2)。理解 *Nitrosospira* 中功能分化的生物地理学特性，可能需要更精细的工具；即便这样，仍有可能无法解释大量观察到的遗传变异现象，遗传变异性与生态中性过程而不是生态位分化相关（Ramette and Tiedje，2007b）。

最近，对一系列北美地区生态系统（不包括农业）中23种土壤里的AOB群落进行了比较（Fierer et al.，2009）。以97% 16S rRNA基因序列的相似性为分界标准，仅观察到24个AOB种系型（共检测602对序列），其中80%属于 *Nitrosospira*。尽管不同地区的菌群多样性不同，但是观察到的空间分布与生态系统类型或地区特征并不明显相关。总体而言，地区年平均气温是AOB群落相关性的最佳预测因子（Fierer et al.，2009）。详细的生态生理学调查，确认了温度作为选择因素的重要性，这些调查研究了温度对草地和农业土壤中AOB群落的影响（Avrahami et al.，2003；Avrahami and Conrad，2005；Avrahami and Bohannan，2007）。

鉴于土壤形成因素的复杂相互作用，这些因素包括气候、生物群以及地形（随着时间的推移，地形会作用于母质层），在全球范围内，仍然难以解开陆地生境中AOB的生物地理学特性（Jenny，1941）。在海洋栖息地中，*Nitrosococcus*、*Nitrosomonas* 和 *Nitrosospira* 与氨氧化古菌共存，它们的相对贡献和多样性才刚开始划定。现在人类活动对氮循环的破坏进一步改变了硝化细菌的生态位空间；为了研究微生物局部适应和系统发育上一些小群体中的独特功能特征，多相分类或基因组方法将是必不可少的。AOB、氨氧化古菌和亚硝酸盐氧化原核生物的功能群将作为硝化过程与微生物多样性和生物地理学联系起来的重要模式生物持续存在。

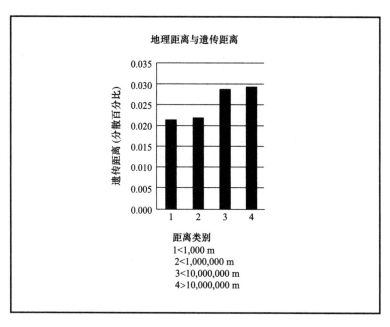

图 3-2　*Nitrosospira* spp. 中 493 对 16S rRNA 基因序列的遗传距离（分散百分比）和来源之间的地理距离（m）的成对比较

序列数据的检索和分析是利用版本 10 RDP 数据库功能实现的（Cole et al., 2009）；利用 ArcGIS（版本 9.1；环境系统研究所，加利福尼亚州 Redlnds）计算地理距离，并将其转化成 4 个分类，如图所示。对于未转换的地理距离和序列距离的矩阵的统计分析利用曼特尔 r 检验实现（Ade4 版本 1.4-11）(Dray and Dufour, 2007)，结果表明 DNA 距离随着地理距离的增大而增大（$r=0.22$，$P=0.001$）

这项研究得到美国犹他州农业研究所和和犹他州立大学的支持，批准的期刊论文号为 8141。

第4章 氨氧化细菌的基因组学及其进化

4.1 引言

硝化作用是指在有氧条件下，NH_4^+-N（氧化态-3价）氧化为NO_2^--N（氧化态$+3$价），而后NO_2^--N 氧化为NO_3^--N（氧化态$+5$价）的过程。同化与异化的硝酸盐还原作用、同化与呼吸的氨氧化作用、反硝化氨氧化作用以及硝化作用是不同固定氮中间体之间的关键转化过程之一（图 4-1）。

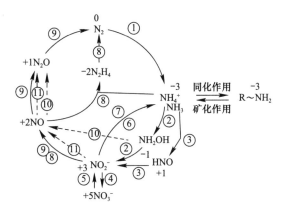

图 4-1 微生物氮循环过程

图例表示出了每种中间产物的氧化价态（Klotz, 2008; Klotz and Stein, 2008），其中氨氧化古菌的代谢途径是假定的（Walker et al., 2010）。1——氮的固定；2——有氧条件下，细菌将NH_4^+氧化成NO_2^-；3——有氧条件下，古菌将NH_4^+氧化成NO_2^-；4——有氧条件下，细菌将NO_2^-氧化成NO_3^-；5——在微生物作用下，通过同化或异化反应将NO_3^-还原成NO_2^-；6——呼吸的氨氧化作用作为异化反应的第二步，即将NO_2^-还原成NH_4^+（DNRA，5 和 6）；7——同化的氨氧化作用作为同化反应的第二步，即将NO_2^-还原成NH_4^+（ANRA，5 和 7）；8——反硝化厌氧氨氧化作用；9——兼养微生物和异养微生物厌氧反硝化；10——在 AOB 和 ANB 作用下，将NH_2OH氧化成 NO；11——在 AOB 和 ANB 作用下的好氧反硝化

4.1.1 硝化过程中的微生物

尽管在过去的 100 年里，已经获得了大量有关硝化细菌生活习性方面的生理生态信息，但是在获得全基因组序列之前，在分子水平上对这些生物的了解是非常有限的，并且没有超出编码核糖体 RNA 的基因序列和涉及氮转化过程的一些关键酶的范畴（Arp et al., 2007 和其中的参考文献）。此外，在过去的 5 年中，对于硝化微生物分类多样性的认识是相当有限的。在有氧条件下，将NH_4^+氧化为NO_2^-的古生菌分布广泛（Könneke et al., 2005; Hallam et al., 2006; Leininger et al., 2006; Nicol and Schleper, 2006; de la Torre et al., 2008; Hatzenpichler et al., 2008; Prosser and Nicol, 2008; Martens-Habbena et al., 2009），该发

现显著拓宽了硝化微生物的分类范围（见第三篇）。然而在过去的 15 年中，科学家深入研究发现，在缺氧条件下，相当多的氨氮也会发生代谢。无论是从工艺上还是从分子水平上，这一发现改变了我们对硝化作用的理解（Dalsgaard et al.，2005；Jettern et al.，2005；Kuenen，2008 及其中的参考文献）。严格的厌氧氨氧化（anammox）过程可直接产生和释放 N_2（Kartal et al.，2007；Jetten et al.，2009），与传统反硝化作用明显不同（Zumft，1997；Zumft and Kroneck，2006），因此准确地来说，anammox 可以描述为"反硝化氨氧化"。硝化古菌和厌氧氨氧化菌（见第四篇）(Jettern et al.，1998，2005，2009；Strous et al.，1999；Kuenen，2008）的发现，要求人们区分不同的反应过程，如氨氧化或硝化；还要区分描述这些过程中的微生物所用术语，如氨氧化细菌、氨氧化古菌或硝化细菌。

在分子和生理水平上，除了化能无机营养细菌和古菌外，科学家还发现了分类多样化的嗜甲烷细菌和异养细菌。在厌氧条件下，这两类菌能将 NH_4^+ 氧化为 NO_2^-（Poret-Peterson et al.，2008；Nyerges and Stein，2009）。同时，这些细菌也能够进行好氧反硝化，因为它们在有氧条件下，能够呼吸产生和释放一氧化氮（NO）和一氧化二氮（N_2O）。此外，NC10 门的厌氧甲烷氧化细菌（MOB）*Methylomirabilis oxyfera* 有厌氧氧化氨的潜能。NC10 中甲烷的厌氧氧化会与反硝化作用耦合（Ettwig et al.，2008，2009，2010），但是，氨氧化是否与亚硝还原相耦合尚不明确。

考虑到氨氧化的代谢环境，为描述氨氧化细菌的基因组和进化过程，本节提出了一个扩展的分类方法，如表 4-1 所示。该方法也可应用于亚硝酸盐氧化细菌（NOB）。本书的其他章节将详细介绍各个菌群的分类学和生态学信息。

氨氧化微生物的新系统命名法 表 4-1

名称	简称	生理特征
好氧氨氧化菌	AOB	严格的化能自养菌，仅从氨氧化中获取能量和还原性物质，从而维持自身生长
好氧氨氧化古菌	AOA	与 AOB 相同
好氧亚硝酸盐氧化菌	NOB	严格的化能自养菌，仅从亚硝酸盐氧化中获取能量和还原性物质，从而维持自身生长
好氧氨氧化异养菌	ANB	C1 型有机营养菌能够联合将氨氮氧化成亚硝酸盐（硝化作用），但是不能从中获取维持自身生长的物质
好氧氨氧化异养古菌	ANA	与 ANB 相同
amoA 基因编码的好氧古菌	AEA	编码 *amoA* 基因的古菌的硝化能力仍然没有被阐述
厌氧氨氧化菌	ANAOB	严格的厌氧化能自养菌，利用氨氧化作为能量来源，并且在这一过程中亚硝酸盐还原成 N_2
厌氧氨氧化异养古菌	ANANB	厌氧细菌耦合甲烷氧化和硝酸/亚硝酸还原产生氮气，并且通过次级代谢将氨氧化成亚硝酸

从分类学上来说，在不同的变形菌纲中，以好氧氨氧化作为唯一能量和还原性物质来源的 AOB 属于两种单源群体（见第 3 章的系统发育树）。来源于土壤、淡水、污水和海洋环境中大部分的 AOB（培养后的）属于 β-变形菌纲中的 *Nitrosomonadaceae* 科，而 *Nitrosococcus* 属中的 AOB 是 γ-变形菌纲中的紫色硫细菌（*Chromatiaceae* 科），该菌在海

4.1 引言

洋环境下会受到抑制（Teske et al., 1994; Utaker et al., 1995; Purkhold et al., 2000, 2003; Koops and Pommerening-Roser, 2001; Ward and O'Mullan, 2002）。*Nitrosomonadaceae* 科只包括 *Nitrosomonas*、*Nitrosospira* 和 *Nitrosovibrio* 属的 AOB（Teske et al., 1994）。系统发育分析表明 *Nitrosomonas* 属可以进一步划分成若干世系，这与特定的生长条件有关（Purkhold et al., 2000, 2003）。相比之下，*Chromatiaceae* 科包括大量的非氨氧化菌，其中大部分是严格厌氧菌（详见第 3 章）。以好氧氧化氨作为唯一能量来源和还原剂的氨氧化古菌（AOA）目前以 Crenarchaeota 种群 I. 1a、嗜温属 *Nitrosopumilus* 和 *Cenarchaeum* 以及嗜热属 *Nitrosocaldus* 和 *Nitrososphaera* 中的两个谱系为代表。这些属的代表性微生物已经培养出来作为硝化化能无机营养的分离体或群体（Könneke et al., 2005; Hallam et al., 2006; Wuchter et al., 2006; de la Torre et al., 2008; Hatzenpichler et al., 2008）（见第三篇）。在有氧条件下，氨氧化非无机营养菌（ammonia-oxidizing non-lithotrophic bacteria，简称为 ANB）将 NH_4^+ 氧化为 NO_2^-，伴随少量还原性物质的产生，但不会产生能量。该类菌包括 γ-变形菌纲中的专性嗜甲烷菌 *Methylococcaceae*（Trotsenko and Murrell, 2008 及其中的参考文献）以及疣微菌门中的嗜甲烷菌 *Methylacidiphilaceae*（Pol et al., 2007; Islam et al., 2008; Opden Camp et al., 2009 及其中的参考文献）。有趣的是，一些分离的专性或兼性嗜甲烷的 α-变形菌（Trotsento and Murrel, 2008 及其中的参考文献）虽然有助于硝化过程，但是到目前为止硝化过程路径仍不明确。此外，有许多关于泉古菌（*Crenarchaea*）的报道，其基因组包括一个或多个与好氧氨氧化有关的 *amoA* 标记基因拷贝。由于尚不清楚泉古菌的生长机理及生化特性，因此将其称为 *amoA* 编码的古菌（AEA）（Francis et al., 2005; Treusch et al., 2005; Leininger et al., 2006; Nicol and Schleper, 2006; Agogue et al., 2008; Dang et al., 2008, 2009, 2010; Prosser and Nicol, 2008; Reigstad et al., 2008; Schleper, 2008; Tourna et al., 2008）（见第三篇）。在进一步的功能表征之前，这些 AEA 可以在以后被归类为专性氨氧化古菌、氨-共氧化混合营养菌或基因组中具有非功能性 *amo* 基因的化学有机营养菌。在功能上与 AOB 和 AOA 相关的好氧 NOB 存在于 α-变形菌纲、γ-变形菌纲、δ-变形菌纲以及硝化螺旋菌门中（Bock et al., 1991; Koops and Pommerening-Roser, 2001）（见第五篇）。

对于参与氨氧化的严格厌氧微生物-厌氧氨氧化菌来说，其在厌氧条件下既能发生还原作用（这与硝酸盐异化还原成氨相似（DNRA），见图 4-1 中的反应 5 和 6），又能够氧化 NO_2^-；这类菌属于浮霉菌门中的 *Brocadiaceae*（Strous et al., 1999; Schmidt et al., 2002a, 2002b; Kuenen, 2008; Jetten et al., 2009; Op den Camp et al., 2009）（见第四篇）。根据最新的分类表，这些细菌可称为厌氧氨氧化细菌（ANAOB）（Klotz and Stein, 2008）（表 4-1）。最近，发现了一种新的分类和功能性甲烷氧化细菌群，它直接将甲烷的厌氧氧化与反硝化作用联系起来（NC10）（Raghoebarsing et al., 2006; Ettwig et al., 2008）。基因组数据挖掘显示这些细菌具有氨氧化的必要库存。一旦在分子水平上有更好地理解，那么后者的发现可能有助于进一步阐述氮循环中涉及的过程和微生物。根据上面引入的术语（Klotz and Stein, 2008），可以将氨氧化成亚硝酸盐的厌氧甲烷氧化细菌 NC10 称为厌氧氨-共氧化硝化细菌（ANANB）（表 4-1）。

4.1.2 前基因组时代与硝化作用有关的基因库

因为 AOB 是化能营养生物，所以早期的注意力主要集中在能够使用氨作为能量来源和还原剂的基因和蛋白质上。在发现一些 AOB 能够利用有机物之前，注意力还集中在有关 CO_2 固定的基因和蛋白质上（Hommes et al.，2003；utaker et al.，2002）。编码功能性氨单加氧酶（AMO）(McTavish et al.，1993a，1993b；Klotz and Norton，1995，1998；Norton et al.，1996；Sayavedra-Soto et al.，1996，1998；Klotz et al.，1997；Hommes et al.，1998，2001；Alzerreca et al.，1999；Hirota et al.，2000）和羟胺氧化还原酶（HAO）基因序列的可用性使得有关 AOB 分布和丰度的信息激增，这些信息通过分子探针技术获得（Holmes et al.，1995；Rotthauwe et al.，1997；Purkhold et al.，2000，2003；Gieseke et al.，2001；Kowalchuk and Stephen，2001；Ward and O'Mullan，2002；Zehr and Ward，2002 及其中的参考文献）(见第 3 章和第六篇）。在 AOB 基因组序列获得之前（如：细胞色素 c_{554}，细胞色素 P_{460}，NirK，亚硝基花青素，脲酶），科学家报道了与碳同化或氮转化有关的一些其他基因的信息以及来自少数代表性分离菌株生理或生化的数据。然而，我们并不清楚 AOB 中基因表达的规律（Sayavedra-Soto et al.，1996，1998）。相比之下，有大量文献是关于硝化作用单个酶结构和功能的（Hooper and Nason，1965；Hooper，1968，1969；Erickson and Hooper，1972；Hooper and Terry，1977，1979；Terry and Hooper，1981；Andersson et al.，1982；Hooper et al.，1990；Rasche et al.，1990；Arciero et al.，1991a，1991b，1993，2002；Hyman and Arp，1992，1995；Arciero and Hooper，1993，1997；Ensign et al.，1993；Juliette et al.，1995；Stein et al.，1997；Iverson et al.，1998，2001；Stein and Arp，1998；Jiang and Bakken，1999；Lontoh et al.，2000；Hendrich et al.，2002；Arp and Stein，2003；Bergmann and Hopper，2003）(见第 2 章）。

随着基因组时代的到来，研究状况发生了巨大的变化（Fleischmann et al.，1995）。在本世纪初，高通量测序和自动注释的出现对基因库中微生物生理的重估、新基因组试验的设计及硝化细菌分子进化史的重建都产生了巨大的影响。自此，以硝化微生物分子技术为基础的基因组信息日益增长，因此获得大量新的发现。毫无疑问，这些发现有助于将来发挥硝化细菌积极的影响，同时也有利于减轻其有害的影响。基于当前的基因组分析，本节接下来的部分将讨论硝化过程中涉及的库，尝试氮转化过程的代谢重建并提供对其演化的深入了解。

4.2 有氧氧化氨生成亚硝酸盐细菌的基因组学

4.2.1 基因组的结构

目前，科学家已经发表了 4 种 AOB 的基因组信息，其中 3 个属于 *Nitrosomonadaceae* 科（β-变形菌），它们分别是从废水中分离出来的 *Nitrosomonas europaea* ATCC 19718、从污水中分离出来的 *Nitrosomonas eutropha* C-91（类似于 Nm-57）以及从土壤中分离出来的 *Nitrosospira multiformis* ATCC 25196；第 4 个属于 γ-变形菌门的 *Chromatiaceae* 科，为从海洋分离出的 *Nitrosococcus oceanni* ATCC 19707（类似于 C-107），如表 4-2 所示。在不久的将来，其他 AOB 基因组序列也会写进文献中。最近，在现有生态生理生化数据的背景下总结了 4 个已发表的 AOB 基因组的认识（Arp et al.，2006）。来自较新的 AOB 基因组项目的其他见解已经证实了基因组大小、冗余、重复、获取和降解的一般趋势。同样地，通过所有已完成的以及初步完成的序列我们能够推断出 AOB 是一种专性化能自养菌（Hommes et al., 2006），该类菌能够选择性利用有机碳化合物（Hommes et al., 2003），但这常常依赖于自养碳同化。

表 4-2 正在进行和已完成的硝化细菌的全基因组测序项目

硝化微生物	代谢微生物	基因组大小	测序中心（基金来源[a]）	WGS 登录号
疣微菌门				
Methylacidiphilum infernorum V4	ANB	2287145	美国夏威夷大学	CP000975
Methylacidiphilum fumariolicum SolV	ANB	~2.5Mb	荷兰奈梅亨大学	在整修中（禁用）
α—变形菌门				
N. winogradskyi Nb-255	NOB	3402093	JGI-DOE	CP000115
Nitrobacter hamburgensis X-14	NOB	4406969	JGI-DOE	CP000319
Plasmid 1		294831	JGI-DOE	CP000320
Plasmid 2		188320	JGI-DOE	CP000321
Plasmid 3		121410	JGI-DOE	CP000322
Nitrobacter sp. strain Nb-311A	NOB	>4.1Mb	WHOI/JCVI (GBMF)	CH672416-CH672426
Methylosinus trichosporium OB3b (type II)	ANB	>4.8Mb	JGI-DOE	Gi021903
Methylocystis sp. strain ATCC 49424 (II)	ANB	~4Mb	JGI-DOE	在整修中（禁用）
γ—变形菌门				
N. oceani C-107	AOB	3481691	JGI-DOE	CP000127
Plasmid 1	AOB	40420	JGI-DOE	CP000126
N. oceani AFC27	AOB	3471807	UofL/JCVI (GBMF)	ABSG01
Nitrosococcus halophilus Nc4	AOB	4079427	UofL/DOE-JGI-NSF	NC013960
Plasmid 1	AOB	65833	UofL/DOE-JGI-NSF	NC013958
Nitrosococcus watsoni C-113	AOB	3328570	UofL/DOE-JGI-NSF	NC014315
Plasmid 1	AOB	39105	UofL/DOE-JGI-NSF	NC014316
Plasmid 2	AOB	5611	UofL/DOE-JGI-NSF	NC014317
Nitrococcus mobilis Nb-231	NOB	~3Mb	WHOI/JCVI (GBMF)	CH672427
M. capsulatus Bath (type X)	ANB	3304561	TIGR	AE017282
M. album BG8 (type I)	ANB	~3.5Mb	JGI-DOE	在整修中（禁用）
β—变形菌门				
N. europaea ATCC 19718	AOB	2812094	JGI-DOE	AL954747
N. eutropha C-91	AOB	2661057	JGI-DOE	CP000450
Plasmid 1		65132	JGI-DOE	CP000451
Plasmid 2		65132	JGI-DOE	CP000452
N. multiformis ATCC 25196	AOB	3184243	JGI-DOE	CP000103

续表

硝化微生物	代谢微生物	基因组大小	测序中心（基金来源[a]）	WGS 登录号
Plasmid 1		18871	JGI-DOE	CP000451
Plasmid 2		17036	JGI-DOE	CP000451
Plasmid 3		14159	JGI-DOE	CP000452
Nitrosomonas sp. strain AL212	AOB	～3Mb	JGI-DOE	Gi03896
Nitrosomonas sp. strain IS-79	AOB	～3Mb	JGI-DOE	在整修中（禁用）
Nitrosomonas marina C-113a	AOB	～3Mb	UofL/DOE-JGI-NSF	在整修中（禁用）

[a] JGI-DOE：美国能源部-联合基因研究所；WHOI/JCVI（GBMF）：伍兹霍尔海洋研究所/J·克雷格·文特尔研究所（戈登和贝蒂摩尔基金会）；路易斯维尔大学，路易斯维尔，肯塔基州；NSF 国家科学基金会；TIGR 基金研究所（现 J·克雷格·文特尔研究所）

AOB 基因组是最小的自由生活的 β-变形菌，大小约为 3 Mb（Arp et al., 2007）。基因减少有助于生态位分化，因为土壤（Norton et al., 2008）和海洋（B. B. Ward, K. L. Casciotti, P. S. G. Chain, S. A. Malfatti, M. A. Campbell, and M. G. Klotz，数据未发表）中分离菌株的基因组往往会比生活在稳定高氮环境（Stein et al., 2007）中分离菌株基因组的数量稍稍大些。在 *Nitrosococcus* 属中自由生活的海洋 AOB 基因组大小大约在 3.5～4.0Mb（Klotz et al., 2006；M. A. Campbell, S. A. Malfatti, P. S. G. Chain, J. F. Heidelberg, B. B. Ward, and M. G. Klotz，数据未发表），这与其他环境中的许多 γ-变形菌相似（Arp et al., 2007）。AOB 的基因序列中 G＋C 含量分别为 48.5%（*Nitrosomonas*），～50%（*Nitrosococcus*）和 53.9%（*Nitrosospira*），这证实了最近的预测，即 β-AOB 是 G＋C 含量最低的，与其他细菌类群相比相对受限（48.5%～68.5%）（Arp et al., 2007；Stein et al., 2007；Norton et al., 2008；Ward et al., unpublished；Campbell et al., unpublished）。通常，AOB 中核糖体 RNA（*rrn*）操纵子拷贝数要低于所观察到的变形菌纲中的平均水平。即使 γ-AOB 比 β-AOB 有更长的倍增时间，但是所有已研究过的 β-AOB 基因组仅有 1 个 *rrn* 操纵子拷贝，而 γ-AOB 有 2 个（Arp et al., 2007；Stein et al., 2007；Norton et al., 2008；Ward et al., unpublished；Campbell et al., unpublished）。因此，似乎 AOB 反驳了这一假设，即在每个细胞中，高生长速率和高适应性与 *rrn* 操纵子拷贝数有关（Stevenson and Schmidt, 1998）。

众所周知，在基因组时代之前，β-AOB 含有多个、几乎相同的基因簇拷贝，用于氧化氨，包括 AMO（*amoCAB*）和 HAO（*haoA*）以及相关的细胞色素 c_{554}（*cycA*）和 c_{m552}（*cycB*）(McTavish et al., 1993；Sayavedra-Soto et al., 1994；Norton et al., 1996；Klotz et al., 1997)；而 γ-AOB 仅有一个拷贝（Alzerreca et al., 1999）。除了 β-AOB 中这些复制的基因组片段外，最近在所有 AOB 基因组中都发现了少量基因拷贝。虽然在所有研究的基因组中存在一些几乎相同的基因拷贝（例如伸长因子 Tu 的两个拷贝），但是每个基因组中也有自身独有的拷贝。例如，*N. europaea* 有一段特有的用于编码关键代谢蛋白基因区域的串联重复，其大小为 7.5 kb（Chain et al., 2003），但与之密切相关的 β-AOB *N. eutropha* 基因组中缺失这段串联重复（Stein et al., 2007）。*N. eutropha* C-91 基因组中含有两个相同的约 12 kb、G＋C 含量明显较高的 DNA 片段，菌株内含有大量质粒-相关蛋白、噬菌体-相关蛋白，且大部分编码的开放阅读框（ORF）是其独有的（Stein et al.，2007）。此外，在 N. eutropha C-91 基因组中，大于 6 kb 的重复片段 G+C 含量明显较低，这表明 AOB 中基因组片段的获得与丢失是最近出现的，而且可能是生态位分化的驱动力（Stein et al.，2007）。通过直接比较 N. europaea ATCC 19718 和 N. eutropha C-91 基因组序列中基因排列和 G+C 含量发现，在很大程度上，这两个物种之间发生了结构重排，且它们生活在相同的生态环境中（废水/污水）（Stein et al.，2007）。对部分 Nitrosococcus 菌株基因组的分析发现，海洋 AOB N. oceani ATCC 19707 的基因组也携带了几种功能基因的重复（Campbell et al.，unpublished）。正如观察到的两个亚硝化单胞菌基因组一样，亚硝化球菌基因组中基因的结构排列不是保守的。然而，相对于 N. oceani 基因组与 N. halophilus Nc4 或 N. watsoni C-113 基因组，N. oceani ATCC 19707 和 N. oceani AFC27 之间的序列同一性和同向性百分比更显著（Campbell et al.，unpublished）。

除了编码 DNA 的重复，AOB 基因组中还含有一些独特的重复插入序列（IS）元件（Arp et al.，2007；Stein et al.，2007；Norton et al.，2008）。例如，N. oceani ATCC 19707 含有 5 个 IS 元件家族，总共重复 25 次，但并不是全部存在于其他的 Nitrosococcus 基因组中（Campbell et al.，unpublished）。N. europaea 基因组携带有 8 个家族，共重复 89 次（Chain et al.，2003）。一些 N. europaea IS 元件家族优先在其他特定家族附近发现，这表明可能发生共转座或者可能在单个事件中曾经获得多个不同的 IS 元件（Arp et al.，2007）。N. eutropha C-91 基因组至少有 7 个 IS 元件家族，且重复超过 22 次，其中两个与 N. europaea 中的 IS 相关，但不相同（Stein et al.，2007）。N. multiformis ATCC 25196 的染色体有 8 个 IS 元件家族，重复 2~13 次并随机分布在整个基因组；其中两个在质粒中也有发现（Norton et al.，2008）。

AOB 的基因组包含许多具有 IS 元件的预测假基因（N. europaea 中有 113 个，N. eutropha 中有 90 个，N. oceani 中有 80 个，N. multiformis 中只有 22 个）以及有助于这些假基因失活的小插入/缺失。鉴于许多近似序列的存在，基因组中大量的 IS 元件，也许会增加重组的活性。大多数具有双向半保留复制功能的变形菌基因组被分成在前导链中偏向掺入鸟嘌呤的复制品。有趣的是，N. europaea 基因组是不对称分区的，这可能是同一家族的 IS 元件之间的主动重组的结果。

科学家已经确定了 N. oceani（10 个区域的 175 kb）和 N. europaea（也约 10 个区域）中的其他外来基因。研究发现，与已知噬菌体基因相似的一些噬菌体相关区域与转座酶基因、重组酶、限制酶修饰系统、tRNAs 以及小的假基因簇有关。在 N. eutropha 基因组中发现了一个大约 117 kbp 的基因组岛，具有显著更高的 G+C 含量，其侧翼为 tRNA 基因和直接重复序列以及噬菌体相关的整合酶。这一区域携带 64 个基因（51%），其中包含可能用来抵抗重金属的编码区（Stein et al.，2007），这些基因在其他 AOB 基因组中没有同系物。值得注意的是，该区域还包含第二个完整的细胞色素 c 成熟基因簇（ccm）（Stein et al.，2007）。

另一个惊喜的发现是，由于染色体外 DNA 的存在，AOB 变化很大。虽然 N. europaea ATCC 19718 不含质粒，但其他 β-AOB 却有，像 N. eutropha C-91 有两个质粒，N. multiformis ATCC 25196 有 3 个质粒（Arp et al.，2007；Stein et al.，2007；Norton et al.，2008）。N. oceani ATCC 19707、N. watsoni C-113 和 N. halophilus Nc4 基因组中

质粒大小分别为 40.4 kb、39.1 kb 和 5.6 kb 以及 65.8 kb，它们组成了大多数假基因和保守假基因，以及少量同噬菌体复制和质粒分配相关的功能基因。此类隐蔽质粒也存在于其他 Nitrosococcus 基因组中，这可能有助于适应、进化和物种形成的动态过程（Campbell et al., unpublished）。

尽管所有 AOB 基因都应有足够高含量的铁来满足细胞色素 c 蛋白合成的需要，但并不是所有的基因组都具有足够多的用来参与吸收和处理铁的基因。例如 N. europaea、N. multiformis 和 N. oceani 的基因组中具有足够多的参与铁（含铁细胞）运输的基因，但 N. eutropha 中几乎不存在这种功能的基因（Stein et al., 2007）。N. oceani 的基因组中至少有 22 个基因可以编码铁运输，并有可能会合成异羟肟酸型铁载体。更令人惊讶的是，N. europaea 中有超过 100 个参与铁运输的基因，其中包括大量 FecIR 双组分调控系统（大于 20 个系统），但其基因组却缺乏铁载体生物合成基因（Chain et al., 2003）。对铁获取量的这种显著差异的理解不能归纳为氧和 Fe^{2+} 可用性的差异，这可能取决于对许多其他 AOB 基因组的分析，也可能产生更多关于 AOB 生态位分化的线索。

虽然 AOB 基因组相对较小与其有限的分解代谢多样性相关，但相对较多的 IS 元件以及灭活假基因以及罕见的基因组岛、噬菌体和类质粒片段的存在可能表明，目前 AOB 基因组正在进行基因组降解的进化过程。众所周知，相比于 G+C 含量丰富的基因组的扩增，基因组经济化在 A+T 含量丰富的基因组中发生得更快，由于这一现象的存在，科学家提出 AOB 中关键分解代谢基因拷贝数的变化是由于拷贝丢失造成的，拷贝的丢失无法通过整改来修复。拷贝必须完全丢失，否则残留的假基因会产生非功能性且具有潜在危害的酶（Klotz and Norton, 1998）。的确，对 N. eutropha C-91 和 N. europaea ATCC 19718 基因组分析比较后发现，在编码分解代谢基因的 DNA 片段的拷贝之间的同线性中存在可预测的断点（Stein et al., 2007）。尽管如此，负责这一整改机制的库仍有待发现。

4.2.2 分解代谢库

通过对 AOB 基因组学和进化的回顾（Arp et al., 2007；Klotz and Stein, 2008），科学家发现，氨分解代谢基因库揭示了 AOB 的组织形成、表达调控和进化。在所有 AOB 中，科学家认为 amoCAB 基因编码 AMO 是 AMO 合成和发挥作用的必要条件（Klotz et al., 1997；Alzerreca et al., 1999；Norton et al., 2002）。然而，最近发现 amoCAB 基因属于一个更大的协同基因簇（图 4-2），它们在 β-AOB（Berube et al., 2007）和 γ-AOB（El Sheikh and Klotz, 2008；El Sheikh et al., 2008）之间的数量和调节方面不同。对 Nitrosococcus 基因组表达的研究以及计算机模拟分析发现，γ-AOB 中的 amo 基因簇包含重叠的操纵子，其中最大的是有五个基因的 amoRCABD（El Sheikh and Klotz, 2008；El Sheikh et al., 2008）。amoR 只存在于 Nitrosococcus oceani 菌株（ATCC 19707，AFC 27）中，而不存在于 N. halophilus 和 N. watsonii 中和 amoD 参与 AMO 的合成，然而它们的作用仍需要生化探究（El Sheikh and Klotz, 2008；El Sheikh et al, 2008）。在 β-AOB 中发现，amoD 基因与 amoCAB 基因下游可能重复的同源基因（amoE）串联，然而首个有关表达的试验表明 amoED 是协同调控，而不属于像 amoCAB 一样的操纵子（Berube et al., 2007）。有趣的是，在好氧甲烷氧化菌的基因组中也发现了 amoD 的同源基因（并不是 amoE），它们位于编码颗粒甲烷单加氧酶基因簇（pMMO）（α-变形菌）的下游或者编码铜蓝氧化酶基因串联的附近（γ-变形菌）。在 γ-AOB（amo 基因簇的上游）和 N. eutropha 中，铜蓝氧化酶基因串联也是保守的（图 4-2）。β-AOB 编码 amoC（Norton et al., 2002; Arp et al., 2007; Berube et al., 2007）和 amoE（Norton et al., 2002; Arp et al., 2007）基因的单体，所有 AOB 编码 amoD 单体（El Sheikh et al., 2008）。在 AOB 基因组中仍没有发现单个 amoA 和 amoB 基因。

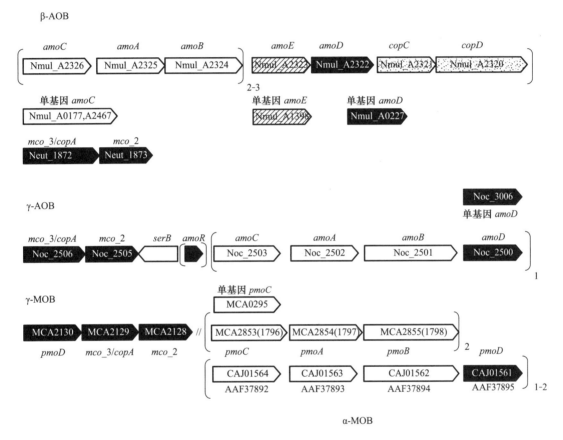

图 4-2　β-AOB 和 γ-AOB 基因组中编码氨单加氧酶的基因及辅助基因；γ-MOB 和 α-MOB 基因组中编码甲烷单加氧酶的基因及辅助基因

图中提供了代表性蛋白的登记号；序列相近的协同调节基因的多拷贝通过索引括号标注。amoR 基因只出现在 Nitrosococcus oceani strains ATCC 19707 和 AFC-27 中，N. halophilus 和 N. watsonii 没有（Campbell and Klotz, unpublished）。在所有的亚硝化球菌中都存在 serB 基因，但它却不参与硝化反应

有氧分解氨作为 AOB 能源和还原剂的唯一来源，这一过程需要 AMO、HAO 两个专门的蛋白以及能够向醌池传递电子的细胞色素 c_{554} 和 c_{m552}（Whittaker et al., 2000; Arp et al., 2002; Hooper et al., 2005)(图 4-3）。当醌池提供还原性物质时，三亚基 AMO 蛋白通过将氨氧化成羟胺来引发氨分解代谢（Hooper et al., 2005）。pMMO 与 AMO 同源（Klotz and Norton, 1998; Norton et al., 2002），它能通过甲烷氧化菌引发甲烷氧化成甲醇（Hanson and Hanson, 1996; Murrell et al., 2000; Trotsenko and Murrell, 2008）。最近，随着 pMMO 氧化甲烷的提出，科学家认为 AMO 也可能有助于催化形成双铁中心，因为两者具有同源性（Martinho et al., 2007）。在 HAO 的催化作用下，羟胺氧化成 NO_2^-，这

一反应发生在周质中；其中HAO由3个环绕相连的HaoA蛋白亚基组成（Igarashi et al.，1997；Hooper et al.，2005）。脱氢过程释放的4个电子通过氧化还原电势进入泛醌，该氧化还原电势是通过两类以四亚铁血红素为中心的细胞色素c_{554}和c_{m552}产生的（图4-3）（Hooper et al.，2005及其中的参考文献）。HAO、细胞色素c_{554}和c_{m552}基因的位置接近以及它们产物的相互作用导致羟胺泛醌氧化还原模块（HURM）的形成（Klotz and Stein，2008）（图4-3）。然而，AOB中细胞色素c_{554}和c_{m552}之间的关系以及在缺少其中一种细胞色素时电子传递链的功能还没通过实验验证（Klotz and Stein，2008）。

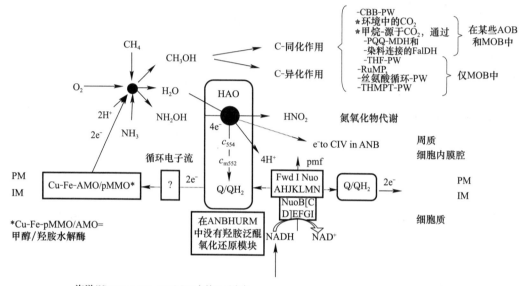

图4-3 AOB和ANB醌还原分支中氮、碳和电子的流向

Q/QH_2表明在细胞质膜（PM）和胞内膜（IM）中有醌和醌醇复合物；图中的问号标记表示AMO/pMMO直接作用于醌醇氧化酶的机理还不清楚；虚线的箭头表示在ANB中HAO释放的电子还没有通过HURM传递到Q-池。然而，这些硝化过程中携带的电子会通过溶解性c_{552}蛋白传递，这样能将能量储存在最终相关电子受体中，包括复合物Ⅳ血红素-铜氧化酶，该酶可以还原氧或者NO。这幅图由Klotz和Stein修改（2008）。

在所有AOB中，HURM中心由一个保守基因簇编码，即 *hao-orf2-cycAB*（图4-4）（Bergmann et al.，2005）。在获得基因组序列之前，科学家已经发表了一些AOB中编码HURM蛋白的完整序列（Arp et al.，2002；Norton et al.，2002及其中的参考文献），此后，HAO和细胞色素c_{554}的蛋白结构也得到了解决（Igarashi et al.，1997；Iverson et al.，1998）。尽管已经对 *N. europaea* 中细胞色素c_{m552}进行了线程分析（Kim et al.，2008），但是功能性AMO和c_{m552}的蛋白晶体结构仍有待探究。最近，对深海口处依赖硫生活的ε-变形菌基因组分析发现，仅由HAO、细胞色素c_{m552}组成的HURM以及硝酸盐还原酶（*napA*）、羟胺还原酶（*hcy*）是一些 *Nautiliales* 中硝酸盐同化的唯一途径（Campbell et al.，2009），这就为HAO和细胞色素c_{m552}之间的功能性氧化还原合作关系提供了证据。之前对 *N. europaea* 的研究表明，*hao* 基因和 *cycAB* 基因是独立表达的，且尚没有发现 *orf2* 转录的证据（Bergmann et al.，1994；Sayavedra-Soto et al.，1996）。对 *N. europaea* 菌株ENI-11中个体 *hao* 基因表达的比较分析揭示了差异调节，并且鉴定了不位于两个 *amo*-

CAB 操纵子附近的一个 *hao* 基因拷贝,其表达为最高水平并且作为唯一拷贝在没有能量来源的细胞中进行转录(Hirota et al., 2006)。最近,越来越多的实验表明,在所有 AOB 中 *hao* 和 *cycAB* 基因的表达并不完全相同。虽然在 *N. europaea* 中 *hao* 基因和 *cycAB* 基因是独立表达的(Bergmann et al., 1994; Sayavedra-Soto et al., 1996),但是 γ-AOB *N. oceani* ATCC 19707 对氨的转录反应表明,其存在包含所有 4 种基因的稳态 mRNA。尽管如此,基础表达产生了独立的 *hao-orf2* 和 *cycAB* 转录物(M. A. Campbell and M. G. Klotz, unpublished data)。以 HURM 基因簇中的前两个基因是 *haoAB* 为前提(Campbell and Klotz, unpublished),氨也会在 ANB *Methylococcus capsulatus* Bath 中诱导串联 *hao-orf2* 基因串联的表达(Poret-Peterson et al., 2008)。

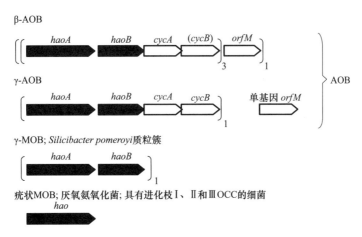

图 4-4 编码 OCC 蛋白 HaoA(HaoA)和电子传递细胞色素 c 蛋白的基因的驻留和组织

它们的催化活性已被证实:CycA(c_{554})-NO 还原酶;CycB(c_{m552})-醌还原酶;*haoB* 和 *orfM* 基因表达产物的功能仍没有阐明。Klotz 在研究中列出了具有进化枝 I、II 和 III OCC 的细菌(2008)。黑色箭头表示 OCC 蛋白系统发育树的分支(Klotz et al., 2008),它与编码相互作用的硝化蛋白基因的共组织增加相关。

N. europaea 和 *N. eutropha* 中的 3 个 *haoAB-cycAB* 基因簇之一缺乏 *cycB*(McTavish et al., 1993; Sayavedra-Soto et al., 1994; Chain et al., 2003; Stein et al., 2007),而它存在于 *N. multiformis* 所有 3 个相应基因簇中。缺少 *cycB* 基因的亚硝化单胞菌 *haoAB-cycA* 基因簇会与保守的假设基因 *orfM*(NE2041, Neut_1669)成簇。亚硝化单胞菌缺失的 *cycB* 基因可能是由于在 *N. europaea/N. mobilis* 谱系中的缺失而丢失的(Purkhold et al., 2000, 2003),这可以通过其 *haoAB-cycA-orfM* 基因簇侧翼的转座酶和解旋酶基因的存在看出。*orfM* 基因存在于所有 AOB 基因组中:在 *N. multiformis*(Nmul A2658)中位于 *haoAB-cycAB* 基因簇的下游;在 3 种 *Nitrosococcus* 的基因组作为非簇基因(Klotz et al., 2006; Campbell and Klotz, unpublished)。最近报道称,*orfM* 只限于 AOB 基因组;然而,从全基因组测序项目获得的最新信息表明,*orfM* 的变体也存在于非硝化变形菌(ABM03597, ABR71384, EDN67668)的拟杆菌(EAQ40717, EAR12710, EAR12744)和绿弯菌(ABX04985)中。有趣的是,在 *Beggiotoa* sp. strain PS(EDN67668)中 *orfM* 基因紧邻 *dsrC*。*dsrC* 的表达产物 DsrC(cl011101)可能参与西罗血红素蛋白的装配、折叠或者固定。西罗血红素蛋白是异化亚硫酸盐还原酶、同化西罗血红素亚硫酸盐和亚硝酸盐还原酶中必不可少的部分。在 *Marinomonas* sp. strain MWYL1 中,*orfM* 基因紧邻编码

谷胱甘肽过氧化物酶（EC 1.11.1.9；cd00340）和四聚体硒酶的基因；这两种酶能够催化一系列氢过氧化物的还原，包括活性氧和过氧亚硝基。在其他基因组中，*orfM* 基因紧邻对于铁运输极其重要的基因簇。

目前，科学家识别了 AOB 中编码亚硝基花青素的基因（*ncyA*），这种基因在 AOB 中是罕见的；亚硝基花青素是一种新的可溶性红铜蛋白，在 AOB 的周质中与 HAO 等摩尔量（Hooper et al., 2005）。最近一篇分析铜转运蛋白和铜蛋白质组的微生物基因组的论文错误地报道了亚硝基花青素在细菌基因组（15%）中是最普遍的铜蛋白之一，且该蛋白也存在于古菌中（Ridge et al., 2008）。该结论是由红铜蛋白亚硝基花青素的推导蛋白质序列与蓝铜蛋白质氧化亚氮还原酶的结构域之间的有限序列相似性得出的，后者实际上是广泛分布的（15%）(Zumft and Kroneck, 2006)。氧化亚氮还原酶是一种双核铜蛋白；在 HCO（铜中心类型 I）中，它与 CuA 中心密切相关，而亚硝基花青素与单核的铜氧还蛋白密切相关，像 amicyanin、天青蛋白、假天青蛋白、质体蓝素和铜蓝蛋白（铜中心类型 II）。

一旦氨氧化导致还原的醌池增加（图 4-3），呼吸电子传递链（ETC）的氧化分支可用于产生 ATP 和 NAD（P）H，分别通过 ATP 合酶和 NADH-（泛）醌氧化还原酶（NUO）（图 4-5）。有 3 个进化独立的 NUO 家族在功能上构成复合物 I（Complex q），其通过脱氢从 NADH 中提取电子同时还原（泛）醌（Kerscher et al., 2008）。三个家族中的一个，通常称为替代性 NAD（P）H 脱氢酶（NDH-2），在生命的所有三个域中都有编码，通常由一种蛋白质组成；它不能将 NADH 和泛醌之间的氧化还原电位差转换成离子易位。相比之下，对于其他两种 NUOs 泵-质子泵（NADH 脱氢酶 NDH-I）和 Na^+ 泵（Na^+-Nqr）来说，质子泵存在于生命中的所有三个域中，而目前仅在细菌域中发现了 Na^+ 泵（Kerscher et al., 2008 及其中的参考文献）。所有 AOB 基因组都可以编码 NDH-I，有一些会编码 Na^+-Nqr，但是没有编码 NDH-2 的。

在一些 γ-变形菌中，例如 AOB *N. oceani*（Klotz et al., 2006；Schneider et al., 2008），发现，NDH-I 的主要变化之一就是 NuoCD 亚基的融合。从进化上来看，Na^+ 泵复合物 I 是 NDH-I 不相关的功能类似物，迄今为止仅在细菌中被发现（Kerscher et al., 2008 及其中的参考文献）。基于 Na^+ 泵复合物 I 与弧菌菌株（*Vibrio* spp.）、肺炎克雷伯菌（*Klebsiella pneumoniae*）和棕色固氮菌（*Azotobacter vinelandii*）的分离，这些微生物将钠转位 NADH：醌氧化还原酶作为唯一或替代的复合物 I，称为 Na^+-NQRs（*nqrABCDEF*）(Unemoto and Hayashi, 1993；Bertsova and Bogachev, 2004；Fadeeva et al., 2008；Tao et al., 2008)。科学家已经在 *N. europaea*（Chain et al., 2003）和 *Nitrosomonas marina* C-113a（Ward et al., unpublished）中鉴定了 Na^+-NQR 编码基因的完全互补，但是在其他 AOB 基因组中却没有。科学家认为在 *Rhodobacter capsulatus* 中完整的 *nqr* 基因集的同系物在氮固定中非常必要，因此，它们的表达产物称为"*Rhodobacter*-特异性固氮"蛋白（Rnf）(Schmehl et al., 1993；Kumagai et al., 1997)。RnfABCDGE 蛋白在许多 γ-变形菌基因组中也有表达，包括甲烷氧化菌 *M. capsulatus* Bath（Ward et al., 2004）和全部 4 个测序的 *Nitrosococcus* 基因组。有趣的是，全部 4 个测序的 *Nitrosococcus* 基因组都有库来表达 3 个功能性复合物 I，包括 2 个 NDH-I 和 1 个 Na^+-NQR（Rnf）(图 4-5)(Klotz et al., 2006；Campbell and Klota, unpublished)。由于这些 AOB 基因组也会编码大量其他依赖 Na^+ 的库，包括钠泵 ATP 酶，所以除了质子电路之外，还提出了独特的钠电路。钠电路

4.2 有氧氧化氨生成亚硝酸盐细菌的基因组学

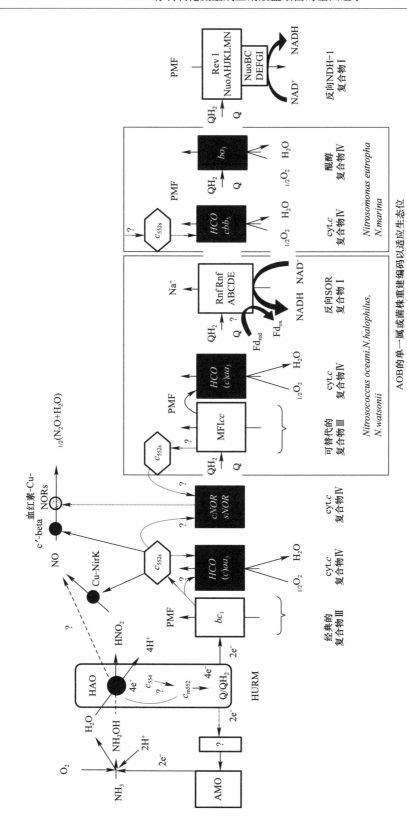

图 4-5 AOB 电子传递链中醌还原和醌化氧化分支中的氮和电子流向

本图展现了 AOB 基本的编码基因库和适应性好的单一菌株重建的编码基因库

允许细菌以相同或相反的方式利用不同的 NDH-Ⅰ复合物,并且能够在细胞质膜和胞内膜之间(指伸出细胞质的部分)辨别不同的反应过程。然而,所有的 AOB 基因组要至少编码一种质子转移 NDH-Ⅰ复合物(Arp et al.,2007;Stein et al.,2007;Norton et al.,2008),在"反向质子流模式"中这种复合物经常被用来作为醌氧化酶。在化能自养菌(其表面的还原性物质比氧化还原对 $NAD^+/NADH$(-0.32 V)有更高的正还原电势)中,NDH-Ⅰ复合物会耗尽质子动力势,同时会促进 NADH 的合成。仅有部分 AOB 基因组会编码其他类型的复合物Ⅰ,这类复合物能作为醌还原酶,且当供应 NADH 时,有助于形成质子动力势,例如,在 γ-AOB 中通过 Na^+ 流形成或者通过 *N. multiformis* 基因组编码的氢化酶形成(图 4-5)。

有趣的是,所有 γ-AOB 基因组表明,在电子传递链中有大量多余的具有氧化特性的分支,然而,β-AOB 基因组经常仅编码一种醌-氧化分支。自然界三大域中的醌-氧化分支中有大量细胞色素 c 中间还原路径,所有的都以(泛)醌-细胞色素 c 氧化还原酶(复合物Ⅲ)开始(Cape et al.,2006;Hunte et al.,2008 及其中的参考文献),一般以溶解性或者与膜相连的终端氧化酶(广义上称为复合物Ⅳ)结束;这些复合物Ⅳ既能适应厌氧环境又能适应富氧环境。相比之下,直接的醌-氧化复合物包括两类电子流,一类是以复合物Ⅳ为结束的线型电子流,例如细胞色素 bd-型醌氧化酶;另一类是通过反向操作得到验证的循环型电子流,例如来源于还原分支的 NDH-Ⅰ(复合物Ⅰ)(图 4-5)。来源于 *Rhodothermus marinus*(这种微生物缺少传统的细胞色素 bc_1 复合物Ⅲ)(Pereira et al.,1999)的新型多血红素细胞色素 bc_1 复合物的生化特性引发了对现存基因组的计算机模拟分析。这种新型可供选择的复合物Ⅲ(ACⅢ)由大量细菌基因组编码,由质量最小的 6 种蛋白进行组装,这 6 种蛋白通过一个相邻的基因簇进行表达(Yanyushin et al.,2005)。编码 ACⅢ的大多数基因周围聚集着编码功能性复合物Ⅳ的基因(Yanyushin et al.,2005)。有趣的是,在超过 2000 个测序的细菌基因组中,只有约 50 个基因组,包括 *Geobacter metallireducens* GS-15、*Thermus thermophilus* HB8、*Ralstonia eutropha* JMP134 以及全部 3 个 *Nitrosococcus*,有复合物Ⅲ的传统和替代形式。对 *N. oceani* 培养(在 24 h 内氨不是能量来源,在 24 h 的饥饿后用氨刺激)后转录组的比较表明,CⅢ和 ACⅢ表达方式不同:氨存在时,CⅢ在生长过程中会利用氨;而 ACⅢ在饥饿细胞中会表达,用以维持电子的流动(Campbell and Klotz,unpublished)。

AOB 和 ANB 会产生少量的 NO 和 N_2O,这两种气体是羟胺氧化和亚硝还原的副产物。涉及亚硝和 NO 还原酶的亚硝还原反应被称为"硝化细菌反硝化作用"(见第 5 章)。缺氧条件下有利于硝化细菌的反硝化作用,且会导致 NH_3-N 形成更多的氮氧化物。所有已检测的 AOB 基因组既能编码含铜亚硝酸盐还原酶(*nirK*)又能编码与膜相连的细胞色素 c—氧化氮还原酶(*norCBQD*),这些基因在 AOB 中具有丰富的多样性(Casciotti and Ward,2001,2005;Cantera and Stein,2007;Garbeva et al.,2007)。在 AOB 基因组序列中没有编码 N_2O 还原酶基因(*nosZ*)的同源物,这一现象表明 N_2O 是 NO_x 还原的终产物;然而,*Nitrosomonas* spp 能够产生 N_2 作为 NO_2^- 还原主要产物(Schmidt et al.,2004)。除此之外,亚硝化单胞菌可以在厌氧条件下利用 NO_2^- 作为最终电子受体产生 NH_3-N 和氢气,或者利用有机碳作为能量来源(Schmidt,2009)。早前有报道称 *N. europaea* 可以化能异养生长(Hommes et al.,2003)。然而,能够使亚硝化单胞菌有这种生活方式的反硝化库仍有待研究。

在完全好氧条件下，由 HAO 不完全氧化羟胺到亚硝酸盐会产生少量 NO（Hooper and Terry, 1979；Andersson et al., 1982；Hooper et al., 1990）。在氨氧化过程中，由于 AOB 不能阻止 NO 的产生，因此它们会布置多条防御线来避免硝化应激反应。研究发现所有的 AOB 基因组会编码细胞色素 c'-beta（$cytS$），但并非所有的 N. multiformis 都会编码细胞色素 P460（$cytL$），它的产物与 NO 的产生相关。虽然在 AOB 中没有检测出细胞色素 c'-beta 和 P460 的生理特性，但是在其他的细菌中已经表明这两种物质能够降低 NO 的毒性（Choi et al., 2006；Elmore et al., 2007；Deeudom et al., 2008）。此外，科学家发现在 AOB 和一些硫循环细菌（Stein et al., 2007；Hemp and Gennis, 2008；J. Hemp, R. B. Gennis, L. Y. Stein, and M. G. Klotz, unpublished data）的基因组中存在编码亚铁血红素-铜一氧化氮还原酶（sNOR；$norSY$-$senC$-$orf1$）复合物Ⅳ的四基因簇。在 $nirK$ 突变菌株 N. europaea 中这种基因簇的前两个基因表达量会增加，这就涉及了硝化应激反应（Cho et al., 2006）。

ANB 中的甲烷氧化菌会通过羟胺不完全氧化和硝化细菌反硝化产生 N_2O。M. capsulatus Bath 的基因组可以编码功能性 cNOR（$norCB$）、细胞色素 c'-beta（$cytS$）、细胞色素 P460（$cytL$）以及 HAO（$haoAB$）蛋白。最新的实验表明，在 M. capsulatus Bath（A. T. Poret-Peterson and M. G. Klotz, unpublished data）中 NH_3 会引起 $haoA$ 和 $cytS$ 的表达（Poret-Peterson et al., 2008），而 NO_2^- 或者硝普钠会引起 $norC$ 的表达。相比之下，$cytL$ 的表达不受 NH_3、NO_2^- 或者硝普钠的影响（Klotz et al., unpublished data）。在 γ-MOB Methylomicrobium album（G. Nyerges and L. Y. Stein, unpublished data）中羟胺或者 NH_3 会提高 $haoA$ mRNA 水平。有趣的是，在 M. capsulatus Bath（MCA2400-01）中，$norCB$ 基因串联紧邻 $cytS$-c_{552}-$coxABD$（MCA2394-MCA2397）基因以及另一个 c_{552} 基因（MCA2405），这些一起构成了与 NO_x 相关的电子流基因超级簇（MCA2394 to MCA2405），它们大部分位于假基因周围。因此，与 NO_x 相关的电子流基因超级簇在水平方向上与产生有毒性 NO_x 的基因（例如 $haoAB$ 基因串联）同时转移这一说法是合理的。其他的基因组序列对于进一步描述 ANB 硝化和反硝化的进化与规律是很有必要的。

在 N. europaea 有氧生长期间（Whittaker et al., 2000），红铜氧还蛋白亚硝基花青素（Arciero et al., 2002）以与氨分解代谢的中心酶（例如 AMO 和 HAO）相当的浓度存在，因此亚硝基青花素以催化或作为电子载体参与中心 N-氧化途径（Hooper et al., 2005）。研究表明，亚硝基花青素会参与电子从醌池到 AMO 的循环，或者从羟胺到 O_2 的传递（Arp et al., 2007）。以分子技术为基础，科学家分析了 ANB（像疣微菌和 γ-MOB）的硝化过程，发现它们都缺少 $ncyA$ 基因，且在氨氧化过程中利用 AMO 同系物 pMMO（Ward et al., 2004；Hou et al., 2008；Op den Camp et al., 2009）；这与在 AOB 中有亚硝基花青素参与的从醌池到 AMO 的电子循环不同。另一方面，已经证明亚硝基花青素与 $nirK$ 有功能上的联系（Arciero et al., 2002），而且蛋白质组学研究表明，N. europaea 暴露在外来 NO 时，或者在高浓度 NO_2^- 或者低氧浓度情况下培养时，亚硝基花青素水平会有很大的提高（Schmidt et al., 2004）；其他结果将亚硝基花青素的表达与对氨饥饿的反应联系了起来。根据亚硝基花青素的电子结构，提出了 NO 结合和亚硝基花青素还原的潜在作用（Basumallick et al., 2005）。如上所述，推断亚硝基花青素蛋白区域与 N_2O 还原酶（NosZ）的双核铜中心结合区域具有显著的序列相似性；然而，酶的物理性质表明其在亚硝基花青素电子转移而不是催化中起作用。之后的实验将研究亚硝基花青素是否在氨代谢中发挥作用，以及该蛋白是否是 AOB 中反硝化作用的功能部分。

所有 AOB 都可以表达一个或多个可溶性胞质单亚铁血红素或双亚铁血红素细胞色素 c_{552} 蛋白，无论是实验还是理论都证明该蛋白能将电子传递给功能性呼吸电子穴，包括可溶性细胞色素 c 过氧化物酶，可溶性亚硝、一氧化氮还原酶以及与膜连接的复合物Ⅳ血红素-铜氧化酶（还原 O_2 或 NO）（Arp et al., 2007；Klotz and Stein，2008 及其中的参考文献）。在依赖硫代谢的 *Thiomicrospira crunogena*（Scott et al., 2006）和 *Sulfurimonas denitrificans*（Sievert et al., 2008）中，细胞色素 c_{552} 的同系物也是这样的。由于电子穴功能蛋白质水平的提高需要增加还原物的供应，因此如果 c_{552} 及其各自电子受体的表达是协同调节的，则是合乎逻辑的。

最近总结了 4 个 AOB 的基因组，分析表明在碳和能量代谢过程中，AOB 以多聚磷酸盐作为储存复合物和无机焦磷酸盐（PP_i）（Arp et al., 2007）。根据基因组库可知，当氨作为能量来源被限制时，有时会通过多聚磷酸酸盐产生 ATP 获得能量。此外，AOB 基因组表明通过核苷二磷酸（NUDIX）水解酶可以将 ATP 水解成 PP_i，PP_i 通过质子转位膜相关的焦磷酸酶的作用产生质子梯度，焦磷酸酶在所有的 AOB 基因组中都有编码（Arp et al., 2007）。因此，多聚磷酸盐的水解可能有利于动力运输、反向电子流动以及其他需要形成质子梯度的细胞活动。AOB 基因组也能编码一种可溶性细胞质焦磷酸酶，微生物必须调节这种酶以避免其他反应所需的 PP_i 水解（Arp et al., 2007）。

能量流动和电子传递间复杂性和多样性显著不同表明，中心代谢网的构筑结构和组织可能是不同环境压力造成的结果，选择多功能性环境是为了克服特定的环境压力。例如，在 γ-AOB 的基因组中鉴定的适应环境变化的呼吸反应能力可能通过相互作用组分的高度调节的差异表达来实现，从而构成功能性电子传递链。虽然对电子传递链库的分析表明，与可用的 β-AOB 基因组相比，γ-AOB 基因组的编码具有几乎前所未有的丰富性，但考虑到土壤环境中的相关环境参数正经历巨大的变化，因此目前对于这种情况没有合理的生态学解释。

4.2.3 自养

自从 100 年前第一次分离出 AOB 后，人们一直认为氨才是 AOB 唯一的能量来源（化学营养）和还原剂（无机营养），二氧化碳是唯一的碳源（自养）（Arp and Bottomley，2006）。因为氨氧化仅产生小部分可利用能量，也就是每个分子最多转移两个电子（Hooper et al., 2005 及其中的参考文献），所以这种以牺牲无机碳同化为代价的这种专性氨氧化的组合似乎不利于成功选择。目前已经确认了一些有机物（例如丙酮酸盐、果糖、葡萄糖）的完整氧化途径。但是，所有 AOB 的基因组序列表明，该菌群缺少吸收和分解代谢大多数氨基酸、核糖、磷脂以及核酸的途径（Arp et al., 2007；Stein et al., 2007；Norton et al., 2008）。试验发现，果糖和丙酮酸可以作为 *N. europaea*（Hommes et al., 2003）生长的唯一碳源，尽管对所有 AOB 基因组的分析表明，它们存在 Calvin-Benson-Basham 循环碳同化的默认模式（Arp et al., 2007；Stein et al., 2007；Norton et al., 2008）。

尽管与 CO_2 作为碳源相比,化能异养菌生长较慢且产生的细胞密度较低(Hommes et al.,2003),但是这些研究打破了我们 100 年的认知,即 AOB 为专性自养菌(Arp and Bottomley,2006)。与先前的假设一致,可以以果糖和丙酮酸盐为碳源进行生长的 *N. europaea* 仍需要氨作为能量源和还原剂(Hommes et al.,2003),因此,暂时还是支持 AOB 中氨分解代谢(化能无机自养)模式的。但最近的研究表明,在缺氧条件下,*N. europaea* 和 *N. eutropha* 以丙酮酸盐、乳酸盐、乙酸盐、丝氨酸、琥珀酸盐、α-酮戊二酸或果糖作为基质,以 NO_2^- 作为最终电子受体进行化能异养生长(Schmidt,2009);该过程氨会抑制微生物的生长,这也是第一次发现一些以前分类的 AOB 不会专性地分解氨。

对所有 AOB 基因组的分析表明,果糖-1,6-二磷酸和葡萄糖-6-磷酸在糖异生和糖酵解中的相互转化机制可能通过可逆的焦磷酸依赖性磷酸果糖激酶发生(Arp et al.,2007),正如甲烷氧化菌 *M. capsulatus* Bath 中提到的(Ward et al.,2004)。在所有检验过的 AOB 中依赖焦磷酸的其他例子包括 UDP-葡萄糖焦磷酸化酶,该酶在蔗糖合成过程中可以催化葡萄糖基供体的形成(见下文),此外还包括 ADP 葡萄糖焦磷酸化酶,该酶是在糖原的合成过程中催化合成葡萄糖的供体。令人惊讶的是,*N. multiformis* 的 ATCC 25196 基因组中可能缺乏细菌型、ATP 非依赖型的 1,6-二磷酸果糖醛缩酶直系同源物。然而,由于糖异生过程需要自养代谢,因此我们推测 *N. multiformis* 菌株中这种功能可能利用了一种古细菌型肌醇单磷酸酶。

4.2.4 生态意义

除了一些亚硝化单胞菌外,AOB 不能分解除氨以外的天然能源(Schmidt,2009)。如上所述,大多数 AOB 为了与特定的环境条件相适应,在基因组减少过程中,会通过失去对其他能源摄取和处理的能力来得到进化。事实上,生理生态、遗传和基因组数据都支持一种假设,即 AOB 主要存在于 4 种生态型:(i)淡水沉积物;(ii)污水/废水;(iii)土壤;(iv)海洋环境(Koops and Pommerening-Roser,2001;Kowalchuk and Stephen,2001;Zehr and Ward,2002)。然而,有一些一般的生态生理学特征是从基因组中推断出来的,这些特征似乎不受种群栖息环境的影响。这些特征中最引人注目的是几乎不存在有机化合物的运输系统,而大量无机化合物的转运蛋白以高冗余度存在(Arp et al.,2007;Stein et al.,2007;Norton et al.,2008)。由于基因组降低造成了这种不平衡,即 AOB 在生态位分化的过程中失去大量有机物运输体。此外,在所有 AOB 基因组中都缺少能产生酰基高丝氨酸内酯信号分子的传统库,但是所有的微生物可以通过特殊受体感受到这些信号分子。既然 AOB 能够感知并对酰基高丝氨酸内酯做出反应(Batchelor et al.,1997;Burton et al.,2005),那么在 AOB 中可能存在其他合成途径(Arp et al.,2007;Stein et al.,2007;Norton et al.,2008)。除海洋环境之外,其他所有环境中生物膜上这种合成能力对于 AOB 的聚集和相互作用是非常重要的(Arp and Bottomley,2006)。一个令人惊喜的发现是,所有已研究的 AOB 基因组中都包含 2 个编码蔗糖合成的基因。一方面,有学者认为,这个库可以从蓝藻水平获得,因为 AOB 可能与蓝藻在同一生态位中密切相关(淡水/沉积物和海洋)。另一方面,*Methylocoaaceae* 科的一些耐盐甲烷氧化菌中也发现了蔗糖合成反应,其中包括一些 ANB,因此它们有可能协助基因转移。虽然目前仍没有证实 AOB 能否产生蔗糖,但是蔗糖能够提供一个渗透压来保护暴露在高盐浓度(如海洋环境)或干燥环境中（在波动的淡水蒸发池和沉积物中）的细胞。如果可以产生的话，那么接下来将需要研究在什么条件下微生物会产生蔗糖。

由于与兼性厌氧菌的竞争，淡水沉积物中的 AOB 经常经历 NH_3/NH_4^+ 和 O_2 耗尽的情况。根据亚硝化单胞菌的生理特性（Schmidt et al., 2002），科学家提出一种微需氧或厌氧的呼吸模式。然而，微氧呼吸中的 cbb_3-型终端氧化酶只在污水分离出的 *N. eutropha* 基因组中发现过（Stein et al., 2007）。污水是一种高 NH_3/NH_4^+ 环境，AOB 能够承受潜在的毒性以及其他微生物对 O_2、CO_2 和铁离子的激烈竞争。因此，废水中的 AOB 应该提高解毒的能力、隔绝 CO_2 的能力以及微氧呼吸的能力。目前，随着厌氧化能异养菌的发现，废水中的 AOB 确实具有其他的代谢能力，这种能力会在动态废水环境中占优势。通过 *N. eutropha* 的基因组库发现，它确实能够更好地抵御有毒化合物，特别是重金属；并且它的基因组中包含羧基体合成基因，还能编码替代的末端氧化酶，包括 cbb_3 型和醌醇氧化酶（图 4-5）。羧基体的基因与 *Nitrobacter winogradskyi* Nb-255（从相同环境离出的 NOB）中的基因组库高度相似。一方面，科学家基于 AOB 和 NOB 在硝化聚集体中密切关系，提出了基因库的共同进化起源（Stein et al., 2007）。另一方面，在海洋分离菌株 *N. marina* C-113a 中也检测到编码类似的替代末端氧化酶的基因（cbb_3 型和对苯二酚氧化酶），这表明对生态基因组库的预测并不简单。

土壤环境 NH_3/NH_4^+ 的波动、与植物激烈的竞争 NH_3/NH_4^+、资源的变化、酸度（由于 NH_3/NH_4^+，pH 比 pK_a 低几个单位）通常会导致 AOB 生长速率的变化。尿素水解不仅能增加 AOB 生长所需的基质（NH_3 和 CO_2），而且还能调控环境中的 pH。因此，研究发现大多数土壤中的 AOB，像 *Nitrosospira* 属，尿素分解代谢能力是一种生态学上的契合；比如 *N. multiformis* ATCC 25196 的基因组既能编码尿素水解酶，又能编码尿素氨基水解酶（Norton et al., 2008）；但是废水中的亚硝化单胞菌却没有这种能力（Chain et al., 2003；Stein et al., 2007）。海洋 AOB *N. oceani* 而不是 *N. halophilus* Nc4，也具有获取和处理尿素能力（Koper et al., 2004），包括完整的尿素循环（Klotz et al., 2006）。土壤 AOB 的尿素分解能力估计是它们能在酸性土壤中生存的一个重要因素（Burton and Prosser, 2001），但我们很难想象海洋系统中尿素分解的主要代谢优势是什么。另外，在 *N. multiformis* ATCC 25196 的基因组中，编码氢化酶基因组库的特殊存在可能是还原剂和能量的另一来源（Norton et al., 2008）；如果试验证实，这将是打破专性氨分解代谢模式的又一案例，虽然不是专性化能自养（图 4-5）。

海洋是一个稳定但 NH_3/NH_4^+ 较低的环境，且 CO_2 溶解度也是变化的，这就是 γ-AOB 生长速率极低的原因。海洋硝化细菌会经历高盐浓度，且盐浓度要超过其他 3 种生态型中微生物的忍耐水平。表达多种质子依赖和钠依赖的 ATP 酶以及 NDH-Ⅰ复合物的基因库的发现，第一次表明海洋微生物基因库的特殊性。因为在 *N. oceani* 中除了形成质子流，还允许形成钠电流（图 4-5）。这种钠电流有可能不用补充其他能量源和还原剂（与 *N. multiformis* 通过氢化酶额外补充能量和还原剂相比），它是将钠推动力转换成质子推动力，这种转换的能力可灵活调控细胞质膜与胞内膜间的质子推动力。科学家已经在 *Nitrosococcus* 基因组全部 4 个序列中证明了控制钠电流的必要基因库的存在（Campbell and Klotz, unpublished）。

4.3 硝化作用库的分子进化

在前基因组时代对生态生理学和分类学的研究表明，自养硝化是变形菌中两大不同种群的功能性和协同性的基础，这两大种群为 AOB 和 NOB（Prosser，1989）。NOB 的分类很复杂，因为在六类变形菌中的四类都发现了 NO_2^- 氧化代表性微生物，并且其中一些还属于硝化螺旋菌门（Teske et al.，1994）(更多详情见第五篇)。相比之下，利用 16S rRNA 和 amoA 基因的比对进行系统发育推断仅将 AOB 归于变形菌中的两类（更多详情见第 3 章）。由于 16S rRNA 和 amoA 基因系统发育的一致性、好氧氨氧化和亚硝酸盐氧化共同作用的假设以及氨氧化是硝化过程中的瓶颈，导致重建硝化作用的自然历史主要集中在 AMO 蛋白（pMMO 的同系物）亚基的分子进化上（Holmes et al.，1995；Rotthauwe et al.，1997；Klotz and Norton，1998；Purkhold et al.，2000；Norton et al.，2002；Casciotti et al.，2003；Calvo and Garcia-Gil，2004）。因此，提出以下问题：（i）与表达 pMMO 的甲烷氧化菌（MOB）相似的 AOB 能否通过基因组和功能的减少从一种普遍的、古老的、在生理生态学方面具有氨/甲烷氧化作用的微生物（以 AMO/pMMO 为中心的模型）进化成与 β-变形菌、γ-变形菌相似的只对氨进行代谢的微生物；（ii）硝化作用库是否仅在 AOB 或 MOB 的祖先中进化一次，然后通过侧向基因转移作为单一途径基因分布到其他分类群中（以流程为中心的模型）；（iii）现存的好氧氨氧化和亚硝酸盐生产的个体库是否在地球海洋和大气变为有氧之前独立进化，是否是通过侧向基因转移独立地传播，并且偶然地与现代硝化细菌的祖先功能性地结合（模块化模型）。虽然在前基因组时代对三个模型中的任何一个都是模糊不清的，但是最近重建硝化作用自然历史相关的基因组研究支持模块化模型（Klotz，2008；Klotz et al.，2008；Klotz and Stein，2008）。

如果以 AMO/pMMO 和流程为中心的模型来重建硝化反应的进化史，那么这将会是两个错误的前提。AMO 和 pMMO 分别是催化硝化作用和甲烷氧化第一步的酶，它们共同氧化两种底物；这两种底物支持两种酶从一种常见的、可能是底物混杂的祖先的进化（Holmes et al.，1995；Norton et al.，2002）。第一个前提是假设现有的硝化细菌和甲烷氧化菌（这两类菌严格好氧且利用有氧呼吸产生能量储存起来）一旦进化产生功能性 AMO/pMMO 复合物，就能适应目前分解代谢的生活方式。但是 AMO 和 pMMO 的活性对硝化和甲烷营养过程中的能量和还原剂的获得没有直接贡献；实际上，它们的活性会消耗醌醇池（Q 池），所以它们只是将外部还原物质（氨和甲烷）转变成更有利于电子吸收的化合物（羟胺和甲醇/甲醛）。因此，这些单加氧酶的进化依赖于库，库能够从中间代谢物中提取电子，然后向 Q 池提供电子，并且如果 AMO/pMMO 不是真正的醌醇氧化酶（实验尚未确定这一假设），则将电子从 Q 池再循环到 AMO/pMMO。此外，这些氧依赖性酶会产生大量有毒性产物，例如羟胺（由 AMO 产生）和甲醇/甲醛（由 pMMO /甲醇脱氢酶产生），因此说 AMO/pMMO 的发展演变没有太大意义，因为对于成功的自然选择来说，必须具有有效的解毒系统（Klotz，2008）。此外，AMO/pMMO 和许多呼吸关键酶含有铜活性位点，研究发现在缺氧的情况下，生物体内没有可利用的铜，且在太古代末和元古代初期，主要含硫的海洋环境不能进行铜氧化还原过程（Anbar and Knoll，2002；Kaufman et al.，2007；Klotz and Stein，2008；Scott et al.，2008）。假设在足够的氧气水平出现时（20

亿年前),对变形菌的描述基本完成(Arnold et al., 2004; Kaufman et al., 2007; Scott et al., 2008; Garvin et al., 2009),前提是预测有氧 MOB 和 AOB 必须在描述完成后进化为独特的功能群。因为在氧出现之前厌氧氮循环已经出现,所以 AMO/pMMO 的进化可能是后来加到现有厌氧途径操作中的功能性模块(Klotz, 2008)(图 4-6)。

第二个前提是假设 AMO 和 pMMO 只有在现代变形菌中是功能性的,像 γ-AOB (*Chromatiales*: *Nitrosococcus*) 和 β-AOB (*Nitrosomonadales*: *Nitrosomonas* 和 *Nitrosospira*); α-MOB (*Methylocystaceae*: *Methylocystis* 和 *Methylosinus*) 和 γ-MOB (*Methylocoaaceae*: *Methylococcus*、*Methylomicrobium* 和 *Methylomonas*)(Prosser, 1989; Arp and Bottomley, 2006)。然而,γ-AOB(*Nitrosococcus*)的 Amo 蛋白和 γ-MOB 的 pMmo 蛋白(*Methylococcus*)彼此之间的关系比 β-AOB 中各种酶和某些 γ-MOB 中的其他 pXmo 蛋白更密切相关(Purkhold et al., 2000; Norton et al., 2002; Tavormina et al., 2010)。因此,以 AMO/pMMO 为中心和以流程为中心的模型是仅在一个分类群中或至少在一个变形菌纲内与之密切相关的类群中预测几乎相同的氨/羟胺和甲烷/甲醇/甲醛氧化库。根据目前的知识,现有数据与该假设相矛盾,因为好氧氨/甲烷氧化在变形菌门以外的微生物中也存在(古生菌和疣微菌),并且个体硝化作用库(Amo、Hao 和相关的电子载体蛋白)的进化史在生物体之间不一致或甚至不相同。此外,变形菌之外的微生物也会发生氨和甲烷厌氧氧化,这些微生物会利用一些好氧氨/甲烷氧化库。这些最近的发现强有力地支持了最能描述硝化作用演变的模块化模型,这也意味着只有了解单个库的演变才能充分描述过程的演化,例如路径。

4.3.1 氨化作用和 HURM 在缺氧环境中的演化

如今地球化学家和行星科学家们认为原始气体(相对于深海口环境的气体来说)相当惰性(N_2、CO_2、CO),且不包含大量可用的地热无机还原剂(CH_4、H_2S、NH_3)。在缺氧的环境中,少量的 NH_3 可能足以为原始肽和核苷酸循环提供燃料,这些循环严格地在含 S、Fe 和 Ni/Co 的矿物质表面("配位圈")上进行(Wachtershauser, 1994; Huber et al., 2003)。表面结合的金属中心可能作为酶活性位点复合物的结构模板,这些酶在大约 38 亿年前(广元)延伸了新兴细胞世界中的原始周期。随着金属吸收能力的变化,原始酶活性位点可能会结合钼、锌和锰(但不是铜),因为在缺氧状态下,它们的氧化价态会发生改变(Scott et al., 2008)。硫化氢和氨可能是带有催化巯基和氨基分子的前体。

很大程度上在无氧和微环境减少的条件下,氧化氢和还原硫(发现于 *Aquifex* 和一些现代的古菌中)耦合反应可能是细胞无机营养分解代谢的开始,之后是简单发酵(底物水平磷酸化)和无氧光合作用(光驱动的循环电子流)的出现。无氧光养型细胞色素的进化以及发酵反应,可能会导致化能营养菌厌氧呼吸的出现,该呼吸过程以外源无机物作为最终电子受体。稳定同位素地球化学证明,大约在 30 亿年前出现了硫还原反应。因此,硫还原的厌氧呼吸可能是比光合营养和以氮为基础的化能营养更古老的代谢方式。氨化作用是指将其他含氮化合物转变成氨,该作用可能存在于早期细菌和古菌简单的发酵过程中;然而,这些"内部"循环不会提高 NH_4^+/NH_3 的利用性。在缺氧条件下,可能会存在早期固氮反应(产生还原性氮)和甲烷生成反应(产生还原性碳)的演变,但是这一观点仍具有很大的争议(Falkowski, 1997; Shen et al., 2003; Raymond et al., 2004; Canfield et al., 2006；Klotz and Stein, 2008）。

根据地球物理化学的数据，科学家提出早期全球氮循环主要是大气中 N_2、CO_2 和 H_2O 的相互作用，它们在闪电的作用下会生成少量的 NO、HCN 以及大量溶解于海洋中的 NO_2^- 和 NO_3^-。一方面，虽然自由分子氧很少，但是氧化态的氮（和硫）化合物在海洋中主要以硝酸盐（硫酸盐），少部分亚硝酸盐（亚硫酸盐）积累（Mancinelli and McKay, 1988）。另一方面，太古时期相对较高的亚铁浓度可能与亚硝酸盐有很强的相互作用，这归因于它们之间相互作用的快速动力学。由于这些或多或少的资源，我们了解到硝酸盐和亚硝酸盐的还原（基于含有钼蝶呤和细胞色素 c 蛋白）可能会发生进化，但不与海洋中硫酸盐和硫代硫酸盐的还原反应平行发生（Shen et al., 2003；Arnold et al., 2004）。在硫和氮循环过程中，氧化还原酶活性之间具有高度的生化相似性，这使得这些酶中的大多数还能氧化或者还原其他底物。例如，最近的分子进化和生化分析表明了 5-亚铁血红素细胞色素 c 亚硝酸盐还原酶（NrfA）和 8-亚铁血红素细胞色素 c（OCC）蛋白的进化相关性，四硫酸盐氧化还原酶和羟胺氧化还原酶（HAO）的进化相关性，其中前两种可以还原硫化物和氮化物（Einsle et al., 1999, 2000；Mowat et al., 2004；Bergmann et al., 2005；Hooper et al., 2005；Atkinson et al., 2007；Klotz et al., 2008；Lukat et al., 2008）。通过展示 c_{m552}/NrfH/NapC 蛋白超级家族中对 OCC 蛋白的协同催化作用，同时也提供了相对于单体的进化模式。这些分析还通过显示催化性 OCC 蛋白与 c_{m552}/NrfH/NapC 蛋白超家族中各自氧化还原的共同进化，提供了模块化进化与个体库演变的证据（Bergmann et al., 2005；Rodrigues et al., 2006；Kim et al., 2008；Klotz et al., 2008）。

在现存氮循环中，对起关键作用的细胞色素 c 蛋白进化史的研究表明，它们中的许多是从关键硫循环的祖先蛋白进化而来（Hooper et al., 2005；Scott et al., 2006；Elmore et al., 2007；Klotz et al., 2008；Klotz and Stein, 2008；Sievert et al., 2008；M. G. Klotz and A. B. Hooper, unpublished）。大多数硝酸盐和亚硝酸盐还原反应库可能为氨同化反应提供不断增长的物质和能量需求，其中钼蝶呤（Nar 和 Nap）和细胞色素 c（Nrf）蛋白要多于西罗血红素细胞色素蛋白（NasA、NirA 和 NirB）。有趣的是，一些早期分支的依赖硫且不含任何已知亚硝酸盐还原酶的厌氧 ε-变形菌，利用"羟胺氧化还原酶 c_{m552}/NapC 蛋白"模块来从硝酸盐中同化氨作为唯一氮源（Campbell et al., 2009）。这一最新发现有力地证明了一种观点，即依赖氧的 HURM（图 4-3 和图 4-6）早期从促进 NO_x 呼吸的氨化作用和 NO_x 的解毒作用库中演变而来（Arp et al., 2007；Klotz and Stein., 2008）；HURM 作为还原模块，将厌氧硫依赖性化能营养微生物中的电子流与氮同化紧密联系起来。HURM 的概念最初是通过对 AOB（Arp et al., 2007）和 ANAOB（Strous et al., 2006）基因组编码的蛋白质库分析比较得来的；对于细菌中基于氮氧化的电子流来说，研究者认为 HURM 是中心氧化模块。因为是不产氧光合作用，所以在细菌中基于氮氧化的电子流最初是循环的，之后在厌氧氨氧化过程中逐渐演变成储存能量的模块（Klotz, 2008；Klotz and Stein, 2008）。高效的 HURM 除了提供与催化功能相联系的氮-氧化化合物所需的醌还原酶外，还可以分解有毒的氮-氧化物，从而为高通量氮氧化物生产模块提供平台，例如 AMO 蛋白和 pMMO 蛋白（Klotz, 2008）（图 4-6）。

除了像 HAO 这样的 OCC 蛋白（Klotz et al., 2008），多铜氧化酶还可以处理氮-氧化物，这两种酶都是低水平肼（N_2H_4）生产的良好候选来源。与进化压力推动 OCC 蛋白从

NrfA 演变相似（Klotz and Stein，2008），OCC 蛋白促进的歧化反应，像 HAO 会产生氮氧化物中间体（van der Star et al.，2008），可能已经为肼水解酶的进化设定了阶段；OCC 蛋白是水解酶（而不是合成酶），并且具有额外的肼解毒能力。HAO 也能够氧化肼（Schalk et al.，2000）。对于"厌氧氨氧化小体形成"来说，肼暴露形成的驱动力可以保护敏感的细胞结构（Klotz，2008）。一旦厌氧氨氧化小体到位，且羟氨/肼氧化还原酶与相应的醌还原酶（在 ANAOB 中建立的 HURM）耦合，系统就会提供足够的氧化还原梯度来推动肼水解酶进入合成酶方向，在这一过程中系统会利用高活性的硝酰（HNO）或者 NO 作为氧化剂氧化氨。使用 HNO 氧化氨而不是用 NO 氧化氨能避免对 NO（高活性烈性物质）的依赖，并且在该过程中通过更均匀的电子分布可以更有效地发挥厌氧氨氧化的作用。因此，来自醌池的再循环还原剂和具有亚硝酸盐还原酶功能的反向操作的 OCC 蛋白产生 HNO 或 NH_2OH（例如 HAO），如硫依赖性 ε-变形菌中同化的 HURM，它是厌氧氨氧化过程中关闭电子流循环所需的唯一库。在 *Nautilia*、*Caminibacte* 和 *Campylobacter* 中，有一些物种的基因组含有编码 HURM 反向反应途径的酶基因（Campbell et al.，2009）。然而，其他的 ε-变形菌的基因组会编码传统的由 NO 形成的 NirS/NirK 的同系物、同化的西罗血红素 NirA 或通过氨形成的 NrfA 亚硝酸盐还原酶（Kern and Simon，2009）。这些最新的发现也表明，HURM 是双向的，至少包含一个 OCC 蛋白和一个（泛）醌还原酶，且反应的方向取决于其在细胞电子流中是处于还原分支还是氧化分支（图 4-6）。

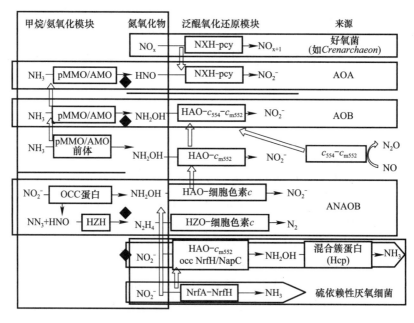

图 4-6 与氨氧化和硝化有关的氮氧化物转化的模块化概念

化学和进化途径的方向分别用闭合和开放的箭头表示；填充的方块表示文中讨论的模块的合并

4.3.2 参与有氧、铁铜促进的氨氧化的细菌库演变

科学家在现代细菌中发现了催化途径的多样性。毫无疑问，最重要的进化事件就是在蓝藻和原绿藻的祖先中发现了产氧光合作用，这些祖先出现在大约 25 亿年前。产氧光合

4.3 硝化作用库的分子进化

作用使大气中的氧分子逐渐升高,在19亿年前大约达到1‰(Falkowski,1997;Raymond et al.,2004;Canfield et al.,2006;Kaufman et al.,2007;Garvin et al.,2009及其中的参考文献)。大气中氧分子的增加产生的最重要的影响是臭氧层的形成以及允许电子流经过的各组分的协同进化,例如CⅢ、ACⅢ以及A、B和C型血红素-铜氧化酶,这些氧化酶通过推动氧气(好氧呼吸)或NO(厌氧呼吸)的还原来终止电子流的传递(Garcia-Horsman et al.,1994;Pereira et al.,2001;Hemp and Gennis,2008;Hemp et al.,unpublished),这是由于酶金属中心多样性增加造成的。尽管以往大多数酶包括镍、铁、硫氧化还原-活性位点(例如,氢化酶,脲酶,乙内酰脲酶等),且不需要氧气或者在厌氧条件下反应良好的微生物也会使用锌、锰、钼(例如,固氮酶,包含钼蝶呤的亚硝酸还原酶),但是氧的上升使铜成为另一种氧化还原活性传递金属(Anbar and Knoll,2002;Arnold et al.,2004)。这就是氮循环发展进化产生的非常重要的结果。例如,非生物还原或者通过硝酸盐还原酶还原生物硝酸盐池可能增加亚硝酸盐池,并且产生强大的进化压力促进新的亚硝酸盐、NO和N_2O还原酶变体的出现,其中许多细菌中含有铜(Nakamura et al.,2004)。浓度不断升高的氨、硝酸盐和NO会对许多酶的活性产生毒害作用。当亚硝酸盐含量维持在一个较低水平时,大量的氧化还原酶交替出现(例如,三个新的NOR家族:sNOR、gNOR和eNOR)(Hemp and Gennis,2008;Hemp et al.,unpublished),这可能推动了硝酸盐的连续还原和N_2O_4气体的循环。基于无机化学的这一假设最近得到了支持,即在生物体的基因组中发现了大量的多铜氧化酶,它们有助于氮循环,像AOB和NOB(Starkenburg et al.,2006,2008;Arp et al.,2007;Klotz and Stein,2008)。

在氧气增加以前,氮循环途径的变化可能会导致异化硝酸盐/亚硝酸盐还原产生大部分的气态含氮氧化物,因此就形成了反硝化作用。在细胞生物出现后的大约10亿年或自然界中大气具有氧化作用能力以前的大约10亿年,新兴变形菌的祖先已经具有还原氧化性氮、硫和碳化合物的代谢能力,这是通过利用这些复合物作为最终电子受体来实现的(Scott et al.,2008)。尽管硫和氮更可能参与厌氧呼吸过程,但在发酵过程中,还原性(有机)碳是电子受体。早期的反硝化作用(是指钼蝶呤和基于亚铁血红素的氧化还原特性会参与到硝酸盐到NO的途径)可能不会达到现今传统反硝化的程度,因为cNOR和qNOR化合物是血红素-铜氧化酶超家族的成员,它们是从血红素-铜氧还原酶进化而来的(Hemp and Gennis,2008;Hemp et al.,unpublished)。因为传统的反硝化作用出现在产氧光合作用之后,所以在氧气增加之前,既不是cNOR和qNOR,也不是蓝铜蛋白N_2O还原酶在氮氧化物还原中发挥作用。因此,早期的反硝化作用可能依赖于NO的还原,这一还原过程会利用溶解性胞质细胞色素c蛋白,像c'-beta($cytS$)和c_{554}($cycA$),但不包括膜蛋白。如今,形成NO的硝酸盐和亚硝酸盐还原是许多细菌分类群中发现的代谢功能,这一还原过程单独出现或作为脱氮过程的一部分,且在缺氧或缺氧胁迫条件下发生;然而,完全有效的反硝化途径(硝酸盐到四氧化二氮)几乎只能在表达氧化亚氮还原酶的变形菌中发现(Ferguson and Richardson,2005;Tavares et al.,2006;Zumft and Kroneck,2006;Klotz and Stein,2008)。

氧气可以作为强氧化剂和最终电子受体的特性,导致电子传递链分支、大量新型的基于铜的电子载体和氧化还原活性酶、HURM(通过脱氢作用,从羟胺/肼处获得4个电子)和高通量氧化还原性氮化合物的出现。肼水解酶和OCC亚硝酸盐还原酶都是早期进化的细胞色素 c 蛋白（Klotz et al.，2008；Klotz and Stein，2008）。相比之下，编码含铜 pMMO 和 AMO 同系物（Klotz and Norton，1998；Norton et al.，2002）的基因可能不是从编码厌氧反硝化甲烷菌的 pMMO 进化而来，这类菌与 NC10 进化枝相关（Raghoebarsing et al.，2006；Ettwig et al.，2008，2009；Klotz，2008；Tavormina et al.，2010）。作为厌氧氨氧化一部分的氨氧化模式（OCC 蛋白-肼水解酶）是否被甲烷/氨氧化模式（pMMO/AMO）取代，或者 HURM 是否存在于编码厌氧菌祖先混杂的单加氧酶基因组中，这仍是有待解决的问题；但是可以确定的是 pMMO/AMO 和 HURM 功能上的联系（图 4-6），这样的关系出现在氧气增长以后（Klotz et al.，2008；Klotz and Stein，2008）。

这种功能合并的主要优点是减少了从 Q 池（pMMO/AMO 需要 2 个电子来刺激氧；利用 NO 的 OCC 蛋白和肼还原酶一共需要 4 个电子）中回收还原剂的需求，因此，在线性电子流中可以获得 2 个电子的净产量以及 2 个可溶性酶复合物与 1 个膜结合复合物的重新置换。

在好氧氨氧化菌中，能量利用率的增加会降低合成成本（厌氧氨氧化过程中的还原剂是通过低效的亚硝酸盐到硝酸盐的厌氧再氧化产生的），并且会极大地提高生长速率和全球性固定氮氧化物的含量。研究发现，甲烷/氨氧化模块与 HURM 的功能性整合已经出现了一些不同的结果。一方面，现在的好氧 MOB 似乎已经失去了 HURM 醌还原酶（硝化 MOB，ANB）或者 HURM，这可能是由于该类菌自身独特的碳-1 代谢要比氨氧化还原 CO_2 更能满足碳固定对能源/还原剂的需求。另一方面，早期的 HURM 可能与现存 AOB 的前身中涉及氮氧化物代谢的另一个模块合并（图 4-6）；据报道，细胞色素 c_{554} 具有一氧化氮还原酶的活性（Upadhyay et al.，2006），且编码细胞色素 c_{554} 同系物的基因与非硝化细菌中 c_{m552}/NapC 蛋白基因或者其他编码醌还原酶基因在同一基因簇中发现，这些非硝化细菌包括氯氧化-还原 β-变形菌、依赖硫的 ε-变形菌和 δ-变形菌。包含 haoA（图 4-4）的基因簇的高复杂性与系统发育树是一致的，系统发育树描述了 OCC 蛋白的演变，像来源于 5 血红素细胞色素 c 亚硝酸盐还原酶的 HaoA（Klotz et al.，2008）。

氧化还原酶的多样性和作为最终电子受体的氧气的获得可能对于新的氧化还原作用创造了机会，其中一些氧化还原反应引发了反向电子流的形成（Bergmann et al.，2005；Klotz et al.，2008）。虽然亚硫酸盐氧化与硫酸盐还原的生化复杂性不同，但是，亚硫酸盐氧化成硫酸盐是硫酸盐还原的逆向反应，并且两者都是通过不同的变形菌群进行反应的。同样地，好氧亚硝酸盐氧化是硝酸盐还原成亚硝酸的逆过程；因此，从进化上来看，NOB 的亚硝酸盐氧化还原酶（NxrAB）和硝酸盐还原酶（NarGH）都与钼蝶呤蛋白相关就不足为奇了。硝化反应和好氧反硝化过程中的酶包括铜（NirK 亚硝酸盐还原酶）、铁—铜（AMO）、或者血红素—铜（cNor，sNor，还原 O_2 和 NO 的复合物 Ⅳ 血红素—铜氧化酶），这些酶都是基于氧化还原活性的。最近对 N. europaea 的 nirK 和 norB 突变体的生理研究表明，它们能够产生气态氮化物，这些物质不是通过传统的反硝化酶产生的（Schmidt et al.，2004）。虽然仍没有确定反应所涉及的蛋白质，但是对所有可以利用的硝化细菌基因组的初步分析发现，微生物中储存了一些多铜氧化酶，这些酶可能在氮化合物氧化/还原中作为其他酶的替代者。最近才发现，硝化古菌的好氧氨氧化仅是通过基于铜的氧化还原促进的，其中一些库是 AOA 独有的。（Walker et al.，2010）（详细内容请见第三篇）。

对所有氨氧化菌（AOB）、ANAOB 和 AOA 的基因组比较发现，在厌氧氨氧化过程中发现的电子流可能是所有现存的细菌和古菌氨氧化机制的基础。虽然对于现有的好氧和厌氧氨氧化细菌来说，重要基因库的演变可能发生在氧气剧烈增长以前，但是据悉，古菌的氨氧化过程仅在有氧环境下发生。由于上述原因以及 AOB 和 AOA 中硝化作用库的不同，所以包括古菌（见反应途径中的基质）和亚硝酸盐生产（见硝化反应产物）在内的氨氧化库的单系起源是很复杂的。像 AOB，AOA 也会利用甲烷/氨氧化模块，然而科学家却提出，通过改良的古菌 AMO 会形成 HNO，而不是 NH_2OH（Walker et al., 2010）。这一观点是基于 AOA 基因组中编码 HAO 的基因缺失以及可以通过添加羟胺从混合培养物中清除 AOA 这两个现象提出的。与 AOB 相比，AOA 的代谢和呼吸电子流只依赖铜，包括 CⅢ、CⅣ和电子穿梭体（质体蓝素而不是细胞色素 c 蛋白），而且，最重要的是泛醌还原模块与 HURM 相似。科学家提出 AOA 使用某种（多铜氧化酶-双-铜-蓝-配体膜蛋白）模式从 HNO 释放出的电子传递到醌池，而不是一种（HAO-(c_{554})-c_{m552}/NapC 蛋白）细胞色素 c 蛋白模式。因为 AOA 不再产生和使用羟胺或者肼作为氧化还原-活性中间物质，所以使用缩写 HURM 描述醌-还原模式是不恰当的。研究者提出使用术语氮-氧化物-泛醌氧化还原模块（NURM）来描述一般的原理，因为在专性氨氧化化能自养菌的膜上有一种还原性强的氮氧化物（NH_2OH、N_2H_4 或 HNO）可以利用能源，也可以传递易反应的还原剂到醌池，这并不是之前提出的 HURM 概念的拓展（图 4-3 和图 4-6）。

4.4 总结和展望

对编码氨氧化细菌及古菌基因库以及氮循环过程中涉及的序列和结构分子进化的分析表明，细菌和古菌的氨氧化途径分别由（甲烷）氨氧化模块和还原性强的 NURM 组成；从功能上来说，这两类模块都由不同的微生物组成。在进化期间，这些微生物在不同的时期有不同的地球化学背景（图 4-6）。在好氧和厌氧氨氧化细菌中 HURM 是同源的（Klotz and Stein, 2008），但是却与古菌 NURM（多铜硝酰水解酶和铜-蓝醌还原酶）无关（Walker et al., 2010）；不过，在 AOB 和 AOA（pMMO/AMO）中，（甲烷）氨氧化模块相似，而与 ANAOB 中氨氧化模块无关（相当于 OCC 亚硝酸盐还原酶和肼水解酶）（Strous et al., 2006；Jetten et al., 2009）。由于 NURM 基质的剧毒性质，提出功能性 NURM 的出现必须先与高效、高通量（甲烷）氨氧化模块的功能性质连接才有意义。鉴于已经阐明了起草和完成的全基因组项目，到目前为止，只有一个基因（$ncyA$, nitrosocyanin）被认为是 AOB 独有的；一些基因编码的候选库具有适应生态位的意义；注释的细菌基因组远远超过那些氨氧化古菌；生态生理学代表性纯培养物的持续分离以及其基因组的测序和表征对于氮循环研究的持续发展是必不可少的。同样地，需要广泛的"生物组学"研究来评估库和功能之间的关系，这些研究从单个细胞水平到群体生理特征再到对更好的生态环境的了解，包括分离菌基因组信息与氨氧化过程中宏基因组项目所获得的个体数的比较。鉴于过去 20 年的发展速度，从 20 世纪 70 年代开始，早在 Sanger 测序和 PCR 之前，Ray Wu 就开创了引物延伸方法；因此，我们很快就会看到可用的基因组序列会显著增加，但也很可能在生物勘探的推动下会有更多新的发现，像海洋在内的极端环境下的微生物（冷、热、含盐的环境等）。

第 5 章 异养硝化和硝化细菌反硝化

5.1 引言

本节所介绍的基因组序列、分子微生物生态学及生理学研究的结合极大地拓宽了我们对参与生物地球化学氮循环微生物的了解。除了硝化化能自养细菌及 Thaumarchaea 外，一些化能异养菌属及少数真核生物也具有氧化氨、羟胺、有机物或亚硝酸盐的能力，这些过程称为异养硝化。不同于传统硝化作用的定义（氨被氧化为亚硝酸盐再到硝酸盐），异养硝化作用从一个更广泛的角度进行定义，即将还原价态的氮转变成氧化价态的氮（Focht and Verstraete，1977；Ralt et al.，1981；Castignetti et al.，1984；Killham，1986；van Niel et al.，1993）。同样，与化能自养菌硝化作用不同的是，异养硝化作用不仅能够储存能量，而且当细菌处于缺氧条件（Roberston and Kuenen，1990）、真菌处于内源呼吸期（Van Gool and Schmidt，1973）及土壤中的微生物（Verstraete，1975）相互竞争时要氧化 NAD(P)H。

很多异养硝化细菌也能进行好氧反硝化作用，因此产生的一些亚硝酸盐及硝酸盐能够通过反硝化酶被迅速转化为氮氧化物或四氧化二氮，这一过程称为同步硝化反硝化（SND）。由于氧化过程中没有中间产物的积累，同步硝化反硝化可能让我们低估了异养作用对系统内硝化过程所做的贡献。然而，必须要强调的是，环境中仍然存在大量种类和丰度不确定的异养硝化细菌，虽然已使用可信度高的方法检测微生物的活性，但仍不明确。好氧污水处理系统充分的展现了同步硝化反硝化的特点，在这种处理系统中已经分离出一些异养硝化细菌（Robertson and Kuenen，1990；Schmidt et al.，2003）。异养硝化细菌并不是唯一能进行同步硝化反硝化的微生物，在氨氧化过程中，化能自养氨氧化菌可将亚硝酸盐还原成一氧化氮再进一步转化为一氧化二氮或氮气作为终产物（Poth，1986；Wrage et al.，2001），这一过程称为硝化细菌反硝化作用。硝化反硝化作用在有氧条件下发生，但在一些 *Nitrosomonas* spp. 中厌氧呼吸也是必需的，其中亚硝酸盐还原在能量上与氨、氢或有机碳氧化偶联（Bock，1995；I. Schmidt et al.，2004；Schmidt，2009）。好氧反硝化并不仅仅局限于硝化微生物，一些异养菌和真菌在缺氧条件下就能同时利用硝酸盐和氧气作为最终电子受体进行呼吸作用（Robertson and Kuenen，1990；Takaya et al.，2003；Otani et al.，2004）。

硝化及反硝化微生物（好氧和厌氧；自养和异养）活动产生的 N_2O，成为排放到大气中有效温室气体的最主要来源（Stein and Yung，2003）。大气中 N_2O 的持续增加主要是由于土地转化为农业用途后，通过提供饱和量的氮肥和充足的水分来刺激硝化和反硝化活动（IPCC，2006）。氮氧化物的产生速率已严重超过了生态可持续性的临界值（Röckstrom et al.，2009），因此，掌握氮氧化物产生的代谢机理及途径、了解微生物的多样性、学习特定环境下氮氧化物产生、释放的代谢活动是非常重要的。

本章描述了异养硝化作用和硝化细菌反硝化作用的生理学及生物化学途径,其中涉及基因及微生物的多样性,同时也对技术进行了简要的概括,从而有助于我们对不同过程的了解。本节最后的内容是介绍怎样人为地投入氮以影响微生物对无机氮的转化,特别是释放到大气中的气态氮氧化物。

5.2 异养硝化作用

5.2.1 生物化学和生理学

氨氧化细菌(AOB)利用氨单加氧酶(AMO)和多亚铁血红素羟胺氧化还原酶(HAO)将氨氧化为亚硝酸盐作为唯一的能量来源和还原剂(见第 2 章)。大多数与 AOB 有相似结构和功能的甲烷氧化菌也能利用与 AOB 相似的酶将氨氧化为亚硝酸盐,但是是通过次级代谢实现的(Conrad,1996;Nyerges and Stein,2009)。溶解性和颗粒甲烷单加氧酶均可将氨氧化为羟胺,且一些颗粒甲烷单加氧酶在进化上与氨单加氧酶相关(Klotz and Norton,1998;Norton et al.,2002;Hakemian and Rosenzweig,2007)。对于羟胺氧化活性来说,*Methylococcus capsulatus* Bath (Poret-Peterson et al., 2008) 和 *Methylomicrobium album* (Nyerges,2008) 中 *haoAB* 基因的表达由氨特异性诱导;*M. capsulatus* 体内纯化的细胞色素 P460 能氧化羟胺,这与 *Nitrosomonas europaea* 体内分离出的细胞色素 P460 有相似的功能 (Bergmann et al., 1998)(表 5-1)。虽然甲烷氧化菌不是异养型微生物,这是因为它只限于代谢无机碳化合物,但其生理上与氨氧化菌相似,在环境中分布广泛,非常有利于其进行氨氧化过程,特别是在有氧的土壤环境中(Bodelier and Laanbroek,2004)。

异养硝化细菌尤其是 *Paracocuus pantotrophus* GB17(之前的 *Paracocuus denitrificans* GB17 和 *Thiosphaera pantotropha*)中有与 AOB 相似的酶;从 *P. pantotrophus* GB17 中纯化出与 AMO 具有结构和功能相似的酶(Moir et al.,1996b)和非血红素羟胺氧化酶(Wehrfritz et al.,1993;Moir et al.,1996a)。然而,由于缺少这种微生物的完整基因组序列,且没有进行进一步的生物化学检测,这些酶在结构、功能及进化上的细节仍不明确。虽然羟胺氧化酶已从一些异养硝化细菌体内分离出来,但是到目前为止,仅发现一种厌氧氨氧化菌(anammox)的酶与 AOB *N. europaea* 体内纯化的 HAO 有相似的特征 (Schalk et al.,2000)(表 5-1)。除了 HAO 和细胞色素 P460 外,其他两种类型的羟胺氧化酶已从异养硝化细菌体内纯化出来,其中最常见的是一种很小的(约 20-kDa)、单体的、需氧的非血红素铁酶(表 5-1)。从 *Pseudomonas* PB16 (Jetten et al.,1997a) 体内分离出来一种完全不同类型的羟胺氧化酶,但并没有从其他分离菌株中得到确认。总之,羟胺氧化酶可以划分为不同的 4 类,但只有 HAO 和细胞色素 P460 具有生化、遗传和生理特性。

Anammox 和 AOB 中的多聚亚铁血红素羟胺氧化还原酶,是羟胺/肼-泛醌氧化还原模块的核心组成,该模块可以将电子有效地从 HAO 转移到细胞色素 c,然后转移到醌池用于形成质子驱动力,并进行连续的氨氧化(图 5-1)(详细内容见第 4 章)。该模块是这些微生物无机化能营养生活方式的核心。目前还没有相关证据表明,异养微生物中的非亚铁血红素羟胺氧化酶参与了羟胺/肼-泛醌氧化还原反应模块;但是,细胞色素 c 是公认的这些酶的天然电子受体(表 5-1)。

第5章 异养硝化和硝化细菌反硝化

表 5-1 细菌羟胺氧化酶的特性

参数	羟胺氧化还原酶	羟胺氧化还原酶，无亚铁血红素		细胞色素 P460		无亚铁血红素的羟胺氧化还原酶，细胞色素 c 还原酶		无亚铁血红素的羟胺氧化还原酶，氧化还原酶
酶分类的结果[a]								
微生物/来源	$N.\ europaea$	Anammox enrichment	$Pseudomonas$ sp. strain PB16	$N.\ europaea$	$M.\ capsulatus$ Bath	$P.\ pantotrophus$ GB17	$A.\ globiformis$	$A.\ faecalis$	$Pseudomonas$ sp. strain S2.14
酶质量 (kDa)	189	183	132	52	39	18.5	ND	20	19
亚基质量 (kDa)	63	58	68	17.3~18.5	16.4	18.5	ND	20	19
亚基组成	α_3	α_3	α_2	α_3	α_2	α	ND	α	α
金属含量	24 种亚铁血红素 Heme P460	26 种亚铁血红素 Heme P468	非血红素的铁	Heme P460	Heme P460，铜	非血红素的铁，非血红素硫中的铁	非血红素的铁	非血红素的铁	非血红素的铁
最佳 pH	ND	8	9	ND	ND	8.5	9	8~9	8.7
V_{max} (μmol/(min·mg))	75 (PMS)	21	0.45	ND	ND	0.99 (假设) 0.13 (cyt c_{551})	ND	0.031	3.6
K_m (μmol/L)	ND	26	37	ND	ND	33 (假设) 10 (cyt c_{551})	ND	1500	70 (cyt c)
电子受体	cyt c_{554}	ND (试验检测：PMS 和 MTT)	ND (试验检测：铁氧化物)	cyt c_{552}	cyt c_{555} (体外时需 PMS)	Pseudoazurin；cyt c_{551}；cyt c_{550}	ND (试验检测：马心 cyt c)	ND (试验检测：铁氧化物)	cyt c_{551}
不发挥作用的电子受体	ND	NAD, 联苯吡啶, 沃斯特蓝	DCPIP, PMS, PMS+MTT, NAD, FAD	ND	cyt c_{555}, c_{554}, c_{557}, 不存在 PMS 的情况下为 cyt c'	来自纯化的其他 cyt c 组分	ND	心脏 cyt c Pseudoazurin	心脏 cyt c Pseudoazurin
是否需要 O_2	No	No	ND	ND	Yes	Yes	ND	ND	ND
参考文献	Hooper et al., 1978	Schalk et al., 2000	Jetten et al., 1997a	Erickson and Hooper, 1972; Numata et al., 1990	Zahn et al., 1994	Wehrfritz et al., 1993; Moir et al., 1996a	Kurokawa et al., 1985	Otte et al., 1999	Wehrfritz et al., 1997

[a] ND: 不确定的；PMS: 吩嗪硫酸甲酯；MTT: 甲基噻唑四唑溴化物；DCPIP: 二氯酚靛酚

5.2 异养硝化作用

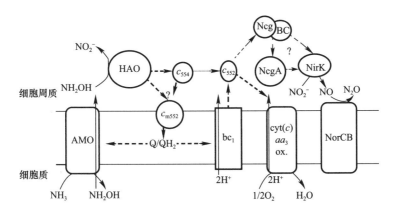

图 5-1 *N. europaea* 中氨氧化和硝化细菌反硝化途径

虚线表示电子流的方向,较细的表示比较粗的传递的电子流少,细胞色素 c_{m552} 上面的问号表示不确定是否有电子直接从 HAO 或通过细胞色素 c_{554} 直接传递到细胞色素 c_{m552};同样的,NcgA、NcgBC 和 NirK 中间的问号表示不确定电子在这些蛋白质之间的转移顺序。NorCB:氮氧化物还原酶;Ncg:*nirK* 基因簇的产物;Q:醌

除了 *Arthrobacter globiformis* 之外,分离出羟胺氧化酶的异养硝化细菌,同时也是好氧反硝化细菌。在 *P. pantotrophus* GB17 生理学数据的模型研究中发现,电子从细胞色素 c 向反硝化途径的转移缓解了在氧气不足时发生的复合物 III 和 IV 之间的电子流动瓶颈(图 5-2)。此外,与单独的硝酸盐或氧气作为电子受体相比,当两者同时作为电子受体时,*P. pantotrophus* GB17 的生长速率快了大约 4 倍(Robertson et al., 1998;Robertson and Kuenen, 1990)。在低氧条件下,*P. pantotrophus* GB17 氧化氨会对 NAD(P)H 的再氧化产生其他影响。总之,研究数据表明在低氧条件下同步硝化反硝化促进了 *P. pantotrophus* GB17 的生长速率,但降低了其生长量。在缺氧条件下,硝酸盐和氧气同时还原以增大呼吸作用的方式也存在于真菌 *Fusarium oxysporum* 的线粒体内(Takaya et al., 2003)(图 5-3)。

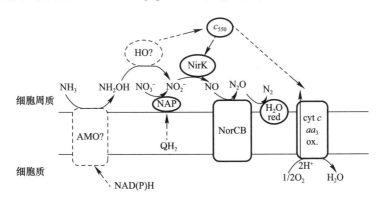

图 5-2 *P. pantotrophus* GB17 中异养硝化和好氧反硝化途径
(基于 Stouthammer 等人在 1997 年创建的模型)

电子载体在羟胺氧化酶和反硝化组分之间的途径仍不清楚。AMO-氨单加氧酶;HO-羟胺氧化酶;
NorCB-N_2O 还原酶;NAP-周质硝酸盐还原酶;Q-醌

有趣的是,*N. europaea* 中硝化细菌反硝化作用与同步硝化反硝化作用相似,在同步硝化反硝化的氨氧化过程中流向反硝化酶的成群电子可以加速羟胺氧化,可将细胞的增长

速率由 10% 提高到 20%（图 5-1）(Beaumont et al., 2002; Schmidt et al., 2004; Cantera and Stein, 2007a)。基于这些发现，*N. europaea* 中反硝化酶的活性可能也有助于缓解Ⅲ和Ⅳ复合物之间的电子流动瓶颈，从而允许更快的羟胺氧化和电子流动到醌池中以产生 ATP 和还原剂 (Cantera and Stein, 2007a)。一般认为，异养和化能无机营养硝化细菌以及好氧反硝化细菌会同时进行反硝化作用和有氧呼吸来促进电子传递和好氧生长。然而，与大多数概括的一样，这些途径的例外或修改可能是基于在少数模式生物中发表的研究。通过比较与 AOB 相关的基因组序列，我们已经了解途径库、基因环境、调控特征和蛋白质序列同一性水平可以是多种多样的（见第 4 章）。

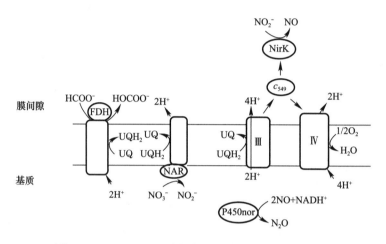

图 5-3 *E. oxysporum* 中氧气和硝酸盐混合呼吸的途径
线粒体内的反硝化作用与甲酸盐氧化相关，见 Takaya 等人 2003 发表的模型。
FDH——甲酸盐脱氢酶；Nar——硝酸盐还原酶；P450nor——一氧化氮还原酶

与迄今为止讨论过的微生物不同，一些异养硝化细菌有不同于 AOB 的酶系，还会氧化除了氨（生成亚硝酸盐或硝酸盐）以外的基质。现在已经从细菌和真菌中纯化出可将有机氮氧化为亚硝酸盐的酶。例如，已从异养硝化细菌 *Alcaligenes faecalis* 体内分离出来 (Ono et al., 1999) 一种需要分子氧的非血红素铁氧酶-丙酮酸肟双加氧酶。尽管这种酶需要羟胺活化，但它不能将羟胺直接氧化为亚硝酸盐。几株从哺乳动物肠道内分离出的 *Pseudomonas* 能够将乙酰氧肟酸盐和羟胺氧化为亚硝酸盐，但是这些酶并没有从这些细菌体内纯化出来 (Ralt et al., 1981)。一直以来真菌 *Aspergillus flavu* 都是比较受欢迎的典型微生物，可用于异养硝化作用的研究，且与酸性针叶林土壤中硝酸盐的产生密切相关 (Killham, 1986)。研究表明，通过氧化天冬氨酸 (Van Gool and Schmidt, 1973) 和蛋白胨 (White and Johnson, 1982)，*A. flavus* 很容易产生硝酸盐，但只有当真菌的理想碳源及能量来源耗尽时这种情况才会发生。因此，通过这些研究可得出结论，*A. flavus* 的硝化作用是一种内源呼吸作用，这大致只能作为一种维持能量的来源。

传统硝化反应的第二步，亚硝酸盐氧化到硝酸盐的过程通常由 *Nitrobacter* 和 *Nitrospira* 来完成。*Nitrobacter* 和 *Nitrospira* 可氧化亚硝酸盐，是无机化能营养微生物的代表；这些微生物氧化亚硝酸盐的核心酶系为亚硝酸盐氧化还原酶（见第 11 章）。与无机化能营养型的微生物相比，异养亚硝酸盐氧化菌主要利用过氧化氢酶。科学家已从真菌

5.2 异养硝化作用

A. flavus（Molina and Alexander，1972）和 *Candida rugosa* IFO0591（Sakai et al.，1988）及 *Bacillus badius* Ⅰ-73（Sakai et al.，2000）体内纯化出一种亚硝酸盐氧化过氧化氢酶。基于同样的分离方法和生理学特征，与同时分离的 *C. rugosa* 和 *B. badius* 一样，过氧化氢酶也极有可能是其他亚硝酸盐氧化真菌（Tachiki et al.，1988）和异养菌体内的活性酶（Sakai et al.，1996）。这些研究表明过氧化氢酶对亚硝酸盐有解毒功能，但这种活性并不常见。

5.2.2 遗传学

除了上述说明的生物化学和生理学方法外，基因敲除突变体的构建是重建异养硝化途径的另一种有效方法。通过在异源宿主中表达来自单个基因组克隆的 2 个基因，在 *P. pantotrophus* GB17 中证明了 AMO 和 HAO 编码的基因在功能和生理上的连接（Crossman et al.，1997）。此外，通过与好氧氨氧化菌 *N. europaea* 的 *amoA* 探针进行 DNA 杂交发现，*Pseadomonas putida* DSMZ-1088-260 中存在 *amoA* 的同系物（Daum et al.，1998）。不幸的是，科学家没有继续研究异养细菌中编码氨单加氧酶和羟胺氧化酶的基因，而且大多数模型菌株硝化能力显然已经丧失。

除了氨氧化酶和羟胺氧化酶，反硝化基因的产物可作为基本的参与者参与异养硝化过程。例如，筛选出的 *Pseudomonas* sp. strain M19 转位子突变体库，揭示了硝酸盐还原酶基因 *narH*、*narJ* 及 *moaE* 对蛋白胨和少量氨产生的亚硝酸盐和硝酸盐的需求（Nemergut and Schmidt，2002）。缺少含铁亚硝酸盐还原酶（NirS）的 *Burkholderia cepacia* NH-17 突变体不能将亚硝酸盐氧化为硝酸盐，或者不能将亚硝酸盐还原为一氧化氮（Matsuzaka et al.，2003）。虽然含铜亚硝酸盐还原酶（NirK）与 NirS 有相似的功能，但 NirK 并不参与异养硝化作用，而是参与大多数异养硝化微生物体内的好氧反硝化作用（Robertson et al.，1989），也会参与真菌体内的好氧反硝化作用（Kim et al.，2009）。同样的，缺少 NirK 的氨氧化菌 *N. europaea* 突变体也不能利用亚硝酸盐作为电子受体（I. Schmidt et al.，2004），在亚硝酸盐氧化菌 *Nitrobacter winogradskyi* Nb-255 中，NirK 会将亚硝酸盐还原为一氧化氮以维持低氧张力下的氧化还原反应平衡（Starkenburg et al.，2008）。这些发现有助于更进一步的了解在各种各样的微生物中，硝化和反硝化过程的紧密结合（例如，同步硝化反硝化）。

除了以上一小部分基因，没有其他研究涉及异养硝化途径库。这可能是由于该过程所需的基因库很小，或者一些更多的基因还没有被发掘。但特别强调的是，要发现其他一些氨单加氧酶和羟胺氧化酶，需要充分理解异养硝化作用的本质、进化历史及生理意义。

5.2.3 异养硝化细菌的多样性

科学家已从环境中分离出一些能够进行异养硝化作用的细菌及真核微生物（大多数真菌），几种分离出的微生物的一般特性列于表 5-2 中。正如上文描述的，异养硝化作用的酶和基因是多种多样的，由于只对很少部分典型的酶和基因在实验中进行了详细探究，因此对这方面的研究还相当欠缺。有趣的是，对典型异养硝化细菌 *P. pantotrophus* GB17 的长时间培养，却造成了其异养硝化活性的逐渐丧失（Stouthammer et al.，1997）。因此，要维持异养硝化细菌的活性和新陈代谢能力，特定的环境条件是十分必要的但并不是必须的。如今，P. pantotrophus GB17 是研究无机营养型硫氧化的典型微生物，而不仅仅应用于异养硝化作用（Friedrich et al., 2001）。对土壤中真菌的研究中也发现了类似的现象，当在无菌土壤中培养真菌时其硝化能力会丧失（Schmidt, 1973）。尚不清楚硝化活性在其他分离株中是否同样易变，或者培养本身是否会导致表型的不稳定。为了充分了解异养硝化活性的生态学应用，解决微生物的这种活性易丧失的问题是十分必要的。

异养硝化微生物的特性　　　　　　　　　　　　　表 5-2

微生物	基质	是否好氧反硝化	反应过程中的基因/酶[a]	生长环境	参考文献
γ-变形菌门					
Pseudomonas chlororaphis ATCC 13985	羟胺，丙酮肟	是	ND	河中的黏土	Castignetti et al., 1984
P. putida DSMZ-1088-260	氨氮，羟胺，亚硝酸盐	是	*amoA*	森林土壤	Daum et al, 1998
Pseudomonas sp. strain M19	蛋白胨，氨氮	是	硝酸盐还原酶	苔原土壤	Nemergut and Schmidt, 2002
Pseudomonas sp. strain PB16	羟胺	是	HAO	土壤	Robertson et al., 1989
Pseudomonas sp. strain S2.14	羟胺	是	羟胺氧化酶	土壤	Jetten et al., 1997a
Moraxella sp. strain S2.18	羟胺	否	ND	土壤	Wehrfritz et al., 1997
M. capsulatus Bath	氨氮，羟胺	是	MMO, cyt P460, HAO	罗马浴场	Bergmann et al, 1998; Lieberman and Rosenzweig, 2004
β-变性菌门					
A. faecalis TUD	羟胺，丙酮肟	是	丙酮酸肟双加氧酶	土壤	Ono et al., 1999; Otte et al., 1999
A. faecalis No. 4	氨氮，羟胺	是	ND	污水污泥	Joo et al., 2005
Diaphorobacler nitroreducens	氨氮	是	ND	活性污泥	Anshuman et al., 2007
B. cepacia NH-17	亚硝盐酸	是	*nirS*	土壤	Matsuzaka et al., 2003
α-变形菌门					
P. pantotrophus GB17	氨氮，羟胺	是	AMO, HAO	废水	Robertson et al., 1988; Wehrfritz et al., 1993; Moir et al., 1996b, 1996a
厚壁菌门					
B. badins 1-73	亚硝酸盐	否	过氧化氢酶	活性污泥	Sakai et al., 2000
Bacillus sp. strain LY	氨氮	是	ND	膜生物反应器	Lin et al., 2004
Bacillus strain MS30	氨氮，乙酸	是	ND	深海热泉	Mével and Prieur, 2000
放线菌门					
A. globiformis IFO 3062	氨氮，羟胺	否	羟胺氧化酶	污水	Verstraete and Alexander, 1972; Kurokawa et al., 1985
Arthrobacter sp. strain S2.26	羟胺	否	ND	土壤	Wehrfritz et al., 1997

5.2 异养硝化作用

续表

微生物	基质	是否好氧反硝化	反应过程中的基因/酶[a]	生长环境	参考文献
真菌					
A. flavus	羟胺，亚硝酸盐，有机物	否	过氧化氢酶	棉籽	Molina and Alexander, 1972; Van Gool and Schmidt, 1973
A. flavus ATCC 26214	氨氮，蛋白胨	否	ND	酸性森林土壤	Schimel et al., 1984
C. rugosa	亚硝酸盐	否	过氧化氢酶	土壤	Sakai et al., 1988
Absidia cylindrospora	氨氮，有机物	否	ND	酸性森林土壤	Stroo et al., 1986
藻类					
Ankistrodesmus braunii	羟胺，亚硝酸盐，有机物	否	过氧化氢酶	富营养化湖泊	Spiller et al., 1976

[a] 验证来自异养菌的 AMO、羟胺氧化酶基因以及其他酶与化学营养型 AOB 中发现的进行充分比较。

5.2.4 异养硝化作用与自养硝化作用的测定

异养硝化作用的稳定性和相对强度主要取决于环境条件。近年来，科学家使用了一些方法来区别自养硝化活性和异养硝化活性，已取得了不同程度的成功（表 5-3）（相关评论见 De Boer and Kowalchuk，2001）。现场测量微生物活性所要面临的问题是：不同于纯培养条件，土壤环境或一些其他环境条件并不适合测定异养硝化速率。含氮底物的量或可用性的限制、碳氮比、物理化学参数（如温度、湿度、氧气量、pH 等）的改变等因素都会影响大多数的硝化作用，从而更难区分两种硝化过程。环境是多变的，大多数微生物的生态学研究只是针对于某一时间点上的微生物活动，或只对一小部分样品进行了多角度分析。此外，由于异养硝化途径的多样性，且与自养硝化作用并没有明显的区别，导致多数方法，特别是抑菌剂的应用并不是非常科学。这些方法的易混淆点已总结在表 5-3 中。

异养硝化菌和化能无机自养菌的鉴别方法　　　　表 5-3

名称	检测类型	靶微生物	问题	参考文献
最可能的数字	列举	通过培养基确定	培养基是选择性的	Papen and von Berg, 1998
三氯甲基吡啶	选择性抑制	AOB	将粘结的土壤进行移除	Goring, 1962
乙炔	选择性抑制	AOB（低水平）	是否会随着时间的推移而降解，是否对所有的 AOB 都同样有效	Hynes and Knowles, 1982; Wrage et al., 2004
氯酸盐	选择性抑制	亚硝酸盐氧化菌	对 AOB 和其他微生物的负面效应	Belser and Mays, 1980
环己酰亚胺	选择性抑制	真菌（真核生物）	对 AOB 和其他易降解物质的负面效应	Schimel et al., 1984
γ-辐射	选择性抑制	所有的微生物	过度灭菌/种群的恢复	Ishaque and Cornfield, 1976
^{15}N 库稀释技术	活性	AOB	是否可以解释异养生物对 NH_3 的氧化作用；偏向于 ^{14}N 摄取	Barraclough and Puri, 1995
基质改良	活性	真菌或 AOB	不能直接说明；对底物具有选择性	Killham, 1986

尽管我们对在土壤等复杂环境中如何以及何时发挥异养硝化活性有了很好的了解，但

是工程环境可以更快地产生答案,因为可以通过改变环境参数有意识地促进像 SND 这样的过程(见第 16 章)。与自养硝化作用相比,更适合异养硝化作用的土壤环境是一些酸性的松柏科植物的土壤环境,其中活性微生物主要是硝化真菌(Schimel et al.,1984;Killham,1986;Jordan et al.,2005)。有些科学家认为真菌的硝化作用强于自养硝化细菌的硝化作用,因此在一些特殊土壤中的真菌不会受低 pH 的抑制,当土壤中有丰富的有机氮用于硝化作用,丰富的碳源用于新陈代谢时,这些土壤中真菌的数量甚至与自养的细菌和古菌数量相当;但这一观点受到了很大的争议(Killham,1986)。相反,在不含松柏科植物的酸性土壤中,有时 AOB(Killham,1986;De Boer and Kowalchuk,2001)或 Thaumarchaea(Nicol et al.,2008)是主要的含氨单加氧酶的种系型。因此,没有某个单独的环境参数能够准确地预测任何特定的环境下是异养硝化细菌还是自养硝化细菌占优势,或者何时异养硝化作用会对硝化速率起主要作用。

5.3 硝化细菌的反硝化作用

硝化细菌的反硝化作用是指亚硝酸盐还原形成一氧化氮,进而转变成一氧化二氮的过程。最初这是氨氧化菌的特性,它与传统的反硝化作用最大的不同在于不会与有机碳的氧化相结合。此外,虽然该过程是在好氧条件下的氨氧化中进行的,但在缺氧条件下进行时其效率会有所提升(Goreau et al.,1980;Lipschultz et al.,1981),此外在厌氧环境下一些亚硝化单胞菌会生长(Bock,1995;Schmidt et al.,2004;Schmidt,2009)。早期,人们推测硝化细菌的反硝化作用主要发挥以下功能:(i)厌氧呼吸途径,(ii)亚硝酸盐氧化菌竞争氧气的机制,(iii)避免细胞过度亚硝化的解毒机制。然而,正如上面提到的异养硝化作用的描述,最近的一些研究表明,至少在 *N. europaea* 中,硝化细菌的反硝化可以作为细胞色素池的电子穴,在好氧代谢中发挥加速羟胺氧化的作用(图 5-1),这与异养细菌(图 5-2)和真菌体内(图 5-3)的好氧反硝化作用相似。虽然 *N. europaea* 和 *N. eutropha* 能将氨氧化产生的亚硝酸盐、氢、有机碳结合起来,利用硝化细菌的反硝化酶进行厌氧生长(Bock,1995;Schmidt and Bock,1997;Schmidt et al.,2004;Schmidt,2009),但对于任何其他 AOB 属能否进行厌氧呼吸尚未得到证实。已知的一些其他既能进行硝化作用又能进行硝化细菌反硝化作用的自养微生物只有甲烷氧化菌,这再一次证明了这两种菌群在功能上的相似性(Yoshinari,1984;Mandernack et al.,2000;Sutka et al.,2003;Nyerges,2008)。目前,并没有证据能证明硝化细菌的反硝化作用可以通过氨氧化古菌 Thaumarchaea 来完成。

由于硝化细菌的反硝化作用对全球一氧化二氮估算的重大意义,已有数篇综述性文章以此为主题(Jetten et al.,1997b;Colliver and Stephenson.,2000;Wrage et al.,2001;Arp and Stein,2003;Stein and Yumg,2003;Klotz and Stein,2008)。然而,硝化细菌的反硝化作用在遗传学和酶学方面的研究却始终是空白,主要由于 *Nitrosomonas* spp 之外的生理学方面研究的短缺。例如,生理上已证实 *Nitrosomonas* spp 能够由亚硝酸盐产生一氧化二氮(Dundee and Hopkins,2001;Shaw et al.,2005),但与 *N. europaea* 和 *N. eutropha* 相关的 *Nitrosospira multiformis* 体内,反硝化基因结构和局部环境却不同,这表明两种氨氧化菌需要来自于不同转化途径的基因(Norton et al.,2008)。另外,在氨氧化菌（图 5-4）和甲烷氧化菌（Whittaker et al., 2000; Sutka et al., 2003; Cantera and stein, 2007a）体内除了通过氧化亚硝酸盐产生一氧化二氮以外，通过氧化羟胺也很容易产生一氧化二氮，导致从遗传学和酶学方面单独分析亚硝酸盐的转化途径变得复杂。

5.3.1 生物化学

在硝化细菌的反硝化过程中主要包括两步：亚硝酸盐通过亚硝酸盐还原酶转化为一氧化氮，一氧化氮通过一氧化氮还原酶转化为一氧化二氮（图 5-4）。*Nitrosomonas* 进行厌氧生长的现象表明，NirK 和 NorB 是硝化细菌反硝化作用途径中唯一的还原酶，而其他的酶可能将羟胺转化为一氧化二氮（I. Schmidt et al., 2004; Beyer et al., 2008）。虽然 *Nitrosomonas* spp 的基因组中缺少一氧化氮还原酶的同系物，但它是目前发现的唯一将氮气作为硝化细菌反硝化过程的直接终产物的菌种（Poth, 1986; Shrestha et al., 2002; I. Schmidt et al., 2004）。科学家在 *N. europaea* 的部分纯化蛋白内第一次发现了亚硝酸盐还原酶活性与羟胺氧化酶的活性相同的部分（Hooper, 1968; Ritchie and Nicholas, 1974）。因此，这些研究表明，氨氧化途径与硝化细菌反硝化途径中的酶有一定的联系。后来对 *N. europaea* 的蛋白提取物研究将弱亚硝酸还原酶活性与细胞色素 *c* 氧化酶活性联系起来（DiSpirito et al., 1985; Miller and Nicholas, 1985）。尽管亚硝酸还原酶和细胞色素 *c* 氧化酶组分具有明显不同的物理性质，但对这些组分的进一步研究发现这两种酶中都有蓝铜蛋白（Arp and Stein, 2003）。虽然早期的生物化学研究已识别了这两种不同的酶，但直到完成 *N. europaea* 的基因组测序，才发现两种铜酶一种是 Pan1 多铜氧化酶（例如细胞色素 *c* 氧化酶），另一种是 NirK 亚硝酸盐还原酶，它们的关系也才变得明朗。

虽然最初没有对 *N. europaea* 一氧化氮还原酶的活性进行生物化学表征，但对 *N. europaea* 和其他 AOB 产生的一氧化二氮进行了大量的生理学和环境方面的研究（相关评论见 Wrage et al., 2001 和 Arp and Stein, 2003）。虽然通过生物化学法没有解决硝化细菌反硝化过程中电子转移的问题，而且在一定程度上是推测的；但对 *N. europaea* 的遗传研究已经开始澄清我们对完整途径的看法，至少对于这种微生物而言是这样的。

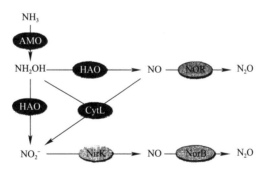

图 5-4 *N. europaea* 中两种一氧化二氮的生成途径：羟胺氧化途径和硝化细菌反硝化途径。较浅的阴影部分表示酶还原过程，较深的阴影部分表示酶氧化过程。CytL-细胞色素 P460; NorB-反硝化过程中的一氧化氮还原酶; NOR—一般的一氧化氮还原酶（*N. europaea* 中多种酶的描述）

5.3.2 遗传学

硝化细菌反硝化过程中表征最好的 2 个基因是含铜的亚硝酸盐还原酶 NirK 和与膜结

合的一氧化氮还原酶 NorB 由 *norCBQD* 编码。通过 PCR 和测序分析技术在许多 AOB 体内发现了各种 *nirK* 和 *norB* 基因（Casciotti and Ward，2001；Casciotti and Ward，2005；Cantera and Stein，2007b；Garbeva et al.，2007），但只有在 *N. europaea* ATCC 19718 体内完成了 *nirK* 和 *norB* 功能的直接测试。科学家发现经过纯化、结晶及表征的蓝铜细胞色素 c 氧化酶（Lawton et al.，2009）通过 *nirK* 基因簇（*ncgABC*）中的第一个基因 *ncgA* 进行编码。中间的两个基因，*ncgBC*，分别是小的单-和双-血红素细胞色素 c 蛋白。虽然不常见，但在 *Nitrosomonas* spp 和 *Nitrobacter* 属的成员中发现了这种特殊的基因与 *nirK* 的操作性结合（Cantera and Stein，2007b），它们是在环境中形成的具有紧密物理联系的微生物（Mobarry et al.，1996）。来自这些微生物的翻译的 *nirK* 基因形成了具有很少成员的独特系统发育分支，这表明相对于大多数其他 *nirK* 基因来说，其具有独特的进化起源（Cantera and Stein，2007b）。大多数已知的 *nirK* 操纵子之前还有编码亚硝酸盐调节的阻遏基因-NsrR，该阻遏基因的保守结合基序位于操纵子的上游区域（Cantera and Stein，2007b）。事实上，*N. europaea* 中 *nirK* 操纵子的去阻遏以依赖亚硝酸盐的形式发生，说明其对亚硝酸盐毒性具有耐受性（Beaumont et al.，2004a）。在 *nirK* 基因受损的条件下，*N. europaea* 能够进行好氧生长的现象说明，N_2O 的产生和对亚硝酸盐的敏感度都有明显提升（Beaumont et al.，2002）。通过对 NirK—缺失突变体的进一步分析表明，N_2O 产量的增加是羟胺氧化的结果（图 5-4）；与 AMO 相关的 HAO 较低的活性，造成了 N_2O 的累积（Cantera and Stein，2007a）。这不但验证了最初的观察，即 HAO 与亚硝酸盐还原酶在功能上的关系，而且还说明了 NirK 可以缓解异养硝化过程和好氧反硝化过程中复合物Ⅲ和Ⅳ之间的电子流动瓶颈，从而促进好氧氨氧化过程。

对 *ncgA*、*ncgB* 及 *ncgC* 突变体的表型分析显示，*nirK* 操纵子中的四部分共同发挥作用。基因受损会导致极性效应，如受损的下游基因不会表达出来。*ncgA* 突变体（没有基因表达）和 *nirK* 补充的 *ncgA* 突变体（仅有 *nirK* 表达）都具有与 *nirK* 突变体相同的表型，这证实了操纵子基因产物间的相互作用（Beaumont et al.，2005）。突变体 *ncgB*（只表达 *ncgA*）和 *ncgC*（表达 *ncgA* 和 *ncgB*）的表型与突变体 *nirK* 也是相匹配的，再次说明了基因产物必然会与 NirK 相互作用。然而，*nirK* 补充的 *ncgB* 突变体（表达 *ncgA* 和 *nirK*）或 *ncgC* 突变体（表达 *ncgA*、*ncgB* 及 *nirK*）会对以氨为基质生长的细胞产生相当大的毒害作用，说明 *ncgBC* 基因产物肯定是与 NcgA 和 NirK 共同发挥作用以阻止活性氮的积累。铜氧还蛋白（Murphy et al.，2002）或细胞色素 c（Nojiri et al.，2009）能够为 NirK 酶提供电子。因此，NcgA 或 NcgB/C 可能是 NirK 的电子供体，作为细胞色素 c 池的动脉（图 5-1）。虽然已经检测了蛋白质与蛋白质之间的相互作用，但关于硝化细菌反硝化过程中的基因产物的假想仍然是推测的。其他氨氧化菌如 *Nitrosospira* 和 *Nitrosococcus* 中的 *nirK* 和 *nirB* 基因的结构与 *N. europaea* 和 *N. eutropha* 中的不同（Klotz et al.，2006；Norton et al.，2008），说明硝化细菌反硝化作用在微生物体内是按照不同的机理进行的。*N. multiformis* 是通过硝化细菌反硝化过程产生 N_2O 的（Shaw et al.，2005），该过程有待于进行进一步的生理学和基因学分析。

一氧化氮还原酶基因 *norB* 的破坏表明，*N. europaea* 中 N_2O 的产生不依赖于该酶，因为 NorB 缺陷细胞在氨氧化过程中产生与野生型相同量的 N_2O（Beaumont et al.，2004b）。事实上，科学家也确认了像 NorS 等一些其他的一氧化氮氧还原酶存在于 AOB

中（Stein et al.，2007）；在有氧条件下这些酶可能是有活性的（图 5-4）。巧合的是，在 *N. europaea* 中，NirK 和 NorB 对于亚硝酸盐厌氧呼吸都是必需的，因此，表明这两种蛋白对硝化细菌反硝化作用是很关键的（I. Schmidt et al.，2004；Beyer et al.，2009）。

5.3.3 硝化和反硝化过程产 N_2O 的区别

AOB 能通过羟胺氧化和硝化细菌反硝化作用两种途径产生 N_2O（图 5-4）。在纯培养的条件下，两个过程均需要一定的氧气，但羟胺氧化产生 N_2O 通常要有高浓度的氧气，而硝化细菌反硝化能在低氧或无氧的条件下进行（Dundee and Hopkins，2001；Wrage et al.，2004）。由于环境中的硝化作用、硝化细菌反硝化作用、好氧反硝化作用及传统的厌氧反硝化作用都能产生 N_2O，因此采取一定的方法去量化各个过程中的优势对于我们理解 N_2O 怎样产生，为什么产生及在什么部位产生都是非常重要的。

利用同位素比质谱技术发现了 N_2O 同位素单体，这对于区别 N_2O 产生于硝化作用、硝化细菌反硝化作用还是反硝化作用是一种技术性突破（Casciotti et al.，2003；Sutka et al.，2003，2006；Shaw et al.，2005）。通过一氧化氮还原酶形成 N_2O 需要两个 NO 分子；研究发现 N_2O（$N^\beta N^\alpha O$）中与氧原子相关的 ^{15}N 的最佳分布（sp）是在 α 位还是在 β 位上取决于一氧化氮还原酶的催化机制（相关评论见 Stein and Yung，2003 和 H. L. Schmidt et al.，2004）。Sutka 等人（2006）认为羟胺氧化产生的 N_2O 中 $\delta^{15}N$ 的数值远比硝化细菌反硝化或反硝化作用产生更正。而且，研究发现，硝化细菌反硝化和两种 *Pseudomoas* 反硝化产生的 N_2O 中 ^{15}N 的 sp 值有明显的差异。所以，总体 $\delta^{15}N$ 值与 N_2O 中 ^{15}N 位置的变化相结合的方法是分离和量化生态系统中每个过程产 N_2O 相对贡献的有效方法。氧的同位素信号也可以与 $\delta^{15}N$ 值相结合来确定 N_2O 的来源，但应注意 H_2O 和氮氧化物中间体之间的氧交换极易发生，这可能会掩盖代谢产生的同位素信号（Kool et al.，2009）。应该强调的是，虽然可以量化硝化和反硝化过程中的氧交换程度，但双同位素信号却是目前最有效的区分方法。

同位素鉴别技术的应用越来越频繁，并证实了硝化作用对 N_2O 产生的重要贡献，特别是在海洋（Charpentier et al.，2007；Yamagishi et al.，2007）和土壤环境（Perez at al.，2006；Well et al.，2006，2008）。在某种程度上这些发现有点让人们吃惊，因为普遍认为通过碳源呼吸的反硝化作用是 N_2O 主要的生物来源；但当前的研究确实证明了硝化作用和硝化细菌反硝化作用能产生相同甚至更多的 N_2O（与有机碳源作为电子供体的厌氧反硝化相比），特别是在一些氮含量高且氧化条件好的生态系统中。值得注意的是，最近的一项研究发现，依靠氧气和甲酸盐生存的真菌在进行反硝化作用时也生成 N_2O，且在所有排放的 N_2O 中占了很大的比例（Ma et al.，2008），而细菌好氧反硝化条件下产生的 N_2O 还没有进行定量。AMO 上的小差异可以改变不同 AOB 分离菌株产生的 N_2O 中的 $\delta^{15}N$ 值（Casciotti et al.，2003）。因此，要精确量化 N_2O 的来源仍然是项艰巨的任务，与其他上文中所提到的方法相比，同位素技术，特别是在与其他分子和微生物技术相结合时，已经能够更精确的确定 N_2O 的来源了。

5.4 展望

本章探讨了影响全球氮循环非常重要的无机氮代谢过程，包括异养硝化和硝化细菌好氧反硝化。本章引用的许多研究都说明了这些过程会受到环境中碳源、氮源和氧气的影响。由于土壤中的水分在很大程度上会影响氧气的可用性，因此，在控制异养硝化速率、硝化细菌反硝化速率和其他物理化学参数，如温度、盐度等方面，水分含量均起了重要的作用。氮循环的持续人为扰动加速了这些好氧过程，因为增加的氮直接进入硝化和好氧反硝化途径。这种加速是通过海洋和陆地生态系统产生的 N_2O 的增加以及硝酸盐污染和富营养化的增加来衡量的。实际上，氮循环的好氧部分已严重失衡，这对人类来说是一个警报，因为人类活动已显著影响了环境（Röckstrom et al.，2009）。从积极的角度讲，很多含氮工业废水的处理系统正在应用异养型和自养型硝化细菌同步反硝化的能力，以达到更好的脱氮效果（Schmidt et al.，2003）。

考虑到氨氧化菌、甲烷氧化菌及一些异养菌都具有通过硝化作用和好氧反硝化作用产生 N_2O 的能力，如果我们想控制大气中 N_2O 的来源，从生态学角度看，就必须确定这些途径背后的相关物种在遗传学和生理学上的多样性。在异养硝化作用方面关于遗传学和酶学的文献甚少，特别是关于氨氧化和羟胺氧化方面的酶。基因组库及基因环境上的差异说明，一些微生物，甚至密切相关的物种，在代谢无机氮化合物方面仍是不同的。通过比较 AOB 中 *Nitrosomonas* 和 *Nitrosospira* 的生理特性发现，即使是代谢机理上很小的差异，都会对环境中相关氮氧化物中间产物的形成造成很大影响（Dundee and Hopkins，2001；Wrage et al.，2004；Shaw et al.，2005）。研究发现，一些甲烷氧化菌分离菌株在氨和亚硝酸盐相对充足的条件下不能进行氨共代谢反应，但其他甲烷氧化菌却能够生长（Nyerges and Stein，2009）。正是由于这些生理上的差异，导致只有一部分甲烷氧化菌分离菌株能产生 N_2O（Nyerges，2008）。因此，仍需进一步研究了解多样的氮氧化物产生途径。

除了进行一些基本的生理上和遗传上的研究外，仍需进一步改善和发展在现场检测和分析微生物群落的方法。同位素分馏法方法彻底改变了我们测量环境中 N_2O 产生的相对贡献和速率的方式，且当同位素分馏法与物理化学分析和基因多样性调查等其他方法结合起来时，效果更明显。

一些全球性的组织已经开始意识到氮污染对人类健康和环境造成的严重威胁（Galloway et al.，2008）。不幸的是，一些针对全球问题的解决方案，如利用农业生物燃料代替化石燃料等方法，基本上忽视了对氮循环的影响。本章描述了微生物种群和产生氧化亚氮的过程，以应对增加的肥料使用、氮沉积和缺氧问题。如果我们要应对并减缓人为氮饱和的有害影响，那么通过异养硝化、硝化细菌反硝化和好氧反硝化等途径对生物反馈的综合理解是必不可少的。

第三篇 氨氧化古菌

第6章 氨氧化古菌的生理学和基因组学

6.1 引言

很长一段时间，我们一直认为将氨氧化成亚硝酸盐的自养微生物是由少部分细菌完成的。最近在海洋和陆地环境中发现了大量的氨氧化古菌（AOA）；AOA 的发现有必要重新评估微生物对氮循环的调控作用，这需要对 AOA 的生理生态学、AOA 与氨氧化细菌（AOB）的关系进行深入探究（Schleper et al., 2005；Leininger et al., 2006；Prosser and Nicol, 2008）。最近对第一个硝化古菌 *Nitrosopumilus maritimus* strain SCM1（Könneke et al., 2005）的描述，为更详细地描述这些广泛分布的微生物的代表性开辟了可能。通过 16S rRNA（DeLong et al., 1992, 1994；Fuhrman et al., 1992, 1993）和宏基因组分析（Béjà et al., 2002；Venter et al., 2004）发现，在基因含量与基因结构方面，SCM1 基因组序列与海洋浮游生物泉古菌（*Crenarchaeota*）有着高度的相似性。此外，SCM1 的初始生理特征表明，它可以在大多数海洋系统的极端氨限制条件下生长，且呈指数增长直至总氨耗尽至 10 nmol/L 以下（Martens-Habbena et al., 2009）。在营养匮乏的海水中大量存在的 *Crenarchaeota* 也具有极高的氨亲和力（Massana et al., 1997；Karner et al., 2001；Mincer et al., 2007；Varela et al., 2008）。因此，现已得到的 SCM1 基因组及其生理特征可使该菌株成为一个优良的模型生物，用来研究这些无处不在的新发现的参与氮循环的微生物在生态学、生理学、生化学和遗传学方面的基本特征。通过菌株 SCM1 和环境基因组研究发现，对嗜温 *Crenarchaeota* 的遗传学和生理学的见解还应该进一步促进其他的菌株分离，因为需要更详细地阐明这些生物的生理多样性。

菌株 SCM1 属于 Group Ⅰ *Crenarchaeota*，它是海洋浮游细菌中含量最高的进化枝之一（图 6-1）(Karner et al., 2001；Giovannoni and Stingl, 2005；Mincer et al., 2007；Varela et al., 2008)。宏基因组研究首次证实了 AOA 的存在（Schleper et al., 2005；Treusch et al., 2005）；此外，使用 PCR 进行广泛的环境调查，以量化和比较编码假定的古菌氨单加氧酶（*amoA*）的一个亚基的基因，表明在陆地和水生环境中，AOA 的氨氧化能力在进化分枝 Group Ⅰ和其他 *Crenarchaeota* 进化枝中是普遍存在的（Francis et al., 2005）。相比当前更加熟知的氨氧化细菌，我们推断在硝化反应中古菌可能会起到更加重要的作用（Leininger et al., 2006；Prosser and Nicol, 2008）。但是，科学家几乎都是依据分子谱分析 AOA 在硝化反应中所起的作用，而它们对氨氧化的定量贡献仍不清楚（Prosser and Nicol, 2008；Jia and Conrad, 2009）。

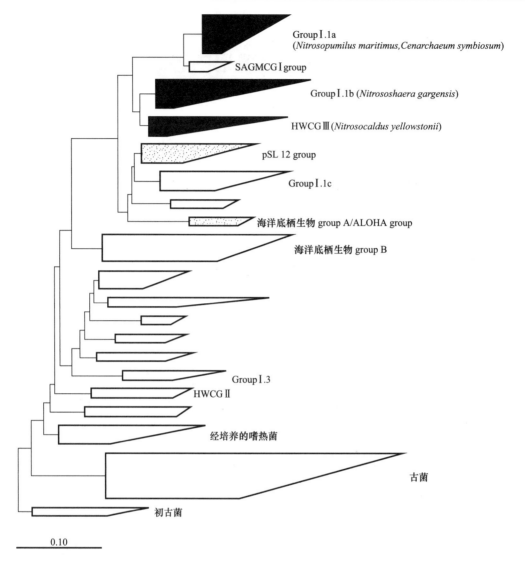

图 6-1 依据 16S rRNA 序列的 *Crenarchaeota* 系统发育树（大于 800 bp，≈800 个序列）图例以黑色标记包括候选物种和富集培养的进化枝；灰色标记包括与氨氧化有关的环境克隆体的进化枝。
SAGMCG Ⅰ-南非金矿中的 Crenarchaeotic Group Ⅰ；HWCG-热水中的 Crenarchaeotic Group。
Crenarchaeota Group Ⅰ. 1a 主要为海洋 *Crenarchaeota* Group Ⅰ，Group Ⅰ. 1b 主要为土壤 *Crenarchaeota*

从热带海洋水族馆中分离到菌株 SCM1 之后，有报道称在地热环境中进行了额外的富集培养（de la Torre et al.，2008；Hatzenpichler et al.，2008）。目前，培养的氨氧化 *Crenarchaeota* 主要分为三大进化枝，分别为海洋组（Group Ⅰ.1a），土壤组（Group Ⅰ.1b）和嗜热组（Hot Water Crenarchaeotic Group Ⅲ）(HWCG Ⅲ)（图 6-1）；其中嗜热组跨越巨大的系统发育广度，且硝化反应温度可以超过 70℃（Könneke et al.，2005；de la Torre et al.，2008；Hatzenpichler et al.，2008；Prosser and Nicol，2008）。通过免疫荧光显微镜首次发现，从加尔加温泉中（布里亚特共和国，俄罗斯）获得的富集培养物属于 *Nitrosomonas* 属（Lebedeva et al.，2005）。之后，更详细的分子研究表明，氨氧化富集培养物主要是 Group Ⅰ. 1b *Crenarchaeota* 中的微生物；这些微生物的最适生长温度为 45℃，在 55℃ 时仍具有氨氧化反应活性（Lebedeva et al.，2005；Hatzenpichler et al.，2008）。同时有报道称，在黄石国家公园的温泉中发现，氨氧化富集培养物在更高的温度下仍表达出活性（de la Torre et al.，2008）。黄石公园富集培养的其中一种菌株 HWCG Ⅲ 嗜热 *Crenarchaeota* "*Candidatus* Nitrosocaldus yellowstonii"（strain HL72）的最适生长温度为 65℃，最高为 74℃，大约超过氨氧化反应温度上限 20℃左右。嗜温泉古菌的第一个全基因组序列是从与海绵相关的共生体 "*Candidatus* Cenarchaeum symbiosum" 中重建的（Hallam et al.，2006a，2006b）。然而，由于 *Candidatus* C. symbiosum 缺乏可培养性，因此极大地限制了对它们的生理学表征（Preston et al.，1996）。例如，虽然基因组序列表明 *Candidatus* C. symbiosum 具备氨氧化能力，但这种推论尚未得到证实。因此，AOA 纯培养物的可用性首次提供了基因存在、基因表达以及活性三者间的直接联系。*Candidatus* C. symbiosum 的发现，除了为我们提供生物化学、基因学和生理特征的信息外，还为我们提供了用于研究 AOA 生态学以及其他未培养相关菌群的框架。如果以氨作为唯一能量源，我们会惊讶地发现所有具有氨氧化附属物的泉古菌进化枝会划分为自养生活方式（Agogué et al.，2008）。但是，现有的基因组序列和对 SCM1 进行初步试验表明某些泉古菌具备异养利用有机碳源的能力（W. Martens-Habbena，personal communication）。目前可以测试这些预测，并将其与环境人口的生态和分布相关联。

本章主要分为两部分。我们首先简要比较 AOA 的生理学和表征更好的 AOB 的关系。这不是试图总结在海洋和陆地环境中检测到的假定 AOA 的巨大多样性的所有特征。然而，这对于分离和研究与 AOA 和 AOB 有亲缘关系的其他新物种是不可或缺的。第二部分是对已收集的基因组序列特征的讨论和与之相关的环境基因组研究。虽然目前大多数认知的氨氧化古菌仍为 *Candidatus*，但在以下的章节中我们会根据它们建议的物种名称来提及他们。

6.2 生理与超微结构

由于 Group Ⅰ *Crenarchaeota* 的广泛世系内存在氨氧化反应，因此科学家对它们在自然界氮循环中所发挥的作用提出了疑问。在自然界中，微生物占据不同与营养物质相关的生态位，并因此表现出不同的生活方式。科学家对 AOB 在生理和生态方面所发挥的作用已进行了长达一个多世纪的研究；发现这些微生物在氨缺乏的环境中，有很强的抵抗作用，该作用使得这些细菌能够很好地适应营养匮乏的自然环境。细菌的生长需要高浓度的氨，而如此高浓度水平的环境条件在自然界中分布最广泛的海洋和陆地系统中并不存在（Ward，1986；Prosser，1989）。迄今为止，虽然只报道过一种纯培养的氨氧化古菌——*N. maritimus* strain SCM1（Könneke et al.，2005），但与熟知的 AOB 相比，该菌株的一些基本特性与 AOB 存在显著差异，这表明了我们对微生物催化氨氧化的理解发生了范式变化。特别是，一项最新的研究发现，AOB 能在远低于维持其自身生长所需的氨浓度条件下生长，这说明古菌在全球氮循环中发挥着重要作用（Martens-Habbena et al.，2009）。

6.2.1 细胞结构

N. maritimus 是最小的自由生活的微生物之一。细胞呈规则的棒状，长 0.5～0.9 μm，

宽 0.25 μm（图 6-2）。每个生长的活性细胞含有大约 10 fg 蛋白质（≈16～20 fg/cell）（以干重来计）和一千个核糖体。其单拷贝的基因组大小为 1.645 Mbp，其中包含 8%～10% 的细胞干质量。通过电子显微镜不能表明细胞内部结构的证据。细胞内没有羧基、糖原和多磷酸盐颗粒。然而，生长的活性细胞亚群包含更大电子密度的小的无定形区域，可能该区域含磷量较高，同时也是磷存储功能区（Z. Yu and G. Jensen, personal communication）。与先前表征的嗜热泉古菌相似，SCM1 菌株不含有肽聚糖细胞壁结构或由外膜包被的细胞质。相反，SCM1 的细胞质膜被 S-层包围，该层由致密的对称排列的表面蛋白组成（图 6-2）。在 AOB 细胞内没有发现可辨别的胞内膜结构或内陷的细胞质膜。AOA 和 AOB 细胞壁结构之间的差异是非常有趣的，因为 AOB 的外层周质区域含有大量氨氧化途径中的关键酶（例如，羟胺氧化还原酶），因此能将有毒的中间产物从细胞质中分离出来。

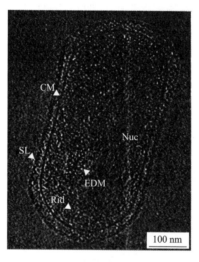

图 6-2 *N. maritimus* 细胞的低温电子断层扫描部分
CM-细细胞质膜；SL-S 层；Rib-核糖体；Nuc-拟核；EDM-电子致密物质。
（图片由 Ziheng Yu 和 Grant Jensen 提供）

通过对菌株 SCM1 的细胞质膜进行分析表明，嗜温型泉古菌中的一些微生物可以合成甘油二烷基甘油四醚（GDGT）膜脂质（Schouten et al., 2008）。菌株 SCM1 的核心膜脂质由甘油连接的双乙酰基烃链组成，具有 0～4 个环戊烷环和磷酸己糖。菌株 SCM1 中含量最丰富的核心 GDGT 膜脂质是泉古菌醇，其包含 4 个环戊烷和 1 个之前从未在嗜热型泉古菌中检测到的环己烷。这种脂质常被用作鉴定泉古菌是否适宜在温带海洋和陆地环境中生存的信号（Schouten et al., 2000, 2002; Ingalls et al., 2006），这也进一步说明了该脂质存在的功能价值。由于具有非对称结构，所以最初泉古菌醇以及其他高度环化的 GDGTs 主要用于增强膜的流动性，这样有利于嗜热型古菌适应温带和长期寒冷的环境。然而，最近在嗜热富集培养的 *Nitrosocaldus yellowstonii* 中发现了泉古菌醇，并且在含有大量 Group I *Crenarchaeota* 的温泉中也有发现（Zhang et al., 2006; de la Torre et al., 2008; Pitcher et al., 2009）。因此，泉古菌醇的合成并不是仅限于低温生长的微生物特性。

菌株 SCM1 的细胞体积大约为 0.023 μm^3，与生长于营养匮乏的海洋微生物 *Pelagibacter ubique* 相似（Rappé et al.，2002），比 AOB 还要小 10～100 多倍（Martens-Habbena et al.，2009）。通过批次培养发现，它的体积仍小于天然海洋水体中生长的细胞（介于 0.026～0.4 μm^3）(Lee and Fuhrman，1987；Simon and Azam，1989)，甚至接近于自然生长的生物体体积的最小极限（Button，2000）。科学家认为，微生物减小细胞大小并简化其相应的细胞学形态特征是它们适应营养贫乏环境的重要进化（Harder and Dijkhuizen，1983；Roszak and Colwell，1987；Button，2000）。因此，SCM1 和属于异养海洋细菌丰富进化枝的菌株的细胞和基因组大小相当，例如 *P. ubique*，这表明在营养物缺乏的海洋环境中微生物具有相似的适应性反应，表现为代谢特化和高比表面积。

6.2.2 生长和活性

与古菌分解代谢特异性狭窄的假设一致，迄今为止，唯一确定的菌株 SCM1 的能量代谢途径是氨氧化为亚硝酸盐。在 SCM1 的生长过程中，并没有发现其利用甲烷或其他有机或无机电子供体，这表明该菌株生长专性依赖氨氧化作为代谢能量源。在 30 ℃时，SCM1 的生长速率与 AOB 相当，能达到 0.027 h^{-1}（T_d～26 h）。然而，与大多数 AOB 不同，SCM1 只能在 20～30℃ 的温度范围内生长，且需要 pH 稳定在 7.0～7.8 之间。当 pH<7.0 时，SCM1 菌群停止生长，当 pH<6.7 时，氨氧化活性完全丧失。与 AOB 进一步对比发现，当氨和亚硝酸盐浓度低于 2～3 mmol/L 时，SCM1 的生长会受到限制；因而在批次培养中，将该菌中的最大细胞密度限制在～$5×10^7$ cells/mL（相当于～0.5 mg protein/L）。据报道，*N. gargensis* 也具有类似的低氨耐受性，表明低氨耐受性在 AOA 中普遍存在。SCM1 的生长对周围环境的变化非常敏感；即使周围温度发生轻微的瞬时变化或缓慢的逐渐上升，都会使其生长周期延长 1 倍。目前为止，仅在序批式静态培养条件下，菌株 SCM1 实现了最适生长。在指数增长期，SCM1 菌株的氨氧化活性高达 52 μmol NH_3/(mg 蛋白质·h)，这个结果与 AOB（30～80 μmol NH_3/(mg 蛋白质·h)）相似（Prosser，1989；Ward，1987）。然而，由于细胞大小完全不同，迄今为止检测得到的 SCM1 单个细胞的最大氨氧化速率（0.53 fmol/(cell·h)）都比 AOB 低 10 多倍。

与已知的 AOB 菌株不同，SCM1 能够在批次培养中持续增长直到氨浓度低于 10 nmol/L（Martens-Habbena et al.，2009），相当于比培养 AOB 所需的最低氨浓度低 100 多倍（Keen and Prosser，1987；Prosser，1989；Bollmann et al.，2002）。基质阈值，即最低的底物浓度，能容许充足的代谢活动以满足自身能量需求，一般远低于半饱和常数，因而在描述动力学特性时往往被忽视。在营养匮乏的公海和未施肥的天然土壤中，氨浓度远远低于满足 AOB 生长以及已知的动力学特性的阈值。因此，这会使 AOB 在营养匮乏的海洋和陆地环境中经历严重的饥饿期（Jones and Morita，1985；Prosser，1989；Bollmann et al.，2009）；而 SCM1 则能够在此条件下继续增长（Martens-Habbena et al.，2009）。同时研究表明，与细菌相比，古菌仅需要更低的能量维持，这都归功于该菌的分解代谢的专一性以及低离子渗透的细胞质膜作用（van de Vossenberg et al.，1998；Valentine，2007）。低能量维持与 *N. maritimus* 的适应性一致，并与古菌长期处于海洋这样的营养受限的环境有关。在 *N. maritimus* 的基因组库中也发现了其能够适应低营养环境的属性，这在之后会进行讨论。在类 *N. maritimus* AOA 与 AOB 间，明显不同的是，一些菌群能承受极度饥饿环境,这说明 AOA 和 AOB 在应对营养物质匮乏的环境时会做出不同的反应。

6.2.3 SCM1 氨氧化过程的化学计量学和动力学

通过微量呼吸法以及指数生长末期或静止生长早期细胞氨吸收试验(图 6-3),可以对菌株 SCM1 氨氧化的动力学特征和化学计量学进行更加详细深入的了解。静止生长早期的细胞氧吸收速率为 0.7 μmol O_2/(mg 蛋白质·h)。当向细胞中添加氨后,氧呼吸速率达到 36 μmol O_2/(mg 蛋白质·h),比不加时提高了 50 多倍。与 AOB 相似,在 SCM1 中氨和氧的反应比例为 1∶1.5。在氨浓度低至 2 μmol/L 时,氧吸收速率达到最大,此时氨表观半饱和常数(K_m)为 0.132 μmol/L。与较高的氨亲和力和能够适应低氨环境的能力相反,SCM1 对氧的亲和力相对较低。虽然通过呼吸计量测定出 SCM1 的氧表观常数 K_m 为 4 μmol/L 左右,该值在典型的好氧微生物范围内,但是 SCM1 并不能在低氧或完全缺氧条件下生长。因此,AOA 其他谱系或者能够适应低氧环境的 AOB,在缺氧条件下会更有竞争力(Laanbroek and Gerards,1993;Laanbroek et al.,1994)。或者,SCM1 需要长时间的适应,以允许其在低氧条件下生长。

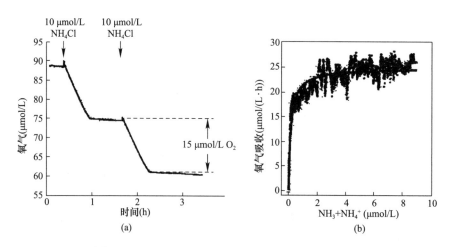

图 6-3 *N. maritimus* 的氨氧化化学计量学和动力学

(a) 通过微量呼吸法获得的早期静止生长细胞(细胞密度~5.0×10⁷cells/mL,1 mmol/L 亚硝酸盐)等分试样的氧摄取;添加到静止细胞中的氨被氧化而没有显著的滞后时间,其中氨与氧的比例为 1∶1.5。
(b) 根据图 a,基于米门方程计算得出的氧呼吸速率

现在多种证据支持在各种营养缺乏的自然环境中,AOA 发挥着重要作用。然而,该观点通常是基于诊断基因或转录丰度推断得出的,而不是对两个谱系进行硝化活性比较直接得出的。目前,菌株 SCM1 的动力学特性为 AOA 在低营养条件下具有竞争优势提供了直接证据。所有研究的 AOB 都比菌株 SCM1 的表观 K_m 值高 200 倍(表 6-1)。实际上,可以通过向休眠细胞中单独添加 200 nmol/L 的氨氮来引发超过 50% 的 SCM1 最大活性。由于极低的表观 K_m 和同等的最大活性,SCM1 的特异性亲和力($V_{max} \times K_m^{-1}$=68700 L/(g(湿重)·h)比所有具有 AOB 属性的微生物高 200 多倍,是已报道的所有微生物中基质亲和度最高的(Button,1998;Martens-Habbena et al.,2009)。

6.2 生理与超微结构

N. maritimus 和 AOB 氨氧化的动力学特征比较，天然样品中硝化的原位动力学以及浮游植物和异养微生物的氨同化作用　　表 6-1

参数	物种/样品类型	菌株/描述	水质 类型[a]	温度(℃)	pH	K_m(μmol/L) 生长	K_m(μmol/L) 活性	最大比亲和力 a^0 (Lgcells^{-1}h^{-1})	参考文献
氨氧化菌株	*Nitrosomonas eutropha*	GH22	FM	25	7.4	890			Suwa et al., 1994
		FH11	FM	25	7.4	3970			Suwa et al., 1994
		Nm53	FM	30	7.8		750		Stehr et al., 1995
	Nitrosomonas eutropaea	n. g.	FM	30	7.0	51		278	Belser and Schmidt, 1980. Keen and Prosser, 1989
		Nm89	FW	30	7.8		420		Stehr et al., 1995
		n. g.	FW	25	7.5		1200		Suzuki, 1974
	Nitrosomonas commnnis	Nm58	FW	30	7.8		3300		Stehr et al., 1995
		Nm85	FW	30	7.8		1100		Stehr et al., 1995
	Nitrosococcus oceani	ATCC 19707	SW	23	7.5		245	61	Watson, 1965; Ward, 1987
	Nitrosospira briensis (cluster 3)	ATCC 25917 浮游生物	FW	25	7.5		159		Bollmann et al., 2005
		细胞壁增长	FW	25	7.5		98.8		Bollmann et al., 2005
	Nitrosospira cluster 2	B6	FW	22	7.8	275			Jiang and Bakken, 1999
	Nitrosospira cluster 0	40KI	FW	2	7.8	80			Jiang and Bakken, 1999
	Nitrosospira cluster 3	L115	FW	22	7.8	310			Jiang and Bakken, 1999
	Nitrosospira cluster 3	AF	FW	22	7.8	208			Jiang and Bakken, 1999
	Nitrosomonas oligotropha	AL211	FW	25	7.4	34		315	Suwa et al., 1994
		FL28	FW	25	7.4	80			Suwa et al., 1994
		Nm84	FW	30	7.8		30		Stehr et al., 1995
		Nm86	FW	30	7.8		40		Stehr et al., 1995
		Nm49	FW	30	7.8		75		Stehr et al., 1995
	N. maritimus	SCM1	SW	30	7.4	0.132		68700	Martens-Habbena et al., 2009
富集的氨氧化菌	土壤	平芜	FW	23	6.2		819		Stark and Firestone, 1996
	土壤	树冠覆盖处	FW	23	6.2		46		Stark and Firestone, 1996
	土壤	混合针叶林	FW	23	6.2		27		Stark and Firestone, 1996

续表

参数	物种/样品类型	菌株/描述	类型[a]	温度(℃)	pH	K_m(μmol/L) 生长	K_m(μmol/L) 活性	最大比亲和力 a^0 (Lgcells^{-1}h^{-1})	参考文献
原位硝化作用	土壤	平芜	FW	23	6.2		40		Stark and Firestone, 1996
	土壤	树冠覆盖处	FW	23	6.2		1.5		Stark and Firestone, 1996
	海水	加州海岸线	SW	15	8.1	<0.1			Olson, 1981
	海水	卡里亚科盆地上部	SW	15	8.1	0			Hashimoto et al., 1983
氨同化作用	*Pseudo-nitzschia delicatissima*	ICMB-F2B2	SW	20	8.1		0.38		Loureiro et al., 2009
	Emiliana huxleyi	BT-6	SW	18	8.1		0.1		Eppley et al., 1969
	Thalassiosira pseudonana	13—1	SW	20	8.1		0.02	1929	Eppley and Renger, 1974
	Vibrio logei	NCIMB 1143	SW	6	7.2	7		20	Reay et al., 1999
	Hydrogenophaga pseudoflava	NCIMB 13125	FW	5	7.2	4			Reay et al., 1999
	E. coli	NCIMB 09001	FW	15	7.2	9			Reay et al., 1999
	E. coli	NCIMB 09001	FW	35	7.2	74			Reay et al., 1999

[a] FW：淡水；SW：海水

值得注意的是，菌株 SCM1 对氨的特异性亲和力甚至超过大多数寡营养的氨同化微生物，比迄今为止表征的寡营养异养细菌和硅藻大 30 倍以上。这个余量足以维持 *Crenarchaeota* 在硝化反应中与异养和光合微生物对氨的直接竞争的需求。反过来，这意味着 AOA 可能比以前在海洋和陆地栖息地预期的氮转化贡献更大。例如，Leininger 等人 (2006) 曾报道，在未施肥的天然土壤中，AOA 比 AOB 占优势。与此相反，在施肥的土壤中，AOB 的氧化活性更高 (Leininger et al., 2006；Jia and Conrad, 2009)。尽管 AOA 释放的天然温室气体仍有待解决，但是与先前预期的相比，*N. maritimus* 的动力学参数明确表明了其硝化作用在全球氮循环中发挥着更大的作用。

6.3 氨氧化古菌的基因组分析

6.3.1 *N. maritimus* 的基因组动态

2006 年，*N. maritimus* 的基因组测序得到获批，由美国能源部微生物基因组（DOE Microbial Genomics Program）执行测序，并在 2010 年出版完整的基因组分析结果 (Walker et al., 2010)。*N. maritimus* SCM1 基因组包含一条长 1645259 bp 的染色体，这条染色体能够编码 1842 个可读框（ORFs）；在这种菌中没有发现质粒。根据基因含量或者 GC 偏斜，没有发现 *N. maritimus* SCM1 的复制起始位点，这与其他经常研究的古菌基因组一样（图6-4）。与已知的古菌基因组相比（表6-2和图6-5），*N. maritimus* SCM1菌株的大小和GC含量（34.2%）是比较低的，而且与一些密切相关的海绵共生体 *Cenarchaeum symbiosum* 有明显的区别（16S rRNA序列相似度为97%）(Hallam et al., 2006a)。*Cenarchaeum symbiosum* 共生体具有较大的基因组（2.045 Mbp），在具有特征的古菌中具有平均大小，即具有显著较高的平均G+C含量（57.4%），尽管它保留了与 *N. maritimus* 相似的16S和23S rRNAs编码基因的CG含量（50%到52%）。这两种基因组几乎不具有保守共线性，基因含量的差异与离散区域（基因组岛）有关，后者在共生体基因组中占有更高的比重（图6-6）。相对于 *C. symbiosum*（0.986 ORF/kb）来说，*N. maritimus* 的较小基因组与略微增加的编码ORF密度的蛋白质（1.19 ORF/KB）有关。在基因组结构中，这些显著的差异或许可以反映出微生物从自由的生活方式向共生生活方式的转变。

已鉴定的ORFs编码了1797种蛋白质和必需RNA的全套基因，包括单拷贝的5S/16S/23S核糖体RNA、RNase P、信号识别颗粒RNA和44个转运RNA（图6-4）。此外，基因组包含6个C/D盒小RNAs的候选基因。大多数或所有的C/D盒小RNAs指导转录后的2′-O-甲基添加到rRNA或tRNA的精确定位，这一过程也会发生在真核细胞中（但不会在细菌中发生）。由于是典型的古菌，因此编码5S rRNA的基因与编码16S和23S rRNA的基因并不是紧密相连的。所有其他测序的 *Crenarchaeota*，包括 *C. symbiosum*，至少含有45个tRNAs（表6-2）。*N. maritimus* 明显缺乏 Pro_{CGG} 和 Arg_{CCG}，这可能与基因组中G+C含量低或者优先以A/T结尾的密码子有关。某个高G+C含量（40.8%）的基因(Nmar_1073；28.8 kbp)，在染色体图谱中非常醒目，我们将其注释为纤连蛋白Ⅲ型结构域蛋白（图6-4）。它是编码分泌细胞表面蛋白的一类基因的成员，这类蛋白质具有特征标记氨基酸，迄今已在47种细菌和广古菌分类群中鉴定出（Reva and Tümmler, 2008）。这类蛋白具有酸性和亲水性，但是缺少半胱氨酸。*N. maritimus* 巨型基因具有所有这些特征（图6-7），并且是第一个记录在案的 *Crenarchaeota* 基因。最初的微阵列基因表达分析表明，该基因在正常培养条件下会高度表达（D. J. Arp, personal communication）。

在SCM1中，大约60%编码蛋白质的基因具有预测功能（表6-2），略低于AOB和嗜热古菌（64%~75%）；这反映了有关最近才开始培养的古菌主要进化枝的知识有限。与AOB的基因组相比，*N. maritimus* 中大多数蛋白质直系同源基因簇（COGs）密度更低（表6-2），但有关能量转换（C）、辅酶转运/代谢（H）、翻译基因（J）和转录（K）的基因是相对丰富的（图6-8）。虽然核心功能（例如，能量转换、翻译）的相对富集对于小型基因组微生物而言并非出乎意料，但相对于其他 *Crenarchaea* 基因组而言，更高的运输/代谢基因密度表明 *N. maritimus* 具有显著的代谢多样性。

6.3.2 氨氧化和电子转移机制

6.3.2.1 古菌和细菌是否具有共同的氨氧化生物化学特性

之前分离和鉴定的β-变形菌和γ-变形菌中的AOB具有共同的能量代谢途径，包括氨单加氧酶、羟胺氧化还原酶以及由泛醌、甲基奈醌、b型和c型细胞色素组成的典型细菌电子传输系统（见第2章和第4章）。对 *N. maritimus* 而言，虽然氨氧化形成亚硝酸盐的化学计量式和其他特征性AOB一致，但是起作用的生化途径却是不同的。除了编码进

第6章 氨氧化古菌的生理学和基因组学

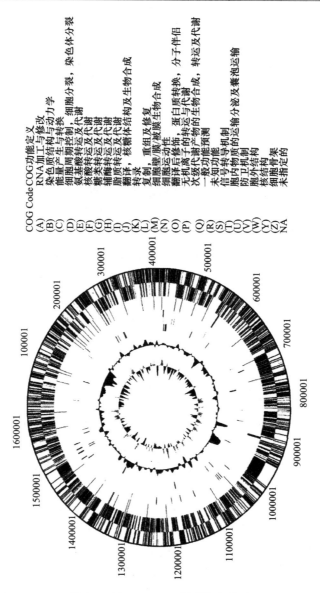

图 6-4 N. maritimus 圆形染色体环

表 6-2 N. maritimus、相关 Crenarchaea 和 AOB 的基因组特征

参数	N. maritimus SCM1	C. symbiosum A	Sulfolobus acidocaldarius DSM 639	Pyrobaculum aerophulum IM2	N. oceani ATCC 19707	N. europaea ATCC 19718	N. eutropha C71	N. multiformis ATCC 25196
DNA，碱基对的总数	1645259	2045085	2225959	2222430	3522111	2812094	2781824	3234309
DNA，可以编码的碱基对数	1497096	1877407	1967324	1995981	3062653	2502800	2438266	2774849

续表

参数	N. maritimus SCM1	C. symbiosum A	Sulfolobus acidocaldarius DSM 639	Pyrobaculum aerophulum IM2	N. oceani ATCC 19707	N. europaea ATCC 19718	N. eutropha C71	N. Multiformis ATCC 25196
G+C 含量	34.2%	57.4%	36.7%	51.4%	50.3%	50.7%	48.5%	53.9%
基因总数	1997	2066	2344	2628	3190	2631	2695	2885
编码蛋白质的基因数	1797	2017	2285	2575	3132	2572	2639	2827
假基因	6	0	59	91	115	111	89	22
RNA 基因	49	49	59	53	58	59	56	58
rRNA 基因	4	3	3	3	6	4	3	3
tRNA 基因	44	45	49	50	45	41	41	43
其他 RNA 基因	1	1	7	0	7	14	12	12
具有功能预测的蛋白质编码基因	1083	1008	1975	1344	2021	1789	1972	2026
不具有功能预测的蛋白质编码基因	714	1009	310	1231	1111	783	667	801
与 KEGG 途径相关的蛋白质编码基因	476	437	636	578	919	795	833	862
与 KEGG 途径无关的蛋白质编码基因	1321	1580	1649	1997	2213	1777	1806	1965
与 COGs 相关的蛋白质编码基因	1131	1008	1563	1503	2290	1995	1952	2102
质粒含量	0	0	0	0	1	0	2	3

大多数数据自 JGI 发布（2009 年 4 月 2.8 版）

化上不同的氨单加氧酶（AMO）之外，它没有中心细胞色素网络或羟胺氧化还原酶的同系物。众多编码小蓝铜蛋白（类似于质体蓝素和磺基蓝素）的基因表明，N. maritimus 主要利用铜-依附的电子转移机制，而不是像细菌一样基于铁的电子转移机制。编码复合物 Ⅰ、Ⅲ 和 Ⅳ 的基因有力地证明了铜-依附的电子转移机制与反向电子传递再生 NADH 的机制相似，尽管这些酶可能会与类质体蓝素氧还蛋白相互作用。细菌含铜亚硝酸还原酶同源基因的存在表明 N. maritimus 除了利用氧，还具有利用电子的能力。

6.3.2.2 氨氧化与能量转换

细菌氨氧化的第一步依赖于膜表面的 AMO，它主要由 3 个亚基构成（AmoA，AmoB 和 AmoC）(图 6-9)。由于 N. maritimus 缺少典型 AOB 所具备的壁膜间隙（图 6-2），所以

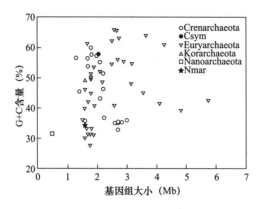

图 6-5 古菌基因组的大小和 G+C 含量
Csym-*C. symbiosum*；Nmar-*N. maritimus*

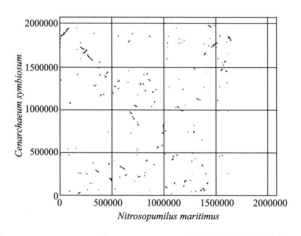

图 6-6 *N. maritimus* 和 *C. symbiosum* 基因组蛋白共线性的比较
利用 Promer 程序进行比较（Kurtz et al., 2004）；
DNA 序列被翻译成六个阅读框进行对照

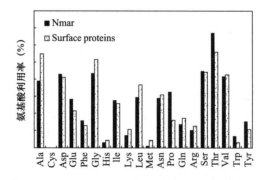

图 6-7 *N. maritimus* 和表面蛋白中氨基酸利用率
表面蛋白（N = 38）的数据来自 Reva and Tümmler（2008）

6.3 氨氧化古菌的基因组分析

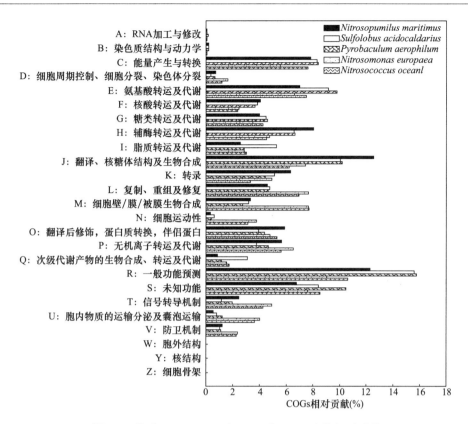

图 6-8 典型 *Crenarchaea* 和 AOB 在 COGs 中的相对贡献

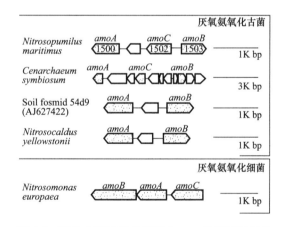

图 6-9 硝化古菌和硝化细菌中 *amo* 基因簇的组构

每个 ORF 内显示的假定基因名称和 *N. maritimus* 基因座数；*N. maritintus* 基因座中编码鉴定的蛋白质及其大小，*amoA*（216 个氨基酸）、假设蛋白（120 个氨基酸）、*amoB*（189 个氨基酸）和 *amoC*（190 个氨基酸）

如果 AMO 的活性位点的取向远离细胞质，那么它可能需要一个机制来保留中间代谢产物（如羟胺）或新的中间产物，这正如替代模型中所建议的那样（详见下文）。如果活性部位面向细胞质，那么还原性氮基质（氨或铵）可能来源于膜周围的游离氨或者来源于两个高亲和力铵转运体的转运（Nmar_0588 和 1698）。但是，这些转运体在氨同化和氨氧化中的作用尚不清楚。

　　细菌 AMO 都具有 *amoCAB*，这些基因通常表现为 1~3 个几乎相同的操纵子拷贝 (Chain et al., 2003; Klotz et al., 2006; Arp et al., 2007)。对于 *Crenarchaeota* 来说，*N. maritimus* 和 *C. symbiosum* 中的每个基因都只有一个拷贝，但与细菌基因组构相比，就目前观察到的含有 *amoA* 的 *Crenarchaeota* 的不同谱系来说，*N. maritimus* 可以编码 *amo* 基因结构的三种可选类型之一 (Hallam et al., 2006b)。在 *N. maritimus* 中发现，与 *amoB* 方向相反的类 *amoBCA* 基因组构也存在于 *C. symbiosum* 和其他海洋 *Crenarchaeota* 中（图 6-9）(Hallam et al, 2006b)。*N. maritrmus* 中 *amoBCA* 组构（与细菌中 *amoCAB* 顺序相反）普遍存在于相关的海洋聚集体中，这些海洋聚集体通过宏基因组文库鉴定，或者使用 PCR 引物获取。这些引物跨越操纵子但不同于古菌土壤福斯质粒 (Treusch et al., 2005) 和两种最近描述的嗜热 AOA (*N. yellowstonii* 和 *N. Aargensis*)(de la Torre et al., 2008; Hatzenpichler et al., 2008)。这些土壤和嗜热进化枝的代表性微生物并没有保留全部 3 种基因的紧密遗传连锁。*amoA* 和 *amoB* 基因之间还存在联系，但 *amoC* 似乎位于染色体的其他位点上（图 6-9）。*N. maritimus* 在 *amoC* 和 *amoA* 基因之间还编码一种未知功能的假定蛋白。到目前为止，在自由生活的 AOA 的基因组中，这个假定基因存在于所有的 *amoBCA* 簇中，且与 *C. symbiosum* 中较大基因的一个片段有序列相似性。此外，*C. symbiosum* 包含 4 个额外的 ORFs，位于 *amoB* 和 *amoC* 基因之间。因此，除了整个基因含量的显著差异之外，*C. symbiosum* 还编码一个结构上不同的古菌 AMO 基因突变体，表明这种密切相关的嗜冷共生体具有不同的生理功能。

　　令人惊讶的是，与细菌 *amo* 基因同源的 3 个 ORFs 是唯一已知的与细菌氨氧化途径相关的基因组。虽然细菌和古菌的 AMOs 以及细菌颗粒型甲烷单氧酶都有着共同的祖先，但与古菌 AMOs 相比，细菌 AMOs 与细菌颗粒型甲烷单加氧酶具有更高的相似性，这表明古菌 AMOs 和细菌 AMOs 有显著的结构性差异（Klotz and Stein, 2008）。两种菌的结构对比表明，*N. maritimus* 和其他 AOA 的 C-末端缺少保守性的铜氧还蛋白折叠，而它是细菌 AmoB 亚基上重要的催化物质（Walker et al., 2010）。古菌与高度保守的细菌 AMO 结构和羟胺-泛醌氧化还原模块（由 HAO 和两种 *c*-型细胞色素组成）的偏离表明一种新型的可能不涉及羟胺作为中间产物的生化反应。

6.3.2.3　古菌氨氧化途径的提出

　　考虑到 AOA 公认的环境意义和 SCM1 基因组序列所提出的独特生物化学特性，我们认为选择性生物化学过程的一些推测是合理的（图 6-10）。有两种通用机制可以选择，即要么存在一种新的羟胺氧化生化过程，要么羟胺不是 AMO 的产物。如果羟胺是中间产物，它的氧化可能由细胞质中的多铜氧化酶（MCOs）调控，该酶是利用基因组测序得出的。由于缺乏细胞色素 *c* 蛋白，4 个电子将会通过小蓝含铜类质体蓝素电子载体转移到醌还原酶。另外羟胺也有可能不是 AOA 途径的中间产物。因此，我们猜想硝酰（HNO）可能是古菌 AMO 的产物。硝酰（也称为亚硝酰基氢化物）是一种高反应性的化合物，其在许多生物系统中具有重要的生物学意义（Mirada et al., 2003a, 2003b; Fukuto et al., 2005a; 2005b; 2005c）。硝酰基可以通过古菌 AMO 的新型单加氧酶功能形成。或者，古菌 AMO 可以作为双加氧酶，使 2 个氧原子与氨结合（Gibson et al., 1995），然后从 HNOHOH 的自发衰变中产生硝酰。用硝酰作为中间产物的生理优势是消除了初始单加氧酶反应需要消耗电子的要求。生活在营养物贫乏环境中的硝化细菌会在呼吸开始时减少对还原性物质的需求，这将使它们获得非常重要的生态优势；同时，这也对低 K_m 以及微生物对氨的高亲和力有贡献（Martens-Habbena et al., 2009）。假设进一步氧化替代羟胺的中间体，那么其中的一种多铜类氧化酶蛋白可以作为功能性硝酰氧化还原酶，将硝酰氧化为亚硝酸，并且在水存在的条件下会释放 2 个质子和 2 个电子（图 6-10）。科学家提出的 NXOR 理论就是依赖上述两个释放的电子进入到醌池。

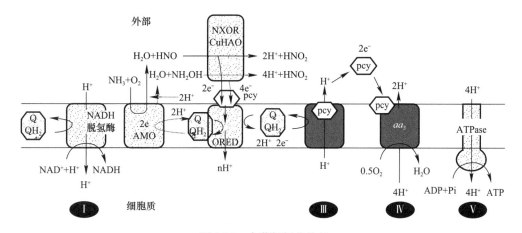

图 6-10　古菌氨氧化途径

NXOR-硝酰氧化还原酶；CuHAO-铜羟胺氧化还原酶

虚线表示有羟胺作为中间产物的途径；含 Q 和 QH 的八边形，分别代表了氧化和还原醌池；质体蓝素电子载体用包含 pcy 的六边形表示。每一个复合物均有编号：复合物Ⅰ：NADH-泛醌氧化还原酶；复合物Ⅲ-细胞色素 c-泛醌氧化还原酶；复合物Ⅳ-终端氧化酶；复合物Ⅴ-ATP 合酶

AOA 和 AOB 体系都会产生 2 个电子转移到醌池，然后通过复合物Ⅲ（Nmar 1542-4）或Ⅳ（Nmar_0182-5）产生质子动力势（ATP）以及还原性物质（NADH）。还原性物质（NADH）的产生需要复合物Ⅰ（NuoABCDHIJKMLN，Nmar 0276-86）反向运行，此过程由质子动力势驱动（图 6-10）。与其他所有测序的泉古菌基因组一样，编码复合物Ⅰ酶的基因缺少负责 NADH 结合和氧化的 3 个亚基，这表明电子载体之间（如铁氧还蛋白）会发生相互作用。与其他 Crenarchaeota 中发现的相似，在 N. maritimus 中功能性复合物Ⅲ重构；重构过程由 3 个基因控制，分别是跨膜细胞色素 b 亚基（Nmar_1543）、作为中心的 Rieske-型 Fe-S 簇亚基（Nmar 1544）和变异的第三个类-质体蓝素亚基（Nmar_1542），这种亚基通常用来代替亚铁血红素蛋白（例如细胞色素 c 或 f）。来自 N. maritimus 的替代复合物Ⅲ是第一种已知的铜蛋白（Nmar_1542），用来作为第三个亚基。通过对编码终端血红素-铜氧化酶（Nmar_0182-5）的基因和包含类-质体蓝素亚基（而不是包含细胞色素 c 的血红素）的基因对比，表明好氧呼吸会提供额外的机制来产生质子动力势。

6.3.2.4　氨转运体

N. maritimus 基因组中有 2 个编码 Amt 蛋白质的基因（氨转运体属于 Amt/Mep/Rh 膜蛋白家族），在三大域中，Amt 蛋白是公认的氨转运体。N. maritimus 基因组中还包含四种编码氮调控 PII 蛋白（G1nK）(Nmar_0586, 0587, 1317, 1523) 的基因，其中两个侧翼基因中的一个是 Amt 基因（Nmar_0588）。在 ADP/ATP 比例高的细胞中，调控蛋白会与 Amt 结合，阻碍氨的吸收。当调控蛋白与关于信号细胞能量充足和氮需求的效应因子（ATP 和 2-酮戊二酸）结合时，PII 的构象变化会导致其从 Amt 中释放（Khademi et al., 2004）。然而，如之前讨论的，古菌 Amt 蛋白是否仅用于生物合成来调控氨的吸收，还是既用于生物合成又用于氨氧化，这点目前还不清楚。2004 年，Schmidt 和同事进行的一项研究发现，氨氧化细菌有能力积累高浓度的氨，这表明生物合成和能量生成都需要氨转运体。可以确定的是，SCM1 的氨同化过程会使用 Amt 转运体（Andrade and Einsle, 2007; Tremblay et al., 2009）。然而，氨氧化可能不需要依赖载体。对贫营养细菌的广泛理论和实验研究表明，细胞对营养基质（直接测量微生物对营养物的获取能力）的特定亲和力会随着细胞获取位点的增加而增加（如转运蛋白）（Button, 1994）。特定亲和力是双分子碰撞频率（基质和转运体之间的碰撞）、转运体大小和细胞表面转运体密度的函数。因为在稀释的环境中碰撞频率很低，所以转运体密度是一个重要的限速因素。代谢途径中的下游酶可以以更低的浓度存在，而不会被初始底物收集反应的产物饱和（Button, 1994）。*N. maritimus* SCM1 的低 K_m 值和高底物亲和力可能是由于高密度的 Amt 转运体造成的（Martens-Habbena et al., 2009）。或者，氨的收集和氧化可能是不可分离的过程，并直接通过高亲和力的 AMO 进行调控，但这要求 AMO 是高密度的。这两个模型同样可以解释观察到的结果，即当氨浓度大于 2~3 mmol/L 时，*N. maritimus* 和 *N. gargeniis* 的增长会受到抑制（Hatzenpichler et al., 2008; Martens-Habbena et al., 2009）。途径中下一步的饱和可导致抑制生长的潜在反应性中间产物的积累。

6.3.3 古菌对铜的高需求

科学家认为，充分理解 AOA 与铜的动态关系是成功理解 AOA 生态学的基础。对环境中的 AOB 来说，铜和铁是其限制辅因子（Love-less and Painter, 1968; Beidard and Knowles, 1989; Ensign et al., 1993），同时我们也发现，投加螯合微量元素会显著提高 AOA 的培养成功率（Martens-Habbena, personal communication）。在海洋中，铜和铁的浓度都很低，并且优先与有机物结合；然而，铜的浓度比铁高两个数量级（Coale and Bruland, 1988）。在氧化还原反应中，海洋微生物优先利用铜会减少对铁的直接竞争。例如，在海洋中，硅藻会利用质体蓝素来适应低铁的环境，而不会利用功能上等同的含铁同系物，如细胞色素 c_6（Peers and Price, 2006）。SCM1 对不同铜和铁可用性的响应的未来转录分析将有望用于识别铜特异性转运系统、稳态和应激反应系统。

6.3.3.1 基于铜的电子传递系统

N. maritimus 基因组除了编码多种呼吸复合物类质体蓝素蛋白外，还会编码其他的含铜蛋白（图 6-4）；像含铜蛋白 AMO，此外，还编码了 8 种以上的多铜氧化酶，其中两种注释为含铜的亚硝酸还原酶基因（*nirK*）(Nmar_1259 and 1667)（见下文含铜亚硝酸还原酶的讨论和图 6-11），这些酶都可能对铜有非常高的需求。然而，铜也是有毒的，会通过类似于二价铁的芬顿反应产生超氧化物、羟基自由基和其他活性氧（Huckle et al., 1993; Rensing and Grass, 2003）。

正如 Rensing 和 Grass 所评论的（2003），铜流出机制包括一个铜响应的类 MerR 转录激活因子（CueR），这个因子能控制铜流出系统（cue）。已有研究表明，CueR 调控 *copA*

和 *cueO*。CopA 是作用于铜转运的 P 型 ATP 酶。CueO 是一种多铜氧化酶，具有漆酶（O_2 氧化还原酶）的活性，它能使周质蛋白免受铜造成的损害，但是该保护机制尚不明确（Grass and Rensing，2001）。在 *Enterococcus hirae* 中，铜动态平衡归因于两种 P 型 ATP 酶配对作用，即 CopA 和 CopB（Solioz and Odermatt，1995）。CopB 发挥排铜的功能，而 CopA 则是在铜有限的条件下发挥吸收铜的作用（Solioz and Odermatt，1995；Rensing and Grass，2003）。第二个系统（Cus）由双组分（CusRS）传感器/调节器对控制，激活相邻的 *cusCFBA* 操纵子。CusCBA 系统与质子/阳离子反向转运体是同源的，在多种细菌中它们会参与金属离子、异型生物质以及药物的的输出。在 *Pseudomanas*、*Ralstonia*、*Synechococcus*、*Salmonell* 和 *Esdrerichia coli* 中，相关的类 CusCBA 复合物在周质中也具有金属输出功能。CusF 是一种周质的、与铜结合的金属伴侣，最近的研究表明它直接参与并特定地将铜转移到 CusB 上（Bagai et al.，2008）。一些细菌（包括 *Synechocystis* 和 *E. hirae*）中含有与真核 ATX1 金属伴侣相关的蛋白质，这表明细菌细胞质具有转运铜的功能（Cavet et al.，2003）。*Nitrosomonas europaea* 含有一种 CopA-型 ATP 酶，其他测序的 AOB 基因组可以编码 *copB*、*copC* 和 *copD* 的直系同源基因。在 *N. maritimus* 的基因组中，编码抗铜 D 区蛋白（Nmar_1652）的基因与一些古菌和细菌中编码抗铜蛋白（CopC 和 CopD）的基因具有相似性。然而，在 SCM1 基因组中不存在明显的与其他描述的铜稳态系统的同源物，包括 CopA-型 ATP 酶、特征性金属伴侣（Solioz and Stoyanov，2003）或者细菌金属硫蛋白（Gold et al.，2008）。

6.3.3.2 铜稳态

基因组序列指出了涉及铜处理或者氧化应激反应两种类型的酶系统：编码如上所述的多铜氧化酶基因和 DsbA-型蛋白。与 DsbA-型蛋白具有低但显著相似性，且数量异常高的序列也可能具有相关性。在 *N. maritimus* 基因组中，编码硫氧还蛋白亚家族的基因有 10 个拷贝，但是在 *N. europaea* 中只有一个拷贝，且在其他微生物的基因组也有类似的低拷贝数。硫氧还原蛋白家族的 DsbA-型蛋白会催化二硫键形成或在蛋白质折叠时使其异构化，还能够避免 *E. coli* 在周质蛋白（该蛋白由铜催化）中形成错误的二硫键（Hiniker et al.，2005）。或者，这些蛋白可用于保护细胞免受氨氧化途径产生的中间产物活性氮的影响（图 6-10）。例如，硝酰基突出的特征是其作为亲电体与硫醇反应的能力（Fukuto et al.，2005b）。因此，这些基因可能对氨氧化新途径的研究具有重要的意义。

6.3.3.3 铜型亚硝酸还原酶

科学家在带有 16S-23S rRNA 基因和 *amoAB* 基因的 43 K 土壤福斯质粒克隆 54d9 中首次发现了嗜温型泉古菌的铜型亚硝酸盐还原酶基因（*nirK*）（表 6-3）（Treusch et al.，2005）。*N. maritimus* 中有 2 个含铜亚硝酸还原酶相关基因，它们之间具有 91% 的氨基酸同一性（Nmar_1259 and 1667）（图 6-11）。虽然在马尾藻海的宏基因组数据和其他开放海洋数据集中发现了非常相似的序列，但是蛋白质 BLAST 检索发现，相比于培养的古菌来说，这些基因与细菌的基因有更高的相似性，这表明存在横向基因转移的可能。其中一个类 *nirK* 基因（Nmar_1259）与 *N. europaea* 中的多铜氧化酶有 29% 的氨基酸同一性；与 *Nitrobacter winogradskyi* 有 27% 的氨基酸同一性。尽管一氧化氮还原酶（*norQ*）（催化 NO 还原为 N_2O）基因在 *C. symbiosum* 的基因组中有过报道（Hallam et al.，2006b），但是 *N. maritimus* 基因组的同系物（与 *C. symbiosum* 有 76% 的氨基酸同一性）可能是一种与其他细胞活动相关的 ATP 酶（Nmar_1515）。因此，虽然 N. maritimus 和 C. symbiosum 可能编码一种细菌型亚硝酸盐还原酶，但是其生成 N_2O 的能力尚不明确。

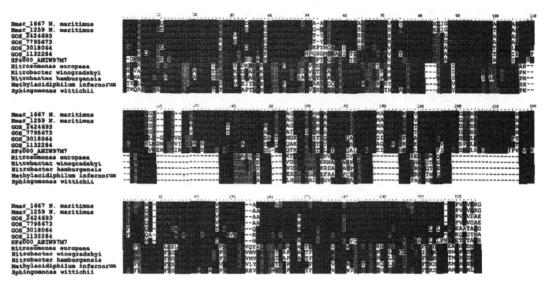

图 6-11　含铜亚硝酸盐还原酶/多铜氧化酶基因序列（Nmar_1259 and 1667，注释为 nirK）与全球海洋采样数据集和培养微生物的比对

氨基酸的阴影：相同的（黑底白字），相似的（灰底黑字）

6.3.4　碳固定和自养生长

N. maritimus 和所有已知的 AOB 利用氨化能自养生长。与利用卡尔文循环自养生长的 AOB 不同，N. maritimus 可能利用最近所述的 3-羟基丙酸/4-羟基丁酸途径，这种途径是 Chloroflexus 中 3-羟基丙酸/苹果酰辅酶 A 途径的变形形式（Holo，1989；Strauss and Fuchs，1993）。嗜热泉古菌就利用这种新的代谢途径，包括 Sulfolobus 和 Metallosphaera sedula（Berg et al.，2007）（图 6-12）。N. maritimus 基因组中存在编码生物素依赖性羧化酶（Nmar_0272-74）（图 6-12，步骤 8）、甲基丙二酰辅酶 A 差向异构酶、甲基丙二酰辅酶 A 变位酶（Nmar_0953-4 and 0958）（图 6-12，步骤 12）和 4-羟基丁酸酰辅酶 A 脱水酶（Nmar_0207）（图 6-12，步骤 4）的基因，这些基因表明 N. maritimus 通过 3-羟基丙酸/ 4-羟基丁酸代谢途径进行自养固碳。虽然在 Chloroflexus 和古菌代谢途径中，乙酰辅酶 A 形成琥珀酰辅酶 A 是很普遍的，但是该途径的形成是通过不同反应序列实现的，这表明了趋同进化（Berg et al.，2007）。从这一点来说，这两种途径是分开的；即琥珀酰辅酶 A 通过 4-羟基丁酸转化成乙酰乙酰基辅酶 A，然后乙酰乙酰基辅酶 A 裂解成 2 分子乙酰辅酶 A（图 6-12，步骤 1～步骤 7）。

丙酮酸可能是通过丙酮酸：铁氧还蛋白氧化还原酶还原羧化乙酰辅酶 A 而合成的。N. maritimus 的基因组中含有两个编码单一 2-酮酸：铁氧还蛋白氧化还原酶（Nmar_0413-4）亚基的基因。虽然这些酶广泛的特异性使其难以进行确定性的功能分配，但是对能够进行乙酰辅酶 A 羧化作用（形成丙酮酸）的酶的专一性要求有力地表明了该基因编码丙酮酸：铁氧还蛋白氧化还原酶。丙酮酸形成最可能沿着中心代谢的路径进行，在丙酮酸:磷酸双激酶(Nmar_0951)的作用下,丙酮酸转化成磷酸烯醇式丙酮酸(PEP);随后,在磷酸烯醇式丙酮酸激酶(Nmar_0392)的作用下形成草酰乙酸。这个反应序列与缺少基因编码的丙酮酸激酶(EC 2.7.1.40)一样,广泛分布于细菌和古菌世系中(图6-13)。

虽然基因组中有许多编码三羧酸(TCA)循环过程的酶基因,但是循环过程中的自养碳固定过程不会使用这些酶。一个完整的还原性三羧酸循环通常需要一个2-酮戊二酸:铁氧还蛋白氧化还原酶和一个柠檬酸裂解酶。通常,在碳固定中利用还原性三羧酸循环的微生物含有特殊的基因,这些基因能够编码两个酮酸:铁氧还蛋白氧化还原酶,一个特异性催化酮酸形成,一个特异性催化2-酮戊二酸形成。在 N. maritimus 体内上述这些可能不存在,需要通过体外酶活性检测和体内标记试验证明这一假设。即便如此,N. maritimus 很可能利用不完整的(或马蹄型)三羧酸循环进行严格的生物合成,而不是碳固定。

表6-3 N. maritimus 基因组和泉古菌基因片段的特征[a]

参数	结果						
	N. maritimus SCM1	C. symbiosum A	Fosmid 4B7	Cosmid DeepAnt-EC39	Fosmid 74A4	45-H-12	Soil fosmid 54d9
大小(bp)	1645259	2045085	39297	33347	43902	39411	43377
编码基因的百分比	91.9%	91.2%	89.1%	86.1%	84.0%	70.1%	72.9%
G+C含量	34.2%	57.4%	34.4%	34.1%	32.6%	43.0%	36.4%
ORF密度(ORF/kb)	1.19	0.986	0.992	1.17	1.12	0.893	0.991
ORF的平均长度(bp)	757	924	898	737	753	785	736

[a]Beja et al. (2002),Lopez-Garcia et al. (2004),Nunoura et al. (2005)和Treusch et al. (2005)描述了福斯质粒和黏性质粒库的细节及环境背景

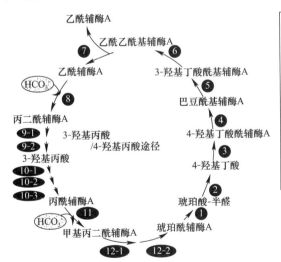

图6-12 N. maritimus 自养 3-羟基丙酸/4-羟基丁酸途径
每个反应催化的酶用数字标记;在括号中以位置标签编码注释基因

6.3.5 氨基酸的生物合成

在 N. maritimus 基因组中,除了脯氨酸之外,其他所有标准氨基酸的生物合成路径都

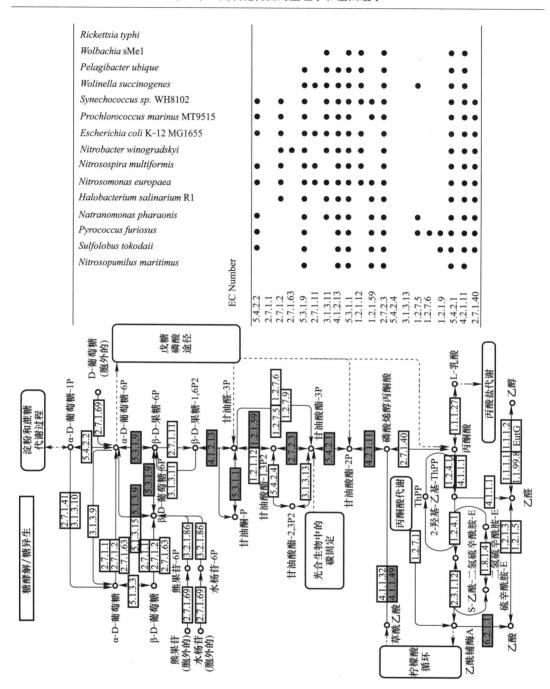

图 6-13 N. maritimus 的糖酵解和糖异生途径以及一些古菌和细菌中编码酶的基因分布

得到鉴定。这与早先从 C. symbiosum 基因组序列进行的推断一样，其中报道了支持除脯氨酸之外的所有途径的基因（Hallam et al., 2006a）。脯氨酸需要鸟氨酸或者谷氨酸作为前体物。虽然谷氨酸是通过天冬氨酸-2-酮戊二酸转氨酶（转氨酶 class Ⅰ and Ⅱ；EC 2.6.1.1；Nmar_0546）的作用直接合成的，但是对于最普遍的从谷氨酸（γ-谷氨酰激酶、γ-谷氨酰磷酸还原酶、Δ¹-脯氨酸-5-羧酸还原酶）到脯氨酸的生物合成路径却没有明确的同系物。如果被注释为假定精氨酸酶/胍丁胺酶/亚胺甲基谷氨酸酶的基因（Nmar_0925）能编码精氨酸酶的话，则可能存在衍生鸟氨酸的尿素循环。然而，并没有证据表明编码鸟氨酸环化脱氨酶（EC）的基因存在于 N. maritimus 基因组中，该酶能够催化鸟氨酸转换成脯氨酸。因此，对于大多数的古菌来说，脯氨酸的合成机制尚不明确。

在选择性概述中，以下描述的氨基酸生物合成途径是确定的。天冬酰胺直接在天冬酰胺合成酶（EC 6.3.5.4；Nmar_0935）的作用下，由天冬氨酸转化而成。丝氨酸可能是通过磷酸化途径，在 D-3-磷酸甘油酸脱氢酶（SerA；EC 1.1.1.95；Nmar_1258）、磷酸丝氨酸转氨酶（SerC；EC 2.6.1.52）和磷酸丝氨酸磷酸酶的催化作用下合成的（SerB；EC 3.1.3.3)(Nmar_0666）。然而，之后的基因（SerC）仍然没有确定。甘氨酸是在丝氨酸羟甲基转移酶（GlyA；EC 2.1.2.1；Nmar_1793）的作用下由丝氨酸转化而成。基因组中并不存在编码苏氨酸醛缩酶（EC 4.1.2.5）的基因，这种酶催化苏氨酸形成甘氨酸。缬氨酸、亮氨酸、异亮氨酸是由相同的酶，但不同的前体合成，这种酶就是支链氨基酸转氨酶（EC 2.6.1.42；Nmar_0192）。科学家已经证实了异亮氨酸生物合成的苏氨酸路径，其生物合成需要丙酮酸和苏氨酸作为前体。N. maritimus 很可能利用赖氨酸生物合成的 α-氨基己二酸路径，而不是二氨基庚二酸路径。从分支酸经预苯酸合成苯丙氨酸和酪氨酸的两条途径中的所有基因都存在于基因组中。此外，从分支酸合成色氨酸和通过 L-组氨醇从 5-磷酸核糖二磷酸合成组氨酸所需要的大多数基因已经确定。半胱氨酸可能是通过半胱氨酸合酶（EC 2.5.1.47；Nmar_0670）合成的。丙氨酸通过丙氨酸生物合成Ⅲ途径由半胱氨酸转化而成，甲硫氨酸通过同型半胱氨酸在甲硫氨酸合酶（EC 2.1.1.13）的作用下由半胱氨酸转化而来。然而，甲硫氨酸合酶位于一个片段化的几乎相同的基因拷贝（Nmar_1268）附近，并且都包含框架移位。因此，最接近这些基因的一个双功能基因可能催化这一反应（Nmar_1266）。

6.3.6 混合营养和代谢多样性

虽然 N. maritimus 可以在完全无机培养基中生长，但是基因组序列表明它在利用氮、碳和磷有机物方面是有很强的灵活性。虽然 N. maritimus 缺少 C. symbiosum 中鉴定的尿素通道蛋白和脲酶基因的同源物（Hallam et al., 2006a），但是仍有许多明显的有机物转运功能。它们广泛涵盖不同氨基酸、二肽/寡肽、磺酸盐/牛磺酸和甘油的转运蛋白。因此，科学家希望有更详细的生理特征可以表明，N. maritimus 具有一定的混合营养生长能力，正如之前对自然群体的同位素研究所表明的一样（Ingalls et al., 2006）。最近的培养实验也验证了 SCM1 具有混合营养生长的能力的这一观点（Martens-Habbena, personal communication）。

N. maritimus 基因组含有编码糖异生的基因，该过程是通过逆向 Embden-Meyerhof 途径完成的（图 6-13）。N. maritimus 中存在戊糖磷酸途径和核黄素、生物素、维生素 B_{12} 和烟酸合成的所有基因。相关途径中大多数基因的存在也支持硫胺素、泛酸和叶酸的生物合成，并且最近观察到 SCM1 的生长可以在完全无机的培养基中维持（Martens Habbena et al., 2009）。

6.3.7 新型膦酸盐的生物合成

SCM1 的基因组序列表明它具备新型膦酸盐合成的能力，在结构上这种膦酸盐类似于磷酸酯，但是它有一个稳定的碳-磷键。在无脊椎动物和微生物的多功能细胞中（Kittredge and Roberts，1969），膦酸盐发挥着重要作用。例如，可以作为磷酸脂，在胞外多糖和糖蛋白中可以作为侧基，还可以作为磷储藏室（Miceli et al.，1980），还可以作为真菌和细菌的次生代谢产物（Kononova and Nesmeyanova，2002）。生物活性膦酸盐包括抗生素磷霉素和三肽膦酸酯抗生素以及除草剂草丁膦三肽（双丙氨膦）。不同生物合成途径的特性表明：生物合成一般开始于相同的两步：(i) PEP 在 PEP 变位酶的作用下转化为磷酸烯醇式丙酮酸（PnPy）；(ii) 在 PnPy 脱羧酶的作用下，PnPy 转化成磷酸乙醛和 CO_2。最近，Shao 等人（2008）发现，在这类复合物的生物合成过程中普遍存在一种中间产物（2-羟乙基-膦酸），这种物质由新型家族 Group Ⅲ 中以金属为中心的乙醇脱氢酶催化磷酸乙醛产生。所有三种酶活性可能由在 N. maritimus 基因组上共存的同源基因编码（Nmar_0158 and 0160-1），这在已知的古菌基因组序列中是独一无二的。

膦酸盐包括海洋中溶解性有机磷池重要的一小部分（大多数是氨乙基膦酸盐），这可能会为生活在缺磷环境中的微生物提供重要的基质（Clark et al.，1999）。例如，海洋固氮微生物 Trichodesmium 的基因可以编码 C-P 裂解酶，这种酶能够使微生物更适应环境（Dyhrman et al.，2006a，2006b；Dyhman and Haley，2006）。由于以 N. maritimus 为代表的古菌是丰富的海洋浮游细菌，所以古菌合成膦酸盐的能力在连接海洋中 C、N 和 P 循环过程中起到了关键作用。古菌可能存在两种吸磷系统，除了高相似性、高活性的磷酸 pstSCAB-转运输系统外（Nmar_479 and 481-3），膦酸盐转运体（Nmar_0873-5）的存在也说明了其利用有机磷酸盐的能力。然而，初步的研究并没有发现古菌利用膦酸盐的能力（Martens-Habenna，personal communication），在基因组序列中也没有鉴定出编码 C-P 裂解酶和已知膦酰水解酶的基因序列。

6.3.8　古菌中四氢嘧啶的发现和羟基四氢嘧啶的生物合成

微生物能合成各种有机渗透物（相容性物质），其通过暴露于高渗条件下合成或摄取，进而累积，并在低渗条件下快速排出。这些物质也能稳定运输蛋白质，它们在温度骤变或者培养进入静止期时合成（Bursy et al.，2008）。因此，它们也被称为"化学伴侣"（Diamant et al.，2001）。细菌中的渗透调节物质有海藻糖、谷氨酸、脯氨酸、甜菜碱、肉毒碱和四氢嘧啶（Burg and Ferraris，2008）。在这些渗透调节物质中，四氢嘧啶的生物合成能力广泛存于一些细菌中，尤其在海洋细菌中普遍存在，由高度保守的基因簇（ectABC）编码（通过 Marinobacter、Oceanicola、Oceanobacillus、Oceanobacter、Oceanospirillum 及其他菌中的基因组序列说明）。然而，在特征性的古菌中，仅 N. maritimus 可以生物合成四氢嘧啶，它通过类操纵子基因簇编码，该基因簇与细菌 ectABC 同源（图 6-14）。ectA 基因的系统发育分析表明，菌株 SCM1 可能是从细菌中获得该基因的。特别值得注意的是，基因簇的两侧是编码转录因子 B（TFB）-型调节元件的 2 个基因（Nmar_1340-1）。在古菌中这些基因通常会起到调控的作用；在 N. maritimus 中，当温度和渗透压骤变时这些基因也会发挥重要作用。

6.3.9　异常丰富的转录因子

大量的转录因子表明，微生物具有良好的生理适应性（图 6-8）。N. maritimus 基因组中至少含有 8 个 TFB（Nmar_0013,0020,0517,0624,0979,0987,1340 and 1341）和 2 个 TATA-box 连接蛋白（TBP）基因（Nmar_0598 and 1519）；在基因组序列已知的古菌中，*N. maritimus* 是最丰富的。这表明，相比之下，这种代谢多样性有限的微生物具有非常高的适应性和灵活性，这可能与它作为极端寡生物的生活方式有关（Martens-Habbena et al., 2009）。TFB 和 TBP 都是起始位点特异性转录所必需的。研究者认为，古菌中大量存在的 TFBs 和 TBPs 与细菌中 σ 因子发挥相似的功能，它们可以在环境变化的条件下调节细胞功能（Baliga and DasSarma, 2000）；古菌具有最佳的 TFB/TPB 水平，这是生存必需的（Facciotti et al., 2007）。虽然许多古菌会对这些转录因子进行多拷贝编码，但是只有嗜盐古菌有超过 5 个 TFB 基因（Facciotti et al., 2007）。*N. maritimus* 基因组还编码两个代表性的染色质蛋白家族，其中至少有 5 个与古菌组蛋白相关的基因（Nmar_0579,1432,0683,0788 and 0503）和两个 Alba 同源物（Nmar_0255 and 0933）。它们在古菌中广泛分布，在某一状态下可以保持染色体的组成，且在该状态下可以得到聚合酶（Sandman and Reeve, 2005）。在古菌中，编码多种不同的转录调节因子的分化表达可能会提供另一种机制来改变全部染色质的组成和转录（Sandman and Reeve, 2005）。这种具有明显代谢特殊化且调节因子异常多的微生物和小基因组微生物的功能意义可以通过以后的转录分析来说明，这些分析不仅能提供不同物理/化学条件下生长所需的基因集合的重要见解，而且还可以促进对嗜温 *Crenarchaeota* 中基因调控的理解。

6.3.10 *N. maritimus* 中用于细胞分裂的新型杂交机制

最近科学家报道了 *Crenarchaeota* 中独特的细胞分裂机制（Lindas et al., 2008; Samson et al., 2008）。在基因组分离和细胞分裂开始时激发的操纵子（*cdvABC*）会为细胞分裂机制指定遗传密码，这种机制与真核生物核内体分选复合物相关。CdvA、CdvB 和 CdvC 蛋白在分离的拟核之间聚合，形成一系列更小的结构（Lindas et al., 2008）。除了 *Thermoproteales* 和 *Nitrosopumilus/Cenarchaeum*，所有已知的古菌基因组或者遵循 FtsZ 细胞分裂机制或者遵循 Cdv 细胞分裂机制，但不会同时拥有两种机制（*Thermoproteales* 分裂机制尚不明确）。*Nitrosopumilus* 和 *Cenarchaeum* 编码细胞分裂的体系是独一无二的（*ftsZ*，Nmar_1262；*cdvA*，Nmar_0700；*cdvB*，Nmar_0816；*cdvC*，Nmar_088）(Lindas et al., 2008)。因此，从功能和进化意义的角度考虑，*N. maritimus* 独特的细胞分裂杂交机制在未来的研究中会受到特别关注，并且还可能为该谱系的代表是古菌中最古老的菌群这一假设提供额外的支持（图6-15）(Brochier-Armanet et al., 2008)。

6.3.11 与海洋微生物宏基因组序列的高度相似性

早期的分子调查和比较基因组分析揭示了海洋环境中浮游微生物 *Crenarchaeota* 的整体分布情况（DeLong, 1992; Fuhrman et al., 1992, 1993; Beja et al., 2002），但是没有提供有关中心能量代谢或与其开放海洋栖息地相关特征的见解。早期对海绵共生体 *C. symbiosum* 的宏基因组（Venter et al., 2004）和基因序列的研究表明了其具有氨氧化的能力（Hallam et al., 2006a and 2006b）。然而，*C. symbiosum* 基因组 G＋C 含量与浮游微生物群非常不同，由于缺少细菌氨氧化途径的生理数据和其他标记基因，因此没有直接的证据来论证这一推论。与共生体相比，*N. maritimus* SCM1 的基因组在基因含量和基因顺序上与先前在福斯质粒文库和最近海洋调查中发现地环境泉古菌序列具有显著的保守性（表 6-3）。南极基因组片段 DeepAnt-EC39（来自于 500m 深处）和福斯质粒 74A4（来源于地表水）基因序列都与 *N. maritimus* 基因组有很高的相似性。

对目前已知的宏基因数据做进一步补充会得到 *N. maritimus* 的完整基因组序列（图 6-16A）。相比之下，可用的 AOB 基因组覆盖面就很小，例如 *N. europaea*（图 6-16F）。有趣的是，许多能与 *N. maritimus* 达到高匹配度的样品都来源于远洋和沿海采样点，其中沿海采样点有更高的相似性（核苷酸相似度＞85%）（图 6-16A 和图 6-16B）。值得注意的是，纽约布洛克岛沿海位点（GS009）产生的读长最高，核苷酸同一性大于 75%，并且 SCM1 基因组的总读长丰度分数最大（图 6-17）。同样，在加拉帕格斯群岛的两个位点（GS031 和 032），差异性非常明显。这些数据表明 *N. maritimus* 以及基因类似于海洋硝化细菌的泉古菌可能更适合于在沿海附近的环境中生存。例如，SCM1 不能够在 15℃ 或 15℃ 以下的环境中生长，这一特性限制了其在沿海、热带以及近地表远洋水中生存（图 6-17D 和 E）。这与从不同采样深度回收得到的海洋泉古菌基因组片段的基因组构变化相符，这也表明了 SCM1 的栖息地类型与深度相关（Lopez-Garcia, 2004；Hallam et al., 2006b）。令人惊讶的是，来源于巴拿马加通湖的（GS020）的宏基因组文库含有许多与 SCM1 具有核苷酸同一性的泉古菌序列（占全部读数的 4.9%），这与远洋数据集相当。因此，除了海洋和原始土壤环境中有充分记录的数据外（Prosser and Nicol, 2008 及其中的参考文献），湖泊可能是硝化泉古菌的另一个重要栖息地，尽管来自淡水区域的数据仍然非常有限。

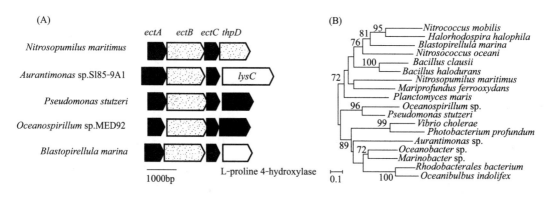

图 6-14 古菌中四氢嘧啶和羟基四氢嘧啶生物合成的第一个证据

（A）四氢嘧啶合成操纵子簇与推定基因名称的比较。除 *Pseudomonas stutzeri* 外，其他的微生物都起源于海洋。Nmar_1346, *ectA*-L-2,4-二氨基丁酸乙酰转移酶；Nmar_1345, *ectB*-二氨基丁酸-2-酮戊二酸氨基转移酶；Nmar_1344, *ectC*-四氢嘧啶合成酶；Nmar_1343, *thpD*-四氢嘧啶羟化酶；*lysC*-天冬氨酸激酶；

（B）*ectA* 基因的系统发育关系。利用邻接方法推断进化史；使用 JTT 矩阵法计算进化距离，进化距离以每个位点推断的氨基酸取代为单位，比例尺每个位点表示 0.1 个取代；每种模式旁边都会显示大于 70%（1000 个拷贝）的自展值。最终的数据集中一共有 130 个位置，所有出现间隔的位置以及丢失的数据都会从数据集中排除

6.4 进化

6.4.1 古菌的第三大类群

以先前描述的两种古菌类群（泉古菌和广古菌）为基础，通过分析核糖体蛋白和三个结构域中基因存在/缺失的模式，提出了 C. symbiosum（和 N. maritimus）的系统发育位置（Brochier-Armanet et al., 2008）。这被用来提出古菌的第三大类群-奇古菌（Thaumarchaeota）。然而，树拓扑结构对系统发育推理方法很敏感，而且，以酶或 COG 分布为基础的古菌分层基因组簇并不是总处于同一位置。基于 COG 的聚类将 N. maritimus 和 Cenarchaeum 归类为 Euryarchaeota 和 Crenarchaeota，而基于酶的聚类表明它们是 Crenarchaeota 的深度分支成员（图 6-15）。因此，系统发育位置可能只能通过其他基因数据来确定，这些数据来源于更多的氨氧化泉古菌分支，像最近培养的 N. yellowstonii 和 N. gargensis。

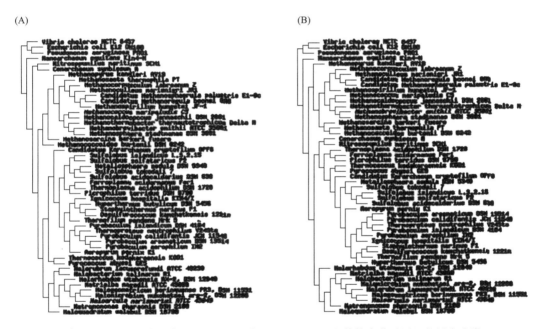

图 6-15　(A) 基于酶和 (B) COG 的 N. maritimus 和其他古菌基因组的层次聚类
根据蛋白质/功能家族的类型进行聚类。在综合微生物基因组系统中利用基因组聚类工具绘制这些图（Markowitz et al., 2006, 2008）。树中的位置反映了基因组之间的距离；对于特殊的蛋白质/功能家族来说，是基于功能基因组之间的相似度来计算距离的。基于酶的聚类分析建立了 Nitrosopumilus、Cenarchaeum 与 Crenarchaeota 之间的关系；基于 COG 的聚类分析表明这两个属是独立的起源，可能代表一个新的类群（Thaumarchaeota）

6.4.2 氨氧化起源于细菌还是古菌

AOA 的发现提出了一系列基本的问题，即氨氧化的起源和生化特性。AOA 和 AOB 都使用同一种相关的加氧酶，AMO；早期的水平基因转移可能解释了 AMO 在两类菌群中均存在的原因。然而，尽管两者利用的酶是相同的，但它们的氨氧化生化特性可能是不同的。从进化角度来看，AMO 与甲烷单加氧酶密切相关，而且随着地球大气层的氧气越来越充分，尚不清楚哪种需氧菌（甲烷菌和氨氧化菌）首先出现。在元古时期，与早期出现的基于铜的好氧代谢相关的地球化学困惑就是大气的氧化。模拟和地球化学数据表明，在"铁-硫化物"为主的太古时期，可溶性铜是很少见的，在"硫化物"为主的元古时期可溶性铜变得更少，只是在地球过去 10 亿年的历史中显著增加（Canfield，1998；Anbar and Knoll，2002；Dupont et al.，2006）。早期分支的氨氧化嗜热微生物（N. yellowstonii）的发现表明古菌中可能存在早期嗜热菌（de la Torre et al.，2008）。通过古菌世系（pSL12 and ALOHA groups）中海洋代表性微生物也能证明嗜热微生物的祖先（Mincer et al.，2007）（图 6-1）。然而，在地球历史的大部分时期，早期基于铜代谢的进化一定与可溶性铜的缺乏相关。这些问题可能只有通过更加鲜明的微生物特性以及微生物的培养和分子研究才能解决，前提是这些微生物能够特定地在简单、原始的培养基上生长。

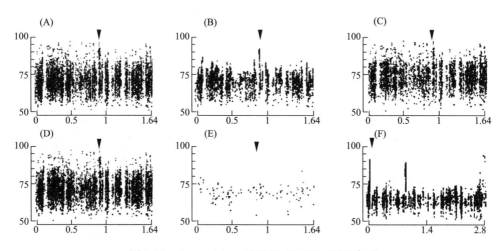

图 6-16　N. maritimus 基因组 GOS 和 HOT 序列

（A）所有可用的数据集；（B）远洋数据集（采样点深于 200 m）；（C）沿海数据集（采样点浅于 200 m）；（D）地表数据集（收集的样品浅于 200 m）；（E）深水数据集（收集的样品深于 200 m）；（F）针对 N. europaea 基因组的远洋和沿海数据集。图中箭头表示 16S/23S rRNA 基因的位置

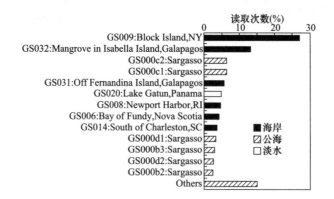

图 6-17　宏基因组文库中 N. maritimus 基因组读长的相对丰度

通过获得的所有测试文库中的读数总数将每个宏基因组文库中的读数数量标准化

（读数来源于 92 个海水和淡水文库中的 58 个）

6.5 结论与展望

氨氧化古菌的发现改变了一个世纪的格局，即硝化作用仅限于一些变形菌属。氨氧化古菌在自然界中广泛存在且在营养贫乏环境中普遍存在表明它们在全球氮循环中的重要作用。根据基因组和宏基因组的研究，科学家已经清楚地阐明了嗜温型 AOA 基因的详细信息。这些研究表明，氨氧化作用可能不仅仅丰富了泉古菌的物种多样性，而且不同的氨氧化生化特性还为这些微生物储存了能量。现在认为 AOA 生长环境广泛，从寒冷的海洋到地热环境，因此，相对于细菌来说有更大的温度跨度。显然，AOA 的温度跨度和寡营养特性表明，氨氧化所导致的不利的热动力学以及对于生物合成所需的反向电子流运输的要求并没有对硝化古菌竞争稀缺能源（例如氨）产生限制。将来会有详细的生理和生化研究来解读这种新型的生化特性以及它对于 AOA 适应环境的重要意义。

对 SCM1 的基因组和生理特性的研究表明，海水中的化能自养菌比以往所认知的发挥了更重要的作用。对于自养生长来说，菌株 SCM1 基因组可以编码所有主要的生物合成路径，而且该菌株有能力在完全无机培养基上生长。它的基因组与浮游微生物 *Crenarchaea* 具有显著的基因含量和同线性。对于氨的需求可能会使它与异养生物和光能自养生物竞争稀缺能源。尽管它们有明显的代谢特性，但是基因组和生物地球化学研究表明，Group I *Crenarchaeota* 具有一些简单有机分子的同化能力。对异养生活方式的验证仍缺少直接的证据，但是有证据表明异养或者其他的能源可能对于这些微生物也是有意义的。我们期望进一步的基因组比较研究能提供给我们更多有关嗜温和嗜热 *Crenarchaeota* 代谢适应性的见解，从而促进新型菌株的分离（可能的异养菌株），还有助于分析它们之间的进化关系。

在温带环境中发现 Group I 古菌后的 20 年间，通过新型生物化学进行寡营养氨氧化的证明以及 SCM1 的代谢多样性明显受限，因此，现在引发了一系列的生态和生物地球化学问题。目前，好氧氨氧化和厌氧氨氧化一共存在三种独立的途径，这三种途径由系统发育关系上不同的三种微生物执行，从而形成了不同代谢途径与微生物菌群之间复杂的相互作用。对这些途径的生理学和生物化学的机理性见解（像代谢方式，同位素分馏）以及选择性代谢抑制剂的鉴定将促进未来的生物地球化学研究。这些研究旨在于确定这些群体在硝化、氮循环以及温室气体排放中的作用。即使不同微生物会激烈竞争还原性氮，但 AOA 与底物的高亲和力也有利于它的硝化作用；而且在氮含量少的海洋和陆地环境中会以一种不为人知的方式改变氮和碳的循环。系统发育极为不同的微生物中存在的不同生物化学特性进一步表明，即使对于简单的环境变化（像营养的限制，pH 或温度的改变），AOA 和 AOB 也可能有显著不同的反应。因此，很明显，若要理清硝化菌群间复杂的相互作用就必须要对它们的生理多样性有更加完整的了解。未来将主要通过对其他分离菌株的表征来推进微生物生理多样性的理解，同时这也对适当受限的生物地球化学研究至关重要。

我们要感谢所有的同事对 *N. maritimus* SCM1 基因组的注释。这项工作也得到了能源部微生物基因组计划、国家科学基金微生物相互作用和过程（项目编号 MCB-0604448）、国家科学基金分子与细胞生物科学（项目编号 MCB-0920741）以及国家科学基金生物海洋学（项目编号 OCE-0623174）的大力支持。

第7章 氨氧化古菌在自然环境中的分布和活性

7.1 古菌：生物地球化学循环中的重要组成

由于古菌对极端环境的要求，像盐饱和的湖泊（嗜盐菌）、高温的陆地温泉和深海通风口（嗜热嗜酸菌和超嗜热菌），在非极端陆地和水生环境中发现大量古菌之前，人们一直认为它们在全球元素循环中的作用有限。也许唯一公认的例外，就是产甲烷菌的分布（这类古菌普遍分布在厌氧环境并且是产生温室气体甲烷的唯一生物源）(Garcia et al., 2000)。然而，在19世纪90年代早期，利用纯培养技术发现，在温和及需氧环境中有大量泉古菌和广古菌。这一发现使人们意识到，在地球化学循环过程中古菌可能发挥着非常重要的作用(Delong, 1998)。但是，经过长时间研究之后，才确定它们自然界中的作用。

最初通过对海洋温和古菌16S rRNA基因研究发现了3种新的种群，分别是GroupⅠ、GroupⅡ和GroupⅢ。其中GroupⅠ属于泉古菌，GroupⅡ和GroupⅢ属于广古菌(Belong, 1992)。尤其GroupⅠ（这类微生物与超嗜热微生物虽然来自不同世系，但是却有着特殊的联系）中的微生物大量存在于温和环境中。人们将来源于海洋和陆地样品的16S rRNA基因序列划分成两个不同的进化枝，分别称为GroupⅠ.1a和GroupⅠ.1b（图7-1）。尽管对它们的丰度和分布有了一定的了解，但是近十年来我们仍未破解这些微生物的生理和能量代谢特性。人类最初是通过稳定同位素、放射自显影和放射性碳分析了解海水中古菌的生理特性，这些技术能够表明两种碳代谢方式，即自养模式（用无机碳作为营养物）(Kuypers et al., 2001; Pearson et al., 2001; Wuchter et al., 2003)和异养模式（用有机碳作为营养物）(Ouverney and Fuhrman, 2000; Herndl et al., 2005; Teria et al., 2006a; Ingalls et al., 2006)。尽管如此，我们仍很难确定它们的新陈代谢途径。

7.2 群体基因组学（宏基因组学）

研究自然环境微生物的主要挑战之一是它们不能在实验室中纯培养。科学家提供了一种有价值的方法来研究无法纯培养微生物的生理和生态特性，即环境DNA连续大片段的直接克隆和测序(Treusch et al., 2004)。这些片段是复杂多样的自然菌群基因组的一部分（常称为"宏基因组"），而不是单个基因的部分片段，比如16S rRNA。之后这些基因组片段克隆到细菌人工染色体中或者更普遍的细菌人工染色体的福斯质粒载体中，这些技术已存档于 *Escherichia coli* 克隆文库中。可以通过PCR、寡核苷酸探针技术或质粒插入物的末端测序来筛选文库中感兴趣的基因(Handelsman, 2004; Treusch and Schleper, 2005)。

未培养古菌的第一个基因组片段是从一个海洋宏基因库中获得的，这一基因库是由

7.2 群体基因组学（宏基因组学）

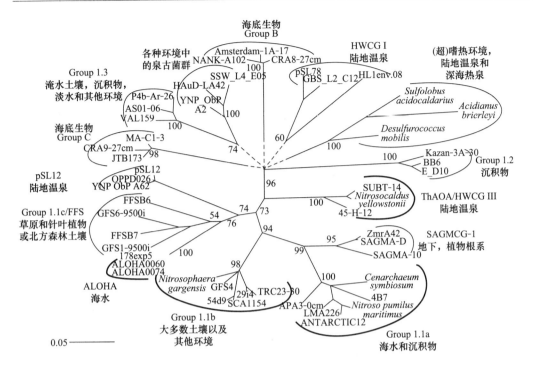

图 7-1 泉古菌 16S rRNA 基因序列的系统发育分析

基因序列来源于海洋、陆地和培养的 AOA 以及超嗜热菌。加粗的序列名称代表培养的有机体和染色体片段，包括 16S rRNA 和 AMO 亚基因；具有粗体弧的谱系代表与 AMO 亚基因相关的种群；多个节点处的虚线表示手动调整，反映了对任何相对分支顺序的低自引支持度。比例尺表示每个核苷酸位置估计有 0.05 的变化，节点处的数字表明三种树状方法自引支持度最保守的值

Stein 等人（1996）利用一个插入长度为 38.5 kb 的 "4B7" 克隆体建立的；这一克隆体可能属于 Group Ⅰ，因为它有一个 16S rRNA 基因。其他微生物的宏基因组文库与海绵、海洋浮游生物以及土壤中 Group Ⅰ 基因片段有关（Schleper et al.，1998；Beja et al.，2000，2002；Quaiser et al.，2002；Lopez-Garcia et al.，2004；Treusch et al.，2004）。虽然这些分析会表明嗜常温古菌的一些基因特性，但是不能说明基本的能量代谢过程。

有关特殊能量代谢的第一个观点来自于土壤宏基因组文库福斯质粒克隆。基于 16S 和 23S rRNA 基因，科学家认为福斯质粒克隆 "54d9" 属于普遍存在的 "土壤菌群" Group 1.1b（图 7-1）。此外，它还包含两个可读框（ORFs），用来编码氨单氧酶（AMO）的 α 和 β 亚基（分别是 AmoA 和 AmoB）以及一个产物与含铜亚硝酸还原酶（NirK）相似的基因（Treusch et al.，2005）。与存储在公共数据库中的环境序列的计算机模拟相比，土壤古菌中的 amoA 和 amoB 基因与利用全基因组鸟枪法测序得出的马尾藻海中的古菌相似（Venter et al.，2004；Schleper et al.，2005；Treusch et al.，2005）。在马尾藻海的全基因组鸟枪法测序中，首先从小型插入宏基因组文库中产生短序列，随后利用计算机中组装单个读段（Uenter et al.，2004）。另外，利用全基因组鸟枪法测序组装的海洋古菌基因组片段包含编码 AMO 中 C-亚基的基因；显然，在 BCA 基因序列中，编码 C-亚基的基因会与 amoA 和 amoB 形成一个基因簇，从而与 AOB 中的 CAB 排列形成对比（Nicol and Schleper，2006）。在氨基酸水平上，土壤和海洋中的 AmoA 序列与氨氧化细菌 AMO 的 α 亚基

和甲烷氧化细菌中的颗粒甲烷单加氧酶（pMMO）只有40%的相似性（～25%同一性）。相比之下，两种细菌中的相关蛋白AMO和pMMO的相似性却高达74%（～50%同一性）。而且，古菌中 amo/pmo 的基因比要远远低于其细菌同系物。通过与 Methylococcus capsulatus 中 pMMO 结构数据的比较，进一步验证了相应的古菌 ORFs 确实编码 AMO/pMMO 相关蛋白亚基的这一假设（Lieberman and Rosenzweig，2005）。在古菌突变体也存在高度保守的、以铜-连接为金属中心的氨基酸残基（Treusch et al.，2005）。而且，利用微观试验可以指导研究古菌 amoA 基因的转录。在底物为氨氮的培养基中发现，假定的 amoA 基因的转录活性有显著增加，表明类 amo 基因确实会编码氨氧化中的一种单氧酶（Treusch et al.，2005）。

7.2.1 纯培养的氨氧化古菌：*Nitrosopumilus maritimus*

纯培养的 N. maritimus 表明了温和古菌的氨氧化能力（Könneke et al.，2005）。基于16S rRNA 基因序列，菌株 SCM1 可以划分到海洋 Group Ⅰ（或者 Group 1.1a）。N. maritimus 也有编码古菌 AMO 亚基 A、B、C 的基因，它们与浮游古菌中的 amoA、amoB、amoC 序列（Venter et al.，2004）和土壤古菌中的 amoA、amoB 序列具有很高的相似性（Treusch et al.，2005），其中在氨基酸水平上能达到93%～98%同一性，在核苷酸水平上能达到80%～90%的同一性。N. maritimus 细胞呈杆状，非常小，长度仅为 0.22～0.9 μm；这类细胞与用荧光原位杂交法研究的海洋古菌的细胞很相似，尤其是海绵共生体（*Cenarchaeum symbiosum*）（Preston et al.，1996）和其他浮游细胞（DeLong et al.，1999）。SCM1 的生长速率为 $0.78\ d^{-1}$，在缺少有机物的情况下大约以 4～14 fmol/cell·d 的速率将 NH_4^+ 转化成 NO_2^-，这表明它是一种自养代谢的微生物。当增加有机物的时，菌株 SCM1 的生长会受到抑制。最近，Martens-Habbena 等人（2009）证实，SCM1 对氨具有低半饱和常数和高特定亲和力，这一特征在氨氧化原核生物中也提到过，表明这种微生物能在极低营养物环境中生长，例如在广阔的海洋中。

对 Group 1.1a 中氨氧化古菌（该菌取自北海沿岸水域）的富集培养再一次证明了当氨转化为亚硝酸盐时，古菌数量与亚硝酸盐积累之间的关系（Wuchter et al.，2006）。富集培养的古菌中有一种系与 N. maritimus 有 99% 的 16S rRNA 基因序列同一性。而且，在富集的古菌中发现了一个 amoA 基因与 N. maritimus（在核苷酸水平相似性达到91%，氨基酸水平达到98%）和马尾藻海的 amoA 基因高度相似（在核苷酸水平相似性达到90%，氨基酸水平达到95%）。在富集培养中，利用 16S rRNA 和 amoA 基因定量分析发现，每个泉古菌基因组中 16S rRNA 和 amoA 的比率为 1:1。这一比率与 AOB 中的形成鲜明对比，AOB 中每个细胞有 3 个 amoA 基因和 1 个 16S rRNA 基因。据估计，富集培养的硝化速率大概在 2～4 fmol NH_3/(cell·d)，这与 N. maritimus 的硝化速率一致。

7.2.2 含有 AMO 的古菌 *C. symbiosum* 的基因组分析

古菌共生体 C. symbiosum 存在于 *Axinella mexicana* 海绵体的组织中（Preston et al.，1996），它是研究非嗜温海洋泉古菌的早期标准之一（Schleper et al.，1997）。C. symbiosum 存在两个不同但密切相关的群体菌株 A 和 B，在 16S rRNA 基因中核苷酸序列差异为 0.7%，蛋白质编码基因和间隔区存在微观非均质性（Schleper et al., 1998）。最近，在宏基因组文库中确定了 C. symbiosum 的全基因序列，所以说宏基因组文库为研究非培养 AOA 的潜在生理学特性提供了基础（Hallam et al., 2006a, 2006b）。在 C. symbiosum 中，包含 ORFs 的 AMO 基因组（AMO 包括全部三个亚基）AMO 与 N. maritimus（Konneke et al., 2005）和土壤泉古菌高度相似（Treusch et al., 2005），有趣的是，科学家仍没有检测到编码羟胺氧化还原酶的基因，羟胺氧化成亚硝酸盐时会需要这种酶。目前，在古菌中没有发现羟胺氧化还原酶的同系物，估计 AOA 会用其他酶或者其他途径生成亚硝酸盐。对 C. symbiosum 基因组和其他环境的古菌序列分析表明，AOA 可能通过 3-羟基丙酸甲酯循环固定 CO_2（Hallam et al., 2006a）；其中，N. maritimus、C. symbiosum 以及马尾藻海宏基因组的数据集存在完全的 3-羟基丙酸甲酯/4-羟基丁酸过程（Berg et al., 2007）。有趣的是，在福斯质粒 54d9 的类 amo 基因中检测到了一个基因，这个基因的产物与含铜亚硝酸还原酶基因（NirK）高度相似（Treusch et al., 2005）。基因组和宏基因组研究表明，这个基因的同系物在 AOB（Camera and Stein, 2007）和古菌（不包括 C. symbiosum）中广泛存在。

7.2.3 奇古菌而不是泉古菌

对海洋和陆地环境中 AOA 的 16S rRNA 基因系统发育分析表明，包含 AOA 的谱系不同于超嗜热泉古菌谱系，但却与它特异性相关。通过对培养和非培养嗜常温古菌基因组的研究发现，仅基于 16S rRNA 基因研究系统发育史可能是错误的，AOA 实际上很可能属于不同门，这个门不同于泉古菌，就像泉古菌不同于广古菌一样。Brochier-Armanet 等人（2008）通过对 C. symbiosum 基因组、编码核糖蛋白的基因系统发育和基因组含量的研究，提出将 C. symbiosum 和与其相关的（也属于 AOA）归为"奇古菌"（来自希腊 Thaum，寓意奇迹）。来自其他研究的基因组数据，包括 N. maritimus、N. gargensis 的全基因组以及宏基因组数据，强烈支持这一假设（Bartossek et al., 2010；Spang et al., 2010）。

7.3 氨氧化古菌的多样性和分布

到目前为止，古菌氨氧化能力可能仅限制于 Group 1 中的微生物，因为 Group 1 中有一些与氨氧化古菌相关的微生物。AOB 和 AOA 的 amo 基因具有远亲关系，可以通过分子生物学方法研究氨氧化菌的分布和多样性，例如利用特定的 PCR 引物扩增古菌 amoA 与细菌 amoA 基因（Francis et al., 2005；Freusch et al., 2005）。通过对古菌基因组片段中 amo 基因（Schleper et al., 2005；Treusch et al., 2005）的鉴定以及氨氧化古菌 N. maritimus 的培养（Könneke et al., 2005），明确了 AOA 的分布类似于嗜常温古菌（奇古菌）。这一发现最初是通过分子扩增海洋和陆地生态系统中古菌 amoA 基因得出的（Francis et al., 2005）。系统发育分析揭示了两个主要的进化群体，在很大程度上反映了它们的栖息地：(i) 土壤和土壤沉积物群体，包括大部分的陆地序列；(ii) 海洋水体和海洋沉积物菌群，包括大部分从海洋相关栖息地恢复的序列（图 7-2）。同样非常清楚的是，在很大程度上，早期基于 16S rRNA 基因的系统发育（主要包括两大世系）可能主要与土壤和海洋环境相关联（图 7-1）。即使考虑存放在公共数据库中的数千个古菌 amoA 序列，这两个群体仍是主要的。

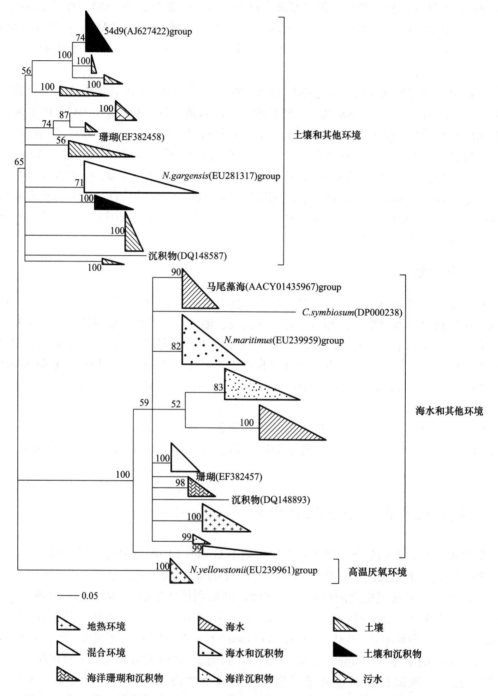

图 7-2　与古菌相关的 AMO 亚基 A 基因多样性及其生长环境的系统发育分析

每个三角形的高度和长度分别与此分析中包含的分类单元的数量和最大单个分支长度成比例。比例尺表示每个核苷酸位置估计有 0.05 个变化，节点处的数字表示来自三种树状方法的自引支持度的最保守值（已得到 Pcosser 和 Nicol 的允许，2008）

7.3.1 土壤中的 AOA

在大多数土壤中的微生物菌群中，泉古菌占有高达 5% 的比例（Ochsenreiter et al., 2003），其中 Group 1.1b 在原始土壤和农业中是最主要的菌群。第一项关于 AOA 在土壤中的存在和丰度的综合研究包括 12 个原始和不同管理的农业土壤样本，这些样本具有对比的物理化学特征，跨越从北欧到南欧的地理样带（Leininger et al., 2006）。利用 PCR 定量分析（qPCR）发现，每克干土壤中 AOA 的 *amoA* 基因丰度范围在 $7 \times 10^6 \sim 7 \times 10^8$ copies。在土壤表层，AOA 与 AOB *amoA* 基因的比率在 1.5～230，这表明 AOA 基因占主导地位。AOA 相对于 AOB 的优势也会随土壤深度而增加（图 7-3），这种情况与广阔海洋中的情况类似（例如，古菌数量保持相对恒量，而细菌的数量有所下降）（Leininger et al., 2006；Jia and Conrad, 2009）。然而，尽管通过土壤剖面的 AOA 数量相对恒定，但也发现了与特定深度相关的独特种系（图 7-3），这表明特定种群会适应不同条件，例如有机物含量或氧浓度。在许多研究中已经重复了这些观察，并且 AOA 明显的数量优势在全球土壤中的都很常见（He et al., 2007；Boyle-Yarwood et al., 2008；Nicol et al., 2008）。AOA 的数量可能不依赖土壤中的任何物理化学参数，因为它们的数量在大多数土壤类型中都很高。但是，有大量证据表明，物理化学条件不同的土壤会出现不同的 AOA 群体。一定程度上，Group 1 的 16S rRNA 种系型的分布也表明了 AOA 的分布。大量研究显示，古菌群落因生态梯度而异，例如草地覆盖情况和土壤污染程度（Sandaa et al., 1999；Nicol et al., 2003, 2005）。之后一系列利用 AOA 标记物 *amoA* 的研究分析发现，在不同条件下选择不同的种群具有相似的趋势，例如不同的施肥方案或土壤 pH 的长期变化（He et al., 2007；Nicol et al., 2008）。事实上，长期利用土壤中的矿物营养会使 pH 降低，因而会降低潜在的硝化反应速度。因此，人们猜想，是 pH，而不是营养物驱动氨氧化菌的出现和富集（He et al., 2007；Nicol et al., 2008；Hansel et al., 2008）。另一个影响氨氧化古菌多样性和分布的参数可能是温度。有研究表明，在温度为 30℃ 或更高的土壤中培养的 AOB 数量和硝化测量值之间存在差异（Avrahami and Bohannan, 2007）。此外，在 30℃ 时观察到了 AOA 活性的变化和特殊种群的生长（Tourna et al., 2008；Offre et al., 2009），并且没有发现 AOB 生长相关的证据，因此表明，AOA 可能是土壤在特殊温度变化范围内有优势的氨氧化微生物。

有越来越多的证据表明，自然土壤和农业土壤都是 AOA 的生长环境，并且在数量上呈现主导作用，同时它们的生化参数变化范围很广。基于 *amoA* 基因的种系型，在土壤/沉积物中发现了大量 AOA，但是也检测到了与海洋水体/沉积物中具有相关序列的 AOA（He et al., 2007；Hansel et al., 2008）。这表明 AOA 群体的多样性，反映出土壤基质的复杂和不均匀性。然而，AOA 是否真的是土壤中占优势的活性氨氧化微生物；是否在农业系统的贫瘠土壤中起主要作用；这些问题仍需确定。

7.3.2 海洋中的 AOA

从水体中获得的 AOA *amoA* 序列几乎都属于水体/沉积物进化枝（图 7-2）。表层水体浮游 AOA 的 *amoA* 基因序列在核苷酸水平有些许的差异，但是在氨基酸水平上几乎具有完全同一性。海洋 AOA 群落的系统发育与深度有关，即不同的水深存在不同的 AOA 群

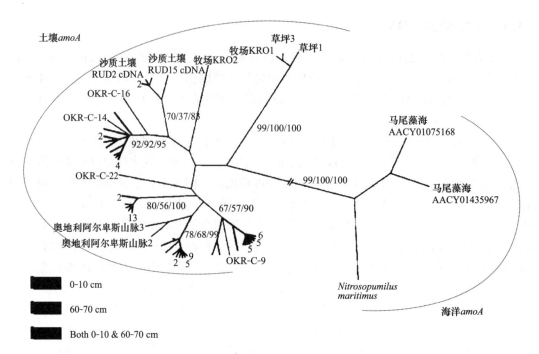

图 7-3 沙质生态系统土壤深度剖面分析（Rotböll，达姆施塔特，德国）

通过 qPCR 技术定量古菌和细菌 amoA 基因；系统发育分析显示了从两个深度（0～10 和 60～70 回收的 AOA amoA 序列的相关性。来自相同深度的序列聚类表明了适应土壤剖面内特定条件的种群的存在（数据来自 Leininger 等人，Nature 442：806-809. 2006，得到了 Macmillan Publishers, Ltd. 的许可）

落，而且几乎没有重叠菌群出现（Francis et al., 2005；Hallam et al., 2006a；Mincer et al., 2007；Nakagawa et al., 2007；Beman et al., 2008）。利用浅水和深水区菌群的特定引物，Beman 等人（2008）提出，浅水区的 AOA 菌群在深水区也存在，但是深水区却没有发现浅水区中的 AOA 菌群。具有 amoA 的 AOA 群落组成依赖于深度的现象，可能是由于在海洋透光区中生长的 AOA 对光抑制具有抵抗力（Mincer et al., 2007）。然而，这也可能反映出限于某些环境特征而产生的适应性和表型。研究发现，AOA 中 amoA 丰度与浅水和深水中两个亚硝酸盐最大值（Coolen et al., 2007；Herfort et al., 2007；Beman et al., 2008）和更高水平的硝酸盐浓度（Mincer et al., 2007）相关，这表明海水中会发生硝化作用。

与土壤生态系统相似，海洋环境中 AOA 的数量超过了 AOB。AOA amoA 基因和泉古菌 16S rRNA 基因丰度与 amoA 基因拷贝数的相关性略高于 16S rRNA；这说明大多数泉古菌可能是 AOA（Wuchter et al., 2006；Herfort et al., 2007）。在硝化作用活跃的区域有较高数量的 AOA，大约为 10^4～10^5 拷贝数/mL，这与细菌形成对比，因为细菌数量很少甚至都检测不到（Ward, 2000；Wuchter et al., 2006；Mincer et al., 2007）。此外，在透光区下部具有相当大的硝化速率的浮游氨氧化古菌和类 *Nitrospina* 亚硝酸盐氧化菌的共存表明，它们之间的代谢耦合维持了硝化作用（Mincer et al., 2007）。普遍认为，在广阔的海洋中，AOA 丰度与硝化活性相一致，水体硝化活性在水体表面较小，在透光区底部最高。这可能是由于硝化细菌和浮游植物对基质氨的竞争或者 AMO 的轻度抑制造成的

(Ward, 2005), 这也符合泉古菌和广古菌丰度的季节性变化 (Murray et al., 1998, 1999; Wuchter et al., 2006; Herfort et al., 2007)。研究表明, 泉古菌和叶绿素 a 具有负相关的关系, 这验证了浮游植物对硝化细菌群落有抑制作用的观点 (Ward, 2005; Herfort et al., 2007)。之前研究加利福尼亚蒙特利海湾时, 没有发现氨氧化细菌菌群结构与硝化速率的相关性 (O'Mullan and Ward, 2005)。然而, 研究发现, 在不同海洋地区, AOA 的丰度与硝化作用重要的区域是相关的 (Massana et al., 1997; DeLong et al., 1999; Karner et al., 2001; Teira et al., 2006b)。

有意思的是, 有证据表明, Group1.1a 古菌可能不是海洋中唯一的 AOA (Mincer et al., 2007)。根据 qPCR 结果, 北太平洋 200 m 深处的 AOA *amoA* 基因比 Groupl.la 的 16S rRNA 基因丰富得多, 但最早在温泉中发现的深分支 (泉) 古菌 pSL12 进化枝相关的 16S rRNA 基因数量有很强的相关性 (图 7-1)(Barns et al., 1996)。在浮游生物样品中很少检测到类-pSL12 泉古菌, 因此认为它们是远洋环境中的非典型细菌。同一深度 (这一深度下 pSL12 泉古菌的丰度要高于其他古菌) 的 AOA *amoA* 克隆基因库并没有特别区别于类-pSL12 的 *amoA* 序列, 这表明它们的 *amoA* 基因很难从 Group1.1a 区分开来。

7.3.3 沉积物中的 AOA

从海洋沉积物中获得的 AOA *amoA* 序列不仅仅分布在海水/沉积物中, 而且一些还与主要的土壤/沉积物分支有关 (图 7-2)。在一些沉积物中也出现, AOA 在数量上超越了 AOB 成为主导的趋势。在不同河口沉积物中, AOA 的丰度要远远超过 AOB, 高达 30~80 倍; 与环境参数的关系表明, 沉积物中的 AOA 可能更适应低盐和低氧环境 (Mosier and Francis, 2008; Santoro et al., 2008)。之前关于不同河口沉积物中 AOB 的菌群组成、丰度以及硝化速率的动态研究表明了盐浓度梯度、氨和氧浓度的重要影响 (de Bie et al., 2001; Cebron et al., 2003; Francis et al., 2003; Bernhard et al., 2005, 2007)。在沉积物的生物地球化学作用过程中, 尤其是河口沉积物 (高负荷农作物灌溉水会经过河口沉积物), 硝化作用是一个很重要的过程 (Beman et al., 2006)。在低氧浓度的沉积物中, 硝化作用与反硝化作用或厌氧氨氧化作用是氮损失的直接途径 (Seitzinger, 1988; Galloway et al., 2004; Seitzinger et al., 2006)。由于沉积物中 AOA 丰度较高, 因此它们可能在全球硝化过程中起着至关重要的作用。

7.3.4 AOA 与海洋无脊椎动物的关系

AOA 与自由生活的海洋生物关系密切的典型例子是 *C. symbiosum* 海绵共生体 (Preston et al., 1996)。*C. symbiosum* 基因组是科学家第一个测序和详细研究的群体 (见上文)(Hallam et al., 2006a, 2006b)。*C. symbiosum* 基因组中的一些基因在亲缘关系较近的浮游微生物中不存在, 说明这是海绵古菌的特性 (Hallam et al., 2006b)。对更多的来自不同海绵和珊瑚的 AOA *amoA* 序列的全球研究揭示了大量海绵和珊瑚特异性簇 (Beman et al., 2007; Steger et al., 2008), 该结果与基于泉古菌 16S rRNA 基因的研究相一致 (Taylor et al., 2007)。特别是, 与海绵属 *Axinellida* 相关的古菌可能是宿主特异性的 (Holmes and Blanch, 2007), 并且通常, 只有少数 16S rRNA 定义的种系与单个海绵体相关。然而, 这和多数与海洋共生体相关的 AOA *amoA* 多样性形成鲜明对比 (Steger et al.,

2008），这表明古菌物种内 amoA 基因的大量微观异质性。科学家利用 PCR 和荧光原位杂交技术发现，无论是成熟的 AOA 还是不成熟的 AOA，在共生体系中都是很稳定的（Steger et al.，2008）。研究表明，在一些海绵生物中也存在硝化作用（Corredo et al.，1988；Diaz and Ward，1997；Diaz et al.，2004；Jimenez and Ribes，2007），它们具有复杂的与氮循环相关的微生物菌群，包括氨氧化古菌、亚硝酸盐氧化菌、厌氧氨氧化菌和反硝化菌（Hoffmann et al.，2009）。因此，古菌需要通过去除含氮废物来解毒和维持宿主健康（Hoffmann et al.，2009）。

7.3.5 地热环境中的 AOA

科学家从高温环境中回收了与温和泉古菌（或者奇古菌）和已知的嗜热泉古菌和广古菌相关的 16S rRNA 基因序列（Kvist et al.，2005，2007）。现在还没有明确的证据表明在高温的环境下存在 AOA。在中等温度（45～50℃）的陆地环境中已经检测到了 AOA amoA 序列，包括美国科罗拉多某个地热洞穴结构样本（Spear et al.，2007）、奥地利阿尔卑斯山山洞温泉水及其形成的生物膜（Weidler et al.，2008），还有西伯利亚 46℃ 的温泉（Lebedeva et al.，2005；Hatzenpichler et al.，2008）。来自于西伯利亚温泉 Group 1.1b（土壤）的微生物"*Nitrososphaera gargensis*"已经富集超过 6 年（Hatzenpichler et al.，2008）。通过检测古菌 amoA 基因证实了 AOA 不会像（极端）嗜热古菌那样存在于相同的环境中；这些 amoA 基因来源于各种温度、各种 pH 下的温泉，这些温泉位于俄罗斯勘察加半岛、冰岛（Reigstad et al.，2008）、黄石国家公园（dela Torre et al.，2008），还有来自美国、中国、俄罗斯的内陆温泉（Zhang et al.，2009）。科学家在 80℃ 的酸化水解池中检测到了硝化作用，这表明在陆地温泉中确实存在硝化过程（Reigstad et al.，2008）。另外，通过富集培养获得了嗜热氨氧化古菌 *Nitrosocaldus yellowstonii*，该菌种来源于黄石国家公园温泉（de la Torre et al.，2008），最适生长温度为 65～72℃，在缺少有机碳源的情况下，以化学计量比将氨转化成亚硝。来源于胡安德富卡海脊热源喷口处的古菌 amoA 基因得到了扩增，这表明在深海的热源口也存在氨氧化古菌（Wang et al.，2009）。

7.4 不同环境中氨氧化古菌的活性

正如之前所强调的一样，通过 AMO 基因定量发现，在大多数水生和陆生环境中，AOA 的数量一般都会超过细菌。然而，基因拷贝数占主导只是说明了某种菌群在某种生态环境中可能很重要，但是却不能说明菌群的活性。因此，许多研究试图分析实际活性的指标，包括量化响应氮修正和扰动的生长，mRNA 转录物的丰度和稳定同位素标记。另外，有一些从环境中得到的 AOA（通过单独培养或者高度富集）可以对环境情况进行一些推断。只有结合生理活性和代谢多样性来研究实验室或者环境中的古菌，才能对它们的生态多样性以及不同环境条件下所起到的作用有综合的了解。

7.4.1 海洋环境中 AOA 的活性

为了将海洋环境中 AOA 与硝化作用联系起来，科学家做了很多努力。泉古菌（奇古菌）是海洋中数量最多的原核生物之一，据估计已经达到 20%（Karner et al.，2001）。

大量研究表明，AOA 的 amoA 基因丰度和硝化活性有很好的相关性。Wuchter 等人

7.4 不同环境中氨氧化古菌的活性

(2006)考察了北海一段时期内的古菌丰度、细菌和古菌 amoA 基因数以及无机氮浓度。结果发现,在北海水中,AOA 的丰度比 AOB 高 100 多倍;氨的浓度在秋季和冬季是最高的,春季时会下降。在研究的这段时期内,古菌 16S rRNA 基因、古菌细胞数量和 AOA amoA 基因的丰度增加,并且与氨浓度降低和硝酸盐浓度增加表现出很好的相关性。对水体中氨氧化速率以及细菌和古菌 amoA 基因丰度的直接检测进一步验证了 AOA 决定氨氧化活性。Beman 等人(2008)测量了在加利福尼亚湾 0~100 m 深度范围内采集的海水中添加 $^{15}NH_4^+$ 后的氧化情况(图 7-4)。这些样本中,AOB 要么非常少,要么检测不到,但再一次发现古菌 16S rRNA 与 amoA 基因有良好的相关性。Lam 等人(2007)对来源于黑海水体的水样研究发现,古菌 amoA 基因转录形成 mRNA 数量最多的水样来自水深 75 m 处的低氧区;在该区域硝酸盐含量也是最高的。另外,在低氧区和缺氧区也检测到了 γ-变形菌的表达,这说明 AOB 在硝化过程中也是很重要的。数据分析表明,在有氧区,发生氨氧化作用的主要是 AOA;在缺氧区,主要是 γ-变形菌,尽管这一区域有大量古菌存在。

在海洋的 1000 m 以上水域,是氨产物和氧化活性的主要来源(Wuchter et al., 2006)。然而与细菌相比,海洋环境中的古菌分布有一个有趣的特征,即它们的丰度随着深度的增加而适度减少,因此它们在原核生物群落中所占的比例越来越大。对 AOA amoA 基因的研究表明,AOA 有两个主要的进化枝,分别是浅海进化枝和深海进化枝(Francis et al., 2005;Hallam et al., 2006)。通过分析泉古菌 16S rRNA 和 AOA amoA 基因的比发现,尽管所有浅海泉古菌菌群都可能进行氨氧化反应;但在大于 1000 m 的深度上,16S rRNA 与 amoA 基因比值大于 100∶1,这一数值表明,深海中的古菌可能不是自养氨氧化生物,而是异养生物(Agogue et al., 2008)。然而,对古菌脂质的放射性碳分析表明,在深海处自养方式是主要的新陈代谢方式,那么出现上述 16S rRNA 和 amoA 基因比值的结果可能是由于使用的 PCR 引物缺少专一性造成的(Konstantinidis et al., 2009)。

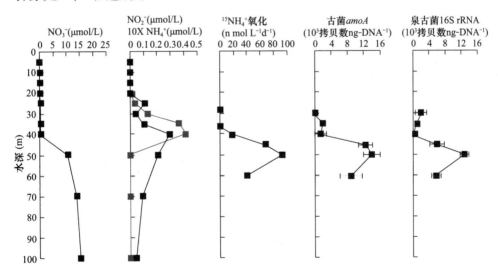

图 7-4 加利福尼亚湾瓜伊马斯盆地 100m 垂直剖面中无机氮、
氨氧化速率以及古菌 amoA 和 16S rRNA 基因的分布
点线之间的区域重点强调硝化作用、泉古菌/AOA 数量关系和 $^{15}NH_4^+$ 氧化反应速率
(来自 Beman 等人,ISME Journal 2:429-441,2008,得到了 Macmillan Publishing, Ltd. 的许可)

7.4.2 土壤中 AOA 的活性

尽管有越来越多的证据表明海洋中 AOA 的丰度与氨氧化活性（通过纯培养、富集培养以及原位测量得出）是相关的，但是土壤中 AOA 与氨氧化活性的关系还不是很清楚。一些关于 amoA 基因定量分析的研究表明，古菌 amoA 拷贝数要比细菌的高 2 个以上的数量级。关于土壤古菌丰度和活性相关性的试验与在海洋中得到的结果差异很大。

7.4.2.1 AOA 和 AOB 对土壤氨氧化的相对贡献

在氨浓度低于 0.07 mmol/L 的农业土壤中（氨来源于有机氮的氨化作用）Tourna 等人（2008）发现，随着硝化活性的变化（像温度的改变会导致硝化活性的变化），转录谱的改变与古菌群落相关，而不是细菌群落。同样是上述土壤，Offre 等人（2009）也认为 AOA 转录活性会导致 AOA 群落选择性和实质性的生长，但是不会对 AOB 产生什么影响（图 7-5）。古菌在生长过程中对低浓度的乙炔非常敏感，在 0.01% 的浓度下，就会被完全抑制，以此说明只有存在氨氧化活性时，AOA 才会生长。但令人惊讶的是，它们的生长与土壤中 Group1.1b 世系的丰度没有任何关系，而与海洋 Group1.1a 世系相关（图 7-5）。

上述这些结果与 Jia 和 Conrad（2009）发现的相反，他们认为土壤中的 AOB 菌群（而不是 AOA）与氨氧化反应相关，其中土壤中的氨来源于无机氮肥料（其导致更高的氨浓度，达 7 mmol/L）。尽管在这项研究中观察到了 Group1.1b 中 AOA 菌群的生长，但却是发生在氨氧化被乙炔完全抑制的情况下。另外，用 5% 的 $^{13}CO_2$ 标记土壤微生物，DNA 稳定同位素探针结果表明，无机氮的合成只发生在 AOB 的基因组中，说明 AOB 是自养氨氧化的主要参与者。这些结果都表明 Group1.1b 古菌在这种土壤中不会发生自养氨氧化。

起初来看这些结果似乎是自相矛盾的。但是，实验设计的不同恰恰说明了 AOA 和 AOB 生理的根本区别，尤其氨浓度可能是影响土壤中 AOA 与 AOB 相对活性的主要因素。草场中的氨氮主要来源于典型矿物质施肥或者动物排泄物，在不同氨氮浓度条件下（7～70 mmol/L 的范围）的草场中观察到了特定 AOB 菌群的生长，然而在相同的土壤中添加相似的高浓度对古菌没有选择效应（可能没有生长促进作用）(Nicol et al., 2004; Mahmood et al., 2006)。Offre 等人（2009）在活跃的硝化微观世界中观察到 AOA（而不是 AOB）生长，但氨浓度特别低。相反，在补充了较高浓度矿物肥料的微观世界中，只有与氨氧化活性相关的 AOB 菌群的生长。

Schauss 等人（2009）证实了土壤中古菌菌群不同于海洋中的生理特性。在中性 pH 粉砂土和中度酸性壤砂土中添加肥料，AOB 菌群会增加，但是 AOA 菌群只会在粉砂土中有所增加。虽然这是第一次证明肥沃土壤会促进 AOA 的生长，但是却不知道为什么在其他土壤中没有这种作用。这些试验证实了硝化活性与 AOA 菌群生长的直接关系。在添加了磺胺嘧啶抗生素的微观体系中，AOB 的生长会受到抑制，但是仍会发生硝化反应；通过模型计算发现，在这样的微观体系中发生氨氧化作用的是 AOA（图 7-6）。

7.4.2.2 氨氧化古菌的代谢多样性

最近的研究表明，土壤中主要的 Group1.1b 世系存在多种代谢方式，这说明混合生长或者异养生长的能力是不依赖于氨氧化活性的。Group1.1b 中不同的进化枝拥有不同的基因组特性，包括一系列基因密度的变化（Quaiser et al., 2002; Treusch et al., 2004, 2005）

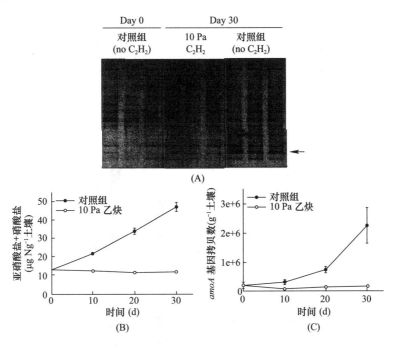

图 7-5 硝化土壤微观体系中乙炔敏感型 AOA 的生长

(A) amoA 基因 PCR 扩增后 AOA 群落的变性梯度凝胶电泳分析（DGGE）。每个通道代表一个单独的微观体系；箭头表示在没有乙炔的情况下 AOA 菌群的生长；(B) 在 10 Pa 乙炔顶空分压下，微观体系中氨氧化活性被完全抑制；(C) 在 DGGE 图谱中突出显示的特异性 AOA 菌群 qPCR 测定。只有在有活性的硝化反应微观体系中才会发现 AOA 的生长。（改编自 Offre 等人的数据，FEMS Microbiol. Ecol. 70: 99-108,2009）

以及转录间隔区的长度和保守程度（Nicol et al., 2006）。土壤中福斯质粒 54d9 AMO 亚基基因的出现首次提出自养代谢方式；嗜热菌 *N. gargensis*（属于土壤菌群）(图 7-1)的培养说明了依赖氨氧化的自养生长。但是，没有氨氧化活性或掺入标记 CO_2 的土壤 AOA 菌群的生长说明了异养生长（Jia and Conrad, 2009）。因此 Group1.1b 微生物中 AMO 基因的出现并不表示完全的自养生活方式，但可能类似于异养亚硝酸盐氧化菌；一些 Group1.1b 菌群可能具有很宽泛的新陈代谢系统，既有异养能力，又有自养能力。

7.4.2.3 土壤 pH 变化的影响

pH 是决定不同生物类型多样性和丰度的主要因素，有许多证据表明在全球范围内土壤 pH 是细菌多样性和种群结构的重要决定因素（Fierer and Jackson, 2006）。对于微生物生理和土壤微观的综合研究表明，土壤 pH 会影响许多微生物功能性群体的生长和活性。比如，对硝化作用速率的影响，特别是在酸性土壤中，氨氧化速率明显降低（De Boer and Kowalchuk, 2001）；在液体中纯培养 AOB 时，其连续培养的 pH 不能低于 6.5（Allison and Prosser, 2001）。在 AOB 中，AMO 的作用底物是非电离形式的氨，在酸性条件下氨氧化菌生长速率以及活性的降低，导致了 NH_3 电离成 NH_4^+，从而降低了 NH_3 的扩散能力，增加了用于运输 NH_4^+ 的能量需求。尽管抑制性试验表明，在一些酸性土壤中嗜酸性的异养微生物可能会氨氧化作用，但是无机氮的自养氧化在酸性土壤中非常重要。Nicol 等人（2008）对 AOA 和 AOB 的 *amoA* 基因进行了定量分析，并且量化了 pH 4.5～7.5 范围内的转录拷贝数，发现了可用氨的 1200 倍差异。此外他们还发现，AOA 和 AOB 基因拷贝转录的相对量明显不同，AOA 在酸性土壤中活性更高，而 AOB 则是在中性土壤中更高。另外，不同种系型与特定的 pH 范围有关系，这反映出某些世系可能会适应酸性土壤条件（这与它们非电离氨水平较低有关），从而提供了一个优先排除 AOB 活性的生态位。

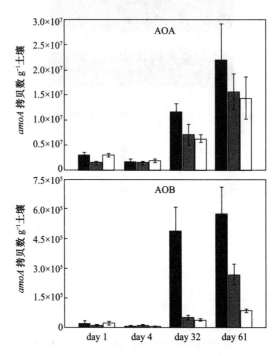

图 7-6　加入肥料和各种磺胺嘧啶抗生素后的硝化土壤微观体系中 AOB 和 AOA 的丰度
通过 qPCR 定量 *amoA* 基因。黑灰色长条表示在每千克土壤中添加 0 mg 磺胺嘧啶；浅灰色长条表示添加 10 mg/kg；空白长条表示添加 100 mg/kg。虽然加入肥料后 AOA 和 AOB 群落的大小都增加，但 AOA 群落对磺胺嘧啶的敏感性较低，因此加入抗生素后对 AOA 氨氧化影响较小。注意相比于 AOB 来说，古菌数量更多（在图中以不同的尺度表示）。
（来自 Schauss 等人，Environ. Microbiol. 11：446-56，2009，已得到允许）

7.4.3　从实验室培养的活性推断 AOA 对低氨环境的适应性

试验已经证明了三种 AOA 可以在相对低浓度的氨环境中生长，这三种微生物都是在实验室培养或者富集的；它们分别是 *N. maritimus*、*N. gargensis* 和 *N. yellowstonii*。这三种微生物可以在氨浓度为 0.5~1.5 mmol/L 环境下生长，而 AOB 需生活在氨浓度为 1.5~25 mmol/L 的环境中，最大允许的氨浓度可高达 50~1000 mmol/L（Koops et al.，2003）。Hatzenpichler 等人（2008）利用底物同位素示踪标记，不仅说明了在低氨浓度（<1 mmol/L）下无机碳（碳酸氢盐）的吸收，而且发现在相对低氨氮浓度下（3.08 mmol/L）会抑制底物摄取，这一数值低于任何报道的 AOB 抑制浓度。至于这些少量的实验室培养能否得出普遍的结论，有待进一步商榷。但是，在高氨浓度下 AOA 可能与硝化作用无关，比如肥沃的土壤（Di et al.，2009）和污水处理厂（Wells et al.，2009）。当然，自然界中也可能存在其他 AOA 来适应高浓度的氨氮环境。

AOA 细胞特别小，比 AOB 还要小。细胞 *N. maritimus*（曲杆状）在 0.17~0.20 μm

到 0.5~0.9 μm 之间（Könneke et al., 2005）；*N. gargensis*（球形）的直径一般在 0.9 μm 左右（Hatzenpichler et al., 2008）。但是，AOB 一般都在 1~2 μm（Koops et al., 2003）。Martens-Habbena 等人（2009）最近发现，相比于特征性 AOB，*N. maritimus* 具有相似水平的每单位生物量的氨氧化活性；然而，单位细胞的活性水平比 AOB 低一个数量级。这可能是由于它们相对较小，导致环境中大量的 AOA 并没有计算进去。

7.5 结论

在过去 4 年里，我们对古菌在大多数生态系统中的生态规律的研究有了很大的进展。由于它们会发生氨氧化作用，因此大多数嗜温泉古菌（或者奇古菌）很可能是生物地球化学的主要参与者。正如所观察到的那样，在缺少 AOB 或者氮化合物饱和的地方，AOA 可能是参与这个过程的唯一微生物。例如，在一定深度的加利福尼亚湾、奥地利地热的洞穴或者陆地温泉等（Weidler et al., 2007；Beman et al., 2008；de la Torre et al., 2008；Hatzenpichler et al., 2008；Reigstad et al., 2008）。然而，在土壤、海洋和沉积环境中，AOA 和 AOB 可能会共同出现，它们依赖相同的基质氨作为能量来源。目前尚不清楚这两个群体在这些复杂的生态系统中表现出多大程度的功能冗余，以及它们是否设法通过居住在不同的生态位来减少对资源的竞争。然而，有越来越多的证据表明 AOA 适合在氨浓度低的环境下生存（Hatzenpichler et al., 2008；Martens-Habbena et al., 2009）。Valentine（2007）提出，古菌生理学的统一特征是它们对能量压力的适应（例如对极端温度、盐度、酸度的忍耐性）。大多数典型的水陆环境都不像最初认为的那样"极端"。然而，多数试图评估 AOA（和细菌）真实活性的研究揭示了，在 AOA 和 AOB 之间确实存在生态位差别。在任何环境中，都不认为氨氧化是丰富的能量来源。古菌可能更有能力在氨氧化谱的最极端生存，它们在低浓度游离氨的环境中活性更高，比如开放的海洋、酸性土壤和温泉中。

AOA 的发现导致大量优秀环境研究的出现，未全部在此文中予以讨论，页面所限，对于其文献未被索引的作者，致以歉意。

第四篇 厌氧氨氧化（ANAMMOX）

第8章 厌氧氨氧化菌的代谢和基因组学

8.1 引言

到19世纪末，科学家已经基本完成氮元素在生物地球化学中的循环，主要由好氧硝化、厌氧反硝化和固氮作用组成。一个多世纪以来，厌氧条件下的氨氧化作用可能被忽略了。经过热动力学计算，奥地利物理学家Broda（1977）指出，某些无机营养微生物能够通过氧化氨获得其生长所需的能量，同时还原亚硝酸盐或硝酸盐，并最终产生氮气。我们普遍认为，惰性氨分子在氧化时首先必须有氧对其活化，很显然该观念阻碍了我们对该微生物的进一步研究。同样地，由于缺乏耐心和恰当的培养方法，即使偶然分离得到了该微生物，后续也没有进行有效地分析。然而在19世纪60年代中期，在对存在不同缺氧程度的海湾进行氮平衡分析时发现，在缺氧条件下存在一些无法解释的氮损失现象（Richards，1965）。30年后，在荷兰代尔夫特反硝化生物反应器中出现了类似的现象（Mulder et al.，1995），这开启了厌氧氨氧化菌的大门。通过延长生物停留时间的富集培养方法和投加抑制剂的静态试验方法，证明了真实存在厌氧氨氧化生物学过程（Van der Graaf et al.，1995）。由于厌氧氨氧化过程可以降低氨氮去除成本，并且减少CO_2的排放，因此我们预测这一过程很有可能替代当前的污水脱氮技术（Jetten et al.，1997）。所以首要的研究主要集中在厌氧氨氧化过程作为污水处理技术的潜能，以及对厌氧氨氧化菌基础的了解。

在开创性研究中，Strous等人（1999a）通过密度梯度离心纯化法从富集培养液中分离出一株纯菌（纯度＞99.6%）。细胞通过消耗氨氮和亚硝酸盐产生N_2，并且也能固定CO_2。根据传统的微生物标准，由于细胞悬液纯度不够，因此这些微生物，即Brocadia厌氧氨氧化自养菌，被定为*Candidatus*（Strous et al.，1999a）。基于16S rRNA基因系统发育，该菌种属于浮霉菌（图8-1）。对菌种细胞进行电子显微镜分析发现，其细胞结构复杂，被划分为不同的功能区，这与已知浮霉菌目中的成员相似（Lindsay et al.，2001）。厌氧氨氧化细胞的胞内结构，即厌氧氨氧化小体，构成细胞体积的50%～70%（Lindsay et al.，2001；Van Niftrik et al.，2008b）。经过持续的努力研究，发现了7个新物种，但都还没有得到纯培养，这7个新物种被划分到5个属，分别是*Candidatus* Kuenenia、*Candidatus* Brocadia、*Candidatus* Scalindua、*Candidatus* Jettenia和*Candidatus* Anammoxoglobus（图8-1）（Strous et al.，1999a；Schmid et al.，2000，2003；Kartal et al.，2007b，

2008；Quan et al.，2008；Van de Vossenberg et al.，2008）。很显然，3/5 的属可以从相同的活性污泥中富集到。利用宏基因组技术，"*Candidatus* Kuenenia stuttgartiensis"菌种的基因组已基本组装完成（Strous et al.，2006），并且其他三个菌种基因组的研究也在进行中。一些研究表明，厌氧氨氧化细菌并不是专性自养，而是具有多种多样的代谢功能，它能够利用一些有机电子供体和无机电子受体（Strous et al.，2006；Kartal et al.，2007a，2007b，2008；Van de Vossenberg et al.，2008）。当遇到硝酸盐和一种合适的有机物时，它们会通过硝酸盐异化还原成氨（DNRA）联合厌氧氨氧化反应（Kartal et al.，2007a），将硝酸盐还原成氮气。有趣的是，从应用上来看，目前有超过 20 个实际污水处理厂已经成功运行厌氧氨氧化工艺，而其他的一些污水厂也正处于调试中（见第 10 章）。

尽管厌氧氨氧化研究具有科学创新之处，但最初的质疑仍然存在。一些人认为这些微生物在自然环境中是无关紧要的，因为它们的生长速率极低，这潜在地束缚了其在实际工程中的应用（Zehr and Ward，2002）。目前，在全世界范围内的一些缺氧或低氧海洋区域和淡水系统中，已经证明了厌氧氨氧化菌的存在及其活性（Ward，2003；Arrigo，2005；Brandes et al.，2007）（见第 9 章）。在黑海（世界上最大的缺氧盆地）、本吉拉（安哥拉港市）和秘鲁的上向流系统中（世界上最重要的两个主要生产基地），厌氧氨氧化细菌在氮去除中发挥了主导作用（Kuypers et al.，2003，2005；Hanmersley et al.，2007）。在本吉拉上向流系统中，它们甚至可能是固定氮唯一路径。在所有研究的自然环境中，"*Candidatus* Scalindua spp."的近亲是唯一被检测出的厌氧氨氧化细菌（Kuypers et al.，2003，2005；Penton et al.，2006；Schubert et al.，2006；Schmid et al.，2007）（见第 9 章）。据估计，在海洋环境中，50%的氮气来源于厌氧氨氧化细菌，因此说该微生物在全球氮循环中发挥了重要作用（Ward，2003；Arrigo，2005；Brandes et al.，2007；Francis et al.，2007）。

本章基于对厌氧氨氧化代谢机理的理解，会对过去 10 年所取得的研究进展进行综合概述，主要涉及生理学、细胞生物学和基因组学。之后，我们会讨论目前已知的一些关于厌氧氨氧化细菌的生物化学和生物能学的相关概念。最后，将提出我们的一些观点及该研究领域亟待解决的问题。

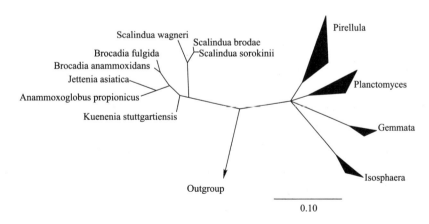

图 8-1 系统发育树说明了厌氧氨氧化菌之间的关系、厌氧氨氧化菌和其他浮霉菌以及其他相关微生物之间的关系

8.2 厌氧氨氧化菌的生理学

8.2.1 厌氧氨氧化菌的生长

培养厌氧氨氧化菌的难点在于其较长的世代周期（Van de Graaf et al.，1996）。这就需要一种能够在恒定的低基质浓度条件下对大量微生物具有一定的截留能力，以反映其自然的栖息状态的培养技术。序批式间歇生物反应（SBR）是一种能够满足这些要求的技术（Strous et al.，1998）。在富集培养中，SBR 工艺能够基于微生物的沉降性进行选择。SBR 的运行模式为进水、沉淀和排出上清液的连续循环。通过增加沉降时间，细胞积聚为沉降的生物膜聚集体，这些聚集体基本上能够一直保留在生物反应器中。这样的运行模式已成功应用于 50 多所实验室（Op den Camp et al.，2006）。

至于厌氧氨氧化，需要在反应器中接种活性污泥或环境样品，然后投加铵盐、亚硝酸盐、碳酸氢盐和硝酸盐（为了避免低氧化还原电位）。厌氧氨氧化菌属于严格厌氧菌，并且当氧浓度超过 2 μmol/L 时其新陈代谢就会受到抑制（Strous et al.，1999b）。通过向反应器中鼓吹氩气、氦气或氮气的形式使其保持厌氧状态。厌氧氨氧化菌在 4～43℃（最佳生长温度取决于研究的菌种）、pH 为 6.7～8.3（最佳 pH 为 8）范围内都可以生长（Strous et al.，1999b；Kartal et al.，2006；Vande Vossenberg et al.，2008）。多数情况下，经过 180～280d 培养后，至少有 70% 的微生物都是厌氧氨氧化菌，并且反应器会明显变红。根据增长的菌群数量和质量平衡分析可以大概推算出该微生物的倍增时间为 11～20d（Strous et al.，1999b）。然而，近年来，更快的增长速率也有报道（Tsushima et al.，2007；Van der Star et al.，2008）。

8.2.2 厌氧氨氧化过程

实验室规模的反应器可以在稳定条件下运行，铵盐、亚硝酸盐和碳酸氢盐投加量依据下面的总反应方程式（8-1）进行换算：

$$1NH_4^+ + 1.32NO_2^- + 0.066HCO_3^- + 0.13H^+ \longrightarrow$$
$$1.02N_2 + 0.26NO_3^- + 0.066CH_2O_{0.5}N_{0.15} + 2.03H_2O \tag{8-1}$$

在此条件下，碳酸氢盐是合成细胞生物量（$CH_2O_{0.5}N_{0.15}$）的唯一碳源，因此将该微生物归类为自养细菌。在这个过程中，亚硝酸盐扮演着双重角色：在产能过程和氨氧化反应中作为电子受体，见反应方程式（8-2）；在二氧化碳还原过程中则作为电子供体，见反应方程式（8-3）。当作为电子供体时，亚硝酸盐被厌氧氧化成硝酸盐，因此，厌氧氨氧化菌的增长经常伴随着硝酸盐的释放。通过化学反应计算即反应方程式（8-1）～反应方程式（8-3），推算出，大约每进行 15 次分解代谢循环就需要 1 mol 碳，相应地，每固定 1 mol 碳需要氧化 4 mol 亚硝酸盐。

$$NH_4^+ + NO_2^- \longrightarrow N_2 + 2H_2O \quad (\Delta G^{0\prime} = -357 \text{ kJ/mol}) \tag{8-2}$$

$$0.26NO_2^- + 0.066HCO_3^- \longrightarrow 0.26NO_3^- + CH_2O_{0.5}N_{0.15} \tag{8-3}$$

$$NH_4^+ + 1.5O_2 \longrightarrow NO_2^- + 2H^+ + H_2O \quad (\Delta G^{0\prime} = -257 \text{ kJ/mol}) \tag{8-4}$$

厌氧氨氧化菌将基质转化成氮气的过程中，能获得大量的能量，见反应方程式（8-2）。

这种自由能的转化甚至超过了好氧氨氧化过程,见反应方程式(8-4)。但是,对于细胞产率来说,若以转化单位摩尔铵所固定碳的摩尔数量计,则这两种模式下的产率相近(表8-1)。氨氮能够被厌氧氨氧化菌利用,且厌氧氨氧化菌对氨氮具有较高的亲和指数($K_s<5$ μmol/L),而好氧硝化细菌对氨氮的利用率通常较低($K_s=5\sim2600$ μmol/L)。此外,即使亚硝酸盐处于低浓度水平,厌氧氨氧化菌也能够通过新陈代谢作用将其利用($K_s<5$ μmol/L)。当亚硝酸盐浓度高于10 mmol/L时,会影响厌氧氨氧化菌的活性,而当浓度高于20 mmol/L时就会产生可逆的抑制作用(Strous et al., 1999b)。在文献中,阐述了亚硝酸盐毒性的不同浓度(Egli et al., 2001;Strous et al., 1999b),这可能取决于微生物与亚硝酸盐的接触时间。

厌氧氨氧化菌具有较高的产能效益及基质亲和力,但是其代谢活性较低,且目前限速步骤尚不清楚。对于厌氧氨氧化菌而言,氨氮的比氧化活性范围为15～80 nmol/(mg 蛋白质·min),还不到好氧氨氧化菌的1/10(表8-1)。在某种程度上,这种较低的活性可能是厌氧氨氧化菌具有较低增长速率和较长倍增时间的原因。在自然界中,氨氮和亚硝酸盐的浓度非常低。显然,厌氧氨氧化细菌以其活性为代价,从而使它们的新陈代谢接近其对底物的高亲和力(或者更恰当地说,低K_s值)。

厌氧(厌氧氨氧化)与好氧氨氧化(硝化)细菌之间的比较[a]　　表8-1

参数	厌氧氨氧化作用	硝化作用	单位
生物产量	0.08	0.07～0.09	mol/mol 碳
好氧速率	0	200～600	μmol/(min·g 蛋白质)
厌氧速率	15～80	2	μmol/(min·g 蛋白质)
生长速率	0.003	0.04	h^{-1}
倍增时间	10.6	0.73	d
$K_s NH_4^+$	<5	5～2600	μmol/L
$K_s NO_2^-$	<5	NA	μmol/L
$K_s O_2$	NA[b]	10～50	μmol/L

[a] 改编自 Jetten 等人(2001)
[b] NA:不适用

8.2.3　厌氧氨氧化菌的代谢

一个有趣且仅有部分答案的问题是,在厌氧条件下,厌氧氨氧化菌是怎样活化以及氧化氨氮的。通过间歇试验,这个问题已得到解决,即采用^{15}N标记的基质培养悬浮细胞,然后通过四级质谱仪分析生成的氮气中的同位素组分($^{14}N^{14}N$,$^{14}N^{15}N$,$^{15}N^{15}N$)(Van de Graaf et al., 1997)。该研究明确了厌氧氨氧化菌能够耦合氨氧化和亚硝酸盐还原,这与上述反应方程式(8-2)一致。利用间歇培养的标记试验也带给我们一些意外的惊喜。通过添加一定量的起催化作用的羟胺(NH_2OH)能够使失活细胞(例如,由于亚硝酸盐毒性引起的)重新恢复活性,之后羟胺会被转化。这表明羟胺在厌氧氨氧化菌的代谢中起重要作用。有趣的是,当外加羟胺进行反应时,又发现了另一种含氮中间产物的生成,经鉴定发现该化合物为联氨(N_2H_4),是自然界中已知的最强还原剂之一。在反应过程中联氨也出现累积，并且累积至羟胺耗尽时，开始被逐渐代谢（Van de Graaf et al., 1997; Strous et al., 1999a; Kartal et al., 2008）。和羟胺一样，联氨也能提高厌氧氨氧化菌的活性。厌氧氨氧化菌是迄今发现的唯一能够合成联氨的微生物。

以上结果基本能够得出厌氧氨氧化菌的代谢过程大致由以下三步组成（Van de Graaf et al., 1997）：(i) 4 个电子将亚硝酸盐还原为羟胺；(ii) 之后氨氮缩合为联氨；(iii) 最后将联氨氧化成氮气。因此，微生物需要释放 4 个电子来促成第一步的亚硝酸盐还原反应。这种代谢模式并不是完全确定的，主要与中间产物羟胺和联氨的功能有关。在生理学相关条件下，并没有证实联氨或羟胺存在于厌氧氨氧化细胞中，主要是这两种物质的浓度非常低，现有的方法检测不到。此外，基因组研究表明厌氧氨氧化菌可能存在其他的代谢模式，后续将做进一步讨论（Strous et al., 2006）。

8.2.4 细胞固碳

正如上文所述，厌氧氨氧化菌能够在氨氮、亚硝酸盐和碳酸氢盐存在的条件下进行自养生长。此外一些独立的研究也表明，厌氧氨氧化菌可能主要通过还原型乙酰辅酶 A (Wood-Ljungdahl) 途径进行二氧化碳固定（Strous et al., 1999a, 2006; Schsuten et al., 2004）。但是，目前并没有证据表明厌氧氨氧化菌利用卡尔文-本森-巴沙姆循环。光能营养型和好氧无机营养型微生物广泛应用卡尔文-本森-巴沙姆循环，包括硝化菌或最近描述的 3-羟基丙酸和 3-羟基丙酸/4-羟基丁酸循环（Berg et al., 2007）。柠檬酸循环也能固定二氧化碳，但是在目前组装的基因组序列中并没有发现关键的 ATP 柠檬酸裂解酶基因（Strous et al., 2006）。通过 Calvin 循环和还原型乙酰辅酶 A 途径合成 6-磷酸己糖的化学计量式分别如式（8-5）和式（8-6）所示。第一印象是，后者生成 6-磷酸己糖需要更少的 ATP。但是，乙酰辅酶 A 途径需要低氧化还原电位来减少某些步骤中的当量（H），这会驱使 ATP 进行反向电子传递。

$$6CO_2 + 12NADPH + 18ATP \longrightarrow hexose\text{-}P + 12NADP^+ + 18ADP + 17Pi \quad (8\text{-}5)$$
$$6CO_2 + 24(H) + 8ATP \longrightarrow hexose\text{-}P + 7ADP + 7Pi \quad (8\text{-}6)$$

对乙酰辅酶 A 合成酶和一氧化碳脱氢酶这两种关键酶的基因组分析及一系列活性测定表明，目前在厌氧氨氧化菌中存在伍德-隆达尔代谢途径（Strous et al., 2006）。而且，$^{14}CO_2$ 标记试验和碳质量平衡分析证实该菌为自养型。此外，厌氧氨氧化生物量的同位素比质谱分析和脂质生物标记分析表明，根据乙酰辅酶 A 途径，微生物消耗了大量的 ^{13}C（~47‰的 CO_2），与预期的 CO_2 固定一致（Strous et al., 2004）。

8.2.5 亚硝酸盐的来源

在自养条件下，厌氧氨氧化菌的生长依赖于亚硝酸盐。但是，在自然界中亚硝酸盐并不会大量存在，因此就出现一个问题：厌氧氨氧化菌是怎样获得亚硝酸盐的。可以设想几种可能性：硝化反应、反硝化反应或硝酸盐异化还原成铵（DNRA）。通过（短程）反硝化和 DNRA 提供亚硝酸盐，可能源于系统中硝酸盐和亚硝酸还原酶的不平衡表达，这种现象在反硝化微生物和 DNRA 微生物中曾有过报道（Baumann et al., 1996; Cole, 1996; Otte et al., 1996; Van de Pas-Schoonen et al., 2005）。反硝化菌主要利用有机物为电子供体，通常在有机物含量高时，反硝化菌具有较高的活性和生长速率，并且会与 DNRA 菌竞争有限的硝酸盐和亚硝酸盐（Strohm et al.，2007）。因此，一种可能性是在这种条件下，厌氧氨氧化菌最终会被淘汰掉。在缺乏有机电子供体的生态环境中，厌氧氨氧化菌能够自身产生亚硝酸盐和氨氮（Kartal et al.，2007）。另一种可能性是，虽然好氧氨氧化菌与厌氧氨氧化菌的生存方式相互排斥，但其仍能够利用好氧氨氧化菌产生的亚硝酸盐为基质进行生存。除此之外，这两种微生物还会同时竞争氨氮。而且，在有氧条件下，亚硝酸盐还会被亚硝酸盐氧化菌氧化成硝酸盐。而在缺氧条件下，情况可能会有所不同（Third et al.，2001；Lam et al.，2007）。好氧氨氧化菌的呼吸作用可能会形成厌氧氨氧化菌所需的缺氧环境，相反，厌氧氨氧化菌也能够降解有毒的亚硝酸盐，并将剩余的氨氮转化成氮气。这样的合作关系对这两种菌群都有利。

当把氧气（~5 $\mu mol/L$）通入到一个含有80%厌氧氨氧化菌的SBR中，经过几周的培养后（Sliekers et al.，2002），反应器趋于稳定。反应根据以下化学计量式（8-7）转化底物：

$$1NH_4^+ + 0.85O_2 \longrightarrow 0.11NO_3^- + 0.44N_2 + 1.14H^+ + 1.43H_2O \tag{8-7}$$

如果好氧氨氧化（见反应式（8-4））和厌氧氨氧化（见反应式（8-1）、式（8-2）和式（8-3））对该过程的贡献比率为56∶44，则上述化学计量关系成立。好氧亚硝酸盐氧化菌的活性还没有证实，而且像 *Nitrosospira* 或 *Nitrobacter* 这样的亚硝酸盐氧化菌仍不在我们的检测能力范围内。因此，硝酸盐的形成归因于厌氧氨氧化菌的活性代谢（见反应式（8-1）和反应式（8-3））。通过对微生物群进行荧光原位杂交（FISH）分析，表明好氧氨氧化菌（与 *Nitrosomonas* 有关）和厌氧氨氧化菌分别占大约45%和40%。这是非常有意义的结果，因为在试验开始阶段好氧氨氧化菌几乎不存在（FISH检测不到）。利用^{15}N标记底物、亚硝酸盐微电极和氧气微电极，我们对SBR中所有微生物的活性进行了探究（Nielsen et al.，2005）。生物群落的FISH分析表明，好氧氨氧化活性局限于菌胶团外侧（<100 μm），在该区域，氧浓度会逐渐下降甚至低于检出限，而厌氧氨氧化活性仅局限于中心缺氧区。相一致的是，在较大的聚集体中（>500 μm）厌氧氨氧化菌的比例达到68%，而在更小的聚集体中（<500 μm），好氧氨氧化菌比例达到65%。与上文所述相同，并没有在缺氧条件下检测到亚硝酸盐氧化菌。但是，当该系统在氨氮有限的条件下持续运行较长一段时间后（>1个月），亚硝酸盐氧化菌就开始生长（Third et al.，2001；Kindaichi et al.，2007）。

从自然栖息环境和实际工程应用的角度看，好氧氨氧化菌和厌氧氨氧化菌之间存在着协作关系。实际上，最近在人工和自然生态系统中也都发现了好氧和厌氧氨氧化菌之间的协作关系（Third et al.，2001；Lam et al.，2007）。在黑海中，厌氧氨氧化菌从氨氧化菌的氧化过程中获得亚硝酸盐，而泉古菌占据了不同的低氧区（Lam et al.，2007）。其中1/2的亚硝酸盐来源于γ-变形菌中的硝化细菌，这类微生物生活的区域检测不到氧气；而另一半则来源于高溶氧浓度区的泉古菌（Lam et al.，2007）。

基于好氧氨氧化菌与厌氧氨氧化菌之间的这种协作关系，我们进一步开展了不同类型的应用研究。虽然这些工艺使用了不同的名称（Van der Star et al.，2007），但CANON（Completely autotrophic ammonium removal over nitrite）工艺类似于上面概述的两组微生物之间的直接相互作用（Sliekers et al.，2002）（见第10章）。泉古菌和厌氧氨氧化菌之间也可能存在相互作用关系，就像在黑海中一样，它们能够对高浓度废水实现脱氮（Kartal，2008）。

8.2.6 厌氧氨氧化菌的代谢多样性

一段时间以来，厌氧氨氧化细菌一直被认为是专性微生物，因为其仅能以高亲和力利用氨氮和亚硝酸盐。但近期的研究（Güven et al.，2005；Strous et al.，2006；Kartal et al.，2007a，2007b，2008）以及对 *K. stuttgartiensis* 的基因组（见下文）分析表明，该微生物具备更多的功能多样性。

为了研究有机物对厌氧氨氧化菌代谢和活性的影响，两个 SBR 接种相同的活性污泥，该种泥富集了大量的 "*Candidatus* Brocadia anammoxidans" 和 "*Candidatus* K. stuttgartiensis"（Kartal et al.，2007b，2008）。当系统中有氨氮和硝酸盐剩余且亚硝酸盐受限时，分别向两个 SBR 中投加丙酸盐（0.8 mmol/L）和乙酸盐（1 mmol/L）。当厌氧氨氧化菌增殖一段时间后，进水中亚硝酸盐与氨氮浓度均从 2.5 mmol/L 增加到 45 mmol/L，而出水始终未检测到亚硝酸盐。当进水氨氮和亚硝酸盐提高的同时也相应地增加丙酸盐和乙酸盐的浓度（进水浓度小于 1 μmol/L），分别增加到 15 mmol/L 和 30 mmol/L，出水也检测不到亚硝酸盐。通过竞争模型计算可知，如果异养反硝化菌消耗掉所有的有机酸，则会形成共培养体系，其中厌氧氨氧化细胞将会占总生物量的 30%～40%。只有在厌氧氨氧化菌能够很好的利用有机物的条件下，其所占的比例才会更高。4 个月后，两个反应器中的种群结构都趋于稳定。在两个反应器中发现，虽然厌氧氨氧化菌的比例接近 80%，但是也出现了另一个意想不到的结果，即两种反应器中出现了不同的厌氧氨氧化菌："*Candidatus* Anammoxoglobus propionicus" 出现在丙酸盐反应器中，"*Candidatus* Brocadia fulgida" 出现在乙酸盐反应器中（Kartal et al.，2007b，2008）。两个反应器中的细胞都能将有机物氧化成二氧化碳，并将硝酸盐和亚硝酸盐还原成氮气（表 8-2）。与细胞培养物的氨氧化速率相比（15 μmol/(min·g 蛋白质)），它们的比速率为 4%～6%。Percoll 梯度超速离心表明，该活性仅与厌氧氨氧化组分相关。通过对其他厌氧氨氧化培养的细胞进行检测后发现，虽然它们的比活性较低，但它们具有无需诱导而快速转化有机物的能力。当富集培养采用相同的碳源时，*A. propionicus* 和 *B. fulgida* 对丙酸盐和乙酸盐的比活性分别达到最高。除了表 8-2 列出的有机酸外，一甲胺和二甲胺也能被厌氧氨氧化菌作为电子供体。

有机化合物能够在分解代谢中作为电子供体，或者作为生物合成过程中的胞内碳源。显然，在硝酸盐还原反应中有机碳源是电子供体。此外，一系列厌氧氨氧化脂质生物标记的 ^{13}C 同位素分馏分析显示，以 CO_2 为碳源的细胞和以丙酸盐（*A. propionicus*）或乙酸盐（*B. fulgida*）为碳源的细胞之间没有明显的区别（Rattray et al.，2008）。显然，这些微生物能够以 CO_2 为基质进行脂质的生物合成。这给我们留下了以下疑问：至少部分有机酸的氧化反应将会遵循乙酰辅酶 A 的氧化途径，然而与此同时，CO_2 的固定必须在还原途径中进行。在基因组组装过程中发现，厌氧氨氧化菌只存在乙酰辅酶 A 合成酶或一氧化碳脱氢酶的基因簇，而可以在两个方向上操作该路径的多功能产甲烷菌存在至少两个这样的簇，它们可能具有不同的功能（Ferry，1999）。

上述试验表明，厌氧氨氧化菌能够表现出反硝化特性。通常反硝化菌将硝酸盐还原为氮气需要经过亚硝酸、NO 和 N_2O，分别利用硝酸盐还原酶、亚硝酸还原酶、一氧化氮还原酶及氧化亚氮还原酶。对采用物理方法纯化的 *K. stuttgartiensis* 进行 ^{15}N 同位素标记试验，得出了一个不同的反应机理（图 8-2）（Kartal et al.，2007a）。首先，硝酸盐被还原成亚硝酸盐，随后被进一步还原成铵，这类似于 DNRA 的过程；之后氨氮和亚硝酸盐作为厌氧氨氧化反应的基质，最终生成氮气，见反应式（8-2）。能够将亚硝酸盐进行六电子还原成铵的异化亚硝酸盐还原酶（NrfA）的存在是广泛分布的性质，最显著的是肠细菌（Cole，1996；Simon，2002）。NrfA 的典型性能为钙依赖性、氧不稳定性及亚硝酸还原性，它可以从厌氧氨氧化提取物中高度富集，并且候选基因簇存在于厌氧氨氧化基因组中（Kartal et al.，2007a）。在 K. stuttgartiensis 中，表观 nrf 活性是限速的，这造成亚硝酸盐出现频繁间歇累积的现象。但是在 A. propionicus 和 B. fulgida 的细胞悬浮液中并没有发现以这种形式合成的亚硝酸盐。替代途径的存在显然为微生物提供了从更普遍可用的底物硝酸盐中获得氨和亚硝酸盐的手段。

除了亚硝酸盐和硝酸盐外，厌氧氨氧化菌在自身代谢过程中也能利用 Fe^{3+} 和氧化锰作为电子受体（Strous et al.，2006）。除所提到的有机化合物之外，Fe^{2+} 也能作为硝酸盐还原反应中的电子供体。当氨氮或亚硝酸盐等关键基质受限时，由于代谢功能多样性，厌氧氨氧化菌仍能利用其他基质以保证正常生长。此外，代谢多样性可能为不同的物种提供特定的生态位。

厌氧氨氧化菌的有机酸氧化以及硝酸盐还原[a]　　　　表 8-2

酸	比活性[b]				
	B. anammoxidans	B. fulgida	A. propionicus	K. stuttgartiensis	Scalindua sp.
甲酸	6.5	7.6	6.7 (2.8)	5.8 (3.0)	7
乙酸	0.57	0.95	0.79 (0.7)	0.31 (1.5)	0.7
丙酸	0.12	0.31	0.64 (1.0)	0.12 (0.88)	0.3

[a] 数据来源于 Kartal 等人（2007b，2008b）和 Van de Vossenberg 等人（2008）
[b] 有机酸氧化和硝酸还原（括号中的数值）的比活性（μmol/(min·g 蛋白质)）

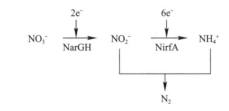

图 8-2　厌氧氨氧化菌由硝酸盐生成 N_2 的途径

8.3　厌氧氨氧化菌的细胞生物学

在显微镜下，厌氧氨氧化菌的细胞呈简单的小球形，细胞直径大约 1 μm（Strous et al.，1999a；Van de Graaf et al.，1996）。在透射电子显微镜下观察，则呈现出复杂的可划分为多个功能区的细胞平面，这使人联想到在系统发育上与厌氧氨氧化菌相关的 Planctomycetales 下的其他微生物（Lindsay et al.，2001）（图 8-3）。研究发现，厌氧氨氧化细菌的细胞被一层厚厚的细胞壁包围，细胞壁能直接与细胞质膜接触；其中某些厌氧氨氧化菌种表面有类似于菌毛的附属物（Van de Vossenberg et al.，2008）。但目前仍不确定它的细胞壁是否也像浮霉菌门下的其他微生物一样由肽聚糖或蛋白质组成。在 K. stuttgartiensis 的基因组中已检测到一条近乎完整的肽聚糖合成操纵子序列，唯独缺少反式肽交联酶的序列（Strous et al.，2006）。此外，细胞内还含有第二层（胞内质的）、第三层膜，后者包裹着中心液泡，暂且被命名为厌氧氨氧化小体（Lindsay et al.，2001）。因此，出现了3个室，最外面的是"外室细胞质"，其次是核糖质，然后是厌氧氨氧化小体。外室细胞质是浮霉菌的一种辨别属性，因为它的细胞质膜就是实际的细胞边界；其位置与革兰氏阴性菌的周质一样；周质通过外膜上的孔蛋白隧道直接与外界环境相连（Lindsay et al.，2001）。核糖质包裹着细胞的DNA及核糖体。在核糖质里，存储的物质聚合为糖原颗粒（Van Niftrik et al.，2008a）。厌氧氨氧化小体是内部的腔室，占据了50%～70%的细胞体积。厌氧氨氧化小体腔室周围的膜是高度折叠的，这样可以提高比表面积（Van Niftrik et al.，2008b）。三维电子断层扫描显示，厌氧氨氧化小体是厌氧氨氧化菌真正的细胞器。厌氧氨氧化个体是一个封闭的系统（也就是说它的膜从不与胞质内膜有联系），并且通过细胞分裂直接遗传给子细胞（Van Niftrik et al.，2008b）。

和其他有生命的微生物一样，厌氧氨氧化菌的生物膜由磷脂双分子层构成。该脂质含有由酯链（在细菌和真菌中是典型）和醚链（在古菌中是典型）组合而成的脂肪酸。脂质是分类标志，并且决定着膜结构。有趣的是，厌氧氨氧化菌含有大量非常规的脂质结构，包括由五个线性串联的环丁烷基环系，以及由6个或4个环丁烷基组成的环系（图8-4）（Sinninghe Damsté et al.，2002，2005；Kuypers et al.，2003；Schmid et al.，2003；Boumann et al.，2006；Kartal et al.，2007b；Rattray et al.，2008）。串联的环丁烷环系，术语叫梯烷，其在自然界中是独一无二的。用化学方法合成五环酸需要经过复杂的化学过程（Mascitti and Corey，2004）。梯烷的分子模型显示，这些脂质是非常紧密的（Sinninghe Damsté et al.，2002）。这种不寻常的密度使荧光团不易渗透，但是荧光团易于通过普通的膜。梯烷占脂质总量的34%。在细胞分离后，53%存在于富含厌氧氨氧化小体的部分中，这表明至少大部分细胞器膜由梯烷脂质组成（Sinninghe Damsté et al.，2002）。

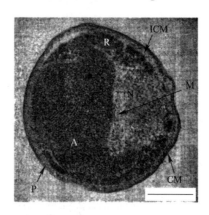

图8-3　利用透射电镜观察的 *Candidatus* A. propionicus 的结构

厌氧氨氧化小体（A）含有小管状结构；核糖质（R）包含拟核（N），拟核与厌氧氨氧化小体膜（M）方向相反；外室细胞质（P）通过细胞质内膜（ICM）和细胞质膜（CM）从核糖质分化而来。透射电镜分辨率为200 nm

厌氧氨氧化小体的功能和梯烷脂质的功能都需要进一步探究。厌氧氨氧化菌是化能无机营养微生物，这就意味着合成ATP的唯一方法是化学渗透机制。因此，质子需被迫穿

8.3 厌氧氨氧化菌的细胞生物学

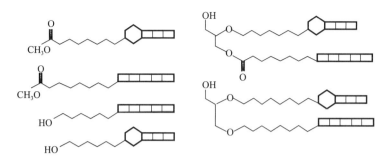

图 8-4 厌氧氨氧化菌梯烷脂质的一般结构

过一个位于代谢中心内部且与电子转移密切相关的封闭式半渗透膜系统，这就建立起一个穿过细胞膜的质子动力势（pmf）。质子动力势由质子的化学梯度（ΔpH）和电荷梯度（$\Delta \Psi$）组成。在与膜结合的质子转换酶复合物 F_1F_0 ATP 合成酶（ATPase）的作用下，质子动力势会驱动 ATP 的合成。目前的观点是，厌氧氨氧化菌的化学渗透过程发生在厌氧氨氧化小体内，这类似于真核细胞中的线粒体。一些研究结果证实了这一假说。由于厌氧氨氧化菌中充满了细胞色素 c-型蛋白，因此导致微生物呈现红色。在与厌氧氨氧化代谢有关的电子转移过程中，细胞色素起到了关键作用。用二氨基联苯胺对细胞色素 c 进行染色后发现，该蛋白位于厌氧氨氧化小体中，且着色最重的区域位于靠近细胞膜的位置（Van Niftrik et al., 2008a）。另外，作为细胞色素 c 丰度最高的蛋白，羟胺/联氨氧化还原酶（HAO）已得到纯化（Schalk et al., 2000）。对 HAO 抗血清的免疫金定位使酶特异性地定位于厌氧氨氧化小体的腔室（Lindsay et al., 2001）。

生物膜对带电分子而言是一道屏障，但这并非是绝对的；因为质子可以被动穿过膜。跨膜过程以一定的速度进行，该速度与代谢活性无关，需要质子动力势的驱动。经过计算发现，在高活性的线粒体中，被动扩散需要消耗 10% 的能量（Haines, 2001）。在代谢缓慢的厌氧氨氧化菌中，这种质子传递将会对其非常不利；此时，梯烷脂质就开始起作用。由于梯烷脂质的致密属性，其生物膜能将质子渗透限制在最小范围内，例如，在嗜热古菌中的卡克醇脂质已经证实过（Van de Vossenberg et al., 1999）。另一种就是将厌氧氨氧化中间产物渗透到细胞外的量控制在最小范围内；例如，联氨的损失会意味着还原当量的消耗（每个联氨释放 4 个电子）。电子的补充需要从亚硝酸盐氧化过程（ATP-驱动）中的反向电子传递、糖原的氧化或外界电子供体中获得，但前两个过程需要消耗能量（依据反应式 (8-6)，所消耗的能量与固定在糖原中的碳有关）。显然，梯烷良好的密闭性能够减少能量的损失。然而，人为添加羟胺的条件下，在反应的上部空间及代谢细胞的溶解态基质中均能检测到联氨，这就意味着生物膜对这些化合物并非是完全密不通透的。尽管如此，梯烷脂质对于阻止渗透仍然是很重要的。

上面提出的厌氧氨氧化小体在能量代谢过程中发挥的作用，仍需要大量的试验验证。今后的研究应该针对膜位点上起催化作用的关键酶，包括 ATP 酶的定位及催化方向。为了确定厌氧氨氧化小体在化学渗透过程中的功能，需要进一步建立分离细胞的方法以分离出厌氧氨氧化小体。这些研究或许可以进一步得出厌氧氨氧化小体一些其他尚未得到关注的功能，如厌氧氨氧化小体能作为储存氨氮或亚硝酸盐的系统。

8.4 厌氧氨氧化菌的基因组学

8.4.1 "*Candidatus* K. stuttgartiensis" 基因组

目前，一种厌氧氨氧化菌种 "*Candidatus* K. stuttgartiensis" 的基因组测序已接近完成 (Strous et al., 2006)。来源于实验室反应器（采用配水的方式运行）中的微生物基因组可以利用宏基因组技术进行组装。在取样时发现，K. stuttgartiensis 占微生物种群的 74%，它是目前唯一的厌氧氨氧化菌种。除了 Kuenenia 外，还检测出 28 个不同操作分类单元的厌氧氨氧化菌，可以分为至少 6 种细菌门和 2 种未培养细菌的世系。结合鸟枪法测序、福斯质粒分析和细菌人工染色体文库，最终得出了 K. stuttgartiensis 的 DNA 序列。综合运用这些信息，可以使基因序列组装成 5 个重叠群；而平均读取范围超过重叠群的 22 倍。据估计，整个基因组序列的完成度超过 98.5%，这说明仍有大约 60 多个基因丢失。

近乎完整的 K. stuttgartiensis 基因组序列（4.20 兆碱基）可以编码 4663 个开放阅读框；总共有 3279 个基因（70.3%）与其他数据库中的基因相似，但只有 1385 个基因（29.7%）的功能得到注释。考虑到最初构想的厌氧氨氧化菌作为专性无机营养菌，其基因组的大小和编码蛋白质的数量是惊人的。基于上述的生理生态学研究，科学家认为 K. stuttgartiensis 具有功能多样性，基因组信息也证实了该观点，之后可以基于能量代谢和同化作用，进一步预测其他新功能（表 8-3）。

来源于 K. stuttgartiensis 基因组中编码中心代谢和合成代谢途径的基因   表 8-3

酶/代谢途径	基因/操纵子	可读框/基因簇[a]
氮代谢过程和基质吸收系统		
细胞色素 cd_1 亚硝酸盐还原酶+类聚	*nirS*	kuste4136-4140
肼脱氢酶/氧化酶	*hzo*	kustc0694，kustd1340
联氨水解酶（推荐）	*hh*	kuste2854-2861，kuste2649-2483
羟胺氧化还原酶	*hao*	kuste2435，kuste2457，kustd2021，kusta0043，kustc1061，kustc0458
硝酸盐还原酶+辅助蛋白	*nar*	kusd1699-1713
异化亚硝酸盐还原酶（推测）		kustc0392-kustc0395
氨转运体	*amt*	kustc0381，kustc1009，kustc1012，kustc1015，kuste3690
亚硝酸盐/甲酸转运体	*focA*	kusta0004，kusta0009，kustd1720，kustd1721，kuste4324
亚硝酸盐/硝酸盐反向转运体	*narK*	kuste2308，kuste2335
NO 还原/解毒作用	*norVW*	kuste2935，kuste3160
细菌血红蛋白		kustd1957
中间电子传递体		
细胞色素 bc_1（复合物Ⅲ）+辅助蛋白	*bcl*	kuste4569-4574
		kustd1480-1485
		kuste3096-3097

续表

酶/代谢途径	基因/操纵子	可读框/基因簇[a]
NADH：醌氧化还原酶（复合物Ⅰ）	*nuoA-N*	kuste2660-2672
Na^+-易位 NADH：醌氧化还原酶	*nqrA-E*	kuste3325-3329
细胞色素 *c*	多样的	61total[b]
铁氧还蛋白/铁-硫蛋白	多样的	17total[b]
ATP 合成		
F_1F_0 ATP 合成酶	*atpA-G*	kuste3789-3796
	atpA-G	kuste4592-4600
	atpA-I	kustc0572-0579
古菌/液泡 ATP 酶（质子泵）	*vatpA-K*	kuste3864-3871
可替代的外部电子供体/受体		
Ni-Fe 氢化酶，氢化酶 4	*hydC-I*	kustd1773-1779
甲酸：醌氧化还原酶		kustc0822-0838
Cbb3 末端氧化酶＋辅助蛋白	*cbb3*	kustc0425-0430
细胞内碳的合成/合成代谢		
还原性乙酰辅酶 A 途径	完整的	kustd1538-1547
乙酰辅酶 A 合成酶/CO 脱氢酶		kustb0169，kuste4247
依赖四氢叶酸的步骤		kuste2296，kustc0552
糖原异生	完整的	多样的[b]
TCA 循环	不完整的	多样的[b]，缺少柠檬酸合成酶
其他合成代谢途径		
肽聚糖合成＋细胞裂解		kuste2373-2387，其他[b]
脂肪酸合成		kuste3335-3352
		kuste3603-3608
		kuste2802-2805
		kustd1386-1391

[a] 基因编码与 Pedant 数据库中的一致
[b] 详细列表，请参见 Strous 等人的文章（2006）

8.4.2 我们从基因组中学到了什么

生理学研究表明，厌氧氨氧化，即氨氧化耦合亚硝酸还原生成氮气的过程，将通过形成羟胺和联氨中间产物而进行。在固定二氧化碳时，部分亚硝酸盐被氧化成硝酸盐。为了摄取底物，在 *K. stuttgartiensis* 基因组中发现了 5 个氨转运蛋白（Amt）、5 个亚硝酸盐/甲酸盐转运蛋白（FocA）及 2 个亚硝酸盐/硝酸盐逆向转运蛋白（NarK）。至于氮的代谢，至少有 8 种八面体血红素细胞色素 *c* 蛋白参与。普遍认为，这种类型的酶能够催化羟胺和联氨发生氧化反应。鉴于联氨在厌氧氨氧化代谢过程中所起的作用，上述细胞色素蛋白中的一种或多种可以代表联氨脱氢酶的生理学特征（见下文）。对 *K. stuttgartiensis* 基因组进行分析后，Strous 等人（2006）提出两个能够编码酶系统的候选操纵子（kuste2469-2483；kuste2854-2861），该酶系统涉及联氨的合成（联氨水解酶 HH）。另外，还确定了其他 3 种积极参与氮素转化过程的酶，分别是：亚硝酸盐：硝酸盐氧化还原酶（NarGH）、亚硝酸盐异化还原酶（NrfA）以及 cd_1 型亚硝酸盐：一氧化氮氧化还原酶（NirS）。NirS 的存在和亚硝酸盐：羟胺还原酶的缺失说明，NO 是氮气合成过程中的中间产物，而不是羟胺。

K. stuttgartiensis 基因组证实了厌氧氨氧化菌通过化学渗透机制合成 ATP 的观点。四种 ATPase 操纵子中，很明显有一种（kuste 3787-3797）包含所有的 F_1F_0 基因，还有一种操纵子（kuste 3864-3871）具有编码 V/A（古菌）型 ATPase 的潜力；目前对另外 2 种操纵子的理解尚不完全。编码呼吸复合物Ⅲ（细胞色素 bc_1）组分的 3 个操纵子的存在本质上是特殊的（Schneider and Scmidt，2005）。其中两个基因簇与复合物Ⅰ高度同源，而第三个基因簇编码 Na^+ 易位 NADH：泛醌氧化还原酶（NqrA-E）。该复合物可能在 NADH 的形成中起作用以用于生物合成。复合物Ⅰ和复合物Ⅲ的存在说明，泛醌或甲基萘醌在电子传递过程中会发挥作用。同时在 *K. stuttgartiensis* 中能鉴定出所有泛醌/甲基萘醌生物合成的基因。

总而言之，有超过 200 个参与分解代谢和呼吸作用的基因已得到注释，其中很多基因都代表 *c* 型细胞色素，这些细胞色素通常与新陈代谢的酶有关。正如 Strous 等人（2006）所阐述的一样，冗余度只在 *Geobacter sulfurreducens*（Methe et al.，2003）和 *Shewanella oneidensis*（Heidelberg et al.，2002）这两种多功能的异养菌中发现。大量电子转移蛋白表明，分支呼吸链的复杂网络结构将多种胞外电子供体和末端电子受体连接起来。生理学研究已对上述内容进行了大概的阐述并且已论证部分内容。与甲酸盐作为还原剂还原硝酸盐一致，目前发现几种操纵子也能够编码甲酸盐脱氢酶基因，包括一种大的且与甲酸盐：醌氧化还原酶合成基因有高相似度的基因簇（kustc0822-08838）。然而，其中一种公认的甲酸脱氢酶可能会在细胞固碳过程中的甲酸合成中发挥作用。氢化酶操纵子（kustd1773-1779）的存在是显而易见的，因为氢的作用不能通过实验验证（Methe et al.，2003）。考虑到厌氧氨氧化菌的严格厌氧的特性，编码 cbb3 型末端氧化酶的基因簇（kustc0425-0430）也是如此。此外，该氧化酶或许可以有效地缓解 NO 的毒性作用，正如 norVW 和细菌血红蛋白（Van der Oost et al.，1994）。

在 *K. stuttgartienses* 基因组中，检测出了的完整的还原性乙酰辅酶 A 途径，用于固定二氧化碳。而其他的固碳途径则存在丢失或不完整的问题。同样地，在中间产物的合成过程中同样起重要作用的三羧酸循环及糖异化作用/糖酵解的途径都是完整的或接近完整的，但现在只缺少柠檬酸合成酶/裂解酶。如上所述，*K. stuttgartienses* 中存在一种肽聚糖基因簇，它涵盖参与其生物合成的 19 种基因中的 17 种。值得注意的是，该基因簇也能编码一些细胞分裂蛋白。厌氧氨氧化菌的特点是体内含有梯烷脂质，但目前对其合成途径却不清楚（Strous et al.，2006）。在 *K. stuttgartienses* 基因组中发现了 4 种脂肪酸生物合成基因簇，其中两种含有一些能够编码自由基 SAM 蛋白的基因。已知这种类型的酶在氧化自由基反应中具有活性，这可能是进行环化步骤所需要的，例如形成梯烷脂质的连接环丁烷环系统。

8.5 厌氧氨氧化过程中的生物学及生物能学

8.5.1 目前对厌氧氨氧化过程中的生物学及生物能学的认识

早期，Van de Graff 等人（1997）提出了以联氨和羟胺作为中间产物的厌氧氨氧化生化反应过程。K. stuttgartienses 的基因组序列使 Strous（2006）等人提出另一种反应途径（图 8-5A），该过程由 3 个小反应组成：(i) 在 1 个电子的作用下亚硝酸盐还原为 NO（反应式 (8-8)）；(ii) NO 和铵外加 3 个电子缩合成联氨（反应式 (8-9)）；(iii) 联氨释放 4 个电子氧化生成终产物氮气（反应式 (8-10)）。

$$NO_2^- + 2H^+ + e \longrightarrow NO + H_2O \quad (E_0' = +0.38 \text{ V}) \quad (8-8)$$

$$NO + NH_4^+ + 2H^+ + 3e \longrightarrow N_2H_2 + H_2O \quad (E_0' = +0.34 \text{ V}) \quad (8-9)$$

$$N_2H_2 \longrightarrow N_2 + 4e \quad (E_0' = -0.75 \text{ V}) \quad (8-10)$$

这两种厌氧氨氧化生化反应机制都缺乏试验论证。但是，一些线索验证了 NO 和联氨在代谢细胞中的作用。研究发现，细胞色素 cd1 型亚硝酸还原酶（NirS）存在于 K. stuttgartienses 的基因组中。联氨脱氢酶/联氨氧化酶能够催化联氨与细胞色素 c 的氧化还原反应，它具有较高的活性（$V_{max} = 6.2 \ \mu mol/(min \cdot mg$ 蛋白质$)$）和亲和力（$K_m = 5.5 \ \mu mol/L$），最近从厌氧氨氧化菌种 KSU-1 中分离纯化得到了这种酶（Shimamura et al., 2007）。这种酶在细胞中含量丰富，但遗憾的是，现在并不知道这种酶的反应是否依据反应式 (8-10) 进行。很明显，羟胺是联氨氧化的强抑制剂（$K_i = 2.4 \ \mu mol/L$）；这符合在细胞进行新陈代谢时，投加羟胺而联氨也随之积累的现象。科学家将在 K. stuttgartienses 基因组中发现的二聚八面体血红素蛋白（亚基大小为 62kDa）注释为羟胺氧化还原酶，它与 kustc0694 和 kustd1340 分别有 88% 和 89% 的序列同一性。联氨的合成（反应式 (8-9)）是一个前所未有的反应，因此还没有描述其介导反应的酶—HH。基因分析表明，K. stuttgartienses 中存在两个基因簇，它们可能是编码 HH 酶的候选基因。

目前认为厌氧氨氧化新陈代谢过程中几乎没有羟胺。但是，厌氧氨氧化菌的细胞提取物却呈现出高羟胺氧化还原酶（HAO）活性，并且正如刚才所述，在 K. stuttgartienses 基因组中已经有多达 8 种八面体血红素细胞色素 c 蛋白被注释为 HAO（Schalk et al., 2000；Strous et al., 2006）。其中一种酶已经从 B. anammoxidans（Schalk et al., 2000）和 KSU-1 菌株中提取得到（Shimamura et al., 2008）。这种酶与 K. stuttgartienses 基因组中 kustc1061 所编码的一条肽链有 87% 的同一性。B. anammoxidans 的八面体血红素蛋白能够利用包括细胞色素 c 在内的多种人工电子受体催化羟胺（$K_m = 33 \ \mu mol/L$）进行高速率（$V_{max} = 9.6 \ \mu mol/(min \cdot mg$ 蛋白质$)$）的氧化反应。与羟胺相比，虽然联氨的比活性（$V_{max} = 0.54 \ \mu mol/(min \cdot mg$ 蛋白质$)$）和亲和力（$K_m = 25 \ \mu mol/L$）较低，但是联氨也能作为一种底物进行反应。目前，对于厌氧氨氧化菌中起催化作用的多种 HAOs 尚未进行明确的定义，并且其生理学功能也需进一步探究。

基于化学渗透假说，厌氧氨氧化菌必须保存来源于氨氧化和亚硝酸还原反应（反应式 (8-2)）产生的能量。醌醇：细胞色素 c 氧化还原酶复合物（bc_1，复合物Ⅲ）的存在能够

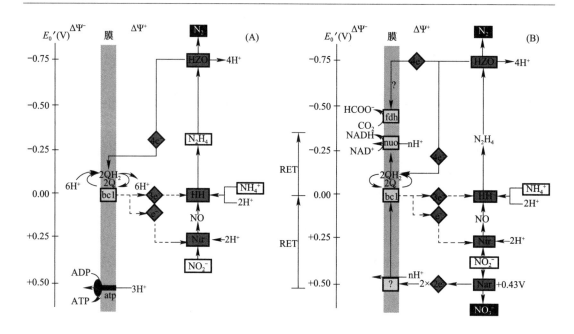

图 8-5 *K. stuttgartiensis* 的新陈代谢

(A) 厌氧氨氧化菌的中心代谢 (B) 中心分解代谢与硝酸还原酶的组合为乙酰辅酶 A 途径
产生了低氧化还原电位电子

Nir-亚硝酸盐还原酶；HZO-联氨脱氢酶；Nar-硝酸盐还原酶；Q-泛醌氧化还原酶；
atp-F1F0ATP 合酶；fdh-甲酸脱氢酶；nuo-NADH：泛醌氧化还原酶；RET-反向电子传递
浅色菱形代表细胞色素；深色菱形代表铁氧还蛋白；实线箭头代表还原，虚线箭头代表氧化。
注意：酶反应的位置和质子的朝向是任意选择的，$\Delta\Psi^+$ 和 $\Delta\Psi^-$ 分别代表厌氧氨氧化小体和核糖质

解释图 8-5A 中的机理。联氨氧化反应释放的电子通过泛醌传递到细胞色素 bc_1 复合物，细胞色素 bc_1 起双重作用。第一，它能为亚硝酸还原反应（反应式（8-8））和联氨合成反应（反应式（8-9））分配电子。第二，电子传递与质子转移一起发生，这就形成了一个 pmf（质子动力势 Q 循环）。中间的电子传递通过一系列细胞色素 c 蛋白来完成。每氧化一个联氨分子，质子动力势 Q 循环能使 6 个质子发生转移，这会驱动 F_1F_0ATPase 合成 ATP。联氨是一种很强的还原剂（$E'_0=-0.75\ V$）。考虑到 $-0.18\ V\sim-0.25\ V$ 的 pmf（这在进行呼吸作用的生物中很常见），从联氨到泛醌的四电子转移相关的氧化还原电位（$\Delta G=0.86\ V$）将允许 14～18 个质子的易位；而有效数量仅为 6，这意味着反应中释放的 60%～65% 的能量作为热量消散。

与厌氧氨氧化生物化学和生物能量学概述有关的很多问题仍需要进一步的试验论证，包括中间产物的测定以及电子传递过程中关键的新陈代谢酶和呼吸复合物的分离和表征。更深层次的问题主要涉及反应发生的位置以及质子和电子吸收和释放的膜方向等。其中，定位的非常有吸引力的位点是厌氧氨氧化小体，这与细胞色素在细胞器内缘染色的观察结果一致。

8.5.2 细胞固碳及反向电子传递

在生长期间，部分亚硝酸盐被氧化成硝酸盐，从而为二氧化碳的固定提供电子（反应

式（8-3））。用于细胞碳合成的 Ljungdahl-Wood 途径需要来自 NADH（−0.32 V）的输入电子。甲酸、乙酰辅酶 A 和丙酮酸合成中的 CO_2 还原需要电子且氧化还原电位要低至 −0.42～−0.5 V。依据热力学原理，这些反应是很难吻合的，因为亚硝酸盐在 +0.43 V 下才会进行电子传递。因此这些反应只能在一个极端的质子转移驱动形成的反向电子传递体中发生，但这可能与相对高生长速率不相容；或者像之前的假设一样，通过巧妙地利用联氨的还原能力进行反应（Strous et al., 2006）（图 8-5B）。在后一种情况下，联氨通过亚硝酸盐氧化反应放出的电子进行反向电子传递循环，直至达到细胞色素 bc_1 的水平（复合物Ⅲ）（图 8-5B）。如果是这样的话，我们注意到，在 K. stuttgartienses 中的 NarGH 操纵子缺少 NarI，它是与泛醌相连的亚基。这样反而有 6 个基因来编码细胞色素 c 蛋白，从而促进电子的转移。在联氨合成后，来源于其自身氧化释放的部分电子被引导到 NAD^+ 和 CO_2 还原以维持碳的固定。再次，可以设想两种机制：(i) 存在一种未知的第二种类型的联氨脱氢酶，它能利用（低还原电势）铁氧还蛋白作为电子受体，或者 (ii) 存在一种新型细胞色素 bc_1 复合物。至于第二种可能性，我们注意到 K. stuttgartienses 基因组能够编码三个不同的 bc_1 操纵子，其中两个与 NADH 氧化还原酶基因相连，这在复合物Ⅰ（NADH：泛醌氧化还原酶）和甲酸脱氢酶中是普遍存在的，但从没有在复合物Ⅲ中发现过。如果可以功能性表达的话，这种新型细胞色素 bc_1 可能通过另一个 Q 循环，直接耦合还原醌的氧化和 NAD^+ 的还原。

8.6 展望

过去 10 年的研究已经揭示了厌氧氨氧化菌所具备的独特结构及其新陈代谢特性。K. stuttgartienses 基因组的注释使我们对它的新陈代谢潜能有了更深的认识。总而言之，这些研究是我们了解微生物在厌氧条件下利用氨氮和亚硝酸盐生成氮气的起点，我们也知道了反应过程中产生的能量保存在 ATP 中或用于细胞固碳。但是，仍有很多问题有待解决，主要包括厌氧氨氧化过程中一些主要酶的性质和分子机理，以及呼吸系统的结构及性质。此外，还包括非常重要的一个方面，即厌氧氨氧化小体的功能。

目前，三种厌氧氨氧化菌 B. fulgida、A. propionicus 和海洋菌种 Scalindua 的基因组测序工作完已成（www.jgj.com）。基因组的整体分析可能已经确定了厌氧氨氧化新陈代谢特征的核心酶体系，并且揭示了微生物中存在的蛋白操纵子。值得注意的是，Scalindua 基因组包含所有涉及厌氧氨氧化过程的基因簇。此外，对两个不同基因组进行比较分析，发现了导致生态位差异的关键线索。综上所述，未来的研究无论是在基因组学水平还是在蛋白质组学水平，基因序列都可以提供基本的信息。甚至，这些研究还可以让我们理解厌氧氨氧化菌在它们高度动态的栖息地中如何适应基质水平和环境条件的变化。

第 9 章 水生环境中厌氧氨氧化菌的分布、活性和生态学特性

9.1 引言

无论是了解地球上氮（N）和碳（C）的关键生物地球化学循环，还是了解人类活动对这些循环平衡的影响，都要对水生生态系统中氮循环进行广泛的研究，尤其是沿海地区（Falkowski，1997；Diaz and Rosenberg，2008；Conley et al.，2009）。尽管对水生生态系统中氮循环关键反应的研究已经有了很大的进展，但是最近厌氧氨氧化（anammox）菌（2002）的发现对我们的研究产生了深远的影响，因为它们在水体氮循环中起到了关键的作用（Thamdrup and Dalsgaard，2002）。Anammox 菌不仅可以为一些长期存在的"海洋 N 之谜"提供合理的解决方案，而且它的存在改变了目前用于研究水生生态系统中氮流量的一些关键工具/技术（Devol，2003；Risgaard-Petersen et al.，2003）。在氨氧化与亚硝酸盐还原耦合生成氮气的反应中，anammox 菌提供了一种从生态系统中去除固定氮的机制，这一反应机制并不依赖于好氧硝化和之后的反硝化过程。鉴于氮固定和氮去除（通过产生 N_2 去除）（反硝化和厌氧氨氧化）间的平衡是碳同化的关键，而且这两个过程还会调节大气中 CO_2 的产生与释放，因此，非常有必要对水生生态系统中的氮素循环有更加深刻的理解（Codispodi et al.，2001）。在过去的 7 年中，anammox 受到了极大的关注，在大量文献中已讨论了该过程在环境中的作用（Dalsgaard et al.，2005；Francis et al.，2007）。因此，本章不会花太多时间重新审视其他地方所涉及的材料，而是寻求更多地提供一系列水生生态系统中广泛分布的厌氧氨氧化模式综合，并提出一些假设，这些假设涉及是什么调节厌氧氨氧化以及氮的总流量问题。对 anammox 的研究分成两个不同的水生生态系统（图 9-1）：(i) 水体沉积物低氧区中的厌氧氨氧化作用，其中各自的反应和生态生理区被压缩成几厘米；(ii) 同一生态系统，但是却分布于海洋下数 10 米的深度，即在最小含氧区（OMZs）内。

9.2 水生生态系统中厌氧氨氧化的生态学意义

在许多生态系统中，氮的利用对初级生产有很强的调节作用，而反硝化作用被认为是在陆地和水生生态系统的低氧区去除氮的重要途径。反硝化作用的重要生态学意义表现为，在沉积物的低氧区或者海洋 OMZs 中积累的氨氮必须通过化能自养硝化细菌氧化成亚硝酸盐和硝酸盐，然后亚硝酸盐和硝酸盐通过异养菌的反硝化作用生成氮气。然而，实验室中发现的厌氧氨氧化表明，在环境中可能存在其他的代谢方式，这在海洋沉积物（2002年）和之后的两个缺氧流域中得到证实（Mulder et al.，1995；Thamdrup and Dalsgaard，2002；Dalsgaard et al.，2003；Kuypers et al.，2003）。在水生生态系统中，anammox 菌以铵的形式去除固定氮，而不需要通过有氧化学自养硝化将所有氨预先氧化成亚硝酸盐或硝

9.2 水生生态系统中厌氧氨氧化的生态学意义

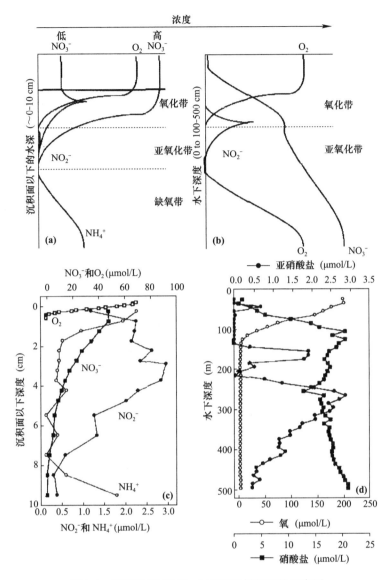

图 9-1 沉积物和 OMZs 中有氧和低氧区的示意图

(a,b) 深度尺度的差异；(c) Cascadia 盆地沉积物；(d) 阿拉伯中部海域沉积物（c 和 d 分别在 Engström (2009) 和 Nicholls (2007) 的文献中出现过，但是版权属于美国湖泊与海洋学会）

注意图 a 描述的高浓度 NO_3^-（河口处或深海）和低浓度 NO_3^-（沿海或陆架海）

酸盐（图 9-2）。实际上，anammox 菌通过减少对氧的总需求量和增加氮气的产量来改变有机物矿化的总化学计量。例如：

(i) 用氧气氧化有机物质，随后释放有机结合的 N 和 P（Richards et al.，1965）：

$$(CH_2O)_{106}(NH_3)_{16}H_3PO_4 + 106O_2 \longrightarrow 106CO_2 + 16NH_3 + H_3PO_4 + 106H_2O \quad (9\text{-}1)$$

(ii) 之后完全硝化产生的氨：

$$16NH_3 + 32O_2 \longrightarrow 16HNO_3 + 16H_2O \quad (9\text{-}2)$$

(iii) 反应式 (9-1) 和 (9-1) 的总和：

$$(CH_2O)_{106}(NH_3)_{16}H_3PO_4 + 138O_2 \longrightarrow 106CO_2 + 16HNO_3 + H_3PO_4 + 122H_2O \quad (9\text{-}3)$$

最终，所有的氧都会被消耗，有机物的氧化可以通过其他电子受体继续进行，例如，通过硝酸盐氧化（Richards et al.，1965）：

$$(CH_2O)_{106}(NH_3)_{16}H_3PO_4 + 84.8HNO_3 \longrightarrow$$
$$106CO_2 + 16NH_3 + 42.2N_2 + 148.4H_2O + H_3PO_4 \tag{9-4}$$

或者，将任何释放的氨短程硝化为亚硝酸盐，之后与厌氧氨氧化耦合，最后加上有机物的氧化可以按照以下步骤进行：

$$16NH_3 + 24O_2 \longrightarrow 8HNO_2 + 8NH_3 + 8H_2O \quad \text{短程硝化} \tag{9-5}$$

$$8NH_3 + 8HNO_2 \longrightarrow 8N_2 + 16H_2O \quad \text{厌氧氨氧化（Van de Graaf et al.，1995）} \tag{9-6}$$

总反应式为：

$$(CH_2O)_{106}(NH_3)_{16} + 130O_2 \Longleftrightarrow 106CO_2 + 8N_2 + 130H_2O \tag{9-7}$$

值得注意的是，在硝化和反硝化的耦合反应中（反应式（8-3）和反应式（8-4）），硝酸盐还原会进一步产生铵，这对于生态系统来说仍然是可利用的。现在，如果我们利用中间产物铵和亚硝酸盐实现反硝化（严格控制在第一阶段，即硝酸盐还原）与厌氧氨氧化的结合，那么每还原 1 mol 的硝酸盐就会产生 2 倍的氮气，而且释放的铵会从生态系统中去除（Richards et al.，1965；Dalsgaard et al.，2003；Thamdrup et al.，2006）：

$$(CH_2O)_{106}(NH_3)_{16}H_3PO_4 + 94.4NO_3^- + 94.4H^+ \longrightarrow$$
$$106CO_2 + 16NH_4^+ + 16NO_2^- + 39.2N_2 + 145.2H_2O + H_3PO_4 \tag{9-8}$$
$$16NH_4^+ + 16NO_2^- \longrightarrow 16N_2 + 32H_2O$$

这一反应释放 55.2 的氮气，其中 29% 来自厌氧氨氧化。

另外，硝酸盐也可能被还原为亚硝酸盐：

$$(CH_2O)_{106}(NH_3)_{16}H_3PO_4 + 212NO_3^- + 16H^+ \longrightarrow$$
$$106CO_2 + 212NO_2^- + 16NH_4^+ + 106H_2O + H_3PO_4 \tag{9-9}$$

或者通过异化硝酸盐还原为铵（DNRA）：

$$(CH_2O)_{106}(NH_3)_{16}H_3PO_4 + 53NO_3^- + 122H^+ \longrightarrow 106CO_2 + 69NH_4^+ + 53H_2O + H_3P \tag{9-10}$$

总的来说，通过厌氧氨氧化反应，一部分矿化的铵转化为氮气并从水生生态系统中消失，但不消耗氧气。实际上，在一个峡湾的缺氧水体中发现氨氮缺失以后，Richards 等人（1965）认为是环境中存在厌氧氨氧化菌，或者是氨氮氧化成氮气与硝酸盐氧化有机物同步发生。注意，这样的化学计量适用于每个相应代谢的直接位置，例如由亚硝酸盐提供的氧化能力，仍然需要在其他地方消耗氧以驱动氨氮的最初氧化。因此，在全球海洋的规模上，净化学计量和质量平衡将是相同的。

9.3 水体沉积物中的厌氧氨氧化反应

有两种非常不同的方法用于测量沉积物中的厌氧氨氧化反应，其中重要的是要理解它们的差异，并在阅读本节时牢记这些。最初的研究（如，Thamdrup and Dalsgaard，2002）是使用缺氧沉积物中均质化的泥浆，之后尝试在更能代表"原位"的条件下（例如完整沉积物的核心）同时量化厌氧氨氧化和反硝化作用（Risgaard-Petersen et al.，2003，2004；Trimmer et al.，2006；Minjeaud et al.，2008）。同样，我们首先关注使用均质沉积

9.3 水体沉积物中的厌氧氨氧化反应

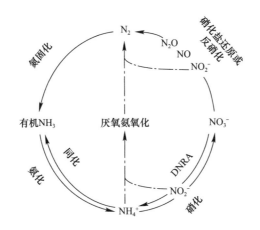

图 9-2 氮循环过程中厌氧氨氧化反应的特点

硝酸盐还原表示 NO_3^- 生成 NO_2^-,完全反硝化是指最终产生 N_2;图中忽略了 NO_3^- 同化还原生成有机氮的过程(Trimmer 在得到美国微生物学协会的允许后,使用并修改了该图)

物泥浆获得的结果;之后分析来源于完整沉积物中的数据;最后对两者进行比较。在实际操作过程中,我们没有在每种方法的各自复杂性上停留太久。

9.3.1 厌氧氨氧化菌在均质沉积物中的地理分布和活动范围

时至今日,关于沉积物中厌氧氨氧化反应的研究仍集中在海洋或河口沉积物。科学家已经在许多深海沉积物中证实了厌氧氨氧化菌的代谢,包括挪威海沟、卡斯卡迪亚盆地、北大西洋、相模湾、较浅的沿海陆架沉积物(温带和北极)以及大量的河口(表 9-1)。这并不是说厌氧氨氧化代谢确实无处不在,因为有报道称厌氧氨氧化筛查调查的负面结果,尽管这些结果相对较少(Risgaard-Petersen et al.,2004;Rich et al.,2008;Koop-Jakobsen and Giblin,2009)。除去河口淡水潮汐的限制(Trimmer et al.,2003;Meyer et al.,2005;Tal et al.,2005),只有一个真正的淡水沉积物能证实厌氧氨氧化菌的存在,如中国的新沂河(Zhang et al.,2007)。科学家在弗罗姆河(英国的多塞特)和科尔河洪涝区(英国的牛津郡)沉积物的筛查过程中发现,尽管上层水中硝酸盐的浓度非常高、存在有机物且硝酸盐还原速率可观,但是没有厌氧氨氧化的潜力(Sanders and Trimmer,2006;M. Trimmer,F. Sgouridis,C. M. Heppell,M. Trimmer and G. uharton,unpublished)。因为淡水沉积物中有关厌氧氨氧化菌的数据仍然很少,所以在这个阶段得出它们产生氮气的贡献的结论是不可能的。

在研究海洋厌氧氨氧化菌的过程中,Dalsgaard 等人(2005)明确提出,在开阔的斯卡格拉克海峡的挪威海沟中,随着水深增加,厌氧氨氧化菌产氮气(ra%)量也增加,且在深度 700m 的地方产氮气量最大,达到 80%。此外,临时提供的数据(2005~2009 年出版和未出版的)也证实了这一趋势(图 9-3a 和图 9-3b)。水深 1~150m 沉积物的数据尤其能代表整个数据集(96 中的 67 个),而且水深和增加的 ra 之间有明确的线性关系($r=0.89$,$p<0.001$)。除了河口和大陆架沉积物,这种关系并不是很明显;在某种程度上这也反映了某些地区数据相对缺乏。如果有什么区别的话,可能就是 ra 在~50%时存在一个稳定期(Thamdrup et al.,2006)。厌氧氨氧化作用对氮气产生的贡献并不是很大(贡

献的大小以 $ra>50\%$ 来衡量），而且到目前为止，仅限于挪威的深海沟和吉尔马峡湾。至今为止，90%的 ra 值已经下降到48%以下，平均值为23%（± 2 SE，$n=96$）(表9-1)。

厌氧氨氧化作用沿水深相对增加很大程度上是由于深水区反硝化比活性显著降低，而厌氧氨氧化降低的程度很小（图9-4）(Dalsgarrd et al., 2005; Engström et al., 2005)。事实上，反硝化数据的覆盖范围比整个厌氧氨氧化数据集覆盖的范围还要大几个数量级（表9-1）。随着水深的增加，反硝化活性是随异养反硝化过程中有机碳源的减少而降低的，通过观察发现，这可能是因为总体沉积物代谢、沉积物叶绿素含量以及氨氧化作用降低而引起的（Engström et al., 2005; Thamdrup and Dalsgaard, 2002)。在一些深水沉积物中，厌氧氨氧化对氮气产生有更大的贡献，这可能与沉积物中二氧化锰含量的增加有关；相应地，次氧区的碳氧化可以通过二氧化锰的异化还原作用而不是反硝化作用（Dalsgaard and Thamdrup, 2002; Engström et al., 2005）。

缺氧区均质沉积物和泥浆沉积物中厌氧氨氧化和反硝化反应速率（包括出板的和未出板的）[a]

表9-1

来源和参考文献	水深 (m)	反硝化作用 [nmol N/(cm^3·h)]	厌氧氨氧化作用 [nmol N/(cm^3·h)]	总氮气 [nmol N/(cm^3·h)]	厌氧氨氧化作用（%）
斯卡格拉克海峡，奥胡斯港湾 Thamdrup and Dalsgaard, 2002	16-695	0.4~118.6	0.9~2.9	1.3~121.0	2~67
泰晤士河口，英国 Trimmer et al., 2003	2~4	34.0~154.2	0.2~3.1	34.2~161.3	1~8
吉尔马峡湾 Engström, 2004	75~116	2.3~3.6	0.9~1.8	2.9~5.3	33~47
兰德斯峡湾 Risgaard-Petersen et al., 2004	1[b]	31~137	3.8~11.0	42.0~142.2	4~26
北极沉积物 Rysgaard et al., 2004	36~100	1.0~50.5	0.2~15.1	1.2~65.6	1~34
斯卡格拉克海峡/卡特加特海峡，长岛海峡 Engström et al., 2005	16~700	<0.1~45.3	0.3~3.7	0.4~48.8	7~80
洛根与艾伯特河系，澳大利亚 Meyer et al., 2005	0.5	3.8~85.5	0.0~8.4	3.8~93.3	0~9
吉尔马峡湾（Alsbäck） P. Engström and S. Hulth（未出版）	116[b]	0.7~2.4	0.7~2.5	1.4~4.9	38~52
胡德运河，托菲诺入口 Engström et al., 2009	38~147	2.9~8.1	0.7~5.8	3.6~13.9	17~43
华盛顿沿线 Engström et al., 2009	2740~3110	0.2~0.9	0.2~0.9	0.4~1.8	13~51
开普恐河口，美国 Dale et al., 2009	1	2.1~4.9	<0.1~0.7	2.1~5.2	1~15
梅岛湾河口，美国 Koop-Jakobsen and Giblin, 2009	3	4.2~15.6	0.0~0.2	4.2~15.6	0~2

[a] 这是每个位置范围的总结，完整的数据位点可以从相应的文献中获得。
[b] 季节测定

9.3.2 水体沉积物为厌氧氨氧化提供基质

在河口和发达国家的周边沿海海域硝酸盐含量丰富，这几乎没有人为的影响，沿海沉积物也常常成为上覆水的硝酸盐来源，这表明沉积物中通过硝化作用产生的硝酸盐已经超出了硝酸盐还原代谢的需求（Peirels et al., 1991；Van Raaphorst et al., 1992；Lohse et al., 1993；Middelburg et al., 1996；Nedwell et al., 2002）。相比之下，亚硝酸盐就很少，因此，厌氧氨氧化反应就必须与能够产生亚硝酸盐的反应相耦合（Dalsgaard and Thamdrup, 2002）。虽然在沉积物好氧层硝化作用的第一个阶段能够产生亚硝酸盐，但是孔隙水中精细的微表面结构和分布模型表明下部缺氧层的亚硝酸盐直接来源于硝酸盐的还原（Mayer et al., 2005）。

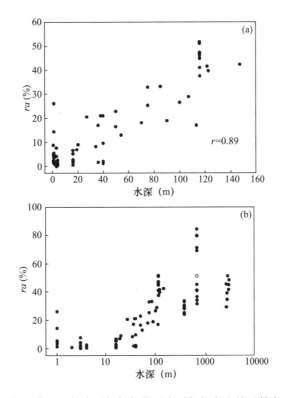

图 9-3 缺氧泥浆沉积物中厌氧氨氧化反应对氮气产生的贡献率（$ra\%$）

(a) 水深（0~150 m）与相关系数（r）相对简单的线性关系；(b) 在一个共同的对数尺度上，完整的水深数据集；其中空心圆代表这一地区 ra 的平均值（斯卡格拉克海峡深处）（见表 9-1）

沉积物中硝酸盐还原菌群可能涉及多种代谢，例如一些异养菌会通过有机物的氧化耦合硝酸盐还原生成亚硝酸盐；化能自养菌会通过氧化硫化物，将 NO_3^- 还原为 NO_2^- 和 NH_4^+（Sayama et al., 2005；Brunet and Garcia-Gril, 1996）。硝酸盐的还原（$NO_3^- \rightarrow NO_2^-$）使亚硝酸盐作为实际代谢的终产物，从细胞直接排出。亚硝酸盐也是反硝化过程（$NO_3^- \rightarrow NO_2^- \rightarrow NO \rightarrow N_2O \rightarrow N_2$）和 DNRA（$NO_3^- \rightarrow NO_2^- \rightarrow NH_4^+$）的中间产物。最近对纯培养的 *Escherichia coli*（会发生 DNRA 作用）菌株的研究表明，细胞内硝酸盐还原形成的亚硝酸盐在被导入细胞还原成氨氮之前会从细胞中排出（Wenjing et al., 2008）。

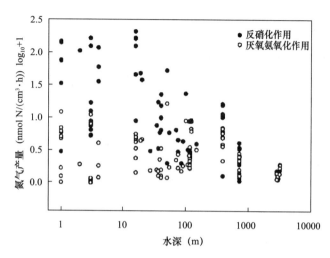

图 9-4 所有可用的厌氧氨氧化和反硝化比活性泥浆数据（速率）的复合物作为水深的函数对速率数据进行对数变换（$\log_{10}+1$），并在通用对数标度上对水深进行绘制。
（数据来源于表 9-1；注意与反硝化测定相关的范围和方差的不同）

因此，将厌氧氨氧化反应与特定亚硝酸盐来源的代谢相耦合，无疑是非常难的。

Dalsgaard 和 Thamdrup（2002）在对卡斯格拉克海峡深水沉积物厌氧氨氧化调控因素的最初调查中发现，几乎所有检测到的短暂累积的 NO_2^-（87%）都来源于 NO_3^- 的还原。在阿拉伯海中心 OMZ 中，存在 $^{15}NO_3^-$ 或 $^{15}NO_2^-$ 时产生的 N_2O 的 ^{15}N 标记也说明所有来源于 NO_3^- 还原的 NO_2^- 在进一步氧化成 N_2 或 N_2O 之前，会进入到水体中（Nicholls et al.，2007）。随着 *Paracoccus denitrificans* 的纯培养，Blaszczyk（1993）在基本培养基中（乙醇、醋酸或者甲醇）检测到高达 70% 的 NO_2^- 累积，这些 NO_2^- 来自 NO_3^- 还原，但在肉汤培养基中却没有发现 NO_2^- 的积累。因此，在低代谢/低碳系统中，当硝酸盐完全还原为亚硝酸盐之后开始反硝化以及厌氧氨氧化至少是可行的（Trimmer and Nicholls，2009）。

很明显，反硝化和厌氧氨氧化细菌对 NO_2^- 都有很高的亲和力，它们的 K_m 为 < 3 μmol NO_2^-/L（Dalsgaard and Thamdrup，2002；Trimmer et al.，2005）。这种对 NO_2^- 具有高亲和力的特点是与环境中 NO_2^- 的浓度相适应的，上覆水和沉积物中 NO_2^- 浓度通常比 NO_3^- 的浓度小 2 个数量级，几乎不会超过 5 μmol/L；与 NO_3^- 相比，NO_2^- 的数据仍然很少（Steif et al.，2002；Meyer et al.，2005）。Dalsgaard 和 Thamdrup（2002）在斯卡格拉克的深海海峡的沉积物中，证实了厌氧氨氧化比活性以及其对 N_2 产生的贡献（ra）与亚硝酸盐浓度无关，这说明厌氧氨氧化菌对基质的亲和力很高。

尽管厌氧氨氧化菌对亚硝酸盐的亲和力很高，但它可以通过亚硝酸盐的有效性来调节。例如，在第一批设计处理的沉积物厌氧氨氧化试验中，Risgarrd-Petersen 等人（2005）指出，沉积物上覆水中 NO_3^- 浓度从 600 μmol/L 下降到 5～10 μmol/L，微型水底植物（MPB）的存在使得沉积物中厌氧氨氧化的能力减小到 85%。微型水底植物活动层亚硝酸盐稀缺，这是因为几乎没有 NO_3^- 渗透到缺氧层来促进 NO_2^- 产生。之后，Meyer 等人（2005）指出厌氧氨氧化的活性和对氮气产生的贡献实际上和 Albert/Logan 河口系统完整的沉积物中心 NO_3^- 还原区中 NO_2^- 总量有关。这个发现有助于合理解释厌氧氨氧化更倾向于在河口前端增长的趋势，因为这里 NO_3^- 和有机碳往往最多，这两者都能够维持异养反硝化反应,从而增加沉积物中 NO_2^- 的含量 (Trimmer et al., 2003; Meyer et al., 2005; Nicholls and Trimmer, 2009)。这也说明硝酸盐、亚硝酸盐和碳的相对丰度的季节性变化或许可以解释最浅河口处测量的厌氧氨氧化反应的分散特性(图 9-3a, <5 m)。

Rysgaard 等人(2004)指出,反硝化可以为厌氧氨氧化提供 NO_2^-,而且这两个过程可能呈正相关。鉴于常规筛选分析沉积物中厌氧氨氧化反应的同时也量化反硝化作用(Thamdrup and Dalsgaard, 2002),因此每个过程的数据都很丰富,尽管分散数据表明偏向于反硝化,但它们确实呈正相关,特别是在河口和浅海岸沉积物中(图 9-5,水深<20 m)。产生上述现象的部分原因可能是由于试验操作过程不同,即在试验过程中单独添加 NO_2^- 或 NO_3^-(NO_x^-)后,再去常规定量厌氧氨氧化和反硝化作用。然而有研究表明,对于 NO_x^- 需求旺盛的沉积物来说,如果同时加入 NO_2^- 和 NO_3^- 的话,则厌氧氨氧化中氮气产率会大大增加(图 9-6)(Trimmer et al., 2005)。这对于深水区活性较低的沉积物来说不是问题,因为大多数的 NO_3^- 以 NO_2^- 的形式短暂积累(Dalsgaard and Thamdrup, 2002),并且在更深的地方,厌氧氨氧化和反硝化的关系会更密切(图 9-5)。即使这两个过程在某种形式的生物化学交换中没有内在联系(例如,NO_2^- 和 NH_4^+),但是它们也经常一起出现。

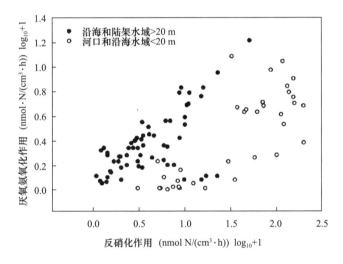

图 9-5 所有可用的厌氧氨氧化比活性泥浆数据(速率)作为反硝化作用的函数数据分布在深度超过 20 米的沿海和陆架水域以及浅于 20 米的河口和沿海水域之间。来自表 9-1 的数据已通过常规对数转换归一化($\log_{10}+1$)。

DNRA 过程同样能为厌氧氨氧化提供 NO_2^-,但同时检测到这两个过程相对罕见。对活性较低的深水沉积物的检测表明,DNRA 并不是重要的反应过程,几乎没有 $^{15}NO_x^-$(<2%)以 $^{15}NH_4^+$ 形式回收,也不能以 $^{15}N-N_2$(~10%)回收(通过质量守恒来计算),尽管不能排除后者的同化作用(Dalsgaard and Thamdrup, 2002; Engstrom et al., 2009; Trimmer and Nicholls, 2009)。在活性较高的河口沉积物中,这种模式更加复杂,已知的数据仅能估计 DNRA 过程中的 $^{15}NO_x^-$ 而不能预测 $^{15}N-N_2$(Revsbech, 2006)。实际上,兰德斯峡湾的沉积物、切萨皮克湾 84% 的沉积物和英国许多河口中 15%~60% 的沉积物中,所有添加的 $^{15}NO_x^-$ 均以氮气的形式进行回收(Risgaard-Petersen et al., 2004; Rich et al.,

2008；Nicholls and Trimmer，2009）。因此，河口沉积物中不能排除 DNRA 的存在。总之，这些发现符合一般观念，即显著的 DNRA 活性局限于具有高度代谢活性和还原性的沉积物中（Nishio et al.，1982；Christensen et al.，2000）。

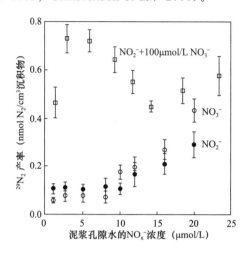

图 9-6 在仅有 $^{14}NO_3^-$ 或仅有 NO_2^- 或者两者（双标记试验，NO_3^- 浓度为 100 μmol/L，NO_2^- 浓度逐渐增加）同时存在时，$^{15}NH_4^+$ 氧化过程的产 $^{29}N_2$ 量，显然，NO_2^- 和 NO_3^- 的可用性会影响厌氧氨氧化过程。数据来源于 Trimmer 等人，沉积物取自泰晤士河口的格雷士

通常用于筛选水生生态系统厌氧氨氧化代谢的验证性试验在 $^{15}NH_4^+$ 和 $^{14}NO_2^-$ 存在下培养的沉积物或水的缺氧样品中唯一产物是 $^{29}N_2$。这是一种离散且敏感的 ^{15}N 工具，其单独使用时与分子和/或生物标记测定相结合，确实表明环境中的厌氧氨氧化菌在代谢和生理上与实验室生物反应器初始工作期间的特征相似（Mulder et al.，1995；van de Graaf et al.，1995；Jaeschke et al.，2009）（见第 8 章和第 10 章）。然而，除了这种单独依赖亚硝酸盐的菌群外，厌氧氨氧化菌（至少在物理纯化的悬浮液中）在简单有机酸存在的条件下，能够将 NO_3^- 还原为 NO_2^- 和 NH_4^+（Kartal et al.，2007）。这种混合营养的能力可以使 anammox 菌直接利用 NO_3^-，这种方式会潜在地改变它们的生态特点，即从仅仅依赖亚硝酸盐到与不同的硝酸盐还原菌群直接竞争硝酸盐（Giiven et al.，2005；Kartal et al.，2007）。然而，通过硝酸盐还原途径的厌氧氨氧化反应仅仅是直接利用亚硝酸盐发生反应的 10%（Kartal et al.，2007）。

在沉积物中，加入简单有机物后或者利用 $^{15}NH_4^+$ 或 $^{15}NO_x^-$ 分析厌氧氨氧化反应的不平衡时，如果 NO_3^- 完全胞内代谢为 NH_4^+ 和 N_2 的话，我们可能认为"假"反硝化作用会增强，但似乎并非如此（Engstöm et al.，2009；Nicholls and Trimmer，2009；Trimmer and Nicholls，2009）。最终很明显的是，至少在具有高活性的河口沉积物泥浆中，当 NO_2^- 或 NO_3^- 单独存在时，厌氧氨氧化菌不能和 NO_x^- 还原菌群竞争 NO_2^- 或 NO_3^-。当添加 NO_3^- 来满足菌群对 NO_x^- 的需求时，厌氧氨氧化就会变得很重要，因为这样会增加厌氧氨氧化反应的基质 NO_2^-（Trimmer et al.，2005）。虽然鲜有证据表明沉积物中厌氧氨氧化菌能直接通过细胞内还原 NO_3^- 获得 NO_2^-，但在缺氧水体中可能并非总是如此见下文。

9.3.3 研究完整的沉积物中厌氧氨氧化的基本原理和方法

环境中的厌氧沉积物泥浆对于发现厌氧氨氧化至关重要，这里能够探究调节厌氧氨氧化活性的因素,能够发现其广泛的生物地理分布特性。事实上,如果富含$^{15}NH_4^+$ 和 $^{14}NO_x^-$的缺氧泥浆没有$^{29}N_2$产生的话,那么要使更多的人相信环境中 anammox 代谢活性这件事是非常困难的。然而,^{15}N 的使用显然破坏了沉积物中基质的自然梯度和氧化还原反应,因此损害了细菌的化学微环境和正在研究的过程。对于非专业读者来说,为了理解任何生物地球化学过程在环境中的作用,显然有必要在尽可能代表原位的条件下测量该过程,这不是一项微不足道的事情。

应用^{15}N来追踪水生生态系统中氮的变化,尤其是反硝化过程,已经得到了很多的关注。自从 Nielsen(1992)引入同位素配对技术(IPT)后,该技术已经成为测定水体沉积物中氮气产生的最广泛技术之一(Steingruber et al.,2001)。然而,IPT 不能区别氮气的产生源是厌氧氨氧化过程还是反硝化过程,而且更严重的是,厌氧氨氧化的存在会违反中心假设原则(IPT 是在该假设基础上成立的),它的存在往往会高估氮气的产量(Risgaard-Petersen et al.,2003)。

关键问题是当只存在反硝化作用时,低氧沉积物中会产生^{15}N标记的氮气,这分别涉及$^{14}NO_3^-$和$^{15}NO_3^-$的利用;$^{28}N_2$、$^{29}N_2$和$^{30}N_2$呈二项分布,这反映了两种相似的被还原的NO_3^-所占的比例(Hauck et al.,1958;Nielsen,1992)。然而,目前在 anammox 的共存系统中$^{29}N_2$的产生源有两种(来自$^{14}NO_3^-+^{15}NO_3^-$的$D^{29}N_2$和来自$^{14}NH_4^++^{15}NO_x$的$A^{29}N_2$),但是 IPT 的基础逻辑不适用于这两种反应(Risgaard-Petersen et al.,2003)。在应用^{15}N检测缺氧泥浆中 anammox 和反硝化反应时,第一次解决了 IPT 的这一问题(Thamdrup and Dalsgaard,2002)。这个方法的基本原则是:只要知道泥浆中被还原的$^{14}NO_3^-$和$^{15}NO_3^-$分别利用了多少(比率)(r_{14}或F_N),并且在厌氧条件下不存在好氧硝化,根据$^{30}N_2$的产量预测反硝化产生的$^{29}N_2$($D^{29}N_2$),其中假设$P^{30}N_2$仅由反硝化产生($D^{30}N_2$)。接着,由厌氧氨氧化产生的$^{29}N_2$($A^{29}N_2$)可由质谱仪检测出的总的$P^{29}N_2$减去$D^{29}N_2$得到,且其他一切都可以由此衍生出来。确定$^{14}NO_3^-$和$^{15}NO_3^-$的比例通常通过预培养的缺氧泥浆得到,首先要去除周围的$^{14}NO_3^-$,然后加入高纯度的$^{15}NO_3^-$(^{15}N大于99.2%)。然而同样的方法不能直接应用到完整的沉积物岩芯中。在沉积物岩芯中,将$^{15}NO_3^-$加到上覆水中与已有的$^{14}NO_3^-$混合,但是关键参数r_{14}实际上却位于低氧沉积物表面之下。在有氧沉积物中,通过硝化作用产生的$^{14}NO_3^-$会增加$^{14}NO_3^-$与$^{15}NO_3^-$比率,并且沉积物中的r_{14}比上覆水(r_{14w})中的高 2 倍。科学家已经提出许多方法来量化参数r_{14},在比原位条件更具代表性的条件下,或直接的或间接的在完整的沉积物岩芯中同时测定厌氧氨氧化和反硝化(Risgaard-Petersen et al.,2003;Trimmer et al.,2006)。

9.3.4 完整沉积物中的代谢及氮气的产生

Glud(2008)发表了一篇有关海洋沉积物中氧气动力学的综述,并且建立了氧吸收率降低和水深增加之间的关系。非常重要的是,他将氧气吸收与好氧和厌氧呼吸途径的广谱相整合,为研究整个沉积物代谢活性提供了一个很好的方式;相应地,可利用的有机碳会随水深增加普遍下降。这里我们分析的数据集仅限于氧气吸收和氮气产生(包括 anammox)同时被监测的地区(表 9-2)。浅水河口(>4 m)、沿海大陆架(31~117 m)和深水区(1000~3000 m)沉积物的数据相当密集。我们将数据绘制在一个对数坐标上,并将其与一个简单的幂函数进行了拟合,这个幂函数要与文献中其他数据集一致。衰变常数-0.46($r^2=0.76$)

比 Glud 描述的平均值-0.66（剖面和通量的平均吸氧率是两者的混合（Glud，2008））要低，但是不管怎样，随水深增加，沉积物代谢降低的总体模式仍然是适用的（图 9-7）。

此外，氮气总产量（反硝化和厌氧氨氧化）的下降与水深呈函数关系（图 9-7），尽管拟合系数不是很好（$r=0.36$），但是却有一个相同的衰变常数-0.41。这一数值明显小于最近一篇报道中研究的楚科奇海从 $50\sim3000$ m 陆坡的衰减常数-0.94（Chang and Devol，2009）。楚科奇海的氮气产量与当地的初级生产力和海底生物的碳通量有关，但是我们的汇编并没有将不同地点碳通量的潜在差异考虑进去。值得注意的异常来自相模湾深处的数据（Glud et al.，2009），在相模湾深处只要有合适的电子供体，上覆水中低氧饱和度（空气饱和的 15%）和高达 40 μmol/L 的 NO_3^- 的结合可以刺激氮气的生成（ra 37%）。从我们汇编的数据中去除相模湾的数据会改善拟合系数（图 9-7）（$r^2=0.36$ 和 $r^2=0.49$ 分别为有和没有相模湾数据的结果），也会使衰变常数增加到-0.48，这一数值与氧吸收的衰变常数很接近（-0.46）。因此，氮气代谢和总沉积物代谢（氧气吸收）的衰变速率相近，从浅的河口到深的大陆边缘地区都验证了一种观点，即水深是描述海底生物代谢非常好的参数（Wenzhöfer and Glud，2002；Andersson et al.，2004；Glud，2008）。而且，我们可以对每一组的氧气吸收和氮气产量（$n=54$）进行两两对比来估算每消耗 1 mol 氧的平均氮矿化常数（比例）。用这种方式可以表明沉积物每消耗 1 mol 氧会释放 0.07 mol 氮（以氮气形式）（±0.02，95% 置信区间（CI），$n=54$）。如果被矿化的有机质有一个固定的比值（C：N=6.6：1），并且沉积物中消耗 1 mol 的氧气相当于矿化 1 mol 的碳为 CO_2（最简单的情况下），那么氮气矿化常数为 0.07：1，这说明 46% 的有机氮被矿化，以氮气的形式消失，而余下的 54% 以可利用的形式（可能会以硝酸盐的形式）返回水体，（1/6.6=0.15 mol 氮矿化；0.07/0.15=0.46；1-0.46=0.54 剩余）。注意，最初氨化的氮在被氧化成氮气之前，与硝化过程消耗的氧气并没有什么不同，大概是 50：50。

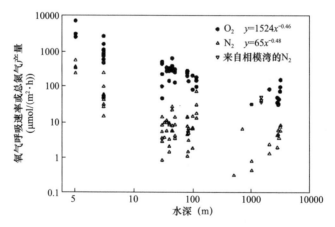

图 9-7 为了描述 O_2 呼吸速率和总氮气产量，用沉积物代谢减少量来作为水深的函数

注意来自相模湾的数据（Glud et al.，2009），以倒三角形表示，这些数据已从非线性回归中省略。数据以双公共对数标度绘制，并且使用简单的幂函数导出系数。数据来源于表 9-2

Seitzinger 和 Giblin（1996）发现，反硝化作用（因为之后只涉及它）与不同大陆架位置沉积物中的氧吸收有关（$r=0.8$）。科学家证明了这一原理适用于更广泛的水深范围内的总氮生产和氧吸收，其中的数据涵盖了原始范围，这是它们相似衰变常数的逻辑结果

9.3 水体沉积物中的厌氧氨氧化反应

(图 9-8a)(与 Seitzinger 和 Giblin 的相比,1996,进行了对数变换)。特别有趣的是,存在两种氮气产生途径,即厌氧氨氧化和反硝化,这两种途径彼此关系密切,当总沉积物代谢增加时(氧气吸收或氮气产生),厌氧氨氧化和反硝化反应也会加强(图 9-8b)。一旦远离海岸硝酸盐的影响,那么通过厌氧氨氧化和反硝化产生的大多数氮气将会和矿化有机氮到氨氮以及氨氮氧化成硝氮的过程进行耦合(Seitzinger,1988)。因此,氮气产量和总沉积物代谢会互相追踪,这并不奇怪;但奇怪的是,厌氧氨氧化对氮气产生的贡献要比之前预期的更稳定。

虽然在泥浆中厌氧氨氧化和反硝化呈正相关,但是对整个沉积物岩芯来说,它们的关系更加密切(图 9-9)。在较浅水域的活性沉积物中更倾向于发生反硝化作用,例如,任何添加的 NO_x^- 都可能会被人为地暴露于 H_2S 中,这将增加对 NO_x^- 的竞争。此外,泥浆会在一定体积的沉积物中的反硝化菌和厌氧氨氧化菌的活性,因此,兼性反硝化菌可能是混合好氧和缺氧层制备的缺氧泥浆中表现的细菌。相比之下,利用完整的沉积物岩芯会更准确地捕捉到它们的分布(Trimmer et al., 2006)。但是,总的来说,对于活性较低的沉积物来说,两种分析都对 anammox 生成氮气的重要性给出了相似的估计。

表 9-2 沉积物好氧速率及完整沉积物岩芯厌氧氨氧化和反硝化反应速率(包括发表的和未发表的)[a]

来源和参考文献	水深 (m)	$^{14}NO_3^-$ ($\mu mol/L$)	氧气呼吸速率 [$\mu mol\ O_2/(m^2 \cdot h)$]	反硝化作用 [$\mu mol\ N/(m^2 \cdot h)$]	厌氧氨氧化作用 [$\mu mol\ N/(m^2 \cdot h)$]	总氮气 [$\mu mol\ N/(m^2 \cdot h)$]
斯卡格拉克海峡、卡特加特海峡 Risgaard-Petersen et al., 2003	36~700	—	—	1.9~8.3	1.2~4.4	6.3~9.5
兰德斯峡湾 Risgaard-Petersen et al., 2004	1	120	3021~7193[b]	219~335	14~21	233~356
北极沉积物 Rysgaard et al., 2004	36~100	0.3~15.3	143~345[b]	1.4~10.7	0.0~3.8	1.4~14.3
华盛顿沿线 Engström et al., 2009	2740~3110	36~48	31~155[d]	1.3~4.7	0.7~3.4	1.9~8.1
吉尔马峡湾 (Alsbäck) Trimmer et al., 2006	116	—	—	6.1	6.6	12.7
梅德韦河口,英国 M. Trimmer et al. (未出版)	3	34~69	459~1569[b]	6.5~63.5	6.5~35.3	14.4~98.8
格雷夫森德,泰晤士河口,英国 Trimmer et al., 2006	3	—	2625[c]	192.9	48.94	241.84
波罗的海 Hietanen, 2007; Hietanen and Kuparinen, 2008	33~85	0.3~11.2	—	1.3~8.6	0.1~0.9	1.4~9.5
科恩河口,英国 Dong et al., 2009	1	653	2470[b]	387.2	157.3	544.5
相模湾 Glud et al., 2009	1450	40.2	—	23.8~32.9	12.8~18.5	36.5~51.4

续表

来源和参考文献	水深（m）	$^{14}NO_3^-$ ($\mu mol/L$)	氧气呼吸速率 [$\mu mol\ O_2/(m^2 \cdot h)$]	反硝化作用 [$\mu mol\ N/(m^2 \cdot h)$]	厌氧氨氧化作用 [$\mu mol\ N/(m^2 \cdot h)$]	总氮气 [$\mu mol\ N/(m^2 \cdot h)$]
北大西洋 Trimmer and Nicholls, 2009	50~2000	1.1~20.8	32~131[c]	0.2~5.8	0.1~1.5	0.3~6.8
吉尔马峡湾 Alsbäck, 2008; Engström and Hulth（未出版）	116	10.1~17.1	99~181[b]	7.6~57.2	9.8~15.4	17.4~72.5
北海 E. Neubacher, R. Parker, and M. Trimmer（未出版）	30~81	0.1~9.6	47~632[b]	0.6~21.2	0.2~5.6	0.8~26.9

[a] 这是每个位置范围的总结，完整的数据位点（测定氧气呼吸速率时，$n=63$；测氮气产量时，$n=78$）可以从相应的文献中获得；"—"表示没有数据

[b] 总氧气呼吸速率（例如，随着时间的推移，上覆水中的氧气变化）

[c] M. Trimmer 未发表，作为这项工作的一部分来衡量

[d] 用剖面仪模拟氧的扩散吸收

9.3.5 厌氧氨氧化和反硝化

所有沉积物岩芯的数据得出的 ra 平均值表明，厌氧氨氧化产生的氮气占总氮气产量的 28%（$\pm 2\ SE$，$n=78$），这一数值符合 Dalsgaard 等人（2003）提出的反硝化和厌氧氨氧化这两种代谢相耦合的观点。例如，如果通过反硝化 NO_3^- 氧化有机物（固定值 C∶N=6.6∶1）的话，NO_2^- 和 NH_4^+ 会以相同的摩尔数量释放，相应地，厌氧氨氧化菌会利用它们来产生氮气；研究者认为，这些氮气会占总产量的 29%（见反应式（9-8）），事实上，这一猜测与实际测量的结果非常接近。平均来看，预测的厌氧氨氧化对氮气产量的作用于实际测量之间的结果有很好的一致性；另外，因为厌氧氨氧化与反硝化呈正相关关系，所以它们之间确实存在耦合。

显然，这有例外，如果不指出这些，那么将与我们自己的发现相矛盾。研究发现，在北大西洋 200~500 m 之间，完整沉积物岩芯中的厌氧氨氧化对氮气产量会发挥更大的作用，在华盛顿的边缘高达 65% 和 40%（Engström et al., 2009；Trimmer and Nicholls, 2009）。在数据中有相当多的散点（图 9-8b），可能某些局部差异部分是由于矿化有机物的碳氮比、有机碳的总输入量和局部刺激的差异，或反硝化的抑制造成的（Thamdrup and Dalsgaard, 2002；Glud, 2008）。相对于 Redfield 来说，如果进行矿化的有机物富含更多氮的话，那么厌氧氨氧化作用会增加；当想要降低厌氧氨氧化作用时，则需要增加有机物的碳氮比（Dalsgaard et al., 2003）。我们已经讨论过，通过氧化锰或局部脱氧作用氧化碳能够改变反硝化和厌氧氨氧化之间的平衡，但是它们之间潜在的关系值得进一步探索。

最初提出反硝化和厌氧氨氧化耦合的观点是基于希门尼斯港水体的研究，该水体发生厌氧氨氧化的区域 NH_4^+ 含量非常少，所以矿化和厌氧氨氧化之间的耦合是合乎逻辑的（Dalsgaard et al., 2003）。相比之下，沉积物中的 NH_4^+ 会积累在深处，所以说在这样的地

9.3 水体沉积物中的厌氧氨氧化反应

方 NH_4^+ 不会成为厌氧氨氧化的限制因素。然而，Engstrom 等人（2009）发现卡斯卡底古陆盆地（2700~3100 m）沉积物中低氧硝酸盐还原区的孔隙水中不存在 NH_4^+，这种现象在许多其他地区的深水沉积物中也存在，例如圣克莱门特盆地（Bender et al., 1989）、加利福尼亚边缘区（Reimers et al., 1992）、巴拿马盆地（Aller et al., 1998）和墨西哥西部边缘区（Hartnett and Devol, 2003）。

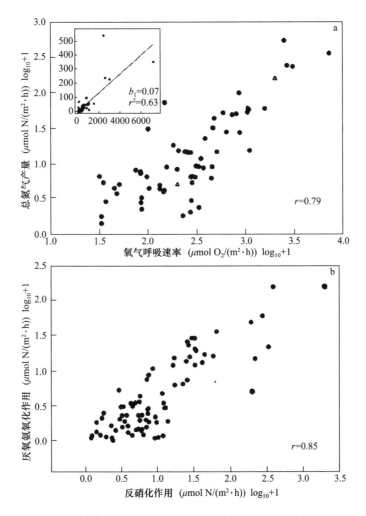

图 9-8　氮气产生与总沉积物代谢之间的关系

(a) 总氮气产量与氧气吸收之间的关系；(b) 厌氧氨氧化与反硝化之间的关系数据利用 log 函数进行标准转换（$\log_{10}+1$），每个图中都有相关系数（r）。图 a 中无填充的三角形所代表的数据来源于 Seitzinger 和 Giblin（1996）；内嵌的图例通过原始的线性数据呈现出某种关系，其中斜率（b_1）相当于比率（即 $b_0=0$），比率即是两两比较的结果

目前，更具反应性的海岸和河口沉积物是否也是如此，还难以评估，因为通常无法获得足够分辨率的孔隙水剖面，或尚未作为 anammox 研究的一部分。然而，在很大程度上，河口沉积物作为上覆水 NH_4^+ 的来源，NH_4^+ 含量超出了沉积物的氮需求（Dollar et al., 1991；Ogilvie et al., 1997）。即使 NH_4^+ 不是河口淤泥沉积物中 anammox 的限制因素且 anammox 仅仅依赖于硝酸盐还原成的亚硝酸盐，也不会改变两者之间耦合程度。

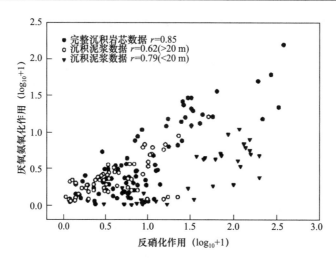

图 9-9　厌氧氨氧化与反硝化之间的点图反映出在较浅水域中的沉积物泥浆更倾向于发生反硝化作用
完整沉积物岩芯的数据单位是 $\mu mol\ N/(m^2 \cdot h)$（与图 9-8b 中的一样）；泥浆中的单位为 $nmol\ N/(cm^3 \cdot h)$（与图 9-5 中的一样）。数据利用 log 函数进行标准转换（$log_{10}+1$），每个图中都有相关系数（r）

在一些最初有关河口沉积物 anammox 的文献中，提出了一种自相矛盾的观点，即 anammox 既要依赖硝酸盐还原菌产生的亚硝酸盐，又要与这些菌群相互竞争亚硝酸盐（Meyer et al., 2005；Trimmer et al., 2005）。我们的研究结果表明 anammox 实际上可能会依赖亚硝酸盐（反硝化过程产生的中间产物），但是竞争可能不存在。可以认为，支持厌氧氨氧化所需的亚硝酸盐必须超过反硝化菌的需求，这可能会反映出维持异养反硝化过程所需硝酸盐和有机碳之间的不平衡。然而，在广泛的活动范围内，厌氧氨氧化和反硝化之间的正相关性表明事实可能并非如此，因为如果反硝化受碳的限制，那么在更低的反硝化速率下会表现出更高的比例。如果有必要的话，厌氧氨氧化和反硝化之间的耦合机制仍需进一步研究。

9.3.6　底栖沉积物中的 anammox 呈比例上升及其对全球生态的重要性

有许多与测量底栖生物代谢有关的警告，特别是在深海沉积物中（见 Glud（2008）的总结）。包括，由于减压造成细胞内物质的释放，这会影响孔隙水营养物质的准确度和代谢方式且细胞死亡会影响沉积物代谢率的测定。因此，只有当底栖生物探测器技术同时能够原位测量厌氧氨氧化和反硝化时，才能发现沉积物氮代谢的真正模式。也就是说实际上我们能够利用不同的技术预测广义上沉积物、氧气和氮气的代谢模式，例如，水深的全广谱、初级产物以及季节上的变化，而且结果表明数据很有效。

研究表明，氮气代谢衰变和总沉积物代谢拥有相同的速率（例如，氧气吸收）。我们可以利用氮气矿化常数 0.07∶1（±0.2，95% CI，$n=54$）和 Glud（2008）研究的全球底栖生物好氧量相结合，对全球底栖氮气产量进行估算，然后再分析 anammox 对氮气产生的作用。Glud（2008）利用氧气吸收和水深关系，结合全球地形数据，估算全球总耗氧量为 152 Tmol O_2/a。与 N_2 矿化常数结合，152 Tmol O_2/a 相当于 9 Tmol O_2/a（152×0.07）或 126 Tg N/a 以氮气的形式从全球底栖生物中释放。这达到了全球底栖生物反硝化脱氮量的预估上限，比如，95 Tg N/a±20（Gruber and Samiento, 1997），但是这要远远小于其他学者提出的 230～300 Tg N/a（Middelburg et al., 1996；Codispoti et al.,

2001；Codispoti，2006）。而且平均来看，假如脱氮量为 126 Tg N/a，那么厌氧氨氧化反应的脱氮量大约为 35 Tg N/a（即，~28%），反硝化则为 91 Tg N/a。

最近关于全球氮气产量的修正法案认为有必要将新的氮气产生途径考虑进来，即厌氧氨氧化和反硝化（"金属介导"的氧化还原反应）(Codispoti，2006)。尽管使用了成千上百种培育方法来检测沉积物中的厌氧氨氧化，但是仍没有检测出有 ^{15}N 标记的氮气产生，这可能是因为 $^{15}NH_4^+$ 氧化与金属氧化物或硫化物还原发生了耦合（Hulth et al.，1999；Fernandez-Polanco et al.，2001；Schrum et al.，2009）。仅仅当 $^{15}NH_4^+$ 和 $^{14}NO_x^-$ 同时发生反应时，才能从厌氧氨氧化中检测到 $^{29}N_2$。此外，Risgaard-Petersen 等人（2006）表明底栖有孔虫能完成反硝化反应，但是它们能否在沉积物中产生氮气，还有待时间考证（Risgaard-Petersen et al.，2006；Glud et al.，2009）。厌氧氨氧化反应是河口和海洋沉积物氮循环中不可缺少的一部分；根据先前公认的化学计量原理修正氮气产量的估计值是正确的（孔隙水剖面和梯度模型），但是在沉积物中，它对大部分氮气产生的贡献很少，与反硝化作用更为一致。

9.4 海洋最低含氧区（OMZs）的厌氧氨氧化

9.4.1 全球 OMZs 和低氧水域的分布

构成全球海洋（$1.34×10^9 km^3$）的绝大多数水与大气的氧是平衡的，也就是说，海水中有 100% 的氧饱和度。如果假设水的平均盐度为 35（psu 或 0.035 kg 盐/ kg 海水），代表温度为 16℃，且水与大气平衡，那么每升水中包含 $249\mu mol\ O_2$，这称为好氧。如果沉积物的氧供应率低于沉积物对氧的需求（还原化学物质的有氧呼吸和再氧化），那么沉积物就会变成低氧状态，最后变成完全缺氧。在水体中也是同样的情况，但是水体的物理运动会增加其复杂性，尤其是对特殊位置来说；海湾口底、单独的水体、强烈的上升流和环流结构都可以控制混合和复氧速率。此外，尽管在沉积物中可以从好氧区穿越几百微米甚至几十厘米到低氧区（根据沉积物的反应性和渗透性决定），但是，相对来说，海洋的 OMZ 结构更大，氧气从几十到几百米减少（图 9-1）。我们遵循这样一个惯例，即在氧化沉积物或好氧层和较深的低氧层之间，存在着氧降低的氧跃层，因此，增加缺氧并且到 $90\mu mol/L$ 时，会造成更高级微生物的生理压力（Diaz and Rosenberg，2008）。

OMZs 的独特特征是一旦氧气浓度降到 $1\sim3\mu mol/L$ 时（或 0.4%~1.2% 的饱和度），水体中亚硝酸盐便开始累积（通常峰值为 $2\sim5\mu mol/L\ NO_2^-$）(Codispoti and Christensen，1985；Naqvi et al.，1992；Morrison et al.，1999；Thamdrup et al.，2006）。因此，氧气成为有氧呼吸的限制因素，电子开始经硝酸盐传递到亚硝酸盐，我们将这样的水层简单的称之为低氧区。然而，如果 OMZ 或其中部分区域氧气消耗非常大，氧化物耗尽且氧化还原电势足够负的话，游离硫化物就会开始积累，水中呈真正的缺氧状态（例如，Black Sea、Baltic Sea、Golfo Dulce 较深的部分，Arabian Sea 西部沿海地区）(Naqvi et al.，2000；Hannig et al.，2007；Jensen et al.，2008）。

根据 Codispoti 等人（2001）的研究，在现代海洋中已知的 OMZs 仅占总海洋水体的 0.1%（$1.34×10^6 km^3$）。然而，最近 Paulmier 和 Ruiz-Pino（2009）重新计算了这一数值，他们将氧气浓度低于 $20\ \mu mol/L$ 的水域包括在内，也就是说，定义中也包括了缺氧区。计算得出，海洋 OMZ 的体积增长到 $10.3 \times 10^6 \, km^3$，占到总海洋体积的 0.77%。在全球海洋中发现的面积大的 OMZs 包括热带北太平洋东部（ETNP）的墨西哥和瓜地马拉的西海岸、热带南太平洋东部的秘鲁和智利（ETSP）、北部的阿拉伯海以及印度洋孟加拉湾（Codispoti et al.，2001；Paulmier and Ruiz-Pino，2009）。Paulmier 和 Ruiz-Pino（2009）也将位于东部亚热带北太平洋的美国西海岸鲜为人知的永久性 OMZ 考虑在内。研究者也在一些峡湾和盆地中发现了永久性低氧水体，例如黑海和非洲南部西海岸的高产大陆架区域。

海洋中这些区域可能相对较小，但是它们在全球氮循环中发挥着重要的作用。海洋的 OMZ 可以支持厌氧氨氧化和反硝化反应，尽管它们在海洋水体占不到 0.1% 但是氮气产量却占总海洋产量的 1/3。正如 Codispoti 等人（2001）指出的一样，这说明低氧区很小的体积变化将会对全球氮气产量产生很大的影响。在全球范围内的五大 OMZs 中，除了阿拉伯海以外（夏季的时候深度增加 20%（640～790 m）），季节变化对它们的影响不大（Paulmier and Ruiz-Pino，2009）。然而，需要指出的是，在过去的 50 年中与热带地区有关的 OMZs 逐渐扩大，导致沿海缺氧的现象急剧增加（Diaz and Rosenberg，2008；Stramma et al.，2008）。这将如何影响全球氮平衡，进而如何通过初级反应固定碳目前尚不清楚。

9.4.2 OMZs 中厌氧氨氧化菌的分布以及硫化物对其的影响

科学家首次发现了 Golfo Dulce 海湾 OMZ 中存在厌氧氨氧化的直接证据，这个海湾在哥斯达黎加并且属于黑海（Dalsgaard et al.，2003；Kuypers et al.，2003）。自从在这一区域发现厌氧氨氧化之后，在其他低氧流域和大多数洋的 OMZs 中也发现有厌氧氨氧化反应，包括纳米比亚大陆架、ETSP 和阿拉伯海（图 9-3）。在热带湖泊中也发现了厌氧氨氧化反应，其在总 N_2 产量中大约占 10%（Schubert et al.，2006），这是唯一报道过的淡水湖中发现有厌氧氨氧化反应。和沉积物一样，淡水生态系统中对它的研究仍然很少。瑞士的局部循环湖和丹麦的咸水玛丽艾厄峡湾的特点是，狭窄低氧且交界面由于硫化物的影响而缺氧，在这些低氧水体中没有发生厌氧氨氧化现象（Halm et al.，2009；Jensen et al.，2009）。在这两个区域中化能自养反硝化（硝酸盐的还原耦合硫化物的氧化）被认为是氮气产生的主要途径。在 Golfo Dulce 底层水中（180 m），发现了一种与少数厌氧氨氧化活性类似的模式，即在硝酸盐还原和亚硝酸盐产生的界面出现了硫化物的氧化现象（Dalsgaard et al.，2003）。波罗的海水体（该水体中氧化还原生态群的 NO_3^- 和 H_2S 呈明显的梯度变化）明显的分层现象表明，化能自养反硝化和硫化物氧化是耦合的，但是却没有检测出厌氧氨氧化活性（Brettar and Rheinheimer，1991；Hanning et al.，2007）。然而，Hannig 等人测量了波罗的海深水区域（水深变化导致硫化物氧化还原生态群的消失）厌氧氨氧化活性，并利用 FISH 技术证明了水体中厌氧氨氧化菌的存在（Hannig et al.，2007）。

Jensen 等人（2008）在对来自黑海水样的研究中发现，低浓度的硫化物对厌氧氨氧化活性有明显的抑制作用。相比对照组来说，当 H_2S 的浓度为 4 $\mu mol/L$ 时，厌氧氨氧化速率会下降高达 98%（对照组氮气浓度为 5～17 $nmol/(L \cdot d)$，而在硫化物存在时，会下降到检测限度 0.36 $nmol/(L \cdot d)$）。硫化物也会抑制硝化和异养反硝化作用（Søensen et al.，1987；Joye and Hollibaugh，1995）；然而，这可能是硫化物本身的毒性，而不是间接影响，例如底物的缺乏，这是抑制性的，因为厌氧氨氧化在富含 NH_4^+ 和 NO_3^- 的硫化物区域中没有活性。沿海缺氧区（经常受到底层缺氧沉积物流出的硫化物的影响）的增加，可能使化能自养反硝化在未来的氮循环中扮演更重要的角色（Naqvi et al.，2000；Diza and Rosenberg，2008；Lavik et al.，2009）。

9.4.3 厌氧氨氧化反应解释了海洋中氮素谜团

图 9-1 中代表性的低氧水体和深海沉积物中 O_2、NO_2^-、NO_3^- 和 NH_4^+ 的浓度表明，在低氧条件下 NH_4^+ 可以转化为氮气。根据 Richards 对"类厌氧氨氧化"反应的预测（上述的反应式（9-8）），在该反应中会同时发生厌氧氨氧化和反硝化，其中 29% 的氮气产量归因于厌氧氨氧化反应（Richards et al.，1965）。Dalsgaard 等人（2002）对哥斯达黎加海岸的最初研究发现，厌氧氨氧化平均产生 27% 的氮气，且厌氧氨氧化和反硝化呈正相关；因此，这验证了 Richards 的说法，长期存在的海洋中有关氮素的谜团似乎得到解决（Devol，2003）。然而，自此以后在各种各样的 OMZs 中发现的大量厌氧氨氧化反应并不是这么简单。

关于纳米比亚大陆架、ETSP 和黑海的一系列研究都表明，厌氧氨氧化占据着绝对的优势，因为反硝化过程检测不到氮气的产生，所以研究者开始讨论在主要的 OMZs 中厌氧氨氧化是否是氮气产生的唯一途径（表 9-3）。但是，需要指出的是，如果没有异养反硝化，发生厌氧氨氧化的 NH_4^+ 和 NO_2^- 来自哪里呢？普遍认为阿拉伯海的 OMZ 是世界上最大的，其氮气产量占整个海洋水体氮气总产量的 50%（Devol et al.，2006）。然而与上述所述不同，最近发现反硝化是阿拉伯海中氮气产生的主要途径（Ward et al.，2009）。以前的研究讨论了氮气产生的很多途径，但不能仅仅归因于厌氧氨氧化或反硝化；^{15}N 标记的 N_2O 的产生很容易解释为 NO_2^- 的还原作用，所以说事实上经典反硝化途径中的一部分仍然存在（Nicholls et al.，2007）。正如 Ward 等人（2009）所述，在阿拉伯海大量的分子数据表明反硝化的存在，并且有关 ^{15}N 的数据也能说明这一点。然而，如果在阿拉伯海反硝化是氮气产生的主要途径，且假设"Redfield"中有机物被矿化，那么，肯定会存在一种 NH_4^+ 消耗机制，这种机制尚不明确。在阿拉伯海厌氧氨氧化作用很小，有机物矿化耦合反硝化起主导作用，那么，水体中应该有比实际检测到的更多的 NH_4^+（Nicholls et al.，2007）。尽管这很混乱，但是可以尝试用有机碳的相对可用性来进行解释。

9.4.4 有机碳以及厌氧氨氧化和反硝化之间的平衡研究

ETSP 和阿拉伯海之间厌氧氨氧化和反硝化作用的不同可以通过有机碳控制的反硝化反应来解释。这个假设是基于之前的研究，这一研究发现，ESTP 中 OMZ 的硝酸盐还原速率受可利用有机碳的限制，但是在阿拉伯海却不是这种情况（Ward et al.，2008，2009）。一些研究已经表明，厌氧氨氧化菌在 ESTP 的 OMZ 中占有优势，但是，同时也发现存在反硝化作用（通过反硝化细菌 nirS 基因丰度来判断的）（Hamersley et al.，2007；Lam et al.，2009；Ward et al.，2009）。厌氧氨氧化和反硝化之间的差别会随季节产量或有机物输送的变化而变化，因为 ETSP 中的浮游植物疯长后，反硝化作用是非常重要的（例如，有机碳以脉冲形式供应）。

与上述沉积物试验相平行，发现 OMZs 中反硝化速率的范围要比厌氧氨氧化高一个数量级，厌氧氨氧化和反硝化产氮气速率分别为 $0\sim270$ nmol/(L·d)（±6 SE，$n=76$）和 $0\sim2568$ nmol/(L·d)（±87 SE，$n=76$）。阿拉伯海最大厌氧氨氧化速率为 4.3 nmol N_2/(L·d)，

第9章 水生环境中厌氧氨氧化菌的分布、活性和生态学特性

表9-3 已经发表的利用 ^{15}N 稳定同位素测量的OMZs中厌氧氨氧化和反硝化速率

来源和参考文献	水深 (m)	厌氧氨氧化 $^{15}NH_4^+$ (nmol N/(L·d))	厌氧氨氧化 $^{15}NH_4^+ + ^{14}NO_2^-$ (nmol N/(L·d))	厌氧氨氧化 $^{15}NO_2^-$ (nmol N/(L·d))	厌氧氨氧化 $^{15}NO_3^-$ (nmol N/(L·d))	反硝化 $^{15}NO_3^-$ (nmol N/(L·d))	厌氧氨氧化作用 (%)	厌氧氨氧化细胞 ($\times 10^4$ mL^{-1})
希门尼斯港 Dalsgaard et al., 2003	120~180	NA[b]	NA	NA	24~408	12~2568	19~35[c] 7~67	NA
本格拉上升流 Kuypers et al., 2005	40~130	10~170	NA	NA	27~47[d]	ND[b]	100	0.4~2[e]
ETSP, 智利 Thamdrup et al., 2006	60~150	4~18	NA	0~27	NA	5.8	100	NA
坦噶尼喀湖 Schubert et al., 2006	90~110	NA	NA	NA	0~240	467~2322	0~13	0.1~1.3[e]
黑海 Lam et al., 2007	85~110	1~7	NA	3~14[d]	NA	ND	100	0~0.28[f]
ETSP, 秘鲁 Hamersley et al., 2007	25~400	1.5~105	1.2~384	4~48[d]	1~27[d]	ND	100	0.09~13[e] 0.10~15[f]
黑海 Jensen et al., 2008	85~110	0.7~11	7~10	0.1~14	0~2.8[d]	ND	100	NA
ETSP, 智利 Galan et al., 2009	50	2~17	NA	NA	NA	ND	100	0.3
ETSP, 秘鲁 Lam et al., 2009	—[g]	—[g]	—[g]	—[g]	—[g]	—[g]	—[g]	0.04~0.2[h]
阿拉伯海 Ward et al., 2009	120~200	0.12~4.3	NA	NA	NA	0.24~25	1~13	1~8[f]
ETSP Ward et al., 2009	80~250	0.63~8.8	NA	NA	NA	0	100	3~12[f]
马里亚格峡湾 Jensen et al., 2009	14~21	ND	NA	ND	ND	4.1~19	0	NA

a 仅显示可以测量厌氧氨氧化或反硝化的位点。这只是说明每个位置范围的总结，完整的数据位点，(测氮气产量时，n=78) 可以从相应的文献中获得
b NA表示没有进行分析；ND表示没有检测到
c 将整个低氧区进行整合的结果
d $^{29}N_2$ 的产生（没有检测到 $^{30}N_2$ 的产生）
e 利用FISH定量的厌氧氨氧化菌丰度
f 利用qPCR定量的厌氧氨氧化菌丰度
g 与Hamersley等人 (2007) 研究的速率相同
h Scalindua mRNA

ETSP 为 8.8 nmol N_2/(L·d)(Ward et al., 2009)。而反硝化却很不同，阿拉伯海中的反硝化速率为 25 nmol N_2/(L·d)，ETSP 中为 0 nmol N_2/(L·d)。

ETNP 和南太平洋东部亚热带地区占据了全球 68% 的 OMZs，分别为 41% 和 27%（Paulmiere and Ruiz-Pino, 2009）。根据我们所了解的，有关这些地区厌氧氨氧化反应的文章尚未发表过。我们可以用添加和不添加有机碳的方式来测定硝酸盐还原率，用所得数据来推断有机碳的潜在影响（Ward et al., 2008）。试验所用水样来自于三大 OMZs，分别是 ETSP、ETNP 和阿拉伯海。来自 ETNP 的水样与来自秘鲁（ETSP）的水样反应途径相似，加入有机碳源后对硝酸盐还原有非常明显的促进作用；但是在对照组中无机氮（NO_3^-，NO_2^-，NH_4^+）没有明显的变化。鉴于来自阿拉伯海的样品不受碳源的限制且目前没有更多关于 ETNP 的数据，我们推测 ETNP 有厌氧氨氧化反应，且氮气产率与 ETSP 更加（相比于阿拉伯海来说）相似。

9.4.5 厌氧氨氧化对氧的敏感性

我们并不是完全清楚厌氧氨氧化菌对氧的敏感性；对生物反应器的研究表明，氧气对厌氧氨氧化菌的抑制作用是可逆的，抑制浓度可以低至 1 $\mu molO_2/L$（Strous et al., 1999）。相比之下，厌氧氨氧化菌在低氧环境中表现出了活性。Hamersley 等人（2007）在智利海岸探测出了厌氧氨氧化活性，其水中 O_2 浓度达到 20 $\mu mol/L$；这表明，当在低氧条件下建立代谢机制后，厌氧氨氧化菌会很快开始代谢活动（Hamersley et al., 2007）。不同的氧浓度下研究厌氧氨氧化活性的试验表明，O_2 浓度低于 14 $\mu mol/L$ 或者说在 0~14 $\mu mol/L$ 时，厌氧氨氧化菌才会表现出活性；当超出这个范围，随着氧浓度的升高，厌氧氨氧化活性会直线下降（Jensen et al., 2008）。然而，很难测定环境中厌氧氨氧化速率以及氧浓度，因为试验之前对有大量 [15]N 标记的水进行了排气处理，而环境是不能进行排气处理的（表 9-3）。

厌氧氨氧化菌在低氧水体中具有活性，而这种条件是发生反硝化作用的前提，因为氧会抑制反硝化酶的合成及其活性（Zumft, 1997），尽管这种抑制作用可能很小。Körner 和 Zumft（1989）的研究表明，在一系列的反硝化反应中每一种反硝化酶有不同的氧敏感性，当 NO_3^- 和 NO_2^- 还原酶在中度氧不足条件下表达（30~40% 的空气饱和度）时，N_2O 还原酶会要求更低的氧环境（<15%）。此外，在智利北部 O_2 浓度达到 50 $\mu mol/L$ 时，通过反硝化过程产生了 N_2O（Farias et al., 2009）。

氧对厌氧氨氧化和反硝化反应的抑制作用会影响它们的分布。在估计海洋 OMZs 的边界时，Paulmier 和 Ruiz-Pino（2009）设定的最大氧浓度为 20 $\mu mol/L$，这远远超过了传统亚硝酸盐还原对氧气的限制量，即 2~3 $\mu mol/L$，这对估计全球海洋氮气产量有很大的影响（见本章末全球氮预算）。氮气的最大浓度是根据原位观察到的水体反硝化的最高氧浓度计算的（例如，20 $\mu mol\ O_2/L$）(Smethie et al., 1987)。最近对 OMZs 中氮气产量的研究表明，20 $\mu mol/L$ 的 O_2 可能估计过高。例如，如果我们比较硝酸盐峰值（例如硝酸盐被还原之前）时氧浓度的话，那么，它们与黑海中氧浓度为 15 $\mu mol/L$、其他很多研究中氧浓度为 0 $\mu mol/L$、ETSP 中氧浓度为 4~20 $\mu mol/L$ 时一致（Thamdrup et al., 2006；Hamersley et al., 2007）。后者的平均值为 ~10 $\mu molO_2/L$，这一数值与亚硝酸盐开始明显积累的氧浓度相符（图 9-10a）。如上文提到的，氧浓度为 4 $\mu mol/L$ 时，会经常出现亚硝酸盐累积。我们的数据可能会存在测定差异性，尤其是对于氧气来说，读者可以参考 Morrison（1999）等人的更全面的数据集。

9.4.6 亚硝酸盐和 NH_4^+-N 的分布及来源

海洋 OMZs 的典型特征是,在次生 NO_2^- 达到最大值时,低氧也会达到一个峰值;这与低氧条件下 NO_3^- 从 35 μmol/L 降低到 15 μmol/L 一致(Morrison et al., 1999)。从总体来看,这里报道的厌氧氨氧化数据集(表 9-3)是符合大型海洋数据集的,因为 NO_2^- 峰值的出现与低氧条件和 NO_3^- 初始还原(从 35 μmol/L 降低到 15 μmol/L)有关(图 9-10a 和图 9-10c)。之后,NO_3^- 会进一步还原,NO_2^- 也会被消耗。在海洋样品中,NH_4^+ 浓度通常很低或者说接近于检测限浓度,但是 NH_4^+ 的数据相对于 O_2、NO_2^- 和 NO_3^- 来说,并没有那么丰富。NH_4^+ 的缺乏可会反映出一些固有的问题,即采用传统的靛酚蓝检测法很难测定低浓度的 NH_4^+(Holmes et al., 1999)。

在厌氧氨氧化数据集中,NH_4^+ 与 NO_2^- 和 O_2 的模式类似,在图 9-10b 中可以看出 NH_4^+ 最大浓度(~4 μmol/L)接近于 O_2 的检测限浓度。另一个有趣的特征是,NH_4^+ 和 NO_2^- 浓度呈相反的关系(图 9-10d)。在图 9-10 中可以发现 NH_4^+ 浓度大于 2 μmol/L 以及 NO_2^- 浓度小于 1 μmol/L 的样品都来自黑海最深处(105~110 m),这里是低氧和真正缺氧的交界处,也是 NH_4^+ 积累的地方。厌氧氨氧化反应所需的 NH_4^+ 与 NO_2^- 的比值大约是 1∶1,但是低氧水体中大多数位点 NO_2^- 是过量的。因此,厌氧氨氧化活性的特征标志是,NO_2^- 来自 NO_3^- 的还原,NH_4^+ 来自还原矿化,但水中不存在 NH_4^+。

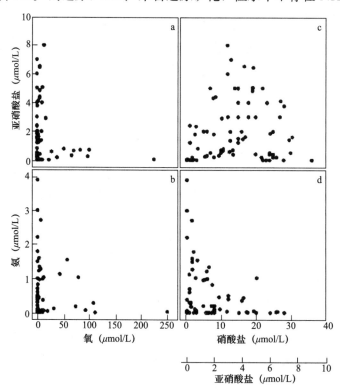

图 9-10 OMZs 中不同种类的溶解性无机氮之间以及与氧之间的关系模式图(见表 9-3)
(a, b)NO_2^- 和 NH_4^+ 与氧之间的关系;(c)NO_2^- 与 NO_3^- 之间的关系;
(d)NH_4^+ 与 NO_3^- 之间的关系。数据来源于 anammox 数据库

9.4 海洋最低含氧区（OMZs）的厌氧氨氧化

大多数水体（76%）的厌氧氨氧化研究指出了这些区域内的厌氧氨氧化活性，其中，周围的 NO_2^- 浓度为 3 $\mu mol/L$ 甚至更少（图 9-11）。与之前讨论的沉积物一样，水体中厌氧氨氧化菌对 NO_2^- 也具有很高的亲和力，当 NO_2^- 浓度在 3$\mu mol/L$ 以下时，会出现饱和动力现象（Dalsgaard and Thamdrup，2002；Trimmer et al.，2003，2005）。如果图 9-11 能反应一些情况的话，那就是厌氧氨氧化活性最小时，NO_2^- 实际上会发生积累，这可能表明缺乏 NH_4^+。因此在 OMZs 中，厌氧氨氧化活性可能不受 NO_2^- 限制，但是一些 ^{15}N 标记的试验表明 NO_2^- 有限制作用。

可以通过比较不同试验的厌氧氨氧化速率来测定 NO_2^- 对厌氧氨氧化反应的限制作用，这些试验分别是：基质为 $^{15}NH_4^+$、基质为 $^{15}NO_2^-$ 和基质为 $^{15}NH_4^+ + ^{14}NO_2^-$。Thamdrup (2006)、Hamersley（2007）和 Jensen（2008）等人在智利和秘鲁海域（ETSP）的 OMZs 以及黑海的低氧环境下进行了这些平行试验。在智利的 OMZ 中，39%的试验表明，与只控制 $^{15}NH_4^+$ 的试验相比，添加 NO_2^- 后厌氧氨氧化的速率会变快，尽管从整体来看，两个测量集合并没有显著差别（双 t 检验，d.f.=38，P=0.105）。有趣的是，在智利 OMZ 的研究说明了 NO_2^- 的限制性，原位的 NO_2^- 浓度在 0~1.6 $\mu mol/L$ 之间，这要低于饱和浓度或者说厌氧氨氧化反应的最佳浓度（Dalsgaard and Thamdrup，2002；Trimmer et al.，2005）。

而且，Jensen 等人（2008）认为在黑海中的低氧区厌氧氨氧化活性受 NO_2^- 的限制；通过大量的研究，科学家利用 NO_2^-、NO_3^- 和 NH_4^+ 浓度的反应扩散模型建立了 NO_2^- 消耗速率的模型（Lam et al.，2007）。从模型来看，NO_2^- 的消耗速率仅仅是 NH_4^+ 消耗速率的 1/2，这就说明，如果厌氧氨氧化是黑海低氧区主要的脱 NH_4^+ 途径且 NO_2^-：NH_4^+ 以 1:1 进行反应的话，那么 NO_2^- 的来源就不可能仅仅是 NO_3^- 的还原了（Jensen et al.，2008）。在黑海低氧区 Lam 等人（2007）通过强化硝化作用提出了另一种 NO_2^- 来源的潜在途径，即在加入 $^{15}NH_4^+$ 的封闭培养中测定了 $^{15}NO_2^-$ 的积累和 $^{30}N_2$ 的产生。培养过程中并没有检测到 O_2（2%饱和度的检测限；大约为 5 $\mu mol/L$ O_2）；因此，说明硝化反应的环境是"微氧环境"。这一最新发现是通过测定泉古菌和 γ-AOB（γ-氨氧化细菌）中 $amoA$ 基因的活性表达来证明的；而且在黑海低氧区 γ-AOB 是 NO_2^- 产生的主要原因（Lam et al.，2007）。

之后也证实了秘鲁沿海 OMZ 中存在泉古菌和 AOB 的微氧氨氧化（Lam et al.，2009）。培养环境氧浓度低于 2 $\mu mol/L$ 时，也会检测到氨氧化反应；在秘鲁沿海 OMZ 上部区域，好氧氨氧化估计至少产生厌氧氨氧化所需 NO_2^- 的 65%，但是在较低的区域，就没有检测到微氧氨氧化（Lam et al.，2009）。同样，Molina 和 Farías（2009）的研究表明，ETSP 中 OMZ 的微氧硝化和厌氧氨氧化反应去除了大部分的 NH_4^+。

微氧氨氧化是一个非常有意思的动力学反应。例如，在氧浓度小于 4 $\mu mol/L$ 时，异养硝酸盐还原菌会受到生理限制，之后它们会开始呼吸将 NO_3^- 转化为 NO_2^-。因此，Lam 等人（2009）提出了泉古菌和 AOB 能够在异养硝酸盐还原菌受抑制的情况下（O_2 浓度<2 $\mu mol/L$）进行反应。

在直接测量厌氧氨氧化的研究中（表 9-3），在检测到厌氧氨氧化活性的深度，NH_4^+ 的平均浓度为 0.52 $\mu mol/L$（±0.095 SE，n=74）；此外，培养的菌 93%取自于 NH_4^+ 浓度低于 2 $\mu mol/L$ 的水体（图 9-12）。即使所有的研究都指出 NH_4^+ 浓度低，但是实际上 NH_4^+ 浓度只在 ETSP 和 Golfo Dulce 表现出限制性。之后的研究发现，相对于周围环境中的 NH_4^+ 浓度（0.3 $\mu mol/L$）来说，厌氧氨氧化活性在 NH_4^+ 浓度为 10 $\mu mol/L$ 的培养环

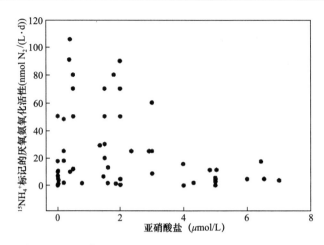

图 9-11 通过富集的 $^{15}NH_4^+$ 作为周围环境 NO_2^- 浓度的函数来判断厌氧氨氧化活性

数据来源于 anammox 数据库（见表 9-3），为了说明整体趋势，剔除了 2 个异常值，即 170 和 270 nmol N_2/(L·d)

境中会提高 2~4 倍（Dalsgaard et al., 2003）。在希门尼斯港，反硝化产生的氮气量占总氮气产量的 60% 以上，并且反硝化作用可以为厌氧氨氧化提供 NH_4^+ 和 NO_2^-。考虑到 ETSP 中 NH_4^+ 的限制性，如之前所述，在 ETSP 和黑海中，分别以 $^{15}NH_4^+$ 和 $^{15}NO_2^-$ 为基质测定的厌氧氨氧化反应并没有表现出对 NH_4^+ 的明显效应。

Galan 等人（2009）认为在智利北部 OMZ，NH_4^+ 的获得是控制厌氧氨氧化菌丰度和活性的主要因素。有关 ETSP 的 3 个研究表明，在深度上厌氧氨氧化活性的分布与 NH_4^+ 的多少是一致的，OMZ 的上部区域会表现出更高的活性，因为这里有更多的有机物矿化，而且表面会发现氨峰（Thamdrup et al., 2006；Hamersley et al., 2007；Galan et al., 2009）。在本格拉上升流中也报道了相同的模式，即厌氧氨氧化率高的地会同时出现氨峰（Kuypers et al., 2005），这表明厌氧氨氧化反应的发生部分由有氧再生的 NH_4^+ 扩散到低氧区所驱动。

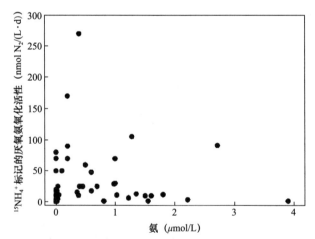

图 9-12 通过富集的 $^{15}NH_4^+$ 作为周围环境 NH_4^+ 浓度的函数来测量厌氧氨氧化活性

数据来源于 anammox 数据库（见表 9-3）

用 *Kuenenia stuttgartiensis*（>99%）的细胞悬浮液研究厌氧氨氧化代谢的试验表明，加入 $^{15}NO_3^-$ 后，会以 $^{15}NO_2^-$ 作为中间产物获得大量的 $^{15}NH_4^+$（Kartal et al., 2007）。而

9.4 海洋最低含氧区（OMZs）的厌氧氨氧化

且，在本格拉上升流的低氧水体中，添加的 $^{15}NO_3^-$ 的10%会转化成 $^{15}NH_4^+$，据报道这一区域有大量的厌氧氨氧化菌。在细胞悬浮液和海洋样品的试验中发现，在添加 $^{15}NO_3^-$ 后只能检测到 $^{29}N_2$，所以没有直接的证据表明厌氧氨氧化菌利用产生的 NH_4^+ 来形成 N_2，尽管这种效应可能已被 NH_4^+ 池的相应标记所抑制。虽然在海洋环境中，厌氧氨氧化菌能够通过 NO_3^- 还原生成 NH_4^+，但是所有 OMZs（这一区域 $^{29}N_2$ 产生同时伴随 NH_4^+ 的增加）的研究表明（图9-3），厌氧氨氧化菌所用的 NH_4^+ 一般来源于外部，这与沉积物中的发现一致。

正如之前讨论的，希门尼斯港中所测得厌氧氨氧化和反硝化的比例表明两者之间存在紧密的耦合关系，然而，随后 ETSP、本格拉上升流和黑海中的试验表明，即使没有反硝化，厌氧氨氧化同样能存在（Dalsgaard et al., 2003；Kuypers et al., 2005；Thamdrup et al., 2006；Jensen et al., 2008）。

在一些低氧水体中，如果没有反硝化作用，那么厌氧氨氧化所需的 NH_4^+ 从何而来？ETSP 中提出的外界来源（例如，NH_4^+ 来源于厌氧氨氧化区域的上下水层）的可能性，在黑海中也存在。在黑海中，anammox 菌在低氧和厌氧交界处是最活跃的，NH_4^+ 从下往上扩散；NH_4^+ 可能通过有机物的降解来积累，还可能来源于硫酸盐的还原（发生在硫化厌氧水体中）（Fuchsman et al., 2008；Kuypers, 2003；Lam et al., 2007）。尽管图9-10b 所示的深度 NH_4^+ 浓度较高，但是它可能不会应用到其他地方。营养丰富水体中的 NH_4^+ 通量在覆盖有密集的硫细菌的底栖区域中也可能是显著的（Fossing et al., 1995）。这些细菌以 NO_3^- 为电子受体氧化硫化物形成 NH_4^+；在秘鲁和智利海岸也发现了这些硫化细菌层，这里富含 NO_3^- 的缺氧水体能够满足沉积物的要求；这样的情况也可以应用于阿拉伯海的沿海地区和纳米比亚海岸（Naqvi et al., 2000；Lavik et al., 2009）。

对黑海 NO_2^-、NO_3^-、NH_4^+ 和 N_2 中 ^{15}N 的天然丰度的进一步研究以及它们之间的模型说明了一种系统中存在两种状态之间的波动：(i) 来自于深水 NH_4^+ 的上升流驱动厌氧氨氧化反应；(ii) 低氧区颗粒有机碳的再次矿化可以提供 NH_4^+（Fuchsman et al., 2008；Konovalov et al., 2008）。此外，为了成功建立黑海中 NO_2^-、NO_3^-、NH_4^+ 和 N_2 稳定状态下的浓度模型，厌氧氨氧化反应产生的氮气量就必须占总氮气产量的~90%。

研究发现，越来越多的细菌进行短程反硝化而不是全程反硝化（例如，气态氮化物的产生）（Zumft, 1997）。在 OMZ 中，NO_3^- 还原是 NH_4^+ 的主要来源，而厌氧氨氧化是消耗 NO_2^- 的途径，因此，会积累大量的 NO_2^-（反应式（9-9）），因为释放212 mol 的 NO_2^- 与仅有的16mol 的 NH_4^+，不能满足厌氧氨氧化中1:1的计量比。OMZs 中无机氮的天然分布（图9-1）补给了厌氧氨氧化消耗的 NO_2^- 和 NH_4^+，而且还会比 NO_3^- 还原提供更多的 NO_2^- 和 NH_4^+。此外，从长远来看，这样的化学计量比不能产生足够的 N_2 来解释一些 OMZs 中 NO_3^- 亏损（Thamdrup et al., 2006）。

在低氧（不是0）条件下，微氧有机质矿化和微氧异养再生氮也能为厌氧氨氧化提供 NH_4^+。然而，如果存在微氧有机质的氧化，那么也应该存在微氧氨氧化，因为这个反应能去除 NH_4^+。

最近发现秘鲁海岸的 OMZ 中 DNRA 是 NH_4^+ 的来源；据估计，在骨架地区可以为厌氧氨氧化提供7%~134%的 NH_4^+，在近海地区可以提供7%~34%的 NH_4^+（Lam et al., 2009）。在同一研究中发现 NO_3^- 还原和 DNRA 在这些地区可以为厌氧氨氧化提供足够的 NH_4^+。传统认为 DNRA 代谢要在严格厌氧条件或者硫化物环境（见有关沉积物章节）下进行；DNRA能够在OMZ氮循环中发挥重要作用，这一发现改变了它在水生生态系统中的角色。然而，如果DNRA在OMZs中有意义的话，那么就需要修正基本的假设，加强该系统中厌氧氨氧化、反硝化和DNRA作用中^{15}N的测定。在分别以NH_4^+和NO_2^-为基质的厌氧氨氧化反应（见9.3.2小节）中，应该是DNRA造成了$^{29}N_2$产量的不平衡。Nicholls等人（2007）认为，来自于NO_3^-的^{15}N以及除胞外其他来源的NH_4^+（可能是来源于溶解性有机氮）形成了$^{29}N_2$。

9.5 全球底栖和深海中的氮预算

在沉积物部分的结尾，我们提出全球底栖生物的氮气产量为126 Tg N/a（见9.3.6小节）。就规模而言，沉积物和OMZs之间的主要区别在于，后者不容易定义大小，而且定义OMZ中的氧阈值没有统一标准（Codispoti et al.，2001；Paulmier and Ruiz-Pino，2009）。Paulmier和Ruiz-Pino（2009）定义OMZs为O_2浓度低于20 $\mu mol/L$的水体，其中岩芯O_2最低浓度小于3 $\mu mol/L$；反硝化区作为水体，NO_3^-损失高于10 $\mu mol/L$。Codispoti等人（2001）认为大多数NO_2^-积累出现在O_2浓度小于4 $\mu mol/L$时（大量的数据集可以证明），反硝化作用也说明了这一点。因此，根据Codispoti等人（2001）的观点，OMZs占海洋体积的0.1%，即$1.35 \times 10^6 km^3$。Paulmier和Ruiz-Pino（2009）利用NO_3^-损失分析估算反硝化区比OMZs大2.5倍，为$3.45 \times 10^6 km^3$。

可以利用厌氧氨氧化和反硝化（分别用$^{15}NH_4^+$和$^{15}NO_3^-$培养）（表9-3）直接测得的数据估计阿拉伯海和ETSP中总氮气产率。阿拉伯海中N_2平均产率为7 nmol/(L·d)（±3 SE，$n=8$），其中厌氧氨氧化产生的氮气占18%（±11 SE）。然而，在150 m（Ward et al.，2009）处有异常高的反硝化速率（25 nmol N_2/(L·d)），如果将它从数据集中去除的话，那么阿拉伯海的平均氮气产率会下降到3.4 nmol/(L·d)（±1 SE，$n=7$）。ETSP中氮气平均产率为16 nmol/(L·d)（±5 SE，$n=26$），这比阿拉伯海高出很多，可能是由于ETSP中所有的研究位点相对来说距海岸较近（距陆地250 km以内）（Ward et al.，2009）。因此，我们取这两个地区氮气产率的平均值9.9 nmol/(L·d)这一数值则假定为海岸线和海洋位点之间代表性的氮气产率。基于这一假设以及能够利用的OMZ体积（例如，Codispoti et al.，2001；$1.35 \times 10^6 km^3$或Paulmier and Ruiz-Pino，2009；$3.45 \times 10^6 km^3$），我们估计全球水体的氮气产量在136~349 Tg/a之间。考虑到ETSP和阿拉伯海之间的平均ra%有很大变化，因此以这种形式计算厌氧氨氧化对全球氮气产量的贡献是没有意义的。然而，如果太平洋全部OMZ的反应与ETSP相似，且它的大小和阿拉伯海相差不大，那么我们可以得出厌氧氨氧化在全球水体的氮气产生中占主要作用。

该估计值的较低值（136 Tg N/a）与早先Codispoti等人（2001）提出的150 Tg N/a的估计值相差不大；而Paulmier和Ruiz-Pino（2009）提出的OMZs具有较大的体积表明，OMZs中产生的氮气（349 Tg N/a）要比在沉积物中（126 Tg N/a）更多。且这个速率可能是不会变的，但是就它的代谢来说，它可能需要重新定义，因为不仅较高的数值支持了Codispoti后来的观点，即"没有理由将海洋反硝化速率降低到400 Tg N/a以下，并且这个速率可能还是保守的"，但它可能需要根据其新陈代谢重新定义，因为它不仅仅是反硝化，还包括厌氧氨氧化，而目前尚未完全量化厌氧氨氧化对全球海洋氮气产生的贡献。

第 10 章 厌氧氨氧化反应过程的应用

10.1 引言

氨氮在废水中的去除通常经过很长的路径,首先在硝化反应中被完全氧化成硝酸盐,然后在反硝化过程中被还原为氮气(设计指南见 Metcalf & Eddy et al., 2003)。虽然在热力学上,直接转移 3 电子氧化为氮气是可行的,但通常认为在生物化学上是不可能的:

$$2NH_4^+ + 1.5O_2 \longrightarrow N_2 + 3H_2O + 2H^+$$
$$\Delta G_R^{0'} = -330 \text{ kJ/mol } NH_4^+ \tag{10-1}$$

事实上,氨氧化反应从来不是作为单一微生物主要的代谢反应,但是这步反应为厌氧氨氧化过程提供了亚硝。因此,在这个过程中,好氧氨氧化菌(AOB)(见第二篇)通过硝化作用形成亚硝酸盐与厌氧氨氧化(由厌氧氨氧化菌来完成)(见第 6 章)相结合。

硝化:
$$NH_4^+ + 1.5O_2 \longrightarrow NO_2^- + H_2O + 2H^+$$
$$\Delta G_R^{0'} = -330 \text{ kJ/mol } NH_4^+ \tag{10-2}$$

厌氧氨氧化:
$$NH_4^+ + NO_2^- \longrightarrow N_2 + 2H_2O$$
$$\Delta G_R^{0'} = -360 \text{ kJ/mol } NH_4^+ \tag{10-3}$$

用上述两种方法结合的 NH_4^+ 处理方式称为短程硝化-厌氧氨氧化过程(也有其他的命名,见表 10-1),该过程是唯一的工业化应用和研究最广泛的污水厌氧氨氧化处理方式。与传统脱氮方式(通过硝化-反硝化)相比,能减少 60% 的曝气量,即由 2.86g O_2/g N 下降到 1.71g O_2/g N。由于没有反硝化作用,因此有机物不是必需的。在图 10-1 中,展示了三种脱氮方式的不同之处,包括硝化反硝化、短程硝化-厌氧氨氧化和短程硝化-反硝化(通过亚硝酸盐的硝化反硝化)。处理含有 NH_4^+ 和 NO_3^- 的废水,可以通过厌氧氨氧化与短程反硝化作用耦合来实现。这种处理过程将在下文中说明(见"一段式反硝化-厌氧氨氧化工艺")。然而除非特殊提到,这部分只介绍短程硝化-厌氧氨氧化反应过程。

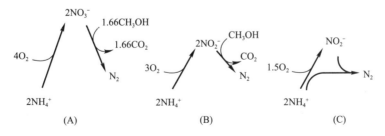

图 10-1 与传统的硝化反硝化脱氮相比,现在的脱氮系统主要的支出在曝气(电)和电子供体的来源上
(A)短程硝化-反硝化;(B)短程硝化-厌氧氨氧化;(C)甲醇作为碳源(添加的碳源量只考虑代谢过程)

厌氧氨氧化过程中脱氮工艺的选择和命名　　　　　　　　　表 10-1

本章提到的工艺名称	反应器的数量	亚硝酸盐的来源	替代工艺的名称	第一参考文献
两段式短程硝化-厌氧氨氧化 （Fux et al.，2001）	2	NH_4^+ 氧化	SHARON[a, b]-anammox	Van Dongen et al.，2001
			两段式 OLAND	Wyffels et al.，2004
			两段式全程自养脱氮	Trela et al.，2004
短程硝化-厌氧氨氧化一体化	1	NH_4^+ 氧化	好氧全程自养脱氮	Hippen et al.，1997
			OLAND	Kuai and Verstraete，1998
			CANON	Third et al.，2001
			好氧/厌氧全程自养脱氮	Hippen et al.，2001
			全程自养脱氮	Seyfried et al.，2001
			SNAP[c]	Lieu et al.，2005
			DEMON[d]	Wett，2006
			DIB[d]	Ladiges et al.，2006
			PANDA+[e]	Beier et al.，2008
			一步式 ANAMMOX	Abma et al.，2009
反硝化-厌氧氨氧化一体化	1	NO_3^- 反硝化	Anammox[f]	Mulder et al.，1995
			DEAMOX[g]	Kalyuzhnyi et al.，2006
			Denammox[h]	Pathak and Kazama，2007

[a] SHARON：以亚硝酸盐为产物的持续高效脱铵工艺；OLAND：限制氧的自养硝化-反硝化工艺；CANON：全程自养脱氮工艺；SNAP：单级厌氧氨氧化短程硝化脱氮工艺；DIB：间歇曝气生物膜系统自养脱氮工艺；PANDA：部分强化亚硝化反硝化工艺；DEAMOX：反硝化氨氧化工艺；Denammox：反硝化-厌氧氨氧化工艺；
[b] 该名称仅指亚硝酸盐，其中通过选择停留时间和在高温下操作来避免亚硝酸盐氧化。有时通过该术语描述亚硝酸盐的硝化-反硝化作用；
[c] 仅指生物膜表面层的过程；
[d] 仅指在 pH 控制下 SBR 的过程；
[e] 原名是指在缺氧和有氧区的单一污泥系统中的短程硝化-反硝化；"+"表示转化为亚硝化-厌氧氨氧化过程；
[f] 最初发现 anammox 的系统。整个过程最初被称为"anammox"；
[g] 仅指以硫化物作为电子供体的反硝化作用；
[h] 仅指以有机物作为电子供体的反硝化作用

20 世纪末，科学家在欧洲发现了短程硝化-厌氧氨氧化反应，完全规模的实施是在近几年（Van der Star et al.，2007）。在本章中，基于不同处理方式启动策略以及对环境影响的评估，将讨论短程硝化-厌氧氨氧化反应设计和运行的相关生理参数。本节还包括短程硝化-厌氧氨氧化工艺工业化应用状况的综述。

10.2　生理学

经过 15 年的研究，人们对于将厌氧氨氧化应用于废水/污水处理中所需的生理学参数有了充分的认识。然而令人惊讶的是，由于在试验过程中厌氧氨氧化菌生长缓慢，且不能纯培养，因此很多关键参数及它们的作用机制在很大程度上是未知的。虽然本节不会在生理学上进行全面的讨论，但是我们会讨论厌氧氨氧化反应过程中的重要参数、反应器设计以及目前它的价值范围。如果想对反应器中的厌氧氨氧化过程进行适当的评价，那么氨氧化细菌（AOB）参数及亚硝酸盐氧化细菌（NOB）的参数都很重要。游离氨（AOB＞

10~150 mg N/L，NOB 0.1~1 mg N/L）和游离亚硝（NOB>0.2~2.8 mg N/L）是硝化过程中引起毒性的主要原因。由于数值已在文献中作了全面的描述（Anthonisen et al.，1976；Wiesmann，1944），因此这里不作详细讨论。

10.2.1 化学计量学和生长速度

虽然厌氧氨氧化菌和 AOB 一样是自养生物，都从代谢反应中获取能量，但是厌氧氨氧化菌的最大增长速率更低，典型的 AOB 为 $1\sim1.2\ d^{-1}$（Anthonisen et al.，1976；Sin et al.，2008），厌氧氨氧化细菌为 $0.05\sim0.2\ d^{-1}$（Strous et al.，1999；Tsushima et al.，2007；Van der Star et al.，2008b）。由于与此增长速率相关的需求增加，因此，两种细菌的最大生物产能也不相同：AOB 为 0.12 Cmol 生物量/mol NH_4^+，厌氧氨氧化菌为 0.07 Cmol 生物量/mol NH_4^+，因此导致了如下的总反应方程式（Strous et al.，1998）：

$$NH_4^+ + 1.32NO_2^- + 0.066HCO_3^- + 0.13H^+ \longrightarrow$$
$$1.02N_2 + 0.066CH_{1.8}O_{0.5}N_{0.2} + 0.26NO_3^- + 2.03H_2O \qquad (10\text{-}4)$$

当生长速率为 $0.05\ d^{-1}$ 的条件下，厌氧氧氨氧化产量与 AOB 产量相比时，具有很强的可比性。厌氧氨氧化过程中硝酸的产生源于亚硝酸盐氧化，其功能是为 CO_2 固定提供电子：

$$HCO_3^- + 2.3NO_2^- \longrightarrow CH_{1.8}O_{0.5}N_{0.2} + 2.1NO_3^- + 0.2H^+ + 0.8H_2O \qquad (10\text{-}5)$$

硝酸盐的产生是整体厌氧氨氧化反应中不可避免的一部分，并且可以用来衡量厌氧氨氧化菌的生长。其转化过程的化学计量比 NO_2^-：NH_4^+：NO_3^- 约为 (1.1~1.3)：1：(0.1~0.25)，这是厌氧氨氧化反应过程的特点。亚硝酸盐和氨氮的高比值以及硝酸盐产量的减少表明会同时发生反硝化作用。

除了氨氮和亚硝酸盐的转化，厌氧氨氧化菌也能够以脂肪酸作为电子供体，还原硝酸盐到亚硝酸盐以及亚硝酸盐到氨氮。由此产生的亚硝酸盐和氨氮可以作为厌氧氨氧化反应底物，用于正常分解代谢（Kartal et al.，2007），但这将完全改变上述提到的化学计量关系。在这种情况下，总体分解代谢反应与反硝化作用相同，但由于厌氧氨氧化菌从未显示出直接使用脂肪酸作为生长的碳源，并且仍然使用能量昂贵的 CO_2 固定进行生长，因此生物产量（即污泥产量）与传统的反硝化相比预计会非常低。反过来，生物产量低也会导致污泥产量降低。

缓慢生长的厌氧氨氧化菌的衰变速率（b_{AN}）不容易评估，因为像生长一样，衰变也很慢。最近，有研究表明在 35℃ 的厌氧条件下，厌氧氨氧化菌的生长速率为 $0.0048\ d^{-1}$（Scaglione et al.，2009），这相当于半衰期为 145d。因此衰变速率比最大比生长速率低约 10 倍，这与生长速率快的微生物一致。

厌氧氨氧化菌对基质有很强的亲和力，其中亚硝酸盐和氨氮的半饱和常数分别为 $<100\ \mu g\ N/L$（Strous et al.，1999）和 $3\sim50\ \mu g\ N/L$（Van der Star et al.，2008b）（仅以亚硝进行估算）。这些数值通常比 AOB、NOB 和亚硝酸盐反硝化要低，因此具有竞争优势。

10.2.2 毒性/抑制

对可能存在于厌氧氨氧化反应器中化合物的不利影响的了解，对于可行性研究、反应器设计以及启动策略的开发是很重要的。相关因素是已知的（亚硝酸盐，磷酸盐，硫酸盐），但其作用机制（可逆性、暴露时间的影响、与其他物质的结合以及化合物对活细胞的毒性等）和发生不利影响的浓度都是未知的。

10.2.2.1 亚硝酸盐的抑制/毒性

大多数厌氧氨氧化过程的抑制剂是它的底物亚硝酸盐。与 AOB 和 NOB 的抑制不同，有迹象表明它不是亚硝酸（HNO_2，未解离形式，易于通过被动运输出入细胞壁），而是离子本身对生物有毒（Strous，2000）。致毒浓度及其可逆性仍不清楚，这可能主要取决于暴露时间。当仅评估对亚硝酸盐去除率的短期影响时，发现相对高的值（在 400 mg N/L）（Strous et al.，1999）和 630 mg N/L（Dapena-Mora et al.，2007）时减少了 50%，430 mg N/L（Kimura et al.，2010）时减少了 37%。然而在这些亚硝酸盐浓度水平下，亚硝酸盐与氨氮的比值的会立即发生偏差，这可能表明发生了氨化作用。在长期的毒性评价中，观察到了较低的致毒浓度。长期（40h）的试验表明，这些化学计量在超过 70mg N/L 的时候开始变化（Strous et al.，1999），这可能表明了培养物的负面效应。与这些水平的抑制相反，实际规模的厌氧氨氧化反应器运行条件是 10kg N/(m^3·d) 时，通常亚硝酸盐的浓度为 40~80mg N/L（Van der Star et al.，2007），这表明在这一情况下厌氧氨氧化菌可以发生增长。

更低的抑制浓度出现在间歇曝气短程硝化-厌氧氨氧化过程中，在 50 mg N/L 时发生不可逆毒性抑制，在 5 mg N/L（Wett et al.，2007）时已经对这一过程有不利影响。这些较低毒性值主要在曝气系统中的发现表明操作对转化能力损失有影响。

亚硝酸盐抑制的可逆程度受到很多讨论。厌氧氨氧化菌暴露在 700 mg N/L 条件下 7 d（导致短暂失去90%的转换能力）(Kimura et al.，2010)，然后可以在凝胶载体上 3 d 完全恢复。考虑到厌氧氨氧化菌的低生长速率，这种转化能力的增加只能是由于恢复，而不是增长。然而，高亚硝酸盐浓度经常被认为是反应器失败的原因（例如，Fux et al.，2004）。然而，这通常是"鸡与蛋"的讨论。由于任何反应器失效导致亚硝酸盐转化停止，非活性反应器的发现通常与高亚硝酸盐有关，在这种情况下，这是结果而不是失败的原因。

10.2.2.2 耐盐性和适应性

厌氧氨氧化菌可以在淡水和海洋条件下生存。通过在淡水细菌 *Kuenenia* 的富集培养中逐渐增加盐胁迫，发现其可以在高达 30 g/L 的浓度下生长（Kartal et al.，2006；Liu et al.，2009）。Kartal 等人（2006）还发现，在 30 g/L 条件下生长的 *Kuenenia* 即使在 60~80 g/L（远高于海水浓度）的浓度下也显示出正常转化率的 50%，而不能适应环境的菌群在 30 g/L 时已经经历了抑制。用几种不同的盐（NaCl/KCl）进行短期测压间歇实验，也表现出了相似的抑制水平（Dapena-Mora et al.，2007）。

10.2.2.3 温度

厌氧氨氧化菌 *Kuenenia* 生长温度的最大活动范围在 30~35℃，最适宜在 43℃（Strous et al.，1999；Dosta et al.，2008），活化能是 63~70 kJ/mol。对于海洋厌氧氨氧化菌来说，活化能为 51 kJ/mol（Rysgaard et al.，2004）或 61 kJ/mol（Dalsgaard and Thamdrup，2002）。由于厌氧氨氧化富集反应器在全规模和实验室规模上通常由 *Kuenenia* 和 *Brocadia* 组成，因此这些较高的值可能是用于工程中最可靠的。

在应用中，已经实现了厌氧氨氧化菌在 15~18℃下的生长（Dosta et al.，2008；Van de Vossenberg et al.，2008）。在环境中也发现，存在着极低温度下生活的厌氧氨氧化菌（Rysgaard and Glud，2004），因此在较低温度下富集厌氧氨氧化菌是可能的。然而，这样的富集只有在强效生物保留系统中是可行的。

10.2.2.4 氧、硫化物和磷酸盐

在真正的厌氧条件（没有硝酸盐/亚硝酸盐）下，甚至在内源性底物上，极低的硫酸盐还原速率也能够产生毒性水平的硫化物。这种毒性可能不会被逆转。通过批次试验发现，在 0.3 mmol/L 时 50%被抑制（Dapena-Mora et al., 2007）。磷酸盐的抑制数据是相互矛盾的：(i) 对于厌氧氨氧化富集物，磷酸盐在 5 mmol/L 的条件下完全抑制（Van de Graaf et al., 1997）；(ii) 但用 20 mmol/L 磷酸盐进行的批量试验不会对富集菌群 *Kuenenia* 产生不利影响（Egli et al., 2001）；(iii) 然而，*Kuenenia* 批次试验表明，浓度为 21 mmol/L 会减少 50%的活性（Dapena-Mora et al., 2007）。

氧气的（可逆）抑制仅在富集培养中，其中发生硝化不充分或内源呼吸时可以成功解除抑制作用，这通常是在非常高的富集水平下的情况。如果是这种情况，那么在最低可测氧浓度氧已经发生了毒性（0.5%的氧饱和度（Strous et al., 1997；Van der Star et al., 2008b））。在存在有氧呼吸（如 AOB）的颗粒污泥或生物膜系统中，氧气的抑制水平要高得多。

10.2.2.5 有机化合物

甲醇会强烈抑制厌氧氨氧化菌的富集，且该过程不可逆，毒性水平已经低至 0.5mmol/L（Güven et al., 2005）。由于毒性作用仅发生在活跃的富集代谢过程中，这表明另一种化合物（可能是甲醛）是由甲醇产生的，因此这种化合物是实际的抑制剂（Isaka et al., 2008）。

厌氧氨氧化菌可以代谢短链脂肪酸（甲酸、乙酸、丙酸），并作为一种方式，将硝酸盐转化为氨氮和亚硝酸盐（Kartal et al., 2007）。厌氧氨氧化菌可以有效的与反硝化微生物竞争这些电子供体，但是利用这些脂肪酸不能显著增加厌氧氨氧化菌的生长速率，厌氧氨氧化活性只会发生在具有足够长的固体停留时间（SRT）的反应器系统中。

10.3 脱氮过程

使用厌氧氨氧化过程去除氨氮通常包括部分硝化，然后是厌氧氨氧化。这两个过程可以发生在一个反应器或串联放置的两个反应器中。本小节首先分别介绍了不同的氨氮去除工艺及其要求，以此为基础评价了不同反应器概念的适用性。此外，这小节还简要概述了反硝化-厌氧氨氧化过程。

10.3.1 一段式反应

当亚硝化和厌氧氨氧化过程发生在同一个反应器时，氧气既是基质（对于 AOB 来说）又是毒素（对于厌氧氨氧化菌来说）。即使在非常低的氧含量下，高度富集的厌氧氨氧化菌也会被（可逆）抑制，除了 NOB 生长所需的有氧条件外，反应器中应存在真正的缺氧条件。此外，SRT 应足够高（数天），以使厌氧氨氧化菌生长。

10.3.1.1 反应器构造

为了在一段式反应器中同时获得好氧和缺氧环境，区分了三种不同的途径：

（1）连续运行，其中氧水平由生物膜系统的梯度控制（Hippen et al., 1997；Kuai and Verstraete, 1998；Slikers et al., 2002）。在这样的系统中，生物膜外层的氧被消耗

掉，因此氧不会完全穿透生物膜，厌氧氨氧化过程可在缺氧内层利用进一步扩散到生物膜内层的亚硝酸盐来进行。在试验阶段，对系统也进行了评估，其中氧气是通过由内向外配置的中空膜提供的（Gong et al.，2008；Syron and Casey，2008）。

（2）依赖时间的曝气，氧含量随时间变化（Third et al.，2005；Wett，2006）。在这样的系统中，亚硝化发生在曝气期间，厌氧氨氧化过程在非曝气期间。然而，由于氧在生物膜系统的低渗透深度，即使在曝气期间，厌氧氨氧化过程也可能会根据方式1发挥作用。

（3）生物质在好氧区和缺氧区之间的物理运输要么通过（i）在完全淹没和高于水位的存在之间交替进行（Kuai and Verstraete，1998），要么通过（ii）在反应器曝气区和非曝气区之间进行生物质传递（Beier et al.，2008）。

10.3.1.2 低氧气水平的运行

除了有利于AOB和厌氧氨氧化菌的生长条件外，亚硝化-厌氧氨氧化反应器的成功运行还需要淘汰NOB。这三组细菌之间的竞争包括氧气、氨氮以及亚硝酸盐（图10-2）。保持反应器内低氧和低亚硝酸盐浓度，而不限制氨氮浓度，是一种理想的竞争环境。在这些条件下，NOB必须同时竞争电子供体（亚硝酸盐）和电子受体（氧）。试验（Third et al.，2001）和数学建模（Hao et al.，2005）的结果表明，在低氧和较低氨氮浓度（对AOB和厌氧氨氧化菌都不利）条件下，系统变得不稳定。

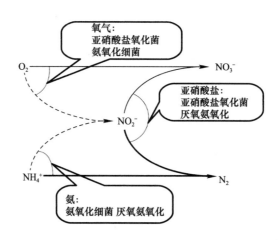

图10-2　AOB（虚线）、anammox菌（粗实线）和NOB（实线）对基质氧、氨氮和亚硝酸盐的竞争
对于亚硝化-厌氧氨氧化一体化来说，在氨氮充足的条件下，限制氧是非常有利的措施

反应器中氧含量对生物膜的形态有很大影响（载体上形成的生物膜以及颗粒/絮状系统）。低氧浓度下运行颗粒/絮状系统（没有外部生物质载体）可导致蓬松生物膜或絮凝物的形成，在这种结构中，AOB具有获得氧的最高效率（Nielsen et al.，2005）。这导致没有生物质载体的反应器沉淀性能差，这也是这种类型反应器的普遍特征（Vlaeminck et al.，2008）。在工程化应用中，可以通过安装旋风分离器来保持反应器系统中的生物量。此外，足够高的剪切力（这也有利于更好地混合生物量，从而更好地沉降生物量）可以维持更好的生物量。

10.3.1.3 高氧气水平的运行

反应器也可以在更高的体积氧水平下进行操作（Gaul et al.，2005；Abma et al.，2009）。由于氧气在生物膜中的渗透性较高，因此在蓬松结构中生长的选择压力要低得多。然而，在这样的系统中，液体条件（具有高亚硝酸盐和氧气水平）有利于絮凝体中 NOB 的生长，或者悬浮液会使反应器不稳定（De Clippeleir et al.，2009）。然而，由于蓬松的性质，这种污泥沉降率速很低。因此，仅通过内部沉降器设计将良好沉降的生物质保持在反应器中，就可以防止生长。除了这些解决措施，应注意保持水力停留时间（HRT）足够高（>1d，视情况而定），防止 NOB 的生长完全停止。流速低的启动过程中，需要特别关注后一点。

10.3.1.4 反应器的选择

几种类型的反应器可用于执行一段式亚硝化—厌氧氨氧化过程。包括颗粒污泥系统（序批式反应器、空气流化以及鼓泡床），以及附着生物质的载体系统（流化床反应器以及固定床反应器）。它们的主要共同点是可以实现高 SRTs 且具有充分混合的能力。亚硝化-厌氧氨氧化反应器中可以实现的最大转化率是由厌氧氨氧化菌或 AOB 底物转化过程中的限制因素确定的。有可能的限制因素如下：

氧气的转移：氧气从气相转移到液相，一般依赖于曝气设计、曝气流量和反应器的高度。

氧渗透：氧气进入生物膜的流量。根据关系式（10-6），穿透深度是氧气水平的 $1/2^{th}$：

$$\Phi_{ox} = \sqrt{2q_{ox,AOB}C_{x,AOB}D_{ox}C_{ox,bulk}} \quad \text{（改编自 Arvin 和 Harremoës，1990）} \quad (10-6)$$

式中

Φ_{OX}——氧气流量；

$q_{ox,AOB}$——AOB 的比氧气转化率；

D_{ox}——氧气扩散系数；

$C_{ox,bulk}$——体积氧浓度。

亚硝酸盐渗透：亚硝酸盐进入生物膜的通量（或者生物膜表面产生的进入内部的亚硝酸盐通量）。

生物质停留：在更高的反应器负荷率下，生物质保留的效率较低，是由于反应器中剪切力增加或者沉淀区扰动增加。

在表 10-2 中，这些限制因素在理论上针对几个特征反应器的典型操作值进行了评估（Van der Star et al.，2007）。当生物膜区域足够大，氧转移是主要的限制因素，而在生物膜表面积较小的反应器中，氧的渗透是限制因素。因为后者强烈依赖于氧浓度（见上式），在许多反应器形式中，较高氧水平下运行反应器可实现更高的体积转化率。

10.3.2 两段式反应

在两段式反应器中，亚硝化和厌氧氨氧化过程分别在曝气和非曝气反应器中发生，其特点和要求与一段式反应器操作完全不同。接下来我们将单独说明每一个反应器。

10.3.2.1 亚硝化反应器

在亚硝化反应器中，约 55% 的氨氮需要被转换成亚硝酸盐以达到厌氧氨氧化过程中所需的反应混合物。这种类型反应器的难题是：（i）防止 NOB 的生长，从而避免产生硝酸盐；（ii）确保只有 55% 的氨氮被转换。通过氧的限制或另外的特定的抑制剂是可以有许多途径产生亚硝酸盐，而不是硝酸盐。虽然亚硝酸盐可以作为在短期内的最终产物（甚至是几个月），但是在长期的运行过程中却很难维持。在特别高的亚硝酸盐负荷（几百 mg N/L）和足够低的 pH 值下，亚硝酸的毒性（HNO_2 > 2.8 mg N/L）或许足够避免这个

第10章 厌氧氨氧化反应过程的应用

表 10-2 实际水厂中厌氧氨氧化反应器的综述（包括一段式和两段式）

工艺	位置	反应器类型	废水种类	体积 (m^3)	比表面积转化速率 ($g\,N/(m^2 \cdot d)$)	转化速率 ($kg\,N/d$)	单位体积上最大转化速率 ($kg\,N/(m^3 \cdot d)$)	限制因素	全面运作的时间[a]	微生物	参考文献
两段式	Rotterdam NL[b]	颗粒污泥	废水	70	ND	700	10	基质 (NO_2^-)	2006	Brocadia	Van der Star et al., 2007
	Lichtenvoorde NL	颗粒污泥	皮革废水	100	ND	250	2.5	基质 (NO_2^-)	2006	Kuenenia	Van der Star et al., 2007
	Mie prefecture JP	颗粒污泥	半导体废水	58	ND	220	4	基质 (NH_4^+)	2006	ND	Tokutomi et al., 2007
	Hattingen DE	流化床	废水	67	5	67	1	Na[c]	(2003)[c]	ND	Thöle et al., 2005
	中国	酵母生产厂	500	ND	1500	2.5	基质	2010	ND	W. R. Abma 未出版
	Zürich CH	SBR	废水	2×1400	ND	1400	0.5	基质	2007	ND	Joss et al., 2009
	Olburgen NL	气提	土豆加工厂	600	ND	1200	2.0	基质	2006	Brocadia[d]	Abma et al., 2010
	Himmerflärden SE	流化床	废水	1400	1.9	420	0.3	尚未报道	2007	ND	Ling, 2009
	Heidelberg DE	SBR	废水	300	ND	300	0.4	尚未报道	2008	ND	Scheider[e]
一体化	St. Gallen CH	SBR	废水	2×300	ND	240	0.4	基质	2008	ND	Joss et al., 2009
	Gelsenkirchen DE	MBR	垃圾渗滤液	660	ND	264	0.4	基质	2005	Brocadia/Kuenenia	Denecke et al., 2007
	Strass AT	SBR	废水	500	ND	350	0.7	基质	2006	Brocadia[e]	Wett, 2007
	Glarnerland CH	SBR	废水	400	ND	240	0.6	基质	2006	ND	Wett, 2007
	Hattingen DE	流化床	废水	102	6	102	1	尚未报道	2003	ND	Thöle et al., 2005

10.3 脱氮过程

续表

工艺	位置	反应器类型	废水种类	体积 (m³)	比表面积转化速率 (g N/(m²·d))	转化速率 (kg N/d)	单位体积上最大转化速率 (kg N/(m³·d))	限制因素	全面运作的时间[a]	微生物	参考文献
一体化	Niederglatt CH	SBR	废水	160	ND	48	0.3	基质	2008	ND	Joss et al., 2009
	Breitenberg DE	MBR	垃圾渗滤液			30			2007	ND	M. Denecke 个人观点
	Mechernich DE	RDC	垃圾渗滤液	8010	2	5126	0.64	曝气	未知[g]	ND	Hippen, 1997
	Pitsea GB	RDC	废水/渗滤液	240	7	408	1.7	基质	未知[g]	*Scalindua*	Schmid et al., 2003
	Kölliken CH	RDC	垃圾渗滤液	33	2	13	0.4	基质	未知[g]	ND	Siegrist et al., 1998
	Tongliao CN	SBR	味精废水	(6700)	ND	(11000)	(1.65)[h]		(2010)	ND	W. R. Abma 未出版
	Apeldoorn NL	SBR	废水	(2500)	ND	(1600)	(0.67)		(2010)	ND	ONRI/Technisch Weekblad[i]

[a] 括号中的表示不再运行, 尚未运行或运行未公布
[b] NL 表示荷兰; JP 表示日本; DE 表示德国; CH 表示瑞士; SE 表示瑞典; AT 表示奥地利; GB 表示英国; CN 表示中国; ND 表示尚未确定
[c] 反应器转换为一段式
[d] 通过 FISH 来确定, 2009 年更新 (转化速率)
[e] http://www.schneider-electric.de/documents/events-fairs/thementage/downloadbereiche/wasser-seligenstadt-2010/06_Seligenstadt10_Wett_Energie_dt_29-06-2010.pdf
[f] 来源于 Innerebner et al., 2007
[g] 系统自动运行; 现在的运行状态未知
[h] 在启动阶段, 之前报道的转化速率为 1 kg N/(m³·d) (ONRI, 2009.12.1)
[i] http://www.onri.nl/projecten/demon (ONRI, 2009.12.1); http://www.technischweekblad.nl/energiezuinige-stikstofverwijdering-in-apeldoorn. 39444. lynkx (Technisch Weekblad; 2009.12.1)

系统中亚硝酸盐的氧化（Wyffels et al.，2003）。AOB 和 NOB 之间的最大比生长速率不同（Hellinga et al.，1998），在温度 25℃以上时，AOB 的生长速率大于 NOB，可以利用这种方法来避免亚硝酸盐的进一步氧化。通过选择生物质的保留时间使 AOB 生长，抑制 NOB 生长（一般为 1 d），这种类型的操作下 AOB 才得以富集。在计算间歇曝气反应器中停留时间时，应该只考虑反应器实际的曝气时间，因为这是 AOB 唯一的生长阶段。

如何确保只有 55％的氨氮转化取决于废物流中氨氮的抗衡离子。如果这是碳酸氢盐（在大多数废物流中是这样），亚硝化由 pH 限制，而不被氨氮所限制，因为产生的质子只有 50％可以通过剥离 CO_2 来平衡：

$$NH_4HCO_3 + 1.5O_2 \longrightarrow H_2CO_3 (=H_2O+CO_2) + NH_4NO_2 \qquad (10-7)$$

因此，反应将在 50％～60％的转化率时自动停止，并达到 pH 平衡（6.3～6.6）(Van Dongen et al.，2001)。但应注意的是，所有可用的碱度（1 mol HCO_3^-/mol NH_4NO_2）必须满足底物 1∶1 进行反应。反应器设计基于废物流中有 50％完全转化为亚硝酸盐，另外 50％的废物流直接旁路到厌氧氨氧化反应器中，且有 50％的碱度也一起进入到厌氧氨氧化反应器中，这样反应器中亚硝酸盐的负荷将会降低 50％。

10.3.2.2 厌氧氨氧化反应器

厌氧氨氧化反应器稳定运行的关键是，稳定和足够长的生物停留时间以及良好的混合效果。混合效果对于进水进入反应器的位置是非常重要的，因为进水中亚硝酸盐的浓度通常高到有毒，因此混合应足够快，从而使反应器中不存在高亚硝酸盐浓度的区域。与回流预混合（例如，用气体升降反应器的"无生物量"降液管中的液体）对厌氧氨氧化反应器来说非常有好处。由于厌氧氨氧化菌生长缓慢，因此生物量的保留是很重要的。应该注意的是，由于大多数反应器运行温度较高（来自温和的污泥消化池，或者比较小从而可以经济地加热，部分原因还在于与厌氧氨氧化反应相关的热量产生），因此，典型情况下所需的污泥龄并不是极端的。大体上，SRT 为 30 d 就足够了。

特别是在具有低密度生物量的不连续操作的系统中，悬浮是一个需要关注的问题（Dapena-Mora et al.，2004），这是由于系统突然变化（例如，在几天内就发生变化，而不是几周或几个月）或暴露在过高的剪切力下造成的（Arrojo et al.，2008）。

颗粒污泥反应器在工业规模上符合厌氧氨氧化反应器的要求（混合充分和高的生物量停留），其中选择性压力用于颗粒的形成，包括单独的混合和沉降区。在沉降区中，稳定的上升流速（>1 m/h）用于选择稳定颗粒。这种反应器的优点是具有非常高的容积负荷率，这可能是由于颗粒有高达 3000 m^2/m^3 的比生物量面积，且当使用内部循环反应器时，生成的气体可以进行有效的混合（Van der Star et al.，2007）。其他已用于厌氧氨氧化过程的反应器（像具有 1 cm 直径低重量生物膜载体材料（Cema et al.，2006），或者生物膜片（Fujii et al.，2002））中的生物膜比表面积要比颗粒污泥低得多，这会大大降低容积转换。表 10-3 总结了不同类型反应器典型的最大比体积转化率以及这些出现最大值时的限制条件。

10.3.3　一段式反硝化—厌氧氨氧化工艺

在反硝化—厌氧氨氧化过程里，亚硝酸不来源于氨氮的部分氧化，而来源于硝酸盐的部分反硝化。反硝化的电子供体可以是硫化物或有机物。通过硝酸盐的部分反硝化产生亚硝酸盐，然后在厌氧氨氧化过程里结合氨氮形成氮气。整体分解代谢反应如下所示（这里以甲醇作为电子供体：
$$NH_4^+ + NO_3^- + 0.33CH_3OH \rightarrow N_2 + 0.33HCO_3^- + 0.33H^+ + 2.33H_2O$$
$$\Delta G_R^{0'} = -560 \text{ kJ/mol } NH_4^+ \tag{10-8}$$

这个过程发生在荷兰代尔夫特面包酵母工厂的中试规模的废处理厂，而且首次使用了厌氧氨氧化缩写（Mulder et al., 1995）。当硫化物作为硝酸盐反硝化成亚硝酸盐的电子供体时，应该保持硫化物的浓度足够低，不至于产生毒性。试验已经证实，硫化物与含氮化合物的转化同时进行（Kalyuzhnyi et al., 2006），而且这种转化更像是硫化物的氧化（也有硫化物的抑制）和硝化相结合（Heijnen et al., 1993）。

废水中同时存在硝酸盐和氨氮，且需要在同一个污水处理厂处理，那么反硝化—厌氧氨氧化会是一个不错的选择。厌氧氨氧化菌利用可用的碳源，将部分硝酸盐还原成为亚硝酸盐（Kartal et al., 2007）。反硝化—厌氧氨氧化反应器的要求与两段式亚硝化-厌氧氨氧化工艺中的厌氧氨氧化反应器相似（见上文），像混合效果、长污泥龄和缺氧条件都很关键。在运行过程中，应注意保持低水平的硝酸盐，从而使硫酸盐不会发生还原，因为产生的硫化物对厌氧氨氧化菌是有毒性作用的。

除了处理含有氨氮和硝酸盐的废水外，该工艺还在只含氨氮的反应器中进行了测试，以便在仅进行厌氧氨氧化过程时，去除厌氧氨氧化菌产生的过量的15%的硝酸盐（Pathak et al., 2007）。像这样的去除步骤是很合理的，如果厌氧氨氧化反应器出水没有被排出或者回流到处理系统的其他部分（如废水系统中），这会不利于废水处理。然而，由于厌氧条件的存在，低硝酸盐浓度还是会导致硫化物毒性的增加。反硝化-厌氧氨氧化工艺也可以进行消化液脱氮处理，首先将50%的消化液完全硝化为硝酸盐，然后进行硫化物驱动的反硝化-厌氧氨氧化工艺，这包括产生的硝酸盐和剩下的氨氮以及未经处理的50%的废水（Kalyuzhnyi et al., 2006）。然而在这样的系统中，硝化过程中应该添加额外的碱度，以达到完全转化的需求。

10.4 测量与控制

跟进和控制以厌氧氨氧化为基础的工艺，原则上与监控正常活性污泥的运行没什么不同。进水和反应器内的高浓度以及由此产生的底物毒性需要对标准方法和控制模型进行一些调整。

10.4.1 物理参数的测定

氨氮、亚硝酸盐和硝酸盐的浓度可以用标准的实验方法测得。然而，一旦出现（预期的）问题，氨氮、亚硝酸盐和硝酸盐的快速指示实验也是很必要的。也可以通过离子选择电极或者定期（1~4次/h）自动化分光光度法对这些参数进行在线监测。尽管离子选择电极法监测氨氮、亚硝酸盐和硝酸盐的准度已经在过去的几年中有了很大的提升，但是它也具有局限性，包括高的波动性和短的使用寿命（1个月），因此需要至少每周校准1次。然而，在细心地维护下，通过这些传感器也可以获得可靠地数据（Joss et al., 2009）。

科学家已经证实电导率传感器是转化的可靠指标，在高浓度废水中不管是硝化还是厌氧氨氧化过程电导率的减少是很明显的（Cema et al., 2006）。作为测量变化的一个间接方法，应该对它进行周期性的调整使其适合于废水特性。

10.4.2 微生物菌群

科学家已经证明，测压批量测试是厌氧氨氧化活性良好和快速的指标（Dapena-Mora et al.，2007）。当在存在和不存在氧气的情况下进行时，它们也可以在单反应器过程中可靠地用于跟踪启动、故障排除或测试过程变化。然而，气体的测量应该通过评估 pH 变化和 NO_2^-：NH_4^+：NO_3^- 的转化比例来校正，所有变量的大小在试验的开始和结束时都要测定。而且批量测试和实际反应器存在结构上的不同，因此试验主要适用于确定处理效果的变化和评价新的废水中的不利影响。

此外，荧光原位杂交（FISH）是一种非常有效的分析手段，可以检测到絮状物和颗粒中 AOB、厌氧氨氧化菌和 NOB（不希望有的）的分布（详见第 8 章）。特别适用于评估 NOB 是否生长或者是否在反应器中增殖。然而，在反应器启动时没有合适的接种的话，那么整个转化过程的批量测试和荧光原位杂交都不能成功（因为厌氧氨氧化菌的浓度太低），唯一关于生长的信息能由定量-PCR（Q-PCR）获得。在实验室反应器的启动阶段（Tsushima et al.，2007）或者实际运行中（Van der Star et al.，2007），这个方法都可以成功应用。

10.4.3 两段式反应器过程控制

在处理碳酸氢铵的亚硝化反应器中，会自动建立 1∶1 的氨氮和亚硝酸盐的混合物，因为反应器基本上受碱度限制。只要曝气充分，使氧气从气相转移到液相（反应器的高度要小于 4 m），或者使 CO_2 从液相转移到气相（受限于反应器高度），1∶1 的比例会自发产生。这并不意味着不需要去控制溶解氧（DO）的浓度，这只是可以减少曝气的投入。此外，初步调查结果表明，曝气量超过一个阈值后，曝气量会与 NO 排放直接成比例（Kampschreur et al.，2008），因此可以通过减少 DO 浓度来减少 NO 的排放。

NOB 的淘洗可以通过污泥龄来控制。注意，可以通过排泥来实现，也可以通过减少反应器的曝气时间来实现。由于 NOB 的生长只发生在曝气期间，因此只有曝气期才算作 SRT。然而，缺氧期会增加温室气体的排放（Kampschreur et al.，2007，2008）。

一个运行良好的厌氧氨氧化反应器中亚硝酸盐浓度是有限度的，不需要特殊的控制亚硝酸盐。这个尤其适合废水处理系统（不像主流），这种系统变化是受限制的，并且亚硝酸盐的浓度在长时间的污泥消化过程中逐渐降低（一般为 30 d）。然而，当亚硝酸盐浓度迅速增加时（20-100 mg N/L，依靠生物量特性决定），停止或者迅速降低进入厌氧氨氧化反应器的进水流速，这是一种有效的方法。除了亚硝酸盐外，电导率也是一个有效的（更加可靠）转化指标。在反应器中过低的氨氮浓度是进水中氨和亚硝酸盐比例不正确的一个指标，需要进行缓冲措施（例如，在亚硝化反应器中轻微调整 pH，或者使部分含氨氮的进水直接进入厌氧氨氧化反应器中）。

10.4.4 一段式反应器过程控制

在一段式反应器中，氧转移和氧浓度是维持厌氧氨氧化菌和 AOB 有利生长的重要因素。在一段式反应器中，曝气量可以通过 DO 进行控制，当亚硝化作用受阻时，增加 DO 水平；当在厌氧氨氧化过程出现问题时，降低 DO 水平。用氨氮浓度（电导率也是类似的）、亚硝酸盐浓度（Kampschreur et al.，2009）或亚硝酸盐和氨氮的比例来控制曝气速率是另一种可能性。虽然利用中间亚硝酸盐作为执行器的曝气控制可能看起来很奇怪，但它对 AOB 和厌氧氨氧化菌具有相同的作用。较高的曝气会促进亚硝化，但会抑制厌氧氨氧化活性（或者说增加了氧气的渗透），达到相反的结果就要降低曝气量。在亚硝酸盐水平限制厌氧氨氧化过程的系统中，增加曝气会导致 AOB 的活性变高，也同样会使厌氧氨氧化速率提升。

在非连续曝气的系统中，曝气速率和时间可以进行有效的控制。虽然曝气流量可以通过连续系统中讨论的所有参数来控制，但在所有使用的系统中，曝气流量均由 DO 控制。对于曝气时间，pH 可作为全过程控制的参数，因为 AOB 有很强的酸化反应（Wett，2006）。在实际应用上，成功使用的另一选择是电导率（Joss et al., 2009）。

10.5 启动时间和策略

10.5.1 两段式反应

亚硝化过程启动阶段非常快但并不完全。在实际废水处理过程中，接种硝化活性污泥的 SHARON-型亚硝化（停留时间需要控制且无生物量停留），在运行 2 周之后没有发现明显的 NOB 活性（J. W. Mulder, personal communication）。通过简单地停止添加甲醇，在 4 d 内就能实现从大型短程硝化-反硝化（在添加甲醇的情况下，反硝化发生在缺氧阶段）反应器到仅适于短程硝化反应的转变（Van der Star et al., 2007）。

为了给厌氧氨氧化反应器提供合适的原料，亚硝酸盐负荷在开始时不能太高。此外，在进水进入反应器之前可以用出水或回流稀释进水。当转化率稳定后，可以降低稀释度，前提是进水要与反应器液体充分混合。然而，（i）如果水力停留时间太长，当所有亚硝酸盐/硝酸盐被内源呼吸去除之后，会有硫酸盐还原的风险；（ii）设计的水力系统（像气升式循环系统）可能在较低的转化率（相当于气体产生）下发挥的作用较小，从而导致混合程度不高。

10.5.2 一段式反应

与两段式反应过程相比，一段式反应过程可以立即接受（但不是处理）相当大部分的全部设计负荷。一般来说，应注意在反应初始阶段有充足的氨氮和没有到毒性水平的亚硝酸盐，而且应该避免污泥上浮。可以参考下面几种方法：

（1）在启动阶段，第一个要注意的是，硝化作用实现之后，应逐渐减少曝气为厌氧氨氧化菌创造生长条件，这样也有助于 AOB 和厌氧氨氧化菌分别与 NOB 竞争氧气和亚硝酸盐，从而将 NOB 从反应器中淘洗出去。

（2）另一种策略是首先将反应器进行亚硝化-反硝化反应（在甲醇/醋酸盐条件下反硝化，利用 1~4 d 的 SRT 淘洗亚硝盐氧化菌或减少氧含量），然后逐渐减少添加的碳源。这种方法成功地应用在瑞士 Niederglatt 的启动上（Joss et al., 2009），且在德国的 Breitenberg 和 Gelsenkirchen 成功转变成亚硝化-厌氧氨氧化反应器（Walter et al., 2007）。

（3）当从之前接种的种泥中获得相当大的生物量时，可以选择接近最终选择的控制系统的反应器控制启动策略。例如，通过在 pH 控制（Wett，2006）或电导率/氨氮控制下（Joss et al., 2009）操作，可以与完全操作的反应器中相同的方式来控制曝气相的长度。然而，在第一天里需要手动维持反应器的负荷以避免氨氮毒性。

我们应进一步注意 NOB，因为在颗粒污泥中它不会占优势，但在絮凝体中会通过亚硝酸盐氧化而留在反应器中（絮凝体中更容易获得氧气）(Gaul et al., 2005；De Clippeleir et al., 2009)。

10.5.3　直接扩大与逐步扩大

厌氧氨氧化的启动期需要耐心、经验和足够多的接种种泥。当接种量不足时（提供的第一个反应器或第一个反应器中某些区域），在合适的条件下，从刚开始接种到启动成功大约需要几个月的时间。难题是，评估反应器内是否存在合适的条件是很困难的，因为在第一周/月转化速率太慢（进水流速和浓度变化太大），以至于无法通过质量平衡检测出氨氮、亚硝酸盐和硝酸盐浓度。如果初期反应器出现问题，那将很难检测出来。在鹿特丹大型厌氧氨氧化反应器的启动阶段（由2个反应器组成），研究人员成功使用 Q-PCR 来鉴定是否存在有利条件，且即使当亚硝酸盐，硝酸盐和氨氮水平的变化无法检测到时，也可以跟踪群落的生长（Van der Star et al., 2007）。然而，从 Q-PCR 得到的信息只有当结果是定期测量的（每周或者更频繁）时候才有用，这样可以直接对比反应器操作中的变化。

采用上述策略，或许可以将两段式中的厌氧氨氧化反应器从 10 L 的规模扩大到 70 m³。替代方法是通过在反应器中启动该过程来进行经典的放大，该反应器通常比前一个大 10 倍。在之前操作中获得的经验和接种，可以在扩大规模后继续使用。当接种量已经构成所需氮转化率的 10%，就可以更快地检测到设计或操作错误，因为接种物的活性可以很好地测量，且当暴露于不利条件时将快速消失（通常在 1 周内）。图 10-3 展示了反应器操作的典型曲线。通常需要 3 年以上的时间才能在第一个反应器中达到完全转化，而第三个反应器的启动只用了几个月。令人惊奇的是，不管是直接扩大（荷兰（Van der Star et al., 2007）；德国（Walter et al., 2007））还是间接扩大（瑞士（Wett, 2006；Joss et al., 2009）），通常都需要 2~3 年。在合适的条件和经验下，启动阶段（不存在厌氧氨氧化种泥）可以在 6 个月内完成，与实验室研究得到的结果一样。

10.6　可处理的废水

厌氧氨氧化过程通常应用在高氮废水（>200 mg N/L）和低碳氮比的废水中。对亚硝化-厌氧氨氧化系统的进水来说，虽然这些要求是对的，但并不适用于所有的废水处理系统。由于亚硝化-厌氧氨氧化过程对有机物没有需求，所以将处理高碳氮比的废水系统与硝化-厌氧氨氧化处理联合起来更有优势。相比之下，当硝化-反硝化需要外部电子供体时，废水中的有机碳可以完全的转化为生物气。为了最大化的生物气生产和最小化的能源供应，这种联合提供了最大的可持续发展空间。

10.6.1　城市污水处理厂（WWTP）的废水

厌氧氨氧化工艺已成功测试并应用在废水处理（污泥消化液）中。从城市污水处理厂产生的污泥，厌氧消化后的出水一般包含 500~1500 mg NH_4^+/L（像碳酸氢铵）。虽然废水流速低（一般为进水流速的 0.5%~2%），但它们包含 5%~20% 的可利用的氮负荷。因此，废水处理可以通过相对较小的反应器显著地提高整体性能（Van Loosdrecht, 2008）。当废水中没有可以再利用的电子供体时，短程硝化-厌氧氨氧化工艺特别适合这类废水。在实际废水中，一段式反应器（Hipper et al.，1997）和两段式反应器（Van Dongen et al.，2001）都经过了实验验证并且应用在大规模的水处理中（表10-2）。短程硝化-厌氧氨氧化过程可以整合在一个完全新建的污水处理厂的设计中（着重于优化污泥产生和沼气产生），或者用来改造已存在的处理厂，使其能处理更大的进水量或者达到更严格的出水标准。

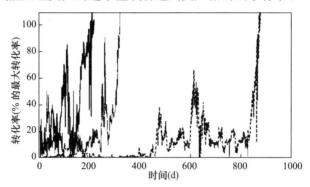

图 10-3　同一个公司同时启动三座大规模的短程硝化—厌氧氨氧化反应器
（两座两段式的在 Rotterdam 和 Lichtenvoorde；一座一段式在 Olburgen）
由于有效的接种及应用技术的掌握，三座反应器的启动时间逐步降低

10.6.2　消化食品加工厂的出水和粪便

从食品加工厂出来的废水一般有很高的蛋白质含量（所以氮含量高），因此可以被有效消化。剩余的废水可以通过短程硝化-厌氧氨氧化来处理。目前，可以利用大规模的一段式短程硝化-厌氧氨氧化反应器处理土豆消化废水（Abma et al.，2009），可以用两段式反应器处理皮革消化废水（Abma et al.，2007）。短程硝化-厌氧氨氧化工艺也可以处理来源于面包厂和味精厂（MSG）的消化废水。

味精生产中产生的废水有很高的氮含量，由于它在消化后具有很低的碳氮比，是可以选择短程硝化-厌氧氨氧化工艺的。研究人员已经通过试验证实，废水中有 500 mg N/L 发生转化（Chen et al.，2007），且该工艺已应用到实际味精处理厂（表10-2）。

在没有稀释的情况下（因此具有约 1 g NaCl/L 的高盐负荷），可以对消化海产品和鱼类罐头的出水（约 1 g N/L）（两段式反应器）（Dapena-Mora et al.，2006；Lamsam et al.，2008）)进行废水处理。

在几个关于厌氧氨氧化处理粪便的报告中，猪粪便消化液已经在实验室的短程硝化-厌氧氨氧化系统中进行了研究。在这些处理中，厌氧消化粪便（浓度为 1 g NH_4^+/L）已经成功地在一段式反应器（Hwang et al.，2005）和两段式反应器中实现（Qiao et al.，2009）。

10.6.3　源分离处理

与已知的厌氧氨氧化菌正相反，一些 AOB 有水解尿素的能力（见第 2 章）。虽然水解尿素并不能产生能量，但是它产生的氨氮对于亚硝化是有用的。Sliekers 等人（2004）的研究表明，以尿素为基础的短程硝化-厌氧氨氧化（其中 AOB 水解尿素，然后进行短程硝化）在一段式反应器中是可能实现的。此外，尿素类似物（其中尿素被铵/氨代替）可以用于两段式反应器和一段式反应器的短程硝化-厌氧氨氧化系统（Wilsenach et al., 2006），因此表明处理源分离尿素的可行性。

来源于厕所中废水是另一种源分离的高氮废物流。它在厌氧消化后，会剩余 1~1.5 g NH_4^+/L 的废物流，最近表明剩余废物流可以通过一段式（Vlaeminck et al., 2009）或两段式（De Graaff et al., 2011）短程硝化-厌氧氨氧化过程转化。

10.6.4 垃圾渗滤液

在垃圾渗滤液中，氨氮的浓度高达 5 g/L（虽然典型的浓度一般在 1 g/L），目前只能通过硝化-反硝化或者硝化作用来处理。不管是在完善的实验室规模的系统（两段式反应器系统（Ruscalleda et al., 2008）），还是在改造后的大规模的硝化反硝化反应器中（Walter et al., 2007），氨氮处理都能达到稳定的转化率。短程硝化—厌氧氨氧化工艺处理这类废水的可行性很早就已经显现出来，但实际上，是在设计用于硝化-反硝化的反应器中发现亚硝化-厌氧氨氧化过程。

10.7　描述性术语

虽然自然过程不会因为它的名字改变而变化，但是一个稳定的、持续的、可以广泛接受的术语对讨论和方便理解这个领域是十分重要的。然而，由于发现厌氧氨氧化的地理区域不同，并且 AOB 在短程硝化和厌氧氨氧化过程中都很重要，所以导致产生了很多种名字（经常是基于厌氧氨氧化、全程自养脱氮和氧限制型自养硝化-反硝化（OLAND））。最近通过使用特定反应器组合或品牌的特定名称扩大了名称的数量。

这种情况通过引入专业术语得到了很大的改善，即基于反应过程是发生在一段式的反应器还是两段式反应器中：

(1) 氨氮和亚硝酸盐在缺氧条件下生成 N_2 的厌氧氨氧化工艺。

(2) 一段式短程硝化—厌氧氨氧化工艺，指亚硝酸盐生成和厌氧氨氧化过程在同一反应器中发生。

(3) 两段式短程硝化—厌氧氨氧化工艺，指曝气反应器将氨部分氧化为亚硝酸根，而缺氧反应器只发生厌氧氨氧化作用。

(4) 一段式反硝化—厌氧氨氧化工艺，指硝酸盐反硝化成亚硝酸盐的过程与厌氧氨氧化过程发生在同一反应器中。这是发现厌氧氨氧化工艺的原始过程配置（Mulder et al., 1995）。

(5) 厌氧氨氧化反应器（无曝气）是指有且只有厌氧氨氧化过程发生的反应器。

作为解释现有文献的辅助手段，文献中使用的名称概述及其建议的通用名称如表 10-1 所示。

10.8　环境影响

废/污水脱氮对环境的影响主要在于 CO_2 的排放和曝气能耗。CO_2 在反硝化过程中产生，而 N_2O 排放与硝化和反硝化都有关系。在短程硝化-厌氧氨氧化过程中，曝气减少了大约 60%，唯一直接来源于碳酸氢盐的 CO_2 现在以反离子的形式存在废水中。

除了这些直接影响外，短程硝化-厌氧氨氧化过程可以用来设计更加可持续发展的工艺。例如，污泥消化后，在污水处理厂中引入短程硝化-厌氧氨氧化过程，使初沉池具有更高的负荷能力，从而在沼气生产中产生更多的能量。这只是对一个已经存在的污水处理厂进行简单的改进，就导致整个污水厂能源网消耗量减少了50%（从2 W/p降到1 W/p）（Siegrist et al., 2008），CO_2的排放量从9 kg CO_2/(p·a)降到5 kg CO_2/(p·a)。短程硝化-厌氧氨氧化过程处理低浓度氨氮污水也是可行的，因为氮的去除不需要COD，所以可以增加能源产量以完全满足工厂的需求，从而达到能源的自给自足（Van loosdrecht et al., 2001；Siegrist et al., 2008；Kartal et al., 2010）。

除了CO_2排放的影响外，NO和N_2O的排放对环境影响评价也是很重要的。无论反硝化的中间产物，还是硝化过程的排出物，它们都会直接（N_2O强度是CO_2的296倍）或间接（NO）地导致温室效应。从污水处理厂中排放的N_2O目前还不是很清楚，只有少数研究将N_2O排放与氮负荷或转化率联系起来，结果产生非常大的变化（例如，Wicht and Beier, 1995）。在运行良好的实验室规模的反应器中，NO和N_2O的排放基本上是0（从NH_4^+中转化的<0.01%）（例如，Strous et al., 1998；Van der Star et al., 2008b）。但是，在大规模的厌氧氨氧化反应器中，发现N_2O排放量为0.1%~0.5%（Kampschreur et al., 2008；T. Lotti，个人观点），它们是由短程硝化反应器中的AOB产生的。在唯一评估的短程硝化反应器中，N_2O排放量为2.3%，但是这主要归因于非曝气阶段N_2O的产生。因此，对于连续曝气的短程硝化反应器来说，N_2O释放量或许更少。在已经提及的反应器中，应注意到NO的排放（在DO阈值之上）可能与曝气速率成比例。太高的曝气速率会导致较高的NO排放（Kampschreur et al., 2008）。

在一段式短程硝化-厌氧氨氧化工艺中，大规模反应器的N_2O排放量分别为1.2%（连续曝气）（Kampschreur et al., 2009）、1.3%（Weissenbacher et al., 2010）、0.6%（间歇曝气）和0.4%（连续曝气）（Joss et al., 2009）。这些数值变化很大（比正常的污水处理厂略高），且它们在时间和操作模式上的变化表明，研究缺乏对N_2O排放因子的理解/可预测性，还缺乏评估实验室规模系统中排放特征的重要性。

在一座已优化的城市污水处理厂中，CO_2产生量为4.2 kg/(人·a)，这突出了厌氧氨氧化过程的可持续性。假设额外有0.25%的氮负荷以N_2O的形式释放（这不是不切实际的，在硝化-反硝化期间有N_2O的排出，在大规模的硝化反应器中，N_2O量很高主要是由于存在非曝气阶段），N_2O引起的温室气体排放增加到1.3 kg CO_2/(人·a)（以CO_2为当量进行换算），因此整个系统的温室气体净减少量仍为2.9 kg CO_2/(人·a)。

10.9 数学模型

在厌氧氨氧化反应器初期设计和评估时，建模是非常重要的。厌氧氨氧化菌生长速率极慢不仅会让实验变长，而且在实验室操作中，几个固体停留时间的稳定运行已成为一项挑战。生物膜模型表明，一段式短程硝化-厌氧氨氧化工艺在低DO（Hao et al., 2002；Picioreanu et al., 2004）和有机物存在的条件下（Hao and Van Loosdrecht, 2004）是可以运行的。然而应该指出的是，到目前为止，缺乏可靠的底物亲和力、衰变、生长速率和亚硝酸盐毒性等参数严重阻碍了早期模型的可预测性。

然而，厌氧氨氧化过程的典型废物流中氮转化的模型不能用于典型的废水处理（像ASM 1,2,3）。高氨氮转化率会导致明显的酸化现象。pH的变化是由硝化过程酸化和CO_2

的释放造成，因此在一段式和两段式的亚硝化-厌氧氨氧化反应器中应该考虑到这些影响。现在的污水模型除了缺少有关 pH/化学形态的影响，还缺少亚硝酸盐的影响。亚硝酸盐不仅需要在两个模型步骤中分离两个微生物硝化过程，还需要两个步骤中分离反硝化。然而，在反硝化中引入亚硝酸盐的亲和力是有问题的，因为它应该被认为是细胞内的中间体（至少部分是这样的）。在最近的污水处理模型中，Sin 等人（2008）提出了亚硝化和厌氧氨氧化不同模型概念的细节。

污泥处理的优化永远不能通过微生物自行解决，只有通过细致的污泥处理分析，再结合污水处理厂的主流工艺才能达到最经济的效果。为了避免在废水处理厂主线的现有模型中完全引入 pH 和亚硝酸盐，Volcke 等人（2006）设计了一系列转化矩阵计算方法，因而废水模型和一般模型可以结合，能够计算反应进程优化设计。

10.10 当前发展状况：实际规模反应器

厌氧氨氧化在污水处理中的出现并不都是刻意的行为导致，这个过程在不充分的曝气条件下也可以自发的在废水处理系统中产生，例如英国的 Pitsea、德国的 Mechernich 和瑞士的 Kölliken。虽然，这些自发的亚硝化-厌氧氨氧化一体化反应器可以在细心的维护下运行，但是可以想象由于反应器负荷或者操作的变化会导致厌氧氨氧化的变化。在 Pitsea，厌氧氨氧化活性实际在开始运行后的 2 年就完全消失了（Schmid et al., 2003）。不管是稳定的"偶然"短程硝化-厌氧氨氧化过程，还是自发的短程硝化过程，这些在世界上都是很重要的（尤其是硝化垃圾渗滤液）。

在过去几年中，实验室规模厌氧氨氧化工艺为启动实际运行的反应器奠定了坚实的基础。在过去的 2 年中，反应器的启动，包括德国 Hattinggen（开始在两段式反应器中实验，后来转变成完全的一段式反应器系统）、荷兰 Rotterdan（两段式反应器）和 Strass（一段式反应，间歇曝气，通过 pH 控制），对于进一步发展亚硝化—厌氧氨氧化工艺至关重要（图 10-4）。接种经验和可行性的提高促进了过去几年中安装施工的增加。随着 2010 年 4 座大型反应器的建设，亚硝化-厌氧氨氧化处理容量增加了 1 倍，并且建造了处理高达 1000 kg N/d 的反应器。表 10-3 概述了实际规模的亚硝化-厌氧氨氧化反应器。

10.10.1 实际规模和实验室规模的特征评价

通过计算实际规模反应器中的化学计量比发现，实际规模的比值与实验室反应器之间没有明显的区别（Van der Star et al., 2007），为 $(1.31\pm0.032):1:(-0.25\pm0.006)$（193d 平均数据）。除了厌氧氨氧化反应器中 N_2O 的释放量外，对于其他参数，实验室规模和实际规模中的不存在原则性偏差（实际规模的 N_2O 释放量远高于实验室规模）。对于 N_2O 释放量不同的最合理解释是，亚硝酸盐水平和基质类型不同，即在实验室中是采用人工配水，但是在实际规模中含有 AOB 来部分硝化废水。

泡沫是一种在实验室中很难见到的现象，因此只能直接在实际规模中来评估。虽然泡沫在一段式短程硝化—厌氧氨氧化系统（间接曝气）中报道过（Wett et al., 2007），但将已存在的短程硝化-反硝化反应器（添加乙酸来反硝化）转变成一段式短程硝化-厌氧氨氧化反应器后，泡沫会显著减少（Rekers et al., 2008）。

10.10 当前发展状况：实际规模反应器

表 10-3 厌氧氨氧化工艺以及一段式短程硝化-厌氧氨氧化工艺不同类型反应器中体积转化率的限制性及波动性评价[a]

工艺	反应器类型	颗粒直径 (m)	比表面积 (m²/m³)	单位体积最大转化率 (kg N/(m³·d))[f] 转换通量 (g N/(m²·d)) 限制过程			
				亚硝酸盐渗透[b]	氧气的渗透[b,d]	氧气的转移[c]	水动力学
厌氧氨氧化	颗粒污泥	0.001	3000	90 **(30)**	—	—	12
	生物膜流化床	0.01	250	7 **(30)**	—	—	ND[e]
	生物膜填充床	0.01	250	7 **(30)**	—	—	ND
	生物膜片反应器		250	7 **(30)**	—	—	ND
短程硝化-厌氧氨氧化一体化	气提/泡沫柱	0.001	3000	89 (30)	15 (5)	8	ND
	旋转盘接触器		250	7 (30)	**2.5 (10)**	ND	ND
	流化床	0.01	250	7 (30)	**1.2 (5)**	8	ND
	SBR		3000	89 (30)	15 (5)	8	ND

[a] 每个反应器的最强限制以粗体显示（改编自 Van der Star et al., 2008a；在文献里查看注释）；
[b] 渗透是指渗透到生物膜中；
[c] 氧气转移是指氧气从气相转移到液相；
[d] 渗透浓度为 1mg/L，对于旋转盘接触器，假设平均浓度为 4mg/L；
[e] ND 表示尚未确定；
[f] "—" 表示没有应用。

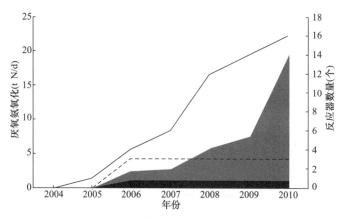

图10-4　一段式（实线）和两段式（虚线）厌氧氨氧化工艺满负荷运行数据及脱氮情况
（t N/d；黑色为一段式工艺；灰色为两段式工艺）

10.10.2　反应器和过程的选择

目前只有三种工艺使用的是两段式。虽然最初预计两段式更容易操作，在大型污水处理厂中使用可能会经济效益更高，但一段式系统的稳定性和更直接的启动导致在过去两年中仍主要应用这种类型，并且预计这种趋势会延续下去。

同时，研究人员已全面开始使用众多反应器类型。其中，颗粒污泥工艺（不管是在SBR还是气升式装置中）占大多数。因为这些反应器类型最符合要求，即混合性好、生物膜比表面积高。

最大体积转换率预期发生在颗粒污泥反应器中，包括一段式（荷兰的Olburgen；2.0 kg N/(m³·d)）和两段式（荷兰的Rotterdan；10 kg N/(m³·d)）系统。小规模的废水处理在Olburgen的航拍图中已经标示出来。污泥消化、除磷以及短程硝化-厌氧氨氧化工艺相结合，能够处理超过30%的废水，且占地面积小得多（图10-5）。

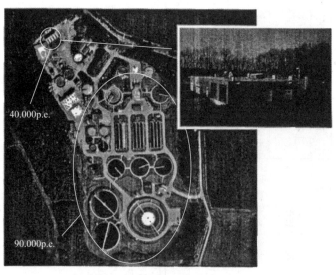

图10-5　与容量为90000 p.e.的污水处理厂（底部圆圈所示）相比，通过单独处理容量为40000 p.e.的工业废水（顶部圆圈所示）减少了空间需求；框架中为单独处理的图片。

对不同（短程硝化-）厌氧氨氧化反应器中可能的限制因素的评估表明，即使现在达到的最高体积转化率也可以在这种类型的反应器中继续增加（表10-3），这将在未来提供更高效的反应器。

10.11 展望

在过去几年中，由于厌氧氨氧化菌的生理信息越来越丰富，且研究人员越来越多地对可能的处理概念进行实验室规模评估，使得anammox工艺在10多个地点成功应用，该工艺主要处理废水。由于实现了成本降低、装置的稳定及控制的方便，再加上西方世界实施的更严格的脱氮要求，短程硝化-厌氧氨氧化工艺很可能在未来几年规模更大。除了在废水和垃圾渗滤液中的应用，该工艺还可以应用在更多的污水类型中。

研究短程硝化-厌氧氨氧化工艺应用的主要问题是，工艺应用的范围和几种有毒或者抑制性化合物的影响。由于反应中过程微生物的活动模式经常是未知的，这阻碍了反应器运行的可预测性，而且是现有模型预测不到的。

最后，最近阐述的在极低氨氮浓度下脱氮的可能性将会真正改变整个行业：如果这变得可行，那么厌氧氨氧化过程可应用于城市污水处理厂的主线和有机物的处理。污水处理厂可以完全专注于消化。然而，这仍然是未知的领域。

第五篇 亚硝酸盐氧化细菌

第 11 章 亚硝酸盐氧化细菌的代谢及基因组学：重点研究纯培养和硝化杆菌

11.1 引言

亚硝酸盐氧化细菌（NOB）在亚硝态氮转化为硝态氮的硝化过程中起到了关键作用。尽管亚硝酸盐是一种低能物质（在好氧条件下，通过氨氧化产生），但在自然的有氧环境中很少有积累。这是对 NOB 有效地耦合硝化过程以及在各种环境条件下消耗 NO_2^- 的证明。因此，我们期望 NOB 广泛分布于原核生物中，而且已经出现一些不同的菌株作为我们研究的模式微生物。然而，尽管 NOB 分布在不同的属，包括硝化杆菌属（*Nitrobacter*）、硝化球菌属（*Nitrococcus*）、硝化刺菌属（*Nitrospina*）、硝化螺菌属（*Nitrospira*）和 *Nitrotoga*，但是几乎所有关于 NO_2^- 氧化的生理和生化的知识都来源于有限的硝化杆菌属的研究。而且，关于 NOB 代谢和生化特性的大量文献都是在 20 年前发表的，那是实验室研究化能自养菌纯培养的黄金时代（Aleem and Sewell，1984；Bock et al.，1991；Hooper and DiSpirito，1985；Wood，1986；Yamanaka and Fukumori，1988）。在那个时期得出的一些既新奇又有争议的发现直到 2011 年仍然没有得到解决或证实。而且，与许多其他环境中的微生物相比，NOB 的微生物介导过程以及基因控制过程并没有得到发展，而这些能够提供明确的基因证据来辨别不同的模型（单纯从生理和生化方面得到的模型）。

最近几年，不依赖培养的分子技术表明，在许多环境下，包括土壤和污水处理厂中，硝化螺菌属通常是数量上占优势的 NOB（Juretschko et al.，1998；Schramm et al.，2001；Bartosch et al.，2002）。但可惜的是，纯种培养几乎得不到代表性的硝化螺菌属；而且，关于它们的生理和生化特性的信息也很少。因此，本章将侧重于描述硝化杆菌属的研究成果。最近，对三种硝化杆菌菌种/菌株的基因组进行了测序，并且也已经出版了详细的注释（Starkenburg et al.，2006，2008c）。在本篇，我们会将 NOB 的生理生化特性以及硝化杆菌的基因组学结合起来讲述。因为在慢生根瘤菌科中发现硝化杆菌是 α-变形菌，所以通过 16S rDNA 测序发现它与慢生根瘤菌属以及红假单胞菌属有很高的相似性，达 96%（Seewaldt et al.，1982；Teske et al.，1994）。因此，尝试做基因对照来鉴定核心基因，这些核心基因能够定义硝化杆菌并能揭示如何从代谢多样性、光能/化能相关性区分化能自养硝化杆菌（Starkenburg et al.，2008c）。

11.2 分类学/系统学

从形态学和系统发育学来看，在各种细菌图谱中都发现了 NO_2^- 氧化过程（Koops and Pommerening-Roser，2001；Spieck and Bock，2005；Alawi et al.，2007）。虽然有证据表明海洋（Konneke et al.，2005；Wuchter et al.，2006）、较热水体（de la Torre et al.，2008；Hatzenpicher et al.，2008）和一些土壤（Leininger et al.，2006；Nicol et al.，2008；Prosser and Nicol，2008）中存在泉古菌的基因，这些基因能够编码氨单加氧酶中的亚基A，但是一直没有发现或分离出亚硝酸盐氧化古菌。尽管硝化杆菌属属于α-变形菌门，但发现硝化球菌属属于γ-变形菌门，硝化刺菌属属于δ-变形菌门，硝化螺菌属就属于硝化螺菌门（Spieck and Bock，2005）。硝化刺菌属和硝化螺菌属仅仅在海洋中被发现而且专性嗜盐。在之前的文章中可以查阅不同NOB属的详细描述，包括培养基、培养条件、细胞形态以及基本的生长特性（Watson et al.，1989；Bock et al.，1991；Spieck and Bock，2005）。

最近，Spieck和他的同事成功培养并富集了硝化螺菌属的新型菌株，称为"*Candidatus* Nitrospira bockiana"（Lebedeva et al.，2008）和"*Candidatus* Nitrospira defluvii"（Spick et al.，2006）；一种新型的具有亚硝酸盐氧化能力的β-变形菌（"*Candidatus* Nitrotoga arctica"）被大量富集，这些菌来自西伯利亚北极永久冻土层（Alawi et al.，2007）。此外，科学家也分离出了与γ-变形菌中荚硫菌属（*Thiocapsa*）密切相关的亚硝酸盐氧化无氧光合自养菌（Griffin et al.，2007）。因为 *Nitrospira* spp. 经常在 NO_2^- 浓度低的情况下生长，而且细胞产量低、生长缓慢（Watson et al.，1986；Ehrich et al.，1995），所以，关于它的代谢和生化特性的研究进展很少是正常的。尽管如此，Daims等人（见第12章）仍然提出了硝化螺菌属的生理和生化特性，这主要是利用基因组工具和其他独立培养的方法获得的。表11-1给出了所培养的NOB的基本特征，也包括最近分离出的。

NOB 不同属间的分化特性　　　　　　　　　　　　　　　　表 11-1

参数	结果				
	Nitrobacter	*Nitrococcus*	*Nitrospina*	*Nitrospira*	*Nitrotoga*
种系发生	α-变形菌门	β-变形菌门	δ-变形菌门	硝化螺旋菌门	β-变性菌门
G+C（%）	59—62	61	58	50—54	ND[a]
形态	多形态的棒状	球状	细杆状	螺旋状	球状/短棒状
胞质内膜	极性的	任意的	无	无	无
典型脂肪酸[b]	18：1*cis*11 16：0	18：1*cis*11 16：1*cis*9 16：0	16：1*cis*9 14：0 16：0	16：1*cis*7[c] 16：1*cis*11 16：0,11me[d] 16：0	16：1*cis*9 16：0 10,12，& 14：0 OH
羧酶体	有	有	无	无	无
NXR 的 β-亚基（kDa）	65	65	48	46	ND

[a] ND 表示不确定
[b] 数据来源于 Alawi et al.（2007），Lipski et al.（2001）以及 Spieck et al.（2006）
[c] 物种组成差异
[d] 存在于一些 *Nitrospira* 中度嗜热菌种中

11.3 硝化杆菌基因组

11.3.1 一般特性

到目前为止，已经测序了 3 个不同 NOB 属（*Nitrobacter*、*Nitrococcus* 和 *Nitrospira*）中的 5 种基因组（表 11-2）。已经发表了 3 个硝化杆菌基因组的注释以及分析，包括 *N. hamburgensis* X14，*Nitrobacter winogradskyi* Nb255 和 *Nitrobacter* sp. strain NB311A。没有完成的 *Nitrococcus mobilis* NB231（从太平洋赤道表面分离）的序列草图最近也完成了，尽管相关的全面分析还没有发表（https://moore.jcvi.org/moore/SingleOrganism.do?speciesTag=NB231&pageAttr=pageMain）。最近，对 "*Candidatus* Nitrospira defluvii" 的基因组也进行了测序；Daims 等人对最初注释的重点进行了描述（见第 12 章）。

表 11-2　NOB 基因组的一般特性

参数	结果			
	N. hamburgensis X14	*N. winogradskyi* NB255	*Nitrobacter* sp. strain NB311A draft[a]	*N. mobilis* NB231
来源	土壤	土壤	海水	海水
染色体碱基数	4406967	3402093	~4105362	~3617638
G+C（%）	61.6	62	62	60
总基因数	4716	3118	4256	3503
无预测功能的基因数	1848	993	1461	1185
假基因	347	21	ND[b]	ND[b]
横向同源物	634	283	478	ND
旁系同胞群	251	74	143	ND
质粒	3	0	ND	ND
pPB13	294829 bp			
pPB12	188318 bp			
pPB11	121408 bp			

[a] 16S rRNA 与 *N. winogradskyi* Nb-255 有 100% 的同一性
[b] ND 表示尚未确定（从 NB311A 的未完成的草图序列中不可能准确计数假基因或质粒的存在）

硝化杆菌基因组的大小在 3.4~5 Mbp，可以编码 3117~4716 个基因。平均来看，硝化杆菌的基因组（~4.1 Mbp）比 α-变形菌中光合型和有机营养型小得多，例如，慢生型大豆根瘤菌（~8.3 Mbp）、沼泽红假单胞菌（~5.4 Mbp）。在三种硝化杆菌基因组中，发现大约有 2179 个保守基因（图 11-1），这代表了在最小的 *N. winogradskyi* 基因组中发现的大多数基因（86%）。但是，每一个基因组都含有独特的遗传物质（序列空间的 13%~29%），这可能与每种细菌的生态位有关（表 11-3）。*N. winogradskyi* 中的 411 个基因在

11.3 硝化杆菌基因组

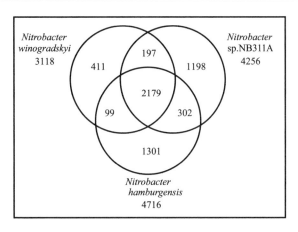

图 11-1　全球中的 *Nitrobacter* 保守基因

每一个圈代表每个基因组中全部的基因类型；重叠区表明了每一个基因组与其他基因组间基因型的重叠量；圈外的数字表示基因组中总共的基因数，包括旁系同源基因和拷贝基因（图形改编自 Starkenburg et al., 2008c）

另外两种硝化杆菌中没有发现，其中，124 个具有一定的功能，包括编码一种烷基磺酸单加氧酶的基因、两种硝酸盐/磺酸盐/碳酸氢盐 ABC 转运体的基因以及吡咯喹醌辅因子合成基因。研究发现，这三种硝化杆菌基因组都能编码 Na^+/H^+ 逆向转运蛋白（nhaA），这种物质能够加强硝化杆菌的耐盐性。然而，NB311A 基因组中一些独特的基因（氯离子通道、Na^+/Ca^{2+} 逆向转运蛋白、ATP 酶以及类似于四氢嘧啶的渗透保护剂）还可以说明这个菌株有其他的功能，即调节渗透压从而在海洋环境中生存。

N. hamburgensis 基因组是硝化杆菌属中最大的，而且相比于其他测序的代表菌株，它可以维持更高水平的代谢活性以及代谢适应性。*N. hamburgensis* 特有的遗传物质包括编码末端氧化酶和细胞色素、NO 还原酶（NOR）、甲酸脱氢酶、硫氧化、一氧化碳脱氢酶、乳酸脱氢酶和其他酶类的基因。从参与关键代谢的同源和非同源基因（亚硝酸氧化还原酶（NXR）、末端氧化酶、核酮糖二磷酸羧化酶（RuBisCO））也可以判断 *N. hamburgensis* 在不同环境下代谢能力和分化表达能力的提高。从表面上看，尽管 *N. hamburgensis* 有很大的代谢潜力，但是它的基因组要比其他的 NOB 菌种更缺乏组织性且更加片段化。基因组中大约有 8% 的假基因（$n=347$），包括大量的可移动遗传原件和一些噬菌体残留物。相比之下，*N. winogradskyi* 的基因组仅有 21 个假基因而且一半是同源基因。

表 11-3　*Nitrobacter* 中特异性基因的功能差异

假定类别	微生物中存在的独特基因		
	N. winogradskyi	*N. hamburgensis*	*Nitrobacter* strain Nb311A
转运体	NO_3^-/磺酸盐/CO_3^{2-} 铁吸收系统 Fe/Ni/Co PO_4^{3-} 孔蛋白 非特征性的 ABC 转运组件	氨渗透酶 K^+ 转运体 非特征性的 ABC 转运组件	TonB 系统 Ca^{2+}/Na^+ 反向转运体 Cl^{-1} 通道 铬酸盐 非特征性的 ABC 转运组件 Mg/硫酸钴通透酶 Co/Zn/Cd 外排

续表

假定的类别	微生物中存在的独特基因		
	N. winogradskyi	*N. hamburgensis*	*Nitrobacter* strain Nb311A
碳代谢		甲酸脱氢酶 类一氧化碳脱氢酶 类 D 型或 L 型乳酸脱氢酶 苹果酸脱氢酶，丙酮酸-甲酸裂解酶 尿黑酸/苯乙酸降解	
能量		细胞色素 c 氧化酶 细胞色素 bd 泛醇氧化酶 细胞色素 b_{561} 细胞色素 P_{460} 黄素氧化还原蛋白还原酶 一氧化氮还原酶（sNOR）	
应答机制			DNA 应答/修复 DNA 聚合酶Ⅳ，Ⅲ *minCDE* 隔膜形成
其他多方面的	组氨酸生物合成 多个 FecIR 基因 吡咯喹啉醌生物合成	Ⅱ型分泌物 丝氨酸蛋白酶 结合转移 重金属抗性 亚砷酸盐氧化酶	多糖合成，输出 UspA 应激基因 四氢嘧啶合成酶 阳离子 ATP 酶 铜绿假单胞菌铁载体合成 异羟肟酸铁载体（IucC 家族）

11.3.2 *N. hamburgensis* 质粒

在 *N. hamburgensis* 基因组测序之前，人们对 *N. hamburgensis* 中质粒的代谢作用几乎不了解。质粒中大约有 494 个编码基因，但是其中只有 1/2 是功能基因。最大质粒 pPB13 上的基因，更偏向于碳/能源代谢，而小质粒 pPB11 受共轭/纤毛形成基因支配。pPB12 的功能基因是上述两种质粒的结合，包括共轭、能量和碳代谢的基因簇，还有一套重金属抗性的基因。值得注意的是，基因组中依赖 ATP 的葡萄糖激酶的单拷贝基因仅位于 pPB12 上。pPB13 引人注目的特点是存在一个很大的"自养岛"（～28 kb 基因簇），它能够编码Ⅰ型 RuBisCO 亚基，也是唯一能够编码羧化体的基因。对于 *N. hamburgensis* 来说，多数的质粒基因是特有的，而 *N. winogradskyi* 和 NB311A 染色体上的～28 kb 基因簇中有 21 kb 是保守的。在 pPB13 上也存在一些其他的 Calvin-Benson-Bassham 循环酶，包括Ⅰ型 RuBisCO 的第二个非旁系拷贝以及 1,6-二磷酸果糖、磷酸核酮糖激酶、酮糖二磷酸醛缩酶的单拷贝基因。虽然相邻的 LysR 型调节子有明显变异，但第二个 RuBisCO 基因簇会在染色体上复制（99% 的相似性），这说明每一种 RuBisCO 可能会有不同的调节方式。

11.3.3 硝化杆菌的核心基因组分析

为了进一步分析亚硝氧化的基因基础，Starkenburg 等人（2008c）构建了一个复合或者说核心基因组，它由三种硝化杆菌基因组的保守基因组成。用核心基因组作为查询的数据库，去除所有与沼泽红假单胞菌或慢生型大豆根瘤菌有高度同一性的核心基因。在每一种硝化杆菌基因组中都发现，有大约 116 个基因型具有独特的保守性。在这 116 个基因"亚核"中，有 46 个基因在京都基因与基因组百科全书（KEGG）中找不到与其相匹配的基因，而且也不清楚它们在 NOB 中会发挥什么作用。在有功能注释的亚核基因中（41 个基因），有两个基因簇编码多糖合成蛋白，其中有一些几乎与 α-变形菌蛋白没有相似性。研究发现，许多功能注释的亚核基因与亚硝酸盐代谢、运输和调节有关，包括编码 NXR 亚基、*c*-型细胞色素以及与 *nirK* 相邻的假定类-NsrR 调节蛋白的基因簇。值得注意的是，沼泽红假单胞菌和慢生型大豆根瘤菌基因组中包含一些硝化杆菌基因的同系物；然而，我们发现慢生型大豆根瘤菌与 α-变形菌世系以外的基因更直接相关。

总之，这个分析结果表明，硝化杆菌中基因的收集可能会反映这些细菌的生态位（而不是它的发展史），这些基因是控制亚硝酸盐氧化代谢机制的。这可能通过同化作用、修饰作用或者基因（这些基因来源于更远的细菌世系）的表达来实现。将硝化杆菌的核心基因与来自系统发育上不同谱系的其他 NOB 的核心基因进行比较将是非常有意义的。

11.4 亚硝酸盐氧化细菌的超微结构

透射型电子显微镜成像（TEMs）为 NOB 细胞内形态变化提供了根据，但是这些变化的生理意义仍有待研究。硝化杆菌和硝化球菌的 TEMs 揭示了胞质内膜（ICMs）的复杂网络网，它会渗透到细胞质中（图 11-2）。就硝化杆菌而言，ICMs 通常位于细胞的一极，并且电子致密颗粒广泛地覆盖膜的细胞质侧（Spieck et al.，1996a，1996b）。NXR 亚基与抗体结合后的免疫标记表明，这些膜相关的颗粒是位于 NXR 的亚细胞位置（Spieck et al.，1996a，1998）。研究者根据硝化杆菌的超薄切片观察得出，它的细胞壁结构在革兰氏阴性变形菌中可能是反常的，因为不存在肽聚糖层（Watson et al.，1989；Bock et al.，1991）。值得注意的是，*Nitrospina*、*Nitrospira* 和 *Nitrotoga* 的 TEMs 表明它们不存在 ICMs（图 11-3 和图 11-4），*Nitrospira* 和 *Nitrotoga* 菌种中存在异常大的周质空间（Watson et al.，1989；Ehrich et al.，1995；Spieck and Bock，2005；Alawi et al.，2007）。混合培养生物硝化反应器中的 *Nitrobacter* 和 *Nitrospira* 细胞，通常会嵌入到一个荚膜中形成聚集体，与 AOB 毗邻。现在我们仍不清楚 AOB 和 NOB 胞外产物对这些荚膜基质积累的相对贡献到底是多少。在这种情况下，有意思的是 *Nitrobacter* 亚核中独一无二的基因集合涉及荚膜的生物合成。NOB 的 TEMs 通常会表明，其细胞质中相当大的比例由细胞内含物构成，例如羧酶体、聚 β 羟基丁酸、糖原和多聚磷酸盐颗粒（Watson et al.，1989；Spieck and Bock，2005）。虽然羧酶体是 *Nitrobacter* 和 *Nitrococcus* 细胞中的常规检测指标，但是在 *Nitrospira*、*Nitrospina* 和 *Nitrotoga* 中却没有发现。有关羧酶体作用的探讨将会在之后呈现，"*Candidatus* Nitrospira defluvii" CO_2 固定的不同潜在机制（Daims 等人提出）的基因证明也会为读者介绍（见第 12 章）。

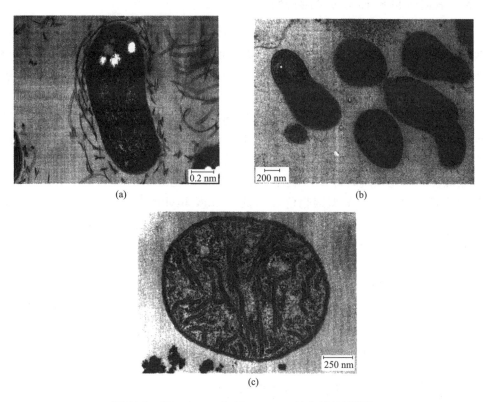

图 11-2 *Nitrobacter* 和 *Nitrococcus* 的电子显微照片

（a）*N. winogradskyi* Nb255（图像来源于 William Hickey）；（b）活性污泥中富集的 *Nitrobacter* spp.；（c）*N. mobilis* 231（图像 B 和 C 来源于 Eva Spieck）

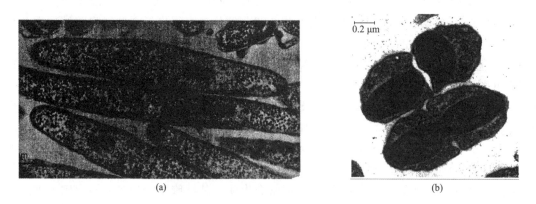

图 11-3 *Nitrospina* 和 *Nitrotoga* 的电子显微照片

（a）*Nitrospina* 347；（b）*N. arctica* 6678（图像来源于 Eva Spieck）

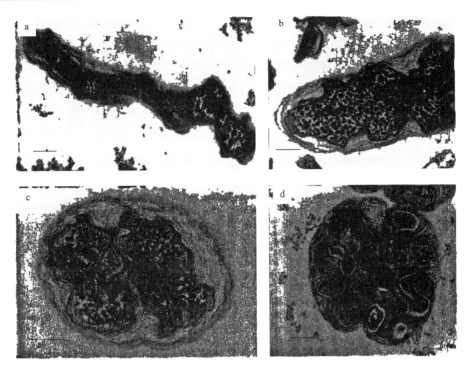

图 11-4 "*Candidatus* Nitrospira bockiana"的电子显微照片
(a) 浮游细胞;(b) EPS 周围的浮游细胞;(c) EPS 周围的小菌落;
(d) 多晶的小菌落。分辨率:0.25 μm(a 图到 c 图);0.5 μm(d 图)

11.5 生长特征

11.5.1 NO_2^- 水平、pH 和温度

在培养基中发现,*N. winogradskyi*、*N. hamburgensis* 和 *N. vulgaris* 菌株的最佳生长温度为 25~30℃,pH 为 7.5~8.0,亚硝酸盐浓度在 10~45 mmol/L。有证据表明 NOB 可以在更多样的环境下生存。例如,一种嗜酸的硝化杆菌(IOacid)在酸性落叶林土壤中生长的最佳 pH 为 5.5(Hankinson and Schmidt,1988),而嗜碱硝化杆菌菌株的最佳 pH 为 9.5,后来称这类嗜碱菌为 *N. alkalicus*(Sorokin et al.,1998)。一些 NOB 也能适应寒冷环境,像 "*Candidatus* Nitrotoga arctica" 就能在 4~17℃下生长(Alawi et al.,2007)。取自莫斯科加热系统腐蚀蒸汽管的 *Nitrospira moscoviensis* 最佳生长温度为 39℃(Ehrich et al.,1995);来源相对简单的 "*Candidatus* Nitrotoga bockiana",亚硝酸盐的最佳氧化温度为 42℃(Lebedeva et al.,2008)。从俄罗斯布里亚特共和国温泉中富集的 NOB,亚硝酸盐氧化的最佳温度为 50℃,且分别在 42℃、48℃和 55℃下可以繁殖生长(Lebedeva et al.,2005)。*N. moscoviensis* 成功富集和分离的关键在于培养基中要维持较低水平的亚硝酸盐浓度(0.7~1.4 mmol/L)。实际上,*N. moscoviensis* 最佳生长的亚硝酸盐浓度为 0.35 mmol/L,在 15 mmol/L 时生长会受到抑制(Ehrich et al.,1995)。然而,之后证明,*Nitrospira* 的分离菌株和富集培养菌株中的亚硝酸盐耐受性存在相当大的差异(*N. defluvii* 为 20~25 mmol/L;*N. bockiana* 为 18 mmol/L;*N. marina* 为 6 mmol/L)。

也许这反映了 Nitrospira spp. 在广泛的环境中具有良好的适应性。在另外的研究中发现，亚硝酸钠浓度小于 0.2 g/L（2.8 mmol/L）时，Nitrospira 会富集，而当亚硝酸钠的浓度为 2 g/L（28 mmol/L）时，Nitrobacter 会富集（Bartosch et al.，2002）。随后的研究获得了自然种群中 Nitrospira 世系对亚硝酸盐敏感性不同的原因。在活性污泥样品中，Nitrospira 亚群 1 和 2 不同，因为亚群 1 比亚群 2 能承受更高的亚硝酸盐浓度（Maixner et al.，2006）。鉴于不同环境下 NOB 代谢多样性的需要，我们预测将来会发现更多不同系统发育背景和不同生理特性的 NOB。

11.5.2 异养生长

目前仍然没有具体证据来说明通过什么方式从有机化能营养或者混合营养微生物中分辨化能自养 NOB。Nitrobacter 菌株显示不同程度的有机化能营养生长主要局限于 C_2 和 C_3 基质（醋酸、丙酮酸、乳酸和甘油）。相比之下，Nitrospina 和 Nitrococcus 是比较先报道的专性化能自养菌（Watson and Waterbury，1971）。而海洋中的分离菌株 Nitrospira marina 在混合营养比在化能自养条件下生长地更好（Watson et al.，1986），而 N. moscoviensis 是比较先报道的海洋中专性化能自养菌。之前的文献提出，如果 Nitrobacter 在碳源为丙酮酸或醋酸，有机氮源为蛋白胨、酵母提取物或酪蛋白水解物的培养基下培养，且不补充氨氮和亚硝酸盐的条件下，会提高 Nitrobacter 的生长（Smith and Hoare，1968；Bock，1976）。这些数据仅仅是间接证明了 Nitrobacter 利用有机氮源的能力，所以我们仍需试验证明有机氮源可以被微生物直接同化吸收。

11.6 生理和代谢

11.6.1 NO_2^- 氧化系统的遗传和生化特性

很明显，NOB 的特点就是将 NO_2^- 氧化为 NO_3^- 并为生长提供能量和还原性物质。在 20 世纪 80 年代，一些出版的文献描述了亚硝酸盐氧化酶（NXR）的纯化和鉴定以及与其相关的亚铁血红素和电子载体（Yamanaka et al.，1981；Yamanaka and Fukumori，1988；Bock et al.，1991）。但糟糕的是，最近几年我们忽视了这个课题，而我们对 NXR 结构和机制的很多细节仍不确定。NXR 是一种与膜结合的异源二聚体蛋白，包括一个大的 α 亚基-NxrA（130 kDa）和一个较小的 β 亚基-NxrB（65 kDa）(Meincke et al.，1992）。这可能与钼喋呤辅因子有关（Kruger et al.，1987；Meincke et al.，1992）。NXR 纯化方法的选择会影响多肽数量和大小的估计，多肽与 NXR 和亚铁血红素的特定类型有关（Bock et al.，1991）。特定亚铁血红素的存在或缺失会影响 NXR 是否具有依赖 NO_2^- 的高铁细胞色素 c 还原性或者只是能够还原人工电子受体，例如铁氰化物和氯酸盐（Bock et al.，1991）。现在的研究还不能解释哪个 NXR 亚基具有酶的催化位点，但是间接的证据认为是 NxrA，因为相比于 NxrB 来说，它和异化硝酸盐还原酶的催化位点 α 亚基更相似。虽然在 nxrA 和 nxrB 基因中没有检测到信号肽，但是预测 NxrA 存在跨膜结构域，这说明它可能会将 NXR 复合物固定于细胞质膜上（Starkenburg et al.，2006）。Spieck 等人（1996a，1996b，1998）之前认为，来源于 Nitrobacter 的 NXR 是一种膜，位于细胞膜的胞质面。H. Daims

指出，当他和同事用不同的生物信息学工具研究 $nxrA$ 的跨膜结构域时，得到了相反的结果。因此，如果这些特征从 NxrA 中消失的话，那么，另一种蛋白亚基将 NXR 固定在膜上的可能性就会增加。

在 $Nitrobacter$ 基因组中存在 $nxrA$ 和 $nxrB$ 的多拷贝基因，但是只有一个中心基因簇编码 NXR 的结构蛋白和辅助蛋白（图 11-5），包括 NxrC（NarJ 的同源物，NxrJ 能将 Mo 辅因子插入到相关的异化硝酸盐还原酶中，NxrA 也有这样的作用）和 NxrD（NarI 的同源物），NxrD 能编码 b-型细胞色素，b-型细胞色素可以作为 Mo 辅因子的电子受体（或供体）。

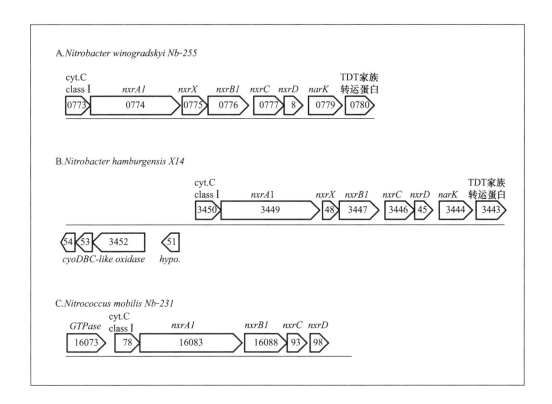

图 11-5　$Nitrobacter$ 和 $Nitrococcus$ 中 NXR 操纵子的组成
一个箭头表示一个基因，在箭头里标有位置号，在箭头上方标有基因名称

上游的 NxrA 是一种编码细胞色素 c 的基因，细胞色素 c 可能是与 NXR 复合物相关的关键电子载体并能直接参与 NO_2^- 的氧化和还原。实际上，Sundermeyer-Klinger 等人（1984）描述了一种与膜结合的细胞色素 c（32 kDa），他们推测这种物质可能是 NXR 的第三个亚基。NarK 型基因也在这个基因簇中编码，它可能具有 NO_2^- 和 NO_3^- 转运体的功能。在任何类型的 NO_2^- 氧化模式中，NO_2^- 的有效转运都非常重要，有如下几种预测：(i) NXR 位于细胞质靠近膜的一侧；(ii) NO_3^- 的累积会干扰 NO_2^- 的氧化；(iii) 在厌氧条件下，NO_2^- 会干扰 NO_3^- 的还原（利用 NOB 进行异化硝酸盐还原）。

NXR 操纵子分子组织的变异存在于不同的 NOB 世系中（图 11-5）。所有已测序的基因组都至少包括 1 个 $nxrA$ 和 $nxrB$ 拷贝。$Nitrobacter$ nxr 基因簇包括一个小的可读框 $nxrX$，位于 $nxrA$ 和 $nxrB$ 之间。这个基因可能是 $Nitrobacter$ 中 NXR 所特有的，因为在

N. mobilis（Vanparys et al.，2006）和"*Candidates* Nitrospira defluvii"基因组中并未发现（见第 12 章）。虽然我们对 *nxrX* 并不了解，但是这个基因与肽脯氨酰顺反异构酶有很高的序列同源性，这表明 NXR 的正确折叠/成熟可能需要 *nxrX*。Vanparys 等人（2006）做的进一步序列分析表明，*N. mobilis* 的 *nxrA* 和 *nxrB* 基因序列与 *N. winogradskyi* 的只有 69% 相似性，*Nitrospira* 的 *nxr* 基因与 *N. mobilis* 的关系更远。*nxr* 的比较基因组分析结果与早期的 western 印迹免疫分析一致，这说明 *Nitrospira* 和 *Nitrospina* 中（46～48 kDa）NxrB 的分子重量要比在 *Nitrobacter* 和 *Nitrococcus* 中（65 kDa）小（Amanda et al.，1996；Bartosch et al.，1999）。而且，*Nitrobacter*（130 kDa）中 NXR α 亚基的抗体具有种属特异性，这说明不同的 NOB 种属中 α 亚基会发生变异。

11.6.2　NO_2^- 氧化机制和相关的电子流

来自 *N. winogradskyi* 的 NXR 是一个铁硫钼酶，每分子 NXR 包含 1～2 个钼原子（Yamanaka and Fukumori，1988）。通过纯化（涉及洗涤剂提取的步骤）可以获得 *N. winogradskyi* 中的 NXR，包含亚铁血红素 a_1 和亚铁血红素 c，它们能催化细胞色素 c_{550} 的还原。当 NXR 从加热处理过的膜上分离时，发现它由两个亚基组成（115 kDa 和 65 kDa），并且酶的馏分中含有钼、铁、锌和铜（Meincke et al.，1992）。根据电子顺磁共振光谱的结果，Meincke 等人（1992）提出，钼（Mo）和铁硫中心与氧化亚硝酸盐成硝酸盐有关，而且在这一过程中 Mo（Ⅵ）还原为 Mo（Ⅳ）；然后通过 Mo（Ⅴ）进行钼中心的再氧化，因为电子会被转移到其他载体上。假定来源于亚硝酸盐氧化过程的电子在亚铁血红素 a_1 处释放，转移到细胞色素 c_{550}，随后通过细胞色素氧化酶（图 11-6）（Yamanaka and Fukumori，1988）。从 *N. winogradskyi* 中纯化的可溶型和膜型 c-型细胞色素都可以作为细胞色素 c 氧化酶的电子供体（Tanaka et al.，1983；Nomoto et al.，1993）。已被纯化的细胞色素 c 氧化酶是一个 67 kDa 的蛋白质，包括 2 分子亚铁血红素 a 和 2 个铜原子，从特征上来看与细胞色素 aa_3 型相似（Chaudhry et al.，1980；Yamanaka et al.，1981）。在亚硝酸盐氧化为硝酸盐的过程中，会释放 2 个电子，硝酸盐中的第三个氧原子来源于水（Aleem，1965；Aleem et al.，1965）。

N. winogradskyi 的基因组分析已经证实了其存在编码可溶型和膜型细胞色素 c_{550} 的基因（Starkenburg et al.，2006）。研究也确认了其他编码 c-型细胞色素的基因，但是仍需作进一步的工作来确定它们的功能。有趣的是，在 *N. winogradskyi nxr* 操纵子中并没有发现编码细胞色素 a_1 的基因，而且在从 *N. hamburgensis* 中纯化的 NXR 的活性制剂中没有发现亚铁血红素 a（Sundermeyer-Klinger et al.，1984）。*N. hamburgensis* 酶制剂不能使用高铁细胞色素 c 作为亚硝酸盐氧化的电子受体。很明显，两种 *Nitrobacter* 的 NXR 的成分和性质并不一致。

11.6.3　NO_2^- 氧化和能量产生

亚硝酸盐氧化过程中，能量产生的许多细节都是不确定的，主要是因为在过去的 20 年中，有关能量产生的研究和文献有限。亚硝酸盐是通过反向膜泡氧化的，这说明 NXR 可能位于细胞膜内质面（Cobley，1976a，1976b）。因为解偶联剂会降低亚硝酸盐氧化过程中细胞色素 c 的还原速率，所以膜电位会与细胞色素还原机制有关。相比而言，利用重组脂质

11.6 生理和代谢

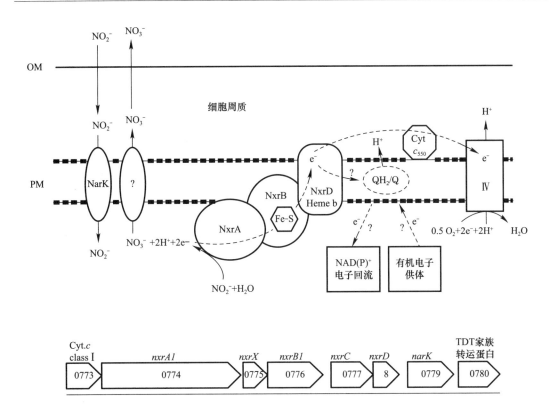

图 11-6 *Nitrobacter* sp. 细胞膜上 NXR 的组成及电子传递

其中许多细节仍是未知的；尽管醌池在大多数原核生物的电子载体和跨膜 H^+ 转运过程中发挥着重要的作用，但是在 *Nitrobacter* 中甲基萘醌或者泛醌的完整生物合成途径却没有注释。NO_3^-/NO_2^- 的转运机制、细胞色素氧化酶介导的质子转运化学计量比、涉及 NXR（用于 NO_2^- 氧化与异化 NO_3^- 还原）的不同电子载体之间的关系、细胞膜上 NXR 的特殊作用机制都是未知的

体和纯化的 NXR 成分，Nomoto 等人（1993）并没有得出膜电位与亚硝酸盐氧化相关。

$$2NO_2^- + 2H_2O \longrightarrow 2NO_3^- + 4H^+ + 4e^-$$

$$4H^+ + 4e^- + O_2 \longrightarrow 2H_2O$$

如果上述公式准确描述了亚硝酸盐氧化的机制，那么，在细胞膜的胞质侧，两分子的 NO_2^- 氧化产生 4 个 H^+，然后 1 分子 O_2 会与产生的 4 个 H^+ 结合生成两分子 H_2O。如果这个氧化还原反应发生在细胞质膜同一侧的话，会阻碍形成 H^+ 梯度。然而，现在普遍接受的观点是，末端细胞色素氧化酶的每一次翻转都会转移 4 个 H^+（Mathews et al., 2000），这就会形成一个转移网，即每氧化 1 mol NO_2^-，会转移 2H^+，H^+/O 为 2；每氧化 1.5 个 NO_2^- 会产生 1 个 ATP（假设每形成 1 个 ATP，就会改变 3 个 H^+ 的位置，则 H^+ 梯度在反向电子流中就不会消失）。通过 *N. winogradskyi* 细胞色素 c 氧化酶将 H^+ 泵重组到磷脂囊泡的尝试失败（Sone et al., 1983; Sone, 1986），这与利用 *N. winogradskyi* 的原生质体进行尝试的结果一样（Hollocher et al., 1982）。相比而言，利用 *N. winogradskyi* 整个细胞能够成功测量 H^+ 转移（Wetzstein and Ferguson, 1985）。有趣的是，免疫细胞化学试验证明 *N. moscoviensis* 的 NXR 位于细胞膜外或者胞质空间内（Spieck et al., 1996a, 1998）。假设在膜周质一侧生成 H^+，细胞色素 c 氧化酶在膜胞质一

侧消耗 H^+，那么 NXR 的方向可以允许常规质子梯度的发展（见第 12 章）。

因为 *Nitrobacter* 中 O_2 吸收速率很快，且细胞色素 *c* 氧化酶必须是细胞色素 c_{550} 衍生还原剂主要库，因此通过维持细胞色素 c_{550} 的氧化，并通过消耗 NXR 在亚硝酸盐氧化过程中产生的 H^+，来促进亚硝酸盐氧化过程中电子的流动。尽管如此，一些 NO_2^- 的还原物质仍必须通过流动来抵抗热力学梯度从而产生 NAD(P)H 和 FAD(H) 来满足 CO_2、NO_2^- 和 SO_4^{2-} 的还原以及其他生物合成反应。反向电子流需要能量输入，这可能会导致 ATP 的消耗或质子梯度的消失，也有可能两者都有。只是 NOB 如何控制 NO_2^- 衍生还原物的歧化反应仍然是个谜。而且，来自于 NO_2^- 氧化的反向电子流还没有得到试验证实（Spieck and Bock, 2005）。最近 "*Candidatus* Kuenenia stuttgartensis" 的厌氧氨氧化模型也有歧化反应发生，即 NO_2^- 转化为 NO_3^- 和 NO。推测 NO_2^- 氧化成 NO_3^- 获得的电子会将更多 NO_2^- 还原为 NO，然后进行还原反应，即 NH_3 或 NH_4^+ 形成 N_2H_4（Strous et al., 2006）。也许关于厌氧氨氧化机理的研究会让我们更好地理解 *Nitrobacter* 和其他 NOB 中 NO_2^- 过程中电子流的不均衡。

11.7 异化硝酸盐还原

研究表明，NXR 可以作为异化 NO_3^- 还原酶，在厌氧、pH 为 6~7 的条件下，以 NADH 作为电子供体，将 NO_3^- 还原为 NO_2^-（Tanaka et al., 1983；Sundermeyer-Klinger et al., 1984；Freitag et al., 1987）。这一特性与事实相吻合，即 *nxrA* 和 *nxrB* 是 *narGH* 的同系物，在一些反硝化细菌中发现 *narGH* 组成了异化硝酸盐还原酶的大小亚基（Kirstein and Bock, 1993；Moreno-Vivian and Ferguson, 1998）。因为在 *Nitrobacter* 基因组中，没有发现其他类型的异化硝酸盐还原酶代表性基因（Starkenburg et al., 2006，2008c），而且 *N. winogradskyi* 在厌氧条件下以丙酮酸为碳源，以 NO_3^- 为电子受体进行生长（Freitag et al., 1987；Bock et al., 1988），所以我们推测，在厌氧条件下，NXR 具有异化硝酸盐还原酶的作用。

能证明厌氧条件下 NO_2^- 进一步还原的证据是很少的。科学家从 *N. vulgaris* Ab1 中共同纯化出具有 NO_2^- 活性的含铜蛋白和 NXR，一些初步的数据表明 NO 是 NO_2^- 还原的终产物（Ahlers et al., 1990）。在三个已测序的 *Nitrobacter* 基因组中发现，编码假定 NirK-型亚硝酸盐还原酶的基因簇是保守的（图 11-7），并且在反硝化过程中，*nirK* 基因产物还原 NO_2^- 生成 NO（Berks et al., 1995；Znmft, 1997；Tavares et al., 2006）。有趣的是，在序列和组成上，这种 *nirK* 基因簇与 AOB *Nitrosomonas europaea* 和 *N. eutropha*（Cantera and Stein, 2007b）中的有非常高的相似性；说明硝化反应有更广泛的功能。假设 NirK 在 *Nitrobacter* 的 NO_2^- 还原过程中具有活性，那么问题就出现了，即产物 NO 将何去何从。

尽管有报道称在 *N. vulgaris* Ab1 中，N_2O 是 NO_3^- 还原过程中重要的终端产物，但并没有确切的数据证明（Freitag et al., 1987）。有趣的是，*N. winogradskyi* 和 *Nitrobacter* NB311A 基因组缺少 NOR 的同系物（Starkenburg et al., 2008c），然而，*N. hamburgensis* 基因组具有 NOR，说明这种菌有将 NO 转化为 N_2O 的潜力。在全细胞检测中，通过增加 NADH 在 340nm 处的吸收来测量依赖 NO 的 NADH（反应发生在 *N. winogradskyi* strain Engel 的

NO_2^- 不足的细胞中）产生（Freitag and Bock，1990）。用更传统的生化/酶法测定 NADH 并没有得到有说服力的数据。依赖 NO 生成 NADH 的速率要比依赖 NO_2^- 生成 NO 速率快 200 倍，推测这可能是由于热力学的约束较低造成的。糟糕的是，尚没有确定 NO 消耗的机制。Starkenburg 等人（2008b）发现 *N. winogradskyi* 中 *nirK* 会上调，尤其在低氧（氧水平≤10%）培养条件下，并且上调也取决于 NO_2^- 的存在与否（Cantera and Stein，2007b）。然而，并没有证据证明 NO 的形成或积累是依赖于 NO_2^- 的。有趣的是，仅需要微摩尔浓度的 NO 就能完全抑制亚硝酸盐依赖性的 O_2 摄取，但是当 NO 消耗完之后又会迅速并完全的恢复。依赖 NO 和 NO_2^- 的 O_2 消耗都会被 1 mmol/L 的 CN^- 所抑制，这就说明只有通过细胞色素氧化酶的活性，NO 的消耗才有可能发生。

虽然并不清楚 *Nitrobacter* 中 NirK 和 NO 的作用，但是 Starkenburg 等人（2008b）推测低氧条件下，NO 可能会参与调节正向与反向电子通量（图 11-7）。如果依赖 NirK 的 NO 形成（来源于 NO_2^-）发生在细胞质膜周质一侧的话，那么该过程也会消耗 H^+ 和还原剂。已经计算过，如果正常情况下转移到细胞色素氧化酶的电子中的 25% 转移到相反方向产生生物合成还原剂的话，H^+/O 会下降到 1.0，生成的 ATP 会减小，细胞产量也会下降（Poughon et al.，2001）。可能是在低氧条件下，NO 抑制细胞色素氧化酶的活性有利于电子流从 NO_2^- 通过 NO 转移到 NADH，因此会促进聚-β-羟基丁酸（PHB）的合成；在氧浓度低、微生物不生长的条件下，这种现象也会出现在其他细菌中。在氧浓度低的条件下生长的 *Nitrobacter* 的 TEMs 清晰地表明细胞可以大量积累 PHB（Freitag et al.，1987）。实际上，限氧条件下 *Nitrobacter* 的近亲慢生根瘤菌也能积累大量的 PHB。下面的问题是 Freitag 和 Bock 的工作未完成的，仍需要解决：(i) NO 产生和消耗机制的确认以及发生位点；(ii) 依赖 NO 的 NADH 形成机制；(iii) NO 形成的影响以及 H^+ 梯度上的反向电子传递。

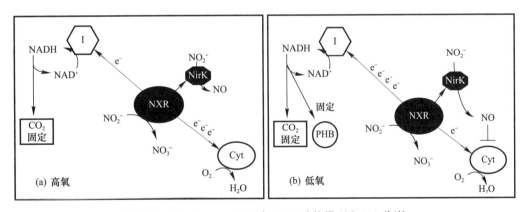

图 11-7 *N. winogradskyi* 中 NirK 功能模型和 NO 代谢

(a) 在 O_2 含量高的情况下，大多数电子直接用于呼吸；(b) 在低氧浓度条件下，NirK 的表达会增加，从而促进依赖 NO_2^- 的 NO 的产生并且有利于电子流回还原物质。多余的还原性物质会通过亚硝酸盐还原和 PHB 合成来消耗，用以维持平衡的氧化还原态

Cyt-细胞色素氧化酶；NirK-亚硝酸盐还原酶；I-NADH 脱氢酶（复合物Ⅰ）

11.8 氮同化的生物合成

在化能自养生长条件下，*Nitrobacter* 通常以 NO_2^- 作为唯一的氮源，这就意味着一小

部分的 NO_2^- 还原同化为 NH_4^+，再进入到微生物中。NO_2^- 同化可能以依赖 NADPH 的亚硝酸盐还原酶为介质，*nirB* 和 *nirD* 编码这种酶并且在 *Nitrobacter* 基因组有发现。这就会引发一系列的问题：同化 NO_2^- 的亚硝酸盐还原酶如何有效地与 NXR 争夺 NO_2^-；在竞争生物合成过程中，如何调节和区分还原剂（这些还原剂通过反向电子流对抗氧化还原梯度来进行移动）。

尽管在硝化环境中，NH_4^+ 会被 NOB 同化，但是，在查阅了关于 NOB 的大量文献后，我们推断 NH_4^+ 通常不会作为其生长的氮源。虽然 *Nitrobacter* 基因组不包含编码同化硝酸盐还原酶的基因，但是含有编码 NH_4^+ 同化酶的基因，例如谷氨酰胺合成酶，谷氨酸合酶和谷氨酸脱氢酶。*Nitrobacter* 基因组中存在一些和 NH_4^+ 同化调节有关的基因，包括 *ntrB*（NRII）和 *ntrC*（NRI）、尿苷酰转移酶和消除酶（GlnD）、PII 蛋白（GlnB）和 GS 腺苷酰化酶（GlnE）。有趣的是，基因组中存在一个编码 PII-型调节蛋白的基因拷贝，这种蛋白与 RuBisCO 相邻（图 11-7B）。据我们所了解，只在化能自养菌 *Thiobacillus denitrificans* ATCC25259 中发现了这种现象。目前，虽然不了解类-PII 基因在 *Nitrobacter* 中的作用，但是它与 RuBisCO 相邻表明它可能会协调碳氮间的代谢。事实上，类-PII 蛋白在某些作用中已有先例，比如，*Azospirillum brasiliense* 中的 PII-型氨转运调控蛋白，*Synechococcus* 中高亲和力的 CO_2 转运体以及 *Rhodobacter sphaeroides* 中的 RuBisCO 突变体；在这些情况下，*glnB* 的表达不再受 NH_4^+ 的限制（Arcondeguy et al., 2001）。

在 *N. winogradskyi* 基因组中发现了编码转运支链、极性氨基酸和多肽的基因（Starkenburg et al., 2006）。正如之前提到的，利用复合有机氮源，例如酪蛋白氨基酸、蛋白胨和酵母提取物，可以供 *Nitrobacter* 有机化能生长（Smith and Hoare, 1968；Bock, 1976；Steinmuller and Bock, 1976）。因为在培养基中没有加入矿物质氮源，因此，我们推断出 *Nitrobacter* 可以同化有机氮，除非复合氮源中有足够多的 NH_4^+ 污染并维持生长。而且，在一些案例中，有机化能生长要比无机化能生长更快，因此，我们推断有机氮同化会储存足够多的能量（Bock et al., 1983, 1990）。我们需要继续研究从而判断与有机氮转运相关的基因是否促进了有机氮源转运到细胞中。

11.9 碳的储存和代谢

11.9.1 自养和羧酶体

所有培养的 NOB 都有自养生长的潜力，其中很多以 CO_2 作为唯一碳源。虽然在许多 NOB 中，CO_2 的固定以 1-型核酮糖 1,5-二磷酸羧化酶介导（Bock et al., 1986；Harris et al., 1988）。但是 Daims 等人指出，最近的基因组分析发现"*Candidatus* Nitrospira defluvii"可能存在不同的 CO_2 固定机制（见第 12 章）。

cbbL 和 *cbbS* 分别编码 RuBisCO 的大小亚基，在 *N. winogradskyi* Nb255 的基因组中发现了这两种拷贝，同时也是进行 Calvin-Benson-Bassham 循环反应酶的补充基因。有趣的是，这两种 RuBisCO 基因并不是同源基因；一种与 α-变形菌中的 *B. japonicum* 和 *R. palustris* 的基因相似，而另一种与 *Thiobacillus*、*Nitrosomonas* 和 *Nitrosospira* 中的基因相似。第二种 RuBisCO 基因和羧酶体基因有关（图 11-8B），在行为组成上与 γ-变形菌

中的 *Acidithiobacillus ferrooxidans* 和 *T. denitrificans* 几乎一模一样。

有一个重要的问题，即 NOB 中两种形式的 RuBisCO 和羧酶体结构基因是否存在差异控制。在这一背景下，我们发现可溶性与颗粒性 RuBisCO 的比例会随着可利用的 CO_2 以及培养时间的不同而不同。正如之前所提到的，*Nitrobacter* 和 *Nitrococcus* 菌株能产生羧酶体并含有可溶性和颗粒型的 RuBisCO（例如，与羧酶体有关的）(Shively et al., 1977; Watson et al., 1989)。而 *Nitrospira*、*Nitrospina* 和 *Nitrotoga* 菌株的 TEMs 并没有发现羧酶体，而且一些检测试验表明这些菌株中只有溶解性的 CO_2 固定活性（Waston and Waterbury, 1971; Watson et al., 1986; Alawi et al., 2007）。

虽然早期对 *Nitrobacter* 的羧酶体进行了研究（Peters, 1974; Shively et al., 1977; Biedermann and Westphal, 1979），但是在过去 25 年，大多数关于结构的研究都与蓝细菌或 *Thiobacillus* spp. 有关（Codd, 1988; Yeates et al., 2008）。最近的数据表明，RuBisCO 和碳酸酐酶（CA）都位于羧酶体上，外壳阻止 CO_2 从羧酶体扩散出来，并且在羧酶体中 CA 浓缩 CO_2 以最大化 RuBisCO 活性（Long et al., 2007; Cot et al., 2008; Yeates et al., 2008）。Long 等人（2007）认为蓝细菌组成了 RuBisCO 复合物，包括特殊的羧酶体外壳蛋白（CcmM）和碳酸酐酶（CCaA）（图 11-8A）。

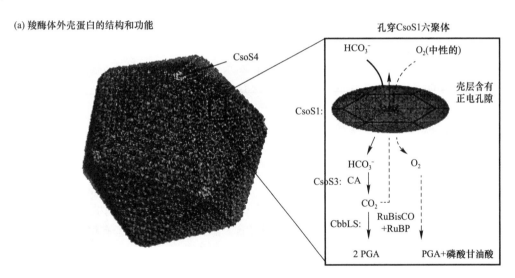

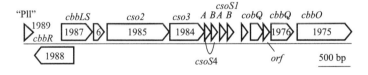

图 11-8 （a）羧酶体外壳的蛋白质结构和功能；（b）*N. winogradskyi* 中 RuBisCO 和羧酶体基因的排布 CsoS1 可以在二维分子层内形成六聚体，CsoS4 组成外壳的顶点。穿过 CsoS1 的静电孔隙（正电）可能用于羧酶体中碳酸氢盐（负电）的进出。在 CsoS1/CsoS4 的蛋白壳中，羧酶体会压缩 CO_2 固定酶、1,5 二磷酸核酮糖羧化酶/加氧酶和碳酸酐酶（CA; CsoS3），从而提高 CO_2 固定效率和两分子磷酸甘油酸（PGA）的形成；CsoS2 的作用仍是未知的

值得一提的是，所有测序的这三种 *Nitrobacter* 基因组都存在含钼喋呤的一氧化碳脱氢酶（Mo-CODH）的同系物（Starkenburg et al., 2008c）。这些基因与 *B. japonicum* USDA110 和

R. palustris CGA009 基因组中的 Mo-CODH 基因是非常相似的。*B. japonicum* USDA110 能够好氧生长，以 CO 作为唯一碳源和能源（Lorite et al., 2000），并在没有硝酸盐还原的情况下氧化 CO，但是在厌氧条件下却不能生长（King, 2006）。

虽然没有关于 *Nitrobacter* 消耗 CO 用于生长的报道，但是相比于 NXR 来说，*N. hamburgensis* 基因组中有更多完整的类 Mo-CODH 基因拷贝，说明这些蛋白质在 *Nitrobacter* 中具有重要的生理功能。

11.9.2 有机碳代谢

很久以前，科学家就认为 *Nitrobacter* 有机化能生长的潜力，但是底物仅局限于醋酸和一些 C_3 分子（像丙酮酸、甘油、D-乳酸）。在 *N. winogradskyi* 基因组中，既没有发现磷酸果糖激酶也没有发现磷酸葡萄糖脱水酶，因此，在 *N. winogradskyi* 中，会通过 Embden-Myerhof 或 Entner-Doudoroff 途径阻止糖的分解代谢。而且，*N. winogradskyi* 基因组中缺少编码转运糖的基因。尽管已经注释了完整的 Embden-Meyerhof 途径，也确认了与 ABC-型糖转运体同源的基因簇（Starkenburg et al., 2008c），但是 *N. hamburgensis* 不能利用己糖的原因目前仍不清楚。*Nitrobacter* 以 C_2 或 C_3 化合物作为生长基质说明它们存在乙醛酸循环，也存在羧化酶。科学家已经注释了乙醛酸途径的基因，也确认了一些编码酶的基因，这些酶能够促进丙酮酸、醋酸和甘油的代谢。

一些证据表明，*Nitrobacter* 能够适应有机化能营养生长。Kirstein 等人（1986）利用不同的分光光度法发现，在化能自养和化能异养条件下会产生两种不同的 b-型细胞色素。CN^- 处理细胞的差异光谱在化能自养和混合营养生长的细胞中检测到一种形式的细胞色素 b，而在有机化能营养细胞的光谱中未检测到 CN^- 结合效应。相比而言，CO 差异光谱表明，在化能异养细胞中会出现额外的峰，这可以理解为在有机化能营养生长时，以醋酸和 NH_4^+ 作为唯一碳源和氮源的培养基中会产生额外的细胞色素 b。因为在有机化能生长条件下没有检测到 a-型细胞色素，所以推断 CO 连接的 b-型细胞色素可能具有细胞色素氧化酶的功能。

在有机化能生长条件下，a-型细胞色素的缺失符合 NXR 受到抑制的事实（Steinmuller and Bock, 1977）。亚铁血红素 b：亚铁血红素 c 的相对丰度取决于有机化能培养基的成分（Kirstein et al., 1986）。例如，在丙酮酸和酵母提取物中生长时，亚铁血红素 b：亚铁血红素 c 为 0.5：1；然而在醋酸和 NH_4^+ 中生长时，两者的比例要远远高于 0.5：1，因为实际上没有细胞色素 c_{550} 的吸收峰。Starkenburg 等人（2008c）在 *N. hamburgensis* 染色体上发现了 4 个编码 b-型细胞色素的基因拷贝，还发现有一个编码细胞色素 bd 泛醌氧化酶的基因拷贝位于质粒上。细菌呼吸的一般模式为 b-型细胞色素位于呼吸复合物Ⅲ中，复合物Ⅲ在氧化还原电势中会起作用，这与亚硝酸盐氧化类似。而且，在传统反硝化途径中，低电势和高电势 b-型亚铁血红素位于细胞质膜对面，以此来促进跨膜电子传递（Moreno-Vivian et al., 1999）。b 型细胞色素在通过亚硝酸盐或有机碳氧化产生的门控电子中可能具有多种作用，像用于 O_2 或硝酸盐还原以及反向电子流向 NADH，这值得进一步的生物化学和分子研究。

11.9.3 混合碳源和能源的影响

尽管 *Nitrobacter* 具有利用和适应有机碳源的能力，但是仍有一些问题尚未解决，即

NOB 如何控制化能异养和化能自养生长速率；*Nitrobacter* 如何利用、调节对不同碳源和能源的反应。一些研究表明，*Nitrobacter* 的化能异养生长速率要远远低于化能自养生长 (Smith and Hoare, 1968; Bock, 1976; Starkenburg et al., 2008a)，但是其他研究表明，*N. hamburgensis* X14 和 *N. vulgaris* Z 却是在有机化能营养条件下生长速率更快 (Bock et al., 1983, 1990)。然而，相对于真正的有机营养菌来说，*Nitrobacter* 在有机碳源中的生长速率确实很慢，而且它在混合培养中的生长速率仅比自养生长高一点 (Starkenburg et al., 2008a)。

Nitrobacter 基因组包含编码呼吸电子传递链上复合物 I 到 IV 所需的所有基因，这说明理论上它们具有通过完整的电子传递链（最终传递到 O_2）将 NAD（P）H 氧化的潜力。在这一背景下，Starkenburg 等人 (2008b) 发现，*N. hamburgensis* 的 D-乳酸生长细胞分解 D-乳酸的速率比自养生长细胞快，而且 O_2 吸收速率也比较快。虽然这些数据证明有机化能营养生长过程增强了 D-乳酸的代谢，但是总体的 D-乳酸消耗速率仍然不足以满足 O_2 的吸收速率（基于乳酸）和乳酸的同化速率。在之前的研究中发现，*N. hamburgensis* X14 有机化能营养生长时，经过 4 d 的停滞期后，倍增时间为 48 h (Starkenburg et al., 2008a)。在 D-乳酸中生长速率缓慢的原因可能是：(i) 乳酸转运到细胞的速率是有限的；(ii) D-乳酸脱氢酶的比活力低或对另一种酶（β-羟基丁酸脱氢酶，乙醇酸氧化酶）来说，乳酸是次要的较差的基质；(iii) 相比于 NO_2^- 的氧化速率来说，上游电子传输系统限速步骤降低了 NADH 或 FADH 的氧化速率。在任何 *Nitrobacter* 基因组中都没有发现乳酸转运体 (Starkenburg et al., 2006, 2008c)，也没有在乳酸脱氢酶的上游发现调控基因。

尽管通过一些研究发现了 *Nitrobacter* 对有机碳源的生理适应性，但是，收集的结果更倾向于 *Nitrobacter* 是化能自养菌。正如上面提到的，*N. winogradskyi* 有机营养生长速率比自养生长速率低，当 CO_2 从培养基释放，无论是 *N. winogradskyi* 还是 *N. hamburgensis*（以有机碳和 NO_2^- 作为碳源和氮源）的生长都会受到抑制，直到 NO_2^- 消耗完为止。曾报道过 *Nitrobacter* 最佳的有机营养生长条件也需要少量的 CO_2 (Delwiche and Teinstein, 1965; Ida and Alexander, 1965; Starkenburg et al., 2008a)。此外，在 *N. hamburgensis* 中，当 NO_2^- 存在时，乳酸消耗会受到抑制，但仍会进行 CO_2 的固定 (Starkenburg et al., 2008a)。在自养条件下，有机碳的代谢最多也就是生长的辅助系统。有一篇报道提到，在化能自养和化能异养生长的 *N. winogradskyi* 细胞中，NO_2^- 会促进醋酸同化 (Smith and Hoare, 1968)；而另一篇报道提出混合营养和有机营养生长的细胞，NO_2^- 会减小乳酸的消耗速率 (Starkenburg et al., 2008a)。

综上所述，这些数据表明，当有机碳源作为唯一能源时，至少有一些 *Nitrobacter* 菌株能够利用它来进行生长。然而，如果有 NO_2^- 存在时，*Nitrobacter* 的异养潜力将会受到限制（由于不完善的机制），从而抑制 NO_2^- 的消耗和 CO_2 的固定。

11.9.4 碳储存化合物

如之前提到的，当 *Nitrobacter* 在低氧且 NO_2^- 存在条件下进行有机化能营养生长时，TEMs 表明它会积累大量的 PHB (Freitag et al., 1987)。科学家已广泛研究了 *Nitrobacter* 近亲 *Bradyrhizobium* 中 PHB 的合成和储存，结果表明可利用的 NH_4^+ 对于促进碳同化生成氨基酸至关重要，并且氮源的限制使碳直接用于 PHB 的合成 (Trainer and Charles,

2006）。还原型和氧化型无机氮的相对可用性在 NOB 还原剂的分配上可能会发挥作用。此外，Starkenburg 等人（2008a）的研究内容和 PHB 的代谢之间有一定的联系，他们认为 *N. hamburgensis* 会在 D-乳酸中生长而不会在 L-乳酸中生长（Starkenburg et al., 2008a）。虽然这项研究是基于 *N. hamburgensis* 染色体中存在能够编码氧化 D-乳酸酶的基因下进行的，但是这种从 *R. palustris* 纯化出来的酶在氧化 D-β-羟基丁酸和 D-乳酸时，都具有 50% 的活性（Horikiri et al., 2004）。需要进一步研究 D-β-羟基丁酸辅酶 A 脱氢酶和 PHB 降解途径是否会参与 *N. hamburgensis* 中的 D-乳酸代谢和生长。

11.10 亚硝酸盐氧化细菌和氨氧化细菌共培养时亚硝酸盐氧化细菌的行为

我们经常观察到 AOB 和 NOB 在土壤和颗粒环境中的硝化性能往往和纯培养条件下的截然不同（Prosser, 1989; Stark and Firestone, 1996; De Boer and Kowalchuk, 2001; Booth et al., 2005）。这可能是由于与 AOB 相关的古菌和异养氨氧化菌的不同生理特性造成的，相比于单独纯培养的 AOB 和 NOB，AOB-NOB 混合培养菌群可能会表现出不同的硝化性能。基于此，以下几个方面很值得讨论。

11.10.1 亚硝酸盐的代谢

最新研究表明，当 NO_2^- 浓度增加、pH 降低时，会增加 AOB 中亚硝酸盐还原酶基因（*nirK*）的表达（Beaumont et al., 2004; Beaumont et al., 2005）。*N. europaea* 中 *nirK* 和 *norB* 突变体的生长量要低于野生型，这说明 NO_2^- 的积累可能会干扰羟胺的氧化，生成的羟胺随后可能会发生化学自氧化（Schmidt et al., 2004）。在低 O_2 条件下，除了 NO_2^- 和 N_2O，*N. europaea* 中有高达 17% 的 NH_3 被氧化成其他产物（Cantera and Stein, 2007a）。在大多数的天然有氧环境中，NOB 能有效去除 NO_2^-，而 AOB 通常不会去除 NO_2^-。另一方面，一些 *Nitrospira* 对 NO_2^- 非常敏感，这可能是由于缺少有效的 NO_2^- 防护体系。*Nitrospira* spp. 生长主要取决于与亚硝酸盐源保留一定的临界距离，或者只有在亚硝酸盐产量有限且 *Nitrospira* 能够处理通量时，在氨氮限制条件下与 AOB 紧密接触才能茁壮成长。

11.10.2 pH

如前所述，在低 pH 环境中发生硝化反应是很正常的，但是这样的条件下，培养的硝化细菌是不能发挥作用的。Gieseke 等人（2006）发现在 pH 为 4 的生物膜上有硝化反应发生，因此得出结论，硝化细菌会适应低 pH 的环境。这个研究证实了之前的推论，即聚集的细胞能够在低 pH 条件下发生硝化反应，但是分散的细胞却不能（De Bore et al., 1991）。而且，作为亚硝酸盐氧化还原酶，NXR 最佳反应的 pH 为 8；然而，作为硝酸盐还原酶，当 pH 降到 6~7 时，活性会增加（Tanaka et al., 1983）。鉴于 NO_2^- 和 NO_3^- 转化对 pH 的敏感性，我们推测 AOB/NOB 聚集体可能会改变它们的功能来适应酸性环境，因为作为个体，酸性环境对它们是有毒害作用的。

11.10.3 O_2 浓度

据报道，*N. europaea* 的 O_2 K_s 值比 *N. winogradskyi* 的低，这一现象可以通过低氧共培养条件下 NO_2^- 的积累来说明（Laanbroek and Gerards，1993）。*N. hamburgensis* 能够降低自身 K_s 来适应和 *N. europaea* 共培养的低氧环境（Lannbroek et al.，1994）。实际上，如之前提到的，*N. hamburgensis* 中编码末端呼吸氧化酶的基因比 *N. winogradskyi* 中更加丰富（Starkenburg et al.，2008c），并且 Kistein 等人（1986）提出在化能有机营养生长条件下，*N. hamburgensis* 会表达不同的细胞色素氧化酶。然而，NOB 也有 *nirK* 基因，*N. hamburgensis* 有 *norB* 基因，说明它可能通过更完整的 NO_2^- 到 N_2O 的反硝化来适应共培养的低氧环境并且阻止 NO 的积累。在生物膜和聚集体中，AOB 和 NOB 会发生变化，尤其是低氧和低 pH 条件，因此需要做更进一步的研究。

11.11 结论及启示

和 AOB 相比，NOB 的代谢和生化特性被忽视了近 20 年，可以说它的研究寥寥无几。我们对 NOB 一些最基本的生化特性的了解仍不全面并且经常会出现疑义（例如：反向电子传输机制，NADH 产生机制，ATP 形成机制，NO_2^- 氧化与 NO_3^- 还原时 NXR 的性能控制以及还原物质产生过程中 NO 的作用等）。有机化能营养条件下，有限的底物浓度支撑 NOB 生长以及生长的变化原因仍不清楚。

Nitrobacter 的基因组分析为该属的生物学研究提供了一些新的和有说服力的观点。过去 10 年中出现的关于 NOB 在不同环境中广泛生长发育分布的图片，引导我们去预测不同生理特性的 NOB（可能是 NO_2^- 氧化古菌），发现 NOB 生态位。在 *Nitrobacter* 和 *Nitrospira* 基因组分析中发现，不同 NOB 中 NO_2^- 氧化和 CO_2 固定机制不同。

通过比较 *Nitrobacter* 和非 NO_2^- 氧化型的 *B. japonicum* 和 *R. palustris*（α-变形菌中与 *Nitrobacter* 亲缘关系非常近的两种菌）的基因组，NO_2^- 氧化的遗传基础开始成形。对所有 NOB 基因组做更进一步的交叉比较将会提高我们对代谢共性和差异性的了解。

第 12 章 亚硝酸盐氧化细菌的多样性、环境基因组学和生理生态学

12.1 引言

亚硝酸盐氧化细菌（NOB）会促进亚硝酸盐氧化成硝酸盐，这个过程是硝化反应的第二步，同时也是生物地球化学氮循环的关键过程。由于在自然环境中缺乏亚硝酸盐，所以 NOB 的活性与氨氧化微生物的活性紧密相关，这类微生物能将氨氮转换成亚硝酸盐以此供给 NOB 底物。在缺乏 NOB 的环境中，亚硝酸盐将会累积，这样最终会对环境中其他细菌和真核生物产生毒害作用。亚硝酸盐氧化的产物硝酸盐，不仅是其他微生物和植物的一个主要氮来源，在氧限制条件下，也可以作为微生物呼吸的电子受体。NOB 在生态环境中的关键作用表明，它们广泛分布于自然界中，并且能适应变化多端的环境条件。NOB 不仅栖息在各种温和的水生生态系统和陆地生态系统，也生活在极端的环境中，如冻土（Alawi et al., 2007）和地热温泉（Lebedeva et al., 2005）。令人印象深刻的是，NOB 的生理生态多样性与其功能菌群的系统发育多样性相当，其代表性菌株属于细菌域中两个不同门的 5 个属。但是直到最近，我们才熟识它们的普遍性和多样性。一个多世纪以前，Sergej Winogradsky 首次发现之前有过描述的 NOB（Winogradsky, 1892），之后用来富集、分离以及表征 NOB 的方法在几十年来并没有显著变化。通过在实验室培养 NOB，发现了目前所有已知的 NOB 菌属。毫无疑问，考虑到富集和纯化生长缓慢的 NOB 以及在实验室条件下，维持它们的培养非常困难，所以能够发现这些菌属是一个伟大的成就。然而，这些方法仅限于那些在人工介质和适用的培养条件下成长的菌群。但是，很快就实现了不依赖于培养且能够分辨和表征细菌的分子生物学技术，通过该项技术发现了许多尚未培养出来的 NOB 菌属的多样性和环境分布。特别地，分子生物学工具揭示了以前被忽视的环境菌株 *Nitrobacter*（硝化杆菌属）和 *Nitrospira*（硝化螺菌属）的多样性。现在，科学家将培养技术和分子生物学技术中的优势结合起来，研究新的 NOB，例如，通过改变培养策略，使其成为 NOB 普遍存在的环境条件，从而检测还未培养的 NOB。这种综合的方法已经导致了新的候选 NOB 物种的描述（Spieck et al., 2006; Alawi et al., 2007），它为通过亚硝酸盐氧化富集的基因组重建来详细表征这种 NOB 铺平了道路。

NOB 除了在生态系统中发挥作用，在生物技术的发展中也起到了非常重要的作用。硝化过程是污水脱氮的关键过程，如果污水处理厂没有硝化作用，那么自然生态系统中将充满着来自日常生活污水和工业废水的氨氮，这将会导致湖泊和河流极度富营养化，再加上氨氮和亚硝酸盐的毒性，水生生物的种类将急剧下降。因此，可以肯定地说，污水处理厂中硝化细菌（包括 NOB）的活性是保持环境健康的关键，特别是在世界许多地区人口增长和城市化进程加快的时期。不幸的是，在污水处理厂的亚硝酸盐氧化过程很容易出现

问题，这是由于 NOB 生长缓慢，以及它们对环境干扰的敏感性造成的，例如污水成分的变化。这种问题在工业系统以及建在农村地区和发展中国家的小型城镇污水处理厂经常出现。然而，NOB 也并不总是有益的。由于硝酸盐比氨氮更快从上层土壤中过滤出来，所以硝化作用会导致农业土壤中氮素流失。从生物学角度全面认识 NOB，对提高污水处理系统的功能稳定性和减少硝化作用对农业的不利影响将具有重要意义。

本章的第一部分对 NOB 的系统发育多样性以及在环境和工程系统中的分布进行了综述。特别强调的是，尚未培养的 NOB 是迄今已知的分布最广泛且最丰富的亚硝酸盐氧化菌。之后，我们会关注 *Nitrobacter* 和 *Nitrospira* 的生理生态学和生态位分化。这些世系不仅代表了 NOB 功能最全面的菌群，而且对作为模式生物的硝化作用研究（*Nitrobacter*），以及作为污水生物处理中关键的硝化细菌研究（*Nitrospira*）具有重大价值。由于实验室培养 *Nitrospira* 非常困难，因此我们对它的了解很少，尽管它在大多数生态系统的氮循环中发挥着重要的作用。本章的第三部分基于 *Nitrospira* 的首次基因组测序，叙述了对这类菌的最新见解。

12.2 亚硝酸盐氧化细菌多样性和环境分布

从系统发育的角度来说，NOB 是功能相对多样化的菌群。目前，已知的有 5 种好氧化能自养型 NOB 属，包括 *Nitrobacter*，*Nitrococcus*，*Nitrospina*，*Nitrospira* 和候选属 "*Nitrotoga*"。最近，Griffin 等人（2007）从淡水沉积物和污水中富集了光合自养型 NOB。这些富集的细菌可以利用亚硝酸盐作为电子供体，供给不产氧光合作用，在光合作用过程中将亚硝酸盐氧化成硝酸盐。科学家从活性污泥中纯化出来一株光合作用的 NOB，它属于 γ-变形菌，命名为 "KS 菌株"。这个菌株的来源很特殊，因为在污水处理厂中活性污泥悬浮液通常非常浑浊，其中的微生物几乎不暴露于光中，也就很难发现光合细菌。在未来的研究中有待解释这种新发现的新陈代谢机制对污水和其他生态系统中亚硝酸盐转化的有益程度。这里我们主要关注"传统"的亚硝酸盐氧化菌群，因为就目前而言，这些 NOB 的分布和生态影响更为人所知。

大多数已知的 NOB 属属于变形菌门的主要谱系之一。*Nitrobacter* 是 α-变形菌中的一员（Woese et al.，1984；Stack-ebrandt et al.，1988）；*Nitrococcus* 是 γ-变形菌（Teske et al.，1994）中的一员；候选属 "*Nitrotoga*" 是 β-变形菌（Alawi et al.，2007）中的一员。不产氧光合菌株 KS 与 γ-变形菌中紫色硫细菌 *Thiocapsa roseopersicina* 具有亲缘关系（Griffin et al.，2007）。*Nitrospina* 暂时分配到 δ-变形菌（Teske et al.，1994）中，但应用 16S rRNA 基因序列数据库分析表明，*Nitrospina* 更可能属于一个单独的细菌门（Schloss and Handelsman，2004）。最后，*Nitrospira* 是一个不同的细菌门即硝化螺旋菌门（Nitrospirae）的一个主要世系，因此与变形菌 NOB 不存在亲缘关系。硝化螺旋菌门还包括两种属：*Leptospirillum*（好氧化能自养型铁氧化菌）和 *Thermodesulfovibri*（厌氧硫酸盐还原菌）（Ehrich et al.，1995）。此外，还有趋磁性生物 "*Candidatus* Magnetobacterium bavaricum"（Spring et al.，1993）。图 12-1 通过系统发育树展示了 NOB 主要谱系及它们与相关的氨氧化菌或非硝化微生物的从属关系。

第12章 亚硝酸盐氧化细菌的多样性、环境基因组学和生理生态学

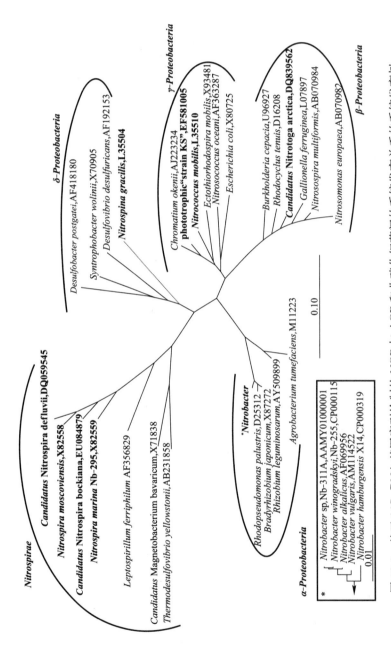

图 12-1 基于 16S rRNA 基因序列绘制的 NOB 与 AOB 和非硝化细菌间的系统发育关系的系统发育树。亚硝酸盐氧化菌的名称加粗；数据库登录号表示所有 16S rRNA 基因序列；左下角的插图表明了 Nitrobacter 同的种系关系，其在一个大发育树下聚集成一个分支。在 Nitrospira 处的虚线表示与此菌属的不确定亲缘关系。树形拓扑结构是由细菌序列的最大似然分析以及利用 50% 的序列保守性过滤分析确定的。比例尺表示每个核苷酸 0.1（大发育树）或 0.01（插图）的预计变化

12.2 亚硝酸盐氧化细菌多样性和环境分布

12.2.1 *Nitrobacter*

一般地，我们会将 *Nitrobacter* 的成员作为研究亚硝酸盐氧化菌生理学的模式生物。*Nitrobacter* 比其他已知的 NOB 更容易培养，其增长足够的生物量不会成为生理和生化研究中的主要障碍。最近，已经对三种培养的 *Nitrobacter* 基因组进行完全测序，其详细的比较基因组分析也已经完成（Starkenburg et al., 2006, 2008）（参见第 11 章），因此，大多数已知的关于亚硝酸盐氧化菌的生物学知识是基于对纯培养 *Nitrobacter* 所做的研究获得的。

目前，*Nitrobacter* 包含 4 种有效且有描述的物种，即 *N. winogradskyi*（Winslow et al., 1917; Watson, 1971）；*N. hamburgensis*（Bock et al., 1983），最初是从土壤中分离出来的；*N. alkalicus*（Sorokin et al., 1998），从强碱性西伯利亚碱湖沉积物和碱性土壤中分离出；*N. vulgaris*（Bock et al., 1990）从不同环境包括土壤，淡水和咸水和污水中分离。另外一个物种名称"Nitrobacter agilis"（Nelson, 1931），现在已经被认为是无效的，因为它与 *N. agilis* 和 *N. winogradskyi*（如，Pan, 1971; Waston, 1971）菌株间没有足够的表型差异。

从 *Nitrobacter* 的各种来源可以看出，该属分布很广，且不同代表性菌群适应了一系列范围广泛的环境条件。*Nitrobacter* 从样品中分离出来，与超基性岩石的风化外壳不同（Lebedeva et al., 1978），这类菌被认为与天然建筑石材的生物降解有关，因为这些石材可以让硝化细菌深入聚集（Mansch and Bock, 1998）。尽管普遍认为酸性环境不利于硝化细菌生长，但从 pH 为 4.3~5.2 的森林土壤中分离了两种 *Nitrobacter* 菌株（Hankinson and Schmidt, 1988）。此外，某些已知的 *Nitrobacter* 在有机物质中表现出不同的生长特性（Steinmüller and Bock, 1976）。当利用小亚基 rRNA 序列作为系统发育标记物时，可以观察到，*Nitrobacter* 高灵活的生态学特性与明显的低系统发育多样性形成了鲜明对比。从 16S rRNA 基因序列的发育树中可以看出，分离的 *Nitrobacter* 菌株关系非常密切，这是因为它们 16S rRNA 基因序列相似性大于 99%（Orso et al., 1994）（图 12-1）。*Nitrobacter* 与其最接近的非硝化微生物沼泽红假单胞菌（*Rhodopseudomonas palustris*）和慢生根瘤菌（*Bradyrhizobium japonicum*）（Seewaldt et al., 1982; Orso et al., 1994）也表现出高 16S rRNA 基因相似性，表明 *Nitrobacter* 及其氧化亚硝盐的能力是最近才进化来的（Orso et al., 1994）。因此，通常难以确定环境中与 *Nitrobacter* 的相似序列，是否代表该属的新成员或非亚硝酸氧化菌亲属（Orso et al., 1994; Freitag et al., 2005）。此外，16S rRNA 基因过于保守以致于不能利用该技术来明确 *Nitrobacter* 的进化谱系。

科学家采取了几种策略来克服 16S rRNA 的限制。Navarro 等人（1992a）使用了一种结合的方法，其中包括 DNA-DNA 杂交、基因组 GC 含量的定量分析以及 rRNA 基因限制模式分析，探讨了 22 个培养的 *Nitrobacter* 菌株的遗传多样性。基于所获得的数据，将分析的菌株分成三组"基因组物种"，即 *N. winogradskyi*、*N. hamburgensis* 和一个未命名组。*N. winogradskyi* 组进一步分成三个不同的"亚种"，其中一个代表 *N. agilis* 的参考株，在此研究中没有分析 *N. vulgaris*。最近利用亚硝酸盐氧化还原酶作为系统发育标记物的研究也支持上述结论（Vanparys et al., 2007；另见下文），这些结果揭示了 *Nitrobacter* 间的微差异。在另一项研究中，Navarro 等人（1992b）通过 16S 和 23S rRNA 之间的基因间隔区（IGS）的限制性片段长度多态性分析来鉴别 *Nitrobacter* 菌株。因为相比于 rRNA

来说，IGS 会表现出更高的突变率，所以 IGS 比 rRNA 有更好的分辨能力，从而区分亲缘关系近的细菌。我们对几种从土壤和湖泊样品中分离出来的 *Nitrobacter* 菌株进行了分析。有趣的是，IGS 分子生物学方法揭示了样品中存在不同的 *Nitrobacter* 菌群，导致这一现象的原因是当地的生态位而不是大规模的生物地理学（Navarro et al.，1992b）。Grundmann 等人（2000）使用了一种改良的基于 IGS 的方法，即同时包括了 23S rRNA 基因的 5′部分。基于 PCR 扩增、测序以及连结的 IGS 和部分 rRNA 基因的系统发育研究产生了高分辨率的发育树，这些发育树能清楚地区分各 *Nitrobacter* 参考株以及 *B. japonicum* 和 *R. palustris*。当此方法应用于土壤样品中时，可以认为从小土壤块中分离的 *Nitrobacter* 菌株的多样性（依据限制性酶谱）与从不同地理区域分离的参考菌株的多样性一样丰富（Grundmann and Normand，2000）。此外，仅在从相同土壤丛中分离的 *Nitrobacter* 中发现了相同的限制性模式，但是没有在更大规模上发现。通过利用 *Nitrobacter* 参考菌株产生的荧光标记的抗体血清分型也支持高微量的土壤 *Nitrobacter*。在相同的小块土壤中检测到几种不同的血清型（Grundmann and Normand，2000），但应该考虑到，长期以来一直用于区分 *Nitrobacter* 菌株的血清型（Fliermans et al.，1974；Stanley and Schmidt，1981）是用来辨别表型而不是基因特征的，因此用这种方法进行研究有一定的局限性。总之，这些结果表明环境中存在 *Nitrobacter* 显著基因（和表型）的多样性，但需要注意的是，只使用保守的 16S rRNA 基因作为标记物不能将其研究透彻。

另外一种识别环境样品中 *Nitrobacter* 的分子生物学方法是：用编码亚硝酸盐氧化的关键酶即亚硝酸盐氧化还原酶（Nxr）基因作为功能性和系统发育标记物。通过使用 PCR 引物靶向标记 *Nitrobacter* Nxr 的 α 亚基，*nxrA*，Poly 等人（2008）从所有 4 种 *Nitrobacter* 菌株中获得了基因的部分序列，利用该序列进行了系统发育分析。与系统分类一致，这些 *nxrA* 序列在系统发育树中形成 4 个不同的分支；存在于 *Nitrobacter* 基因组中的 *nxrA* 同源基因（Starkenburg et al.，2006，2008）也属于这些聚类。从土壤样品中提取的 *nxrA* 序列还可以形成额外的系统发育谱系，这强烈地说明了在这些土壤中存在与这些 *Nitrobacter* 相似的、携带 *nxrA* 基因的未知 *Nitrobacter* 菌株或其他 NOB（Poly et al.，2008）。有趣的是，土壤样品中 *nxrA* 的多样性和系统发育分布在不同类型的土壤中不同。在以前密集耕作的休耕土壤中只发现一个序列类型，但在牧场土壤中检测到五种不同类型的 *nxrA*。这种基于 *nxrA* 的研究方法可以延伸到变性梯度凝胶电泳，用于研究轻微或过度放牧草地土壤中的 NOB 群落（Wertz et al.，2008）。虽然获得了特定的无放牧影响下的 *nxrA* 发育型，但是 *nxrA* 变性梯度凝胶电泳图谱的统计分析表明，NOB 群落组成是受放牧影响的。系统发育分析表明，从这些土壤中获取的 *nxrA* 序列与培养的 NOB 的 *nxrA* 基因不同（Wertz et al.，2008）。Nxr 聚类的另外两种基因 *nxrB* 和 *nxrX*，也都是区分 *Nitrobacter* 菌株有效的分子标记物（Vanparys et al.，2007），但还没有被用作未培养的环境样品中 *Nitrobacter* 种群分析的工具。

总之，上述的分子生物学技术表明，土壤和淡水环境中不同的 *Nitrobacter* 菌株的多样性比之前预期的更大。近缘关系的微生物群落中的基因异质性在细菌中很常见且已被环境基因组学证实，例如在蓝藻（Coleman et al.，2006）和化能无机营养铁氧化菌（Simmons et al.，2008）中。我们很容易推测，不同的 *Nitrobacter* 菌株可以在非常小的空间尺度中共存（Grundmann and Normand，2000），它们都能够适应复杂的环境结构中略微不同的生态位，如土壤或沉积物的生态型。未来的研究应着眼于这些菌株是否确实在生理生态学方面不同以及它们的多样性是如何影响生态系统功能的。

12.2.2　*Nitrococcus* 和 *Nitrospina*

在 *Nitrococcus* 和 *Nitrospina* 中，我们分别只描述一种菌株，即 *Nitrococcus mobilis* 和 *Nitrospina gracilis*（图12-1）。这两种硝化细菌产生于海洋中，并且最初是从南太平洋（*N. mobilis*）与南大西洋（*N. gracilis*）的水样中获取的（Watson and Waterbury, 1971）。之后 *N. gracilis* 从太平洋中分离出来（Teske et al., 1994），其分子数据表明了这个物种的全球分布情况。

近日，Mincer 等人（2007）使用 16S rRNA 基因定量 PCR 技术记录了沿海（蒙特利海岸）和开放海域（北太平洋亚热带回流）水样中的氨氧化古菌和类-*Nitrospina* 菌的深度数量分布图。所有数据表明，在约 100 m 到 200 m 的透光层以下，硝化细菌的数量显著提高。在非透光层中，硝化细菌的细菌密度比较高，这可以利用该物种的光敏感性来解释。这些结果表明，氨氧化古菌和 *Nitrospina* 的分布组成对海洋生态系统有着至关重要的作用。在同一研究中，从沿海和开放海域的水样中，建立了细菌人工染色体（BAC）克隆文库，并筛选出了 *N. gracilis* 的相关 16S rRNA 基因。在几个阳性克隆中，选择一个 64 kb 长的 BAC 克隆插入用于完全测序和分析。除了一个与 *Nitrospina* 相似的 16S rRNA 基因以外，该基因组片段还含有 88 个蛋白编码开放阅读框（ORFs）。从马尾藻海基因数据库、鲸落微生物垫/骨数据库和农场表层土壤基因数据库中检索到了与环境全基因组数据库中相似的 ORFs 序列（Mincer et al., 2007）。与海洋宏基因组数据库中的 *Nitrospina* ORFs 相似的基因序列的出现说明，*Nitrospina* 的确是广泛分布在海洋中的。农场土壤基因数据库的搜索结果表明，在陆地上可能存在尚未识别的 *Nitrospina*。另外，除了 *Nitrospina*，这些序列也可能来自其他菌群。

由于 *N. mobilis* 的基因组已被测序并可公开获得，因此，可以将亚硝酸盐氧化还原酶（Nxr）的基因序列与 *Nitrobacter* 的相关基因序列一起进行系统发育分析的基因解析。研究发现，不同硝化细菌的 nxrA、nxrB 和 nxrX 构成是相似的，但在系统发育树中，它们又是有明显区别的（Vanparys et al., 2007；Poly et al., 2008）。不同土壤中的 nxrA 来源于不同 *Nitrobacter* 的 nxrA 基因，但都与 *Nitrococcus* 无关（Poly et al., 2008；Wertz et al., 2008）。目前为止，在非海洋环境中，无论用培养还是分子学的方法，都还不能够清楚地辨认任何一种 *Nitrospina* 或 *Nitrococcus*。

12.2.3　候选的"*Nitrotoga*"

大多数已知的硝化微生物都是嗜温的，最佳生长温度在 28～39℃（如，Ehrich et al., 1995；Könneke et al., 2005）。虽然嗜热的氨氧化古菌最近被发现（de La Torre et al., 2008；Hatzenpichler et al., 2008），但是，我们了解的极端环境下生长的 NOB 的多样性与分布规律仍相当少。在地热温泉中，发现有类-*Nitrospira*（见下文），但是是否有专门活跃于非常低温环境下的 NOB，这还不能确定。在大部分生境中，覆盖了北半球广泛地区的冻土可能是适冷型硝化细菌的生存地。事实上，Alawi 等人（2007）在西伯利亚冻土建立了一个富集培养基地，使亚硝酸盐氧化在低至 4℃下发生，没有观察到亚硝酸盐氧化在 25℃的情况下发生。科学家利用 Nxr 导向荧光抗体、基于 16S rRNA 系统发育和 16S rRNA-靶向探针的荧光原位杂交技术（FISH），在富集生物中发现了一种新型亚硝酸盐氧化 β-变形菌（Alawi et al.，2007）（图 12-1）。电子显微镜揭示了这种细菌有一个特别大的周质空间，且有一个很有趣的超微结构。这种新发现的生物被命名为 "Candidatus Nitrotoga arctica"（Alawi et al.，2007）。目前，还未详细研究这种新型 NOB 物种的环境分布规律。一份之前的报告指出，在系统发育树中，一些发表的环境 16S rRNA 序列与 "Candidatus Nitrotoga arctica" 属于同一组（该组中 16S rRNA 序列相似性达到 96.3%~99%）。这些 rRNA 序列取自污水、污染的河流生物膜、冰川及湖水沉积物。此外，Alawi 等人（2007）提出，类-Nitrotoga 硝化细菌并不普遍，是因为在相同培养条件下，"Candidatus Nitrotoga arctica" 在市政活性污泥中会选择性富集。16S rRNA 的高度相似性并不能代表相似的生理特征。然而，上述活性污泥中微生物的分子数据和选择性富集强烈地说明，与 "Nitrotoga" 相关的硝化细菌并不仅能在冻土环境下生存，到目前来看，还可能会在低温、中温的环境下具有更广泛的分布。

12.2.4 *Nitrospira*

首先介绍 *Nitrospira* 菌种，*Nitrospira marina*，它是从缅因海湾的海水样品中分离出来的（Watson et al.，1986）。9 年之后，Ehrich 等人（1995）从另一个完全不同的环境，莫斯科城市供热系统中，纯化出第二种 *Nitrospira*，*Nitrospira moscoviensis*。而第三个物种的获得几乎花了 10 年时间，是从莫斯科城市供热系统的腐蚀钢管纯化出来，称之为 "Candidatus Nistrospira bockiana"（Lebedeva et al.，2008）。第四种高度活跃于硝化活性污泥中，但是并没有纯化出来（Spieck et al.，2006）；由于它最先是从污水中得来，因此被称之为 "Candidatus Nitrospira defluvii"。由于这些细菌生长缓慢，从其他硝化细菌、天然污染物中分离出 *Nitrospira* 菌株非常复杂和困难，使得新 *Nitrospira* 物种的分离过程耗时相当长。例如，"Candidatus Nitrospira bockiana" 的提纯分离过程耗时长达 12 年之久（Lebedeva et al.，2008）；"Candidatus Nitrospira defluvii" 的生长繁殖是一个复杂的过程，需要进行多次连续稀释，即在矿物亚硝酸盐培养液中进行几个月的繁殖，然后利用密度梯度离心进行纯化（Spieck et al.，2006）。由于长期缺乏对 *Nitrospira* 多样性与环境分布的了解，导致了复杂的培养过程。只有当独立培养成为现实时，这种情况才有所改观。不过，目前的突破是，我们的科学系统中已经存储了大量的天然 *Nitrospira*，例如硝化的鱼缸过滤器（Hovanec et al.，1998）、实验室反应器（Burrel et al.，1998）以及重要的污水处理厂（Juretschko et al.，1998）中。使用 "rRNA 手段"（Amann et al.，1995）和 rRNA 导向探针的 "FISH" 法，可以排除培养基方法的可能误差。随着在不同环境样本中建立的 16S rRNA 基因库数量的不断增多，发现 *Nitrospira* 的生长空间将不限制在海洋或是人造的生存环境中（如加热系统、污水处理设施）。研究人员从几种不同的土壤、淡水、沉积物样品、澳大利亚纳勒博洞穴、海绵组织、活性污泥和生物膜中取得与这些基因相关的核糖体 RNA 序列（Daims et al.，2001，及其中的参考文献）。基于这些序列数据的分析表明，如果应用以下标准，*Nitrospira* 可以细分为四组（"亚系"）。在系统发育树中，每个亚系的成员必须形成一个单系分支，所有应用的树状方法和自引值至少为 90%。相同亚系的所有 16S rRNA 序列，相似性可以达到至少 94.9%。通常认为，不同亚系中的序列相似

12.2 亚硝酸盐氧化细菌多样性和环境分布

性低于 94%（Daims et al., 2001）。同时，更多与 *Nitrospira* 有关的 16S rRNA 序列不断被解析出来。目前，应用 *Nitrospira* 基因的分组标准将其分为六个亚系（图 12-2）。有趣的是，这些亚系分支看起来并不是平均分布在自然界中，它们的特征都显示了其生境的特异性。

含有富集的 "*Candidatus* Nitrospira defluvii" 的亚系 I（图 12-2）包含从多种硝化污水处理系统中获得的 *Nitrospira* 序列。在实验室反应装置、中试系统和污水处理厂中都发现了这些物种。它们出现在恒化器、序批式（生物膜）反应器、生物滤池和活性污泥池中。在众多研究中，rRNA 定位探针 FISH 技术与定量 PCR 技术表明，*Nitrospira* 亚系 I 是工业系统中硝化群落的重要组成部分，通常占 1%～20%（如，Juretschko et al., 1998; Okabe et al., 1999; Daims et al., 2001）。直到现在，在原始自然环境中仍没有发现亚系 I 微生物，但是在污水处理厂出水和工厂排水河流的下游发现了与生活污水中相似的 *Nitrospira*（Cebron and Garnier, 2005）。因此，*Nitrospira* 亚系 I 必须生存在非常适合其生长条件的硝化反应器中，但仍没有确定它们在自然生态系统中所处的位置。与之相反，亚系 II 存在与所有已知的 *Nitrospira* 中，是分布最广的。通过 rRNA 法和 FISH 法，科学家在污水处理厂、实验室反应器（Schramm et al., 1998; Maixner et al., 2006）、不同的土壤样品、淡水、饮用水配水系统以及地下水中，发现了亚系 II 物种。从莫斯科加热系统中发现的物种，*Nitrospira moscoviensis* 也属于亚系 II（图 12-2）。

亚系 III 仅包含来自澳大利亚纳勒博洞穴系统的少数 16S rRNA 克隆（Holmes et al., 2001）。这些序列来自纳勒博洞穴水下部分的屋顶和墙壁上生长的微生物。有趣的是，含量相对较高的亚硝酸盐都是在这些洞穴上的水柱中发现的，那里除了微生物以外没有其他生物和有机物。因此，在这个依赖亚硝酸盐的微生物洞穴生态系统中，起关键性作用的应该是能氧化亚硝酸盐的、自养的 *Nitrospira*（Holmes et al., 2001）。

包含 *N. marina* 物种的亚系 IV 由嗜盐和海洋硝化螺旋菌组成。它包括浮游生物海洋硝化螺旋菌和取自海洋沉积物（包括深海中的沉淀物样本）的 16S rRNA 序列。值得注意的是，它还包括了取自海洋海绵共生体的 *Nitrospira*（Hentschel et al., 2002）。硝化作用在海绵组织中扮演一个很重要的角色，因为氨氮是海绵新陈代谢的产物，所以必须排出以避免过度积累所产生的毒性作用（Taylor et al., 2007）。海绵硝化作用的第一步由氨氧化细菌（AOB）和古菌完成（Taylor et al., 2007; Steger et al., 2008）。在有多个参与者的共生体中，亚系 IV 中的 *Nitrospira* 可能是主要的亚硝酸盐氧化菌。

当 Lebedeva 等人（2005）从贝加尔湖裂谷区东北部的加尔加河温泉得到亚硝酸盐氧化富集物之后，我们对亚硝酸盐氧化菌的环境分布有了更深的认识。这些富集物在温度高达 60℃时仍显示出活性，其中最佳生长温度为 50℃。研究人员利用 16S rRNA 基因技术确定这群嗜热的 NOB 是 *Nitrospira* 的成员（Lebedeva et al., 2005）。之后的系统发育分析进一步验证了这一发现，而且增加了一种新的 *Nitrospira* 亚系分支，即亚系 VI（图 12-2），它包含取自加尔加河温泉和其他热温泉的 *Nitrospira*。来自温泉的 *Nitrospira* 的发现具有重要意义，因为这使我们对极端环境下的生物地球化学领域的氮循环有了新的理解。此外，嗜热亚硝酸盐氧化菌的存在与最近对嗜热氨氧化古菌的鉴定（de la Torre et al., 2008; Zhang et al., 2008）以及古菌氨氧化在嗜热条件下进化的假设是一致的（Hatzenpichler et al., 2008）。如果在古代地球中，硝化作用是从极端环境中进化而来，那么我们可以假设，嗜热 *Nitrospira* 有可能是第一批利用亚硝酸盐作为它们新陈代谢主要能源的细菌之一。然而，亚系Ⅵ不是 Nitrospira 中的深分支谱系（图 12-2），其成员可能代表了嗜温祖先微生物对高温环境的二次适应。未来的研究方向可能需要去证实其他的、较远分支的、嗜热的甚至超嗜热的 Nitrospira 谱系是否会出现在高温环境中。最近，温度高于 80℃、pH＝3 的冰岛温泉证明了微生物催化的氨氧化和随后的硝酸盐积累（Reigstad et al., 2008）。在生物或化学领域（或两者都是），有待证实亚硝酸盐氧化过程是否都发生在这样极端的环境中。

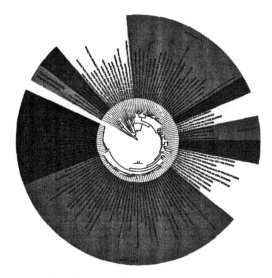

图 12-2　硝化螺旋菌门中基于 16S rRNA 基因序列的系统发育树

阴影区域划定了 Nitrospira 亚系Ⅰ至Ⅵ及非硝化 Leptospirillum 和 Thermodesulfovibrio-Magnetobacterium 组。在 Nitrospira 亚系Ⅳ和 Leptospirillum 之间的非阴影区域序列尚未分配至任何属，它们的生理学特性也未知。Daims 等（2001）提出的标准还不能将 Nitrospira 的非阴影序列划分至某个亚系中。数据库登录号表示所有的 16S rRNA 基因序列。树形拓扑结构是由 Nitrospira 序列的最大似然分析以及利用 50% 的序列保守性过滤确定的。比例尺表示每个核苷酸 0.1 的预计变化。

最近分离出来的 Nitrospira，"Candidatus Nitrospira bockiana"（Lebedeva et al., 2008），属于亚系Ⅴ（图 12-2）。与 N. moscoviensis 一样，"Candidatus Nitrospira bockiana" 被富集并最终从莫斯科城市供热系统中分离出来，这种微生物栖息在钢管的内部腐蚀沉积物中。尽管生存在相同的环境中，"Candidatus Nitrospira bockiana" 和 N. moscoviensis 的细胞形态、适宜生存的温度、对亚硝酸盐的耐受性、主要脂质并不相同（表 12-1）（Lebedeva et al., 2008）。研究发现，富集的 "Candidatus Nitrospira bockiana" 中会有污染物存在。除了 Nitrospira 之外，富集物中类-Nocardioides 数量也非常多，这表明，富集物有更宽的温度范围，并且比纯培养具有更高的亚硝酸盐耐受性（Lebedeva et al., 2008）。导致这种差异的原因是单独分离细菌的某些步骤，还是 "Candidatus Nitrospira bockiana" 和其他一同生长的微生物之间的相互作用，现在还没有一个准确的结论。

表 12-1 总结了 6 种已知 Nitrospira 亚系的关键特性。基于目前已掌握的分子生物学技术和培养的数据，我们发现 Nitrospira 是多样性最丰富、分布最广的 NOB。

12.2 亚硝酸盐氧化细菌多样性和环境分布

表 12-1 *Nitrospira* 亚系的选择性特征[a]

参数	I	II	III	IV	V	VI
细胞形态	短的，略微弯曲或螺旋形的杆状	不规则形状或螺旋形杆状	假定螺旋状	逗号形状或螺旋形杆状	螺旋形、弯曲和直杆状，或球状	螺旋状
大小 (μm)	(0.2~0.4)×(0.7~1.7)	(0.2~0.4)×(0.9~2.2)	ND	(0.3~0.4)×0.8×1.0	(0.3~0.6)×(1.0~2.5) 或 0.9×0.9	(0.2~0.4)×(1.0~1.7)
螺旋数	1~4	1~3	ND	1~12	1~4	
聚合倾向	强	存在	ND，以生物膜的形式生长	弱	存在	存在
生长温度 (℃)	28~32	39	18.9[b]	28	42	40~60
分离体或者富集菌群	"*Ca. Nitrospira defluvii*"[i]	*N. moscoviensis*[d]	仅有16SrRNA基因克隆体[e]	*N. marina*[f]	"*Ca. Nitrospira bockiana*"[g]	Gall[h]
主要的膜脂质	16:1cis11, 16:0	16:1cis11, 16:0, 16:011甲基	ND	16:1cis7, 16:1cis11, 16:0	16:1cis7, 16:0, 16:011甲基	ND
亚硝酸盐浓度 (mmol/L)[j]	3 (20~25)	0.35 (15)	0.2[g]	1 (6)	0.3~3 (18)	1
厌氧代谢	ND	利用硝酸盐呼吸	ND	严格好氧	ND	ND
利用的有机化合物	丙酮酸	没有观察到异养生长	ND	甘油和丙酮酸	没有观察到异养生长	ND
细胞内储存的化合物	糖原和多聚磷酸盐	聚-β-羟基丁酸和多聚磷酸	ND	糖原和多聚磷酸盐	糖原和多聚磷酸盐	ND

[a] ND表示不确定；Ca表示 *Candidatus*
[b] 在生物膜周围的洞穴水中进行测量
[c] Spieck et al. (2006)
[d] Ehrich et al. (1995)
[e] Holmes et al. (2001)
[f] Watson et al. (1986)
[g] Lebedeva et al. (2008)
[h] Lebedeva et al. (2005)
[i] 亚硝酸盐用于生长培养基或自然栖息地测量；括号中的数值表示最大耐受浓度

205

12.2.5　NOB 与污水处理

几十年来，学者一直认为污水处理厂完成亚硝酸盐氧化过程的主要是 *Nitrobacter*。这种"教科书式观点"的出现是因为传统的培养技术获得的 *Nitrobacter* 菌株几乎都是从硝化的活性污泥样品中分离出来的。由于硝化是污水生物处理的一个关键过程，所以在设计污水处理厂或者建模硝化工程系统时，都要考虑 *Nitrobacter* 的生长特性（Bever et al.，1995）。然而，当独立培养技术快速发展时，这种观点开始迅速改变，特别是有了 rRNA 基因定位寡核苷酸探针 FISH 技术之后。该技术表明了在污水处理中，利用人工检测 *Nitrobacter* 的重要性。在测定的大多数活性污泥样品中，利用 FISH 检测不到硝化杆菌细胞，这表明它们的丰度远低于该方法的检出限（$10^3 \sim 10^4$ cells/mL）(Wagner et al.，1996)。由于这些硝化杆菌细胞的密度很低，因此可以排除上述污水处理厂中硝化杆菌与亚硝酸盐氧化的相关性。FISH 还表明，尚未培养的硝化刺菌属在污水处理系统中是更丰富的亚硝酸盐氧化细菌（Juretschko et al.，1998）。由于大多数污水处理厂中硝化杆菌数量很少，所以只有通过培养或者 PCR 扩增才能检测到。通过 FISH 技术，仅在一些氮负荷较高的实际规模或中试污水处理系统中发现了较多的硝化杆菌（如，Mobarry et al.，1996；Daims et al.，2001；Gieseke et al.，2003）。

我们需要通过成熟的、规范化的 FISH 技术来证明生活污水中硝化杆菌是否有很高的密度（Coskuner and Curtis，2002）。然而，应该指出的是，一般情况下，FISH 也是存在偏差的（Wager et al.，2003）。因此，从理论上讲，利用 FISH 和相关的技术可能检测不到污水处理厂中大量的硝化杆菌。但是，考虑到研究人员已大量利用 FISH 技术来筛选活性污泥中硝化杆菌这一现象，因此检测不到似乎也不太可能。然而，一种新的独立于 FISH、PCR 和培养的方法，有望确定全程硝化污水处理系统中硝化杆菌丰度与硝化螺旋菌丰度相比是否是微不足道的。最近，科学家以宏基因组学为基础进行分析，解决了这个问题。首先，在大肠杆菌 BAC 载体中克隆污水处理厂中硝化细菌群的宏基因组，由此产生的 BAC 包括了超过 50 万的克隆文库。其后，对超过 32 万的 BAC 配对末端进行测序，通过使用严格的匹配条件（在至少 80% 的读长上有至少 90% 的核苷酸序列相似性），将得到的序列结果与所有迄今测序的细菌和古菌基因组进行比较。图 12-3 展现了硝化菌的分析结果。大量 BAC 末端序列（>7000）与 "*Candidatus* Nitrospira defluvii"（硝化螺旋菌亚系 I 的测序代表）（参阅下面以获得此基因组更多信息）的基因组相关区域具有高度相似性。相比之下，有不到 49 个序列结果匹配任意测序的硝化杆菌菌株基因组（图 12-3），这表明在宏基因组和污水处理厂中硝化螺旋菌亚系 I 比硝化杆菌更普遍。通过使用相同的匹配条件，比较 "*Candidatus* Nitrospira defluvii" 完整的基因组与所有其他测序的原核生物的基因组，以此来确定大量硝化螺旋菌的匹配不是由 "*Candidatus* Nitrospira defluvii" 和宏基因组中代表性细菌（除了硝化螺旋菌）的序列相似性造成的。这个单独的测试只在 *Nitrospira* 和另一种微生物体之间产生了效果（数据未展现）。因此，基于当前可用的基因组数据和所应用的匹配条件，宏基因组分析的许多假阳性硝化螺旋菌匹配的可能性是非常低的，并且硝化螺旋菌匹配的数目确实反映了其在活性污泥中的高丰度。然而，不仅硝化杆菌匹配的数量低，AOB 宏基因组匹配度也出奇的低（图 12-3），这表明之前分析的污水处理厂中，与那些在基因组水平上已被测序的细菌亲缘关系远的氨氧化菌占主导地位。

为了排除可用基因组序列未代表的硝化杆菌菌株在该污水处理厂中的重要性，对 *Bradyrhizobiaceae* 的成员（包括硝化杆菌）获得的所有匹配数进行了测定。因为硝化杆菌与 *Bradyrhizobiaceae* 科其他成员亲缘关系很近，像 *B. japonicum*（图 12-1），任何与 *Bradyrhizobiaceae* 相关的序列读数实际上可能属于硝化杆菌菌株，其基因含量与完全测序的硝化杆菌的代表菌株不同。虽然如此，*Bradyrhizobiaceae* 匹配数仍远远低于硝化螺旋菌的匹配数（图 12-3）。全面的环境基因组学（独立于 PCR 的菌群分析）的结果强烈证实了以前基于 FISH 的工作结果（Wagner et al.，1996；Juretschko et al.，1998）。此外，利用硝化活性污泥的 FISH-显微放射自显影术技术表明，当亚硝酸盐存在时，除了分析样品中其他丰富的亚硝酸盐氧化菌种群外，只有硝化螺旋菌标记有放射性重碳酸盐（数据未发表）。总之，一系列独立培养的分子生物学方法已经证实，在大多数污水处理厂中硝化杆菌与亚硝酸盐氧化不相关。值得注意的是，也有例外的情况，即系统处理高浓度污/废水（通常比市政污水和工业废水含有更高的氮含量）时不符合上述情形。

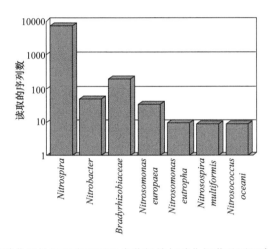

图 12-3　从硝化活性污泥宏基因组中获得并与硝化细菌基因组序列具有较高相似性的一系列序列读数

对于 *Bradyhhobobiaceae* 所示的读数包括硝化杆菌获得的读数加上 *Bradyhizobiaceae* 中其他成员获得的读数（参见正文的细节）。注意，y 轴刻度是对数的。

12.3　硝化杆菌和硝化螺旋菌的生理生态学和生态位分离

自从发现了未培养 NOB 的高度多样性之后（尤其是硝化螺旋菌属），科学家开始关注它们在硝化过程中的生理生态特性。这一应用特别针对的是生活污水处理过程中的 NOB，因为它们的代谢活性和生长特性与硝化生物反应器的操作条件和稳定性直接相关。一个主要的问题是，为什么在大多数污水处理厂中是硝化螺旋菌而不是硝化杆菌种群占优势。利用现有的分离和富集技术发现，一般硝化杆菌种群在实验室条件下更容易培养，且生长比硝化螺旋菌更快。但是大多数未培养的硝化螺旋菌种群在原位活性污泥系统中更具竞争力。为了解释这种现象，Schramm 等人（1999）通过定量 FISH 与微电极测定，估计出硝化生物膜中未培养的硝化螺旋菌亚硝酸盐的 K_s 值。有趣的是，他们的结果表明，相对于硝化杆菌来说，硝化螺旋菌对亚硝酸盐有更高的亲和性。研究估计，硝化螺旋菌的 K_s（NO_2^-）低至 10 μmol/L，而纯培养硝化杆菌的 K_s 在 60~600 μmol/L 的范围内（Prosser，1989；Hunik et al.，1993）。在这些数据的基础上，Schramm 等人（1999）提出硝化螺旋菌可能属于 K-strategists，即当亚硝酸盐浓度非常低时也能达到很高的种群密度。相比之下，硝化杆菌属于 r-strategists，它需要很高的亚硝酸盐浓度，但如果亚硝酸盐不是限制因素时，会比硝化螺旋菌生长快。这将意味着，在亚硝酸盐限制的条件下，常见的生活污水处理厂和大多数自然环境中（亚硝酸盐通常不会累积，而是会氧化成硝酸盐或者进行反硝化），硝化螺旋菌具有选择性优势。硝化杆菌会依赖微环境中局部的高浓度亚硝酸盐来生存，例如在根际中可以发现（Freitag et al.，2005）。如果这个假设确实反映了这些 NOB 的生态策略，那么中间的亚硝酸盐浓度应该可以使硝化杆菌和硝化螺旋菌（暂时）共存。的确，Bartosch 等人（2002）发现，如果基质浓度为 0.2 g NO_2^-/L，从土壤样品中可以富集硝化螺旋菌和硝化杆菌；但是当浓度为 2 g NO_2^-/L 时，仅能富集硝化杆菌。有趣的是，含有大量硝化杆菌的中试规模的序批式生物膜反应器中还含有硝化螺旋菌（Daims et al.，2001；Gieseke et al.，2003）。这种反应器的操作模式为：加入新的污水→具有硝化作用的曝气阶段→排出上清液，这样依次循环。反应器中的废水是活性污泥脱水产生的，其中氨氮浓度非常高。在每个运行周期中，亚硝酸盐短暂停留但显著增大。亚硝酸盐的浓度梯度很可能产生了两组 NOB 的生态位，并成为它们稳定共存的基础。由于生物量在生物膜载体材料中附着生长，因此这两个种群都被限制在反应器中。在连续运行的活性污泥反应器中没有观察到较弱竞争者的生物量选择性损失。

  一系列实验室规模的硝化生物反应器的研究证明了硝化螺旋菌和硝化杆菌的"K/r-假说"（如，Nogueira and Melo，2006）。这引发了一种猜测，即亚硝酸盐的选择性作用也可以延伸到同一属的其他成员。例如，之前提到的 6 个硝化螺旋菌亚系的生境特异性可能受不同亚硝酸盐最适浓度的影响。Maixner 等人（2006）分析了一个污水处理厂的硝化生物膜，除了 AOB 外，还包含硝化螺旋菌亚系Ⅰ和亚系Ⅱ。FISH 探针研究表明，在生物膜中这三种菌群都较为丰富。然而，硝化螺旋菌亚系Ⅰ似乎更靠近 AOB 的细胞聚类而不是硝化螺旋菌亚系Ⅱ。利用数字图像分析和生物膜空间统计证实了空间分布的差异。基于这些数据，提出了以下假设，即生物膜中存在小规模的局部亚硝酸盐浓度梯度，接近 AOB 群落处具有最高亚硝酸盐浓度，因为在这里 AOB 将氨氮转换成亚硝酸盐。如果硝化螺旋菌亚系Ⅰ比硝化螺旋菌亚系Ⅱ更适应高浓度的亚硝酸盐，那么，亚硝酸盐浓度梯度可以决定两个硝化螺旋菌种群的分布差异。事实上，生物膜中亚硝酸盐产生、扩散和消耗的数学模型表明了局部亚硝酸盐浓度梯度的存在。在一单独的实验中，将具有硝化螺旋菌亚系Ⅰ和硝化螺旋菌亚系Ⅱ的活性污泥在不同亚硝酸盐浓度下培养，在实验过程中利用具有特定探针的 FISH 分别定量两个硝化螺旋菌种群。结果与生物膜中的观察相一致，该实验表明，较高浓度的亚硝酸盐利于硝化螺旋菌亚系Ⅰ的生长，对硝化螺旋菌亚系Ⅱ具有选择性（Maixner et al.，2006）。因此，亚硝酸盐浓度影响硝化螺旋菌群落的组成，很有可能也影响复杂生境空间上的局部分布。相对于纯培养的 K-strategists 和 r-strategists 来说，硝化螺旋菌亚系可能更接近 K-strategists，而硝化杆菌物种可能更接近 r-strategists。

  现有的数据表明，K/r-假说可以解释为什么硝化螺旋菌在污水处理厂和多种原始生态系统中占优势，因为这些环境中亚硝酸盐浓度非常低。然而，这种假设可能不仅适用于亚硝酸盐。过去的研究发现，硝化螺旋菌在生物膜低溶解氧（DO）浓度区域超过硝化杆菌（Schramm et al.，2000；Downing and Nerenberg，2008），这表明硝化螺旋菌 O_2 的 K_s 值比硝化杆菌低。硝化螺旋菌对氧亲和力高的特点有利于其与氨氧化菌和异养微生物竞争氧气。此外，甚至硝化螺旋菌对供氧量也有选择性效应。2008 年，Park 和 Noguera 运行了两个平行的实验室规模的恒化器，其中接种物为相同的硝化活性污泥，但溶解氧浓度不同。在整个实验期间发现，在低 DO 的反应器中（271 d），硝化螺旋菌亚系 I 占优势，而在高 DO 反应器中会产生种群变化，导致硝化螺旋菌亚系 I 和 II 的共存。这些结果是否表明硝化螺旋菌亚系 I 具有较高 O_2 亲和力或更低的 O_2 耐受性尚不确定。亚硝酸盐和 DO 浓度似乎是影响不同 NOB 竞争和不同环境分布的重要因素，但它们可能并不是仅有的关键参数。之前的研究表明，培养的硝化杆菌并不是专性自养硝化细菌，它们可以利用简单有机化合物，如丙酮酸、乙酸、甲酸来进行混合营养或者有机化能营养生长（Bock，1976）。有报道称，在有丙酮酸存在的情况下，亚硝酸盐氧化菌 *N. marina* 的生长速率要大于没有的情况（Watson et al.，1986），但是也有试验在不利用有机碳的条件下纯培养了 *N. moscoviensis*（Ehrich et al.，1995）。研究者通过 FISH 结合显微放射自显影技术，揭示了活性污泥中未培养的硝化螺旋菌能够利用碳酸氢盐或丙酮酸，但却不能利用醋酸（Daims et al.，2001）。因此，如果这些细菌在底物使用和对混合营养或者有机化能营养生长能力不同的话，则可以通过可用有机化合物的质量和浓度选择不同 NOB。

抑制性物质阻碍 NOB 的活性和生长，可能也具有很强的选择性作用，尤其在污水和工业污染处。例如，在氯酸盐（ClO_3^-）或亚氯酸盐（ClO_2^-）存在的情况下，纯培养硝化杆菌的亚硝酸盐氧化会被抑制（Lees and Simpson，1957；Hynes and Knowles，1983）。这种效应是由亚氯酸盐引起的，因为它破坏了硝化杆菌所必需的细胞色素（Lees and Simpson，1957）。当硝化杆菌利用氯酸盐而不是氧气作为氧化亚硝酸盐的最终电子受体时，会产生有毒的亚氯酸盐。高氯酸盐和亚氯酸盐都是污染物，其源于火箭燃料和纸张漂白工业等。基于对纯培养硝化杆菌的观察，人们希望利用高浓度的这些化合物来抑制受污染的土壤或水体的亚硝酸盐氧化。然而，利用与外源基因表达相结合的环境基因组学发现，存活于活性污泥中的硝化螺旋菌亚系 I "*Candidatus* Nitrospira defluvii" 有一个编码亚氯酸盐氧化物歧化酶（CLD）的高度活性基因（Maixner et al.，2008）。这个引人注目的酶通过尚未完全阐明的机制将亚氯酸盐转换成氯（Cl^-）和氧（O_2）（Van Ginkel et al.，1996）。当 "*Candidatus* Nitrospira defluvii" 在含有亚硝酸盐的介质中培养时，CLD 会表达，这表明在氯酸盐和/或亚氯酸盐存在的情况下酶的保护作用也存在（Maixner et al.，2008）。此前认为 CLD 只存在于耐亚氯酸盐的异养变形杆菌中，它利用高氯酸盐作为厌氧呼吸的替代电子受体。硝化螺旋菌亚系 I 中 CLD 的出现表明这些 NOB 也可能是对亚氯酸盐有耐受性的，也可能是（高）氯酸盐的生物降解与氮循环有关。此外，亚氯酸盐可以作为污水中活性污泥的氯化副产物。在污水处理厂中，发生氯化反应的菌群通常会与过度生长的丝状菌进行竞争。因此，亚氯酸盐耐受性可能是活性污泥中硝化螺旋菌高丰度的另一个原因。由于 "*Candidatus* Nitrospira defluvii" 中 CLD 的主要生物学作用还只是一种推测，所以有必要明确 CLD 在硝化螺旋菌中的替代功能（Maixner et al.，2008）。在含有氯胺的市政饮用水分配系统中也存在硝化螺旋菌,但是其他的微生物却会受到抑制(Regan et al.,2003)。氯胺是一种有效的消毒剂,在饮用水厂中通过引入氨作为氨氧化微生物的底物,促进硝化作用。作为初级生产者的硝化细菌,氨氧化微生物可以促进其他生物的异养生长,导致饮用水的生物不稳定性,从而违反卫生标准。有趣的是,在饮用水系统中未培养的AOB和NOB比纯培养的硝化细菌对氯胺更具有耐受性(Regan et al.,2003);但耐受性的潜在机制还不清楚。

12.4 "*Candidatus* Nitrospira defluvii"的环境基因组和全基因分析

由于硝化螺旋菌都难以培养,所以很难从仅有的几个菌株中获得大量的生物量。尽管硝化螺旋菌是最多样化和分布最广泛的NOB,而且在废/污水处理中具有很高的生态价值,但是难培养这一缺点在很大程度上造成该菌属在基因组方面采样不足。只是在最近,从一个富集的"*Candidatus* Nitrospira defluvii"中确定了第一个完整的硝化螺旋菌基因组序列。亚系Ⅰ硝化螺旋菌菌株已经在硝化活性污泥中富集(Spieck et al.,2006)但并未完全纯化出来。然而,它的基因组可以通过一种环境基因组学的方法进行测序,这种方法可以测定未培养的厌氧氨氧化菌的序列(Strous et al.,2006)。简要地说,这种方法依赖于BAC和质粒鸟枪克隆以及末端配对测序,以此从提取的群落基因组DNA中构建重叠群和支架。在"*Candidatus* Nitrospira defluvii"的重叠群包含完整核糖体RNA基因操纵子的情况下,该方法的关键步骤是识别组装的定位点。利用长重叠群(Maixner et al.,2008)作为起点,通过迭代测序、拼接和组装得到硝化螺旋菌基因组的剩余部分,最后将组装过程中留下的缺口填补完整。完整的"*Candidatus* Nitrospira defluvii"基因组约4.3万个碱基对,可用作自动和手动下游分析。表12-2总结了基因组的关键特性。

"*Candidatus* Nitrospira defluvii"基因组的特点　　　表12-2

特点	结果
基因组大小	4317083 bp
GC含量	59.03%
基因数	4321
rRNA基因数	3
tRNA基因数	46
具有预测功能的可读框数	2147
编码密度	89.45%
重复区域	2.29%
与转座子相关的基因数量(包括片段)	46

以下各节将对"*Candidatus* Nitrospira defluvii"关键代谢特点进行概述(来自于基因组数据)。

12.4.1 亚硝酸盐氧化过程和亚硝酸盐氧化还原酶

化能无机营养亚硝酸盐氧化过程的关键酶是亚硝酸盐氧化还原酶(Nxr)。它在硝化杆

12.4 "Candidatus Nitrospira defluvii" 的环境基因组和全基因分析

菌中得到了最深入的研究,是一类膜结合酶,含有 1 个大 α 和 1 个小 β 亚基,分别通过基因 nxrA 和 nxrB 编码(Spieck et al.,1996b;Starkenburg et al.,2006)。根据从硝化杆菌细胞膜分离 Nxr 全酶的方法,在一些研究中检测到了假定的第三种亚基(Tanaka et al., 1983;Sundermeyer-Klinger et al.,1984)。除了 NxrA 和 NxrB,假定亚基的候选基因已经在硝化杆菌基因组序列中识别出来(Starkenburg et al.,2006)。Nxr 属于含有钼嘌呤酶的二甲基亚砜(DMSO)还原酶家族。二甲基亚砜还原酶家族在结构和功能上有所不同,其他主要成员有异化硝酸盐还原酶以及氯酸根、硒酸根和砷酸还原酶(McDevitt et al., 2002;Thorell et al.,2003)。该家族的大多数代表至少由 2 个亚基组成。α 亚基含有底物结合位点和钼嘌呤辅助因子的活性中心。β 亚基包含多个铁-硫聚类,主要在 α 亚基和其他亚基或膜结合处的电子传递链上起到电子传递的作用(Kisker et al.,1998)。尽管在二甲基亚砜还原酶家族中这一作用(Rothery et al.,2008)得以保留,但是仍缺乏直接的实验证据证明 Nxr 中 α 亚基的底物结合位点。硝化杆菌的 Nxr 氧化亚硝酸盐成硝酸盐,且该反应是可逆的,这就使这种微生物中的 Nxr 起到一种额外的反硝化作用(Sundermeyer-Klinger et al.,1984)。

Spieck 等人(1998)对 *N. moscoviensis* 细胞质膜进行热处理,从而纯化 *N. moscoviensis* 的亚硝酸盐氧化系统。这主要是为了利用硝化杆菌的 Nxr β(NxrB)亚基的抗体来鉴定突出的硝化螺旋菌膜蛋白提取混合物中假定的 NxrB 蛋白。同样的蛋白组分还包含一个假定的 Nxr α(NxrA)亚基,其表观分子量(130 kDa)与硝化杆菌的 NxrA 的质量相近。除此之外,提取物中还有两种未知功能的蛋白质,这一现象表明,在其组成和可能的功能性质方面,硝化螺旋菌的亚硝酸盐氧化系统不同于硝化杆菌(Spieck et al.,1998)。

在比较硝化杆菌和硝化球菌 *nxr* 基因序列、分析 *N. moscoviensis* 的 NxrA 和 NxrB 亚基分子量的基础上(Spieck et al.,1998),假定的 *nxr* 基因在 "*Candidatus* Nitrospira defluvii" 测序的基因组中得到确认。"*Candidatus* Nitrospira defluvii" 基因组包含两个 *nxrA* 和 *nxrB* 拷贝,它们位于两个聚类中(*nxrA1B1* 和 *nxrA2B2*),之间的分隔距离约为 24 kb。两个 NxrA 拷贝的氨基酸同一性为 86.6%,而两个 NxrB 拷贝是相同的。两种 NxrA 的主要结构差异是否具有功能性作用,例如是否对亚硝酸盐或底物范围的亲和力和特异性有影响,这需在以后的分析中进行验证。*nxrA2* 上游基因编码具有 CheY-like 反应调节接收区的 σ-54 依赖性转录调节因子,该因子可能参与双组分信号系统中 *nxrA2B2* 表达的调节。另一种不同的 σ-54 依赖性转录调节因子位于 *nxrA1B1* 聚类上游,这表明两个基因聚类的调节方式是不同的。*nxrB2* 下游的下一个基因与 *E. coli*. 中一种小的(2Fe-2S)铁氧还蛋白(Bfd)有些相似。当铁进入血红素或者在铁依赖基因的调控过程中,Bfd 会参与铁从铁贮藏蛋白即铁蛋白或铁载体的释放(Quail et al.,1996)。事实上,编码铁蛋白的基因存在于 "*Candidatus* Nitrospira defluvii" 基因组的其他位置,这表明该化合物在硝化螺旋菌中用于储存铁。因此很容易推测,类-*bfd* 基因产物很可能给 Nxr 全酶提供铁。不能排除 Bfd 作为 *nxrAB* 的铁依赖性表达调节因子,也不能排除它作为 Nxr 蛋白复合物的一部分替代作用。"*Candidatus* Nitrospira defluvii" 基因组还编码了 3 个与二甲基亚砜还原酶家族(如硝酸盐、氯酸盐和硒酸盐还原酶)γ 亚基相似的蛋白。这些蛋白质的预测分子量与来自 *N. moscoviensis* 的膜提取物中的两种未知蛋白之一相似(Spieck et al.,1998),这表明这些蛋白质是硝化螺旋菌 Nxr 的 γ 亚基(NxrC)的候选。与还原酶相关的 γ 亚基是血红素蛋白,它将电子从电子传递链输送到这些酶的 β 亚基上(Berks et al., 1995; Thorell et al., 2003)。在亚硝酸盐氧化过程中,电子必须穿梭在相反的方向(例如,从 Nxr 的 α 亚基到 β 和 γ 亚基,并进一步传向电子传递链)。三个候选的 NxrC 都包含一个预测的跨膜的螺旋,这表明另外的功能是作为 Nxr 蛋白复合物的膜定位点。但是,这三个候选的 nxrC 基因没有一个接近于 nxrA1B1 和 nxrA2B2 聚类。此外,三个候选 NxrC 的成对氨基酸同一性低至 27%～33%,这说明它们不具有相同的功能,或者可能部分是不同的。但是,复合蛋白参与氧化/还原过程和电子传递的特征都未表现出来。与亚硝酸盐氧化和能量储存中的假定作用一致,候选 nxrC 基因的其中之一与编码电子传递链的基因相邻,如 c-型细胞色素和假定的泛醇-细胞色素 c 氧化还原酶。"Candidatus Nitrospira defluvii"的基因组也编码一种蛋白质,其分子量与在 N. moscoviensis 膜提取物中检测到的第四种主要蛋白相似,但第四种蛋白并未在 N. moscoviensis 中进行进一步分析(Spieck et al., 1998)。这种蛋白与细胞色素 c、硒酸盐和氯酸盐还原酶的 γ 亚基相似,它包含 2 个 c 型血红素结合位点,并能预测跨膜螺旋。基于这些特性,它是另一种候选的硝化螺旋菌 NxrC 亚基。今后的研究工作可能会至少确定 4 个候选 NxrC 中的一个是否是"Candidatus Nitrospira defluvii"中 Nxr 全酶的组成部分。

有趣的是,免疫标记法显示,硝化螺旋菌中与膜相关的 Nxr 在细胞膜外侧呈现六边形,从而面向壁膜间隙。相比之下,硝化杆菌的 Nxr 位于膜的细胞质一侧(Spieck et al., 1996a)。硝化螺旋菌 Nxr 的周质位置是通过 nxr 基因序列分析得出的。与二甲基亚砜还原酶家族的其他周质酶结构相似(McDevitt et al., 2002; Thorell et al., 2003),为了将基因产物输出到壁膜间隙中,nxrA 和 nxrC 都通过双精氨酸转运蛋白(Tat)途径(NxrA)或 Sec 途径(所有候选 NxrC)编码 N-末端信号肽。NxrB 虽然没有信号肽,但假定它与 NxrA 一起折叠在细胞质中,并与 α 亚基通过 Tat 途径转运,用于输送在折叠状态下的蛋白质。这种"搭便车"的机制(Rodrigue et al., 1999)是最有可能被缺少信号肽的氯酸盐还原酶和二甲基硫醚脱氢酶的 β 亚基(McDevitt et al., 2002; Thorell et al., 2003)所利用。周质中 Nxr 的位置在硝化螺旋菌具有一定的优势。如果亚硝酸盐氧化发生在周质中,那么亚硝酸盐不需要任何运输工具就可以进入细胞内,并且没有硝酸盐的分泌。与此相反,在硝化杆菌中,细胞质内的 Nxr 需要依赖硝酸盐/亚硝酸盐穿过细胞质膜进行传递(Starkenburg et al., 2006)。在 O_2 还原过程中,周质一侧的亚硝酸盐氧化(H_2O 作为硝酸盐氧原子的额外来源)与穿过细胞质膜的电子转运和细胞质中质子的消耗相结合。在硝化螺旋菌中,这很有可能导致膜结合的 ATP 合酶(complex V)产生 ATP 的质子梯度。虽然亚硝酸盐氧化和 O_2 还原发生在内层细胞膜的细胞质一侧,但是我们还不了解硝化杆菌的能量储存机制(Bock and Wagner., 2001)。

比较序列分析表明,基本上,"Candidatus Nitrospira defluvii"的 2 个 NxrA 拷贝与硝化杆菌和硝化球菌的 NxrA 不同。但是,硝化杆菌和硝化球菌的 NxrA 蛋白相互之间的关系密切,而且与呼吸膜结合的硝酸盐还原酶(NarG)的 α 亚基关系也很紧密(图 12-4)。相比之下,硝化螺旋菌的 2 个 NxrA 拷贝与厌氧氨氧化菌"Candidatus Kuenenia stuttgartiensis"的亚硝酸盐氧化/硝酸盐还原酶相近(Strous et al., 2006)(图 12-4)。这种独特的系统发育关系可能反映了结构和催化性能的显著性差异。例如,NxrA 对不同底物的亲和力可能是前面所述硝化螺旋菌和硝化杆菌 K/r 假说的分子学基础。此外,人们通过对 NxrA

12.4 "*Candidatus* Nitrospira defluvii" 的环境基因组和全基因分析

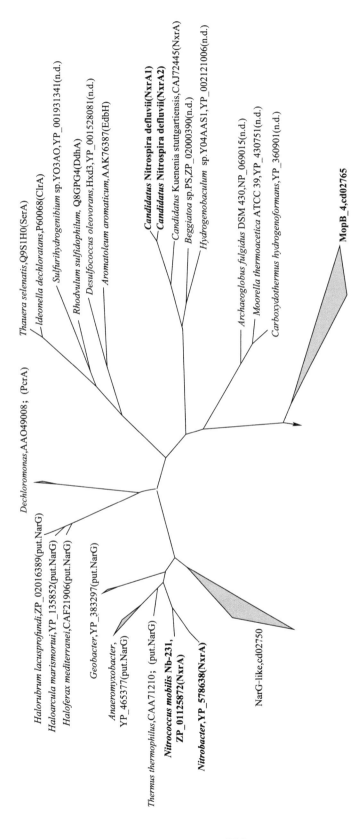

图 12-4 基于蛋白质序列的系统发育树,说明含钼喋呤的二甲基亚砜还原酶家族选定的 α 亚基。NOB 亚硝酸还原酶的 α 亚基 (NxrA) 序列以黑体字显示;数据库登录号表示所有表示的蛋白质序列。树形拓扑结构是由钼喋呤-和 [Fe-S] -结合的结构域序列的最大似然分析决定的,并排除 N-末端信号肽。蛋白亚基名称表明相对应酶的功能: NarG-异化膜结合的硝酸盐还原酶; NxrA-亚硝酸盐还原酶; PcrA-高氯酸盐还原酶; SerA-硒酸盐还原酶; ClrA-氯酸盐还原酶; DdhA-二甲基硫醚脱氢酶; EdbH-乙苯脱氢酶; put.-表示假定; n.d.-表示功能未确定 (图由 Frank Maixner 提供)。

亲缘关系的理解提出了 NOB 演化的过程。系统发育树（图 12-4）表明，硝化螺旋菌的 NxrA 和 "*Candidatus* Kuenenia stuttgartiensis" 中的蛋白质同源。哪一种生物拥有这种遗传的酶以及该生物在哪里生存，是在好氧条件像硝化螺旋菌那样或在缺氧环境如厌氧氨氧化菌 *Kuenenia* 一样生存，这些问题都有待解决。虽然图 12-4 所示的系统发育可能因过去的侧向基因转移事件而模糊，但很容易推测，硝化螺旋菌的好氧亚硝酸盐氧化系统来自厌氧蛋白复合物，并且硝化螺旋菌的祖先已经适应在缺氧条件下生活。这一假设将在"自养固碳作用"中进行讨论（见下文）。最终，硝化螺旋菌的 NxrA 形式与硝化球菌的 NxrA 形式之间的关系表明，使用亚硝酸盐作为能源在细菌进化过程中不止发生了一次。

12.4.2 自养固碳作用

像其他 NOB 一样，硝化螺旋菌能够利用二氧化碳或碳酸氢盐作为唯一的碳源从而自养生长。"*Candidatus* Nitrospira defluvii" 基因组编码 3 个碳酸酐酶，包括一种真核生物型（α）和两种原核生物型（γ）。α-型碳酸酐酶最有可能位于周质中，它在转换碳酸氢盐到 CO_2 从而摄取碳酸氢盐方面可能起到了至关重要的作用，这一过程可以通过细胞质膜自由扩散完成。与此推测相一致的是，"*Candidatus* Nitrospira defluvii" 基因组缺乏一个已知的碳酸氢盐转运体。

所有以前基因组测序的硝化细菌都是利用卡尔文循环实现自养固碳的（Chain et al., 2003; Klotz et al., 2006; Starkenburg et al., 2006, 2008; Stein, 2007），因为"*Candidatus* Nitrospira defluvii"基因组包含一个类似于大亚基核酮糖-1,5-二磷酸羧化酶的基因（RuBisCO），所以推测硝化螺旋菌与其他硝化细菌一样依赖卡尔文循环。然而，进一步研究表明，这种硝化螺旋菌蛋白质与类 RuBisCO IV 型蛋白有亲缘关系（图 12-5）。在其他细菌中，类 RuBisCO IV 型蛋白不具有很强的羧化酶活性（Hanson and Tabita, 2001），但功能与甲硫氨酸循环中的 2,3-二酮-5-甲硫戊烷基-1-磷酸烯醇酶相像（Ashida et al., 2003）。在底物结合和催化位点上，硝化螺旋菌类 RuBisCO 蛋白的一级结构不同于其他自养细菌和古细菌中 RuBisCO I 到 III 型羧化酶上高度保守的氨基酸残基（Hanson and Tabita, 2001）（未给出数据）。因此，在硝化螺旋菌自养固碳过程中，不太可能出现类 RuBisCO IV 型蛋白，而且硝化螺旋菌细胞缺少羧化酶也进一步支持这一观点（Watson et al., 1986; Ehrich et al., 1995; Lebedeva et al., 2008）。"*Candidatus* Nitrospira defluvii" 的基因组中也缺乏卡尔文循环另一关键酶，磷酸核酮糖激酶（或核酮糖-5-磷酸激酶），或者其同源物质，这再次说明了硝化螺旋菌采用不同的碳固定途径。事实上，"*Candidatus* Nitrospira defluvii" 基因组会编码所有通过反向三羧酸（rTCA）循环进行碳固定的蛋白质。延胡索酸还原酶、2-酮戊二酸：铁氧还蛋白氧化还原酶（OGOR）和 ATP-柠檬酸裂解酶是 rTCA 循环中的关键酶。其他必需的酶，rTCA 和氧化 TCA 都能利用（Hügler et al., 2005）。CO_2 的固定产物乙酰辅酶 A 在铁氧还蛋白氧化还原酶（POR）的作用下羧化为丙酮酸，这种酶在硝化螺旋菌基因组中也有编码。与氧化 TCA 循环中的膜结合脱氢酶相比，反向途径中的铁氧还蛋白氧化还原酶是可溶性蛋白（Evans et al., 1966）。尽管其他已知的 CO_2 固定途径在 "*Candidatus* Nitrospira defluvii" 还未确认，但是 rTCA 循环的发现还是令人惊讶的。该途径对还原的铁氧还蛋白的依赖性要求电子供体亚硝酸盐的反向电子传递需要相对较大的还原电位差，从 NO_3^-/NO_2^- 氧化还原对的 +0.43 V 到铁氧还蛋白的 -0.39 V。

12.4 "*Candidatus* Nitrospira defluvii" 的环境基因组和全基因分析

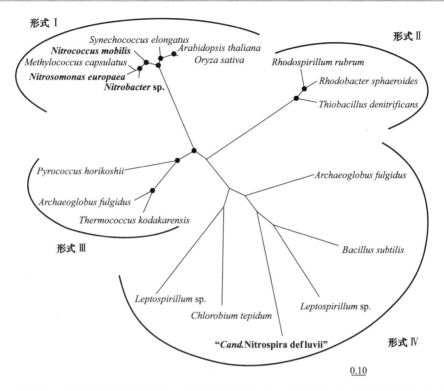

图 12-5 基于蛋白质序列的系统发育树，说明所选微生物中的核酮糖-1,5-二磷酸羧化酶（RuBisCO）弧线划定了 RuBisCO Ⅰ 至 Ⅳ 形式；黑色圆点表示每个分支的自引支持度（>90%，100 次迭代）；硝化细菌的名称采用黑体字表示。Fitch-Margoliash 通过分析序列确定了系统发育树的拓扑结构（采用全局重排和随机输入顺序（7 个无序））。比例尺表示每个残基的 0.1 个预计变化。

相比之下利用卡尔文循环的 NOB 必须克服亚硝酸盐与 NAD$^+$ 反向电子传递之间的还原电位差（从 -0.32 到 $+0.43$ V）。因此，硝化螺旋菌比其他 NOB 在反向电子传递过程中会消耗更多的能源。另一方面，通过卡尔文循环合成一个丙糖磷酸需要 9 个 ATP 和 6 个还原 NAD（P）H，而 rTCA 循环只需要 5 个 ATP 和 3 个还原 NAD（P）H，此外，还需要 2 个铁氧还蛋白和一个未知供体（Lengeler et al.，1999）。由于 ATP 需求较低，与使用卡尔文循环的 NOB 相比，rTCA 循环对于硝化螺旋菌不一定是竞争劣势。假如比亚硝酸盐电位还低的还原剂（例如 H_2）存在于硝化螺旋菌的微环境中，那么硝化螺旋菌也可能会利用它们作为还原剂，从而还原铁氧还蛋白。Ehrich 等人（1995）研究了 *N. moscoviensis* 利用 H_2 作为电子供体的能力，他们观察到这种微生物在缺氧环境下会利用 H_2 还原硝酸盐。令人困惑的是，硝化螺旋菌一般在有氧条件下氧化亚硝酸盐，而 rTCA 循环最常见于厌氧和微氧微生物中，这是因为含有铁氧还蛋白的关键酶 POR 和 OGOR 对氧很敏感（Campbell et al.，2006）。然而，"*Candidatus* Nitrospira defluvii" 中的 POR 和 OGOR 与 *Hydrogenobacter thermophilus* 中的同源酶高度相似，而 *Hydrogenobacter thermophilus* 能在好氧条件下利用 rTCA 循环进行自养生长（Yamamoto et al.，2006）。因此说，硝化螺旋菌中类似的 POR 和 OGOR 可能是比较耐氧的。也许硝化螺旋菌 rTCA 循环的存在可以解释为什么在生物膜更深处甚至贫氧区域观察到高密度的 NOB（Okabe et al.，1999；Gieseke et al.，2003），这是因为低 DO 浓度对氧敏感的酶更有益。与此假设相一致的是，

Okabe 等人（1999）在接近硝化生物膜表面的地方观察到低丰度的硝化螺旋菌，因此说明硝化螺旋菌可能受到高氧浓度的抑制。这与在接近硝化聚合体表面处观察到高硝化螺旋菌密度的研究报告形成了对比，此聚合体表面处的 DO 浓度高于内部（Schramm et al.，1999）。然而，即使在高 DO 浓度存在的情况下，局部生态环境中氧浓度水平也可能较低，因为 O_2 有可能被附近的氨氧化菌或异养生物消耗。如果硝化螺旋菌确实局限于低氧条件下的生态位，则它们对氧的亲和力必须足够高才能保证在氧限制条件下进行亚硝酸盐氧化。

rTCA 循环广泛存在与细菌和古菌中，而且该循环是最古老的自养固碳途径之一（Wächter-shäuser，1990）。在所有已知的 NOB 中，利用卡尔文循环的是变形菌，并且认为硝化杆菌是一类相对较新进化的属（Orso et al.，1994）。与硝化杆菌属相比，硝化螺旋菌属是硝化螺旋菌门中的深分支谱系，构成细菌域中独立的主要世系。硝化螺旋菌独特的系统发育地位和物种多样性，以及早期进化的固定 CO_2 的途径表明，硝化螺旋菌在进化初期就占据了生态位。此过程可能是由从厌氧到好氧的转变或微氧生活方式所引起，通过碳固定途径以及与厌氧细菌中亚硝酸盐还原酶的相似性反映出来。在现有基因组数据的辅助下，利用特定生理学实验来确定现代硝化螺旋菌是否保留了厌氧或微氧微生物的其他代谢特点，以及在没有明显关键底物亚硝酸盐和氧气的条件下，这些代谢特点是否可以使硝化螺旋菌生存。

12.4.3 有机碳化合物的利用

正如本章前面所提到的，独立培养方法表明硝化螺旋菌在硝化生物膜中能够同化丙酮酸（Daims et al.，2001）。"*Candidatus* Nitrospira defluvii" 基因组反映了从丙酮酸中同化有机碳和一些其他简单化合物的能力。有趣的是，这其中包括醋酸，尽管之前没有观察到其在原位摄取醋酸的现象（Daims et al.，2001）。此外，基于基因组数据，"*Candidatus* Nitrospira defluvii" 或许可以从有机化合物氧化中获取能量。"*Candidatus* Nitrospira defluvii" 的糖酵解途径是完整的，除了不能编码上述还原型蛋白外，基因组可以编码完整的氧化 TCA 循环。"*Candidatus* Nitrospira defluvii" 基因组中也存在编码电子传递链上复合物 I 到 V 的基因，这些复合物与由有机碳提供的还原剂是氧化磷酸化过程所必需的。此外，在基因组中还包含一种可溶性的、基于 NAD 的甲酸脱氢酶和一种甲酸转运体。因此，还需要进一步的试验来验证化能有机自养途径在 "*Candidatus* Nitrospira defluvii" 中的进化和功能。同时很容易推测，这种代表性的硝化螺旋菌可能不是一种专性自养生物，它可能会利用污水处理厂中的有机碳。"*Candidatus* Nitrospira defluvii" 的底物谱也可以通过合适的转运系统的有无来确定。基因组中有许多编码有机物转运体的基因，例如糖，但这仅基于单一序列数据，因此这些转运体的底物范围目前还无法确定。

综上所述，传统方法和分子生物学方法的结合让我们更加深入地了解了 NOB。这些新的见解从根本上改变了人们对 NOB 生物多样性、生理多功能性和生态重要性的观念。最近的研究还发现了之前被忽视的 NOB，这说明在全球氮循环中，亚硝酸盐氧化这一关键步骤的研究尚未完成。

我们非常感谢同事 Peter Bottomley 给出的关于这一章不同部分的建设性意见和建议。本章所述观点还受益于与同事 Jim Prosser、Andreas Schramm、Eva Spieck 和 Frank Maixner 的讨论。我们感谢 Thomas Rattei 对硝化螺旋菌基因组数据进行的各种计算分析。

第六篇 过程、生态学和生态系统

第13章 海洋中的硝化作用

13.1 引言

在广阔的海洋环境中，氮是生物所必需的元素之一，也是限制生物生长的主要因素。因此，海洋中的氮循环有利于海洋的正常运转，其净氮库存由反硝化造成的损失和固氮输入之间的平衡决定。在氮固定转化的循环过程中，有机物在异养生物（例如：水体中的浮游动物和微生物）和沉积物中的底栖无脊椎动物、蠕虫、微生物的矿化作用下分解产生氨。然而在富氧环境中，氨氮很少积累，这是由于硝化作用使得氨氮迅速被氧化成亚硝酸盐和硝酸盐。在深海中，由于不能发生同化作用，硝酸盐往往会得到积累，但在海洋表层，硝酸盐可迅速被光合浮游植物所消耗。硝酸盐降低，是缺氧水体和沉积物中所发生的反硝化和厌氧氨氧化反应产生氮气所导致的。在氧含量极低的环境中，如果没有适宜的氧化剂，就会出现氨氮累积现象。硝化作用与氮循环中的其他重要过程密切相关，因此，除了极少数情况下，所有海洋环境中的氮素都会进行必要的转化。

关于海洋中的硝化作用，在最近出版的一本介绍整体海洋氮循环的书（Capone et al.，2008）中进行了全面的综述。因此，本章只针对最近的研究进展以及海洋中的氮循环的影响因素进行简短的论述和简介。(i) 海洋学专家经过大量的实验证明，硝化作用通常发生在透光层（阳光照射的海洋表面），其对初级生产的估算和生物碳循环的建模来说具有深远的影响；(ii) 在海洋硝化作用的研究中发现，海洋中存在丰富的氨氧化古菌，其丰度远远超过硝化细菌，这使得人们重新认识海洋中的氮平衡以及中层水域中碳通量的问题，同时氨氧化古菌的主导作用也对生态学和生理学产生巨大的影响，这些影响主要表现在硝化作用的环境调控以及氧化亚氮排放量；(iii) 如今认为海洋缺氧区氮损失的主要原因是厌氧氨氧化作用，而不是反硝化作用。

13.2 海洋中硝化作用的分布和速率

海洋系统中的硝化作用与氮循环中的氧化（营养再生）和还原（同化，呼吸）过程密切相关，该过程将 NH_4^+ 转化成 NO_3^-（图13-1）。除了通过氧化亚氮（N_2O，后面介绍）少量释放所导致的氮损失，硝化作用不会直接影响海洋中净氮库存，但是在大量溶解性无机氮区域，硝化作用可决定氮的分布。首先由初级生产和海洋食物网循环产生有机质，然后有机质通过微生物降解，最后有机氮矿化成氨。许多微生物和浮游植物能很容易的同化氨，因此在含氧海洋中氨积累现象不明显。氨氧化细菌（AOB）和氨氧化古菌（AOA）氧化氨氮成为亚硝酸盐，亚硝酸盐氧化菌（假设都是细菌，NOB）将亚硝酸盐转化成硝酸盐，对许多浮游植物来说这可能是非常重要的氮源。

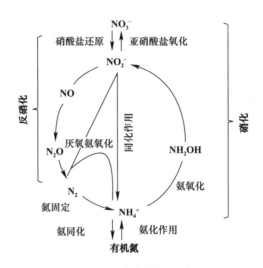

图 13-1　生物氮循环示意图

该图说明了硝化作用在联系溶解性无机氮池氧化和还原组分中的作用

　　由于浮游植物利用硝酸盐，所以通常情况下海洋表层的硝酸盐浓度很低，除非在"高营养低叶绿素"的区域。当有偶然事件发生（如区域上升流）时，海洋表层的硝酸盐才会得到积累。深层的硝酸盐可通过海洋混合、上升流、季节性翻涌作用被浮游植物利用。这些物理过程将低温深水中丰富的硝酸盐带到海水的表面，在光照条件下浮游植物可以消耗这些硝酸盐。因此，尽管硝酸盐在海水表面浓度通常很低，但对于浮游植物来说却是非常重要的氮源。

　　通常在新的生产模式背景下理解氨氮和硝酸盐作为海洋初级生产中氮的来源重要性（Dugdale and Goering，1967；Eppley and Peterson，1979）（图 13-2）。新的生产或出口生产是估算深层碳埋藏所必需的术语，即生物泵从海洋表面中去除碳、氮和相关物质，并将其封存在沉积物中，以进行长期埋藏。新的生产模式对于理解和模拟海洋中生物地球化学过程来说是很有用的。

　　对初级生产来说，氮通常是限制性营养元素，氮可以通过透光层的氨再生（再生营养物质：提供再生生产）或者通过透光层外的氮进行补充（新氮：从固氮作用或者通过上升流的垂直输送或者来自深海水域的 NO_3^- 混合，提供新生产力）。新的生产模式明确指出，硝化作用不会在透光区域发生（图 13-2，左），所以所有的硝酸盐必须由外部资源提供，且等同于新氮。如果系统处于稳定状态，之后在透光层由于摄食和下沉（输出）作用损失的原料会通过新氮的输入保持平衡。如果固氮作用极低，那么深水中所补充的氮约等于输出损失。在透光层中，如果氮是一定的并且硝酸盐没有积累，那么硝酸盐消耗速率相当于输出生产速率。这个简单的模型具有非常实用的价值，因为它意味着产生了一个能够简单测量硝酸盐和氨摄取速率的工具，即用稳定同位素示踪试验能够对新生产力和再生生产力

13.2 海洋中硝化作用的分布和速率

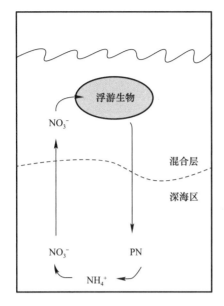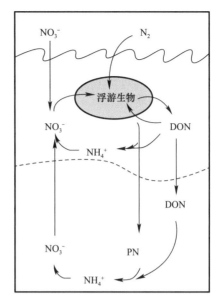

图 13-2 海洋表面的硝化作用示意图

浮游生物包括浮游植物和浮游动物，摄食食物网；PN 代表颗粒态氮，活的或者死的；DON 代表溶解态有机氮。（左）硝化作用发生在深海中，硝酸盐通过混合作用提供给透光区。如新生产范例中所述（Eppley and Peterson，1979），硝酸盐同化和再生过程之间的这种物理分离意味着在稳定状态下，硝酸盐同化速率等于输出生产速率（从光照区下沉或以其他方式去除 PN）。（右）硝化作用既发生在透光层也发生在深海区域，这说明硝酸盐同化不等同于输出产量。还说明了其他过程使新生产范例的简单应用复杂化，即 DON 的通量比之前预想的大得多，并且固氮作用可能是海洋中一些区域新生产的重要来源

进行定量测量，而无需大量的生态系统实验和沉积物捕集器等。在新生产力的概念和测量中，硝化作用是非常重要的，因为硝化作用是提供新生产力-硝酸盐的最终来源，但是需要假设这种硝化作用不会发生在生产的同一层中。

科学家已多次测量海洋和河口环境上层的硝化作用。然而，利用深度剖面图发现，最高硝化速率（氨氧化和亚硝酸盐氧化）应该发生在透光层区域底部附近。硝化速率最大值常常在表面光照强度为 5%~10% 的深水层中发现，在这一深度，亚硝酸盐和叶绿素浓度也具有最大值（Ward et al., 1984; Ward, 1987b; Lipschultz et al., 1990; Sutka et al., 2004）。

尽管硝化速率通常在海洋表层（大约 0~50 m）很低，但是在透光层通过硝化作用产生硝酸盐的速率与浮游植物利用硝酸盐的速率处于同一水平（Ward et al., 1989; Dore and Karl, 1996; Clark et al., 2008; Fernandez and Raimbault, 2007）。例如，在加利福尼亚的蒙特利湾（全深大约 1000 m），透光层通常能到达 30~50 m 处，初始亚硝酸盐最大值通常在 20~50 m 处（Ward, 2005b）；氨氧化速率范围为 0~80 nmol/(L·d)，最大速率通常发生在 30~50 m 处。利用模型估计蒙特利湾 200 m 以上的硝酸盐 ^{15}N 和 ^{18}O 的分布情况，Wankel 等人（2007）发现，硝化作用支持 15%~27% 的硝酸盐同化。在同一个地区的同位素示踪试验检测到透光层的硝化作用，表明大部分的氨利用（21%~33%）是由于硝化反应而不是浮游植物的同化作用（Ward, 2005b）。在南加州湾（与蒙特利湾南部相比是一个更加贫营养的地区）较低的透光层处，同化作用需要的硝酸盐可全部由硝化作

用提供（Ward et al., 1989）。这么看来，一些硝酸盐是通过浮游植物来同化的，因此不能被称为新氮，而且硝酸盐的吸收速率不能等同于新的生产。至少部分由硝酸盐支持的初级生产必须考虑再生生产，因为硝酸盐是快速循环的再生营养（图 13-2，右）。硝酸盐的同化程度和再生程度在时间和空间上是相互独立的，并随地区和季节的变化而变化，关于这个问题还需进一步的研究。

据报道，开阔海洋的硝化速率在每天几纳摩尔到几百纳摩尔的范围内（Ward, 2006, 2008；Yool et al., 2007），并且检测范围已深达 3000 m（Ward and Zafiriou, 1988）。大部分的报道是关于氨氧化速率的，关于亚硝酸盐氧化速率的报道却很少，而且许多报道中的速率值都估计过高。Ward（2008）汇编了各种水生环境中存在的硝化速率。

在深海中硝化速率是很低的，因为随着深度的增加来自有机物分解的氨通量逐渐减少。硝酸盐作为深海中氮的主要形式进行积累是由于产量非常低且没有任何显著的消耗。在深海热泉喷口处发现了例外情况，据报道，该处的氨氮浓度可以升高到数百纳摩尔（Lilley et al., 1993），且氧化速率与海洋表层处于一个数量级（高达 91 nmol/(L·d)）（Lam et al., 2004）。

13.3 氨氧化细菌和氨氧化古菌

氨氧化细菌（AOB），包括海洋 AOB，主要属于变形菌中的两个门类（Purkhold et al., 2003；Koops et al., 2003）（详情请参考第 2 章）。β-亚门包括 *Nitrosospira* 属和 *Nitrosomonas* 属，而 *Nitrosococcus* 属于 γ 亚门。基于 16S rRNA 的序列分析，科学家在海洋环境中已经检测到 β-AOB 几个主要集群以及集群内的大量微观多样性（Stephen et al., 1996；Bano and Hollibaugh, 2000；O'Mullan and Ward, 2005）。*Nitrosomonas* 序列通常与富集培养和 *Nitrosospira* 克隆库有关（Stephen et al., 1996；Smith et al., 2001），这意味着即使在已知的 AOB 中，环境中最重要的菌株也没有在富集培养物中得以体现。仅与其他环境序列相关的类-*Nitrosospira* 序列通常在从海洋（Bano and Hollibaugh, 2000；Hollibaugh et al., O'Mullan and Ward, 2005；Molina et al., 2007）、河口（Francis et al., 2003；Bernhard et al., 2005）以及沿海环境（Ando et al., 2009）中重新获得的 AOB 序列克隆文库中占优势。

尽管海洋中的 *Nitrosococcus* 无处不在（Ward and O'Mullan, 2002），但是对其的研究却很少。与大量 β-AOB 的有效数据相比，关于从海洋环境中获得的类-*Nitrosococcus* 序列的报道却很少，并且没有发现类-*Nitrosococcus halophilus* 序列。关于 *Nitrosococcus* 信息的缺乏可能是由于 PCR 引物特异性及当前研究的局限性造成的，但是这也可能意味着 *Nitrosococcus* 是 AOB 菌群的微量组分。

直到现在，唯一培养的氨氧化菌是细菌。这些培养菌为海洋生态位及环境调控等生理学推断提供了基础。在过去 10 年，关于海洋中硝化作用的最重要的研究进展就是 AOA 的发现（Konneke et al., 2005）（详见第 6 章、第 7 章）。这一发现可能不会使我们对海洋中硝化速率和分布的理解发生巨大改变。然而，一些新的发现趋使我们重新考虑目前海洋中碳和氮的通量。

科学家认为古菌（包括泉古菌界）与细菌属于不同的域（Woese et al., 1978），古菌主要是极端微生物，它们的典型特征是在极端高温、高盐、高酸或者缺氧的环境中生存。来自海洋的 16S rRNA 克隆文库中普遍存在的古菌基因的第一份报告（Fuhrman et al., 1992）曾遭到质疑，但该报告随后得到证实（Delong, 1992）。大量关于泉古菌（Karner et al., 2001）的数据表明它们在海洋中无处不在，由于这些微生物的含量很高，所以认为它们生存在非极端的环境中。首次尝试确定微生物生态系统这个巨大但以前未知成分的代谢组成，表明了无处不在的泉古菌会同化吸收放射性标记的氨基酸（Ouverney and Fuhrman, 2000），这说明菌群的主要新陈代谢方式为异养。这与深海中大多数微生物是异养的假设一致，这些深海微生物利用存在于地表水中浮游植物初级生产到达深海的水流中的有机物生存。

当在土壤（Schleper et al., 2005）和海洋（Venter et al., 2004）基因组库中发现明显起源于古菌的氨氧化基因时，这种异养生长方式的观点开始发生改变。AOB 中的氨单加氧酶基因的同源物与来自土壤中最常见的泉古菌 16S rRNA 基因相关（Treusch et al., 2005）。通过培养来源于海水水族箱中的一株古菌菌株，清楚地确定了古菌的生理环节，它们能够将氨氮氧化成亚硝酸盐，且化学计量比与 AOB 相似。*Nitrosopumilus maritimus* 在高浓度有机物的条件下会被抑制，但是来自其基因的初步信息显示它可以获得和吸收一系列的有机化合物。如果 *N. maritimus* 代表海洋泉古菌型的氨氧化古菌，那么这类微生物的新陈代谢类型可能是混合营养型。

目前，只有一种经过培养的海洋 AOA 的 16S rRNA 序列可供选择，该序列将 *N. maritimus* 归类于低温海洋泉古菌中，该菌群在海水中非常丰富，这与土壤中的低温泉古菌不同（Konneke et al., 2005）。数百种 AOA 的部分 *amoA* 序列的系统发育分析鉴定了环境聚类中的主要群体（Francis et al., 2005）。16S rRNA 的系统发育定义了海洋中 AOA 两个主要的嗜中温的泉古菌（Prosser and Nicol, 2008）。根据 *amoA* 基因序列的克隆库，AOA 的 *amoA* 基因在水生环境中无处不在，且不同的环境（包括不同的深度）（Beman et al., 2008；De Corte et al., 2009；Yakimov et al., 2009）有不同的分支特征（Prosser and Nicol, 2008）。虽然通过克隆库分析很容易从海洋环境中获得 AOA 和 AOB 的 rRNA 和 *amoA* 基因，但是从目前来看，海洋系统中 AOA 的量比 AOB 大得多。Prosser 和 Nicol（2008）总结所有有效的证据，发现在海洋环境中 AOA 的丰度不仅高于 AOB，而且 AOA 还很可能负责大部分氨氮的氧化。

在河口中，与 AOB 相比，AOA 也并不总是占有优势。显然，在一些河口沉积物中 AOA（Caffrey et al., 2007）占主导作用，其他少量的 AOB 起作用（Magalhães et al., 2009）。在旧金山湾（Mosier and Francis, 2008）的沉积物和切萨皮克湾水体（Bouskill et al., unpublished data）中，AOA 与 AOB 的比值随着盐度的增加而增加，因此，AOB 在寡盐性的江河区域丰度最高，在盐浓度高的区域，AOA 的数量大大的超过了众多低河口海洋中的 AOA 数量。在河口水域中，即使是单纯的 AOB，群落组成也会随着盐度不同而不同；在寡盐区域中，亚硝化单胞杆菌普遍存在，而在高盐区域，亚硝化螺旋菌占主导地位（Caffrey et al., 2003；Berhnard et al., 2005；Ward et al., 2007）。最近的一个综述（Erguder et al., 2009）表明，AOA 的存在环境非常广泛，甚至在低 pH 和可测量的硫化物条件下也存在 AOA，而 AOB 却没有检测到。显然，AOA 是一个非常多样化的群体，尽管在开阔海域发现的少数分支可能在其物理化学耐受性方面受到很大限制。

13.4 海洋中的亚硝酸盐氧化细菌

基于 16S rRNA 序列的 NOB 系统发育（Bock and Wagner, 2003）（见第 12 章）表明，人们所熟知的自养型亚硝酸盐氧化菌，*Nitrobacter*，在变形菌门的亚门中组成一个连贯的属。如 *Nitrosocoaus oceani*、*Nitrococcus mobilis*（Watson and Waterbury, 1971）属于变形菌门中的 γ 亚门，这是唯一一个在同一亚门出现 NH_3^- 和 NO_2^- —氧化表型的例子。*Nitrospina gracilis* 是 *Nitrobacter* 中的唯一物种，代表两个分离菌株，它属于变形菌门中的 δ 亚门。也许最不寻常的硝化细菌是 *Nitrospira*，它仅仅有 2 种分离菌株代表，并且与其他硝化细菌无相同的世系。在俄罗斯首都莫斯科的加热系统中分离得到的一个新的 *Nitrospira* 菌株，*Nitrospira moscoviensis*，它被划分到变形菌门外的一个新的属（Ehrich et al., 1995）。这些作者重新分析了 *Nitrospira marina* 的序列，其中 Teske 等人（1994）将其归于 δ-变形菌，并且得出 *Nitrospira* 不属于变形菌，而是与 *Leptospirilla* 深分支聚类相关。科学家从缅因湾中获得了海洋分离菌株（Watson et al., 1986），且作者指出相似细胞也存在于许多富集培养中，据此推测这种菌是海洋硝化细菌群中的常见成员。在海洋中，与氨氧化菌相比，尽管还有许多亚硝酸盐氧化菌的组成未知，但是最近的证据表明，大多数亚硝酸盐氧化菌属于 *Nitrospina* 世系（Mincer et al., 2007）。

13.5 海洋中硝化细菌的生理学和生态学

尽管硝化细菌的系统发育范围有限，但它们是多源的，而且其表型显然已经独立出现了很多次。然而，参与氨氧化生理学的功能基因（amo、hao）的同源性意味着基因转移的发生，而不是这些酶的独立进化。事实上，根据 AOB 和 AOA 中的 amoA 基因具有同源性提出了氨氧化表型的最终源头问题（详见第 4 章）。如果祖先泉古菌是嗜热菌，那么有可能氨氧化最初是在嗜热菌中产生的，并从古菌传到细菌。

硝化细菌系统发育的理解是与水生环境中硝化作用的研究相关，因为它会影响检测和量化方法。虽然硝化细菌是多源的，但是它们并不是如此不同以至于难以分辨；它们归属于一个小的世系中，通过使用相对较小的一组分子探针来进行识别和检测。这种方法形成了关于目前硝化细菌多样性和分布的现代化知识的基础，并且对硝化古菌的研究做出了重要的贡献。

在发现 AOA 之前，是根据 AOB 的生物化学和生理学知识来解读氨氧化代谢的生态生理学的。因此，像光抑制和高基质浓度亲和力等特性在以前被认为是 AOB 所特有的，在 AOA 方面现在必须重新认识。在纯培养和富集培养中，证明了 AOB 和 NOB 对光的敏感性（Muller-Neugluek and Engel, 1961; Horrigan et al., 1981; Guerrero and Jones, 1996）。基于感光性的生理学，认为 AOB 和 NOB 中有丰富的细胞色素，这些细胞色素会受到特定波长的抑制（Guerrero and Jones, 1996）。根据新的生产模式，光抑制可以用来解释初级亚硝酸盐最大值（Olson, 1981b），还可以为透光层缺乏硝化作用提供证据支撑。这种生理特征在现实世界中的表达程度是值得商榷的，因为其他因素，如底物限制和细菌行为，可能很容易确定硝化菌的分布和活性，而单独的浮游植物可能是影响初级亚硝酸盐最大值的原因（Lomas and Lipschultz，2006）。AOA 的培养是否受到自然光的抑制尚没有定论。如果海洋环境中的 AOA 受光的抑制，那就一定是通过其他的机制，因为古菌极度的缺乏血红素蛋白，所以大多数古菌会用含铜蛋白来代替血红素蛋白（详见第 6 章）。

培养海洋 AOB 说明了一个经典的响应机制，即氨氧化速率增加与氨浓度相关（Carlucci and Strickland，1968；Ward，1987），但是试图以海洋中自然结合的方式来解释这种响应机制通常是失败的（Olson，1981a；Ward and Kilpatrick，1990）。对这种缺乏动力学响应的一种解释是，天然的聚集体对氨的亲和力很高（其半饱和常数非常低），以至于氧化速率在可测量的底物富集水平下饱和。这意味着 AOBs 的天然组合中最重要的组分尚未培养出来，这与培养的 AOA-*N. maritimus*（Martens Habbena et al.，2009）证明的对氨氮有非常高的亲和力相一致。Ergruber 等人（2009）分析了来自高氨氮浓度条件下的 AOA *amoA* 基因，但是在真正的海洋环境中，AOA 很少能遇见氨浓度高于 1 $\mu mol/L$ 的情况。基质亲和力很可能是决定 AOA 生物地理学分支的一个重要因素。

微氧环境有助于培养培养基中或环境中的 AOB（Gundersen，1996；Carlucci and McNally，1969）和 NOB（Laanbroek et al.，1994）。硝化和反硝化在促进分层环境（像沉积物和生物膜）中氮损失方面与硝化细菌在低氧条件下的耐受能力和生长能力相一致（Jensen et al.，1996；Laursen and Seitzinger，2002；Revsbech et al.，2006；Krishnan et al.，2008）。在低氧水域中也发现了 AOA（Beman et al.，2008），这表明它们在微氧条件下，也具备生存能力。低氧条件下的硝化作用经常会产生 N_2O（Jorgensen et al.，1984；Usui et al.，2001；Meyer et al.，2008，参见下文）。据报道 AOB 的厌氧代谢包括氮气的产生（Bock et al.，1995；Zart and Bock，1998），但是海洋中硝化菌的厌氧代谢路径和意义尚未研究清楚。然而，之前有关低溶解氧环境中大部分硝化作用活性都归功于 AOB，但是现在必须考虑 AOA 的新陈代谢。

13.6 海洋中的碳、氮通量

AOA 代表异养或自养生物量的程度是最有趣和最重要的未解决问题之一。Ingalls 等人（2006）通过测定放射性碳含量来分析地表水和亚热带北太平洋 670 m 深处的古菌脂质来解决这个问题。脂质的同位素特征表明，地表水中的古菌将现代碳结合到它们的细胞膜中，这不区分自养和异养，因为海洋表面的大多数溶解有机碳（DOC）和溶解无机碳是现代起源的。然而，在 670 m 处，相对于环境 DOC 池来说，古菌脂质的同位素会发生富集，这表明吸收周围环境的 DOC 不能成为这些细胞的主要碳源。Ingalls 等人（2006）发现，在 670 m 处，通过一些无机营养的 CO_2 同化途径吸收的溶解性无机碳占古菌膜脂质或者说生物量的 83%。无法区分的是，这种自养营养的贡献是否意味着 83% 的细胞是完全自养的，或者整个古菌是混合营养的，即从 CO_2 中获得 83% 的碳，从 DOC 中获得 17% 的碳。也有可能更多的生物量是异养的，而不是这个计算所暗示的：如果异养生物量主要利用雨水提供的新鲜有机质，那么即使是利用 DOC 的生物也会结合现代碳（Aristegui et al, 2002），而不是在深度构成 DOC 大部分存量的旧 DOC。因此，即使在深海中的异养生物也可以有一个相对的同位素信号。

如果海洋透光层（100～1000 m）以下大部分微生物是自养的，那么，生物量直接取

决于 CO_2 的同化而不是 DOC 或颗粒有机碳。目前，海洋碳和氮循环的概念需要进行重大修订。在目前公认的情景中，有机碳的唯一重要输入（像初级生产）是通过表层海洋中的光合作用发生的。其他初级生产来源，如微生物垫或分层盆地中的无氧光合细菌，是受人关注的且在地质上是很重要的，但在数量上对初级生产总量而言并不重要。该结论同样适用于热通风口和冷泉中的化能营养微生物群落，即它们在当地非常重要，但只占海洋碳总预算的一小部分。因此，海洋表面的初级生产实际上支持所有海洋生物的新陈代谢，或直接通过放牧或间接通过促使物质以完整细胞或废物的形式离开透光区的垂直通量。随着海洋深度的增加，这种对表面生产的依赖性与指数衰减的典型模式一致：用沉积物捕集器和垂直分布（Suess，1980；Martin et al.，1987；Berelson，2001）以及溶解的有机物（Santinelli et al.，2006）和各种有机成分的通量（Wakeham et al.，1997；Sheridan et al.，2002）来测量总颗粒物的垂直通量；用各种系统发育定义总微生物丰度和细胞亚群的丰度（Karner et al.，2001；Morris et al.，2002）。随着深度的增加，颗粒和溶解性物质的浓度以及通量会降低，这表明，通过异养生物（包括细菌和浮游动物）的消耗和呼吸而消耗了这些物质（Steinberg et al.，2002）。

如果在光照区以下的大部分微生物量由自养作用支持，那么不是垂直通量中的有机碳部分来控制深度上的微生物代谢，而是由有机材料中氮矿化的氨通量来控制。Suess（1980）和 Martin 等人（1987）利用有机碳的垂直通量来计算水体中微生物的呼吸速率和分布，从而作为覆盖在光照区下方初级生产或损失的函数。正如氧气利用率可以在有机物以标准化学计量比呼吸的假设下进行计算一样。氮再生的速率也是可预测的（Martin et al.，1986）。氮最初会再矿化为氨，但深处储存的氮是硝酸盐，而不是氨氮，这意味着硝化作用也会直接与有机质矿化结合。一些与硝化速率相关的资料也支持这样的定量关系（Ward and Zafiriou，1988）。

垂直通量测定以及氧气消耗和营养物再生的关系表明，通过下沉从表层去除的有机物有一半在东北太平洋上部 300 m 内消耗，75% 在 500 m 内消耗，90% 在 1500 m 内消耗。随深度的增加，有机物 C/N 和 C/P 也增加，这意味在更浅的区域，氮和磷的再生速度比碳更快。因此，大部分由沉积物矿化作用产生的氨通量所支撑的硝化作用应该发生在海洋 1000 到 1500 m 处。模拟硝化速率的原位测量也支持这一结论（Ward 1987b；Ward and Zafiriou，1988）。使用 ^{15}N 示踪法测量的硝化速率估计与负责该过程的硝化生物的种类无关。因此，这些基于化学计量和垂直分布的论据对海洋微生物的代谢特性以及海洋中层生物地球化学通量的总体性质和分布提供了限制条件。

通过独立估计泉古菌丰度、它们对自养生物量的贡献以及对亚硝酸盐氧化的影响，我们可以估计硝化菌对海洋中微生物量的总贡献。之后，利用沉积物捕集测量的海洋中层中 C、N 通量以及其他数据，我们可以估计这种通量可以维持的自养生物量的周转率（生长速率）。供需关系的结果表明，如果自养生物质占总生物量的很大一部分，那么生长会非常缓慢。

Karner 等人（2001）用 4′,6-二脒基-2-苯基吲哚二盐酸染色海洋同一深度中（600～100 m）的细胞，结果表明泉古菌占 15%～40%（随季节而变化），这非常接近获得自养估计值（Zngalls et al.，2006）的点。这些细胞的脂质带有 ^{14}C 的自养营养特征，这意味着在 670 m 处 40% 以上的微生物主要为自养型微生物。如果氨氧化是这种自养的基础，那么对 C、N 通量和深海中 NOB 的丰度来说会有显著的影响。在这一深度区域，古菌氨氧化

(Konneke et al., 2005) 的产物, 亚硝酸盐, 不会积累。亚热带北太平洋包含典型的海洋氧气最小区域（OMZ），但氧气不会耗尽到发生反硝化作用并且亚硝酸盐浓度不会超过几纳摩尔（http://hahana.soest.hawaii.edu/hot/hot_jgofs.html）。因此, 任何通过氨氧化产生的亚硝酸盐很可能迅速的氧化成硝酸盐, 而硝酸盐是深海中氮的最丰富的形式。但这需要大量亚硝酸盐氧化菌的参与。如果假设氨氧化和亚硝酸盐氧化具有同样的效率（即对氨氧化和亚硝酸盐氧化来说, 无机氮占生物量的比例相同), 那么, 将亚硝酸盐转化为硝酸盐需要的 NOB 生物量要与 AOB 和 AOA 生物量的和相等。如果 Karner 等人（2001) 列举的所有泉古菌都是 AOA, 这意味着相当于有 15%~40% 的微生物细胞的生物量是亚硝酸盐氧化菌。众所周知, NOB 是自养的, 尽管在培养中观察到有限的混合营养的能力 (Smith and Hoare, 1968) 且与已发表的 *Nitrobacter* 基因组（Starkenburg et al., 2006, 2008) 一致, 但自养仍被认为是已知亚硝酸盐氧化菌的主要代谢方式。这种推理意味着深海中总微生物量的 30%~80% 由主要的自养代谢支持。

利用夏威夷附近的 HOT 站（靠近 Karner 等人（2001）和 Ingalls 等人（2006）的研究地点）的沉积物捕集数据, 我们可以估算出有机物流入海洋中层的通量。这些是提供 AOA 所需的自养基质的材料。总微生物和泉古菌细胞的丰度和分布的现有数据可用于估计支持中层生态系统所需的碳、氮的量。

13.6.1 细胞数量和氮需求量

我们取 150~1000 m 区间估计的泉古菌细胞总数作为极值, 从而来确定所有这些细胞都是 AOA 的论点的边界。为了通过氨氧化代谢来支持这种生物量, 我们假设 AOA 的平均细胞碳含量为 10 fg, 细胞 C/N 为 5。这意味着在 150~1000 m 处, 以泉古菌细胞为代表的微生物量是 2.38×10^{13} cells/m^2。在硝化细菌中, 硝化作用是一个效率很低的过程, 通过卡尔文循环固定 1 mol CO_2 需要大约 25 mol 的氮。硝化古菌可能用 3-羟丙酸途径来固定 CO_2 (Hallam et al., 2006), 这个过程的效率很低。然而, Konneke 等人（2005) 研究的细胞和亚硝酸盐生成数据表明, 氮氧化与 CO_2 固定的比率非常相似。我们假设古菌和细菌过程以及氨氮氧化为亚硝酸盐再氧化为硝酸盐的碳氮比为 25, 那么, 每摩尔碳转换为硝化细菌生物量时, 必须氧化 25 mol 的氨氮; 在泉古菌细胞中支持自养碳固定的氮需求量为生物量水平的 83%, 即 0.41 mol N/m^2。接下来, 我们将比较生物量的供应速率来估计生物量的生长速率, 生物量可以通过测量垂直通量来维持。例如, 如果 AOA 的世代时间是 1 d, 那么每天 AOA 的数量都会增加 1 倍。然而, 亚硝酸盐氧化所涉及的 NOB 生物量并不能使氮需求量加倍, 因为亚硝酸盐是从氨氮中按化学计量衍生出来的。

13.6.2 有机物的垂直通量

硝化反应以氨氮作为底物, 而这些氨氮来源于异养微生物对有机氮的氨化作用。通过水体中颗粒有机物的溶解和降解作用得到有机碳。垂直供应量的大小通过在 150 m 处的通量进行估计（2300 μmol C/(m$^2 \cdot$d) 以及 280 μmol N/(m$^2 \cdot$d)）(Christian et al., 1997)。如果我们假设在 1000 m 处的通量只有 150 m 处的 10%（90% 在两者之间重新矿化）(Martin et al., 1987), 那么在 150 m 到 1000 m 之间有机碳和氮的总供应量分别是 2070 μmol/(m$^2 \cdot$d) 和 252 μmol/(m$^2 \cdot$d)。

如果假设硝化作用直接耦合矿化作用,那么矿化氮的通量代表综合硝化速率在 252 $\mu mol\ N/(m^2 \cdot d)$ 的硝化反应。Martin 等人(1987)估计的 ALOHA 西北方向几度的赤道太平洋中央矿化/硝化速率的综合值为 458 $\mu mol\ N/(m^2 \cdot d)$,这是 Christian 等人(1997)所估计结果的 2 倍。很少有直接测量综合硝化速率的方法来比较这些通量估算值或支持泉古菌生物量所需的硝化速率。Ward 和 Zafiriou(1988)报告了基于 ^{15}N 示踪培养实验的综合硝化速率,这一数值与在北太平洋东部热带相邻的加利福尼亚半岛的一系列站点(深大于 2000 m)所测得的相似(1000 $\mu mol/(m^2 \cdot d)$)。根据沉积物捕集器的测量,对该地区氮的垂直通量的估计范围低于 100~500 $\mu mol/(m^2 \cdot d)$(Martin et al.,1987;Voss et al.,2001)。因此,综合硝化速率范围或者垂直通量的供应估计都在 100~1000 $\mu mol/(m^2 \cdot d)$ 之间。这造成无机自养菌(AOA 和 NOB)的转化时间估计在 410~4100 d。

为了评估泉古菌以其他方式对硝化作用的贡献量,我们用测量的数据计算了每个细胞的氨氧化速率。如果所有的泉古菌细胞是氨氧化菌,那么通过将 850 m 间隔内的总泉古菌丰度除以综合硝化速率,就能得到每个细胞的氨氧化速率。综合硝化速率为 252 $\mu mol/(m^2 \cdot d)$ 表明,每个细胞的速率为 $10^{-17}\ mol/(cell \cdot d)$,比培养的 AOB(Ward,1987a)和 AOA 的氨氧化速率慢 $10^3 \sim 10^4$ 倍。如果培养的细胞活性增长世代时间约为 1 d,硝化速率与生长速率成线性关系,那么这些硝化速率与上述计算的硝化菌生物量的世代时间一致。

Agogue 等人(2008)直接测量了黑暗条件下 $^{14}CO_2$ 的吸收,发现 AOA *amoA* 基因数可以解释 CO_2 吸收速率 1/2 的原因。通过回归分析,可以计算细胞数量的更新时间。当细胞数量为 $6 \times 10^4/mL$(Karner 等人(2001)在 100 m 处报告的丰度)和 $5 \times 10^3/mL$(在 1000 m 处的丰度)时,通过上述回归分析得到的更新时间分别约为 1000 d 和 3000 d。由于这种关系是从 *amoA* 拷贝数中获得的,因此直接叙述了 AOA 的数量,而不是总的泉古菌的数量;这也为深海 AOA 缓慢增长提供了一个更直接的论据。

Karner 等人(2001)认为,这些计算中最主要的一个假设是,所有的泉古菌细胞都是 AOA,但最近的数据表明可能并不是这样的。通过比较总的泉古菌数和 *amoA* 基因表明,深海中的泉古菌细胞并不是全都具有氨氧化能力(Wuchter et al.,2006;DeCorte et al.,2009)。在地中海,*amoA* 基因的拷贝数从 200~500 m 之间约 4×10^3 拷贝数/mL 减少到 950 m 以下的不足 10 拷贝数/mL(DeCorte et al.,2009)。*amoA* 基因拷贝数与泉古菌 16S rRNA 基因数之比通常小于 1,而当水深超过 750 m,其比值则小于 0.05。在北大西洋,泉古菌和 AOA *amoA* 丰度的大量数据表明,水深大于 150 m 时,AOA/泉古菌的比值约等于 1,在深海区,会降低到 0.01~0.1(Agogue et al.,2008)。在北极和南极海洋,Kalanetra 等人(2009)报道了不同水体中泉古菌 16S rRNA 基因的不同分支。在某一水体中,AOA 的 *amoA* 基因与泉古菌 16S rRNA 基因之比为 2,而另一水体则是 0.15,说明后者中泉古菌菌群不是氨氧化作用的主要执行者(Kalanetra et al.,2009)。

这些研究表明,大多数深海中的泉古菌可能不执行氨氧化功能,且自养 AOA 的丰度随着深度的增加而减少,这与矿化产生的氨供应条件一致。如果对中心太平洋来说是这样的话,那么并不是所有被 Karner 等人(2001)列为泉古菌的细胞都是自养生物量。然而,Mincer 等人(2008)报道,在 ALOHA 处有相反的趋势;他发现在水深 300~1000 m 之间泉古菌门 16S rRNA 基因和古菌 *amoA* 基因的数量相似。根据 16S rRNA 基因的定量

PCR，该报道也估计了 NOB 中 *Nitrospina* 的数量，结果表明它的数量明显小于 AOA，在 1000 cells/mL 以下（Mincer et al., 2007）。然而，AOA 的分支表现出明显的深度分化，并非所有的分支都能用报道中的方法进行有效的定量，因此，AOA 的实际深度分布和丰度或许仍是未知的。

协调测量综合氮矿化/硝化速率、单细胞氨氧化速率和自养氨氧化菌的氮需求，是为了指出生物量和通量之间的明显区别。要么是 AOA 的丰度必须远远低于总泉古菌丰度，要么是整个自养微生物的生长必须非常缓慢；因此，自养生物量的估计（Ingalls et al., 2006）不依赖于细胞数量，这是海洋古菌自养代谢的有力论据。目前来看，这对识别古菌细胞与无机自养菌之间的关系以及根据脂质分布分析古菌丰度非常重要。现在看来，鉴定与自养特征相关的古菌细胞、将古菌丰度的估计与脂质分布相协调是很重要的。

来自 Ingalls 等人（2006）的脂质数据表明，在太平洋中心 1000 m 处自养作用占优势。从随后的一项研究中得到了类似的发现，在 670 m 处，自养对古菌脂质的贡献大于在 915 m 处（Hansman et al., 2009）。在相同的深度范围内，有机物通量和硝化速率的独立试验表明，随着深度的增加，通量和硝化速率都降低，大多数硝化反应会发生。因此，基于硝化作用和硝化速率的自养作用预计在 1000~1500 m 范围内接近零，这表明，Karner 等人（2001）记录的数据证明 1000 m 以下的泉古菌细胞可能不是硝化菌。

D：L-天冬氨酸摄取率可以用来作为泉古菌与真细菌相对丰度的指标（Teira et al., 2006），该比值与泉古菌对原核生物总丰度的相对贡献呈正相关。它们的分布与深度没有直接关系，但与北大西洋的特定水团有关。数据中明显的主要深度趋势为，地表水的 D：L 比值普遍较低，且随着深度增加，泉古菌相对丰度增加，这与 Karner 等人（2001）所示的相似。泉古菌对微生物总生物量的贡献甚至比之前的研究记录还要高。这些发现与深海中古菌的异养代谢相一致。

这些模式表明，像大多数生物过程和生物量一样，AOA 在近表层中最为丰富，这可能是硝化作用的主要原因，而且硝化作用也主要发生在这一层。然而，即使 1000 m 以上，也并不是所有的泉古菌都是 AOA，即使 AOA 加上 AOB 和 NOB 代表生物量，但大部分的生物量仍不是自养的。在 1000 m 以下，AOA 不仅不那么丰富，而且在整个古菌中所占的比例也在下降。该模式与直接用示踪法测量的总硝化速率分布一致，它是根据有机质垂直通量模式计算的矿化速率。

这些数据共同指出，未来的研究必须从现有信息中协调相互矛盾的推论。下面是我们对深海氮循环观点的描述，包含硝化菌分布和丰度的最新信息：

（1）在海洋表层（光区），除蓝藻外的大多数原核生物都是异养生物，它们直接通过光合作用和摄食作用参与循环途径。

（2）在透光区至 1000 m 深度（主要的变温层）的微生物代谢中，相当一部分是自养的（包括 AOA、AOB 和 NOB），其基础是氨氮矿化通量支持的硝化作用。剩余的微生物组成在该区域是异养的，它们由沉降的有机物分解或者由原位自养生物对微生物产物的消耗来支持。值得注意的是，在海洋中层的异养菌和自养菌本质上都消耗上覆水中光合作用产生的能量。自养硝化菌不构成"新"的初级生产力。

（3）1000 m 以下大多数的原核生物是异养菌，它们利用来自表层的难降解有机物以及少量新鲜物质。在海洋中层硝化作用产生的自养信号对到达深海的有机物的垂直通量没有显著贡献,因为它是由小颗粒产生的,不会直接下沉,也不支持可能产生下沉颗粒作为废物的捕食食物链。

(4) 由于硝化作用依赖有机质矿化作为氨氮的来源,因此,硝化作用的分布与有机质的垂直通量有关,在透光区亚硝酸盐最大值附近最明显,且随深度呈指数下降。

13.7 最小含氧区中的氧化亚氮及氮循环

上述情景适用于大部分开阔海域。一个有趣而重要的例外发生在海洋中的小部分区域,这部分区域含氧量很低。虽然我们已经对低氧水域中的化学过程研究了很长时间,但是仍未充分理解其中的氮循环过程,这里可能会发生硝化作用、反硝化作用和厌氧氨氧化作用(图 13-3)。在大多数海洋中,有机物矿化的耗氧速率略高于海洋环流的供氧速率时,就会出现广阔的最小含氧区(OMZ)。这个间隔通常从几百米深延伸到 1000 m,氧气的最低水平在 50~100 μmol/L 之间。海洋中只有三个区域的耗氧会严重到足以引起反硝化作用,包括东热带北部、南太平洋和阿拉伯海。在这些地区,氧浓度会低于 10 μmol/L,通常会低于 1 μmol/L 甚至检测不到,这样的地区称为(ODZ)。这些地区的硝酸盐含量极少,这说明细菌的呼吸作用以硝酸盐为底物从而代替氧呼吸。在这些区域中,氮循环中的固定氮损失有多少归因于反硝化作用,有多少归因于厌氧氨氧化作用,目前仍没有定论。

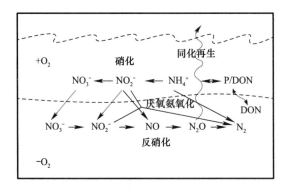

图 13-3 硝化与反硝化过程的相互关系

包括穿过好氧/缺氧界面的厌氧氨氧化过程;界面可能位于沉积物/水界面,也可能位于开阔海域 OMZ 上边界的梯度中。P/DON 表示微粒/溶解性有机氮,上述物质由上覆水中的初级生产系统提供。虚线表示扩散,实线箭头代表微生物对含氮化合物的转化过程。

ODZs 在海洋氮循环中非常重要,尽管它们仅占海洋总体积的 0.1~0.2%,但却占海洋固定氮损失的 30% (Codispoti et al., 2001)、约占大气 N_2O 的 10% (Bange et al., 2000)。大多数 N_2O 在海洋 600 m 以上区域产生 (Suntharalingam and Sarmiento, 2000), ODZs 是 N_2O 释放的重点区域。

长久以来,科学家认为硝化过程与 ODZ 区域相关,因为在整个海洋范围内,硝化细菌具有微需氧特性,此外,氧利用(表观氧利用率(AOU))与 N_2O 的浓度具有强相关性 (Cohen and Gordon, 1978; Nevison et al., 2003)。AOU 表示通过氧气呼吸,在有机碳矿化过程中消耗的氧气量,以及由此产生的矿化铵氧化成硝酸盐所消耗的氧气量。AOU/

N_2O 的关系表明，消耗 1 μmol O_2 大约有 0.1 nmol/L 的 N_2O 积累，这适用于饱和溶解氧浓度低于 6 $\mu mol/L$ 的海水（Nevison et al.，2003）。事实上，N_2O 浓度与 AOU 具有很强的相关性，这说明 N_2O 是硝化过程中完全矿化的副产物；只有在氧浓度非常低的情况下，相关性就不存在了，因为反硝化过程成为了 N_2O 的重要来源。

海洋和陆地中的 AOB 都在培养过程中产生了 N_2O，且 NH_4^+ 氧化成 N_2O 而不是 NO_2^- 的比例随着氧浓度的降低而增加（Goreau et al.，1980；Lipschultz et al.，1981）。因此，长期以来，人们一直在争论 ODZs 中出现的 N_2O 最大值是来自低氧浓度下的硝化作用，还是由氧浓度太低而无法支持好氧呼吸的反硝化作用。尽管在受限的 ODZ 区域，可以证明反硝化作用是一个净源，但是上述 AOU 的关系有力地证明海洋中的 N_2O 大部分来自硝化作用（Bange et al.，2005）。

上文中提到的 AOU 和 N_2O 的关系与 AOB 中已知的新陈代谢一致。然而，目前还不清楚 AOA 是否会参与海洋中 N_2O 的释放，这是因为尚不明确 AOA 是否能产生 N_2O。目前，AOA 在氨氧化过程中的代谢途径仍在研究中，但是 AOA 和 AOB 的代谢途径可能会有所不同，至少在当前研究的 AOA 基因组中是这样的（见第 6 章）。在 N. maritimus 基因组中，没有明确编码羟氨氧化还原酶的基因，因此，产生亚硝酸盐的代谢途径仍是未知的。AOB 硝化过程中产生 N_2O 的一种途径是，在含铜亚硝酸盐还原酶的作用下将亚硝酸盐还原成一氧化氮，之后一氧化氮还原成 N_2O。已知培养的 AOB 同时拥有亚硝酸盐还原酶和一氧化氮还原酶这两个基因，它们可以编码这种还原途径所需的酶（Casciotti and Ward，2001，2005；Shaw et al.，2006）。AOB 的 nirK 基因具有明显的多源性和不同的调控基序（Cantera and Stein，2007）（见第 4 章）。马尾藻海和土壤中的古菌基因组片段含有与已知反硝化菌更为相似的 nirK 同源物（Treusch et al.，2005），这表明氨氧化古菌与 AOB 一样，也能将亚硝酸盐还原为一氧化氮。一氧化氮还原酶步骤在 AOA 中不太明显，但在同时具有 amoA 和 nirK 的古菌海绵共生体的基因组中发现了一个相关基因（Hallam et al.，2006）。

上文所述 AOU 和 N_2O 的相关性表明，如果 AOA 是海洋中主要的硝化过程执行者，那么它们可能也会以与 AOB 相同的化学计量关系产生 N_2O 作为其氨氧化过程的副产物。另外还有相关的研究表明，N_2O 不是在硝化过程中产生的，而仅仅是一般异养细菌呼吸作用及矿化作用所产生的微量副产物。最近，科学家描述了一氧化氮还原酶基因的多样性（Hemp et al.，2008），除硝化菌外，它们出现在许多生物体中。作为解毒酶，它们在异养菌中普遍存在。因此，AOU 和 N_2O 之间的关系可能是有机物再矿化的异养成分造成的，而不是硝化作用的特定产物。这将是我们对海洋和其他环境中 N_2O 产生规律的理解的一个重要变化。

13.8 传统硝化过程和厌氧氨氧化之间的关系

到目前为止所讨论的 AOB、NOB 和古菌都是已知的或假定的专性需氧菌，在氨氧化的情况下，分子氧参与了氨氧化的初始步骤和呼吸过程。氨氮厌氧氧化为氮气在热力学上是可行的，长期以来这个过程都是基于沉积物和分层水柱的化学剖面进行猜测的（Richards 1965；Richards and Broenkow，1971；Bender et al.，1977）。科学家首先在废水中

(Mulder et al., 1995；Van de Graaf et al., 1995) 鉴定出厌氧氨氧化过程及相关微生物，之后是在海洋环境中 (Dalsgaard et al., 2003；Kuyper et al., 2003，2005)。海洋环境中的厌氧氨氧化作用与传统硝化过程有很明显的区别；厌氧氨氧化过程会导致系统中的固定氮损失，因此它实质上是一种反硝化形式 (Devol, 2008)。我们在本书的其他章中介绍了厌氧氨氧化作用（见第 9 章和第 10 章）；因此，本部分仅对好氧硝化菌和厌氧氨氧化菌的相互作用进行讨论。

从废水中提取的 anammox 特征性富集培养物是一个以 anammox 有机体、浮霉菌和好氧氨氧化菌为主要成分的专一联合体 (Sliekers et al., 2003)。厌氧氨氧化作用的基质是氨氮和亚硝酸盐，两者反应生成氮气（图 13-1）。废水为厌氧氨氧化菌和 AOB 提供氨氮。AOB 产生的亚硝酸盐为浮霉菌提供基质，此外，AOB 利用溶解氧从而为浮霉菌提供所需的缺氧环境。在黑海的好氧/缺氧界面区，硝化作用和厌氧氨氧化作用之间存在着相似的耦合 (Lam et al., 2007)。在溶解氧很低的水域，AOA 和 AOB 都可以为厌氧氨氧化过程提供亚硝酸盐。

长期以来，人们一直认为 ODZ 区域固定氮的损失是由兼性厌氧异养细菌进行的传统反硝化作用造成的，当氧气消失时，异养细菌会转换为氮氧化物的呼吸作用。然而，利用稳定同位素示踪法直接测量氮气的产生速率表明，厌氧氨氧化作用是 ODZs 的主要过程。厌氧氨氧化过程所需的营养物与反硝化过程截然不同；反硝化过程产生亚硝酸盐，而厌氧氨氧化过程需要摄取亚硝酸盐。一定程度上可能与好氧硝化作用有关，这与废水中原始厌氧氨氧化菌富集物和黑海中狭长的 OMZ 情况类似 (Lam et al., 2007)。然而，在几百米厚的氧浓度梯度几乎为零的 OMZ 中，为专性好氧菌 AOA 或 AOB 提供必需的氧通量似乎是不可能的 (Revsbech et al., 2009)；溶解氧的扩散会非常慢，不足以支撑好氧氨氧化的新陈代谢。反硝化和厌氧氨氧化的耦合极可能发生在 ODZ 水域中。在缺少好氧氨氧化作用时，厌氧氨氧化所需的氨氮和亚硝酸盐可能会分别由有机物分解以及反硝化菌的硝酸盐呼吸作用所提供。解决这一困境的办法还有待于研究，但部分原因可能在于 ODZ 条件的时间变化性，或尚未发现的 AOA 的厌氧代谢。

13.9 未来发展方向

特别是在海洋氮循环和硝化作用方面的最新发现，指出了我们在微生物水平和生态系统水平上认识上的重大差距。这种差距与海洋中硝化作用的速率和分布的调节因素有关。这可以通过操作实验在系统层面上解决，像使用各种方法测量硝化速率 (Ward, 2005a)，并研究特定环境参数（如光、氨氮、有机碳等）的影响。无论是哪种生物造成了这种速率，这些试验都可以阐明海洋模式和过程的控制。

在微生物水平上，培养物和基因组研究都将提供对新发现的古菌成分代谢能力和反应的见解。目前，需要解决的最重要的问题是 AOA，包括 AOA 中氨氧化的途径，AOA 对营养物质的适应性，对光、氧气和氨氮浓度的敏感性以及 AOA 产生 N_2O 的能力。这类信息可用于人工培养的 AOB，但海洋中最重要的 AOBs 尚未培养出来，但它们至少可以作为克隆文库的基础。因此，同样的问题也适用于 AOB。众所周知，硝化菌是很难培养的，因此这阻碍了我们在培养方法方面的突破性进展，而新培养物似乎也不太可能为直接研究

13.9 未来发展方向

环境重要菌株的生理学提供必要的材料。基因组/转录组信息以及培养和同位素方法对未经培养的自然组合的研究有很大帮助。

与其他区域的研究相同,大部分关于海洋中硝化作用的研究也主要集中在氨氧化过程。文献记录的大量 AOA 也迫使我们研究过程中的下一步。丢失的 NOB 是什么?在陆地系统中,最重要的亚硝酸盐氧化菌很显然是 *Nitrospira*,然而,最近研究指出海洋环境中也存在 *Nitrospina*。目前为止,基因组的研究主要集中在 *Nitrobacter*,因此,我们对 NOB 的无知与 AOB 是一样的。有 NOA 在这里被发现吗?海洋亚硝酸盐氧化菌的营养成分是什么?自养、丰度以及基质再供应的问题是我们知识中的重要空白。

第14章 土壤中硝化菌和硝化作用

14.1 引言

氨是通过微生物降解有机物和尿素水解在土壤中自然产生的。人为输入的量，包括氮肥（100 Tg/a）和大气氮的沉积（25 Tg/a）(Gruber and Galloway, 2008)，这要大于固氮的输入量（110 Tg/a）。在土壤氮循环中，氨氮通过硝化菌转化为亚硝酸盐、硝酸盐和氧化亚氮是主要过程。硝化作用决定了植物中两种主要无机氮源（氨氮和硝酸盐）的含量，并控制土壤中总无机氮的含量。NH_4^+是一种带正电荷的离子，会停留在土壤中，其含量取决于土壤中的负电荷粒子。相反，硝酸盐较易从土壤中滤出，污染地下水。因此，氨的硝化作用显著降低了氨施肥的效率，使得70%的施用肥料从农业系统中流失，并且在集约农业的区域中，硝酸盐会经常超过饮用水指标的限制。氮损失是由于土壤硝酸盐反硝化为气态氮化物、氧化亚氮和氮气释放到大气中造成的。硝化作用会导致土壤酸化，特别是在贫瘠的土壤中，这会提高有毒金属的转移。氨氧化菌同样可以氧化甲烷并同步氧化有机污染物，在贫瘠的土壤生态系统中的生物治理方面发挥潜在作用。

1862年，Pasteur预测有一种微生物能将氨转化为硝酸盐，之后，Schloesing和Muntz（1877a，1877b，1879）在一个装有沙粒和白垩并注入污水的容器中证明了这一猜测。他们发现，出水中氨氮减少的浓度与硝酸盐增加的浓度一致，当加入三氯甲烷时过程逆转，当去除三氯甲烷时，过程恢复。参与土壤过程中的微生物由3个独立团队（Frankland and Frankland, 1890; Winogradsky, 1890-1891; Warington, 1891）培养，这为土壤微生物的生物化学和生理学研究奠定了基础。

20世纪，我们对土壤硝化过程和硝化细菌的生理认识取得了重大进展。生理学研究表明了硝化细菌新陈代谢的多样性，但是硝化菌群生态的研究受到严重的限制，因为分离和鉴定氨氧化菌和亚硝酸盐氧化菌非常困难。20世纪90年代出现了微生物群落特征分子技术和纯培养技术，这些技术专注研究硝化菌的多样性和群落结构，这导致了古氨氧化菌的发现（见第三篇）。这些技术彻底改变了我们对土壤硝化菌群的看法，并试图将土壤硝化菌多样性与过程研究联系在一起，确定生态系统多样性功能关联的本质，评价环境变化和土壤治理策略对过程与种群的影响。

本章概述了土壤中的硝化作用，特别论述了近几年的发展。主要关注了土壤中影响硝化过程和硝化菌群的特殊因素（例如，土壤的哪些特性对硝化菌是非常重要的）。因此，将考虑土壤硝化作用与生长在液体培养基或海洋、河口和废水处理厂中的纯培养物的硝化作用的区别。接下来将介绍促进硝化速率和硝化菌生长的土壤特性信息，在可能的情况下，将发现与前面章节中描述的生理和遗传信息相关联。

14.2 土壤硝化菌的群落组成

14.2.1 氨氧化菌

1996年以前，对于土壤中氨氧化菌群的了解是基于实验室培养的、数量有限的氨氧化菌的特性，尤其是 *Nitrosomonas europaea*。尽管也分离出来了 *Nitrosospiras*，但最开始从土壤中分离出来的 *N. europaea* 被认为是典型的土壤氨氧化菌。以 β-变形菌中的氨氧化菌为靶点的 16S rRNA 基因引物的开发，使土壤氨氧菌群组成得到重新评估。通过使用 16S rRNA 基因克隆库和 DNA 分析技术，例如变性梯度凝胶电泳（DGGE），对土壤进行了一系列分析，发现 *Nitrosospira* 是土壤中氨氧化菌群的主体。尽管有时会在土壤中检测到 *Nitrosomonads*，但其含量相对较低。基于 16S rRNA 基因的菌群分析和之后的 *amoA* 基因分析具有相似的发现。这两个基因的细菌氨氧化系统发育显示出一定的一致性（Parkhold et al., 2000；Aakra et al., 2001），但 *amoA* 基因分析略微提高了分类分辨率，尤其是 nitrosospiras。本书第三章更加详细地讨论了土壤氨氧化菌的分布情况。

接下来，我们将讨论与土壤特性和环境因素有关的系统发育多样性和生理以及功能多样性之间的联系。然而，基于单个基因的系统发育分析只可能区分广泛的生理多样性。当然，在许多培养的代表性的菌群中，大部分与生态系统功能和生态有关的多样性只有通过多位点序列类型分析等技术才能检测到。因此，虽然这些技术可能对不同 16S rRNA 或 *amoA*-定义的类群的生理特性进行一些广泛的概括，但在系统发育上的远缘类群中发现了一些重要的特性（像脲酶活性、高浓度氨氮敏感性），而其他类群的分布尚不清楚（如饱和常数、最大比生长速率、生存能力）。这些技术尤其适用于在广阔的地理范围和许多地点观察氨氧化菌的系统发育，从而限制了检测导致分布和群落结构的模式或机制的能力。地方研究能够更好地证明模式与环境因素的联系。虽然中性理论在其他微生物系统中的应用表明，细菌群落中的许多变异性不是由于环境或生理特性造成的，但这一假设仍是存在的（Woodcock et al., 2007）。Koops 和 Pommerening-Röser（2001）论述了一系列氨氧化培养系统发育间的关系，包括一些土壤分离菌和一系列限制特性，像脲酶活性、适盐性和氨氮的抑制。由于群落组分是由多种环境因素决定的，所以我们需要对土壤中存在的种系发展的代表性生物进行更为详细的生理学研究（Smith et al., 2001）。因此，未来的发展将依赖于独立培养技术。然而，要用高分类学分辨率的技术来区分活性生物，并用更大的定量来确定对变化条件的生理反应，还需要大量的技术发展。

所有的群落研究都需要关注方法上的注意事项。虽然土壤 *Nitrosospiras* 在 16S rRNA 和 *amoA* 基因文库中的优势减少了对引物或基因偏向的关注，但引物可能偏向不同的群体。其他的偏差，像细胞裂解效率的差异和基因拷贝数的变异性可能会影响分析，在不同实验室进行的研究，即使使用相似的引物，也可能使用不同的方案，从而可能影响结果。因此，在技术有待发展的地区，前期研究尤为重要。

某一土壤宏基因组片段中 *amoA* 基因同源物和 Group 1 泉古菌 16S rRNA 基因的发现（Treusch et al., 2005），暗示了古菌氨氧化的可能性，这通过从海洋中分离出的自养泉古菌氨氧化菌得到证实（Könneke et al., 2005；Leininger et al., 2006）（见第三篇）。这些发现，以及随后的研究，已经严重地挑战了已经建立的观点，即除了来自异养硝化菌的小部分贡献外，β-变形菌在土壤中执行绝大多数氨氧化过程（见第 5 章）。纯培养中尚未获得土壤泉古菌，但古菌 amoA 基因在土壤中普遍存在；在后面的章节中我们讨论了温度和 pH 对氨氧化古菌和氨氧化细菌丰度、群落结构和转录活性的影响。目前，氨氧化古菌和氨氧化细菌的相对作用是一个争论的话题（见第三篇）(Prosser and Nicol，2008)。基于分子技术的证据必然是间接的，因为没有已知的选择性抑制剂能区分氨氧化的 2 个菌群。

14.2.2　亚硝酸盐氧化菌

土壤中一般不会积累高浓度的亚硝酸盐。因此，硝化菌群的研究主要集中在氨氧化菌上，因为氨氧化菌被认为是硝化过程中的"限速"生物。培养的亚硝酸盐氧化菌分为 5 个属，分别是 *Nitrobacter*、*Nitrospira*、*Nitrococcus*、*Nitrospina* 和 "Candidatus Nitrotoga arctica"（见第 5 篇）；其中，在土壤中只分离出 *Nitrobacter* 和 *Nitrotoga*。分子分析不如氨氧化菌分析直接，因为每个属都需要不同的 16S rRNA 基因引物，但这也表明土壤中同时存在 *Nitrobacter* 和 *Nitrospira*。土壤和污水处理厂中的 *Nitrospira* 序列存在很大差异，这与菌群、环境起源和生理多样性有关（Daims et al.，2000；Maixner et al.，2006），但很少有证据表明 *Nitrobacter* 的多样性。对草原土壤中亚硝酸盐氧化菌的分析证实了这一观点（Freitag et al.，2005），其中 DGGE 分析只检测到一个 *Nitrobacter* 带，但检测到几个 *Nitrospira* 带。克隆文库分析在已建立的群体中发现一个新的进化群和新的亚群，这表明土壤中存在进一步的多样性。利用编码亚硝酸盐氧化还原酶亚基 A 的 nxrA 基因对草地土壤 *Nitrobacter* 群落进行了研究（Poly et al.，2008；Wertz et al.，2008），证明了 *Nitrobacter* 的多样性以及放牧对群落组成的影响；这种情况与氨氧化菌类似。分离物表明，*Nitrosomonas* 和 *Nitrobacter* 占优势，分子分析表明，这些微生物是根据实验室培养条件选择的；而 *Nitrosospira*、氨氧化古菌和 *Nitrospira* 在土壤中可能更丰富多样。

14.2.3　硝化菌的功能冗余与弹性

自然群落培育代表性微生物的缺失制约了功能冗余的评价。然而，利用自然土壤群落多样性的实验提供了高度冗余的证据。Wertz 等人（2006）用同一种非灭菌土壤悬浮液的系列稀释液（超过几个数量级）接种无菌土壤，培养微观结构以建立原始细胞丰度，并测定所有反硝化菌和氨氧化菌的多样性和功能。尽管多样性大大减少，但三组（包括氨氧化菌）微生物的生态系统功能没有受到影响。尽管多样性减少了 1000 倍，但硝化速率并没有受影响。在 42℃ 条件下，使用同样的方法来确定反硝化菌和亚硝酸盐氧化菌多样性在 24 h 内的弹性和抵抗力（Wertz et al.，2007）。与反硝化菌相比，亚硝酸盐氧化菌有较低的抵抗力和弹性，但加热后恢复的效果并未受到群落多样性的影响。Roux-Michollet 等人（2008）的研究同样表明了土壤在加热后的恢复能力。氨氧化菌和亚硝酸盐氧化菌的最大可能数（MPN）减少了约 95%，但在 62 d 内得到了恢复，其中对土壤上层 0~2 cm 影响最大。

14.3　表面附着

许多土壤硝化菌会附着在颗粒物上，主要包括土壤矿物质和有机物质，其比例和性质将随土壤类型、质地和管理历史而变化。与其他自然环境相比，表面附着对土壤硝化菌生态有许多影响。附着降低了通过间隙通道和土壤裂缝的大量水流去除细胞的可能性。因此，一旦硝化菌群建立，就会增加其稳定性，并在条件变得不利时减少迁移。土壤硝化菌必须能够适应条件的变化，进化和群落结构可能由在不利条件下生存的能力所驱动，并在条件改善时迅速作出反应。表面附着为群落稳定性和潜在地提高多样性提供了一种额外的机制。

表面附着和生物膜的形成能够调节硝化菌的生理特性，此外，对其他微生物的生态也具有重要影响。这既适用于附着在相对惰性的颗粒材料上，也适用于富集离子和营养物质的带电矿物颗粒。土壤颗粒物带负电荷，这会增加氨氮的吸附，从而有利于附着的氨氧化菌的生长，但对亚硝酸盐氧化菌不利。表面底物浓度会增加定殖，但不一定会增加比生长速率。由于氨氮和亚硝酸盐的局部浓度较高，所以，氨氧化菌和亚硝酸盐氧化菌分别在阳离子交换树脂和阴离子交换树脂上更大程度地定殖（Prosser，1989）。

有证据表明，与异养菌相比，氨氧化菌能够更强的吸附于土壤颗粒上。Aakra 等人（2000）发现，通过梯度密度离心技术在黏性土壤中只能提取出 0.5% 的氨氧化菌，在接种尿素后提取效率提高到了 8%。这表明新细胞吸附能力较弱，而尿素能够促进吸附能力弱的菌株的生长。

尽管在土壤中观察到了附着的结果，但最好使用特定成分的颗粒材料进行研究，以消除土壤的物理化学复杂性和非均质性。这里将讨论表面生长的三个重要方面：生长和抑制的影响、饥饿状态下的生存和恢复、低 pH 值的保护。

14.3.1 生长和抑制

在分批培养的 N. europaea 悬浮细胞生长过程中，玻璃载玻片的存在并不影响比生长速率，因为它通过亚硝酸盐浓度的指数增长确定（Powell and Prosser 1992），但通过游离细胞的附着、表面生长和分离，附着细胞数量以更快的指数速率增长。为了研究比玻璃具有更大阳离子交换容量（CEC）的黏土矿物的影响，Powell 和 Prosser（1991）测定了在弱缓冲无机生长介质中，当存在和不存在 3 种黏性矿物时（伊利石、蛭石和蒙脱石），随着 CEC 的增加，N. europaea 的生长情况。在无黏土有伊利石的条件下，由于 pH 降低氨氧化反应不能完全进行。在蛭石和蒙脱石的存在下，初始生长类似于悬浮细胞，但随后是第二个缓慢生长的阶段，这反映了附着细胞的生长会产生更多的亚硝酸盐。通过细胞生理学的变化，表面附着可能也会提高氨氮的吸附。Bollman 等人（2005）在含有 2 种 nitrosospiras（N. briensis 和 N. winogradskyi）的群落悬浮细胞的分批和连续培养中，测量的 K_m 分别为 2.9 μmol/L NH_3 和 3.2 μmol/L NH_3，但与血管壁相连的细胞的 K_m 值明显较低（1.8 μmol/L NH_3）。

在氨处理过的蛭石（ATV）存在的条件下，即将氨氮高温固定在蛭石上，通过 N. europaea 的生长研究了几种黏土矿物的表观缓冲作用机理（Armstrong and Prosser，1988）。由于培养基的酸化，液体培养中的生长经历了滞后阶段，并且是不完全的。在 ATV 存在的条件下，比生长速率稍有降低，但滞后阶段就会消失且 pH 不会降低，这会导致更持久的生长和更大的亚硝酸盐产量。这可以通过黏土表面的局部缓冲来解释，其中氨氮被附着的细胞释放并利用。氨氧化过程中产生的 H^+ 离子可以与铵根离子交换，从而阻止培养基中 pH 的降低。

载玻片和黏性矿物质都能够保护硝化菌不受三氯甲基砒啶的抑制。Powell 和 Prosser (1992) 发现，接种前添加的三氯甲基吡啶 (0.5 mg/L) 对悬浮细胞的抑制作用不受载玻片的影响，但对附着细胞的抑制作用会降低到 25%。在定殖的早期阶段，细胞表面会提供一些保护免于受到抑制，但是继续向生长培养基中添加氨会形成成熟的生物膜，细胞簇通常被胞外物质包围。这些生物膜的比生长速率只占悬浮细胞的 65%，但在浓度为 0.5 mg/L 的三氯甲基砒啶中不会受到抑制。而且，分离的细胞与吸附的细胞以同样的比速率生长，也不受抑制。这一结果表明，在生物膜形成过程中生理学的改变可能是由于胞外物质形成造成的，这些胞外物质会对生物膜和分离的细胞产生保护作用。

在有三氯甲基砒啶存在时，伊利石并不会保护细胞免受抑制作用 (Powell and Prosser, 1991)。相反，蛭石和 ATV 会完全保护细胞免受 0.5 mg/L 三氯甲基砒啶的影响，而蒙脱石对细胞的早期生长有刺激作用，对后期的生长有轻微的抑制作用。蒙脱石对铝的均离子生长是单相的，且没有保护作用，这表明氨的吸附是定殖所必需的。因此，载玻片和黏土中生物膜的形成可以保护细胞免受抑制，而且生物膜的形成是土壤抑制作用减弱的原因之一 (Rodgers and Ashworth 1982; Powell and Prosser, 1986)。

14.3.2 饥饿状态下的恢复

硝化菌产生的胞外聚合物可增加附着，且在饥饿时胞外聚合物产量会增加 (Stehr et al., 1995)，这导致附着的氨氧化菌在土壤中大量存活 (Allison and Prosser, 1991a)。在 ATV 和其他黏土矿物上生长之前的滞后阶段也反映了表面生长潜在的重要附加优势，因为氨供应将是间歇性的，且与其他土壤生物群和植物争夺氨的竞争将是激烈的 (Verhagen and Laanbroek, 1991)。饥饿恢复前的滞后期在细菌中普遍存在，且随着饥饿期的延长，悬浮的 *N. europaea* 细胞的滞后期会随之增加 (Bachelor et al., 1997)。饥饿 42 d 后，在 153 h 内仍没有恢复，说明竞争性土壤环境明显存在严重问题。相反，在连续流固定床反应器中，定殖在沙粒或土壤颗粒上的 *N. europaea* 生物膜无滞后期，即使在饥饿 43 d 后也未出现滞后现象。因此，在土壤中，表面生长和生物膜的形成为微生物提供了重要的生态优势。在许多革兰氏阴性细菌中，细胞密度依赖现象是由 N-酰基高丝氨酸内酯介导的，其中，N-(3-氯代卒酰基)-L-高丝氨酸内酯能显著降低饥饿 28 d 的悬浮细胞的滞后期。N-酰基高丝氨酸内酯还可能参与硝化菌、其他土壤微生物和植物之间的相互作用，特别是在根际，由于细胞浓度高，N-酰基高丝氨酸内酯可能在根际积聚。

14.3.3 低 pH 影响下的保护作用

Keen 和 Prosser (1987) 研究了在亚硝酸盐限制的气升式发酵罐中定殖于阴离子交换树脂球的 *Nitrobacter* 的生长和活性。在一定稀释率范围内的长期生长导致成熟生物膜的建立；在液体分批培养中，当进料培养基的 pH 逐渐降低到 4.5 后 (以 1.5 个 pH 为单位)，形成了稳定状态。为了确定氨氧化菌是否存在类似的作用机制，Allison 和 Prosser (1993) 研究了 pH 对 *N. europaea* 活性的影响，这种菌在 pH 低于 7 时不能在液体分批培养基中生长。将 *N. europaea* 接种到砂或蛭石填充柱中，然后连续向填充柱提供含 NH_4^+ 的基质。在砂柱中，培养基的 pH 维持在 8，直到建立稳定的出水亚硝酸盐浓度；在此之后，尽管培养基的 pH 降低到 7、6.5 和 6，仍建立了进一步的稳定状态。在蛭石柱中，虽然蛭石的缓冲能力较强，使出水 pH 值上升到 6.3，并阻止了低 pH 值对活性影响的详细评估，但培养基 pH 降至 4.5 时可以建立稳定状态。然而，在这两个填充柱中，氨氧化发生的 pH 约比液体培养低 1。此外，一种富集培养的氨氧化菌定殖在氨限制恒化器的壁上，这种菌在 pH 为 5 时具有活性，在 5.5 时生长。

在土壤中，通过细胞聚集体的形成，也可以防止低 pH 和高细胞密度的影响。De Boer 等人（1991）观察到富集培养物中的聚集体细胞形态类似于从酸性土壤中分离出来的 *Nitrosospira* strain AHB1。聚集体经过滤分离，在 pH 为 4 时能氧化氨氮，而游离细胞则受到抑制。在低 pH 条件下，与嗜酸型亚硝酸盐氧化菌的共培养以及在 pH 为 6 的条件下的早期生长促进了连续培养，使自由悬浮细胞在 pH 为 4 的条件下具有活性。维持活性需要较高的细胞密度，这可能是由于有毒亚硝酸的去除以及胞外聚合物的保护作用造成的。

在混合培养的生物反应系统中同样会出现低 pH 条件下的硝化作用（Green et al., 2006）。在 pH 分别为 4.3 和 3.8 的生物膜反应器和悬浮微生物反应器中，观察到了高水平硝化活性和硝化菌的生长。一般土壤中的氨氧化菌群主要是 *Nitrosomonas oligotropha*，而不是 *nitrosospiras*，它们在酸性土壤中占主体。在第二个研究中，白垩颗粒和烧结玻璃上的混合培养生物膜在 pH 为 4 的条件下可以进行硝化，并且氨氧化菌群以 *Nitrosospira* spp. 和 *N. oligotropha* 为主体，亚硝酸盐氧化菌群以 *Nitrospira* 为主体。微电极测量没有为高 pH 微环境提供证据，即使是在白垩颗粒上，两项研究中的主要氨氧化菌群都具有序列类型的特征，其中培养的代表性微生物具有较低的氨饱和常数。在生物反应器中充入氧气，而不是空气，从而尽可能地降低 CO_2 的含量，这能够限制硝化作用。与亚硝酸盐氧化菌共培养也能够降低亚硝酸的毒性。反应器系统、生物膜和附着在土壤颗粒上的氨氧化菌的另一个特点是：它们在 pH 降低期间仍保留在系统中。因此，细胞能够适应低氨氮条件，这可能会导致氨的转运系统在较高的 pH 下被抑制。

14.4 底物供应

氨的供应对土壤硝化作用具有明显的重要性，其主要来源是有机质、含尿素的动物粪便的降解、肥料氮和大气沉降。因此，氨的浓度在时间和空间上都有变化，氨氧化菌群的不同组成部分的浓度与在土壤中测得的总浓度不同。氨对氨氧化菌的活性和生长速率的影响主要是基质在较高浓度时的抑制作用。在低氨氮浓度条件下，比活性和比生长速率随氨氮浓度的增加而增加，这分别符合 Michaelis-Menten 和 Monod 动力学方程。NH_4^+ 的 K_m 和 K_s 值分别为 0.4～14 mmol/L 和 0.051～0.07 mmol/L（Prosser，1989）。很少有培养的氨氧化菌可在大于 1 mg NH_4^+-N/mL 的浓度下生长，大多数都在浓度高于 50 μg NH_4^+-N/mL 的条件下生长。尽管根外土壤浓度很少达到这一浓度范围的上限，但在动物排尿、添加固体肥料或降解的有机物质释放之后，浓度将会很高。即使当根外浓度相对较高时，在土壤聚集体中，氨也可能被耗尽或者处于生长受限制的浓度。不同菌种间对高浓度氨的耐受性是不同的，这一特性可用于氨氧化菌的分类（Koops and Pommerening-Röser，2001）；此外，不同菌种间的 K_s 和 K_m 值也是不同的。因此，氨供应的长期差异和随之而来的氨浓度差异对确定硝化速率、硝化菌丰度和氨氧化菌群结构具有潜在的重要意义。

14.4.1 土壤对 NH_4^+ 有效性的影响

NH_4^+ 有效性对土壤硝化作用和硝化菌的影响取决于 pH，因为 pH 能够控制 NH_3 与 NH_4^+ 的平衡，随着 pH 的降低，氨氧化菌对基质 NH_3 的利用率也随之降低。许多实验室培养物和土壤的研究都没有考虑到这一区别；饱和常数是以土壤 NH_3 或 NH_4^+ 为单位引用的，如果没有额外的 pH 信息，就不可能进行数值比较。而且，大多数土壤颗粒都带有净负电荷，因此 NH_4^+ 会与矿物质和有机物交换阳离子，降低了溶液中的氨氮浓度。这一影响是显著的，如果溶液中的浓度决定了细胞的氧化速率，那么有关可提取的氨氮浓度的信息可能不相关；这将影响硝化速率测定方法的选择。在土壤泥浆中，氨氮浓度将是均匀的，不会受到吸附的显著影响。在完整的土壤中，NH_4^+ 的吸附会显著降低溶液浓度。

土壤对氨氧化和 *N. europaea* 对乙烯、氯乙烷和 1,1,1-三氯乙烷共氧化的影响研究表明了这些因素的重要性（Hommes et al., 1998）。在含有 1 g/mL 的粉砂壤土（CEC；15 cmol/kg 土壤）和 10 mmol/L 氨氮的土壤泥浆中，测定了 *N. europaea* 细胞悬浮液中亚硝酸盐的产生。通过降低 pH 和吸附氨氮，很大程度上抑制了土壤中亚硝酸盐的产生。在已报道的 *N. europaea* K_s 值的范围内吸附作用将氨氮的有效性从 80 mmol/L 降低到 8 mmol/L。通过将氨氮浓度增加到 50 mmol/L，微生物的活性才能得以恢复。氧化乙烯和氯乙烷也得到了相似的效果，但 1,1,1-三氯乙烷不同，它氧化得非常慢，因此需要较少的还原剂。

14.4.2 土壤中生长参数的测定

如果考虑到表面附着对生长的影响以及土壤对氨的有效性和运输的影响，就没有任何先验的理由说明氨氧化菌在土壤和液体培养中的生长方式不同。这可以通过比较液体培养基中纯培养物的生长动力学和接种到 γ 辐射土壤中后的生长动力学来研究。例如，在三种不同质地、不同 NH_4^+ 提取浓度（2~11 mg NH_4^+/g 土壤）的 γ 辐射土壤中，Taylor 和 Bottomley（2006）测定了 *N. europaea* 和 *Nitrosospira* NPAV 的生长参数。结果发现，亚硝酸盐以稳定的速率产生，这表明 pH 的降低和吸收氨的缓慢释放并不会限制亚硝酸盐的产生。在土壤中，*Nitrosospira* NPAV 比 *N. europaea* 具有更高的活性，细胞活性分别为浓度 10 mmol/L 液体培养的 21% 和 60%。*Nitrosospira* 的 K_s 值（0.14 mmol/L NH_4^+，与 1.9 mmol/L 相比）和 V_{max} 值（0.002 pmol/(h·cell)），与 0.007 pmol/(h·cell)（相比）较低。这说明 *Nitrosospira* 在浓度 <1 mmol/L NH_4^+ 时具有竞争优势，而 *Nitrosomonas* 在浓度 >2~2.5 mmol/L NH_4^+ 时具有更大的活性。土壤中 *N. europaea* 的生长量为 $(3.5~6)\times10^6$ cells/mmol NH_4^+，这与报道的液体培养基中的数值相差不大。

科学家确定了自然土壤群落的生长常数，有效地平均了群落所有成员的特征。例如，在土壤泥浆中，来自橡树林地冠层下和邻近开阔草地的氨氧化菌群（Stark and Firestone, 1996）的 K_m 值为 15 μmol/L NH_4^+（相当于 0.012 μmol/L NH_3），并且在 1.6 mmol/L NH_4^+（相当于 1.3 μmol/L NH_3）下受到抑制。这两个值均显著低于以前的报道，并且这些土壤中的富集培养物的 K_m 值较高。目前尚不清楚土壤中包含的这些系统类型是否在自然群落中占主导地位，而且土壤系统的复杂性使得解释这些低 K_m 值更为困难。然而，当预测这些土壤中的硝化作用时，它们可能更为相关。树下和空地上的最佳温度分别为

31.8℃和35.9℃，这可能是由于温度的时间差异而不是平均温度的相似性造成的。硝化速率最高值出现在三月份，并且两个系统中的生长速率随着渗透能力的降低而降低。

科学家正在使用与培养无关的定量 PCR 技术来重新评估细胞活性和其他动力学参数，从而评估细胞丰度。Okano 等人（2004）用这种方法来确定氨浓度对微观和田间土壤群落生长特性的影响。在用 1.5 mmol/L 或 7.5 mmol/L 硫酸铵修正的微观土壤中，氨氧化细菌丰度分别从 $4×10^6$ 增加到 $35×10^6$ 和 $66×10^6$ cells/g 干土壤，但在较高浓度下可能存在 pH 限制。番茄大田施肥 39 d 后，丰度由 $8.9×10^6$ cells/g 干土壤增加到 $38×10^6$ cells/g 干土壤。用这些数据计算出的低氨氮和高氨氮微观土壤中的倍增时间分别为 28 h 和 52 h，田间土壤为 373 h。细胞活性从最初的 0.5 下降到 25 fmol NH_4^+/h，低浓度、高浓度氨以及田间土壤中的细胞生长量分别为 $5.6×10^6$ cells/mol NH_4^+、$17.5×10^6$ cells/mol NH_4^+ 和 $1.7×10^6$ cells/mol NH_4^+。微观土壤中得到的数值通常在实验室培养得到数值的范围内，但是田间土壤中世代时间较长的原因还不明确。而且，氨转化并不完全，这表明还有其他因素限制微生物的生长（例如，酸化）。

细胞活性和丰度常常用于评价土壤中氨氧化细菌和氨氧化古菌的相对重要性。Boyle-Yarward 等人（2008）研究了支持道格拉斯冷杉和红桤木生长的两种土壤的硝化作用。他们利用已发表的细菌氨氧化活性（$(1～10)×10^{-15}$ mol/(cell·h)）和由 Könneke 等人（2005）计算的 *N. maritimus* 活性（$(0.25～0.35)×10^{-15}$ mol/(cell·h)），估算了硝化潜力所需的氨氧化细菌和氨氧化古菌的丰度。除了红桤木土壤外，其他地点的细菌活性可以解释硝化作用的潜力。在某一地点，这需要假设最大的细菌细胞活性；尽管细胞活性较低，但古细菌 *amoA* 基因丰度也足以支持硝化作用。Shauss 等人（2009）对两种土壤采用了类似的方法，他们用含有抗生素磺胺嘧啶的猪粪对土壤进行改良。两种土壤中古细菌和细菌 *amoA* 基因比例为 7:1 和 73:1，将基因丰度和细胞活性估计值结合到一个简单的硝化模型中，可以预测其中一种土壤中氨氧化古菌活性的需求。研究发现，古菌也对磺胺嘧啶有较强的耐受性。基于 DGGE 或限制性片段长度多态性图谱发现，细菌而非古菌系统发育类型相对丰度的变化有时用来表明更大的细菌活性。然而，如果古细菌与细菌 *amoA* 基因比率≥100，那么，相对丰度的同等比例变化将需要古菌基因绝对丰度 100 倍以上的变化。这使得群落变化更难测定；此外，由于缺乏对土壤中活性氨氧化菌比例、细胞活性以及土壤氨氧化古菌产量的了解，这些计算会受到限制，因为数据必须从单一的海洋分离体-*N. maritimus* 中推断出来。

14.4.3 NH_4^+ 浓度对菌群结构和丰度的影响

土壤 NH_4^+ 浓度会直接影响氨氧化菌的活性和比生长速率以及生长动力学中的菌株特异性差异；而氨抑制则会导致群落结构的差异。然而，氨氧化菌的丰度本身并不取决于氨的浓度，而是取决于氨通量和通过死亡和捕食的去除率。同样，只有当氨供应能够使所选菌株在相对丰度可测量的差异下充分生长时，通过选择耐高氨浓度的菌株，群落结构的变化才会明显。尽管许多研究都在寻找氨浓度和丰度之间的正相关关系，但经常出现相反的例子。其中最明显的是在氮饱和的森林土壤中（详见下文），这里的氨浓度很高，硝化速率很低，通常无法检测到氨氧化菌。同样，氨的供应速度和由此产生的综合平均氨浓度，而不是某一刻的氨浓度，将决定菌群结构。

植物对氨氮和硝酸盐作为无机氮源的偏好不同，因此会影响氨氧化菌的竞争和氨氮的有效性。Hawkes 等人（2005）在研究外来草入侵加州草原时发现了这一现象。入侵使硝化速率翻倍，主要是由于入侵草对硝酸盐而非氨氮的偏好，增加了氨氧化菌的丰度。

氨氮浓度的异质性也会导致群落结构的异质性，尽管长期施肥可能改变氨氧化菌群落，但其他管理因素，如耕作和石灰化，将使分析和解释复杂化。有证据表明，耕作减小 AOB 群落的空间异质性，降低了多样性（Webster et al., 2002），但这可能不如总生物量的变化重要。通常，土壤氨氧化菌的低细胞浓度和缓慢生长往往意味着需要检测群落结构的巨大变化。接下来的章节描述了土壤管理策略中氨氮的整体或局部输入对硝化菌丰度和群落结构的影响。

14.4.4 放牧

放牧动物的排泄和排尿能有效地交换和重新分配整个农田中的氮，从而形成氨浓度较高的区域；此外，放牧会影响植物和氨氧化菌之间的竞争。氨氮浓度的不均匀性可能是草地硝化速率高度变化的一个原因（White et al., 1987），这可以通过氨氧化菌的增加和群落结构的变化观察到。一项微观土壤的研究（Webster et al., 2005）表明，氨氧化菌群落结构与动力学、生理多样性和土壤硝化动力学之间存在着密切的联系，说明了这种变化对草地生态系统的重要性。用合成羊尿改良未施肥土壤（1 mg 尿素-N/g 土壤）的微观结构；发现硝酸盐产量在微观结构之间差异显著，这主要是由于在硝酸盐产生之前滞后期的长度不同。此外，这种变化与氨氧化菌群组分的差异性有关。土壤中占主导作用的是 *Nitrosospira* 簇 3 中的两个亚群，分别为簇 3a 和 3b。在簇 3b 丰度较高的微观土壤中，滞后期短。在以簇 3a 为主的土壤中，硝酸盐的产生在数周内不明显，需要增加 *Nitrosospira* 簇 3b 的相对丰度，从而导致簇 3b 最终的优势（图 14-1）。这种生态系统功能和群落结构

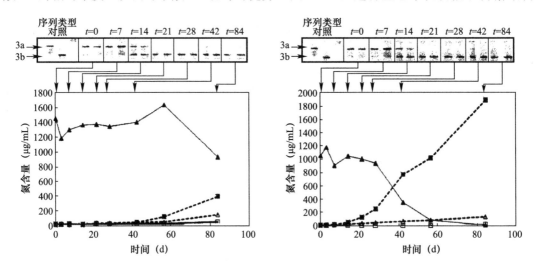

图 14-1 添加合成羊尿后，氨氧化菌群结构对硝化动力学的影响

用合成羊尿（1 mg 尿素-N/kg 土壤）改良包含草原的微观土壤。在空白（打开的正方形和三角形）和改良的正方形和三角形）的微观土壤中测定 NH_4^+（填充和未填充的三角形）和 $NO_2^- + NO_3^-$（填充和未填充的正方形）的浓度以及氨氧化菌序列类型；其中利用 DGGE 分析氨氧化菌序列。土壤中最初占主体的是 *Nitrosospira* 簇 3a（a）和 3b（b）（来源于 Webster et al., 2005，经过允许后使用的）

之间的联系可能是由于氨耐受性不同造成的。*Nitrosospira* 簇 3a 和 3b 的纯培养物代表，以及从同一地点获得的富集物，分别对高氨浓度敏感和耐受，这是绵羊尿改良土壤中的典型情况，这可以解释不同类群主导的土壤滞后期的差异。在施肥的微观土壤中，并未观察到长的滞后期，且在培养期间群落结构没有发生明显变化。这可能是由于所有氨氧化菌群的丰度较大，通过长期施肥，使得初始硝化作用不受耐氨菌株丰度低的限制。

在野外进行的研究表明，放牧增加了硝化速率（例如，Groffman et al., 1993；Le Roux et al., 2003；Patra et al., 2005），而且会影响氨氧化菌的活性、丰度和群落结构（Webster et al., 2002；Patra et al., 2006）。有证据表明，群落结构和植物物种以及降低放牧土壤中氨氧化细菌（而不是古菌）群落的复杂性（也就是增加某一群落的主导地位）之间存在联系。为了调查与放牧有关的时间变化，在草地管理与放牧之间转换后的两年中，Le Roux 等人（2008）确定了土壤中硝化菌活性和氨氧化菌的丰度。在连续放牧和未放牧的土壤中发现了不同的氨氧化菌群，后者的硝化菌活性以及氨氧化细菌和古菌的丰度总是高于前者。转为放牧后的 5 个月内，氨氧化细菌群落结构发生了变化，硝化活性和丰度随之增加。因此，硝化活性的提高需要改变群落结构，这可能是通过选择能耐受高局部氨浓度的菌株来实现的。但是，假定的耐受系统型并不总是与他人发现的相同。相反，放牧后硝化菌活性和丰度降低，AOB 群落结构随后发生变化。据推测这是由于丰度降低，某些菌群的下降速度快于其他菌群。转变为放牧或未放牧条件下的土壤中硝化活性与与转换后 12 个月内未变质的土壤相似。

14.4.5 草坪草

在管理水平高的草坪草系统中，重复施用高水平的氮肥能提高硝化能力（Shi et al., 2006），但可能不会减少多样性。草坪草的时间序列（1～95 年）包含广泛的氨氧化菌种系型，有 4 种 *Nitrosospira* 和 2 种 *Nitrosomonas* 簇，尽管选择压力很强，但它们的相对丰度并没有随草龄的变化而显著变化（Dell et al., 2008）。这是因为在这些非耕作的土壤中缺乏扰动和混合，从而使有机物增加，土壤结构因此得到改善，导致潜在竞争种群的空间分隔更大。Cantera 等人（2006）也发现，在用地下水、高盐分河水或废水灌溉的草皮覆盖的土壤中以及在沙池中，氨浓度、硝化活性和氨氧化菌的丰度之间存在关系。但是，盐浓度的负面影响抵消了这种正面影响。在草皮覆盖的土壤中氨氧化菌群多样性较低，*Nitrosomonas* 序列占主体（*Nitrosomonas* 通常在污水中或其他富氨环境中出现）。Oved 等人（2001）也发现，用废水排出物而不是肥料改良水灌溉果园土壤后，*Nitrosomonas* 序列增加，这表明废水特有的性质（包括盐度）会影响氨氧化菌的群落。

14.4.6 氮肥

微观试验研究清晰地论述了 NH_4^+-N 和尿素氮对氨氧化菌的影响。Mahmood 等人（2006）指出，当三种不同浓度的尿素（100、500 和 1000 μg 尿素-N/g 土壤）加入到土壤体系中时，氨氧化菌群会发生明显变化。土壤中占主导作用的氨氧化菌群是 *Nitrosospira* 簇 2～4。*Nitrosospira* 簇 2 在任何氮浓度梯度下，相对丰度均增加，而簇 3 和簇 4 分别在氮浓度低和高时相对丰度增加。在 4℃ 培养下的微观土壤中并未发现氨浓度的这些影响，在这样的环境下，微生物生长缓慢且相对丰度变化不大（Avrahami et al., 2002）。

有证据表明，一般在施肥土壤中氨氧化菌丰度更大，尽管利用 MPN 计数并不总是很明显（Bruns et al.，1999；Phillips et al.，2000）。16S rRNA 基因的 qPCR 表明（Phillips et al.，2000a，2000b），在连续施肥的土壤中，丰度会增加 1～2 个数量级（图 14-2）。也有证据表明，无论是否添加氨氮，通过施肥和耕作对土壤造成的干扰都会导致菌群丰度增加（Bruns et al.，1999；Phillips et al.，2000；Mendum and Hirsch，2002）。Kowalchuk 和 Stephen（2001）回顾了施肥、石灰、耕作和除草剂对氨氧化细菌群落结构的影响。一般来说，*Nitrosospira* 簇 3 在施肥的和管理的土壤系统中占主体，簇 4 在未管理或未改良的系统中占主体。在无机氮（Wester et al.，2002）和堆肥（Kowalchuk et al.，1999；Avrahami et al.，2002）处理后的草原土壤中也报道了类 *Nitrosomonas* 序列。虽然已表明高浓度氨对 *Nitrosospira* 簇 4 存在抑制作用，但是在标准氨氧化菌生长培养基中已获得簇 4 的分离体（Mintie et al.，2003）。

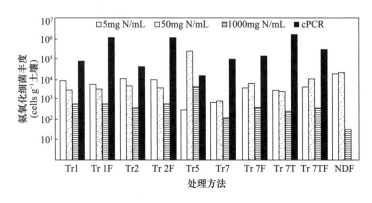

图 14-2　在长期的生态研究区中，不同管理制度影响下氨氧化细菌的丰度

采用包含 5、50 或 1000 mg NH_4^+-N/ml 的矿物盐介质的 MPN 方法测定活细胞丰度；通过使用 β-变形菌中氨氧化菌的引物对 16S rRNA 基因进行竞争性 PCR 扩增来确定总氨氧化细菌的丰度。处理方法如下：Tr1-传统耕作；Tr2-不耕作；Tr5-多年生覆盖作物（杨树）；Tr7-历史耕种。下标 T 和 F 分别表示耕作和施肥，NDF 表示原生落叶阔叶林。误差棒代表标准误差。（来源于 Phillips et al.，2000，经过允许后使用的）

Mendum 等人（1999）发现，在一块适于耕作的土壤中施用硝酸铵肥料，3 天内硝化速率增加，6 周后硝化速率降低。靶向细菌 *amoA* 和 16S rRNA 基因的竞争性 PCR 分别从 10^4 cells/g、10^5 cells/g 增加到 10^6 cells/g、10^8 cells/g。尽管这表明在丰度和活性之间缺少直接的关系，但是缺乏中间采样点使解释更为困难。随后研究发现（Mendum and Hirsch，2002），在有或没有肥料的情况下，用硝酸铵对土壤施肥，硝化率的增加速度再次快于相关种群的变化。耕作对硝化速率和群落结构的影响随着施肥区域的不同而不同。单独耕种会导致 *Nitrosospira* 簇 4 序列占主体，而且硝酸铵施肥耕种的土壤则是簇 3 序列占主体。

施肥能够导致亚硝酸盐的积累，但如何影响亚硝酸盐氧化菌群落还不清楚。尽管如此，在对草地的研究中发现（Freitag et al.，2005），长期施用氨肥和耕作会影响亚硝酸盐氧化菌，而不是氨氧化菌。在所有土壤中，*Nitrobacter* 的多样性都是相同的，*Nitrospira* 群落随管理制度而变化，并且发现了新的 *Nitrospira* 组。鉴于缺乏 *Nitrospira* 生理学和多样性的知识，这些变化难以解释。

14.5 土壤 pH

大多数土壤中的 pH 为 3.5～9，pH 或许是影响细菌群落结构的主要因素 (Fierer and Jackson, 2006)。pH 大于 8 的土壤相对较少，但酸性土壤 (pH<5) 却很常见。土壤 pH 主要通过微生物活性与有机物分解相关的作用而降低，但是人为活动也可以通过大气沉积 (包括氮沉积) 降低土壤 pH。与 pH 值接近中性的海洋和淡水环境相比，许多土壤的 pH 并不支持硝化菌的生长和活动。在许多受管理的土壤中，虽然通过石灰将 pH 提高到中性，但是酸性土壤中硝化作用的存在和重要性已经导致了旨在确定嗜酸性硝化机理的实验室和野外研究 (De Boer and Kowalchuk, 2001)。

14.5.1 低 pH 下实验室培养微生物的生长和活性

pH 是影响所有微生物生长和活性的主要因素，多种机制可确保在碱性或酸性条件下的 pH 稳态。这些机制能够维持细胞内的 pH 接近中性，甚至是在许多嗜酸环境中 (Baker-Austin and Dopson, 2007)，但酸或碱性条件下诱发的应力会增加微生物的能量需求并降低活性，抑制生长。对于氨氧化菌来说，极端 pH 会对底物的可用性产生其他影响。NH_3：NH_4^+ 平衡的 pK_a 为 9.25，因此，pH 每变化 1 个单位，氨的浓度改变将近 10 倍。在碱性土壤中，氨氮大部分以 NH_3 的形式存在，通过挥发会导致大量损失。在低 pH 土壤中，氨氮大部分已 NH_4^+ 形式存在，氨 (NH_3) 会作为氨单加氧酶的基质会减少。

科学家关于氨氧化菌对 NH_3 和 NH_4^+ 吸收和能量的需求特性研究的并不是很多，因此，我们并不清楚纯培养物的活性降低是否是由于能量需求增加，还是与运输进入细胞或减少氨氮浓度有关。Suzuki 等人 (1974) 确定了氨浓度和 pH 对 *N. europaea* 细胞氨氧化过程中氧消耗的影响，并探究了 pH 分别在 7～9.1 和 6.5～8.5 之间的细胞提取物。研究发现，最大速率 (V_{max}) 与 pH 无关；以 $NH_3+NH_4^+$ 计算 K_m 时，整个细胞和细胞提取物的 K_m 随 pH 的升高分别降低 26 个和 83 个因子，但以 NH_3 浓度进行计算时，变化不大。这表明 NH_3 是氨单加氧酶的基质，它通过促进扩散或至少通过一个与 pH 无关的过程进入细胞。NH_4^+ 的运输 (如果发生的话) 需要充足的能量来显著影响活性和生长速率。或者，微生物可能不需要吸收氨氮，而 pH 响应可能完全由氨氮浓度引起的。Allison 和 Prosser (1991b) 发现，在 pH<6.5 的液体分批培养基中，有些氨氧化菌并不生长；在从土壤中分离的 4 种 *Nitrosospira* 菌株中，Jiang 和 Bakken (1999a) 发现了类似的生长和活性抑制。其中，在 pH<6.5 时没有菌株能够生长，但有一株在 pH 为 5 时有活性。在不同 pH 下，活性与 NH_3 的双倒数图呈线性关系，估计的半饱和常数与其他菌株的相似。然而，pH 对生长的影响在不同菌株之间是不同的，这反映了环境的起源；例如，酸性土壤中的菌株具有更强的耐酸性。因此，pH 对微生物生长的影响比对活性的影响更为复杂，这可能是由于微生物对 pH 或亚硝酸盐毒性的耐受性更强。

许多与土壤硝化有关的因素决定了 pH 对氨氧化的影响。许多氨氧化菌能将尿素水解为氨，而尿素分解似乎与 pH 无关。例如，一个尿素分解菌株，*Nitrosospira* NPAV，在 pH<7、含氨氮的液体分批培养基中并不生长，而在 pH 为 4 的尿素中生长。当在尿素上生长时，最大比生长速率与 pH 在 4～8 范围内无关 (Burton and Prosser, 2001)，即使培

养基中还有氨氮存在,一旦尿素水解完成,亚硝酸盐随即停止产生(图14-3)。这些结果表明,尿素吸收与pH无关,胞内pH有利于尿素水解和氨氧化,且亚硝酸盐和一些氨会从细胞内扩散出来。一旦释放,氨就会被离子化,且在低pH条件下不能有效利用。因此,尿素水解可能是在低pH土壤中保证硝化作用的一个重要因素,但由于分解尿素是土壤微生物的常见特性,所以这就需要氨氧化菌在其他微生物转化尿素之前获得尿素。pH对生长和活性的影响也要取决于细胞的生理状态。Keen和Prosser(1987)发现,在含有50 μg NO_2^--N/ml的液体分批培养基中,在pH<6时,*Nitrobacter*菌群不能生长,但是会在初始亚硝酸盐浓度较低,或者在pH值从6逐渐降低到5.5、亚硝酸盐限制的连续培养基中能够生长。

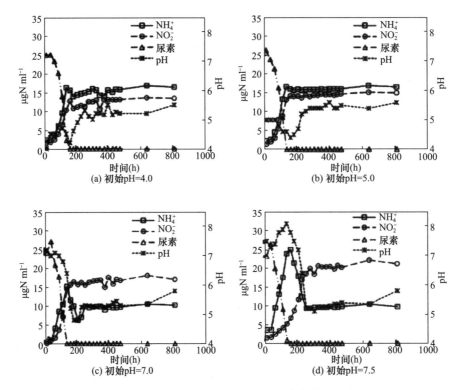

图14-3 分解尿素的氨氧化菌 *Nitrosospira* NPAV 在初始 pH 为 4 (a)、5 (b)、7 (c)、7.5 (d) 的尿素液体分批培养基中的生长情况

在 NH_4^+ 基质条件下,微生物的生长在pH<7时受到抑制。生长过程中测定尿素、NH_4^+ 和 NO_2^- 的浓度以及pH值的变化。(来源于 Burton and Prosser, 2001, 经允许后使用的)

14.5.2 酸性土壤中的硝化作用

尽管在分批培养中缺乏酸性生长,但是在酸性土壤中硝化作用很普遍(De Boer and Kowalchuk, 2001),甚至在pH低至3的土壤中也是如此。上述实验室的研究表明,酸性土壤中的嗜中性氨氧化菌和亚硝酸盐氧化菌的生长和活性可以通过脲酶活性、低浓度基质的供给、pH的逐渐降低、表面生长、附着和团聚体的形成来解释。酸性土壤中的硝化作用也可能是由异养硝化菌引起的,异养硝化菌可以在低pH下生长并保持活性(见第5章)。然而,这些微生物细胞硝化速率低,且很难测定它们在土壤中重要性和活性。此外,

土壤是不均匀的,整体的 pH 测量可能不能揭示中性的微环境(见下文)。

尽管低 pH 会抑制实验室培养中的氨氧化菌,但对近 300 种土壤硝化作用的宏研究(Booth et al., 2005)没有提供土壤 pH 对硝化作用有显著影响的证据(图 14-4)。重要的是,考虑到相关的土壤过程,包括矿化和反硝化作用的综合效应,因此,研究集中在总的而不是净硝化过程。总硝化过程主要是由氮的矿化作用控制,尤其是在矿化速率低的情况下:在矿化速率为 1 mg N/(kg 土壤·d)提高到 5 和 10 mg N/(kg 土壤·d)时,矿化氮的比例从 63% 分别下降到 28% 和 19%。研究发现,低 pH 有机土壤硝化速率最高。这些结果与低 pH 下生长的某些机制并不矛盾。在颗粒有机物表面生长的氨氧化菌,会逐渐释放氨,它们将受益于表面生长、低氨浓度和连续生长的优点,所有这些都使其能在实验室培养的酸性 pH 下生长。有趣的是,对于草地和农业土壤来说,氮肥对硝化速率没有明显的总体影响,再次表明矿化所产生的氨氮可能是硝化作用的更重要的氨源。Ross 等人(2009)在 10 种森林土壤中发现,硝化速率与土壤 pH 无相关性,但硝化速率与 C/N 呈负相关。

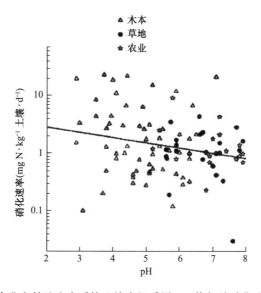

图 14-4 农业和林地生态系统土壤有机质层 pH 值与总硝化速率的关系
(部分数据由 J. M. Stark 提供;改编自 Booth et al., 2005)

考虑到大气氮沉降对这些生态系统的影响,因此,酸性森林土壤中的硝化作用尤其重要,在农业系统中同样也很重要。例如,Kyveryga 等人(2004)探究了玉米地土壤施加氮肥后,土壤 pH 对硝化作用的影响。无水氨是这类系统中常用的一种,由于管理上的原因,它在秋季应用于某些领域,春季应用于其他领域。玉米的快速生长要到 6 月份才会出现,因此要添加硝化抑制剂以减少肥料损失。pH 在 6~8 之间时硝化作用增强,但是 pH 一旦显著变化,那么在较高 pH 情况下,三氯甲基砒啶的抑制效应会降低。一般来说,在最佳硝化条件下,抑制效果较差,而 pH 效应的影响对于有效的肥料管理是必要的,这表明肥料施用应推迟到春季,因为此时土壤具有较高的 pH。

14.5.3 酸性土壤中氨氧化菌的丰度

MPN 计数法表明在低 pH 土壤中的氨氧化菌丰度比典型农田中要低 2~3 个数量级。

因此，利用 MPN 通常检测不到土壤中的氨氧化菌，例如，Klemedtsson 等人（1999）无法在 MPN 检出限为 500 g/土壤的酸性森林土壤中检测到氨氧化菌。MPN 计数法可能低估了微生物的丰度。培养基和培养条件是选择性的，在培养期内，生长可能是不可检测的（Matulewich et al., 1975），细胞可能难以与土壤颗粒分离，并且其中一些会由于其他微生物的存在而受到抑制。氨氧化菌的分子检测消除了这些限制，尽管通过 qPCR 技术比 MPN 计数法测量出的丰度高 1~2 个数量级，但是在酸性土壤中测定的氨氧化菌 16S rRNA 或氨单加氧酶基因的丰度仍然很低。Jordan 等人（2005）发现，在 pH 为 3.7~4.9 的土壤中丰度接近于检测限 10^4 基因拷贝数/g 土壤，Nicol 等人（2008）在 pH 为 4.9 的条件下，测得的细菌 amoA 基因丰度为 7.2×10^4 拷贝数/g 土壤。然而，即使使用巢式 PCR 和指纹分析方法来确定群落结构，也常常无法进行检测（Laverman et al., 2001；Bäckman et al., 2003；Jordan et al., 2005）。尽管检测限并不总是明确的，但这表明细胞的丰度低于 10^3~10^4 cells/g 土壤。例如，Schmidt 等人（2007）不能从酸性的荒地土壤中扩增细菌 amoA 基因，甚至用巢式 PCR 技术也不能。这些土壤中的硝化作用是很低的，且可能来自异养硝化作用，虽然这项研究没有针对氨氧化古菌，但在低 pH 下它们也可能具有活性。

14.5.4 pH 对土壤氨氧化菌群的影响

酸性土壤富集氨氧化细菌是相对常见的，有一些科研人员已经成功地培养出了纯菌。尽管也发现了 nitrosomonads（Allison and Prosser，1991b），但大部分分离株还是 nitrosospiras（De Boer and Kowalchuk. 2001）。其中，很多（但不是全部）为脲酶阳性，还有一些对高浓度氨有耐受性。有人尝试设计培养基来选择嗜酸性菌株，但只有有限的证据证明这类菌株存在。Smith 等人（2001）比较了酸性和中性土壤中的环境克隆和富集培养的 β-变形菌中氨氧化菌 16S rRNA 基因序列。来源于 pH 为 4.2 的土壤中的环境克隆相对均匀地分布在 Nitrosospira 簇 2~4 之间，少数为 Nitrosomonas 序列。与此相反，富集培养的主要由 Nitrosospira 簇 3 组成，只有一种 Nitrosomonas，这意味着培养条件决定了菌群结构。有趣的是，中性土壤比酸性土壤富集的要更少，而且在低 pH 条件下都没有获得富集；有几个环境克隆序列与富集物的克隆序列相同。这表明了实验室条件下的选择范围，但也表明土壤中丰富的菌株可以支配富集物。

群落分子分析提供了 pH 影响的定量数据。尽管概括起来仍然是危险的，但大多数研究表明 nitrosospiras 在低 pH 土壤中占优势，尤其是 Nitrosospira 簇 2（Stephen et al., 1996, 1998；Kowalchuk et al., 2000；Laverman et al., 2001）。虽然也经常得到其他 Nitrosospira 簇，且酸性森林土壤中氨氧化菌的 DGGE 谱中 Nitrosomonas 序列占优势（Carnol et al., 2002）。不幸的是，除了极少数例外（Jiang and Bakken, 1999a；Burton and Prosser, 2001），生理学研究主要集中在 Nitrosomonas 而不是 Nitrosospira，这导致我们对土壤中 nitrosospiras 更丰富的生理特性不了解，对酸性土壤中 Nitrosospira 簇 2 的选择性也不清楚。

14.5.5 长期 pH 梯度下氨氧化菌的选择

在保持了 36 年的 pH 为 3.9~6 的苏格兰农业土壤中，科学家研究了土壤 pH 的长期选择和群落稳定性（Stephen et al., 1998）。在低 pH 土壤中，Nitrosospira 簇 2 序列占主

14.5 土壤 pH

体,当 pH 提高时,*Nitrosospira* 簇 2 相对丰度降低,而 *Nitrosospira* 簇 3 序列的相对丰度增加。当 pH 没有明显变化趋势时,检测到了 *Nitrosospira* 簇 4 和 *Nitrosomonas* 簇 6a 序列,但丰度相对较低。这些长期变化的稳定性得到了 Nicol 等人(2008)的证实,他们发现,同一块土壤在 9 年之后,氨氧化细菌的分布仍是相似的。他们还通过 DGGE 鉴定了细菌和古菌 *amoA* 基因序列,并测定了 *amoA* 基因和 *amoA* 基因转录物的丰度。细菌和古菌 *amoA* 基因序列类型的相对丰度随 pH 的变化而变化,表明这两种菌群都含有不同的最适 pH 范围。此外,细菌和古菌的基因丰度表现出相反的现象(图 14-5)。古菌的 *amoA* 基因随 pH 升高而减少,但总是多于细菌的 *amoA* 基因,而细菌随 pH 的变化较小。古菌和细菌的 *amoA* 基因转录物总是少于基因数量,尽管这可能反映了量化转录物方法上存在困难,但这也表明大多数群落是不活跃的。古菌 *amoA* 转录物丰度随 pH 提高而减少,而细菌的 *amoA* 转录物却随 pH 升高而增加。基因与转录物的比值是衡量功能微生物活性的一种更好的方法(Freitag and Prosser,2009),而且古菌的比值随 pH 升高明显降低,但细菌的比值却会提高(图 14-5)。由于缺乏生理学上的研究,我们对转录活性与过程速率之间的关系不是很了解,但数据表明这些土壤中的氨氧化细菌与氨氧化古菌都有各自的最适 pH;其中古菌喜欢酸性条件,细菌喜欢中性条件。在低 pH 和高 pH 土壤中占优势的古菌 *amoA* 种系型在 pH 值为 4.5 和 7 的短期微观试验和混合土壤中转录也更为活跃(Nicol et al.,2008)。这为不同系统类型的长期 pH 选择提供了证据,表明 pH 的相关活性是影响 pH 选择的重要因素。

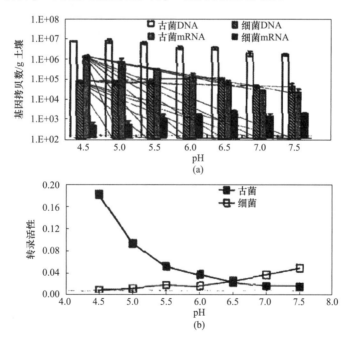

图 14-5 pH 长期维持在 4.5~7.5 的条件下,氨氧化细菌和古菌的丰度以及转录活性
它们由 (a) *amoA* 基因和基因转录物的定量以及 (b) 基因转录和基因丰度的比值决定
误差棒表示在每个土壤 pH 值下,重复现场样品的标准误(来源于 Prosser and Nicol,2008,经允许后使用的)

14.5.6 氮沉积和氮饱和土壤

工业革命使大气氮沉积明显增加,导致了陆地生态系统中的硝化作用增强、硝酸盐浸

出、氧化亚氮产生和土壤酸化。当氮沉积速率超过植物和土壤微生物需求时，就会出现氮饱和。森林生态系统能够作为活性氮重要的贮存所，一部分原因是由于这里的硝化速率低，另一部分原因是在这样的顶极生态系统中，通过将硝酸盐的损失降到最低来维持植物-土壤系统中的氮是最理想的。氮沉积会导致土壤淋洗增加，但石灰通常用于逆转土壤酸化。之后，对硝化作用的影响取决于氮沉积的程度和土壤是否饱和。在低水平下，氮被植物吸收，但当需求得到满足，土壤氮饱和时，就会发生硝化作用。因此，尽管在瑞典的针叶林酸性土壤中未检测到氨氧化菌（Klemedtsson et al., 1999; Bäckman et al., 2003），但用石灰增加土壤上层有机层的 pH 后，就可检测到 *Nitrosospira* 簇 2 和簇 4 的序列，这潜在增加了硝化性能。伐林砍木也会产生类似的效果，它能够增加氮的矿化、提高硝化性能，还能改变氨氧化菌丰度和群落结构（Bäckman et al., 2004）。即使在硝化作用水平较低和氨氧化菌数量较少的酸性土壤中，如果氨浓度高且增加 pH，也可以明显提高硝化性能。Jordan 等人（2005）对加利福尼亚森林土壤进行了类似的研究，研究对象是大气中的氮。他们发现，在 N-饱和土壤中检测到潜在的硝化活性，且硝化活性较大，但乙炔对硝化有抑制作用，说明存在异养活性。氮和土壤 pH 不会影响群落结构，但这些地点的土壤会抑制 *N. multiformis* 的生长，这表明存在抑制化合物。

另一个考虑的因素是硝化作用的测量方法。Stark 和 Hart（1997）在一些森林土壤中发现了相对高的总硝化速率。异养微生物对硝酸盐的吸收也很高，因此系统中硝酸盐的损失很小，总硝化速率和净硝化速率之间没有显著关系。这强调需要考虑土壤碳循环和其他氮循环过程中的硝化作用，需要测量总硝化速率，也说明了森林土壤中存在高氨氧化活性的可能性。这些系统的内部循环也有可能增加一氧化二氮的产量。

14.6 土壤结构、异质性和微环境

土壤的物理、化学和生物特性是不均匀的且在土壤间和土壤内部变化，因此，不同土壤有各自独特的性能。这本身就提供了一系列影响土壤微生物的条件和环境。颗粒物质的异质性会导致可溶性和气态组分的异质性。气体物质在含水饱和土壤中的扩散性很低，尽管在低含水量时扩散更大，但会受到土壤弯曲度的限制。相反，可溶性基质和扩散产物以及运动细胞的运动随含水量的增加而增加，但即使在饱和土壤中，也受弯曲度的限制。可溶性营养物质的运输和微生物随着土壤水的大量流动而增加，而且所有土壤成分的混合通过根系生长、土壤动物和食肉动物穴居以及诸如犁耕等大规模事件而增加。这些复杂的因素形成了许多理化特性不同的微环境，并且由于定居的微生物群落不同，优缺点也各不相同。通过土壤过程和季节影响，这些特性的时间变化进一步增加了复杂性。除了会影响氨的运输和扩散之外，水势也将影响硝化菌的生理学，因为脱水会浓缩土壤溶质，增加渗透压。Stark 和 Firestone（1995）发现，当土壤水势低于 -20.6 MPa 时，由扩散引起的底物限制会降低硝化作用，而在低水势下脱水更为重要。脱水也会增加氨浓度，这可能比渗透压的增加更影响硝化速率（Low et al., 1997）。

若想了解微生物过程的机制、群落动力学和多样性，必须要考虑土壤环境的复杂性。其中，主要的困难是在所需的尺度内缺乏可靠地测量生态系统过程速率、群落动力学和多样性的方法。大多数土壤硝化作用的测量都是在大于 1 g 的尺度上进行的，这可能与存在

于最大宽度小于 50 μm 的土壤孔隙中的生物体没有什么相关性。在硝化菌表面生长的选择过程中已经考虑了土壤异质性的影响，这显著改变了它们的活性及其对不利条件的敏感性。接下来将讨论异质性更普遍的影响。

14.6.1 异质性对硝化动力学的影响

潜在的硝化作用通常是指，产物浓度（$NO_2^- + NO_3^-$）会随时间在土壤或土壤泥浆中增加。在没有氨或 pH 限制的情况下（这样可以控制硝化速率最大化），短期培养会导致产物浓度线性增加。长时间培养导致的产物增加通常用 logistic 方程来描述。Logistic 方程通常用于描述动物种群的生长，并假定比生长速率与种群大小成反比，即当种群增长到最大值 r 时，比生长速率为零，K 表示环境容量。在将该方程应用于液体培养中的微生物生长时，它近似地描述了加速、指数、减速和稳定生长期。反过来，这些生长阶段与初始基质过剩有关；通过减少基质或代谢副产物或终产物的积累来降低生长速率；当基质全部利用或条件恶化时，微生物停止生长。因此，假定硝化菌群混合良好，分布均匀，每个个体经历相同的基质浓度和生长条件时，这个方程才能应用于土壤硝化动力学。

Molina（1985）对这个观点提出质疑并提出另一假设：硝化菌呈非均匀分布，在微环境中以分散的铵源为空间以分离簇进行生长。为了验证这一点，科学家在微观环境中研究了硝化作用，每个微观环境都包含一个土壤团聚体。通过测定产酸量来确定每个团聚体硝化作用停止的时间，并观察到硝酸盐浓度增加后这些时间的累积分布。因此，硝化动力学反映了单个团聚体中硝化作用活化和完成所需时间的分布，而不是整个群落的平均动力学常数（r 和 K）。这在很大程度上影响了我们对土壤硝化动力学的看法。饥饿后的活性可能比最大比生长速率更为重要，且硝化作用的停止是由单个团聚体或微环境的酸化造成的，而不是由于低浓度氨造成的。

14.6.2 异质性对硝化细菌群落的影响

微环境中土壤群落的空间分离是维持土壤硝化菌群多样性高的潜在机制。分析 $\geqslant 1$ g 的样品虽然可以阻止小尺度多样性模式的检测，但是却能解释管理土壤中多样性减少的原因；在管理土壤中，无机氮肥的翻耕和常规添加增加了氨的混合，降低了氨浓度的不均匀性。例如，Webster 等人（2002）发现在未施肥的草原土壤中氨氧化细菌群落的分布比在高水平的无机施肥中更均匀。此外，在未施肥土壤中分离出 0.5 g 样品中发现，氨氧化菌群结构、氨浓度和 pH 值表现出比施肥土壤更大的异质性。其他研究已经报道了管理土壤中群落结构的异质性会降低（Bruns et al., 1999），但是正如上述讨论的那样，如果不是伴随着土壤的物理混合，施肥可能不会减少异质性（Dell et al., 2008）。我们也可以通过厘米尺度观察到氨氧化菌群的异质性。例如，在干旱地区发现的生物表面结壳土壤中的氨氧化菌被限制在 2～3 cm 的深度，在那里它们见不到阳光，且氧浓度足够（Johnson et al., 2005）。这些土壤中的氮由固氮反应供应，但菌群会受到氧浓度的限制而不是氨浓度。

Grundmann 和 Debouzie（2000）使用地质统计方法来测定毫米尺度上氨氧化菌群和亚硝酸盐氧化菌群的结构和关系。在 10 cm 采样带上以 1 mm 的间隔取样的样品分别在 4 mm 和 2 mm 尺度上显示氨和亚硝酸盐氧化菌的空间结构，亚硝酸盐氧化菌在更短的范围反映了它们对氨氧化菌产亚硝酸盐的依赖性。这两种菌群的空间分布并不是独立的，在六种亚硝酸盐氧化菌的血清型中只有一种表现出空间结构。因此，研究土壤中硝化菌分布和多样性的机制必须考虑小于等于 1 mm 的尺度，其结构可能由土壤孔隙、团聚体和小根系决定。Grundmann 等人（2001）使用了另一种方法，即将实验数据与计算机模拟相结合。实验确定了含氨或亚硝酸盐氧化菌的土壤微颗粒的比例在 20～2000 μm 之间，并与计算机模拟进行了比较，预测微生境（直径 50 μm）中含有 7 个亚硝酸盐氧化细胞（菌落很小）。由氨和亚硝酸盐氧化菌所定殖的斑块随机分布，亚硝酸盐氧化菌定殖的 50 μm 微生境相对较远（375 μm），它们可能通过氨氧化菌产生的亚硝酸盐扩散来限制硝化速率。然而，氨氧化菌和亚硝酸盐氧化菌的分布并不是独立的，这表明定殖在一定程度上促进了这些菌群之间的相互作用。血清分型还显示了几个亚硝酸盐氧化菌的血清型定殖在直径为 50 μm 的微样本中，这与来自不同地理区域的参考菌株之间的多样性相似（Grundmann and Normand，2000）；这意味着，在这一微尺度上，具有较高的环境异质性。这些研究突出了在理解和量化土壤中硝化菌群多样性和相互作用驱动力的机制概念及技术上的困难。在亚毫米级分析群落、速率和环境条件是必要的，分析还取决于确定多样性的方法的系统发育分辨率和采样效率（Grundmann，2004）。

14.6.3 氧的扩散和限制

土壤含氧量不均匀，淹水时由于微生物活性高和碳基质的有效性而迅速变成厌氧环境。在另一个极端，排水良好的土壤含有许多氧气浓度与大气相当的区域。即使在这些土壤中，空间异质性将导致发生硝化作用的微位点受到氧的限制。当土壤干燥时，水从越来越小的孔隙中排出，但仍会有一些留在孔隙中，这就为厌氧环境提供了条件；由于氧扩散限制，此时氧气的利用速率超过了供应速率。在有机质和微生物活性最大的地方（一般在根际），大部分为厌氧条件。然而，一些植物的根，尤其是水稻的根，会释放氧气，从而为硝化作用创造有利条件，并扭转典型的氧气梯度。

这些过程对硝化菌与反硝化菌间的相互作用非常重要，反硝化菌会依赖硝化菌产生的硝酸盐，但也需要有机碳源。在土壤中的不同微相中，硝化菌和反硝化菌都会起作用，它们通过硝酸盐的扩散联系在一起；这两个过程的平衡取决于充水孔隙空间的比例以及氧和硝酸盐的扩散。反硝化菌和硝化菌也会通过它们产生氮氧化物的能力相互联系。由于 N_2O 具有很强的温室气体效应，因此备受关注。N_2O 的全球变暖潜力是二氧化碳的 310 倍，大气中的 N_2O 浓度每年增加 0.26%，而全球人为的 N_2O 排放量的 10%～50%是由农业土壤产生的（Chen et al.，2008）。

氨氧化菌通过两个过程产生氮氧化物。第一个过程：羟胺氧化产生 N_2O 是羟胺通过中间产物的化学分解转化为亚硝酸盐过程的副产物。第二个过程：硝化细菌的反硝化作用，即亚硝酸盐通过 NO 还原为 N_2O，之后还原为氮气（Wrage et al.，2001；Stein and Yung，2003）。硝化菌也通过向反硝化菌提供硝酸盐间接为产生 N_2O 做出贡献。N_2O 的产生是由两种相互排斥的亚硝酸盐还原酶催化的，分别由 *nirK* 和 *nirS* 编码，这两种形式都存在于 *Nitrosomnas* 和 *Nitrosospira* 中，并导致 NO 的产生。一氧化氮还原酶通过 *norB* 编码将 NO 还原为 N_2O，在 *Nitrosomonas*、*Nitrosococcus*（Casciotti and Ward，2005）和 *Nitrosospira* 中均有发现（Garbeva et al.，2007）。因此，在氨氧化细菌中这两种氧化物的产生是普遍的，而且有证据表明，氨氧化古菌具有同源基因（见第三篇）。氨氧化细菌中

$nirK$ 和 $norB$ 不如 $amoA$ 和 16S rRNA 基因保守,而在系统发育中缺乏一致性表明它们是通过侧向基因转移获得的(Garbeva et al., 2007; Contera and Stein, 2007)。在许多菌株中,系统发育也与 N_2O 的产率无关(Garbeva et al., 2007)。

N_2O 的产生在纯培养中很容易得到证实,其中,*Nitrosospira* 中 N_2O 产量占亚硝酸盐产量的 $0.05\% \sim 1\%$(Garbeva et al., 2007; Jiang and Bakken, 1999b),但在 *N. europaea* 中 N_2O 产量显著提高(高达 1.95%)(Remde and Conrad, 1990)。N_2O 产量会随氧浓度的降低而增加(Goreau et al., 1980; Kester et al., 1997; Dundee and Hopkins, 2001),也会受低 pH 和氨浓度的影响(Jiang and Bakken, 1999b)。在 *Nitrosospira* 40KI 中(Shaw et al., 2006),加入亚硝酸盐后产生的 N_2O 有高达 54% 通过硝化细菌反硝化转化。Jiang 和 Bakken(1999b)以 NH_4^+-N 或尿素作为基质发现了相近的 N_2O/NO_2^- 比率,而且在低 pH 和饥饿条件或酸限制条件下比值增加。

由于方法上的困难,很难测定土壤中硝化-反硝化作用的重要性。传统的方法包括分析 N_2O 生成与硝化速率之间的关系(Sitaula et al., 2001),以及添加 $^{14}NH_4^{15}NO_3$ 或 $^{15}NH_4^{15}NO_3$ 和存在或不存在硝化或反硝化抑制剂时样品的培养(Robertson and Tiedje, 1987; Webster and Hopkins, 1996a)。有特定的硝化抑制剂,但没有反硝化抑制剂,但反硝化作用可以通过在好氧条件下抑制。这类方法受到一些限制,包括底物浓度的变化、干扰和标签的翻转,这样硝化作用将产生 $^{15}N-NO_3$ 之后可进行反硝化。土壤中扩散作用的限制、不均匀分布以及缺乏特异性会降低抑制的效率。也有证据表明,乙炔抑制 N_2O 产生的敏感性在不同氨氧化菌之间存在显著差异(Wrage et al., 2004b)。

利用自然丰度水平下 $^{15}N/^{14}N$ 和 $^{18}O/^{16}O$ 同位素比值的变化(Webster and Hopkins, 1996b),以及人工富集化合物(包括单或双 ^{15}N 标记的硝酸铵和 ^{18}O 标记的水)(Wrage et al., 2005),可以更好地鉴别 N_2O 的来源。硝化菌或反硝化菌产生的 N_2O 中 $\delta^{15}N$ 值分别取决于氨氮和硝酸盐中的同位素比值。$\delta^{18}O$ 值取决于氧气和水的含量。硝化菌通过氧气将氨氧化为羟胺,而羟胺和亚硝酸盐利用水中的氧进行氧化。因此,硝化作用、硝化-反硝化作用和由硝化细菌反硝化作用产生的 N_2O 包含氧中 100%、50% 和 33% 的 $\delta^{18}O$。Kool 等人(2007)讨论了水和不同途径的中间产物之间的 O-交换所引起的复杂现象。另一种方法是量化 N_2O 分子中心和末端 N 原子(同位素)之间的同位素分布,表示为位置偏好(site preference,简称 sp)。Sutka 等人(2006)发现,硝化菌氧化氨和羟胺的过程中产生的 N_2O 的 sp 值在 33% 左右,而反硝化菌还原硝酸盐和亚硝酸盐时的 sp 值接近 0%。这克服了其他与氨和硝酸盐同位素比值变化有关的稳定同位素方法的不精确性。然而,Ostrom 等人(2007)发现,N_2O 从土壤释放之前可能还会消耗,因此需要对 sp 值进行修正。

尽管存在方法上的困难,但有证据表明,硝化菌在陆地 N_2O 生产中发挥着重要作用;特别是在干旱土壤中,硝化菌可贡献高达 80% 的 N_2O(Robertson and Tiedje, 1987; Webster and Hopkins, 1996a, 1996b; Gödde and Conrad, 1999; Wrage et al., 2005)。尚没有证据表明 pH 对 N_2O 产生的影响(Wrage et al., 2004),但是 N_2O 产量会随着加入高浓度的人造尿液(Wrage et al., 2004a)和 NH_4^+(Avrahami et al., 2002)而增加。

14.7 温度和二氧化碳对硝化作用的影响

Jiang 和 Bakken（1999b）用 Arrhenius 方程和平方根模型描述了温度对四株 *Nitrosospira* 活性的影响，但前者仅在 3～21℃ 范围内拟合良好。其中有三株的最佳温度在 26～29℃，然而，有一株从赞米比亚土壤中分离的（Utåker et al., 1996）*Nitrosospira* 菌株 AF，最佳温度为 31～33℃，且在大部分范围内具有最高的活性。根据 Arrhenius 图计算，两个弧状菌株的活化能较高，它们属于不同的 16S rRNA 基因系统发育群，且具有较小的最低 pH 活性。此外，它们的活化能也高于 *Nitrosomonas* 中的。

纯培养的温度动力学可以应用在土壤中预测温度，因为准确预测温度响应对于确定施肥时间、潜在损失和硝酸盐淋失非常重要。例如，在冬季硝化速率较小的地区，可以选择在秋季施肥。Arrhenius 方程可用于描述温度对土壤硝化作用的影响，但是对于纯种培养，较高温度时的可信度较低（Stark, 1996）。土壤硝化作用的模型应用了这个方程。在热带地区微生物生存的最适温度较高，北方区域较低，且随土壤条件而变化。例如，温度和 pH 会相互作用，因为较快的硝化速率会增加酸化速率，在温度低于 12℃ 时，硝化作用的抑制和对氨氧化菌和亚硝酸盐氧化菌的不同影响会导致亚硝酸盐的累积（Russell et al., 2002）。硝化速率与温度之间的关系也受水量的影响，可以用三个参数来描述，分别是最大硝化速率、最佳相关水量和温度（Grundmann et al., 1995）。这些因素之间的相互作用都与它们的呼吸速率，氧扩散和聚集体结构有关。

研究人员利用样带和移栽试验研究了小气候条件和土壤管理对氨氧化菌和硝化作用的影响。Mintie 等人（2003）发现，尽管植物组成、植物氮输入以及土壤温度、水分和 pH 值存在差异，但是氨氧化菌群结构主要由两个草地到森林断面的 *Nitrosospira* 簇 4 序列组成。有些证据表明，在草地和过渡土壤中 *Nitrosospira* 簇 2 和 3 的相对丰度增加。从这些土壤中分离的氨氧化菌主要由 *Nitrosospira* 簇 4 菌株组成。尽管群落结构差异不大，但草地土壤硝化潜力显著增大，这可能是在群落结构不变的情况下增加了丰度。另一种解释是通过更精确的尺度来区分菌群、功能冗余或活性上的差异，而不是整个菌群。通过研究各个地方草地和森林土壤核心的相互转移，总结了环境条件对氨氧化菌群结构、丰度（MPN 计数法）和活性的影响（Bottomley et al., 2004）。在 2 年内，森林土壤核心的净硝化速率已经增加到被转移到草地中那些土壤的速率，并且在一些，但不是全部的情况下，这些增量与硝化潜力和氨氧化菌丰度的增加相关。可以从气候条件，特别是气温的升高，而不是群落结构的变化来解释这种变化，因为群落结构的变化没有表现出一致的模式。

微观试验研究为系统发育和适宜温度之间的联系提供了证据。Tourna 等人（2008）发现，当土壤中的温度逐渐升高时，古菌的（而不是细菌的）16S rRNA 和 *amoA* 基因的 DGGE 图谱和 *amoA* 基因的转录物有明显变化（图 14-6）。然而，与氨氧化细菌的关系并不总是简单的，因为土壤的实验研究往往由于其他因素的变化而变得复杂。*Nitrosospira* 菌株属于 *amoA* 定义的簇 1、2 和 4，通常与低温环境有关（Avrahami and Conrad, 2005）；而 *Nitrosospira* strain AF 和相关序列却存在于较温暖的气候中，尽管温度响应与肥料和水分以复杂的方式相互作用（Aurahami and Conrad, 2005）。在两块低温土壤的长期培养过程中，30℃ 时 *Nitrosospira amoA* 簇 3a、3b 和 9 是最常见的；25℃ 时簇 4 最为常见；在小于30℃时簇1最为常见（Avrahami and Conrad，2003）。高温土壤在所有温度下均以 *Nitrosospira* 簇3a为主，但种群之间会发生变化。在农田中，N_2O 的产量会随温度的升高而增加（4~37℃），而在中等温度下潜在硝化作用最大（Avrahami et al.，2003）。在长期实验的研究中（16周）发现，氨氧化菌群会随氨氮浓度和温度变化；低温时，*Nitrosospira* 簇1占主体，而在整个温度变化范围内都存在 *Nitrosospira* 簇3。

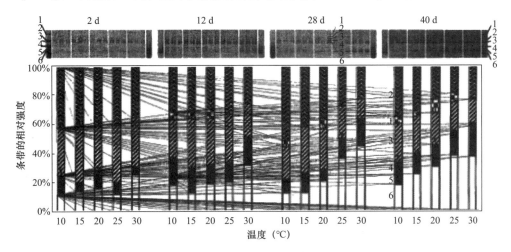

图14-6　温度和培养时间对不同种系型泉古菌 *amoA* 基因转录物相对丰度的影响

在10~30℃的温度下培养，并在2、12、26和40天取样；利用DGGE分析 *amoA* 基因转录序列；柱状图表示三倍微观结构中单个泳道内条带的相对强度；数据以三次测量的平均值和标准误差表示

（数据来源于Tourna et al.，2008，经允许后使用的）

在调查气候变化（CO_2、温度和降水的增加）对硝化作用影响的实验中也看到了这种复杂性。大气中 CO_2 浓度升高可能不会直接影响硝化作用，因为土壤中的 CO_2 浓度比大气浓度高出几倍。然而，由土壤含水量和碳氮可利用性的增加所引起的间接效应可以减少硝化作用。Carnol等人（2002）发现，在二氧化碳浓度升高的情况下，硝化作用和 N_2O 生成增加，这可以通过高 CO_2 浓度的直接影响和对氨有效性的间接影响来解释。Barnard等人（2004）却发现，提高 CO_2 浓度对硝化作用活性并没有影响，但当Barnard等人（2006）考虑其他因素时（添加氮和提高温度时）发现有负面影响。在研究氨氧化细菌对 CO_2、温度、氮和降水的反应中也发现了相似的复杂性（Horz et al.，2004）。

14.8　硝化作用抑制剂

抑制硝化作用有以下几个方面的原因。第一，抑制剂的化学性质和抑制的特性和动力学可以为氨氮和亚硝酸盐氧化的生化机理提供线索，并被广泛地用于硝化菌生理学的研究（Arp and Stein，2003）。第二，硝化作用的特异性抑制剂在区分硝化菌和其他菌群的底物和产物（例如 N_2O）变化的不同过程中是非常重要的。第三，天然的和商业的硝化抑制剂可能导致土壤中氨的残留，具有经济和环境效益。

14.8.1　化学合成抑制剂

研究人员对50多种土壤硝化抑制剂进行了表征和研究，以期在工业上得到应用。最近的两个报道详细地描述了这些化合物和它们的作用机制（Subbarao et al., 2006；Singh and Verma, 2007）。最常用的抑制剂是三氯甲基砒啶、双氰胺、烯丙基硫脲、二硫化碳、3,4-二甲基吡唑磷酸盐、2-氨基-4-氯-6-甲基嘧啶和乙炔。抑制剂可以是杀菌的或是抑菌的，抑制机制包括与氨单加氧酶铜组分螯合、配体结合和自杀抑制，特别是乙炔。大多数抑制的目标是氨氧化过程，但氯酸盐已被用作亚硝酸盐氧化的特定抑制剂。

氮肥，特别是氨基肥料和其他现代农业措施的大量使用增加了硝化作用造成污染的风险。例如，据估施用肥料的 67% 未被植物吸收，相当于全世界每年损失 159 亿美元 (Raun and Johnson, 1999)。除了经济损失之外，硝化作用和反硝化作用会使地下水中硝酸盐含量超标，温室气体产生增多；而且硝酸盐径流会导致水体富营养化。

科学家已经提出并建立了一系列策略来提高肥料的利用率，例如，使用缓释肥料、优良的肥料施用方法以及精细耕作。另外，可以应用硝化抑制剂与肥料，以减轻 N_2O 的产生，这种方法得到越来越多的关注（Deklein and Ledgard, 2005；Subbarao et al., 2006；Singh and Verma, 2007）。在可能的情况下，抑制剂可与氨基或尿素基肥料一起添加，尽管这可能会受到肥料和抑制剂特性的限制，但一些化合物可以同时充当肥料和抑制剂（例如硫代硫酸铵）。抑制剂的选择取决于效率、特异性、挥发性、易用性、溶解性和降解速率。效率取决于一系列因素，包括抑制剂降解速率、土壤类型、环境条件和农作物类型。例如，当硝化速率低（像温度低的条件下）、并且植物有相对高的氨氮需求时，抑制作用效率最高。硝化菌群的不同成员也可能表现出不同的抑制敏感性（Wrage et al., 2004b），尽管这方面的研究很少。

Wolt（2004）评估了抑制剂的长期有效性，例如，在美国中西部的玉米上施用三氯甲基砒啶，并施入无机氮或肥料。以谷物产量、根部存留的无机氮、硝酸盐淋失和 N_2O 产量评估效率。158 个地点的数据表明，利用三氯甲基砒啶可以使农作物产量增加 7%，土壤 N 的存留增加了 28%，N 的淋失降低了 16%，N_2O 排放减少了 51%。在 75% 的研究分析中，三氯甲基砒啶都有显著影响。

14.8.2 硝化作用的"天然"抑制剂

一般来说，在管理的农业系统中硝化速率较高，从而导致氨氮和硝酸盐浓度较低。而在草地和森林生态系统中，氨氮浓度高，硝酸盐浓度低。低速率可能是由于对氨氮的需求增加、植物根系释放出碳、植物和异养微生物对氨氮的激烈竞争或植物对硝酸盐的高同化作用造成的（Stark and Hart, 1997）。然而，另一种解释是在这些高等系统中植物产生了硝化作用抑制剂。Subbarao 等人（2006）回顾了大量关于潜在的硝化化感抑制剂的文献，特别是植物根部分泌的或在降解植物残体或垃圾时产生的酚醛塑料、烯烃和黄酮类化合物。这些土壤也具有较低的 pH，本身就能够抑制硝化作用，但有证据显示植物物种效应不依赖于 pH。Subbarao 等人（2006）的回顾着重介绍了土壤中这些复杂化合物的化学分析所涉及的许多技术问题，以及在实验室证明其抑制作用及其在土壤中转化的困难。

氨氧化被认为是维持土壤健康和肥力的一个良好措施（Ritz et al., 2009），而且氨氧化菌比其他微生物对有毒化合物更为敏感。生物发光报告菌株 *N. europaea* 的固相生态毒性试验会涉及到这种敏感性，其中，*luxAB* 基因会被标记（Brandt et al., 2002）。该标记菌株已用于寻找由 18 种作物和禾本科植物产生的抑制剂（Subbarao et al., 2007a）。来自

热带草原中的 *Brachiaria humidicola* 的不同基因型的许多抑制性化合物和根系分泌物对 *lux*-标记的传感器菌株表现出一系列抑制作用，而抑制水平与获得基因型的土壤硝化速率有关。野生物种小麦 *Leymus racemosus* 根系分泌物抑制作用比栽培小麦 *Triticum aestivum* 的大（Subbarao et al., 2007b）。在这两个系统中，抑制因子的产生都是由氨氮而不是硝酸盐的生长来刺激的，并因此提出了基因型遗传改良以增加抑制因子作为提高氮素利用效率的管理策略。

14.9 当前问题与未来研究

土壤环境对氨氧化菌提出了许多挑战，但也带来了很多好处。挑战包括间歇基质和供水、时空异质的物理化学条件、低 pH 值、植物和异养微生物对氨的强烈竞争。好处包括大量增加了人为氨的供应，因此，亚硝酸盐、有利的温度和氧气供应以及减少去除的附着表面也相应提高。实验室已经扩展到微生物生理机制的研究，以确保硝化菌应对土壤中的生存挑战。最近，研究人员已经表征了氨氧化菌和亚硝酸盐氧化菌的群落结构和多样性，并在一定程度上揭示了多样性与环境分布、生态功能和生理学多样性间的关系。然而，这类研究却处于起步阶段。这种研究模式正处于发展过程中，我们远不能依据硝化菌群结构形容土壤特征和土地利用管理方法，或预测环境变化对硝化菌群及其生态系统功能的影响。这种理解将有望用于改进富集和分离技术，以及更好地代表自然土壤群落的实验室培养的研究。我们可以通过基因组等组学的方法、细胞生长和活性参数准确的定量，确保更好地进行生理生态学研究。这将有望与改进的原位活性测量技术的发展同步。一个明显的要求是需要评估氨氧化细菌和氨氧化古菌及其环境生态位的相对重要性，但评估种间的生理多样性也同样重要；事实上，这种多样性对于理解和预测土壤硝化速率是否真的很重要，还需要进一步的验证。

可能更重要的是对概念和理论方法的要求，这能够增加我们对硝化菌生态学、土壤硝化作用过程和土壤环境之间联系的理解。对于微生物来说，这需要考虑它们与环境和其他微生物相互作用的规模。上述几项最重要的研究，通过考虑局部微环境如何影响硝化菌，而不是将硝化菌群视为在液体培养基中生长的悬浮细胞，从而提高了对硝化菌的理解。硝化菌相互作用的程度会影响它们的多样性，如果我们想在变化的环境中用这种高水平的土壤硝化菌多样性评估生态系统功能，就需要更好的功能冗余信息。

土壤硝化与其他功能组和其他过程的相互作用也具有巨大的意义。本书关注的是氮循环中的单一过程，但土壤硝化与矿化、土壤有机质分解与反硝化密切相关。更间接地说，它与其他重要的生物地球化学循环、土壤物理化学过程和鲜为人知的（像捕食和噬菌体对硝化菌的控制）生物过程有关。对微环境中硝化菌生态和活性的理解必须扩展到微观、中观和田间尺度，以便输入定量预测模型。这对确定硝化作用在大气和地下水调查中的重要性是一个重大挑战。

14.10 方法

影响硝化菌生态和活性的土壤特性也影响了研究土壤硝化作用的方法。土壤的颗粒性及其理化性质使得分离和分析细胞变得更加困难。研究人员还引入了空间异质性，使活性测量和影响活性的因素更加复杂化。土壤也降低了现代分子技术的易用性，特别是那些涉及显微镜的技术。

14.10.1 富集和分离

自养型氨氧化菌和亚硝酸盐氧化菌可以通过添加氨氮或亚硝酸盐矿物盐进行富集。可以加入 pH 指示剂来检测氨氧化菌产酸量，但生长应通过测定氨、亚硝酸盐或硝酸盐的浓度来证实。微生物通常在几周内开始生长。纯培养物的分离是通过稀释到零，在无机培养基中进一步继代培养或在固体培养基上继代培养分离菌落来实现的。一般来说，分离是很困难的；因为异养微生物（属于污染的微生物）要比自养微生物生长地更快，它们会利用自养生长产生的有机副产物和挥发性有机物。氨氧化菌或亚硝酸盐氧化菌在液体和固体培养基上生长缓慢，产量较低，但试图通过增加氨氮或亚硝酸盐浓度来提高产量会导致底物抑制；在固体培养基上培养后产生的菌落是微观的。分离可能需要几个月的时间，培养物可能不稳定，只能存活有限数量的亚培养物。更重要的是，富集和分离过程是有选择性的，且大多数分离物并不代表天然硝化菌群的优势成员。通过对富集物、分离物和土壤 DNA 的分子分析，突出了这一问题的严重性。在一项研究中发现，31 个土壤富集物主要由 *Nitrosospira* 簇 3 菌株控制，而来自同一土壤的 50 个环境克隆的序列分布在 *Nitrosospira* 簇 2～4 (Smith et al., 2001)。土壤富集培养序列与克隆序列只有 16% 的同一性。更重要的是，尽管泉古菌 *amoA* 基因的丰度很高，但尚未从土壤中分离出氨氧化泉古菌；此外，尽管 *Nitrospira* 在土壤中具有重要作用，但亚硝酸盐氧化菌分离物仍以 *Nitrobacter* 为主 (Freitag et al., 2005)。

14.10.2 丰度

基于培养的硝化菌计数采用 MPN 法，因为在固体培养基上硝化菌生长缓慢且仅形成微观菌落，妨碍了平板计数法的常规使用。土壤悬浮液的稀释液用于液体培养基的多次接种，培养后定性测定生长，这个过程通常需要数周。这提供了氨或亚硝酸盐氧化菌的任一种或两者的丰度估计（取决于培养基的组成），但是它存在许多缺点。MPN 计数的计算主要基于接种过程中转移细胞的概率，除了实验变异性外，还具有内在的统计变异性，尽管统计变异可以通过减少稀释因子和增加接种物的复制来减少。其他的缺点已经在前面的章节中讨论过了。

有越来越多的定量分子方法用来分析硝化菌。科学家已经利用 16S rRNA 基因的竞争 PCR (Phillips et al., 2000; Hermanson et al, 2004) 以及 16S rRNA 和 *amoA* 基因的实时 PCR (Okano et al., 2004; Leininger et al., 2006; Nicol et al., 2008) 定量了土壤中的氨氧化菌。这解决了基于培养技术的主要缺点，即选择性生长和在实验室条件下无法生长。MPN 和 qPCR 计数的直接比较表明，MPN 方法低估了 1～2 个数量级，并在氨浓度较高的介质中选择了 *Nitrosomonas* 而不是 *Nitrosospira*。MPN 和 qPCR 相结合可以用于定量不太丰富的系统发育类型，但这最好通过使用针对不同群体的特异性引物来实现。以 MPN 计数的培养基中没有发布有关氨氧化古菌的报告，但细菌和古菌 *amoA* 基因丰度的比较为古菌在土壤氨氧化过程中的重要性提供了有效的证据。

虽然 qPCR 方法在估计基因丰度方面得到了广泛的接受，但它们也存在着偏差和局限性。细胞可能包含目标基因的多个拷贝；细胞裂解和 DNA 提取效率在不同的菌群之间会有所不同，引物效率也会有所不同（Smith et al., 2006）。用显微镜也很难直接验证丰度数据。尽管免疫和荧光原位杂交技术（FISH）可用于硝化细菌的研究，但荧光技术在土壤中的缺点及其低丰度的穿透比表面积阻止了利用微观方法对土壤中的硝化细菌进行常规定量。鉴于这种方法能在活性污泥和海洋硝化研究中提供的重要信息，对土壤研究来说这是不幸的。

14.10.3 菌落组成

目前通过 16S rRNA 或从土壤中提取的 DNA 或 RNA 的功能基因分子分析技术测定硝化菌的多样性。在土壤氨氧化细菌和亚硝酸盐氧化细菌中，大部分群体的 16S rRNA 基因的引物是可得到的；古菌引物通常用来评估氨氧化泉古菌的菌群，因为非氨氧化泉古菌的相对丰度较低。通过对氨氧化菌中功能基因 amoA、amoB、hao（羟胺氧化还原酶）、hcy（细胞色素 c_{554}）(Bruns et al., 1998) 和 ureC（Koper et al., 2004）（对氨氧化菌来说）以及亚硝酸盐氧化菌中 nxrA（Wertz et al., 2008）的分析来定义硝化菌的特征。不幸的是，并没有能够包含所有氨氧化菌（例如细菌和古菌）或亚硝酸盐氧化菌（例如 Nitrobacter、Nitrosospira 和 Nitrotoga）的 16S rRNA 基因引物或功能基因引物。这使得对整个功能群群落的分析复杂化，除非有关于不同功能亚群丰度的可靠数据。

通过对扩增基因克隆文库的代表进行测序，获得了有关群落组成的详细信息，这为自然群落的系统发育分析提供了基础。不同系统发育群中克隆的相对丰度提供了一些有关环境因素对群落影响的信息，但对大量克隆进行测序以实现合理覆盖和分析复制克隆库的要求促进了指纹技术的应用。DGGE 的应用最为频繁，但也会利用末端限制性片段长度多态性、温度梯度凝胶电泳和 SSCP 方法。这些方法能够分析更大比例的序列信息，能够量化不同序列类型的相对丰度，并且能经济快速进行必要的复制。DGGE 谱带的序列数据可以从切除的谱带中获得，指纹图谱可以用来分析克隆文库，识别与特定系统类型相关的克隆，从而推断序列。序列数据可以通过与数据库序列的比较来识别硝化菌。数据库含有相当数量的 β-变形氨氧化菌的 16S rRNA 基因序列，但亚硝酸盐氧化菌却少得多。目前，amoA 基因序列的数据库规模也很大，发展迅速，在发现了氨氧化泉古菌后，进行了广泛的环境测序调查。新一代分子技术将有助于分析群落结构。16S rRNA 基因和功能基因芯片系统包括许多硝化菌序列，并且高通量测序可以进行更深入的群落表征，这项技术有可能取代指纹识别技术从而降低成本。

14.10.4 硝化菌活性

实验室培养过程中，在批次处理或恒化（基质限制）生长或细胞悬浮液中测定了土壤氨氧化菌的生长参数。越来越多的分子技术用于"原位生理"研究。例如，硝化速率的测量方法和细胞丰度的 qPCR 分析相结合用于测定原位细胞活性。利用 rRNA 而不是 DNA 靶向分析 16S rRNA 基因可以表明哪种氨氧化菌是活性的，并且可以响应于不断变化的环境条件。amoA 基因转录物的 qPCR 定量和 amoA 基因转录物的分子分析可以用来测量转录活性水平，并可以确定哪些氨氧化菌在土壤中具有活性。稳定同位素探针技术，包括

^{13}C 标记的 CO_2 的培养和随后标记和未标记核酸的分子分析，已应用于河口硝化作用（Freitag et al.，2006）；且最近还应用到土壤的分析（Jia and Conrad，2009）。其他方法很难应用于土壤中。例如，与 FISH 相结合的显微自动射线照相术（MAR-FISH）和其他 FISH 技术，在与土壤微生物荧光显微镜相关联方面遇到困难。

14.10.5 过程测量

通过测量恒温状态下氨氮、亚硝酸盐和硝酸盐浓度的变化可以相对简单地测定潜在硝化作用速率；如果有必要，也可以通过修正氨氮来进行测量。通过维持好氧条件可使反硝化处于最低状态（例如通过摇动土壤泥浆）。一般来说，非限制性底物浓度和无明显生长的短期培养导致零级动力学。潜在硝化活性是特定土壤可能的最大硝化速率，并且在传统上可以度量硝化菌生物量，尽管它是代表生物质和活性的复合物。如果底物浓度较低，或者如果延长培养时间导致硝化菌生长，则动力学更为复杂，会分别产生 Michaelis-Meten 动力学或产物浓度指数增加。Logistic 动力学的使用如上所述。

复杂性是通过与其他氮循环过程的联系而增加的。有机物的分解会增加氨的浓度，反硝化会降低硝酸盐的浓度，植物吸收和异养微生物同化都会降低硝酸盐的浓度。反过来，同化将取决于可用的有机碳。在用于测量硝化作用的好氧条件下，反硝化作用将减少，但所有这些过程都会干扰速率测量。通过测定净硝化速率（生成的硝酸盐减去消耗的硝酸盐）和总硝化速率（生成的硝酸盐加上消耗的硝酸盐）来确定它们的影响。这需要使用稳定同位素方法，当氨浓度较低时，也需要使用稳定同位素方法来提高灵敏度。尽管氨的加入会促进硝化作用，但是加入 $^{15}NH_4^+$ 可测定 $^{15}NO_3^-$ 的生成率；且 $^{15}NH_4^+$ 可被矿化作用稀释（Hart et al.，1994）。或者，在池稀释法中，硝化作用导致生成的 $^{15}NO_3^-$ 被未标记的硝酸盐稀释（Barraclough and Puri，1995）。通过比较特异性抑制剂存在与不存在时的氨氧化速率来评估异养硝化速率。双标记化合物的使用（$^{14}NH_4^{+15}NO_3^-$ 或 $^{15}NH_4^{+15}NO_3^-$）、$^{15}N/^{14}N$ 和 $^{18}O/^{16}O$ 同位素比值的测量和同位素分析也被用来研究其他氮循环过程，特别是 N_2O 的产生（Sutka et al.，2006；Ostrom et al.，2007）。因此，稳定同位素技术可以用于硝化速率的精确测量。它们不涉及大量基质的投加，确保了原位速率的测量。它们同样可以区分自养异养硝化速率并确保相关过程的测量，例如 N_2O 的产生和硝化菌的反硝化过程。

14.10.6 模型系统和微观世界

土壤硝化作用已经在一系列的实验系统中进行了研究，这些系统试图模拟土壤系统，但模拟系统具有更大的控制和监测能力，或者分离出特定的环境因素。恒化器和含有悬浮颗粒的连续流系统已经用来确定生长参数和研究生物膜生长以及氨和亚硝酸盐氧化菌的活性。填充塔反应器含有一定的颗粒物或土壤，用于研究硝化动力学、抑制剂的作用以及特定环境因素的影响。这些系统还提供了数学建模和模型参数化所需的重要信息。

第 15 章　内陆水中的硝化作用

15.1　引言

根据联合国千年生态系统评估（Anonymous，2007），氮污染对内陆水域的影响与日俱增。河流湖泊中的硝化细菌利用不断增加的氨氮合成用于生长和维持生命活动的能量，同时产生多种无机氮氧化物（例如一氧化氮、氧化亚氮、亚硝酸盐和硝酸盐），这些无机氮化物对环境和健康会产生巨大影响。此外，由于硝化细菌是好氧微生物，所以它们会增加周围环境中氧的消耗。在 1986 年关于湖泊硝化作用的综述中，Hall（1986）收集了当时关于湖泊硝酸盐产生的所有信息。他还描述了所涉及的微生物学。从 1986 年开始，用于检测硝化细菌的方法得到了很大提升，特别是那些以基因为基础的方法。此外，也发现了一些新的关于氨氮在好氧和厌氧条件下氧化的新陈代谢途径。

本节主要描述关于内陆水中硝化作用的最新信息。主要强调了 β-变形菌中氨氧化细菌（AOB）不同谱系的生态学，因为这些化能自养的微生物可能是淡水环境中唯一的氨氧化生物。直到现在，在淡水生态环境中也从未在 γ-变形菌中发现 AOB 典型微生物。在不同栖息地（Konneke et al.，2005；Schleper et al.，2005；Leininger et al.，2006），包括湖泊（Ye et al.，2009；E. W. Vissers and H. J. Laanbroek，unpublished results）、河口（Caffrey et al.，2003），发现了泉古菌，它们会在氨氧化过程中发挥重要作用，但它们在内陆水的氮循环中的作用还不清楚。在地理和生物化学不同环境中的沉积物样品中检测到的厌氧氨氧化细菌也是如此，包括富营养化湖泊（Penton et al.，2006）。在污水处理厂和海洋生态系统中缺氧条件能够很容易辨别它们的作用（Van de Graaf et al.，1995；Strous et al.，2006）。

好氧硝化是 AOB 和亚硝酸盐氧化菌（NOB）联合进行的。尽管如此，本节主要讨论 AOB，因为它们对硝化过程的开始至关重要，虽然它们的活性可能会受到 NOB 的影响，特别是在氨氮缺乏时（Laanbroek and Bär-Gilissen，2002）。同时，在氧限制的条件下，AOB 和 NOB 不得不竞争电子受体，那么氨的氧化，特别是亚硝酸盐的积累将取决于两种类型硝化细菌的特殊组合（Laanbroek and Gerards，1993；Laanbroek et al.，1994）。活性 NOB 的存在或消失可能也会影响氨氧化过程中 NO 和 N_2O 的排放（Kester et al.，1997）。基于基因分析的引入推动了 AOB 的生态学研究，此外，这一功能菌群的单系特性也促进了这项研究（Purkhold et al.，2000，2003；Kowalchuk and Stephen，2001；Koops et al.，2003）。相反，NOB 属于不同种类的细菌，这一事实阻碍了对它们生态学的研究。尽管如此，科学家们也已经研究了 NOB，特别是河流中的 NOB（Cebron et al.，2003；Freitag et al.，2006）。

15.2　湖泊中的硝化作用

对苏必利尔湖（世界上最大的淡水水库）的测量发现，从 1960 年开始，湖中的硝酸盐含量以平均每年1%的速度增加（Sterner et al., 2007）。在20世纪80年代，北美和欧洲许多湖泊也有硝酸盐浓度增加的迹象（Stoddard et al., 1999）。然而在接下来的10年中，除了寡营养的高山湖泊和苏必利尔湖外，其他湖泊中硝酸盐积累速率都出现了小的逆转。这些研究和其他的研究（Molot and Dillon, 1993; Kaste and Lyche-Solheim, 2005; Lepisto et al., 2006）都发现，硝酸盐浓度的变化归因于大气中氮损耗的变化，但除了在Sterner等人（2007）的研究中，没有一个研究涉及了硝化作用的生物过程。基于苏必利尔湖硝酸盐氮氧同位素测定，Finlay等人（2007）发现，微生物对这一湖泊水中硝酸盐积累起到了93%～100%的作用；大气损耗和河流冲刷对硝酸盐积累明显起到较小作用。苏必利尔湖的年增长是由于该湖泊营养贫乏，磷含量有限，这阻止了大量有机物的同化，从而阻止了有机氮的沉积和过量硝酸盐的反硝化作用（Finlay et al., 2007; Sterner et al., 2007）。

内部硝化作用对湖泊总硝酸盐负荷的相对贡献将取决于湖泊的特性和季节。Stewart等人（1982）通过比较英国不同富营养化淡水湖泊内部和外部硝酸盐负荷发现，英格兰湖区的分层Blelham Tran与苏格兰东部安格斯郡的浅巴尔加维湖之间存在巨大差异。其中，后者是一个由密集农田包围的排水系统的一部分。在Blelham Tran，硝化作用占总硝酸盐负荷的77%，而在Balgavies中只有18%。Hall（1986）观察到季节对Grasmere湖和英格兰湖区的内部硝化作用具有非常重要的影响。湖泊硝化作用年平均占总硝化作用的31%，但春季和初夏的贡献率均在50%以上。尽管在许多淡水系统中，硝化微生物在将无机亚硝酸盐氧化为硝酸盐方面发挥着重要作用，但实际测量的硝化速率却相当有限。Hall（1986）在他的综述中总结道，由于评价硝化速率所使用的方法不同和所存在的生态环境太过复杂，湖泊中硝化作用所测得的数据并不准确。

Schwert和White（1974）以及Crutis等人（1975）证实了河流沉积物中的硝化作用。Garland（1978）提出了河水中浮游生物的硝化作用与沉积物的冲刷和上浮有关。正如Belser（1979）在他关于硝化作用的综述中总结的那样：水生态系统中，生物硝酸盐产物可能更多地与沉积物有关，而不是水面覆盖物。Pauer和Auer（2000）在研究充满水和沉积物（来源于富营养的Onondaga湖和与之毗邻的位于意大利锡拉丘兹大主教区的Seneca河）的微观世界中证明了这一现象。与沉积物相比，水体中的最初硝酸盐产生速率为0。这种硝酸盐产生速率的差异可能是由于与沉积物中硝化细菌相比，水中硝化细菌数量极少（大约有4～5倍的差异）。向水中加入带有示踪同位素的沉积物颗粒，培养4 d后硝酸盐产生速率出现升高。

在湖泊中，沉积物占总湖泊内硝化作用的贡献取决于湖泊特点和季节。在比较Blelham湖和Balgavies湖的内部和外部硝酸盐负荷时，Stewart等人（1982）观察到两个湖泊之间在水柱对湖泊硝化作用总量的相对贡献方面有很大的差异；其中，Blelham湖占56%，Balgavies湖占5%。Hall（1986）也观察到了水体对Grasmere湖总硝酸盐负荷贡献的季节性影响。在春季和初夏湖内硝化作用对水体硝酸盐负荷贡献较大的情况下，水体对总硝化作用的贡献超过70%。同样在秋季，水体中的硝化作用几乎超过了沉积物中硝酸盐的产量的4倍，但秋季湖中硝酸盐的总产量要低得多。

水体与沉积物之间的相互作用是由地形和气候条件决定的。湖的混合也是如此。由于地表水的季节性变暖，湖中一定深度的区域通常会出现热成层，即将底部较冷的水体（即湖下层）与混合均匀的、温暖的表面水体（即湖面温水层）隔离开。从含氧的湖上层分离出湖面温水层，可能会导致向沉积物方向建立氧浓度梯度；如果这样的话，某些条件下会导致完全厌氧（Horne and Goldman，1994）。暖季结束时，总水体再次混合，深层的氧气供应恢复。由于分层和混合对氧的供应有影响，因此，湖水的性质对好氧硝化速率也有影响。从氧不足的沉积物中释放到水体中的氨氮随湖泊营养状况的增加而增加（Beutel，2006）。然而，湖下层总氧的限制会抑制硝酸盐的产生（Beutel，2001）。尽管如此，在分层过程中，氧限制性的湖下层对水体中硝酸盐总量的贡献可能与含氧高的湖面温水层同样重要，甚至更为显著（表 15-1）。

湖水中变温层和均温层的硝化速率[a] 表 15-1

应用的方法	湖泊	活性（$\mu g\ N/(L \cdot d)$）		
		湖上层	深水层	深水层（占总的百分比）
浆液中产生的硝酸盐	英国巴特米尔湖	0～24	0～53	68.8%
	英国格拉斯米尔湖	0～25	0～22	46.8%
	英国埃斯韦特湖	0～92	0～159	63.3%
	英国 Balgavies Loch	3.65	1100	99.7%
$N-NH_4^+$	美国门多塔湖	1.7～5.0	4～26	81.5%
	丹麦哈尔德湖	7	7	50.0%
$C-CO_2$	新西兰陶波湖	0.5～4.0	0.5～4.0	50%

[a] 修改自 Hall（1986）

在跃温层下硝酸盐的积累是所有纬度好氧湖水的一个普遍特征（Vincent and Downs，1981）。Rysgaard 等人（1994）发现，硝化和耦合硝化-反硝化速率随着富营养化湖泊中沉积物上覆水中溶解氧的升高而增加。Ahlgren 等人（1994）发现，瑞典一个富营养化湖泊深层沉积物中的耦合硝化-反硝化速率在热分层前后最高，此时水体被氧化并含有一些硝酸盐。研究发现，底部缺氧水体曝气后，硝化细菌会恢复活性。在来自两个不同的威斯康星硬水湖泊的沉积物和水的微观实验中发现，缺氧条件下，经过几天的延迟期之后，再次出现硝酸盐的产生（Graetz et al.，1973）。化能自养硝化细菌能够在厌氧状态下存活一段时间，但是，在氧恢复后，湖泊沉积物中的细菌比土壤中的细菌更易恢复活性（Bodelier et al.，1996）。

底层水与表层水隔离也常常会影响较深湖泊的沉积物。这些所谓的深层沉积物也比浅滩或沿海沉积物经历更多的氧压力。在埃斯韦特湖（它为英格兰湖区一个多产的湖泊）的季节性研究中发现，其湖底沉积物中氨氧化菌的数量和硝化作用能力比浅滩沉积物小，特别是在夏季湖泊分层时（Hastings et al.，1998）。这也表明了氧对氨氧化菌群和硝化作用的重要性。已发表文献中的计算公式（Hall，1986）表明，硝化过程本身可能是造成深水层氧缺乏的原因。Hall（1986）给出的中值为 30%，但有些学者发现可能会高达 100%（Christofi et al.，1981）。这样一来，许多湖泊的深水层作为氧气库可能就很重要。

尽管在夏季浅水湖不会出现分层，但湖中常有沉水植物，因此会形成 AOB 的额外栖息地。这些植物为附生细菌的附着提供了额外的结构和空间。对水生植物 *Potemogeton pectinatus* 嫩枝的微观实验研究表明，这些沉水植物通过为附着的硝化细菌提供表面来刺激硝化作用，这对富含氨氮的淡水中氮的转化具有重要意义（Eriksson and Weisner，1999；Eriksson，2001）。此外，来自新兴大型植物的枯枝落叶可以在淡水湿地和湖滨地带提供表面积，从而为硝化菌提供栖息地（Eriksson and Anderson，1999）。Eriksson 和 Andersson（1999）的研究表明，不同挺水植物群落凋落物中附着的硝化细菌的活性差异很大，这表明湿地生态系统中硝化活性的空间分布与挺水植物群落的物种组成有关。此外，研究结果还表明，在湿地和滨海地区，挺水植物分解过程中释放出的化合物对植物床层的硝化作用可能有正面或负面的影响。

总之，湖泊中硝化作用发生在水体和沉积物中。有三个主要因素影响湖泊硝化作用：水体的分层、季节以及浅水区存在的植物。所有这些因素会控制湖泊中的氧气和氨氮的获取，从而控制硝化作用。

15.3 溪流和河流中的硝化作用

与湖泊一样，溪流和河流中的硝化作用主要出现在沉积物表层的好氧区（Cooper，1984；Delaune et al.，1991；Kemp and Dodds，2001）。通过在田纳西州一级落叶林溪流中添加 $^{15}N-NH_4^+$ 示踪剂，Mulholland 等人（2000）证明了硝化作用是溪流中氨氮吸收的重要途径。尽管 NH_4^+ 浓度低且底栖生物对铵离子的需求量很高，但硝化速率却较大，占氨氮总吸收速率的 19%。利用相同的 $^{15}N-NH_4^+$ 示踪技术，Peterson 等人（2001）发现，平均而言，美国 12 个不同水源河流中 20%～30% 的氨氮去除是由于硝化作用。剩余的氨氮被细菌光合作用、异养微生物和沉积物吸附作用去除。

在一项由威斯康星州北部和密歇根半岛上部 36 条河流组成的调查中，硝化速率的变化幅度似乎超过了两个数量级（Strauss et al.，2002）。在 12 项环境参数中，只有溪流 pH 和硝化速率显著相关。一个关于溪流温度、pH、电导率、溶解性有机碳（DOC）浓度和总萃取的氨氮浓度的多元回归模型解释了硝化速率变化的 60%。在所监测的 36 条溪流中，没有一个变量可以解释超过 20% 的总硝化速率变化。基于这些相关性和对河流微观结构中氮和碳的附加实验研究，Strauss 等人（2002）发现，有几个变量控制溪流中的硝化作用，其中氨氮浓度和 pH 是最重要的变量。只有当环境中 C∶N 较高并且大部分碳相对不稳定时，有机碳才有可能是硝化作用的重要变量。

一个旨在研究不同氨氮、硝酸盐和溶解氧浓度对草原河流中许多无机氮转化过程的影响的微观实验中，Kemp 和 Dodds（2002）证明了氨氮和氧的添加对微观结构中的基质有很大的影响。所有基质在添加硝酸盐后硝化速率略有增加，但 N_2 却有显著下降，而在缺氧条件下添加硝酸盐后，其速率下降了 100%。Kemp 和 Dodds（2002）从他们的研究结果中得出结论：基质浓度、存在的基质类型以及河道内这些基质类型的相对丰度是硝化作用和氮循环的重要指导因素。

Bernhardt 等人（2002）通过在森林地区的溪流中短期添加氨氮来估计硝化作用和硝酸盐吸收速率，得出结论：在溪水中氨氮浓度较低的普遍条件下，溪流硝化作用不足以解释溪流中硝酸盐浓度的变化。同时，他们认为，硝酸盐可能通过调节异养微生物与 AOB 对氨氮的竞争需求间接影响硝化速率。这意味着异养微生物转化到硝酸盐同化之前，氨氮

15.3 溪流和河流中的硝化作用

开始成为异养微生物和 AOB 间的限制因素。这似乎不太可能，因为氨同化在能量上优于硝酸盐同化，并且当氨氮浓度低时，异养细菌比 AOB 更有竞争力（Verhagen and Laanbroek, 1991; Verhagen et al., 1992）。Verhagen 和他的同事（Verhagen and Laanbroek, 1991; Verhagen et al., 1992）进行了氨氧化菌和异养菌的纯培养实验，Straus 和 Lamberti (2000) 利用流经 Indiana 北部一块混合土地的第三级溪流中取得的天然材料重复了这个实验。他们也发现投加碳源后硝化作用会受到抑制，但是，抑制的程度取决于碳源的性质。更难处理的叶子浸出液需要更多的碳才能达到与葡萄糖相同的抑制水平。

在较大的河流中，由于较小的比表面积，与溪流和小河流相比，底栖硝化可能是微不足道的，并且大部分的氨氧化可能发生在水体中（Billen, 1975; Lipschultz et al., 1986）。正如 Admiraal 和 Botermans (1989) 描述的那样，与未被污染的河流相比，被污染的河流中氨氮与硝酸盐的比值更高；如此高的比值表明硝化作用可能受到了抑制。利用莱茵河下游三个支流溶解性无机氮浓度的多年数据，Admiraal 和 Botermans (1989) 重建了硝化速率，从而产生了这些溶解性无机氮的数据。在 1972 年至 1985 年期间，无论考虑的是哪条支流，氨氮浓度都显著下降，同时硝酸盐和氧饱和度也增加。沉积物占总硝化作用的 90%，作者认为沉积物中的氧限制抑制了硝化作用。各支流之间存在较大的物理特征差异。在支流中观察到最高的排水量、平均流量和运输强度值，但水力停留时间最低。这些因素的组合决定了沉积物中氧的可利用性和总体硝化速率。相反，Brion 等人（2000）通过船舶运动引起的湍流和浊度增加，解释了航运最密集的河流支流硝化速率较高的原因。在对塞纳河及其河口的硝化作用的研究中，Brion 等人（2000）观察到这条河的淡水部分硝化作用缓慢，但河口部分硝化作用迅速。他们把活性的不同归因于悬浮颗粒的存在与否。由于强烈的潮汐动力，水体中的颗粒物不断地被重新悬浮；但是，由于河水的单向排放，颗粒物会更多地沉积在河流中。因此，硝化活性可能与颗粒物有关。Helder 和 de Vires (1983) 在德国和荷兰边界的 Ems-Dollard 河口也展示了这一点；此外，Owens (1986) 在英国的塔马尔河河口也发现了同样的现象。附着在比水体停留时间更长的颗粒上，显然有利于这些缓慢生长的微生物发挥功能。研究发现，在 Scheldt 河口处，57%~86% 的硝化作用与颗粒物有关（De Bie et al., 2002b）。在为期 13 个月的河口淡水-咸水区硝化速率的调查中发现，通常会在河口淡水区观测到硝化速率的峰值。在这个峰值的下游，硝化速率下降，这可能是由于氨的限制。全年，水体中溶解性 N_2O 与硝化作用在同一位置达到峰值，这表明水体中的硝化作用是 N_2O 的主要来源（De Wilde and De Bie, 2000）。Seleldt 河口的天然细菌实验室控制实验表明，如果存在足够量的 NH_4^+，低溶解氧会引起 N_2O 的产生（Dc Bic ct al., 2002a）。

总之，溪流和河流中的硝化作用与颗粒物有关；而且，颗粒物的性质可能决定了硝化速率的大小。在溪流中，大多数活性存在于底栖隔室，而在较大的河流中，由于其较小的比表面积，在水体中观察到了最高的硝化活性。但是，在较大的河流中，硝化活性也与颗粒物有关。由于颗粒物在河流中分布不均匀，但也有增加的趋势特别是在河口的高浊度区，颗粒物的硝化作用往往在这些区域达到高峰。例如，通过密集的运输，沉积物颗粒的再悬浮可能会增强硝化作用。然而，如同在每个生态系统中一样，硝化作用完全依赖于 NH_4^+ 的存在，当异养过程由于不稳定碳的存在而占主导地位时，硝化作用将被抑制。

15.4 淡水中氨氧化细菌的谱系

尽管与其他环境相比，内陆水中好氧 AOB 的出现频率较低，但已从一些内陆水域中分离出来（Koops et al.，2003）；这些分离出的菌大部分与 *Nitrosomonas europaea* 谱系相关。这一谱系通常称为"污水"氨氧化菌（Koops and Pommerening-Röser 2001；Koops et al.，2003）。该谱系的成员可能对实验室使用的分离程序有更好的适应性。*Nitrosomonas oligotropha* 和 *Nitrosomonas communis* 谱系的成员也从淡水生境中分离出来，但数量很少。根据 Koops 和 Pommerening-Roser（2001）以及 Koops 等人（2003）的研究发现，*N. oligotropha* 谱系中大部分分离体从寡营养的淡水环境中分离出来，而 *N. communis* 谱系大部分分离体，更准确地说是 *Nitrosomonas nitrosa*，来源于富营养的淡水生态系统中。但是，这种划分可能没有那么严格，因为 *N. oligotropha* 谱系的成员也从富营养化的荷兰 Drontermeer 湖的沉积物中分离出来（Bollmann and Laanbroek，2001）。在连续培养的低氨氮浓度下富集，明显有助于从 Drontermeer 湖大型植物 *Glyceria maxima* 的根区分离出 *N. oligotropha* 谱系的成员。*Nitrosospira* 谱系的一个成员曾经从一个寡营养的洞穴湖泊中分离出来（Koops and Harms，1985）。

由于氨氧化细菌生长缓慢，因此，它们的分离一直受到限制。分子技术的引进极大地改善了我们对内陆水域氨氧化群落组成的认识（表 15-2）。第一次分析是基于 16S rRNA 基因。通过在第一轮巢式 PCR 中使用该基因，用一套通用的引物，然后用专为 *N. europaea-Nitrosomonas eutropha* 谱系或者 *Nitrosospira* 谱系的引物进行二次扩增，Hiorns 等人（1995）检测到埃斯韦特湖水和沉积物样品中存在 *Nitrosospira* DNA，而不是 *Nitrosomonas* DNA。当存在氨氮且培养两周后用这种方法才能观察到 *Nitrosomonas* DNA。因此，*Nitrosomonas* 明显存在，但是需要额外投加氨氮使其变得更多。在对埃斯韦特湖的季节性研究中应用同样的技术，Hastings 等人（1998）得到了同样的结果，即在水和沉积物样品中，只检测到了 *Nitrosospira* DNA。然而，当以 *N. europaea* 氨单加氧酶（*amoA*）基因为基础的特异性 PCR 扩增直接应用于沉积物和湖水样品，均获得了阳性结果。此外，富集培养的 *N. europaea* 中 16S rRNA 基因可通过特异性寡聚核苷酸探针检测出来。在一年中定期从英国湖区的寡营养淡水湖-Buttermere 采集沉积物和湖水样品，利用 1995 年 Hirons 等人采用的巢式方法，也发现 *Nitrosospira* DNA 占优势（Whitby et al.，1999）。只有在夏季，16S rRNA 基因与 *N. europaea* 谱系的关系才变得突出。令人吃惊的是，与 *N. europaea* 或 *N. eutropha* 相关的部分 16S rRNA 序列分别分离于滨海和深层沉积物样品之间。Whitby 等人（1999）的数据表明，在湖的每个地点，为不同基因型的 *N. europaea* 和 *N. eutropha* 选择了不同的条件。在夏季分层的情况下，氧张力被认为是研究的海岸和深层沉积物位置之间最有可能存在的显著差异。在英国湖区的一个大型湖泊温德米尔湖富营养化和寡营养化盆地的研究中发现，在所有样品中，*Nitrosospira* 谱系 16S rRNA 基因片段很容易检测出；但只在寡营养盆地中发现了 *N. europaea* 谱系的 DNA，而且在沉积物中比在该盆地的水体中更常见（Whitby et al.，2001）。这些数据表明在湖水和沉积物之间的氨氧化菌群可能存在生理上的差异，且这些物种在单个湖泊中的分布并不均匀。

15.4 淡水中氨氧化细菌的谱系

基于 16S rRNA 或 *amoA* 基因的分子分析检测内陆水中氨氧化 β-变形菌的分布[a]

表 15-2

生长环境	*Nitrosospira* 世系					*Nitrosomonas* 世系					基因	参考文献
	0	1	2	3	4	5	6a	6b	7	8	9		
人工高山湿地												16S rRNA	Gorra et al., 2007
河口沉积物				+			+					16S rRNA	Gorra et al., 2007
河口沉积物						+	+					16S rRNA	Coci et al., 2005
河口沉积物		+				+	+				+	16S rRNA	Freitag et al., 2006
河口沉积物				+							+	16S rRNA	Satoh et al., 2007
河口沉积物							+				+	16S rRNA	Urakawa et al., 2006
河口水体[b]							+	+				16S rRNA	Cebron et al., 2005
河口水体				+			+	+			+	16S rRNA	De Bie et al., 2001
淡水湖									+			16S rRNA	Whitby et al., 1999
淡水湖			+	+			+				+	16S rRNA	Kim et al., 2006
淡水湖				+			+					16S rRNA	Coci et al., 2008
碱湖							+					16S rRNA	Carini and Joye, 2008
淡水潮汐湿地	+			+		+	+					*amoA*	Laanbroek and Speksnijder, 2008
河口沉积物[b]											+	*amoA*	Beman and Francis, 2006
河口沉积物								+				*amoA*	Francis et al., 2003
河口沉积物				+								*amoA*	Caffrey et al., 2003
河口沉积物							+				+	*amoA*	Bernhard et al., 2005
河口沉积物							+		+		+	*amoA*	Mosier and Francis, 2008
淡水湖	+		+	+			+		+			*amoA*	Kim et al., 2008
碱湖									+			*amoA*	Hornek et al., 2006
碱湖									+			*amoA*	Carini and Joye, 2008

[a] 根据 Koops 等人（2003）的分析进行分类：clusters 0～4 是 *Nitrosospira* 世系；cluster 5 是 *Nitrosomonas* 世系；cluster 6a 是 *N. oligotropha* 世系；cluster 6b 是 *N. marina* 世系；cluster 7 是 *N. europaea* 世系；cluster 8 是 *N. communis* 世系；cluster 9 是 *Nitrosomonas* Nm143 世系

[b] 也含有未定义的 *Nitrosospira* sp

在荷兰各种淡水生境的水和沉积物样品中观察到与 *Nitrosomonas oligotrophic* 谱系相关的 16S rRNA 基因占优势（Speksnijder et al., 1998）。与上述英国湖泊的研究相比，Speksnijder 等人（1998）使用了一种更通用的 16S rRNA 基引物集且结合了变性梯度凝胶电泳（DGGE）(Muyzer et al., 1993；Kowalchuk et al., 1997）。在 Scheldt 河口淡水部分的水体和沉积物中也观察到类似的种群（De Bie et al., 2001；Bollmann and Laanbroek, 2002；Coci et al., 2005）。如果存在的话，那么应用 Hiorns 等人（1995）提出的 *N. europaea* 谱系特异性引物集时，在上述英国湖泊的研究中，与 *N. oligotropha* 谱系相关的 16S rRNA 基因应该被发现，但并没有。根据 16S rRNA 分析推断，*N. oligotropha* 谱系的成员也是荷兰 Drontermeer 湖水体和顶部沉积物中的主要 AOB（Speksnijder et al., 1998）。利用相同的引物组合，结果表明，*Nitrosospira* 谱系（簇 3 和 4）(Gillan et al.,

1998）的 16S rRNA 基因片段是大型植物 G. maxima 根区内外 AOB 的优势代表（Kowalchuk et al., 1998）。尽管 Nitrosospira 簇 3 和 4 的分布存在月间差异，但这种差异是随机的。此外，根区和裸露沉积物样品之间没有检测到一致的差异。与湖中的情况相反，在接种沉积物的稀释液中观察到了与 N. oligotropha 有关的 16S rRNA 基因片段，更准确地说是与 Nitrosomonas ureae 有关。而基于 PCR 的技术没有区分活性细胞和休眠细胞，稀释序列更倾向于选择容易激活的细胞，这可能是两种方法观察到的优势种的差异的原因。

平均而言，河流和河口环境中的群落与湖泊中的群落没有太大差异（表 15-2）。到目前为止，包括 N. oligotropha 和 Nitrosomonas marina 谱系的簇是最丰富的。仅在淡水湖泊和河流中观察到 Nitrosospira 谱系簇 2 的序列，而在河口环境中仅观察到相同谱系的簇 0 和 1 以及 Nitrosomonas 谱系簇 5 的序列。

淡水生境中检测 AOB 的 16S rRNA 基因技术引入之后，功能性 amoA 基因在淡水生境中的应用也迅速展开（Horz et al., 2000）（表 15-2）。该基因编码氨单加氧酶的亚基 A，它是好氧氨氧化的关键酶。amoA 基因的应用与 16S rRNA 基因的应用差异不大。在这两种情况下，N. oligotropha 和 Nitrosomonas Nm143 谱系的成员在分析中出现的最频繁。利用 amoA 基因并未检测出 Nitrosospira 谱系簇 1 和 Nitrosomonas 谱系 5 的成员。然而，由于基于 16S 和 amoA 基因的分子分析总数仍然很少，因此，这些比较应该谨慎处理。最后，苏打湖的物种丰富度似乎相当有限，因为在分析中只发现属于 Nitrosomonas halophila 的序列，这一过程不考虑所使用的基因（Hornek et al., 2006；Carini and Joye, 2008）。

综上所述，根据 16S rRNA 基因和 amoA 基因的分子分析，N. oligotropha 谱系的成员似乎在淡水生态系统中占主导地位，而在分离体中，N. europaea 谱系的成员似乎更多，这可能表明它们更适合分离程序中应用的条件。因此，在分离生态系统中重要的菌株时，分离方法应更好的模拟自然条件，如营养有限的恒化器。

15.5 湖泊中的谱系分离

虽然在淡水生境中已经检测到所有有氧 AOB 的谱系，但 N. oligotropha 谱系成员大多为内陆水域中氨氧化细菌群落的主要部分。在这样的菌群中，所有其他谱系往往都是少数。由于在 DNA 水平上的检测只表明存在某些谱系，并不能指明群落的活性部分。因此，某些谱系可能只是来自其他栖息地的非活性入侵者。虽然如此，由于湖泊中不同区域（如沉积物、水体、湖下层、温水层）的条件不同，所以不同的 AOB 物种或谱系会占据不同的优势。在对德国北部层状湖泊中不同营养状态的变形杆菌门 β-亚纲 AOB 分布的研究中，Kim 等人（2006）发现在富营养化湖泊 PluBsee 中，缺氧湖下层和好氧温水层之间的 16S rRNA 基因在群落组成上存在差异。在中营养湖泊 Schöhsee 的好氧温水层中，群落在所有深度上都是相似的。沉积物与水体中的氨氧化菌群总是存在差异的。PluBsee 湖泊中 16S rRNA 基因片段的 PCR 产物克隆库表明，在每种生境中均存在特殊序列。N. oligotropha 谱系的成员在水体的前 1 m 处占优势，而 Nitrosospira 谱系的成员在沉积物中占优势。

由于可促进硝化作用的沉水植物栖息于浅水湖泊中，因此了解这些植物是否为特定的 AOB 谱系或物种提供了生态位是很有意思的。为了研究这一点，Coci 等人（2008）在荷兰的七个相互连接的湖泊中采集了水体、沉积物和附生植物样本。直接应用特异性 16S rRNA 和 *amoA* 引物组后，结果显示水体和附生植物的数量太少，不能产生 PCR 产物。只有一种嵌套的方法，即将广谱的 AOB 引物集（McCaig et al.，1994）和与 AOB 特异性扩增相关的 CTO 引物集（Kowalchuk et al.，1997）结合，才能在所有 3 个区域中产生 PCR 产物。底栖生物群落由 *Nitrosospira* 和 *N. oligotropha* 谱系的成员组成，而远洋生物群落只包含 *N. oligotropha* 谱系的成员。附生植物群落大部分是由 *Nitrosospira* 谱系的成员组成，但一些群落也包含 *N. oligotropha* 谱系的成员。从 Gooimeer 湖中获取的附生植物样本中只包括 *N. oligotropha* 谱系的成员。在接下来的 1 年中，对 7 个湖泊中的群落分析重复进行了三次，结果几乎是相同的：底栖和附生植物群落含有 *Nitrosospira* 和 *N. oligotropha* 谱系的 16S rRNA 基因片段，而远洋生物群落只有 *N. oligotropha* 谱系的成员（Coci，2007）。对三个湖泊中 AOB 的所有群落进行统计检验，结果表明，一方的底栖和附生植物群落与另一方的远洋群落之间存在显著差异。但底栖和附生植物群落之间没有太大差异。为了估计不同湖区的 AOB 数量，采用 Hermansson 和 Lindgren（2001）描述的方法，用定量 PCR 方法测定了 AOB 特异性 16S rRNA 基因拷贝数（Coci，2007）。沉积物上部 5 cm 处每毫升基因拷贝数比其它区域要大 2~4 个数量级，但 Gooimeer 湖大型植物上的附生植物除外（图 15-1）。沉积物中基因拷贝数的平均值明显大于（$P<0.05$）远洋和附生植物的平均值；其中，后两者之间没有明显的差异。在研究的第二年，基于 16S rRNA 的分析伴随着基于 *amoA* 基因的克隆文库的构建和分析。后一种基因的使用出现了截然不同的结果：在任何区域都未发现与 *Nitrosospira* 谱系有关的基因片段，而在远洋和附生植物中只发现了 *N. oligotropha* 谱系的 *amoA* 基因，在底栖区域发现了 *N. oligotropha*、*N. europaea* 和 *Nitrosomonas* sp. Nm 143 谱系片段的混合。因此，两种方法对于 *Nitrosospira* 谱系成员的存在呈现出了完全不同的结果。然而，*Nitrosospira* 和 *Nitrosomonas* 特异性探针的荧光原位杂交证实了 Gooimeer 湖和 Vossemeer 湖以及 Vossemeer 湖水样中的大型植物 *P. pectinatus* 叶片上存在与 *Nitrosospira* 相关的细菌细胞（Coci，

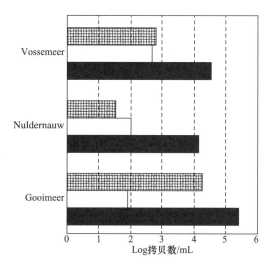

图 15-1 通过实时定量 PCR 技术分析荷兰三个富营养湖泊中附生植物（灰色网格）、水体（白色）、沉积物（黑色）中 *amoA* 基因拷贝数

2007)。相反，在 Gooimeer 湖水样中，只发现了属于 Nitrosomonas 的细胞。在 Nuldernauw 湖的水柱和在该湖中栖息的巨藻 Chara sp. 叶片中没有发现氨氧化细胞。这一观察结果与 Nuldernauw 湖附生植物中发现的 AOB 基因拷贝数较少相一致（图 15-1）。Chara 物种中含有高浓度的硫化物（Anthoni et al., 1980），这可能会抑制硝化细菌的活性并阻止了 AOB 附生群落的建立（Joe and Hollibaugh, 1995）。

由于沉积物和水体往往含有不同的 AOB 谱系或物种，因此了解附生种群是来自沉积物还是来自湖水是很有趣的。在以 Vossemeer 湖的沉积物和湖水以及 P. pectinatus 为沉水植物模型的微观环境中，Coci（2007）研究了在 0.0~0.2 和 0.1~2.0 之间的低和高氨氮浓度下植物叶片的定殖。由于氨氮过量，在氨氮浓度最高时出现了密集的藻华，显著抑制了大型植物的生长（表 15-3）。培养 5 周后，在缺乏湖水但含有适合 AOB 生长的矿物培养基的微环境中的附生植物上未检测到与 β-变形菌好氧 AOB 相关的 16S rRNA 基因片段。在来源于湖泊沉积物的三种不同类型的基因片段中，也有两种是在水生植物的叶子上提取的，但只有在湖水存在的情况下才存在。第二个 16S rRNA 基因片段属于 N. oligotropha 谱系，仅在湖水存在下的附生群落中观察到。这种类型只可能来自湖水，因为它从未在沉积物中发现过。因此，微观环境中附生植物中的 AOB 似乎来源于远洋生物群落而不是沉积物。这与在湖泊中观察到的情况形成对比，在湖泊中，附生群落和底栖群落的 AOB 彼此相似，而与远洋群落的 AOB 不同。显然，对于湖泊本身来说，硝化细菌附着在沉水植物上还涉及其他因素，例如，水体中悬浮沉积物颗粒的存在。

总之，湖泊中氨氧化 β-变形菌在空间上存在明显的差异性。每个区域的环境条件，如滨海或深层沉积物、沉水植物和湖下层或湖上层，似乎都存在特定的细菌种类。对于活性来说，最重要的指导因素可能是氨氮和氧的普遍浓度。除了特定耐盐物种的苏打湖外，pH 值似乎不太重要。如果 pH 值影响存在的话，活性和群落组成之间的关系仍有待建立。

表 15-3 20~23 ℃、12 h 光暗循环培养 35 d 的沉水植物 Potamogeton pectinatus 生物量、浮游物重量和好氧 AOB 群落组成（光照强度为 225 μmol/(s·m²)）[a]

16S rRNA 基因								浮游物的重量 (g 干重 L^{-1})	水生植物生物量 (g 干重 m^{-2})	NH$_4^+$ 浓度 (mmol/L)	是否存在湖水
陆生				水生							
Nitrosospira DGGE 条带 1	Nitrosospira DGGE 条带 2	N. oligotropha DGGE 条带 1	N. oligotropha DGGE 条带 2	Nitrosospira DGGE 条带 1	Nitrosospira DGGE 条带 2	N. oligotropha DGGE 条带 1	N. oligotropha DGGE 条带 2				
+	−	+	+	+	−	+	−	1.5	72	0.0~0.2	有
+	−	+	+	+	+	+	−	2.8	35	0.1~2.0	有
−	−	−	−	−[b]	−	−	−	1.6	0.2	0.0~0.2	无
−	−	−	−	−	−	−	−	3.2	2	0.1~2.0	无

[a] 利用基于 16S rRNA 的 PCR-DGGE 技术来确定群落组成；初始的沉积物中包括与 Nitrosospira 世系（DGGE 条带 1 和条带 2）和 N. oligotropha 世系（DGGE 条带 1）相关的 16S rRNA 基因片段；在湖水中没有检测到 16S rRNA 基因片段。改自 Coci（2007）
[b] "−" 表示无法检测到

15.6 河流中的谱系分离

不仅在湖泊中，在河流中，AOB 的特定物种或谱系也会找到它们的特定栖息地。与

15.6 河流中的谱系分离

此相关的最早研究之一是 Stehr 等人（1995a）在德国 Elbe 河下游的调查。在这条河流中分离出两种 *Nitrosomonas* 菌株；一个属于 *N. oligotropha* 谱系的淡水菌株（Stehr et al., 1995b），它通过分泌胞外聚合物絮凝，另一个属于 *N. europaea* 谱系的菌株则不具有这种能力。因此，免疫荧光显微镜显示，Elbe 河中的 *N. oligotropha* 细胞主要附着在颗粒上；而 *N. europaea* 谱系的细胞很少出现这种现象。Elbe 河口处温度、pH 或 NaCl 浓度的变化对细胞分泌的聚合物的量没有显著影响。然而，氨氮浓度对胞聚物产物有影响。在低氨氮浓度下会产生更多的胞外化合物，导致聚集体密度降低。促进颗粒附着对生长缓慢的微生物来说具有生存价值，如在高速水流（流速高会造成水力停留时间短）系统中的 β-变形菌的氨氧化成员。

根据 16S rRNA 基因片段的 DGGE 分析，*N. oligotropha* 谱系的成员是 Scheldt 河口淡水区水体中的优势 AOB（De bie et al., 2001；Bollmann and Laanbroek, 2002）。科学家在河口区域内观察到群落组成的变化，这一区域的盐度、溶解氧和氨氮的梯度变化相对来说最明显，氨氧化程度最高（De Wilde and De Bie, 2000）。从这些环境因素来看，盐浓度对 Scheldt 河口 AOB 物种的选择最为重要（Bollmann and Laanbroek, 2002）。这不仅表现在用来自河口淡水或含盐部分的样本接种的限制氨的连续培养中，还表现在具有过量氨的分批培养中。不考虑接种物的来源，在由来自河流的过滤消毒淡水组成的培养基中观察到了最高的生长率（图 15-2）。在微咸水样品中添加盐降低了生长速率；当淡水介质被矿物介质或过滤消毒的微咸水替代时，也发生了同样的情况。基于 16S rRNA 基因片段的 DGGE 分析表明，除同一淡水来源的过滤消毒河水中的接种物的富集外，其余富集物中均以 *N. marina* 谱系为主。在之后的富集过程中，发现了 *N. oligotropha* 的代表菌株。从这些结果可以得出结论，*N. marina* 谱系的成员已经存在于 Scheldt 河口的淡水部分，但是淡水本身固有的一些条件阻止了它们在河流中占主导地位。然而，与富集实验不同的是，它们在河口本身的微咸水区域仍然是少数，就像 *Nitrosospira* 谱系的代表一样。河口处微咸水区域中的大部分 16S rRNA 基因片段与 *Nitrosomonas* strain Nm143 有关。Bernhard 等人（2005）在马萨诸塞州东海岸的 Parker 河口的研究以及 Freitag 等人（2006）在苏格兰东海岸的 Ythan 河口的沉积物中研究证实了河口微咸水区域这种谱系的普遍性。

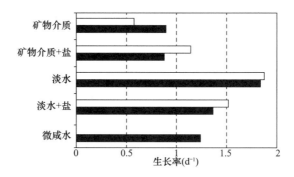

图 15-2 含 AOB 的淡水（白色）和微咸水（黑色）接种物（取自 Scheldt 河口）在不同组分介质中的生长速率（d^{-1}）

以 *amoA* 基因为基础的克隆文库中的大多数基因来自塞纳河的淡水部分，它们也属于 *N. oligotropha* 谱系，但 *Nitrosospira* 和 *N. europaea* 谱系的成员数量较少（Cebron et al.,

2003)。在河口下游，*Nitrosospira* 谱系的成员变得更加重要，而 *N. oligotropha* 谱系的成员则受到损害。在 16S rRNA 基因片段扩增的基础上，结合 DGGE 对塞纳河河口连续体进行了更详细的群落分析，结果表明，种泥来源于河流的巴黎下游的一个污水处理厂中的 AOB 大多数属于 *N. oligotropha* 谱系。它们会在河流中存在很长一段时间，直到在较低氨氮浓度和悬浮物含量增加的河口条件下被其他物种取代（Cebron et al.，2004）。在这些替代物种中，又有一种是 *N. oligotropha* 谱系。这很可能是一种能够产生胞外聚合物的菌株，如 Stehr 等人（1995a）描述 Elbe 河时一样。

正如上述讨论的，*N. oligotropha* 谱系的成员对盐浓度的增加很敏感，这导致了它们被 AOB 谱系中更耐盐的成员所代替。从微观上看，当来自 Scheldt 河口的潮间带淡水沉积物被微咸水和海水淹没时，也会发生这种情况（Coci et al.，2005）。DGGE 显示，在海水淹没的微环境中，24 d 后出现了一个新的 16S rRNA 基因片段；而在微咸水淹没 35 d 后，出现了一个新的 16S rRNA 基因片段；两种情况下的 16S rRNA 基因片段仅出现在沉积物的顶部 1 cm 处。新的 AOB 属于 *N. marina* 谱系。然而，不仅在微咸水和海洋微观世界里，在充满淡水的微观世界中，群落组成也发生了变化。在 7 d 内，第二个属于 *N. oligotropha* 谱系的 16S rRNA 基因片段出现在沉积物的前一厘米处，14 d 后也出现在 10 cm 以下的地层中。*Oligochaetes* 纲的许多土著蠕虫使沉积物在最初的 10 cm 内保持良好的氧化状态，并以此促进好氧 AOB 的生长。在微咸水和海洋微观世界中，这些蠕虫会死亡，只有顶部 1 cm 处是好氧的，因此适合耐盐 AOB 的生长。在淡水微观世界中，用 *N. oligotropha* 谱系的另一菌株替换这一谱系的原生菌株，明显地表明实验室条件并不能模拟潮间带沉积物中的自然条件。

在上一段描述的潮间带沉积物上方的潮间带淡水沼泽中，植物根据其相对于低水位线的位置生长在不同的区域。在这些植物之间，出现了非植被区。为了确定有氧 AOB 的不同谱系是否选择了特定的植物物种，我们从不同的植被带和非植被带采集了样本（Laanbroek and Speksnijder，2008）。根据以 16S rRNA 基因片段为基础的 DGGE 分析发现，AOB 谱系的分布是由沼泽地的海拔高度决定的，而不是由植物种类决定的。因此，海拔高度决定了植物种类的分布和 AOB 的谱系。属于 *N. oligotropha* 谱系的基因片段大多发现于整个沼泽沉积物中硝化最活跃的上层，而 *Nitrosospira* 谱系的成员则出现在沉积物的深层，这里的氧气可能会限制硝化活性。环境 *Nitrosomonas* 谱系 5 的 16S rRNA 片段仅在最靠近低水位线的沉积物深层中发现。*Nitrosomonas* 谱系 5 和 *Nitrosospira* 谱系的成员可能比 *N. oligotropha* 谱系的成员能更好的适应饥饿状态。

总之，与淡水湖泊一样，河流和溪流中 *N. oligotropha* 谱系的成员也是氨氧化 β-变形菌的优势菌。由于河流上方污水处理厂的出水或农业活动的影响，河流中的生物群落可能会被其他 AOB 交换或富集。由于盐浓度增加，河口下游的淡水群落会被更耐盐的 AOB 所取代。

15.7 结论

如今，内陆水环境中往往含有大量的氨氮，这就对硝化过程的发生提出了限制。在氨氮有效性增加的条件下，由于氧气、pH、盐度或温度限制，内陆水域的硝化作用可能仍然受到抑制。在氧有限的条件下，厌氧氨氧化细菌对氨氮氧化的重要性仍然有待证实。硝化作用已被证明发生在各种各样的内陆水域,从一级小溪到大河,从浅的、有植被的池塘到深湖。在所有这些环境中,表面可能是 AOB 活动的首选场所。因此,沉积物、悬浮颗粒以及沉水结构(如大型植物)通常是活动增强的地方。

在内陆水域中,氨氧化 β-变形菌总体多样性相对较大。大多数 AOB 的谱系都是通过分子分析发现的,生态系统之间没有很大的差异。苏打湖是一个例外,苏打湖只包含 $N.\ europaea$ 谱系的序列,更具体地说是来自嗜盐 $N.\ halophila$ 物种的序列。湖泊和河流之间多样性的差异很小,尽管河流中可能包含更多微咸水和海洋部分中的耐盐物种。总体而言,无论是河流还是湖泊,$N.\ oligotropha$ 谱系的成员在氨氧化 β-变形菌中数量是最多的。在土壤和海洋环境中大量发现泉古菌后,科学家首次发表了含有 $amoA$ 基因的泉古菌的观察结果,但它们在内陆水域的硝化作用仍有待证实。同样,厌氧氨氧化菌和厌氧氨氧化的作用也需要被证实。

第 16 章　废水处理中的硝化作用

16.1　引言

16.1.1　废水处理厂中硝化作用的重要性

由于 NH_4^+-N 会造成水体富营养化同时对水生动植物有毒害作用，所以必须去除各种废水中的 NH_4^+-N。目前用于脱氮的方法主要有生物和物理-化学方法。多种多样的物理-化学方法已经发展成熟，特别是处理高浓度 NH_4^+-N 废水，例如形成亚硝酸挥发（HNO_2）、产生氮气（N_2）和一氧化二氮（N_2O）释放（Udert et al., 2005），还有吹脱法、离子交换、膜分离和化学沉淀法（又称磷酸镁铵沉淀法）(Zhang et al., 2009a)。然而，从经济的角度出发通常会选择生物脱氮。氨氮和有机氮的生物去除是通过微生物将氨氮氧化为亚硝酸盐/硝酸盐（通过硝化作用），之后，再将亚硝酸盐/硝酸盐还原为氮气（N_2）（通过反硝化作用）实现的。通常情况下，进水中亚硝酸盐浓度较低，这是因为氨氧化到亚硝酸盐的能力是有限的。因此，微生物硝化是通过生物反硝化去除废水中氮的必要步骤，并且由于对氮排放的严格规定而变得越来越重要。由于硝化细菌的低动力、低产量以及对下述物理、化学和环境干扰的敏感性较高，所以微生物硝化在实际废水处理厂（WWTPs）中难以维持；尽管迄今为止，硝化作用的研究比废水处理中发生的任何其他特定生化反应都要多（Gujer, 2010）。

16.1.2　生物脱氮过程

硝化细菌，即氨氧化细菌（AOB）和亚硝酸盐氧化细菌（NOB），都是自养、化能无机营养型和专性需氧微生物。因此，与活性污泥和生物膜系统共存的好氧异养微生物相比，它们的生长率要低得多。这两种硝化细菌生长缓慢，而且对各种环境因素（温度、pH、溶解氧（DO）浓度、碱度、化学需氧量/总凯氏氮之比（COD：TKN）和有毒化学物质等）很敏感。下文将详细论述这些因素对硝化作用的影响（见下文的"影响 WWTP 中硝化活性的因素"）。

另外，硝化细菌的氧半饱和常数（K_{A,O_2}）比异养微生物的高。硝化细菌的这些特性是它们在有机碳存在下，由于物种间对氧气和空间的竞争，常常被异养菌所淘汰，导致工艺性能恶化或失效的原因（Okabe et al., 1995, 1996; Satoh et al., 2000）。

硝化过程主要应用于 WWTPs 中的活性污泥系统或生物膜系统中。在过去几十年中，科学家提出并研究了各种各样的脱氮工艺。废水处理厂的工艺流程取决于废水成分的特点。在悬浮生长或附着生物膜生长的反应器中硝化作用的成功主要取决于固体（生物质）停留时间（SRT）、反应器的运行模式（完全混合反应器，推流反应器，序批式反应器分段进水，内循环等）、反应器曝气模式以及回流比。

16.1 引言

SRT 控制系统中微生物的浓度，SRT 越高微生物浓度越高。通过重力沉降将微生物絮体从液体中分离出来，并在悬浮生长反应器中循环利用，或通过液体流过附着在固体表面的生物膜来实现生物量的保留。当悬浮生长反应器处于稳态时，SRT 被定义为比生长率的倒数 (μ)(Rittmann and McCarty, 2001)。因此，当 SRT 低于 μ^{-1} 时，就会发生硝化菌的淘洗。已知硝化菌的最大比生长速率远低于异养菌；异养菌的最大比生长速率通常在 $4 \sim 13.2 d^{-1}$，而硝化菌的最大比生长速率为 $0.62 \sim 0.92 d^{-1}$ (Rittmann and McCarty, 2001)。一般来说，硝化池的 SRT 比反硝化池的 SRT 高，特别是在低温下。

对于生物膜来说，生物活性物质的质量平衡如下所示（Rittmann and McCarty, 2001）：

$$(d(X_f dz))/dt = Y(-R_{ut})dz - b'X_f dz \tag{16-1}$$

式中

　X_f——均匀生物量密度；

　dz——生物膜微分截面的厚度；

　Y——细胞合成的真实产量；

　R_{ut}——底物利用率；

　b'——总生物膜比损失率。

在稳定状态下，式（16-1）为：

$$0 = YJ - b'X_f L_f \tag{16-2}$$

式中

　J——进入生物膜的底物通量；

　L_f——均匀生物膜厚度。

单位面积的生物量密度（$X_f L_f$）是由 YJ 除以 b' 得到的：

$$X_f L_f = YJ/b' \tag{16-3}$$

因此，结果表明，在稳定状态下，底物通量（J）和生物膜分离速率（b'）直接控制着生物膜反应器中的生物量的停留（例如，SRT）。

通常在有氧条件下，硝化作用效率最高。在缺氧条件下，有机异养反硝化作用通常是最有效的，这一过程需要有机电子供体。典型的城市污水中富含有机物和 NH_4^+-N（生化需氧量（BOD）/TKN 一般在 $5 \sim 10$ 之间）(Rittmann and McCarty, 2001)。为了去除 NH_4^+-N 和有机物，污水首先通过有氧硝化过程生成硝酸盐，然后硝酸盐在反硝化池中被还原为 N_2。然而，由于硝化菌会和异养菌竞争 DO 和空间，因此，有机碳浓度必须很低，才能进行硝化作用。此外，反硝化作用通常是通过有机碳源控制的。因此，可以将一部分未经处理的污水分流进入到缺氧的反硝化池中，从而为反硝化反应提供有机碳源（图 16-1A）；但有时也需要从外界添加有机碳源如甲醇。相对来说，甲醇是最便宜的碳源。在这种系统中，因为分流到曝气池废水中的部分 NH_4^+-N 无法充分去除，会导致最大脱氮率的降低（最大达到 60% 左右）。另一种工艺是 Bardenpho 过程（Barnard, 1975），其中反硝化反应可以充分有效地利用未经处理的污水作为有机碳源（图 16-1B）。这个系统通常由好氧池和缺氧池组成，且需要将产生的硝酸盐从好氧硝化池回流到缺氧反硝化池。该系统的复杂性有时使过程性能难以控制。此外，这个系统的运营成本（即泵成本）随回流比增加而增加。

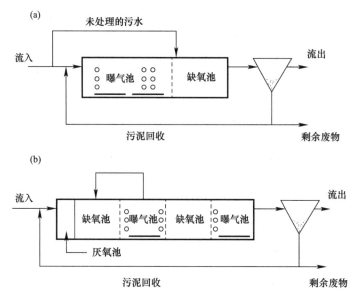

图 16-1 典型的生物脱氮工艺流程图
(a) 部分污水分流到缺氧池（反硝化池）；(b) Bardenpho 过程

16.1.3 影响 WWTPs 硝化活性的因素

在 20 世纪后半叶，为了解影响 WWTPs 硝化活性的因素，人们进行了各种调查；这些调查为建立稳定的生物脱氮工艺提供了必要的基本信息。有些作者对 20 世纪 70 年代中期以前出版的大量文献进行了全面的综述，像 Painter（1970, 1986），Focht 和 Chang（1975）以及 Sharma 和 Ahlert（1977）。这些最为广泛认可的综述文献或许并不过时，而且就许多物理化学和动力学参数而言，它们仍然具有相当多的信息量。在这里，作者引用的文献展示了在理解影响硝化活性的物理化学因素方面的最新进展，这可能有助于将硝化工艺应用于各种类型的废水中。

16.1.3.1 NH_3-NH_4^+ 浓度和 pH 的影响

正常条件下，硝化过程会消耗大量碱度，因此，在缺乏适当的 pH 控制的情况下，硝化过程可能会被破坏。一般情况下，硝化反应的最适 pH 为 7.2~8.9（Tchobanoglous et al., 2003）。研究发现，NH_3（游离氨）而不是 NH_4^+（电离形式的铵）是 *Nitrosomonas* 和其他化能无机自养型 AOB 的能量底物。pH 是控制 NH_3-NH_4^+ 和 NO_2^--HNO_2 平衡的关键参数：pH 较高时，NH_3 浓度较高；pH 较低时，HNO_2 浓度较高。Anthonisen 等人（1976）假设非电离形式的铵和亚硝酸盐、NH_3 和 HNO_2 会抑制硝化微生物。基于这个假设，他创建了一个图表来说明哪一种 pH 值和总铵或总亚硝酸盐浓度的组合允许稳定的硝化作用发生。许多研究者表示支持这个假设（Sharma 和 Ahlert 于 1977 年总结）。这一假设和图表在硝化过程的设计与运行中仍具有实际意义。无机化能营养型 AOB 和 NOB 增长所必需的可用性 CO_2 会受到 pH 的影响；因为在更高的 pH 时，CO_2 更容易溶解于水中。考虑到 CO_2 和 NH_3 的可用性以及 HNO_2 和 NH_3 的潜在不利影响，pH 在弱碱性 7.5 时最有利的，特别是对无机化能营养型 AOB 来说。Suwa 等人（1994）发现，典型污水污泥中的优势 AOB 通常对较高浓度的 NH_4^+ 敏感，而高浓度或高负荷 NH_4^+ 的反应器中的优势 AOB 对 NH_4^+ 的耐受性更强。NH_4^+ 敏感菌株和 NH_4^+ 耐性菌株已经分离出来。每一个菌株在远缘谱系中都有不同的组别（Suwa et al., 1997）。研究表明，敏感菌株的 NH_4^+ 半饱和常数（K_{A,NH_4}）要低于耐性菌株的饱和常数（Suwa et al., 1994）。

游离氨不仅抑制氨氧化同时也抑制亚硝酸盐氧化（Anthonisen et al., 1976），且亚硝酸盐氧化往往比氨氧化更敏感，这样就导致了亚硝酸盐的积累。NH_3 浓度在 0.1~1.0 mg/L 时会明显地抑制亚硝酸盐氧化，而 NH_3 浓度在 7~10 mg/L 时会明显抑制氨氧化（Abeling and Seyfried, 1992）。硝化作用过程的主要产物亚硝酸盐已经被开发为节能的短程生物脱氮工艺的关键成分。亚硝酸盐积累的硝化过程最初与反硝化过程结合，后来与 anammox（厌氧氨氧化）过程结合。原则上，当 AOB 比 NOB 活性更强或生长速度更快时亚硝酸盐开始积累。在较高 pH（Abeling and Seyfried, 1992；Isaka et al., 2007）、较高温度（Hellinga et al., 1998；Van Dongen et al., 2001a, 2001b；Volcke et al., 2006）和较低 DO 浓度（Garrido et al., 1997；Bernat et al., 2001；Tokutomi, 2004）下，且游离氨存在时，AOB 和 NOB 之间可以获得这种不平衡的活性。游离氨对亚硝酸盐氧化抑制作用的水平由 $NH_3+NH_4^+$ 的总浓度和 pH 值的结合来控制，这是实现硝化过程亚硝酸盐积累的实际控制因素（Abeling and Seyfried, 1992；Isaka et al., 2007）。

16.1.3.2　DO 浓度的影响

硝化作用是一个氧化过程，在反应时会消耗氧气；和 pH 一样，DO 浓度也是维持硝化作用稳定的关键因素。在低溶解氧浓度下，硝化速率很容易降低，这可以用氧的相对较高的半饱和常数（$K_{A,O}$）来解释（Tchobanoglous et al., 2003）。因此，当硝化的 DO 水平低于 $K_{A,O}$ 时，连续操作可能导致硝化菌从工艺中被淘洗出去，并被较低的 $K_{A,O}$ 的非硝化微生物所代替，这可能导致工艺失败。长期处于低 DO 条件下，要注意硝化菌的生理适应性以及硝化菌群结构的变化。

值得注意的是，在硝化过程中观察到 AOB 和 NOB 对 DO 的亲和力不同。Garrido 等人（1997）的研究证明，在低 DO 条件下会出现大量亚硝酸盐的积累，且发现硝化生物膜过程中 AOB 菌群（硝化作用）的 $K_{A,O}$ 约为 0.5 mg/L DO，而 NOB 菌群（硝化作用）的 $K_{A,O}$ 至少是 AOB 菌群的 3 倍。这一发现可以解释 AOB 的活性无法轻易被抑制，而 NOB 的活性在低 DO 条件下会大大降低的原因。因此，DO 可能是另一个实现硝化过程亚硝酸盐积累的实际控制因素（Garrido et al., 1997；Bernat et al., 2001；Tokutomi, 2004）。

16.1.3.3　温度的影响

温度对 AOB 和 NOB 的生长速率有很大影响。完全硝化时的污泥停留时间随温度增长逐渐降低（Prosser, 1989）。应用和适应低温硝化过程一直是北方气候的主要问题，许多基础研究主要是为了将传统的生物脱 BOD 工艺升级为硝化工艺。基本上，这些努力可以通过应用膜生物反应器来延长 SRT 以保留硝化菌，该反应器使用膜分离而不是重力沉降来处理水（Kishino et al., 1996），其通过在低温下驯化后应用颗粒活性污泥（de Kreuk et al., 2005）和添加支撑材料（Hoilijoki et al., 2000）来去除污染物。在其他情况下，可以延长曝气时间来弥补硝化反应速率（Oleszkiewicz and Berquist, 1988）。为了平衡硝化过程中硝化菌的冲刷，还尝试了在单独的侧流曝气池中频繁添加硝化菌生物量（例如，生物强化），以培养硝化菌的备用生物量（Kos, 1998）。这些技术基本上成功地将硝化活性维持在 14℃ 或更低的温度，如 7℃。

在较高温度下，AOB 的最大比生长速率（μ_{max}）经常会超过 NOB（van Dongen et al., 2001a, 2001b）。因此，通过维持较高温度（30～35℃）和较短的 SRT（大约 1 天），可以单独的将 NOB 从微生物群体中淘洗出去，而 AOB 仍然保留在系统中。这是去除高氨氮且有亚硝酸盐累积的单反应器系统（SHARON）中维持 AOB 种群的原则（Hellinga et al., 1998）。通过适当改变 SHARON 过程的操作条件，使进水 NH_4^+ 可以完成部分转化，从而为后续的厌氧氨氧化过程提供底物，即 50% NH_4^+ + 50% NO_2^-（Van Dongen et al., 2001a, 2001b; Volcke et al., 2006）。通过对活性污泥中 NOB 比 AOB 更易受热冲击的观察，探讨了开发亚硝酸盐积累硝化工艺的可行性（Isaka et al., 2008）。

16.1.3.4　底物对硝化活性的抑制

在污水硝化过程中发现的化合物，甚至是挥发性脂肪酸、葡萄糖和可溶性微生物产物（SMPs）都会或多或少地对硝化作用产生直接和间接的不利影响（Hanaki et al., 1990; Eilersen et al., 1994; Ichihashi et al., 2006）。由于硝化菌易受各种有机化合物的影响，因此，更好的去除 BOD 可以稳定硝化作用。

Madoni 等人（1999）发现，重金属镉（Cd）、铜（Cu）、锌（Zn）、铅（Pb）和铬（Cr）对硝化作用的毒性依次减小。在这些重金属中，Cr^{6+} 和 Zn^{2+} 对硝化反应和异养摄氧率的抑制水平相似；然而，硝化菌对 Cd^{2+}、Cu^{2+} 和 Pd^{2+} 的敏感度比异养生物的低。Dahl 等人（1997）提出硝化作用比反硝化作用对重金属更敏感。Cu^{2+} 对 *Nitrosomonas europaea* 细胞的毒性随氨氮浓度的增加而增加（Sato et al., 1988），这可以通过铜氨络合物的形成来解释。尽管 Cd^{2+} 对硝化作用有很强的抑制作用，但通过添加 EDTA（Cd^{2+} 的良好络合剂）可以完全恢复（Semerci and Cecen, 2007）。EDTA 可以阻止 Cd^{2+} 吸附到硝化细菌细胞上，这或许可以表明 Cd 敏感部位没有在细胞内而是在细胞表面（Semerci and Gecen, 2007）。据报道，由于沸石对锌的吸附作用，在活性污泥中添加沸石有助于恢复由锌导致的活性污泥抑制（Park et al., 2003）。

在活性污泥法中，3% 的盐抑制了最大利用率和饱和常数，表明了无竞争抑制作用（Dincer and Kargi, 2001）。实际上，含盐量在 1% 或更高的废水会显著改变活性污泥的群落结构（Chen et al., 2003），并具有显著的抑制作用（Furukawa et al., 1993; Chen et al., 2003）。高盐浓度（或者底物浓度高）的废水具有高渗透压。向硝化气升式反应器中添加硫酸钠使渗透压升高到 $19.2 \times 10^5 Pa$，但进水 NH_4^+ 浓度和 NH_4^+ 负荷不变，此时会突然抑制硝化作用（Jin et al., 2007）。可以通过降低渗透压逐渐恢复硝化作用；也可以通过添加钾来减轻渗透压对硝化作用的抑制。作者解释说，钾可能有助于适当控制细胞质中水的活性。

由于焦炭、钢的加工和开采，废水中会含有苯酚，氰化物和硫氰酸盐，这些物质对硝化作用有非常强的抑制。然而，如果对活性污泥进行适当的驯化，苯酚很容易被降解，只要降解到较低的水平，就不会抑制硝化作用（Amor et al., 2005）。与对硝化的不利影响相反，苯酚可以作为后续反硝化的电子供体，利用苯酚进行硝化和反硝化可以保持在同一反应器中（Yamagishi et al., 2001）。氰化物和硫氰酸盐也可以被微生物降解并产生铵、碳酸盐和硫酸盐。科学家建立了一个能够降解硫氰酸盐的硝化微生物菌群（Lay-Son and Drakides, 2008）。Kim 等人（2008）对从全流程焦化废水处理厂获得的活性污泥的研究发现，超过 200 mg/L 的硫氰酸盐对活性污泥的硝化有明显的抑制作用。然而，这不是由于硫氰酸盐本身的毒性，而是由于硫氰酸盐降解产生的 NH_3 造成的。NH_3 对硫氰酸盐的降解有抑制作用，控制 NH_3-NH_4^+ 平衡的 pH 是维持硝化和硫氰酸盐同时降解的关键因素。还值得注意的是，游离氰化物是剧毒的，它在 0.2 mg/L 或更高的浓度下会抑制硝化作用。另一方面，它的盐，即氰化亚铁毒性并不强，因为它在 100 mg/L 或更低的浓度下不会抑制硝化作用（Kim et al., 2008）。

16.1.4 生态位分离

随着分子技术的发展，微生物分离和培养过程中固有的偏差被克服，并确定了 AOB 和 NOB 的系统发育组成。好氧 AOB 的系统发育很简单，在 β-和 γ-变形菌亚纲中分别有两个单系群。由于 AOB 的 16S rRNA 基因序列数据库的不断扩展，因此导致 *Nitrosomonadaceae* 科中 β-变形 AOB 内不同簇的描述。其中，5 种属于 *Nitrosomonas* 属，5 种属于 *Nitrosospira* 属。所有 β-变形 AOB 都来自一个系统发育上的群体，其中所有的生物体都表现出相同的主要生理学特性。生态位分离是根据群体的生理特性而发生的。

在工业和生活污水处理系统中，无论是单一 AOB 种群占优势，还是多个不同 AOB 种群同时出现，系统都会进行选择（Mobarry et al., 1996；Dionisi et al., 2002；Adamczyk et al., 2003；Wittebolle et al., 2008；Wells et al., 2009）。例如 *Nitrosococcus mobilis*（这一物种在系统学上属于 *Nitrosomonas* 属，因此应重新分类为 *Nitrosomonas mobilis*（Head et al., 1993））和 *Nitrospira* sp. 在工业废水处理厂中占主导地位，其中，废水中的氨氮浓度极高（高达 5000 mg/L）（Juretschko et al., 2002）。科学家在一个氨氮浓度超过 1000 mg/L 的猪废水处理厂发现与 *Nitrosomonas* sp. clone 74 密切相关的 AOB 占优势（S. Okabe，未出版），这种菌在处理高氨氮厌氧消化废水的 SHARON 反应器中检测到过（Logemann et al., 1998）。

与此相反，在处理较低氨氮浓度范围（NH_4^+-N＝6.7～22 mg/L）的生活污水处理厂和粪便处理厂（第四个曝气池）中发现了不同 AOB 种群的共存，包括 *N. europaea*、*Nitrosomonas oligotropha* 和 *Nitrosospia* sp.（S. Okabe, unpublished data）。Gieseke 等人（2001）也发现，三种不同的 AOB 菌群（*N. europaea/eutropha*、*N. mobilis* 和 *N. oligotropha*）共存在一个处理人工废水的具有去除磷酸盐能力的序批式生物膜反应器中。此外，荧光原位杂交（FISH）分析表明，在表层生物膜上检测到 *N. europaea* 和 *N. oligotropha*，而 *N. oligotropha* 在深层生物膜中占主导地位。研究人员认为，空间中的这种分离是生物膜中三种不同 AOB 菌群共存的机制。此外，在实际运行的硝化滴滤池中发现了四种不同的 AOB 菌群，其中，*N. oligotropha* 菌群在滤池的所有深度占主导地位，而 *N. europaea* 菌群仅在 0.5 m 处发现（Lydmark et al., 2006）。在相同的氨氮浓度环境下，水族馆海水净化系统中 90% 的 AOB 以 *Nitrosospira* 为主（S. Okabe，未出版）。因此，盐度无疑是一个选择性因素。然而，在高氨氮和高盐浓度的序批式生物膜反应器中发现了明显的 AOB（*N. europaea*、*N. eutropha* 和 *N. mobilis*）和 NOB（类 *Nitrospira* 和 *Nitrobacter*）种群多样性（Daims et al., 2001a）。在这种极端条件下，通常选择 AOB 或 NOB 单一培养是不正常的（Juretschko et al., 2002）。这种高度的多样性可以用一个复杂的生物膜生态系统来解释，在这个生态系统中，由于不同的营养梯度，生物膜内形成了不同的微环境（Okabe et al.，1999b）。

一般来说，工程系统中不同物种的分布模式反映了微生物对 NH_4^+ 和 DO 的亲和力等生理特性，因此，NH_4^+ 浓度会影响 AOB 多样性的程度。通常，在高和低 NH_4^+ 浓度的环境下，AOB 的多样性水平较低。相反，在中等 NH_4^+ 浓度环境下，AOB 多样性较高（例如，生活污水处理厂）（Juretschko et al.，1998；Okabe et al.，1999b；Daims et al.，2001a；Juretschko et al.，2002；Lydmark et al.，2006）。

对于 NOB，传统上认为 *Nitrobacter* 是污水处理厂中最重要的。使用完整的 rRNA 技术发现，在硝化 WWTPs 中经常会检测到未培养的类 *Nitrospira*（Juretschko et al.，1998；Okabe et al.，1999b，2002；Daims et al.，2001a，2001b；Gieseke et al.，2001；Kindaichi et al.，2004）。Daims 等人（2001a）利用显微放射自显影技术与荧光原位杂交技术相结合（MAR-FISH）的方式研究了活性污泥中未培养的类 *Nitrospira* 的生态生理学特性。有人认为，与 r-策略相比，例如 *Nitrobacter* spp.，类 *Nitrospira* 有可能是 K-策略，因为它们对氧和亚硝酸盐具有较高的底物亲和力和较低的最大活性或生长速率（Blackburne et al.，2007；Ahn et al.，2008）。因此，在 WWTPs 底物限制条件下（Schramm et al.，1999a；Kim and Kim，2006）或者在氧气很低的生物膜深层（Okabe et al.，1999b），类 *Nitrospira* 都会竞争过 *Nitrobacter*。这也解释了 *Nitrobacter* 和 *Nitrospira* 在亚硝酸盐浓度暂时较高的序批式生物膜反应器中共存的现象（Daims et al.，2001a）。长期以来，从活性污泥中分离得到的 NOB 为 *Nitrobacter* 属。这是因为在高亚硝酸盐浓度的纯培养基中，*Nitrobacter* spp. 比 *Nitrospira* spp. 生长的更好；在标准富集和分离过程中的 *Nitrobacter* spp. 会竞争过 *Nitrospira* spp.。这可能是过去在废水处理过程中忽略 *Nitrospira* spp. 的原因之一。

当然，我们对这些研究的解释必须谨慎，因为 AOB 和 NOB 的菌群结构会受到其他环境因素的影响，如盐度、pH、底物浓度、DO 和 NO_2^-。此外，像废水生物膜和微生物絮体环境是非常不均匀的，因此，在特定环境中特定物种或菌群的优势是难以定义的。因此，微生物的分布模式可能会出现重叠，即使在不同物种之间可以识别出明显的生理生态特征差异。此外，不同污水处理厂之间的废水成分不同，再加上所使用的反应器类型不同，很难对硝化细菌的群落结构作出一般性的结论。

在反应器中发现的 AOB 和 NOB 的高水平多样性可能关系到反应器的性能稳定。因此，设计一个具有高多样性的系统可能会提高其性能和稳定性，例如有效的生物强化（Rittmann and Whiteman，1994；Satoh et al.，2003b）。

16.2 活性污泥系统

活性污泥法是生活污水和工业废水脱氮应用最广泛的方法（Blackall and Burrell，1999）。活性污泥法中的废水处理是基于微生物聚集体（称为活性污泥絮体）中的微生物对有机物和无机物的附着和随后的生物降解。在活性污泥法中，活性污泥絮体能有效的固定硝化细菌，这是能有效脱氮的最重要因素之一。活性污泥絮体是一个高密度的微生物聚集体，这就导致了单一絮体中异质微环境的发展（例如，电子供体和受体的分层、pH 梯度变化和氧化还原电位）(Lens et al.，1995；Schramm et al.，1999b；Satoh et al.，2003a；

Li and Bishop，2004），因此，絮体内部的化学性质与液体中普遍存在的化学性质大不相同。另外，由于浮游细菌像硝化细菌一样生长缓慢，因此它们很可能会从反应器中淘洗出去（Larsen et al.，2008）。而且浮游细菌对栖息地的影响不同于其他细菌物种（Jürgens and Maez，2002）。因此，絮体中的微生物多样性比液体中浮游细胞的微生物多样性大（Pogue and Gilbride，2007）。一些好的综述对活性污泥絮体中硝化细菌的生态生理学进行了详细的说明（Blackall and Burrell，1999；Schramm，2003）。在这里，我们将描述硝化细菌的群落结构、空间分布和种群动态及其在单个活性污泥絮体中的原位活性的一些主要特征。

16.2.1 硝化细菌在活性污泥系统的空间分布及系统发育

利用 16S rRNA 基因和（或）*amoA* 基因分子技术发现，在实际的市政污水处理厂（Wittebolle et al.，2008）、连续搅拌釜反应器、序批式反应器（Mobarry et al.，1996）、曝气活性污泥生物反应器（Wells et al.，2009）、工业（*N. europaea* 和 *N. eutropha*）和市政（*N. oligotropha*）WWTPs（Adamczyk et al.，2003）硝化池以及市政（*N. oligotropha*）和工业（*N. nitrosa*）WWTPs（Dionisi et al.，2002）曝气池的活性污泥中，最丰富的 AOB 是 *Nitrosomonas* 属。*Nitrosomonas* 属的优势是比其他 AOB 具有相对更高的生长速率（Prosser，1989）。

许多报道表明，NH_4^+ 氧化不限于自养 AOB。异养硝化作用最早出现在 1894 年（Stutzer and Hartleb，1894）。今天，它被认为是一种广泛存在于不同真菌和异养细菌之间的现象，像 *Diaphorobacter* spp.（Khardenavis et al.，2007）*Alcaligenes faecalis*（Joo et al.，2006）和 *Shinella zoogloeoides*（Bai et al.，2009）。最近还发现 NH_4^+ 氧化不只限于细菌域（Konneke et al.，2005）。氨氧化古菌，*Nitrosopumilus maritimus*，是从热带海洋水族馆的岩石基层中分离出来的，它代表了泉古菌门普遍存在的海洋类群 1 的第一个培养分离体（Konneke et al.，2005）。在活性污泥生物反应器（Park et al.，2006；You et al.，2009）、高曝气活性污泥工艺（Wells et al.，2009）、实验室规模的脱氮生物反应器和香港处理盐水或淡水废水的 WWTPs（Zhang et al.，2009b）中检测到了氨氧化古菌。

关于 NOB，最近基于 16S rRNA 基因的分析发现，在活性污泥中，*Nitrospira* 菌群远远超过 *Nitrobacter* 菌群。例如，从实际的市政污水处理厂、序批式反应器和膜生物反应器中获得的活性污泥中，没有检测到 *Nitrobacter* 菌群，而 *Nitrospira* 菌群的丰度却非常高（$10^8 \sim 10^9$ cells/mg VSS）(Wittebolle et al.，2008）。在工业废水处理厂的间歇曝气硝化反硝化池中，应用 NIT3 探针荧光原位杂交技术没有检测到 *Nitrobacter*，但检测到类 *Nitrospira* 细菌大量存在（占细菌总数的 9%）(Juretschko et al.，1998）。这些结果可以用 *r*- 和 *K*-策略的概念来解释（Kim and Kim，2006；Blackburne et al.，2007；Ahn et al.，2008）。

显微镜观察表明，絮体由微生物、胞外聚合物（EPSs）、惰性物质和 30~80% 的空隙组成（Schramm et al.，1999b）(图 16-2）。图 16-2B 和图 16-2C 显示的图像代表了活性污泥絮体结构的典型示例以及絮体中细菌和 AOB 的定位；其中，AOB 形成了密集的小菌落。在絮体中发现了丝状菌，这表明丝状菌可能有助于絮体的稳定（Bossier and Verstraete，1996）。一些研究提供了证据，证明 NOB 细胞在活性污泥絮体中形成较小的团簇，并与 AOB 微菌落相关（Mobarry et al.，1996；Jureschko et al.，1998；Daims et al.，2006）。这种空间组织可能反映了 AOB 和 NOB 之间的共养关系。AOB 和 NOB 是互惠共生的伙伴；因为 AOB 产生的 NO_2^- 会作为 NOB 的底物，而 NO_2^- 对 AOB 来说是有害的，所以 NOB 要消耗 NO_2^- 否则将抑制 AOB 的生长。利用新型的三维图像分析软件，成功地可视化和分析了微生物之间的共生作用（Daims et al., 2006）。

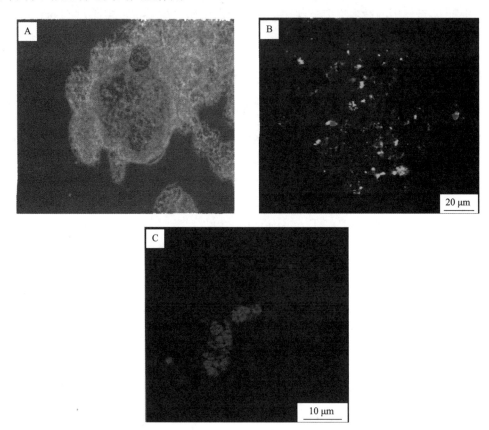

图 16-2 （a）活性污泥絮体的显微照片；（b 和 c）激光共聚焦扫描显微镜显示的活性污泥絮体中细菌和 AOB 的原位空间组织

大量的研究已经解释了 WWTPs 中各种环境因素对 AOB 群落结构的影响（Tanaka et al., 2003；Park and Noguera, 2004）。例如，Wells 等人（2009）采用非计量多维标度和冗余度分析方法，综合研究了城市污水处理厂活性污泥生物反应器中以 20 个运行参数为代表的 AOB 菌群动态与水质之间的相关性。温度是影响 AOB 菌群动力学最重要的变量；温度在 18~25℃时，*Nitrosospira* 谱系表现出较强的负相关性（$P<0.001$）。DO 与 AOB 种群动态也呈显著负相关（$P<0.01$），尤其与 *Nitrosospira*。进水中的亚硝酸盐、铬和镍也会影响 AOB 群落结构，而其他金属和 AOB 群落结构之间的相关性不大。这些研究揭示了操作和环境因素如何影响生物反应器内的群落动力学。此外，由于这些因素可能引起不同硝化细菌的不同反应，而硝化细菌又会对工艺效率和稳定性有影响；因此，它们的活性直接影响生物反应器的性能（Briones and Raskin, 2003）。目前，尽管不能确定环境因素在实际系统中对硝化细菌的相关性及影响，但这些研究为活性污泥反应器中硝化作用的稳定性、硝化菌群结构的调控提供了重要参数。

硝化细菌及其微菌落的粘附特性直接影响硝化细菌群落的动态，因为硝化细菌粘附活性污泥絮体的能力是活性污泥稳定硝化的基础；因此，低絮凝的活性污泥很可能随出水排出，而且还容易被捕食者所利用。Larsen 等人（2008）发现，AOB（*N. oligotropha*）和 NOB（*Nitrospira* spp）能形成紧实的菌落，对高强剪切力和不同的物理化学处理（pH、O_2、硫化物以及 EDTA 和 Triton X100 的加入）的耐性远高于其他细菌。只有很少的单个细胞发生侵蚀。*Nitrospira* spp. 的微菌落一般略强于 *N. oligotropha*。这些结果清楚地表明，即使在极端的物理和化学条件下，如在曝气池、沉淀池和泵送条件下，硝化细菌仍然几乎完好无损。

16.2.2　原位活性测量

上述多种生物技术的应用对活性污泥中硝化细菌群落结构及其多样性的研究提供了非常有价值的信息。相比之下，微传感器测量表明了单一絮体中硝化活性的空间分布（Satoh et al., 2003a）。在 O_2 浓度为 195 μmol/L 时，O_2 可以穿透直径约为 3000 μm 的整个絮体。NH_4^+、NO_3^- 和 pH 的数据表明，整个絮体中都会发生硝化作用。O_2 在絮体中的渗透深度随其在曝气池中浓度的降低而降低。O_2 浓度为 45 μmol/L 时，氧渗透深度为 1200 μm；而当 O_2 浓度为 15 μmol/L 时，氧渗透深度仅为 200 μm（图 16-3）；因此，在絮体中会形成缺氧区。硝化作用被限制在絮体外部的好氧区，而反硝化作用发生在内部缺氧区内。因此，O_2 浓度为 45 μmol/L 时，系统中会发生同步硝化反硝化过程（SND），而 O_2 浓度为 15 μmol/L 时，系统中只发生反硝化反应。类似地，絮体中 O_2 的渗透限于絮体的表面层，并且在 O_2 浓度小于 1 mg/L 的直径约为 1000 μm 的絮体中发生 SND（Li and Bishop, 2004）。Schramm 等人（1999b）发现，发生反硝化作用的絮体缺氧区没有检测到硫酸盐还原反应。

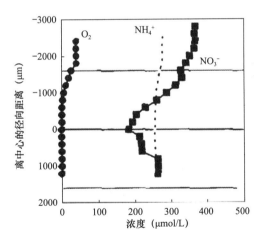

图 16-3　O_2 浓度为 45 μM 时，活性污泥絮体中 O_2、NH_4^+ 和 NO_3^- 的典型浓度分布

阴影区域表示絮体；絮体的中心深度为 0 μm

（来自 Satoh et al. (2003a)，得到 *Biotechnology and Bioengineering* 的许可）

研究人员利用批次试验研究了 O_2 浓度对活性污泥中硝化和反硝化作用的影响（Satoh et al., 2003a）。在 O_2 浓度接近 0 μmol/L 时，NH_4^+ 的产生可以解释为生物量的降解和吸附在生物量上的 NH_4^+ 的释放（图 16-4）。O_2 浓度大于 10 μmol/L 时，会发生硝化作用。活性污泥的硝化速率随着 O_2 浓度的增加而增加，最高可达 40 μmol/L，这说明

氧气是一个限制因素。当 O_2 浓度高于 40 μmol/L 时，硝化效率保持不变；SND 在 O_2 浓度介于 10～35 μmol/L 之间观察到，在 O_2 浓度为 35 μmol/L 时，最大速率为 4 μmol/(g MLSS·h)，尽管此时硝化作用并不完全。当 O_2 浓度接近 0 或大于 35 μmol/L 时，没有反硝化作用发生可以分别由硝化过程中 NO_3^- 的缺失和 O_2 对反硝化作用的抑制来解释。从曝气池中获得的活性污泥样品的平均 O_2 浓度在这个范围内（15 μmol/L），这可以解释曝气池中 SND 的发生。

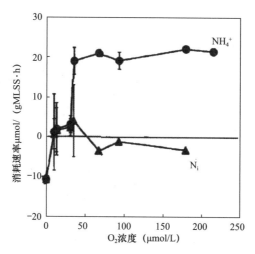

图 16-4　不同 O_2 浓度下，NH_4^+ 和无机氮（N_i）的消耗速率

消耗速率的定义为 NH_4^+、NO_2^- 和 NO_3^- 的总和，通过间歇实验确定；所示数据为平均值，误差线表示标准偏差（来自 Satoh et al.（2003a），得到 *Biotechnology and Bioengineering* 的许可）

16.3　生物膜系统

16.3.1　生物膜系统的描述

曝气生物滤池，滴滤池和生物转盘等（Rowan et al., 2003）好氧生物膜系统允许缓慢增长的硝化细菌附着生长停留在反应器内，用于有效的脱氮。硝化生物膜法的主要缺点是基质传输受限，生物膜中硝化细菌和异养细菌之间存在着对氧和空间的竞争（Okabe et al., 1996）。在实际应用中，各种硝化生物膜反应器均在较低的表面有机负荷（2～6 g BOD/(m^2·d)）下运行，以成功实现硝化反应（Rittmann and McCarty, 2001）。将有机负荷率控制在 2～6 g BOD/(m^2·d) 以下，可以控制异养菌种间的竞争。当污水的 BOD：TKN 比值较高时（一般的城市污水为 5～10 g BOD/g N），硝化菌被迫深入生物膜，长期运行会对硝化细菌产生较大的传质阻力。

更好地了解硝化生物膜的微生物学、生态学和种群动态对于提高工艺性能和控制至关重要。然而，由于它们生长缓慢，以及对所有基于培养技术的固有偏见，使研究受到了阻碍。因此，生物膜中硝化细菌及其活性的原位检测具有重要的实用价值和科学意义。特别是废水生物膜是一种复杂的多物种生物膜，无论是存在的微生物还是它们的理化微环境都表现出相当大的异质性。此外，在典型厚度只有几毫米的废水生物膜中发现了同时发生在附近的主要呼吸过程的连续垂直区域（Santegoeds et al., 1998；Okabe et al., 1999a）。因此，科学家将 FISH 技术与微传感器技术相结合，将微生物群落的空间结构与生物膜的理化参数联系起来，对污水处理生物膜进行了研究（Schramm et al., 1996；Okabe et al., 1999b）。

16.3.2　硝化菌与异养菌的种间竞争

在好氧生物膜系统中，异养菌和硝化菌对溶解氧、氨甚至空间的竞争作用是众所周知的。这是由于污水中的有机物和硝化细菌产生的 SMPs 能进一步支持异养菌的生长（Rittmann et al., 1994；Kindaichi et al., 2004；Okabe et al., 2005）。由于硝化细菌的 K_{A,O_2} 值比异养菌的高（异养菌为 0.1 mg/L 而硝化细菌为 0.5 mg/L），因此，异养细菌通常比硝化细菌更具竞争。种间竞争对硝化细菌的抑制和消除导致硝化效率的降低甚至是工艺的失败。因此，定量了解底物 C/N 比对硝化细菌空间分布及其在生物膜中活性的影响，对提高工艺性能具有重要意义。

研究人员利用高空间分辨率的微电极以及荧光原位杂交技术研究了底物 C/N 比对 AOB 空间分布及其原位活性的影响（Satoh et al., 2000）。随着醋酸盐的加入，生物膜表面 NH_4^+ 的体积吸收速率从 C/N=0 时的 22.6 $\mu mol\ NH_4^+/(cm^3 \cdot h)$ 下降到 C/N=3 时的 2.6 $\mu mol\ NH_4^+/(cm^3 \cdot h)$（图 16-5）。相比之下，生物膜底部的速率相对不变（20~25 $\mu mol\ NH_4^+/(cm^3 \cdot h)$）。所有的碳氮比测试中（C/N=0，1 和 3），氧的体积利用率相对

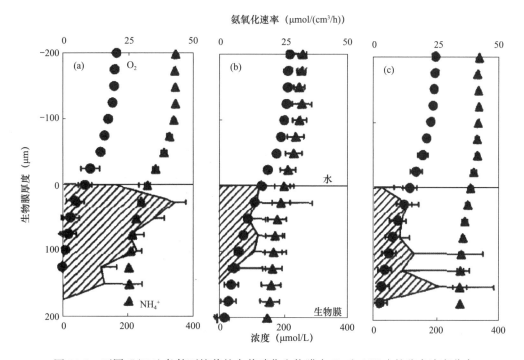

图 16-5　不同 C/N 比条件下培养的自养硝化生物膜中 O_2 和 NH_4^+ 的稳态浓度分布
(a) C/N = 0；(b) C/N = 1；(c) C/N = 3.4
模型轮廓由实线表示；NH_4^+ 氧化速率的空间分布由点状区域表示；表面深度为 0 μm
（来自 Okabe et al. (2004b)，得到 *Biotechnology and Bioengineering* 的许可）

恒定。实验结果清楚地表明，有机碳的加入会迅速引起生物膜外层对 O_2 和空间的种间竞争，而由于高 K_{A,O_2}，AOB 会被异养细菌所竞争（van Niel et al.，1993）。由于种间竞争，特定的 NH_4^+ 氧化速率在生物膜的外部部分降低，消除了生物膜外部的硝化细菌，并迫使硝化细菌进入生物膜的更深层（图 16-6），在长期运行过程中，对硝化细菌产生了较大的传质阻力。此外，在 C/N＝0 时，AOB 微菌落在整个生物膜中的平均直径相对恒定（图 16-7）。相比之下，在 C/N＝1 时生长的生物膜表面的 AOB 微菌落明显小于在 C/N＝0 时发现的，并朝着生物膜底部的方向增加。这些结果清楚地表明，有机碳的存在会显著降低生物膜表面 AOB 微菌落的大小。

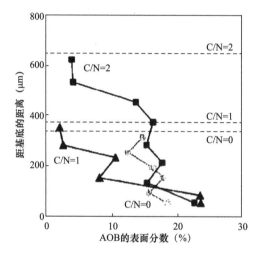

图 16-6　在 C/N＝0、1 和 2 的培养基中，培养的生物膜内 AOB 表面组分的空间分布生物膜表面用虚线表示

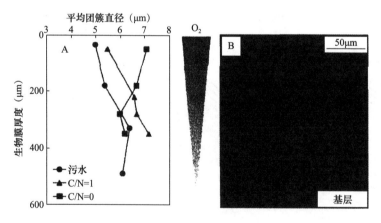

图 16-7　(a) 在 C/N＝0 和 1 条件下，不同生物膜中与 Nso190 探针杂交的 AOB 平均菌群大小的空间分布；(b) C/N＝0 时，培养的生物膜横截面

此外，当底物 C/N 比增加时，活性 NH_4^+ 和 NO_2^- 氧化区的垂直分离变得更加明显，导致硝化性能降低。这一试验结果清楚地表明，在较高的底物 C/N 比下，生物膜内的

AOB 会出现分层空间分布（图 16-8）。这些发现对于进一步改进描述生长缓慢的 AOB 如何在生物膜中发展其生态位以及这种结构如何影响生物膜中硝化性能的数学模型也具有重要意义。还需要注意的是，利用 FISH 技术检测到了生理上不活跃的 AOB，因为这些 AOB 在不利条件下保持高细胞核糖体含量（Wagner et al.，1995）。这是 FISH 数据解释的难点之一。然而，以 ^{14}C 标记的碳酸氢盐为底物，将 FISH 分析与显微放射自显影技术相结合，可检测到生理活性的 AOB（Lee et al.，1999；Okabe et al.，2004）。

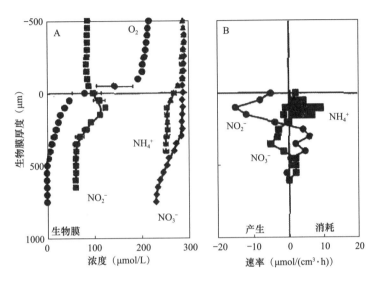

图 16-8 （A）C/N=2 时，培养的生物膜中 O_2、NH_4^+、NO_2^- 和 NO_3^- 的稳态浓度分布；
（B）NH_4^+、NO_2^- 和 NO_3^- 的估算容积消耗的空间分布和生产速率
（注：表面深度为 0 μm）

16.3.3 与异养细菌的生理生态相互作用

如上所述，在有机碳存在的情况下，由于硝化细菌生长缓慢且产率低，常常被异养菌所竞争过。然而，在没有外加碳源的自养硝化生物膜培养基中，也存在异养菌与硝化细菌共存的现象（Okabe et al.，1999b，2004）。因此，推测它们也通过有机物的交换而相互作用，因为在细胞团中，自养硝化细菌会减少无机碳的利用从而形成有机碳，并从基质代谢和腐朽生物中释放 SMPs（通常伴随生物量的增长）。在 NH_4^+ 作为能源的限碳自养硝化生物膜中，用 16S rRNA 结合 MAR-FISH 的方法可以检测到硝化细菌和异养细菌的生理生态相互作用（Kindaichi et al.，2004；Okabe et al.，2005）。生物膜样品首先与 ^{14}C 碳酸氢盐培养成仅含放射性标记的硝化细菌（AOB 和 NOB）。仅用 ^{14}C 碳酸氢盐标记硝化细菌后，用 MAR-FISH 法对硝化细菌细胞内的 ^{14}C 向异养细菌的转移进行了时间监测（Kindaichi et al.，2004；Okabe et al.，2005）。MAR-FISH 是一种在单细胞水平上同时检测复杂微生物群落中微生物系统发育鉴定和相对或实际比活性的强大技术。

自养硝化生物膜由 50% 的硝化细菌（AOB 和 NOB）和 50% 的异养细菌组成。这一结果表明，50% 的硝化菌（AOB 和 NOB）通过产生 SMPs 来支持异养细菌。MAR-

FISH 分析表明，除 β-变形菌外，大多数异养细菌的系统发育群都对^{14}C 标记的微生物产物有明显的吸收。特别是绿弯菌门的成员优先利用源自主要生物质腐烂的微生物产物（图 16-9）。另一方面，*Cytophaga-Flavobacterium* 簇的成员在硝化细菌生长的 NH_4^+ 培养基中会逐渐利用^{14}C 标记的产物。这些结果表明，它们会优先使用硝化细菌的底物利用相关产物（UAPs）和/或^{14}C 标记的结构细胞组分的次级代谢产物。异养细菌群落由系统发育和代谢多样性组成，在一定程度上具有代谢冗余，这保证了生物膜生态系统的稳定性。这些结果清楚地表明，在自养硝化生物膜群落中存在一个有效的食物网（碳代谢），以确保对硝化菌所产生的 SMP 的最大利用，并防止硝化菌的代谢物或废物的显著堆积。

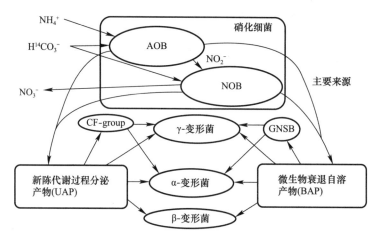

图 16-9　仅用 NH_4^+ 作为能源的限碳自养硝化生物膜中硝化细菌与异养菌间的生理生态相互作用

16.4　建模

16.4.1　硝化模型研究综述

在 WWTPs 运营策略的改进和设计中，数学模型的作用越来越重要。同时，随着基础微生物学知识的提高，相关过程的模型也变得越来越复杂。在科学和工程领域，数学建模主要有两个目的，即"理解"和"预测"自然或工程系统中的现象。建模的主要工程目标是预测要研究和控制的过程；最终目标是优化流程性能和改进系统设计。建模的科学目标是通过验证性假设更好地理解待研究的系统，因为建模从更理论的角度提供了对系统的解释。数学建模是一个强大的工具，可以更好地全面地理解复杂的系统，并预测和控制过程，如废水处理过程中的微生物活性和群落。

16.4.2　活性污泥模型中的硝化作用

由于硝化作用是生物污水处理过程中的一个关键反应，特别是在脱氮过程中，从实际角度对其进行建模是一个重要的目标。因此，硝化作用被包含在污水处理过程的多种数学模型中。

活性污泥模型（ASM）被称为污水处理过程中最常用和最标准的模型；它是由活性污泥工艺设计和运行数学模型工作组开发的；这一小组是由国际水协会（IWA，前身是 IAWQ 和 IAWPRC）建立的。他们提出了生物污水处理工艺设计和运行的基本模型，目的是为数学模型建立一个世界标准。该模型已扩展为 ASM1、ASM2、ASM2d 和 ASM3。其中，ASM3 是 ASMs 中最先进的模型，它通过计算活性污泥过程的生物反应（硝化、反硝化、有机化合物的氧化；微生物的生长和衰变等）来模拟有机物和氮化合物的去除以及污泥的产生。硝化反应是 ASMs 系列中的一个关键过程，描述如下：氨通过一步法氧化成硝酸盐且导致了生物质的产生（亚硝酸盐氧化步骤在基本模型中没有考虑，但如果必要的话，它可以被用户添加）。用 Monod 动力学在 ASM3 中模拟硝化活性，如公式（16-4）所示（Gujer et al.，1999；Henze et al.，2000）：

$$\frac{dS_{NH_4}}{dt} = \frac{\mu_A}{Y_A} \frac{S_{NH_4}}{K_{A,NH_4} + S_{NH_4}} \frac{S_{O_2}}{K_{A,O_2} + S_{O_2}} \frac{S_{ALK}}{K_{A,ALK} + S_{ALK}} X_A \tag{16-4}$$

式中

μ_A——最大比增殖速率（d^{-1}）；

K_{A,O_2}——氧半饱和常数（mg O_2/L）；

K_{A,NH_4}——NH_4^+ 半饱和常数（mg N/L）；

$K_{A,ALK}$——碱度半饱和常数（mmol HCO_3^-/L）；

Y_A——硝化细菌产率系数（g COD/g·N）；

X_A——硝化细菌生物量（mg COD/L）；

S_{NH_4}——NH_4^+ 浓度（mg N/L）；

S_{O_2}——氧气浓度（mg O_2/L）；

S_{ALK}——碱度（mmol HCO_3^-/L）。

在上述公式中，μ_A，K_{A,O_2}，K_{A,NH_4}，$K_{A,ALK}$ 和 Y_A 是常数，X_A，S_{NH_4}，S_{O_2} 和 S_{ALK} 是状态变量。

由于内源呼吸作用，衰变（细胞死亡）过程也包含在模型中。

ASMs 模型得到了广泛的应用，为进一步的模型开发奠定了基础。迄今为止，活性污泥系统的模拟是一项成熟的技术。市面上有多种不同用途的参数集软件产品，可用于 WWTPs 的设计、运行和研究（Gujer，2006）。

16.4.3 生物膜模型

在废水处理过程中，微生物通常以生物膜的形式存在于支撑材料或颗粒上，以及在活性污泥中被称为"絮凝物"的自聚集基质上。生物膜有助于保留大量有价值但生长缓慢的微生物，如反应器中的 AOB 和 NOB。因此，除了活性污泥模型，从实际工程和科学的角度出发，代表生物膜系统的模型也是必要的；从而解决更复杂的空间和微生物生态结构以及生物、物理和化学现象。生物膜是一个复杂的系统，其发展过程包括许多物理、化学和生物现象，它们之间存在着大量的微观或宏观的相互作用。

生物膜系统的建模是对生物膜的结构和活性进行数学描述，并能从初始环境条件预测生物膜的结构。完美的生物膜模型是动态地描述以下现象的发展过程：（i）生物膜的多维异质形态学；(ii) 多种微生物细胞的多维空间分布及其在细胞生长和衰变中的作用；(iii) EPSs 的产生和分布；(iv) 微生物代谢活动消耗和生产、分子扩散和对流输送产生的多可溶性底物化合物的多维空间分布；(v) 影响传质效率和生物膜物理结构的流体力学；(vi) 以上现象对反应器性能（例如，出口或溶液中底物的浓度）的影响。

最简单的模型（也是最早的模型）描述了生物膜在转化（生化反应）和运输（扩散）过程中的质量平衡，如公式（16-5）所示。

$$\frac{\partial C}{\partial t} = D\left(\frac{\partial^2}{\partial_x^2}\right)C + r \tag{16-5}$$

特定基质的转化（反应速率，γ）可以用上述 Monod 动力学表示，扩散可以用包括有效扩散系数 D 和基质浓度 C 的 Fick 定律表示。在下面描述的高级多维生物膜模型中，模型中的扩散方向简单地增加到二维或三维，如公式（16-6）所示。

$$\frac{\partial C}{\partial t} = D\left(\frac{\partial^2}{\partial_x^2}C + \frac{\partial^2}{\partial_y^2}C + \frac{\partial^2}{\partial_z^2}\right) + r \tag{16-6}$$

微生物活性的空间分布会影响底物或产物的浓度。同时，某一特定微生物的生长速率会被特定底物的空间分布所影响。因此，由于微生物暴露在不同的底物浓度下，所以微生物在生物膜中的生长速率是不同的。

早期的模型将生物膜描述为由单一物种组成的均匀稳态膜，其中，一维物质的传输和生化反应的发生呈现出了生物膜内底物浓度降低的重要现象。然后，将该模型推广到多物种微生物的多层次非均匀（分层）分布中。模型的核心是由一组微分方程组成的，这些微分方程用于描述生物膜中的微生物种类和基质（Wanner and Gujer，1986；Wanner and Reichert，1996）。由于简单的模型往往足以满足实际需要，因此，在 AQUASM 软件中实现的多物种模型被广泛应用于水系统的建模（Reichert，1998）。

更复杂的、自下而上的二维或三维模型通过各种方法，像基于网格的生物量，描述了多种微生物种群的动态（例如，Noguera 等人（1999）、Picioreanu 等人（1999）以及 Bell 等人（2005）提出和研发的元胞自动机；Alpkvist 和 Klapper（2007）研究的连续流）。此外，为了更真实地描述生物量的划分和扩散，基于个体的模型（IbM）（Kreft et al.，2001；Picioreanu et al.，2006）和混合个体/连续模型（Alpkvist et al.，2006）将生物量（一个细菌细胞或细菌生物量）描述为空间位置上由连续坐标定义的球形粒子。每个生物量颗粒（细菌生物量的最小单元）包含单一微生物类型的活性生物量和惰性物质生物量，且被颗粒内生物量产生的 EPS 胶囊所包围（Xavier et al.，2005）。每一个生物量颗粒根据溶质和颗粒物浓度确定的速率生长并产生 EPS。当生物量粒子的大小超过临界粒子的大小时，它们会被分成两个子粒子。每个"类型（物种）"都有自己的一组变量参数。生物量增长导致的生物膜扩散是在颗粒离得太近时通过互相推挤来实现的。在这个模型中，通过最小化颗粒的重叠，来缓解由于生物量增长而产生的压力（图 16-10A）。由于将细菌细胞作为最小单元处理的 IbM 需要更多的计算机资源，因此基于生物量的 IbM 使用更大的生物量颗粒（颗粒直径为 2～20 μm）对于一般用途来说更为现实，同时也仍然保持着生物量再分配的推挤原理。Picioreanu 等人（2004）、Xavier 等人（2005）以及 Xavier 等人（2007）展示了更详细的二维模型。

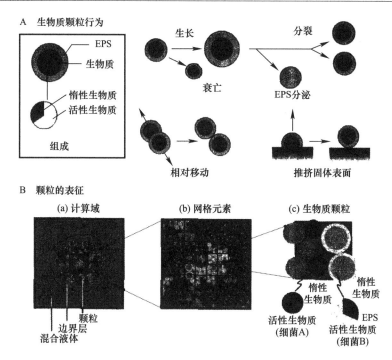

图 16-10 (A) 在个体尺度上发生的行为的二维 (2-d) IbM 模型描述；
(B) 硝化颗粒二维模型的空间尺度

(a) 具有代表性的生物量颗粒组成的正方形计算域；(b) 将空间离散化的正方形网格元素，其中每个元素都包含几个生物量粒子；(c) 不同生物量类型的单个生物量颗粒

单个网格元素中的所有生物量颗粒都会经历相同的基质浓度。网格元素内的生物量浓度是根据元素体积内所有单个生物量颗粒的质量计算的 (Xavier et al., 2005；Matsumoto et al., 2010)

16.4.4 模型与试验方法的比较

分子技术（原位杂交等）和激光共聚焦扫描电镜以及微传感器的结合，使原位研究微生物群落的结构和活性成为可能。另一方面，多维多物种生物膜模型的最新发展是以各种微生物细胞的微尺度分布和生物膜的活性为特征的。

这里，以硝化细菌聚集体形成为目标的模型仿真与实验结果的比较为例（Matsumoto et al., 2009）。在以氨氮为唯一能源的无机废水处理工艺中，提出了不使用任何载体的硝化细菌颗粒法固定硝化细菌（de Beer et al., 1997；Tay et al., 2002；Tsumeda et al., 2003）。然而，在早期的自养系统中仍然缺少颗粒形成和氮素转化的详细信息。

近年来，有报道指出，在无外加有机碳源的自养硝化反应器中，硝化细菌和异养细菌之间存在着生理生态相互作用（Rittmann et al., 1994；Kindaichi et al., 2004；Okabe et al., 2005）。众所周知，硝化细菌会在底物代谢和生物量衰变时释放可溶性微生物产物（SMP），这些产物为异养细菌提供了有机底物（Rittmann et al., 1994；Barker and Stuckey 1999；Rittmann et al., 2002）。但关于硝化颗粒物中异养细菌的有机基质吸收模式的研究报道有限。Okabe 等人（2005）报道称，绿弯菌中的成员利用腐烂的硝化细菌细胞为底物（例如与生物量相关的产物（Biomass-associated products，BAP））；*Cytophaga-Flavobacterium-Bacteroides* 门的成员利用 UAPs；α-变形菌门和 γ-变形菌中的成员利用 EPSs

水解产生的低分子量有机物（low-molecular-weight organic matter Org）。

在这一部分中，我们展示了硝化细菌和异养细菌相互作用以及硝化颗粒形成过程中微生物群落结构的二维 IbM 模拟及其与实验结果的比较。代表性颗粒的二维 IbM 空间尺度示意图如图 16-10B 所示。在其他地方描述了详细的模型（Matsumoto et al., 2010）。表 16-1 列出了微生物反应的动力学参数。

微生物反应的化学计量参数 表 16-1

描述	特征	数值	单位	参考文献
AOB				
生物产量	Y_{AOB}	0.15	$g_{COD,X}\ g_N^{-1}$	Henze et al., 2000
UAP-形成系统	k_{UAP}^{AOB}	0.11	$g_{COD,P}\ g_N^{-1}$	Rittmann et al., 2002
NOB				
生物产量	Y_{NOB}	0.123	$g_{COD,X}\ g_N^{-1}$	改编自 Henze et al., 2000
UAP-形成系统	k_{UAP}^{NOB}	0.04	$g_{COD,P}\ g_N^{-1}$	Rittmann et al., 2002
利用 UAP 的异养菌（HetU）				
生物产量	Y_{HetU}^{X}	0.25	$g_{COD,X}\ g_{COD,P}^{-1}$	改编自 Rittmann et al., 2002
EPS 产量	Y_{HetU}^{EPS}	0.35	$g_{COD,E}\ g_{COD,P}^{-1}$	改编自 Rittmann et al., 2002
利用 BAP 的异养菌（HetB）				
生物产量	Y_{HetB}^{X}	0.25	$g_{COD,X}\ g_{COD,P}^{-1}$	改编自 Rittmann et al., 2002
EPS 产量	Y_{HetB}^{EPS}	0.35	$g_{COD,E}\ g_{COD,P}^{-1}$	改编自 Rittmann et al., 2002
利用有机物的异养菌（HetO）				
生物产量	Y_{HetO}^{X}	0.25	$g_{COD,X}\ g_{COD,P}^{-1}$	改编自 Rittmann et al., 2002
EPS 产量	Y_{HetO}^{EPS}	0.35	$g_{COD,E}\ g_{COD,P}^{-1}$	改编自 Rittmann et al., 2002
其他的				
可生物降解的活性生物质部分	f_d	0.6	—	Alpkvist et al., 2000
活性和惰性生物质中的氮含量	i_{NXB}	0.087	$g_N\ g_{COD,X}^{-1}$	Rittmann et al., 2002

IbM 模拟结果表明，随着颗粒尺寸的增加，在颗粒的内部产生缺氧区；这有利于异养细菌通过消耗硝化细菌分泌的有机物（SMP）作为电子供体进行反硝化作用。因此，在颗粒形成后期，异养细菌存在于颗粒内层，而硝化细菌存在于外部区域。在目前的模型中，以上述研究为基础，我们整合出三种不同类型的异养菌，即 HetU、HetB 和 HetO，它们分别利用 UAP、BAP 和 Org。颗粒中异养菌的详细二维模拟分布如图 16-11 所示。HetU 主要位于硝化颗粒的表面；在表面，活性硝化细菌会产生足够的 UAP（图 16-11a）。HetB 主要存在于颗粒内部；在内部，由于氧气的缺失，非活性的硝化细菌会产生 BAP（图 16-11b）。由于异养细菌产生的 EPS 广泛分布在颗粒中，因此，HetO 存在于整个颗粒中（图 16-11c）。

16.4 建 模

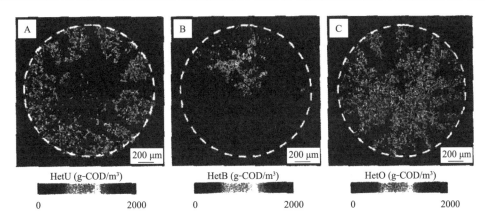

图 16-11 在第 100d，通过二维 IbM 模拟的（A）HetU；（B）HetB；（C）HetO 的空间定位

白色虚线表示颗粒表面（Matsumoto et al., 2010）

利用与种群特异性探针结合的荧光原位杂交技术，之后通过共焦图像序列的二维定量图像分析，确定了硝化颗粒中种群的空间分布（图 16-12）。在颗粒外部的细菌大部分是硝化细菌；其中，AOB 主要分布在颗粒表面以下的前 200 μm，而 NOB 主要分布在颗粒表面以下的 200～300 μm 之间。与 CFB 分裂和绿弯菌有关的细菌分别集中在硝化细菌存在的区域和颗粒内部；而变形菌存在于整个颗粒中。应当指出，颗粒内部细菌的绝对丰度（图 16-12 中以空心圆表示）要远远低于颗粒表面的。因此，即使绿弯菌在颗粒内部占优势，其绝对数量仍远低于 AOB。虽然在本研究中进行的模型模拟没有提供与实验数据的定量匹配，但是模拟结果表明，HetU、HetB 和 HetO 的分布分别与 FISH 分析得到的 CFB、绿弯菌和变形菌的分布一致（图 16-12）。因此，可以得出结论，异养细菌的有机底物摄取模式是可行的。

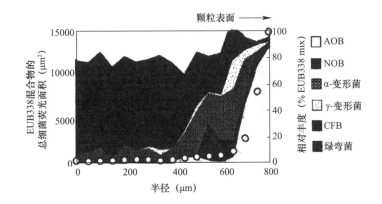

图 16-12 利用 FISH 法检测的细菌沿硝化颗粒半径的空间分布

从颗粒表面开始，在 50 μm 厚的壳中测定每种细菌的丰度比（左）；提供的丰度数据是六次重复测量的平均值；颗粒中细菌的总体积占有率由混合标记细胞的 EUB338 荧光探针得出（沿 R 轴的空心圆）；α-变形菌构成与探针 ALF1b 杂交的细菌群，不包括与探针 NIT3 杂交的 Nitrobacter（这个图是根据 Matsumoto 等人（2010）的数据重建的）

之后，将二维模型计算的生物膜中溶质浓度（氨氮、亚硝酸盐、硝酸盐、DO、UAP、BAP 和 Org）与微电极测量的溶质浓度进行了定量比较。用该模型计算的颗粒内主要溶质

浓度（氨氮、亚硝酸盐、硝酸盐和 DO）沿颗粒半径的稳态浓度与微电极实验获得的数据吻合较好（图 16-13）。尽管不可能用实验测量每种有机化合物类型，如 UAP 和 BAP，但模型模拟了颗粒内部的这些化合物。有趣的是，这些化合物沿颗粒半径动态变化，这可能与消耗或产生这些化合物的微生物类型的空间分布有关（图 16-11～图 16-13）。

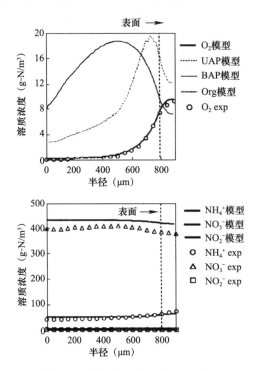

图 16-13 二维（2-d）IbM 模型模拟计算的生物膜稳态溶质浓度与实验微电极数据的比较

空心圆、三角形和正方形分表代表 NH_4^+、NO_3^- 和 NO_2^-；这是第 100 天时的模型结果；为了获得沿半径方向的可比轮廓，对不同半径同心壳的二维浓度分布进行了平均（这个图是根据 Matsumoto 等人（2010）的数据重建的）

由于颗粒中的群落结构是由各种因素（包括化学物质的浓度、各种细菌的存在及其生理学）的复杂相互作用决定的，因此，数学模型为探索颗粒中的过程提供了逻辑框架。

16.5 结论与展望

简单的模型，如生物膜过程的一维模型，通常足以预测宏观现象，像总养分通量；因此，它更适合于工程目的，而不是复杂的多维模型。然而，自底向上的模型，如"元胞自动机"或 IbM，对于表示非线性自然系统非常有吸引力。这些模型模拟有可能揭示了导致微生物生态系统特性的相互作用，而这些特性通常是实验方法无法处理的。

众所周知，实验室实验和数学建模的结合将是更好地理解复杂系统（如生物现象）的有力工具（Eberal，2003）。然而，关于二维或三维多物种生物膜模型预测的实验验证报道很少（Xavier et al.，2005；Matsumoto et al.，2007），而将实验分析和模拟分析相结合的方法来评价与微生物生态学有关的生物膜现象的研究也很少（Matsumoto et al.，2010）。这是因为还有很多问题需要解决；包括，(i) 模型模拟相当复杂，不像大多数微生物学家所熟悉的实验技术，如分子技术（用户友好软件的必要性）；(ii) 目前的建模算法应当根据不同的目的进一步完善；(iii) 很难获取动力学参数，这有时会导致建模方法可信度较低。

然而，这种尝试即通过将相当复杂的数学模拟与分子方法相结合来研究微生物生态系统，这为研究微生物生态系统的新工具树立了一个里程碑。

16.6 结束语

生物污水处理无疑是最重要的生物技术过程之一。我们已经广泛研究了污水处理系统的硝化反应。尽管 WWTPs 很重要，但关于它们进行硝化的硝化细菌的特性和生态学的知识了解却很少。因此，生物脱氮工艺在实践中被视为"黑箱"，因为缺乏基本的微生物学知识阻碍了知识驱动的工艺设计和操作。然而，最近分子方法的应用揭示了 WWTPs 中复杂微生物群落的实体和每个成员的空间分布，这样就解决有关微生物特性、功能和空间组织的基本问题。这种方法还揭示了一个非常巨大的微生物多样性，包括许多参与脱氮过程的尚未培养的物种。硝化细菌多样性的差异可能与性能的差异有关。目前，最大的挑战是阐明菌群差异的内在机制，并将其纳入 WWTP 的设计和运营中。

参 考 文 献

第一篇

第1章

Arp, D. J., P. S. G. Chain, and M. G. Klotz. 2007. The impact of genome analyses on our understanding of ammonia-oxidizing bacteria. *Annu. Rev. Microbiol.* **61**: 503-528.

Dalsgaard, T., B. Thamdrup, and D. E. Canfield. 2005. Anaerobic ammonium oxidation (anammox) in the marine environment. *Res. Microbiol.* **156**: 457-464.

Duce, R. A., J. LaRoche, K. Altieri, K. R. Arrigo, A. R. Baker, D. G. Capone, S. Cornell, F. Dentener, J. Galloway, R. S. Ganeshram, R. J. Geider, T. Jickells, M. M. Kuypers, R. Langlois, P. S. Liss, S. M. Liu, J. J. Middelburg, C. M. Moore, S. Nickovic, A. Oschlies, T. Pedersen, J. Prospero, R. Schlitzer, S. Seitzinger, L. L. Sorensen, M. Uematsu, O. Ulloa, M. Voss, B. Ward, and L. Zamora. 2008. Impacts of atmospheric anthropogenic nitrogen on the open ocean. *Science* **320**: 893-897.

Francis, C. A., K. J. Roberts, M. J. Beman, A. E. Santoro, and B. B. Oakley. 2005. Ubiquity and diversity of ammonia-oxidizing archaea in water columns and sediments of the ocean. *Proc. Natl. Acad. Sci. USA* **102**: 14683-14688.

Galloway, J. N., F. J. Dentener, D. G. Capone, E. W. Boyer, R. W. Howarth, S. P. Seitzinger, G. P. Asner, C. C. Cleveland, P. A. Green, E. A. Holland, D. M. Karl, A. F. Michaels, J. H. Porter, A. R. Townsend, and C. J. Vorosmarty. 2004. Nitrogen cycles: past, present, and future. *Biogeochemistry* **70**: 153-226.

Galloway, J. N., A. R. Townsend, J. W. Erisman, M. Bekunda, Z. C. Cai, J. R. Freney, L. A. Martinelli, S. P. Seitzinger, and M. A. Sutton. 2008. Transformation of the nitrogen cycle: recent trends, questions, and potential solutions. *Science* **320**: 889-892.

Head, I. M., W. D. Hiorns, T. M. Embley, A. J. McCarthy, and J. R. Saunders. 1993. The phylogeny of autotrophic ammonia-oxidizing bacteria as determined by analysis of 16S ribosomal-RNA gene-sequences. *J. Gen. Microbiol.* **139**: 1147-1153.

Kartal, B., M. M. Kuypers, G. Lavik, J. Schalk, H. J. M. Op den Camp, M. S. M. Jetten, and M. Strous. 2006. Anammox bacteria disguised as denitrifiers: nitrate reduction to dinitrogen gas via nitrite an ammonium. *Environ. Microbiol.* doi: 10. 1111/j. 1462-2920. 2006. 01183x.

Konneke, M., A. E. Berhnard, J. R. de la Torre, C. B. Walker, J. B. Waterbury, and D. A. Stahl. 2005. Isolation of an autotrophic ammonia-oxidizing marine archaeon. *Nature* **437**: 543-546.

Kowalchuk, G. A., and J. R. Stephen. 2001. Ammonia-oxidizing bacteria: a model for molecular microbial ecology. *Annu. Rev. Microbiol.* **55**: 485-529.

Lam, P., G. Lavik, M. M. Jensen, J. van de Vossenberg, M. Schmid, D. Woebken, G. Dimitri, R. Amann, M. S. M. Jetten, and M. M. M. Kuypers. 2009. Revising the nitrogen cycle in the Peruvian oxygen minimum zone. *Proc. Natl. Acad. Sci. USA* **106**: 4752-4757.

Norton, J. M., M. G. Klotz, L. Y. Stein, D. J. Arp, P. J. Bottomley, P. S. G. Chain, L. J. Hauser, M. L. Land, F. W. Larimer, M. W. Shin, and S. R. Starkenburg. 2008. Complete genome sequence of *Nitrosospira multiformis*, an ammonia-oxidizing bacterium from the soil environment. *Appl. Environ. Microbiol.* **74**: 3559-3572.

Pace, N. R. 1997. A molecular view of microbial diversity and the biosphere. *Science* **276**: 734-740.

Prosser, J. I. 1986. *Nitrification*. IRL Press, Oxford, United Kingdom.

Richards, F. A. 1965. Anoxic basins and fjords, p. 611-645. In J. P. Riley and G. Skirrow (ed.), *Chemical Oceanography*, vol. 1. Academic Press, London, United Kingdom.

Saiki, R. K., S. Scharf, F. Faloona, K. B. Mullis, G. T. Horn, H. A. Erlich, and N. Arnheim. 1985. Enzymatic amplification of beta-globin genomic sequences and restriction site analysis for diagnosis of sickle-cell anemia. *Science* **230**: 1350-1354.

Schleper, C., G. Jurgens, and M. Jonuscheit. 2005. Genomic studies of uncultivated Archaea. *Nat. Rev. Microbiol.* **3**: 479-488.

Starkenburg, S. R., P. S. G. Chain, L. A. Sayavedra-Soto, L. Hauser, M. L. Land, F. W. Larimer, S. A. Malfatti, M. G. Klotz, P. J. Bottomley, D. J. Arp, and W. J. Hickey. 2006. Genome sequence of the chemolithoautotrophic nitrite-oxidizing bacterium *Nitrobacter winogradskyi* Nb-255. *Appl. Environ. Microbiol.* **72**: 2050-2063.

Starkenburg, S. R., F. W. Larimer, L. Y. Stein, M. G. Klotz, P. S. G. Chain, L. A. Sayavedra-Soto, A. T. Poret-Peterson, M. E. Gentry, D. J. Arp, B. Ward, and P. J. Bottomley. 2008. Complete genome sequence of *Nitrobacter hamburgensis* X14 and comparative genomic analysis of species within the genus *Nitrobacter*. *Appl. Environ. Microbiol.* **74**: 2852-2863.

Stein, L. Y., D. J. Arp, P. M. Berube, P. S. G. Chain, L. Hauser, M. S. M. Jetten, M. G. Klotz, F. W. Larimer, J. M. Norton, H. den Camp, M. Shin, and X. M. Wei. 2007. Whole-genome analysis of the ammonia-oxidizing bacterium, *Nitrosomonas eutropha* C91: implications for niche adaptation. *Environ. Microbiol.* **9**: 2993-3007.

Strous, M., J. A. Fuerst, E. H. M. Kramer, S. Logemann, G. Muyzer, K. T. van de Pas-Schoonen, R. Webb, J. G. Kuenen, and M. S. M. Jetten. 1999. Missing lithotroph identified as new planctomycete. *Nature* **400**: 446-449.

Strous, M., E. Pelletier, S. Mangenot, T. Rattei, A. Lehner, M. W. Taylor, M. Horn, H. Daims, D. Bartol-Mavel, P. Wincker, V. Barbe, N. Fonknechten, D. Vallenet, B. Segurens, C. Schenowitz-Truong, C. Medigue, A. Collingro, B. Snel, B. E. Dutilh, H. J. M. Op den Camp, C. van der Drift, I. Cirpus, K. T. van de Pas-Schoonen, H. R. Harhangi, L. van Niftrik, M. Schmid, J. Keltjens, J. van de Vossenberg, B. Kartal, H. Meier, D. Frishman, M. A. Huynen, H. W. Mewes, J. Weissenbach, M. S. M. Jetten, M. Wagner, and D. Le Paslier. 2006. Deciphering the evolution and metabolism of an anammox bacterium from a community genome. *Nature* **440**: 79-794.

Teske, A., E. Aim, J. M. Regan, S. Toze, B. E. Rittmann, and D. A. Stahl. 1994. Evolutionary relationships among ammonia- and nitrite-oxidizing bacteria. *J. Bacteriol.* **176**: 6623-6630.

Treusch, A. H., S. Leininger, A. Kletzin, S. C. Schuster, H. P. Klenk, and C. Schleper. 2005. Novel genes for nitrite reductase and Amo-related proteins indicate a role of uncultivated mesophilic crenarchaeota in nitrogen cycling. *Environ. Microbiol.* **7**: 1985-1995.

van de Graaf, A. A., A. Muldor, P. Debruijn, M. S. M. Jetten, L. A. Robertson, and J. G. Kuenen. 1995. Anaerobic oxidation of ammonium is a biologically mediated process. *Appl. Environ. Microbiol.* **61**: 1246-1251.

Venter, C. J., K. Remington, J. G. Heidelberg, A. L. Halpern, D. Rusch, J. A. Eisen, D. Wu, I. Paulsen, K. E. Nelson, W. Nelson, D. E. Fouts, S. Levy, A. H. Knap, M. W. Lomas, K. Nealson, O. White, J. Peterson, J. Hoffman, R. Parsons, H. Baden-Tillson, C. Pfannkoch, J. -H. Rogers, and H. O. Smith. 2004. Environmental genome shotgun sequencing of the Sargasso Sea. *Science* **304**: 66-74.

Walker, C. B., J. R. de la Torre, M. G. Klotz, H. Urakawa, N. Pinel, D. J. Arp, C. Brochier-Armanet, P. S. G. Chain, P. P. Chan, A. Gollabgir, J. Hemp, M. Hügler, E. A. Karr, M. Könneke, M. Shin, T. J. Lawton, T. Lowe, W. Martens-Habbena, L. A. Sayavedra-Soto, D. Lang, S. M. Sievert, A. C. Rosenzweig, G. Manning, and D. A. Stahl. 2010. *Nitrosopumilis maritimus* genome reveals unique mechanisms for nitrification and autotrophy in globally distributed marine crenarchaea. *Proc. Natl. Acad. Sci. USA* **107**: 8818-8823.

Winogradsky, S. 1890. Recherches sur les organismes de la nitrification. *Ann. Inst. Pasteur* **4**: 213-231, 258-275, 760-771.

第二篇

第 2 章

Ajdic, D., and V. T. Pham. 2007. Global transcriptional analysis of *Streptococcus mutans* sugar transporters using microarrays. *J. Bacteriol.* **189**: 5049-5059.

Alzerreca, J. J., J. M. Norton, and M. G. Klotz. 1999. The *amo* operon in marine, ammonia-oxidizing gamma-proteobacteria. *FEMS Microbiol. Lett.* **180**: 21-29.

Andersson, K. K., G. T. Babcock, and A. B. Hooper. 1991. P460 of hydroxylamine oxidoreductase of *Nitrosomonas europaea*: Soret resonance raman evidence for a novel heme-like structure. *Biochem. Biophys. Res. Commun.* **174**: 358-363.

Andrews, S. C., A. K. Robinson, and F. Rodriguez-Quinones. 2003. Bacterial iron homeostasis. *FEMS Microbiol. Rev.* **27**: 215-237.

Arciero, D. M., C. Balny, and A. B. Hooper. 1991a. Spectroscopic and rapid kinetic studies of reduction of cytochrome $c554$ by hydroxylamine oxidoreductase from *Nitrosomonas europaea*. *Biochemistry* **30**: 11466-11472.

Arciero, D. M., M. J. Collins, J. Haladjian, P. Bianco, and A. B. Hooper. 1991b. Resolution of the four hemes of cytochrome c554 from *Nitrosomonas europaea* by redox potentiometry and optical spectroscopy. *Biochemistry* **30**: 11459-11465.

Arciero, D. M., A. B. Hooper, M. Cai, and R. Timkovich. 1993. Evidence for the structure of the active site heme P460 in hydroxylamine oxidoreductase of *Nitrosomonas*. *Biochemistry* **32**: 9370-9378.

Arciero, D. M, A. Golombek, M. P. Hendrich, and A. B. Hooper. 1998. Correlation of optical and EPR signals with the P460 heme of hydroxylamine oxidoreductase from *Nitrosomonas europaea*. *Biochemistry* **37**: 523-529.

Arciero, D. M., B. S. Pierce, M. P. Hendrich, and A. B. Hooper. 2002. Nitrosocyanin, a red cupredoxin-like protein from *Nitrosomonas europaea*. *Biochemistry* **41**: 1703-1709.

Arp, D. J., and P. J. Bottomley. 2006. Nitrifiers: more than 100 years from isolation to genome sequences. *Microbe* **1**: 229-234.

Arp, D. J., and L. Y. Stein. 2003. Metabolism of inorganic N compounds by ammonia-oxidizing bacteria. *Crit. Rev. Biochem. Mol. Biol.* **38**: 471-495.

Arp, D. J., L. A. Sayavedra-Soto, and N. G. Hommes. 2002. Molecular biology and biochemistry of ammonia oxidation by *Nitrosomonas europaea*. *Arch. Microbiol.* **178**: 250-255.

Arp, D. J., P. S. Chain, and M. G. Klotz. 2007. The impact of genome analyses on our understanding of ammonia-oxidizing bacteria. *Annu. Rev. Microbiol.* **61**: 503-528.

Ball, S. G., and M. K. Morell. 2003. From bacterial glycogen to starch: understanding the biogenesis of the plant starch granule. *Annu. Rev. Plant Biol.* **54**: 207-233.

Beller, H. R., P. S. G. Chain, T. E. Letain, A. Chakicherla, F. W. Larimer, P. M. Richardson, M. A. Coleman, A. P. Wood, and D. P. Kelly. 2006. The genome sequence of the obligately chemolithoautotrophic, facultatively anaerobic bacterium *Thiobacillus denitrificans*. *J. Bacteriol.* **188**: 1473-1488.

Bergmann, D. J., A. B. Hooper, and M. G. Klotz. 2005. Structure and sequence conservation of hao cluster genes of autotrophic ammonia-oxidizing bacteria: evidence for their evolutionary history. *Appl. Environ. Microbiol.* **71**: 5371-5382.

Berube, P. M., R. Samudrala, and D. A. Stahl. 2007. Transcription of all *amo*C copies is associated with recovery of *Nitrosomonas europaea* from ammonia starvation. *J. Bacteriol.* **189**: 3935-3944.

Bock, E. 1995. Nitrogen loss caused by denitrifying *Nitrosomonas* cells using ammonium or hydrogen as electron donors and nitrite as electron acceptor. *Arch. Microbiol.* **163**: 16-20.

Bollmann, A., I. Schmidt, A. M. Saunders, and M. H. Nicolaisen. 2005. Influence of starvation on potential ammnonia-oxidizing activity and *amo*A mRNA levels of *Nitrosospira briensis*. *Appl. Environ. Microbiol.* **71**: 1276-1282.

Chain, P., J. Lamerdin, F. Larimer, W. Regala, V. Lao, M. Land, L. Hauser, A. Hooper, M. Klotz, J. Norton, L. Sayavedra-Soto, D. Arciero, N. Hommes, M. Whittaker, and D. Arp. 2003. Complete genome sequence of the ammonia-oxidizing bacterium and obligate chemolithoautotroph *Nitrosomonas europaea*. *J. Bacteriol.* **185**: 2759-2773.

Clark, C., and E. L. Schmidt. 1966. Effect of mixed culture on *Nitrosomonas europaea* simulated by uptake and utilization of pyruvate. *J. Bacteriol.* **91**: 367-373.

De Boer, W., P. J. A. K. Gunnewiek, M. Veenhuis, E. Bock, and H. J. Laanbroek. 1991. Nitrification at low pH by aggregated chemolithotrophic bacteria. *Appl. Environ. Microbiol.* **57**: 3600-3604.

DiSpirito, A. A., J. D. Lipscomb, and A. B. Hooper. 1986, Cytochrome aa3 from *Nitrosomonas europaea*. *J. Biol. Chem.* **261**: 17048-17056.

Einsle, O., A. Messerschmidt, P. Stach, G. P. Bourenkov, H. D. Bartunik, R. Huber, and P. M. Kroneck. 1999. Structure of cytochrome c nitrite reductase. *Nature* **400**: 476-480.

El Sheikh, A. F, and M. G. Klotz. 2008. Ammonia dependent differential regulation of the gene cluster that encodes ammonia monooxygenase in *Nitrosococcus oceani* ATCC 19707. *Environ. Microbiol.* **10**: 3026-3035.

El Sheikh, A. F, A. T. Poret-Peterson, and M. G. Klotz. 2008. Characterization of two new genes, *amo*R and *amo*D, in the *amo* operon of the marine ammonia oxidizer *Nitrosococcus oceani* ATCC 19707. *Appl. Environ. Microbiol.* **74**: 312-318.

Ensign, S. A., M. R. Hyman, and D. J. Arp. 1993. In vitro activation of ammonia monooxygenase from *Nitrosomonas europaea* by copper. *J. Bacteriol.* **175**: 1971-1980.

Ezaki, S., N. Maeda, T. Kishimoto, H. Atomi, and T. Imanaka. 1999. Presence of a structurally novel type ribulose-bisphosphate carboxylase/oxygenase in the hyperthermophilic archaeon, *Pyrococcus kodakaraensis* KOD1. *J. Biol. Chem.* **274**: 5078-5082.

Fernandez, M. L., D. A. Estrin, and S. E. Bari. 2008. Theoretical insight into the hydroxylamine oxidoreductase mechanism. *J. Inorg. Biochem.* **102**: 1523-1530.

Fiencke, C., and E. Bock. 2006. Immunocytochemical localization of membrane-bound ammonia monooxygenase in cells of ammonia oxidizing bacteria, *Arch. Microbiol.* **185**: 99-106.

Francis, C. A., J. M. Beman, and M. M. Kuypers. 2007. New processes and players in the nitrogen cycle, the. microbial ecology of anaerobic and archeal ammonia oxidation. *ISME J.* **1**: 19-27.

Geets, J., N. Boon, and W. Verstraete. 2006. Strategies of aerobic ammonia-oxidizing bacteria for coping with nutrient and oxygen fluctuations. *FEMS Microbiol. Ecol.* **58**: 1-13.

Gieseke, A., J. L. Nielsen, R. Amann, P. H. Nielsen, and D. de Beer. 2005. In situ substrate conversion and assimilation by nitrifying bacteria in a model biofilm. *Environ. Microbiol.* **7**: 1392-1404.

Gilch, S., O. Meyer, and I. Schmidt. 2009a. A soluble form of ammonia monooxygenase in *Nitrosomonas europaea*. *Biol. Chem.* **390**: 863-873.

Gilch, S., M. Vogel, M. W. Lorenz, O. Meyer, and I. Schmidt. 2009b. Interaction of the mechanism-based inactivator acetylene with ammonia monooxygenase of *Nitrosomonas europaea*. *Microbiology* **155**: 279-284.

Hakemian, A. S., and A. C. Rosenzweig. 2007. The biochemistry of methane oxidation. *Annu. Rev. Biochem.* **76**: 223-241.

Hendrich, M. P., D. Petasis, D. M. Arciero, and A. B. Hooper. 2001. Correlations of structure and electronic properties from EPR spectroscopy of hydroxylamine oxidoreductase. *J. Am. Chem. Soc.* **123**: 2997-3005.

Hendrich, M. P., A. K. Upadhyay, J. Riga, D. M. Arciero, and A. B. Hooper. 2002. Spectroscopic characterization of the NO adduct of hydroxylamine oxidoreductase. *Biochemistry.* **41**: 4603-4611.

Herbik, A., C. Bolling, and T. J. Buckhout. 2002. The involvement of a multicopper oxidase in iron uptake by the green algae *Chlamydomonas reinhardtii*. *Plant Physiol.* **130**: 2039-2048.

Hirota, R., A. Kuroda, T. Ikeda, N. Takiguchi. H. Ohtake, and J. Kato. 2006. Transcriptional analysis of the multicopy hao gene coding for hydroxylamine oxidoreductase in *Nitrosomonas sp*. strain ENI-11. *Biosci. Biotechnol. Biochem.* **70**: 1875-1881.

Hommes, N. G., L. A. Sayavedra-Soto, and D. J. Arp. 1996. Mutagenesis of hydroxylamine oxidoreductase in *Nitrosomonas europaea* by transformation and recombination. *J. Bacteriol.* **178**: 3710-3714.

Hommes, N. G., L. A. Sayavedra-Soto, and D. J. Arp. 1998. Mutagenesis and expression of *amo*, which codes for ammonia monooxygenase in *Nitrosomonas europaea*. *J. Bacteriol.* **180**: 3353-3359.

Hommes, N. G., L. A. Sayavedra-Soto, and D. J. Arp. 2001. Transcript analysis of multiple copies of *amo* (encoding ammonia monooxygenase) and *hao* (encoding hydroxylamine oxidoreductase) in *Nitrosomonas europaea*. *J. Bacteriol.* **183**: 1096-1100.

Hommes, N. G., L. A. Sayavedra-Soto, and D. J. Arp. 2002. The roles of the three gene copies encoding hydroxylamine oxidoreductase in *Nitrosomonas europaea*. *Arch. Microbiol.* **178**: 471-476.

Hommes, N. G., L. A. Sayavedra-Soto, and D. J. Arp. 2003. Chemolithoorgano- trophic growth of *Nitrosomonas europaea* on fructose. *J. Bacteriol.* **185**: 6809-6814.

Hommes, N. G., E. G. Kurth, L. A. Sayavedra-Soto, and D. J. Arp. 2006. Disruption of *suc*A, which encodes the El subunit of alpha-ketoglutarate dehydrogenase, affects the survival of *Nitrosomonas europaea* in stationary phase. *J. Bacteriol.* **188**: 343-347.

Hooper, A. B. 1969. Biochemical basis of obligate autotrophy in *Nitrosomonas europaea*. *J. Bacteriol.* **97**: 776-779.

Hooper, A. B. 1989. Biochemistry of the nitrifying lithoautotrophic bacteria, p. 239-281. *In* H. G. Schlegel and B. Bowien (ed.), *Autotrophic Bacteria*. Science Tech Publishers, Madison, WI.

Hooper, A. B., and K. R. Terry. 1973. Specific inhibitors of ammonia oxidation in *Nitrosomonas*. *J. Bacteriol.* **115**: 480-485.

Hooper, A. B., R. H. Erickson, and K. R. Terry. 1972. Electron transport systems of *Nitrosomonas*: isolation of a membrane-envelope fraction. *J. Bacteriol.* **110**: 430-438.

Hooper, A. B., T. Vannelli, D. J. Bergmann, and D. M. Arciero. 1997. Enzymology of the oxidation of ammonia to nitrite by bacteria. *Antonie van Leeuwenhoek* **71**: 59-67.

Huston, W. M., M. P. Jennings, and A. G. McEwan. 2002. The multicopper oxidase of *Pseudomonas aeruginosa* is a ferroxidase with a central role in iron acquisition. *Mol. Microbiol.* **45**: 1741-1750.

Hyman, M. R., and D. J. Arp. 1992. $^{14}C_2H_2$-and $^{14}CO_2$-labeling studies of the de *novo* synthesis of polypeptides by *Nitrosomonas europaea* during recovery from acetylene and light inactivation of ammonia monooxygenase. *J. Biol. Chem.* **267**: 1534-1545.

Hyman, M. R., I. B. Murton, and D. J. Arp. 1988. Interaction of ammonia monooxygenase from *Nitrosomonas europaea* with alkanes, alkenes, and alkynes. *Appl. Environ. Microbiol.* **54**: 3187-3190.

Igarashi, N., H. Moriyama, T. Fujiwara, Y. Fukumori, and N. Tanaka. 1997. The 2.8 Å structure of hydroxylamine oxidoreductase from a nitrifying chemoautotrophic bacterium, *Nitrosomonas europaea*. *Nat. Struct. Biol.* **4**: 276-284.

Iverson, T. M., D. M. Arciero, B. T. Hsu, M. S. Logan, A. B. Hooper, and D. C. Rees. 1998. Heme packing motifs revealed by the crystal structure of the tetra-heme cytochrome c554 from *Nitrosomonas europaea*. *Nat. Struct. Biol.* **5**: 1005-1012.

Iverson, T. M., D. M. Arciero, A. B. Hooper, and D. C. Rees. 2001. High-resolution structures of the oxidized and reduced states of cytochrome c554 from *Nitrosomonas europaea*. *J. Biol. Inorg. Chem.* **6**: 390-397.

Jetten, M. S., I. Cirpus, B. Kartal, L. van Niftrik, K. T. van de Pas-Schoonen, O. Sliekers, S. Haaijer, W. van der Star, M. Schmid, J. van de Vossenberg, I. Schmidt, H. Harhangi, M. van Loosdrecht, J. Gijs Kuenen, H. Op den Camp, and M. Strous. 2005. 1994-2004: 10 years of research on the anaerobic oxidation of ammonium. *Biochem. Soc. Trans.* **33**: 191-123.

Jetten, M. S., L. V. Niftrik, M. Strous, B. Kartal, J. T. Keltjens, and H. J. Op den Camp. 2009. Biochemistry and molecular biology of anammox bacteria. *Crit. Rev. Biochem. Mol. Biol.* **44**: 65-84.

Juliette, L. Y., M. R. Hyman, and D. J. Arp. 1993. Mechanism-based inactivation of ammonia monooxygenase in *Nitrosomonas europaea* by allylsulfide. *Appl. Environ. Microbiol.* **59**: 3728-3735.

Juliette, L. Y., M. R. Hyman, and D. J. Arp. 1995. Roles of bovine serum albumin and copper in the assay and stability of ammonia monooxygenase activity in vitro. *J. Bacteriol.* **177**: 4908-4913.

Keener, W. K., and D. J. Arp. 1993. Kinetic studies of ammonia monooxygenase inhibition in *Nitrosomonas europaea* by hydrocarbons and halogenated hydrocarbons in an optimized whole-cell assay. *Appl. Environ. Microbiol.* **59**: 2501-2510.

Kim, H. J., A. Zatsman, A. K. Upadhyay, M. Whittaker, D. Bergmann, M. P. Hendrich, and A. B. Hooper. 2008. Membrane tetraheme cytochrome cm552 of the ammonia oxidizing *Nitrosomonas europaea*: a ubiquinone reductase. *Biochemistry* **471**: 6539-6551.

Klotz, M. G., and J. M. Norton. 1995. Sequence of an ammonia monooxygenase subunit A-encoding gene from *Nitrosospira* sp. NpAV. *Gene* **163**: 159-160.

Klotz, M. G., D. J. Arp, P. S. Chain, A. F. El-Sheikh, L. J. Hauser, N. G. Hommes, F. W. Larimer, S. A. Malfatti, J. M. Norton, A. T. Poret-Peterson, L. M. Vergez, and B. B. Ward. 2006. Complete genome sequence of the marine, chemolithoautotrophic, ammonia-oxidizing bacterium *Nitrosococcus oceani* ATCC 19707. *Appl. Environ. Microbiol.* **72**: 6299-6315.

Klotz, M. G., M. C. Schmid, M. Strous, H. J. op den Camp, M. S. Jetten, and A. B. Hooper. 2008. Evolution of an octahaem cytochrome c protein family that is key to aerobic and anaerobic ammonia oxidation by bacteria. *Environ. Microbiol.* **10**: 3150-3163.

Koops, H. P., and A. Pommerening-Roser. 2001. Distribution and ecophysiology of the nitrifying bacteria emphasizing culture species. *FEMS Microbiol.* **37**: 1-9.

Kostera, J., M. D. Youngblut, J. M. Slosarczyk, and A. A. Pacheco. 2008. Kinetic and product distribution analysis of NO^* reductase activity in *Nitrosomonas europaea* hydroxylamine oxidoreductase. *J. Biol. Inorg. Chem.* **13**: 1073-1083.

Kowalchuk, G. A., and J. R. Stephen. 2001. Ammonia-oxidizing bacteria: a model for molecular microbial ecology. *Annu. Rev. Microbiol.* **55**: 485-529.

Krümmel, A., and H. Harms. 1982. Effect of organic matter on growth and cell yield of ammonia-oxidizing bacteria. *Arch. Microbiol.* **133**: 50-54.

Kurnikov, I. V, M. A. Ratner, and A. A. Pacheco. 2005. Redox equilibria in hydroxylamine oxidoreductase. Electrostatic control of electron redistribution in multielectron oxidative processes. *Biochemistry* **44**: 1856-1863.

Laanbroek, H. J., M. J. Bar-Gilssen, and H. L. Hoogveld. 2002. Nitrite as a stimulus for ammonia-starved *Nitrosomonas europaea*. *Appl. Environ. Microbiol.* **68**: 1454-1457.

Leys, D., T. E. Meyer, A. S. Tsapin, K. H. Nealson. M. A. Cusanovich, and J. J. Van Beeumen. 2002. Crystal structures at atomic resolution reveal the novel concept of "electron-harvesting" as a role for the small tetraheme cytochrome c. *J. Biol. Chem.* **277**: 35703-35711.

Li, X., S. Jayachandran, H. H. Nguyen, and M. K. Chan. 2007. Structure of the *Nitrosomonas europaea* Rh protein. *Proc. Natl. Acad. Sci. USA* **104**: 19279-19284.

Lieberman, R. L., and A. C. Rosenzweig. 2005. Crystal structure of a membrane-bound metalloenzyme that catalyses the biological oxidation of methane. *Nature* **434**: 177-182.

Lieberman, R. L., D. M. Arciero, A. B. Hooper, and A. C. Rosenzweig. 2001. Crystal structure of a novel red copper protein from Nitrosomonas europaea. *Biochemistry* **40**: 5674-5681.

Lodwig, E. M., M. Leonard, S. Marroqui, T. R. Wheeler, K. Findlay, J. A. Downie, and P. S. Poole. 2005. Role of polyhydroxybutyrate and glycogen as carbon storage compounds in pea and bean bacteroids. *Mol. Plant Microbe. Interact.* **18**: 67-74.

Lunn, J. E. 2002. Evolution of sucrose synthesis. *Plant Physiol.* **128**: 1490-1500.

Lupo, D., X. D. Li, A. Durand, T. Tomizaki, B. Cherif-Zahar, G. Matassi, M. Merrick, and F. K. Winkler. 2007. The 1.3-Å resolution structure of *Nitrosomonas europaea* Rh50 and mechanistic implications for NH_3 transport by Rhesus family proteins. *Proc. Natl. Acad. Sci. USA* **104**: 19303-19308.

Maeda, N., K. Kitano, T. Fukui, S. Ezaki, H. Atomi, K. Miki, and T. Imanaka. 1999. Ribulose bisphosphate carboxylase/oxygenase from the hyperthermophilic archaeon *Pyrococcus kodakaraensis* KOD1 is composed solely of large subunits and forms a pentagonal structure. *J. Mol. Biol.* **293**: 57-66.

Mancinelli, R. L., and C. P. McKay. 1988. The evolution of nitrogen cycling. *Orig. Life Evol. Biosph.* **18**: 311-325.

Martinho, M., D. W. Choi, A. A. Dispirito, W. E. Antholine, J. D. Semrau, and E. Munck. 2007. Mossbauer studies of the membrane-associated methane monooxygenase from *Methylococcus capsulatus*

Bath: evidence for a diiron center. *J. Am. Chem. Soc.* **129**: 15783-15785.

Martiny, H., and H. P. Koops. 1982. Incorporation of organic compounds into cell protein by lithotrophic, ammonia-oxidizing bacteria. *Antonie Van Leeuwenhoek.* **48**: 327-336.

Monchois, V, R. M. Willemot, and P. Monsan. 1999. Glucansucrases: mechanism of action and structure-function relationships. *FEMS Microbiol. Rev.* **23**: 131-151.

Norton, J. M., M. G. Klotz, L. Y. Stein, D. J. Arp, P. J. Bottomley, P. S. Chain, L. J. Hauser, M. L. Land, F. W. Larimer, M. W. Shin, and S. R. Starkenburg. 2008. Complete genome sequence of *Nitrosospira multiformis*, an ammonia-oxidizing bacterium from the soil environment. *Appl. Environ. Microbiol.* **74**: 3559-3572.

Numata, M., T. Saito, T. Yamazaki, Y. Fukumori, and T. Yamanaka. 1990. Cytochrome P-460 of *Nitrosomonas europaea*: further purification and further characterization. *J. Biochem.* **108**: 1016-1021.

Pearson, A. R., B. O. Elmore, C. Yang, J. D. Ferrara, A. B. Hooper, and C. M. Wilmot. 2007. The crystal structure of cytochrome P460 of *Nitrosomonas europaea* reveals a novel cytochrome fold and heme-protein cross-link. *Biochemistry* **46**: 8340-8349.

Poret-Peterson, A. T., J. E. Graham, J. Gulledge, and M. G. Klotz. 2008. Transcription of nitrification genes by the methane-oxidizing bacterium, *Methylococcus capsulatus* strain Bath. *ISME J.* **2**: 1213-1220.

Poughon, L., C. G. Dussap, and J. B. Gros. 2001. Energy model and metabolic flux analysis for autotrophic nitrifiers. *Biotechnol. Bioeng.* **72**: 416-433.

Prosser, J. I. 1986. Nitrification, p. 217. IRL Press, Oxford, United Kingdom.

Purkhold, U., A. Pommerening-Roser, S. Juretschko, M. C. Schmid, H. P. Koops, and M. Wagner. 2000. Phylogeny of all recognized species of ammonia oxidizers based on comparative 16S rRNA and *amo*A sequence analysis: implications for molecular diversity surveys. *Appl. Environ. Microbiol.* **66**: 5368-5382.

Purkhold, U., M. Wagner, G. Timmermann, A. Pommerening-Roser, and H. -P. Koops. 2003. 16S rRNA and *amo*A-based phylogeny of 12 novel betaproteobacterial ammonia-oxidizing isolates: extension of the dataset and proposal of a new lineage within the nitrosomonads. *Int. J. Syst. Evol. Microbiol.* **53**: 1485-1494.

Sayavedra-Soto, L. A., N. G. Hommes, and D. J. Arp. 1994. Characterization of the gene encoding hydroxylamine oxidoreductase in *Nitrosomonas europaea*. *J. Bacteriol.* **176**: 504-510.

Sayavedra-Soto, L. A., N. G. Hommes, S. A. Russell, and D. J. Arp. 1996. Induction of ammonia monooxygenase and hydroxylamine oxidoreductase mRNAs by ammonium in *Nitrosomonas europaea*. *Mol. Microbiol.* **20**: 541-548.

Sayavedra-Soto, L. A., N. G. Hommes, J. J. Alzerreca, D. J. Arp, J. M. Norton, and M. G. Klotz. 1998. Transcription of the *amo*C, *amo*A, and *amo*B genes in *Nitrosomonas europaea* and *Nitrosospira* sp. NpAV. *FEMS Microbiol. Lett.* **167**: 81-88.

Schmidt, I. 2009. Chemoorganoheterotrophic growth of *Nitrosomonas europaea* and *Nitrosomonas eutropha*. *Curr. Microbiol.* **59**: 130-138.

Severance, S., S. Chakraborty, and D. J. Kosman. 2004. The Ftr1p iron permease in the yeast plasma membrane: orientation, topology and structure-function relationships. *Biochem. J.* **380**: 487-496.

Shears, J. H., and P. M. Wood. 1985. Spectroscopic evidence for a photosensitive oxygenated state of ammonia mono-oxygenase. *Biochem. J.* **226**: 499-507.

Shears, J. H., and P. M. Wood. 1986. Tri- and tetramethylhydroquinone as electron donors for ammonia monooxygenase in whole cells of *Nitrosomonas europaea*. *FEMS Microbiol. Lett.* **33**: 281-284.

Sherman, W. M., D. L. Costill, W. J. Fink, F. C. Hagerman, L. E. Armstrong, and T. F. Murray. 1983. Effect of a 42. 2-km footrace and subsequent rest or exercise on muscle glycogen and enzymes. *J. Appl. Physiol.* **55**: 1219-1224.

Shiemke, A. K., D. J. Arp, and L. A. Sayavedra-Soto. 2004. Inhibition of membrane-bound methane monooxygenase and ammonia monooxygenase by diphenyliodonium: implications for electron transfer. *J. Bacteriol.* **186**: 928-937.

Shimamura, M., T. Nishiyama, K. Shinya, Y. Kawahara, K. Furukawa, and T. Fuijii. 2008. Another multiheme protein, hydroxylamine oxidoreductase, abundantly produced in an anammox bacterium besides the hydrazine-oxidizing enzyme. *J. Biosci. Bioeng.* **105**: 243-248.

Stearman, R., D. S. Yuan, Y. Yamaguchi-Iwai, R. D. Klausner, and A. Dancis. 1996. A permease-oxidase complex involved in high-affinity iron uptake in yeast. *Science* **271**: 1552-1557.

Stein, L. Y., and D. J. Arp. 1998a. Ammonium limitation results in the loss of ammonia-oxidizing activity in *Nitrosomonas europaea*. *Appl. Environ. Microbiol.* **64**: 1514-1521.

Stein, L. Y., and D. J. Arp. 1998b. Loss of ammonia monooxygenase activity in *Nitrosomonas europaea* upon exposure to nitrite. *Appl. Environ. Microbiol.* **64**: 4098-4102.

Stein, L. Y., D. J. Arp, and M. R. Hyman. 1997. Regulation of the synthesis and activity of ammonia monooxygenase in *Nitrosomonas europaea* by altering pH to affect NH_3 availability. *Appl. Environ. Microbiol.* **63**: 4588-4592.

Stein, L. Y., L. A. Sayavedra-Soto, N. G. Hommes, and D. J. Arp. 2000. Differential regulation of *amo*A and *amo*B gene copies in *Nitrosomonas europaea*. *FEMS Microbiol. Lett.* **192**: 163-168.

Stein, L. Y., D. J. Arp, P. M. Berube, P. S. Chain, L. Hauser, M. S. Jetten, M. G. Klotz, F. W. Larimer, J. M. Norton, H. J. Op den Camp, M. Shin, and X. Wei. 2007. Whole-genome analysis of the ammonia-oxidizing bacterium, *Nitrosomonas eutropha* C91: implications for niche adaptation. *Environ. Microbiol.* **9**: 2993-3007.

Suzuki, I., and S. C. Kwok. 1970. Cell-free ammonia oxidation by *Nitrosomonas europaea* extracts: effects of polyamines, Mg^{2+} and albumin. *Biochem. Biophys. Res. Commun.* **39**: 950-955.

Suzuki, I., and S. -C. Kwok. 1981. A partial resolution and reconstitution of the ammonia-oxidizing system of *Nitrosomonas europaea*: role of cytochrome *c*554. *Can. J. Biochem.* **59**: 484-488.

Suzuki, I., U. Dular, and S. C. Kwok. 1974. Ammonia or ammonium ion as substrate for oxidation by *Nitrosomonas europaea* cells and extracts. *J. Bacteriol.* **120**: 556-558.

Suzuki, I., S. -C. Kwok, U. Dular, and D. C. Y. Tsang. 1981. Cell-free ammonia-oxidizing system of *Nitrosomonas europaea*: general conditions and properties. *Can. J. Biochem.* **59**: 477-483.

Tabita, F. R., T. E. Hanson, S. Satagopan, B. H. Witte, and N. E. Kreel. 2008. Phylogenetic and evolutionary relationships of RubisCO and the RubisCO-like proteins and the functional lessons provided by diverse molecular forms. *Philos. Trans. R. Soc. Lond. B. Biol. Sci.* **363**: 2629-2640.

Tarre, S., and M. Green. 2004. High-rate nitrification at low pH in suspended- and attached-biomass reactors. *Appl. Environ. Microbiol.* **70**: 6481-6487.

Taylor, P., S. L. Pealing, G. A. Reid, S. K. Chapman, and M. D. Walkinshaw. 1999. Structural and mechanistic mapping of a unique fumarate reductase. *Nat. Struct. Biol.* **6**: 1108-1112.

Upadhyay, A. K., D. T. Petasis, D. M. Arciero, A. B. Hooper, and M. P. Hendrich. 2003. Spectroscopic characterization and assignment of reduction potentials in the tetraheme cytochrome C554 from *Nitrosomonas europaea*. *J. Am. Chem. Soc.* **125**: 1738-1747.

Upadhyay, A. K., A. B. Hooper, and M. P. Hendrich. 2006. NO reductase activity of the tetraheme cytochrome C554 of *Nitrosomonas europaea*. *J. Am. Chem. Soc.* **128**: 4330-4337.

Utaker, J. B., K. Andersen, A. Aakra, B. Moen, and I. F. Nes. 2002. Phylogeny and and functional expression of ribulose 1, 5-bisphosphate carboxylase/oxygenase from the autotrophic ammonia-oxidizing bacterium *Nitrosospira* sp. isolate 40KI. *J. Bacteriol.* **184**: 468-478.

Vajrala, N., L. A. Sayavedra-Soto, P. J. Bottomley, and D. J. Arp. 2010. Role of *Nitrosomonas europaea* NitABC iron transporter in the uptake of Fe^{3+}-siderophore complexes. *Arch. Microbiol.* **192**: 899-908.

Van Dien, S. J., Y. Okubo, M. T. Hough, N. Korotkova, T. Taitano, and M. E. Lidstrom. 2003. Reconstruction of C (3) and C (4) metabolism in *Methylobacterium extorquens* AMI using transposon mutagenesis. *Microbiology* **149**: 601-609.

Vannelli, T., and A. B. Hooper. 1992. Oxidation of nitrapyrin to 6-chloropicolinic acid by the ammonia-oxidizing bacterium *Nitrosomonas europaea*. *Appl. Environ. Microbiol.* **58**: 2321-2325.

Wallace, W., S. E. Knowles, and D. J. Nicholas. 1970. Intermediary metabolism of carbon compounds by nitrifying bacteria. *Arch. Mikrobiol.* **70**: 26-42.

Watson, G. M., J. P. Yu, and F. R. Tabita. 1999. Unusual ribulose 1, 5-bisphosphate carboxylase/oxygenase of anoxic Archaea. *J. Bacteriol.* **181**: 1569-1575.

Watson, S. W., L. B. Graham, C. C. Remsen, and F. W. Valois. 1971. A lobular, ammonia-oxidizing bacterium, *Nitrosolobus muliformis* nov. gen. nov. sp. *Arch. Mikrobiol.* **76**: 183-203.

Wei, X., N. Vajrala, L. Hauser, L. A. Sayavedra-Soto, and D. J. Arp. 2006. Iron nutrition and physiological responses to iron stress in *Nitrosomonas europaea*. *Arch. Microbiol.* **186**: 107-118.

Weidinger, K., B. Neuhauser, S. Gilch, U. Ludewig, O. Meyer, and I. Schmidt. 2007. Functional and physiological evidence for a rhesus-type ammonia transporter in *Nitrosomonas europaea*. *FEMS Microbiol. Lett.* **273**: 260-267.

Whittaker, M., D. Bergmann, D. Arciero, and A. B. Hooper. 2000. Electron transfer during the oxidation of ammonia by the chemolithotrophic bacterium *Nitrosomonas europaea*. *Biochim. Biophys. Acta.* **1459**: 346-355.

Winkler, F. K. 2006. Amt/MEP/Rh proteins conduct ammonia. *Pflugers Arch.* **451**: 701-707.

Wood, P. M. 1986. Nitrification as a bacterial energy source, p. 39-62. In J. I. Prosser (ed.), *Nitrification*. IRL Press, Oxford, United Kingdom.

Yamagata, A., R. Hirota, J. Kato, A. Kuroda, T. Ikeda, N. Takiguchi, and H. Ohtake. 2000. Mutational analysis of the multicopy *hao* gene coding for hydroxylamine oxidoreductase in *Nitrosomonas* sp. strain ENI-11. *Biosci. Biotechnol. Biochem.* **64**: 1754-1757.

Yamanaka, T., and M. Shinra. 1974. Cytochrome *c*-552 and cytochrome *c*-554 derived from *Nitrosomonas europaea*. Purification, properties, and their function in hydroxylamine oxidation. *J. Biochem.* **75**: 1265-1273.

Yoo, J. G., and B. Bowien. 1995. Analysis of the *cbb*F genes from *Alcaligenes eutrophus* that encode fructose-1, 6-/sedoheptulose-1, 7-bisphosphatase. *Curr. Microbiol.* **31**: 55-61.

Zahn, J. A., D. M. Arciero, A. B. Hooper, and A. A. DiSpirito. 1996. Evidence for an iron center in the ammonia monooxygenase from *Nitrosomonas europaea*. *FEBS Lett.* **397**: 35-38.

第 3 章

Aakra, A., J. B. Utaker, A. Pommerening-Roser, H. P. Koops, and I. F. Nes. 2001. Detailed phylogeny of ammonia-oxidizing bacteria determined by rDNA sequences and DNA homology values. *Int. J. Syst. Evol. Microbiol.* **51**: 2021-2030.

参考文献

Alzerreca, J. J., J. M. Norton, and M. G. Klotz. 1999. The *amo* operon in marine, ammonia-oxidizing gamma-proteobacteria. *FEMS Microbiol. Lett.* **180**: 21-29.

Avrahami, S., and B. J. A. Bohannan. 2007. Response of *Nitrosospira* sp. strain AF-like ammonia oxidizers to changes in temperature, soil moisture content, and fertilizer concentration. *Appl. Environ. Microbiol.* **73**: 1166-1173.

Avrahami, S., and R. Conrad. 2005. Cold-temperate climate: a factor for selection of ammonia oxidizers in upland soil? *Can. J. Microbiol.* **51**: 709-714.

Avrahami, S., W. Liesack, and R. Conrad. 2003. Effects of temperature and fertilizer on activity and community structure of soil ammonia oxidizers. *Environ. Microbiol.* **5**: 691-705.

Bano, N., and J. T. Hollibaugh. 2000. Diversity and distribution of DNA sequences with affinity to ammonia-oxidizing bacteria of the beta subdivision of the class Proteobacteria in the Arctic Ocean. *Appl. Environ. Microbiol.* **66**: 1960-1969.

Bernhard, A. E., T. Donn, A. E. Giblin, and D. A. Stahl. 2005. Loss of diversity of ammonia-oxidizing bacteria correlates with increasing salinity in an estuary system. *Environ. Microbiol.* **7**: 1289-1297.

Bernhard, A. E., J. Tucker, A. E. Giblin, and D. A. Stahl. 2007. Functionally distinct communities of ammonia-oxidizing bacteria along an estuarine salinity gradient. *Environ. Microbiol.* **9**: 1439-1447.

Bock, E., H. P. Koops, and H. Harms. 1986. Cell biology of nitrifying bacteria, p. 17-38. *In* J. I. Prosser (ed.), *Nitrification*. IRL Press, Oxford, United Kingdom.

Bollmann, A., and H. J. Laanbroek. 2002. Influence of oxygen partial pressure and salinity on the community composition of ammonia-oxidizing bacteria in the Schelde Estuary. *Aquat. Microbiol. Ecol.* **28**: 239-247.

Bruns, M. A., J. R. Stephen, G. A. Kowalchuk, J. I. Prosser, and E. A. Paul. 1999. Comparative diversity of ammonia oxidizer 16S rRNA gene sequences in native, tilled, and successional soils. *Appl. Environ. Microbiol.* **65**: 2994-3000.

Caffrey, J. M., N. Harrington, I. Solem, and B. B. Ward. 2003. Biogeochemical processes in a small California estuary. 2. Nitrification activity, community structure and role in nitrogen budgets. *Mar. Eocl. Prog. Ser.* **248**: 27-40.

Cantera, J. J. L., and L. Y. Stein. 2007. Molecular diversity of nitrite reductase genes (nirK) in nitrifying bacteria. *Environ. Microbiol.* **9**: 765-776.

Cebron, A., T. Berthe, and J. Garnier. 2003. Nitrification and nitrifying bacteria in the lower Seine River and Estuary (France). *Appl. Environ. Microbiol.* **69**: 7091-7100.

Cebron, A., M. Coci, J. Garnier, and H. J. Laanbroek. 2004. Denaturing gradient gel electrophoretic analysis of ammonia-oxidizing bacterial community structure in the lower Seine River: impact of Paris wastewater effluents. *Appl. Environ. Microbiol.* **70**: 6726-6737.

Chain, P., J. Lamerdin, F. Larimer, W. Regala, V. Lao, M. Land, L. Hauser, A. Hooper, M. Klotz, J. Norton, L. Sayavedra-Soto, D. Arciero, N. Hommes, M. Whittaker, and D. Arp. 2003. Complete genome sequence of the ammonia-oxidizing bacterium and obligate chemolithoautotrophy *Nitrosomonas europaea*. *J. Bacteriol.* **185**: 2759-2773.

Chapin, F. S., P. A. Matson, and H. A. Mooney. 2002. *Principles of Terrestrial Ecosystem Ecology*. Springer, New York, NY.

Coci, M., D. Riechmann, P. L. E. Bodelier, S. Stefani, G. Zwart, and H. J. Laanbroek. 2005. Effect of salinity on temporal and spatial dynamics of ammonia-oxidising bacteria from intertidal freshwater sediment. *FEMS Microbiol. Ecol.* **53**: 359-368.

Coci, M, P. L. E. Bodelier, and H. J. Laanbroek. 2008. Epiphyton as a niche for ammonia-oxidizing bacteria: detailed comparison with benthic and pelagic compartments in shallow freshwater lakes. *Appl. Environ. Microbiol.* **74**: 1963-1971.

Cole, J. R., Q. Wang, E. Cardenas, J. Fish, B. Chai, R. J. Farris, A. S. Kulam-Syed-Mohideen, D. M. McGarrell, T. Marsh, G. M. Garrity, and J. M. Tiedje. 2009. The Ribosomal Database Project: improved alignments and new tools for rRNA analysis. *Nucl. Acids Res.* **37**: D141-D145.

de Bie, M. J. M., A. Speksnijder, G. A. Kowalchuk, T. Schuurman, G. Zwart, J. R. Stephen, O. E. Diekmann, and H. J. Laanbroek. 2001. Shifts in the dominant populations of ammonia-oxidizing beta-subclass Proteobacteria along the eutrophic Schelde Estuary. *Aquat. Microbiol. Ecol.* **23**: 225-236.

De Boer, W., and G. A. Kowalchuk. 2001. Nitrification in acid soils: micro-organisms and mechanisms. *Soil Biol. Biochem.* **33**: 853-866.

De Boer, W., P. Gunnewiek, M. Veenhuis, E. Bock, and H. J. Laanbroek. 1991. Nitrification at low pH by aggregated chemolithotrophic bacteria. *Appl. Environ. Microbiol.* **57**: 3600-3604.

Dell, E. A., D. Bowman, T. Rufty, and W. Shi. 2008. Intensive management affects composition of betaproteobacterial ammonia oxidizers in turfgrass systems. *Microb. Ecol.* **56**: 178-190.

Dray, S., and A. B. Dufour. 2007. The ade4 package: implementing the duality diagram for ecologists. *J. Stat. Softw.* **22**: 1-20.

Euzeby, J. P. and B. J. Tindall. 2004. Status of strains that contravene Rules 27 (3) and 30 of the Bacteriological Code. Request for an Opinion. *Int. J. Syst. Evol. Microbiol.* **54**: 293-301.

Fierer, N., and R. B. Jackson. 2006. The diversity and biogeography of soil bacterial communities. *Proc. Natl. Acad. Sci. USA* **103**: 626-631.

Fierer, N., K. M. Carney, M. C. Horner-Devine, and J. P. Megonigal. 2009. The biogeography of ammonia-oxidizing bacterial communities in soil. *Microbiol. Ecol.* **58**: 435-445.

Francis, C. A., K. J. Roberts, J. M. Beman, A. E. Santoro, and B. B. Oakley. 2005. Ubiquity and diversity of ammonia-oxidizing archaea in water columns and sediments of the ocean. *Proc. Natl. Acad. Sci. USA* **102**: 14683-14688.

Francis, C. A., J. M. Beman, and M. M. Kuypers. 2007. New processes and players in the nitrogen cycle: the microbial ecology of anaerobic and archaeal ammonia oxidation. *ISME J.* **1**: 19-27.

Freitag, T. E., and J. I. Prosser. 2004. Differences between betaproteobacterial ammonia-oxidizing communities in marine sediments and those in overlying water. *Appl. Environ. Microbiol.* **70**: 3789-3793.

Freitag, T. E., L. Chang, and J. I. Prosser. 2006. Changes in the community structure and activity of betaproteobacterial ammonia-oxidizing sediment bacteria along a freshwater-marine gradient. *Environ. Microbiol.* **8**: 684-696.

Garbeva, P., E. M. Baggs, and J. I. Prosser. 2007. Phylogeny of nitrite reductase (nirK) and nitric oxide reductase (norB) genes from *Nitrosospira* species isolated from soil. *FEMS Microbiol. Lett.* **266**: 83-89.

Gomez-Alvarez, V., G. M. King, and K. Nusslein. 2007. Comparative bacterial diversity in recent Hawaiian volcanic deposits of different ages. *FEMS Microbiol. Ecol.* **60**: 60-73.

Gorra, R., M. Coci, R. Ambrosoli, and H. J. Laanbroek. 2007. Effects of substratum on the diversity and stability of ammonia-oxidizing communities in a constructed wetland used for wastewater treatment. *J. Appl. Microbiol.* **103**: 1442-1452.

Green, J. L., B. J. M. Bohannan, and R. J. Whitaker. 2008. Microbial biogeography: from taxonomy to traits. *Science* **320**: 1039-1043.

Harms, H., H. P. Koops, and H. Wehrmann. 1976. An ammonia-oxidizing bacterium, Nitrosovibrio tenuis nov. gen. nov. sp. *Arch. Microbiol.* **108**: 105-111.

Hastings, R. C., J. R. Saunders, G. H. Hall, R. W. Pickup, and A. J. McCarthy. 1998. Application of molecular biological techniques to a seasonal study of ammonia oxidation in a eutrophic freshwater lake. *Appl. Environ. Microbiol.* **64**: 3674-3682.

Hatzenpichler, R., E. V. Lebecleva, E. Spieck, K. Stoecker, A. Richter, H. Daims, and M. Wagner. 2008. A moderately thermophilic ammonia-oxidizing crenarchaeote from a hot spring. *Proc. Natl. Acad. Sci. USA* **105**: 2134-2139.

Head, I. M., W. D. Hiorns, T. M. Embley, A. J. McCarthy, and J. R. Saunders. 1993. The phylogeny of autotrophic ammonia-oxidizing bacteria as determined by analysis of 16S ribosomal-RNA sequences *J. Gen. Microbiol.* **139**: 1147-1153.

Horner-Devine, M. C., and B. J. M. Bohannan. 2006. Phylogenetic clustering and overdispersion in bacterial communities. *Ecology.* **87**: S100-S108.

Ibekwe, A. M., C. M. Grieve, and S. R. Lyon. 2003. Characterization of microbial communities and composition in constructed dairy wetland wastewater effluent. *Appl. Environ. Microbiol.* **69**: 5060-5069.

Ida, T., M. Kugimiya, M. Kogure, R. Takahashi, and T. Tokuyama. 2005. Phylogenetic relationships among ammonia-oxidizing bacteria as revealed by gene sequences of glyceraldehyde 3-phosphate dehydrogenase and phosphoglycerate kinase. *J. Biosci. Bioeng.* **99**: 569-576.

Jenny, H. 1941. *Factors of Soil Formation; a System of Quantitative Pedology*. McGraw Hill, New York, NY.

Jiang, Q. Q., and L. R. Bakken. 1999. Comparison of Nitrosospira strains isolated from terrestrial environments. *FEMS Microbiol. Ecol.* **30**: 171-186.

Jones, R. D., R. Y. Morita, H. P. Koops, and S. W. Watson. 1988. A new marine ammonium-oxidizing bacterium, Nitrosomonas cryotolerans sp. -nov. *Can. J. Microbiol.* **34**: 1122-1128.

Juretschko, S., G. Timmermann, M. Schmid, K. H. Schleifer, A. Pommerening-Roser, H. P. Koops, and M. Wagner. 1998. Combined molecular and conventional analyses of nitrifying bacterium diversity in activated sludge: Nitrosococcus mobilis and Nitrospira-like bacteria as dominant populations. *Appl. Environ. Microbiol.* **64**: 3042-3051.

Kelly, J. J., S. Siripong, J. McCormack, L. R. Janus, H. Urakawa, S. El Fantroussi, P. A. Noble, L. Sappelsa, B. E. Rittmann, and D. A. Stahl. 2005. DNA microarray detection of nitrifying bacterial 16S rRNA in wastewater treatment plant samples. *Water Res.* **39**: 3229-3238.

King, G. M. 2003. Contributions of atmospheric CO and hydrogen uptake to microbial dynamics on recent Hawaiian volcanic deposits. *Appl. Environ. Microbiol.* **69**: 4067-4075.

Kitayama, K. 1996. Soil nitrogen dynamics along a gradient of long-term soil development in a Hawaiian wet montane rainforest. *Plant Soil.* **183**: 253-262.

Klotz, M. G., and L. Y. Stein. 2007. Nitrifier genomics and evolution of the N-cycle. *FEMS Microbiol. Lett.* **278**: 146-156.

Klotz, M. G., D. J. Arp, P. S. G. Chain, A. F. El-Sheikh, L. J. Hauser, N. G. Hommes, F. W. Larimer, S. A. Malfatti, J. M. Norton, A. T. Poret-Peterson, L. M. Vergez, and B. B. Ward. 2006. Complete genome sequence of the marine, chemolithoautotrophic, ammonia-oxidizing bacterium Nitrosococcus oceani ATCC 19707. *Appl. Environ. Microbiol.* **72**: 6299-6315.

Konneke, M., A. E. Bernhard, J. R. de la Torre, C. B. Walker, J. B. Waterbury, and D. A. Stahl. 2005. Isolation of an autotrophic ammonia-oxidizing marine archaeon. *Nature* **437**: 543-546.

Koops, H. P., and H. Harms. 1985. Deoxyribonucleic-acid homologies among 96 strains of ammonia-oxidizing bacteria. *Arch. Microbiol.* **141**: 214-218.

Koops, H. P., and A. Pommerening-Roser. 2001. Distribution and ecophysiology of the nitrifying bacteria emphasizing cultured species. *FEMS Microbiol. Ecol.* **37**: 1-9.

Koops, H. P., H. Harms, and H. Wehrmann. 1976. Isolation of a moderate halophilic ammonia-oxidizing bacterium, *Nitrosococcus mobilis* nov. sp. *Arch. Microbiol.* **107**: 277-282.

Koops, H. P., B. Bottcher, U. C. Moller, A. Pommereningroser, and G. Stehr. 1990. Description of a new species of *Nitrosococcus*. *Arch. Microbiol.* **154**: 244-248.

Koops, H. P., B. Bottcher, U. C. Moller, A. Pommerening-Roser, and G. Stehr. 1991. Classification of eight new species of ammonia-oxidizing bacteria: *Nitrosomonas communis* sp. nov., *Nitrosomonas ureae* sp. nov., *Nitrosomonas aestuarii* sp. nov., *Nitrosomonas marina* sp. nov., *Nitrosomonas nitrosa* sp. nov., *Nitrosomonas oligotropha* sp. nov., *Nitrosomonas halophila* sp. nov. *J. Gen. Microbiol.* **137**: 1689-1699.

Koper, T. E., A. F. El-Sheikh, J. M. Norton, and M. G. Klotz. 2004. Urease-encoding genes in ammonia-oxidizing bacteria. *Appl Environ. Microbiol.* **70**: 2342-2348.

Kowalchuk, G. A., and J. R. Stephen. 2001. Ammonia-oxidizing bacteria: a model for molecular microbial ecology. *Annu. Rev. Microbiol.* **55**: 485-529.

Kowalchuk, G. A., J. R. Stephen, W. DeBoer, J. I. Prosser, T. M. Embley, and J. W. Woldendorp. 1997. Analysis of ammonia-oxidizing bacteria of the beta subdivision of the class Proteobacteria in coastal sand dunes by denaturing gradient gel electrophoresis and sequencing of PCr-amplified 16S ribosomal DNA fragments. *Appl. Environ. Microbiol.* **63**: 1489-1497.

Kowalchuk, G. A., A. W. Stienstra, G. H. J. Heilig, J. R. Stephen, and J. W. Woldendorp. 2000a. Changes in the community structure of ammonia-oxidizing bacteria during secondary succession of calcareous grasslands. *Environ. Microbiol.* **2**: 99-110.

Kowalchuk, G. A., A. W. Stienstra, G. H. J. Heilig, J. R. Stephen, and J. W. Woldendorp. 2000b. Molecular analysis of ammonia-oxidising bacteria in soil of successional grasslands of the Drentsche A (The Netherlands). *FEMS Microbiol. Ecol.* **31**: 207-215.

Le Roux, X., F. Poly, P. Currey, C. Commeaux, B. Hai, G. W. Nicol, J. I. Prosser, M. Schloter, E. Attard, and K. Klumpp. 2008. Effects of aboveground grazing on coupling among nitrifier activity, abundance and community structure. *ISME J.* **2**: 221-232.

Lebedeva, E. V, M. Alawi, C Fiencke, B. Namsaraev, E. Bock, and E. Spieck. 2005. Moderately thermophilic nitrifying bacteria from a hot spring of the Baikal rift zone. *FEMS Microbiol. Ecol.* **54**: 297-306.

Martiny, J. B. H., B. J. M. Bohannan, J. H. Brown, R. K. Colwell, J. A. Fuhrman, J. L. Green, M. C. Horner-Devine, M. Kane, J. A. Krumins, C. R. Kuske, P. J. Morin, S. Naeem, L. Ovreas, A. L. Reysenbach, V. H Smith, and J. T. Staley. 2006. Microbial biogeography: putting microorganisms on the map. *Nat. Rev. Microbiol.* **4**: 102-112.

Mendum, T. A., and P. R. Hirsch. 2002. Changes in the population structure of betagroup autotrophic ammonia oxidising bacteria in arable soils in response to agricultural practice. *Soil Biol. Biochem.* **34**: 1479-1485.

Mendum, T. A., R. E. Sockett, and P. R. Hirsch. 1999. Use of molecular and isotopic techniques monitor the response of autotrophic ammonia-oxidizing populations of the beta subdivision of the class Proteobacteria in arable soils to nitrogen fertilizer. *Appl. Environ. Microbiol.* **65**: 4155-4162.

Merila, P., A. Smolander, and R. Strommer. 2002. Soil nitrogen transformations along a primary succession transect on the land-uplift coast in western Finland. *Soil Biol. Biochem.* **34**: 373-385.

Mertens, J., D. Springael, I. De Troyer, K. Cheyns, P. Wattiau, and E. Smolders. 2006. Long-term exposure to elevated zinc concentrations induced structural changes and zinc tolerance of the nitrifying community in soil. *Environ. Microbiol.* **8**: 2170-2178.

Miteva, V., T. Sowers, and J. Brenchley. 2007. Production of N_2O by ammonia oxidizing bacteria at subfreezing temperatures as a model for assessing the N_2O anomalies in the vostok ice core. *Geomicrobiol. J.* **24**: 451-459.

Nejidat, A. 2005. Nitrification and occurrence of salt-tolerant nitrifying bacteria in the Negev desert soils. *FEMS Microbiol. Ecol.* **52**: 21-29.

Nemergut, D. R., S. P. Anderson, C. C. Cleveland, A. P. Martin, A. E. Miller, A. Seimon, and S. K. Schmidt. 2007. Microbial community succession in an unvegetated, recently deglaciated soil. *Microb. Ecol.* **53**: 110-122.

Norton, J. M. 2008. Nitrification in agricultural soils, p. 173-199. *In* J. S. Schepers and W. R. Raun (ed.), *Nitrogen in Agricultural Systems*. America Society of Agronomy, Inc. ; Crop Science Society of America, Inc. ; Soil Science Society of America, Inc., Madison, WI.

Norton, J. M., J. J. Alzerreca, Y. Suwa, and M. G. Klotz. 2002. Diversity of ammonia monooxygenase operon in autotrophic ammonia-oxidizing bacteria. *Arch. Microbiol.* **177**: 139-149.

Norton, J. M., M. G. Klotz, L. Y. Stein, D. J. Arp, P. J. Bottomley, P. S. G. Chain, L. J. Hauser, M. L. Land, F. W. Larimer, M. W. Shin, and S. R. Starkenburg. 2008. Complete genome sequence of *Nitrosospira mulitformis*, an ammonia-oxidizing bacterium from the soil environment. *Appl. Environ. Microbiol.* **74**: 3559-3572.

Nugroho, R. A., W. F. M. Roling, A. M. Laverman, and H. A. Verhoef. 2007. Low nitrification rates in acid scots pine forest soils are due to pH-related factors. *Microbiol. Ecol.* **53**: 89-97.

O'Mullan, G. D., and B. B. Ward. 2005. Relationship of temporal and spatial variabilities of ammonia-oxidizing bacteria to nitrification rates in Monterey Bay, California. *Appl. Environ. Microbiol.* **71**: 697-705.

Oved, T., A. Shaviv, T. Goldrath, R. T. Mandelbaum, and D. Minz. 2001. Influence of effluent irrigation on community composition and function of ammonia-oxidizing bacteria in soil. *Appl. Environ. Microbiol.* **67**: 3426-3433.

Park, H. D., J. M. Regan, and D. R. Noguera. 2002. Molecular analysis of ammonia-oxidizing bacterial populations in aerated-anoxic Orbal processes. *Water Sci. Tech.* **46**: 273-280.

Park, H. D., G. F. Wells, H. Bae, C. S. Criddie, and C. A. Francis. 2006. Occurrence of ammonia-oxidizing archaea in wastewater treatment plant bioreactors. *Appl. Environ. Microbiol.* **72**: 5643-5647.

Phillips, C. J., Z. Smith, T. M. Embley, and J. I. Prosser. 1999. Phylogenetic differences between particle-associated and planktonic ammonia-oxidizing bacteria of the beta subdivision of the class Proteobacteria in the northwestern Mediterranean Sea. *Appl. Environ. Microbiol.* **65**: 779-786.

Phillips, C. J., D. Harris, S. L. Dollhopf, K. L. Gross, J. I. Prosser, and E. A. Paul. 2000. Effects of agronomic treatments on structure and function of ammonia-oxidizing communities. *Appl. Environ. Microbiol.* **66**: 5410-5418.

Polymenakou, P. N., M. Mandalakis, E. G. Stephanou, and A. Tselepides. 2008. Particle size distribution of airborne microorganisms and pathogens during an intense African dust event in the eastern Mediterranean. *Environ. Health Perspect.* **116**: 292-296.

Pommerening-Roser, A., and H. P. Koops. 2005. Environmental pH as an important factor for the distribution of urease positive ammonia-oxidizing bacteria. *Microbiol. Res.* **160**: 27-35.

Pommerening-Roser, A., G. Rath, and H. P. Koops. 1996. Phylogenetic diversity within the genus *Nitrosomonas. Syst. Appl. Microbiol.* **19**: 344-351.

Prosser, J. I., and T. M. Embley. 2002. Cultivation-based and molecular approaches to characterisation of terrestrial and aquatic nitrifiers. *Antonie Van Leeuwenhoek Int. J. Gen. Mol. Microbiol.* **81**: 165-179.

Purkhold, U., A. Pommerening-Roser, S. Juretschko, M. C. Schmid, H. P. Koops, and M. Wagner. 2000. Phylogeny of all recognized species of ammonia oxidizers based on comparative 16S rRNA and *amoA* sequence analysis: Implications for molecular diversity surveys. *Appl. Environ. Microbiol.* **66**: 5368-5382.

Purkhold, U., M. Wagner, G. Timmermann, A. Pommerening-Roser, and H. P. Koops. 2003. 16S rRNA and amoA-based phylogeny of 12 novel betaproteobacterial ammonia-oxidizing isolates: extension of the dataset and proposal of a new lineage within the nitrosomonads. *Int. J. Syst. Evol. Microbiol.* **53**: 1485-1494.

Ramette, A., and J. M. Tiedje. 2007a. Biogeography: An emerging cornerstone for understanding prokaryotic diversity, ecology, and evolution. *Microbiol. Ecol.* **53**: 197-207.

Ramette, A., and J. M. Tiedje. 2007b. Multiscale responses of microbial life to spatial distance and environmental heterogeneity in a patchy ecosystem. *Proc. Natl. Acad. Sci. USA* **104**: 2761-2766.

Rotthauwe, J. H., W. de Boer, and W. Liesak. 1995. Comparative analysis of gene sequences encoding for ammonia monooxygenase of *Nitrosospira* sp. AHB1 and *Nitrosolobus multiformis* C-71. *FEMS Microbiol. Lett.* **133**: 133-135.

Ruiz-Rueda, O., S. Hallin, and L. Baneras. 2009. Structure and function of denitrifying and nitrifying bacterial communities in relation to the plant species in a constructed wetland. *FEMS Microbiol. Ecol.* **67**: 308-319.

Sigler, W. V., and J. Zeyer. 2002. Microbial diversity and activity along the forefields of two receding glaciers. *Microbiol. Ecol.* **43**: 397-407.

Siripong, S., and B. E. Rittmann. 2007. Diversity study of nitrifying bacteria in full-scale municipal wastewater treatment plants. *Water Res.* **41**: 1110-1120.

Smithwick, E. A. H., M. G. Turner, M. C. Mack, and F. S. Chapin. 2005. Postfire soil N cycling in northern conifer forests affected by severe, stand-replacing wildfires. *Ecosystems* **8**: 163-181.

Song, Y. N., P. Marschner, L. Li, X. G. Bao, J. H. Sun, and F. S. Zhang. 2007. Community composition of ammonia-oxidizing bacteria in the rhizosphere of intercropped wheat (*Triticum aestivum* L.), maize (*Zea mays* L.), and faba bean (*Vicia faba* L.). *Biol. Fertil. Soils* **44**: 307-314.

Sorokin, D., T. Tourova, M. C. Schmid, M. Wagner, H. P. Koops, J. G. Kuenen, and M Jetten. 2001. Isolation and properties of obligately chemolithoautotrophic and extremely alkali-tolerant ammonia-oxidizing bacteria from Mongolian soda lakes. *Arch. Microbiol.* **176**: 170-177.

Stein, L. Y., D. J. Arp, P. M. Berube, P. S. G. Chain, L. Hauser, M. S. M. Jetten, M. G. Klotz, F. W. Larimer, J. M. Norton, H. J. M. O. d. Camp, M. Shin, and X. Wei. 2007. Whole-genome analysis of the ammonia-oxidizing bacterium, *Nitrosomonas eutropha* C91: implications for niche adaptation. *Environ. Microbiol.* **9**: 2993-3007.

Stephen, J. R., A. E. McCaig, Z. Smith, J. I. Prosser, and T. M Embley. 1996. Molecular diversity of soil and marine 16S rRNA gene sequences related to beta-subgroup ammonia-oxidizing bacteria. *Appl. Environ. Microbiol.* **62**: 4147-4154.

Suwa, Y., Y. Imamura, T. Suzuki, T. Tashiro, and Y. Urushigawa. 1994. Ammonia-oxidizing bacteria with different sensitivities to $(NH_4)_2SO_4$ in activated sludges. *Water Res.* **28**: 1523-1532.

Teske, A., E. Alm, J. M. Regan, S. Toze, B. E. Rittmann, and D. A. Stahl. 1994. Evolutionary relationships among ammonia-oxidizing and nitrite-oxidizing bacteria. *J. Bacteriol.* **176**: 6623-6630.

Treusch, A. H., S. Leininger, A. Kletzin, S. C. Schuster, H. P. Klenk, and C. Schleper. 2005. Novel genes for nitrite reductase and Amo-related proteins indicate a role of uncultivated mesophilic crenarchaeota in nitrogen cycling. *Environ. Microbiol.* **7**: 1985-1995.

Turner, M. G., E. A. H. Smithwick, K. L. Metzger, D. B. Tinker, and W. H. Romme. 2007. Inorganic nitrogen availability after severe stand-replacing fire in the Greater Yellowstone Ecosystem. *Proc. Natl. Acad. Sci. USA* **104**: 4782-4789.

Utaker, J. B., L. Bakken, L. J. Jiang, and I. F. Nes. 1995. Phylogenetic analysis of seven new isolates of ammonia-oxidizing bacteria based on 16S rRNA gene sequences. *Syst. Appl. Microbiol.* **18**: 549-559.

Viessman, W., and M. J. Hammer. 2004. *Water Supply and Pollution Control.* Pearson Prentice Hall, Upper Saddle River, NJ.

Vitousek, P. M., P. A. Matson, and K. Vancleve. 1989. Nitrogen availability and nitrification during succession-primary, secondary and old-field seres. *Plant Soil* **115**: 229-239.

Voytek, M. A., J. C. Priscu, and B. B. Ward. 1999. The distribution and relative abundance of ammonia-oxidizing bacteria in lakes of the McMurdo Dry Valley, Antarctica. *Hydrobiologia* **401**: 113-130.

Wagner, M., G. Rath, H. P. Koops, J. Flood, and R. Amann. 1996. In situ analysis of nitrifying bacteria in sewage treatment plants. *Water Sci. Tech.* **34**: 237-244.

Ward, B. B., and G. D. O'Mullan. 2002. Worldwide distribution of *Nitrosococcus oceani*, a marine ammonia-oxidizing gamma-proteobacterium, detected by PCR and sequencing of 16S rRNA and amoA genes. *Appl. Environ. Microbiol.* **68**: 4153-4157.

Ward, B. B., M. A. Voytek, and R. P. Witzel. 1997. Phylogenetic diversity of natural populations of ammonia oxidizers investigated by specific PCR amplification. *Microbiol. Ecol.* **33**: 87-96.

Ward, B. B., D. Eveillard, J. D. Kirshtein, J. D. Nelson, M. A. Voytek, and G. A. Jackson. 2007. Ammonia-oxidizing bacterial community composition in estuarine and oceanic environments assessed using a functional gene microarray. *Environ. Microbiol.* **9**: 2522-2538.

Watson, S. W. 1965. Characteristics of a marine nitrifying bacterium, *Nitrosocystis oceanus* sp. nov. *Limnol. Oceanogr.* **10**: R247-R289.

Watson, S. W. 1971a. Reisolation of *Nitrosospira briensis* S. Winogradsky and H. Winogradsky 1933. *Arch Mikrobiol* **75**: 179-188.

Watson, S. W. 1971b. Taxonomic considerations of the family *Nitrobacteraceae* Buchanan. *Int. J. Syst. Bacteriol.* **21**: 254-270.

Watson, S. W., L. B. Graham, C. C. Remsen, and F. W. Valois. 1971. A lobular, ammonia-oxidizing bacterium, *Nitrosolobus multiuformis* nov. gen. nov. sp. *Arch. Microbiol.* **76**: 183-203.

Webster, G., T. M. Embley, and J. I. Prosser. 2002. Grassland management regimens reduce small-scale heterogeneity and species diversity of betaproteobacterial ammonia oxidizer populations. *Appl. Environ. Microbiol.* **68**: 20-30.

Webster, G., T. M. Embley, T. E. Freitag, Z. Smith, and J. I. Prosser. 2005. Links between ammonia oxidizer species composition, functional diversity and nitrification kinetics in grassland soils. *Environ. Microbiol.* **7**: 676-684.

Wells, G. F., H. D. Park, C. H. Yeung, B. Eggleston, C. A. Francis, and C. S. Criddle. 2009. Ammonia-oxidizing communities in a highly aerated full-scale activated sludge bioreactor: betaproteobacterial dynamics and low relative abundance of *Crenarchaea*. *Environ. Microbiol.* **11**: 2310-2328.

Whitby, C. B., J. R. Saunders, R. W. Pickup, and A. J. McCarthy. 2001. A comparison of ammonia-oxidiser populations in eutrophic and oligotrophic basins of a large freshwater lake. *Antonie Van Leewenhoek Int. J. Gen. Mol. Microbiol.* **79**: 179-188.

Winogradsky, S. 1892. Contributions a la morphologie des organismes de la nitrification. *Arch. Sci. Biol. St. Peterburg.* **1**: 86-137.

Woese, C. R., W. G. Weisburg, B. J. Paster, C. M. Hahn, R. S. Tanner, N. R. Krieg, H. P. Koops, H. Harms, and E. Stackebrandt. 1984. The phylogeny of the purple bacteria-the Beta-subdivision. *Syst. Appl. Microbiol.* **5**: 327-336.

Woese, C. R., W. G. Weisburg, C. M. Hahn, B. J. Paster, L. B. Zablen, B. J. Lewis, T. J. Macke, W. Ludwig, and E. Stackebrandt. 1985. The phylogeny of the purple bacteria-the Gamma-subdivision. *Syst. Appl. Microbiol.* **6**: 25-33.

Wuchter, C., B. Abbas, M. J. L. Coolen, L. Herfort, J. van Bleijswijk, P. Timmers, M. Strous, E. Teira, G. J. Herndl, J. J. Middelburg, S. Schouten, and J. S. S. Damste. 2006. Archaeal nitrification in the ocean. *Proc. Natl. Acad. Sci. USA* **103**: 12317-12322.

Yergeau, E., S. Kang, Z. He, J. Zhou, and G. A. Kowalchuk. 2007. Functional microarray analysis of nitrogen and carbon cycling genes across an Antarctic latitudinal transect. *ISME J.* **1**: 163-179.

Zhang, C. L., Q. Ye, Z. Y. Huang, W. J. Li, J. Q. Chen, Z. Q. Song, W. D. Zhao, C. Bagwell, W. P. Inskeep, C. Ross, L. Gao, J. Wiegel, C. S. Romanek, E. L. Shock, and B. P. Hedlund. 2008. Global occurrence of archaeal *amo*A genes in terrestrial hot springs. *Appl. Environ. Microbiol.* **74**: 6417-6426.

Zhang, T., T. Jin, Q. Yan, M. Shao, G. Wells, C. Criddle, and H. H. P. Fang. 2009. Occurrence of ammonia-oxidizing *Archaea* in activated sludges of a laboratory scale reactor and two wastewater treatment plants. *J. Appl. Microbiol.* **107**: 970-977.

第 4 章

Agogue, H., M. Brink, J. Dinasquet, and G. J. Herndl. 2008. Major gradients in putatively nitrifying and non-nitrifying Archaea in the deep North Atlantic. *Nature* **456**: 788-791.

Allen, A. E., M. G. Booth, M. E. Frischer, P. G. Verity, J. P. Zehr, and S. Zani. 2001. Diversity and detection of nitrate assimilation genes in marine bacteria. *Appl. Environ. Microbiol.* **67**: 5343-5348.

Alzerreca, J. J., J. M. Norton, and M. G. Klotz. 1999. The *amo* operon in marine, ammonia oxidizing Gammaproteobacteria. *FEMS. Microbiol. Lett.* **180**: 21-29.

Anbar, A. D., and A. H. Knoll. 2002. Proterozoic Ocean chemistry and evolution: a bioinorganic bridge? *Science* **297**: 1137-1142.

Andersson, K. K., S. B. Philson, and A. B. Hooper. 1982. ^{18}O isotope shift in ^{15}N NMR analysis of biological N-oxidations: N_2O-NO_2^- exchange in the ammonia-oxidizing bacterium *Nitrosomonas*. *Proc. Natl. Acad. Sci. USA.* **79**: 5871-5875.

Arciero, D., C. Balny, and A. B. Hooper. 1991a. Spectroscopic and rapid kinetic studies of reduction of cytochrome c554 by hydroxylamine reductase from *Nitrosomonas europaea*. *J. Biol. Chem.* **269**: 11878-11886.

Arciero, D. M., and A. B. Hooper. 1993. Hydroxylamine oxidorectase is a multimer of an octa-heme subunit. *J. Biol. Chem.* **268**: 14645-14654.

Arciero, D. M., and A. B. Hooper. 1997. Evidence for a crosslink between c-heme and a lysine residue in cytochrome P460 of *Nitrosomonas europaea*. *FEBS Lett*. **410**: 457-460.

Arciero, D. M., M. J. Collins, J. Haladjian, P. Bianco, and A. B. Hooper. 1991b. Resolution of the four hemes of cytochrome *c*554 from *Nitrosomonas europaea* by redox potentiometry and optical spectroscopy. *Biochemistry* **30**: 11459-11465.

Arciero, D. M., A. B. Hooper, M. Cai, and R. Timkovich. 1993. Evidence for the structure of the active site heme P460 in hydroxylamine oxidoreductase of *Nitrosomonas*. *Biochemistry* **32**: 9370-9378.

Arciero, D. M., B. S. Pierce, M. P. Hendrich, and A. B. Hooper. 2002. Nitrosocyanin, a red cupredoxin-like protein from *Nitrosomonas europaea*. *Biochemistry* **41**: 1703-1709.

Arnold, G. L., A. D. Anbar, J. Barling, and T. W. Lyons. 2004. Molybdenum isotope evidence for widespread anoxia in mid-Proterozoic oceans. *Science* **304**: 87-90.

Arp, D. J., and P. J. Bottomley. 2006. Nitrifiers: more than 100 years from isolation to genome sequences. *Microbe* **1**: 229-234.

Arp, D. J., and L. Y. Stein. 2003. Metabolism of inorganic N compounds by ammonia-oxidizing bacteria. *Crit. Rev. Biochem. Mol. Biol*. **38**: 471-495.

Arp, D. J., L. A. Sayavedra-Soto, and N. G. Hommes. 2002. Molecular biology and biochemistry of ammonia oxidation by *Nitrosomonas europaea*. *Arch. Microbiol*. **178**: 250-255.

Arp, D. J., P. S. G. Chain, and M. G. Klotz. 2007. The impact of genome analyses on our understanding of ammonia-oxidizing bacteria. *Ann. Rev. Microbiol*. **61**: 21-58.

Atkinson, S. J., C. G. Mowat, G. A. Reid, and S. K. Chapman. 2007. An octaheme *c*-type cytochrome from *Shewanella oneidensis* can reduce nitrite and hydroxylamine. *FEBS Lett*. **581**: 3805-3808.

Basumallick, L., R. Sarangi, S. DeBeerGeorge, B. Elmore, A. B. Hooper, B. Hedman, K. O. Hodgson, and E. I. Solomon. 2005. Spectroscopic and density functional studies of the red copper site in nitrosocyanin: role of the protein in determining active site geometric and electronic structure. *J. Am. Chem. Soc*. **127**: 3531-3544.

Batchelor, S. E., M. Cooper, S. R. Chhabra, L. A. Glover, G. S. Stewart, P. Williams, and J. I. Prosser. 1997. Cell density-regulated recovery of starved biofilm populations of ammonia-oxidizing bacteria. *Appl. Environ. Microbiol*. **63**: 2281-2286.

Bergmann, D. J., and A. B. Hooper. 2003. Cytochrome P460 of *Nitrosomonas europaea*. *Eur. J. Biochem*. **270**: 1935-1941.

Bergmann, D. J., D. Arciero, and A. B. Hooper. 1994. Organization of the *hao* gene cluster of *Nitrosomonas europaea*: genes for two tetraheme *c* cytochromes. *J. Bacteriol*. **176**: 3148-3153.

Bergmann, D. J., A. B. Hooper, and M. G. Klotz. 2005. Structure and sequence conservation of genes in the *hao* cluster of autotrophic ammonia-oxidizing bacteria: evidence for their evolutionary history. *Appl. Environ. Microbiol*. **71**: 5371-5382.

Bertsova, Y. V., and A. V. Bogachev. 2004. The origin of the sodium-dependent NADH oxidation by the respiratory chain of *Klebsiella pneumoniae*. *FEBS Lett*. **563**: 207-212.

Berube, P. M., S. C. Proll, and D. A. Stahl. 2007. Genome-wide transcriptional analysis following the recovery of *Nitrosomonas europaea* from ammonia starvation. abstr. H-105. Abstr. 107th Gen. Meet. Am. Soc. Microbiol. American Society for Microbiology, Washington, DC.

Berube, P. M., R. Samudrala, and D. A. Stahl. 2007. Transcription of all *amo*C copies is associated with recovery of *Nitrosomonas europaea* from ammonia starvation. *J. Bacteriol*. **189**: 3935-3944.

Bock, E., H. -P. Koops, H. Harms, and B. Ahlers. 1991. The biochemistry of nitrifying organisms, p. 171-200. *In* J. M. Shively and L. L. Barton (ed.), *Variations in Autotrophic Life*. Academic Press

Limited, San Diego, CA.

Braker, G., and J. M. Tiedje. 2003. Nitric oxide reductase (*nor*B) genes from pure cultures and environmental samples. *Appl. Environ. Microbiol.* **69**: 3476-3483.

Brandes, J. A., A. H. Devol, and C. Deutsch. 2007. New developments in the marine nitrogen cycle. *Chem. Rev.* **107**: 577-589.

Burton, E. O., H. W. Read, M. C. Pellitteri, and W. J. Hickey. 2005. Identification of acyl-homoserine lactone signal molecules produced by *Nitrosomonas europaea* strain Schmidt. *Appl. Environ. Microbiol.* **71**: 4906-4909.

Burton, S. A. Q., and J. I. Prosser. 2001. Autotrophic ammonia oxidation at low pH through urea hydrolysis. *Appl. Environ. Microbiol.* **67**: 2952-2957.

Butler, C. S., and D. J. Richardson. 2005. The emerging molecular structure of the nitrogen cycle: an introduction to the proceedings of the 10th annual N-cycle meeting. *Biochem. Soc. Trans.* **33**: 113-118.

Calvo, L., and L. J. Garcia-Gil. 2004. Use of *amo*B as a new molecular marker for ammonia-oxidizing bacteria. *J. Microbiol. Methods* **57**: 69-78.

Campbell, B. J., J. L. Smith, T. E. Hanson, M. G. Klotz, L. Y. Stein, C. K. Lee, D. Wu, J. M. Robinson, H. M. Khouri, J. A. Eisen, and S. C. Cary. 2009. Adaptations to submarine hydrothermal environments exemplified by the genome of *Nautilia profundicola*. *PLoS Genet.* **5**: e1000362.

Canfield, D., M. Rosing, and C. Bjerrum. 2006. Early anaerobic metabolisms. *Philos. Trans. R. Soc. B Biol. Sci.* **361**: 1819-1836.

Cantera, J. J., and L. Y. Stein. 2007a. Molecular diversity of nitrite reductase genes (nirK) in nitrifying bacteria. *Environ. Microbiol.* **9**: 765-776.

Cantera, J. J., and L. Y. Stein. 2007b. Role of nitrite reductase in the ammonia-oxidizing pathway of *Nitrosomonas europaea*. *Arch. Microbiol.* **188**: 349-354.

Cape, J. L., M. K. Bowman, and D. M. Kramer. 2006. Understanding the cytochrome *bc* complexes by what they don't do. The Q-cycle at 30. *Trends Plant Sci.* **11**: 46-55.

Casciotti, K. L., and B. B. Ward. 2001. Dissimilatory nitrite reductase genes from autotrophic ammonia-oxidizing bacteria. *Appl. Environ. Microbiol.* **67**: 2213-2221.

Casciotti, K. L., and B. B. Ward. 2005. Phylogenetic analysis of nitric oxide reductase gene homologues from aerobic ammonia-oxidizing bacteria. *FEMS Microbiol. Ecol.* **52**: 197-205.

Casciotti, K., D. Sigman, and B. Ward. 2003. Linking diversity and stable isotope fractionation in ammonia-oxidizing bacteria. *Geomicrobiol. J.* **20**: 335-353.

Chain, P., J. Lamerdin, F. Larimer, W. Regala, V. Lao, M. Land, L. Hauser, A. Hooper, M. Klot, J. Norton, L. Sayavedra-Soto, D. Arciero, N. Hommes, M. Whittaker, and D. Arp. 2003. Complete genome sequence of the ammonia-oxidizing bacterium and obligate chemolithoautotroph *Nitrosomonas europaea*. *J. Bacteriol.* **185**: 2759-2773.

Cho, C. M. H., T. Yan, X. Liu, L. Wu, J. Zhou, and L. Y. Stein. 2006. Transcriptome of a *Nitrosomonas europaea* mutant with a disrupted nitrite reductase gene (nirK). *Appl. Environ. Microbiol.* **72**: 4450-4454.

Choi, P. S., Z. Naal, C. Moore, E. Casado-Rivera, H. D. Abruna, J. D. Helmann, and J. P. Shapleigh. 2006. Assessing the impact of denitrifier-produced nitric oxide on other bacteria. *Appl. Environ. Microbiol.* **72**: 2200-2205.

Dalsgaard, T., B. Thamdrup, and D. E. Canfield. 2005. Anaerobic ammonium oxidation (anammox) in the marine environment. *Res. Microbiol.* **156**: 457-464.

Dang, H., X. Zhang, J. Sun, T. Li, Z. Zhang, and G. Yang. 2008. Diversity and spatial distribution of sediment ammonia-oxidizing crenarchaeota in response to estuarine and environmental gradients in the Changjiang Estuary and East China Sea. *Microbiology* **154**: 2084-2095.

Dang, H., J. Li, X. Zhang, T. Li, F. Tian, and W. Jin. 2009. Diversity and spatial distribution of *amo*A-encoding archaea in the deep-sea sediments of the tropical West Pacific Continental Margin. *J. Appl. Microbiol.* **106**: 1482-1493.

Dang, H., X. W. Luan, R. Chen, X. Zhang, L. Guo, and M. G. Klotz. 2010. Diversity, abundance and distribution of *amo*A-encoding archaea in deep-sea methane seep sediments of the Okhotsk Sea. *FEMS Microbiol. Ecol.* **72**: 370-385.

de la Torre, J. R., C. B. Walker, A. E. Ingalls, M. Könneke, D. A. Stahl. 2008. Cultivation of a thermophilic ammonia-oxidizing archaeon synthesizing crenarchaeol. *Environ. Microbiol.* **10**: 810-818.

Deeudom, M., M. Koomey, J. W. B. Moir. 2008. Roles of *c*-type cytochromes in respiration in *Neisseria meningitidis*. *Microbiology* **154**: 2857-2864.

Einsle, O., A. Messerschmidt, P. Stach, G. P. Bourenkov, H. D. Bartunik, R. Huber, P. M. H. Kroneck. 1999. Structure of cytochrome *c* nitrite reductase. *Nature* **400**: 476-480.

Einsle O., P. Stach, A. Messerschmidt, J. Simon, A. Kroeger, R. Huber, P. M. H. Kroneck. 2000. Cytochrome *c* nitrite reductase from *Wolinella sucinogenes*. *J. Biol. Chem.* **275**: 39608-39616.

El Sheikh, A. F., and M. G. Klotz. 2008. Ammonia-dependent differential regulation of the gene cluster that encodes ammonia monooxygenase in *Nitrosococcus oceani* ATCC 19707. *Environ. Microbiol.* **10**: 3026-3035.

El Sheikh, A. F., A. T. Poret-Peterson, and M. G. Klotz. 2008. Characterization of two new genes, *amoR* and *amoD*, in the *amo* operon of the marine ammonia oxidizer *Nitrosococcus oceani* ATCC 19707. *Appl. Environ. Microbiol.* **74**: 312-318.

Elmore, B. O., D. J. Bergmann, M. G. Klotz, and A. B. Hooper. 2007. Cytochromes P460 and c'-beta: A new family of high-spin cytochromes *c*. *FEBS Lett.* **581**: 911-916.

Ensign, S. A., M. R. Hyman, and D. J. Arp. 1993. In vitro activation of ammonia monooxygenase from *Nitrosomonas europaea* by copper. *J. Bacteriol.* **175**: 1971-1980.

Erickson, R. H., and A. B. Hooper. 1972. Preliminary characterization of a variant C-binding heme protein from *Nitrosomonas*. *Biochim. Biophys. Acta* **275**: 231-244.

Ettwig, K. F., S. Shima, K. T. van de PasSchoonen, J. Kahnt, M. H. Medema, H. J. M. Op den Camp, M. S. M. Jetten, and M. Strous. 2008. Denitrifying bacteria anaerobically oxidize methane in the absence of Archaea. *Environ. Microbiol.* **10**: 3164-3173.

Ettwig, K. F., T. van Alen, K. T. van de PasSchoonen, M. S. M. Jetten, M. Strous. 2009. Enrichment and molecular detection of denitrifying methanotrophic bacteria of the NC10 phylum. *Appl. Environ. Microbiol.* **75**: 3659-3662.

Ettwig, K. F., M. K. Butler, D. Le Paslier, E. Pelletier, S. Mangenot, M. M. Kuypers, F. Schreiber, B. E. Dutilh, J. Zedelius, D. de Beer, J. Gloerich, H. J. Wessels, T. van Alen, F. Luesken, M. L. Wu, K. T. van de Pas-Schoonen, H. T. Op den Camp, E. M. Janssen-Megens, K. J. Francoijs, H. Stunnenberg, J. Weissenbach, M. S. Jetten, and M. Strous. 2010. Nitrite-driven anaerobic methane oxidation by oxygenic bacteria. *Nature* **464**: 543-548.

Fadeeva, M. S., C. Nunez, Y. V. Bertsova, G. Espin, and A. V. Bogachev. 2008. Catalytic properties of Na^+-translocating NADH: quinone oxidoreductases from *Vibrio harveyi*, *Klebsiella pneumoniae*, and *Azotobacter vinelandii*. *FEMS Microbiol. Lett.* **279**: 116-123.

Falkowski, P. G. 1997. Evolution of the nitrogen cycle and its influence on the biological sequestration of CO_2 in the ocean. *Nature* **387**: 272.

Ferguson, S. J., and D. J. Richardson. 2005. The enzymes and bioenergetics of bacterial nitrate, nitrite, nitric oxide and nitrous oxide respiration, p. 169-206. *In* D. Zannoni (ed.), *Respiration in Archaea and Bacteria: Diversity of Procaryotic Respiratory Systems*, vol. 2. Springer, Dordrecht, The Netherlands.

Fleischmann, R. D., M. D. Adams, O. White, R. A. Clayton, E. F. Kirkness, A. R. Kerlavage, C. J. Bult, J. -F Tomb, B. A. Dougherty, J. M. Merrick, K. McKenny, G. G. Sutton, W. Fitzhugh, C. Fields, J. D. Gocayne, J. Scott, R. Shirley, L. -I. Liu, A. Glodek, J. M. Kelley, J. F. Wiedman, C. A. Phillips, T. Spriggs, E. Hedblom, M. D. Cotton, T. R. Utterback, M. C. Hanna, D. T. Nquyen, D. M. Saudek, R. C. Brandon, L. D. Fine, J. L. Fritchman, J. L. Fuhrman, N. S. M. Geoghagen, C. L. Gnehm, L. A. McDonald, K. V. Small, C. M. Fraser, H. O. Smith, and J. C. Venter. 1995. Whole-genome random sequencing and assembly of *Haemophilus influenzae* Rd. *Science* **269**: 496-512.

Francis, C. A., K. J. Roberts, J. M. Beman, A. E. Santoro, B. B. Oakley. 2005. Ubiquity and diversity of ammonia-oxidizing archaea in water columns and sediments of the ocean. *Proc. Natl. Acad. Sci. USA* **102**: 14683-14688.

Garbeva, P., E. M. Baggs, and J. I. Prosser. 2007. Phylogeny of nitrite reductase (*nir*K) and nitric oxide reductase (*nor*B) genes from *Nitrosospira* species isolated from soil. *FEMS Microbiol. Lett.* **266**: 83-89.

Garcia-Horsman, J. A., B. Barquera, J. Rumbley, J. Ma, and R. B. Gennis. 1994. The superfamily of heme-copper respiratory oxidases. *J. Bacteriol.* **176**: 5587-5600.

Garvin, J., R. Buick, A. D. Anbar, G. L. Arnold, and A. J. Kaufman. 2009. Isotopic evidence for an aerobic nitrogen cycle in the latest Archaean. *Science* **323**: 1045-1048.

Gieseke, A., U. Purkhold, M. Wagner, R. Amann, and A. Schramm. 2001. Community structure and activity dynamics of nitrifying bacteria in a phosphate-removing biofilm. *Appl. Environ. Microbiol.* **67**: 1351-1362.

Hallam, S. J., T. J. Mincer, C. Schleper, C. M. Preston, K. Roberts, P. M. Richardson, and E. F. DeLong. 2006. Pathways of carbon assimilation and ammonia oxidation suggested by environmental genomic analyses of marine Crenarchaeota. *PLoS Biol.* **4**: e95.

Hanson, R. S., and T. E. Hanson. 1996. Methanotrophic bacteria. *Microbiol. Rev.* **60**: 439-471.

Hatzenpichler, R., E. V. Lebedeva, E. Spieck, K. Stoecker, A. Richter, H. Daims, and M. Wagner. 2008. A moderately thermophilic ammonia-oxidizing crenarchaeote from a hot spring. *Proc. Natl. Acad. Sci. USA* **105**: 2134-2139.

Hemp, J., and R. B. Gennis. 2008. Diversity of the heme-copper superfamily in archaea: insights from genomics and structural modeling, p. 1-31. *In* G. Schäfer and H. S. Penefsky (ed.), *Bioenergetics*. Springer, Berlin, Germany.

Hendrich, M. P., A. K. Upadhyay, J. Riga, D. M. Arciero, and A. B. Hooper. 2002. Spectroscopic characterization of the NO adduct of hydroxylamine oxidoreductase. *Biochemistry* **41**: 4603-4611.

Hirota, R., A. Kuroda, T. Ikeda, N. Takiguchi, H. Ohtake, and J. Kato. 2006. Transcriptional analysis of the multicopy *hao* gene coding for hydroxylamine oxidoreductase in *Nitrosomonas* sp. strain ENI-11. *Biosci. Biotechnol. Biochem.* **70**: 1875-1881.

Hirota, R., A. Yamagata, J. Kato, A. Kuroda, T. Ikeda, N. Takiguchi, and H. Ohtake. 2000. Physical map location of the multicopy genes coding for ammonia monooxygenase and hydroxylamine oxidoreductase in the ammonia-oxidizing bacterium *Nitrosomonas* sp. ENI-11. *J. Bacteriol.* **182**: 825-828.

Holmes, A. J., A. Costello, M. E. Lidstrom, and J. C. Murrell. 1995. Evidence that particulate methane monooxygenase and ammonia monooxygenase may be evolutionarily related. *FEMS Microbiol. Lett.* **132**: 203-208.

Hommes, N. G., L. A. Sayavedra-Soto, and D. J. Arp. 1994. Sequence of *hcy*, a gene encoding cytochrome *c*-554 from *Nitrosomonas europaea*. *Gene* **146**: 87.

Hommes, N. G., L. A. Sayavedra-Soto, and D. J. Arp. 1996. Mutagenesis of hydroxylamine oxidoreductase in *Nitrosomonas europaea* by transformation and recombination. *J. Bacteriol.* **178**: 3710-3714.

Hommes, N. G., L. A. Sayavedra-Soto, and D. J. Arp. 1998. Mutagenesis and expression of amo, which codes for ammonia monooxygenase in *Nitrosomonas europaea*. *J. Bacteriol.* **180**: 3353-3359.

Hommes, N. G., L. A. Sayavedra-Soto, and D. J. Arp. 2001. Transcript analysis of multiple copies of *amo* (encoding ammonia monooxygenase) and *hao* (encoding hydroxylamine oxidoreductase) in *Nitrosomonas europaea*. *J. Bacteriol.* **183**: 1096-1100.

Hommes, N. G., L. A. Sayavedra-Soto, and D. J. Arp. 2002. The roles of the three gene copies encoding hydroxylamine oxidoreductase in *Nitrosomonas europaea*. *Arch. Microbiol.* **178**: 471-476.

Hommes, N. G., L. A. Sayavedra-Soto, and D. J. Arp. 2003. Chemolithoorganotro-phic growth of *Nitrosomonas europaea* on fructose. *J. Bacteriol.* **185**: 6809-6814.

Hommes, N. G., E. G. Kurth, L. A. Sayavedra-Soto, and D. J. Arp. 2006. Disruption of *suc*A, which encodes the El subunit of α-ketoglutarate dehydrogenase, affects the survival of *Nitrosomonas europaea* in stationary phase. *J. Bacteriol.* **188**: 343-347.

Hooper, A. B. 1968. A nitrite-reducing enzyme from *Nitrosomonas europaea*. *Biochim. Biophys. Acta* **162**: 49-65.

Hooper, A. B. 1969. Biochemical basis of obligate autotrophy in *Nitrosomonas europaea*. *J. Bacteriol.* **97**: 776-779.

Hooper, A. B., and A. Nason. 1965. Characterization of hydroxylamine cytochrome c reductase from *Nitrosomonas europaea* and *Nitrosocystis oceanus*. *J. Biol. Chem.* **249**: 4044-4057.

Hooper, A. B., and K. R. Terry. 1977. Hydroxylamine oxidoreductase from *Nitrosomonas*: inactivation by hydrogen peroxide. *Biochemistry* **16**: 455-459.

Hooper, A. B., and K. R. Terry. 1979. Hydroxylamine oxidoreductase of Nitrosomonas: production of nitric-oxide from hydroxylamine. *Biochim. Biophys. Acta* **571**: 12-20.

Hooper, A. B., D. M. Arciero, A. A. DiSpirito, J. Fuchs, M. Johnson, F. LaQuir, G. Mundfrom, and H. McTavish. 1990. Production of nitrite and N_2O by the ammonia-oxidizing nitrifiers, p. 387-391. *In* R. Gresshoff, E. Roth, G. Stacey, and W. E. Newton (ed.), *Nitrogen Fixation: Achievements and Objectives*, vol. 1. Chapman and Hall, NewYork, NY.

Hooper, A. B., T. Vannelli, D. J. Bergmann, and D. M. Arciero. 1997. Enzymology of the oxidation of ammonia to nitrite by bacteria. *Antonie Van Leeuwenhoek* **71**: 59-67.

Hooper, A. B., D. M. Arciero, D. Bergmann, and M. P. Hendrich. 2005. The oxidation of ammonia as an energy source in bacteria in respiration, p. 121-147. *In* D. Zannoni (ed.), *Respiration in Archaea and Bacteria: Diversity of Procaryotic Respiratory Systems*, vol. 2. Springer, Dordrecht, The Netherlands.

Hou, S., K. Makarova, J. Saw, P. Senin, B. Ly, Z. Zhou, Y. Ren, J. Wang, M. Galperin, M. Omelchenko, Y. Wolf, N. Yutin, E. Koonin, M. Stott, B. Mountain, M. Crowe, A. Smirnova, P. Dunfield, L. Feng, L. Wang, and M. Alam. 2008. Complete genome sequence of the extremely acidophilic methanotroph isolate V4, *Methylacidiphilum infernorum*, a representative of the bacterial phylum Verrucomicrobia. *Biol. Direct* **3**: 26-51.

Huber, C., W. Eisenreich, S. Hecht, and G. Wachtershauser. 2003. A possible primordial peptide cycle. *Science* **301**: 938-940.

Hunte, C., S. Solmaz, H. Palsdóttir, and T. Wenz. 2008. A structural perspective on mechanism and function of the cytochrome bc_1 complex, p. 253-278. *In* G. Schäfer and H. S. Penefsky (ed.), *Bioenergetics*, vol. 45. Springer, Berlin, Germany.

Hyman, M. R, and D. J. Arp. 1992. $^{14}C_2H_2$- and $^{14}CO_2$- labeling studies of the *de novo* synthesis of polypeptides by *Nitrosomonas europaea* during recovery from acetylene and light inactivation of ammonia monooxygenase. *J. Biol. Chem.* **267**: 1534-1545.

Hyman, M. R., and D. J. Arp. 1995. Effects of ammonia on the *de novo* synthesis of polypeptides in cells of *Nitrosomonas europaea* denied ammonia as an energy source. *J. Bacteriol.* **177**: 4974-4979.

Igarashi, N., H. Moriyama, T. Fujiwara, Y. Fukumori, and N. Tanaka. 1997. The 2.8 Å structure of hydroxylamine oxidoreductase from a nitrifying chemolithotrophic bacterium, *Nitrosomonas europaea*. *Nat. Struct. Biol.* **4**: 276-284.

Islam, T., S. Jensen, L. J. Reigstad, O. Larsen, and N. -K. Birkeland. 2008. Methane oxidation at 55℃ and pH 2 by a thermoacidophilic bacterium belonging to the Verrucomicrobia phylum. *Proc. Natl. Acad. Sci. USA* **105**: 300-304.

Iverson, T. M., D. M. Arciero, B. T. Hsu, M. S. P. Logan, A. B. Hooper, and D. C. Rees. 1998. Heme packing motifs revealed by the crystal structure of the tetra-heme cytochrome c554 from *Nitrosomonas europaea*. *Nat. Struct. Biol.* **5**: 1005-1012.

Iverson, T. M., D. M. Arciero, A. B. Hooper, and D. C. Rees. 2001. High-resolution structures of the oxidized and reduced states of cytochrome c554 from *Nitrosomonas europaea*. *J. Biol. Inorg. Chem.* **6**: 390-297.

Jepson, B. J. N., A. Marietou, S. Mohan, J. A. Cole, C. S. Butler, and D. J. Richardson. 2006. Evolution of the soluble nitrate reductase: defining the monomeric periplasmic nitrate reductase subgroup. *Biochem. Soc. Trans.* **34**: 122-126.

Jetten, M. S., I. Cirpus, B. Kartal, L. van Niftrik, K. T. van de Pas-Schoonen, O. Slickers, S. Haaijer, W. van der Star, M. Schmid, J. van de Vossenberg, I. Schmidt, H. Harhangi, M. van Loosdrecht, J. G. Kuenen, H. Op den Camp, and M. Strous. 2005. 1994—2004: 10 years of research on the anaerobic oxidation of ammonium. *Biochem. Soc. Trans.* **33**: 119-133.

Jetten, M. S. M., M. Strous, K. T. van de PasSchoonen, J. Schalk, U. G. J. M. van Dongen, A. A. van de Graaf, S. Logemann, G. Muyzer, M. C. M. van Loosdrecht, and J. G. Kuenen. 1998. The anaerobic oxidation of ammonium. *FEMS Microbiol. Rev.* **22**: 421-437.

Jetten, M. S. M., L. v. Nifirik, M. Strous, B. Kartal, J. T. Keltjens, and H. J. M. Op den Camp. 2009. Biochemistry and molecular biology of anammox bacteria. *Crit. Rev. Biochem. Mol. Biol.* **44**: 65-84.

Jiang, Q. -Q., and L. R. Bakken. 1999. Nitrous oxide production and methane oxidation by different ammonia-oxidizing bacteria. *Appl. Environ. Microbiol.* **65**: 2679-2684.

Juliette, L. Y., M. R. Hyman, and D. J. Arp. 1995. Roles of bovine serum albumin and copper in the assay and stability of ammonia monooxygenase activity in vitro. *J. Bacteriol.* **177**: 4908-4913.

Kartal, B., M. M. M. Kuypers, G. Lavik, J. Schalk, H. J. M. Op den Camp, M. S. M. Jetten, and M. Strous. 2007. Anammox bacteria disguised as denitrifiers: nitrate reduction to dinitrogen gas via nitrite and ammonium. *Environ. Microbiol.* **9**: 635-642.

Kaufman, A. J., D. T. Johnston, J. Farquhar, A. L. Masterson, T. W. Lyons, S. Bates, A. D. Anbar, G. L. Arnold, J. Garvin, and R. Buick. 2007. Late Archaean biospheric oxygenation and atmospheric evolution. *Science* **317: 1900-1903.

Kern, M., and J. Simon. 2009. Electron transport chains and bioenergetics of respiratory nitrogen metabolism in *Wolinella succinogenes* and other Epsilonproteobacteria. *Biochim. Biophys. Acta* **1787**: 646-656.

Kerscher, S., S. Dröse, V. Zickermann, and U. Brandt. 2008. The three families of respiratory NADH dehydrogenases, p. 185-222. *In* G. Schäfer and H. S. Penefsky (ed.), *Bioenergetics*. Springer, Berlin, Germany.

Kim, H. J., A. Zatsman, A. K. Upadhyay, M. Whittaker, D. Bergmann, M. P. Hendrich, and A. B. Hooper. 2008. Membrane tetraheme cytochrome. $c_M 552$ of the ammonia-oxidizing *Nitrosomonas europaea*: a ubiquinone reductase. *Biochemistry* **47**: 6539-6551.

Kirstein, K., and E. Bock. 1993. Close genetic relationship between *Nitrobacter hamburgensis* nitrite oxidoreductase and *Escherichia coli* nitrate reductases. *Arch. Microbiol.* **160**: 447-453.

Klotz, M. G. 2008. Evolution of the nitrogen cycle, an ~omics perspective: evolution of the marine nitrogen cycle through time I, p. PP42A—02. Abstr. Fall meeting of the American Geophysical Union. San Francisco, CA.

Klotz, M. G., and J. M. Norton. 1995. Sequence of an ammonia monooxygenase subunit A-encoding gene from *Nitrosospira* sp. NpAV. *Gene* **163**: 159-160.

Klotz, M. G., and J. M. Norton. 1998. Multiple copies of ammonia monooxygenase (*amo*) operons have evolved under biased AT/GC mutational pressure in ammonia-oxidizing autotrophic bacteria. *FEMS. Microbiol. Lett.* **168**: 303-311.

Klotz, M. G., and L. Y. Stein. 2008. Nitrifier genomics and evolution of the N-cycle. *FEMS Microbiol. Lett.* **278**: 146-156.

Klotz, M. G., J. Alzerreca, and J. M. Norton. 1997. A gene encoding a membrane protein exists upstream of the *amo*A/*amo*B genes in ammonia oxidizing bacteria: a third member of the *amo* operon? *FEMS Microbiol. Lett.* **150**: 65-73.

Klotz, M. G., D. J. Arp, P. S. G. Chain, A. F. El-Sheikh, L. J. Hauser, N. G. Hommes, F. W. Larimer, S. A. Malfatti, J. M. Norton, A. T. Poret-Peterson, L. M. Vergez, and B. B. Ward. 2006. Complete genome sequence of the marine, chemolithoautotrophic, ammonia-oxidizing bacterium *Nitrosococcus oceani* ATCC 19707. *Appl. Environ. Microbiol.* **72**: 6299-6315.

Klotz, M. G., M. C. Schmid, M. Strous, H. J. M. Op den Camp, M. S. M. Jetten, and A. B. Hooper. 2008. Evolution of an octaheme cytochrome *c* protein family that is key to aerobic and anaerobic ammonia oxidation by bacteria. *Environ. Microbiol.* **10**: 3150-3163.

Könneke, M., A. E. Bernhard, J. R. de la Torre, C. B. Walker, J. B. Waterbury, and D. A. Stahl. 2005. Isolation of an autotrophic ammonia-oxidizing marine archaeon. *Nature* **437**: 543-546.

Koops, H. -P., and A. Pommerening-Roser. 2001. Distribution and ecophysiology of the nitrifying bacteria emphasizing cultured species. *FEMS Microbiol. Ecol.* **37**: 1-9.

Koper, T. E., A. F. El-Sheikh, J. M. Norton, and M. G. Klotz. 2004. Urease-encoding genes in ammonia-oxidizing bacteria. *Appl. Environ. Microbiol.* **70**: 2342-2348.

Kowalchuk, G. A., and J. R. Stephen. 2001. Ammonia-oxidizing bacteria: a model for molecular microbial ecology. *Annu. Rev. Microbiol.* **55**: 485-529.

Kuenen, J. G. 2008. Anammox bacteria: from discovery to application. *Nat. Rev.* **6**: 320-326.

Kumagai, H., T. Fujiwara, H. Matsubara, and K. Saeki. 1997. Membrane localization, topology, and mutual stabilization of the *rnf* ABC gene products in *Rhodobacter capsulatus* and implications for a new family of energy-coupling NADH oxidoreductases. *Biochemistry* **36**: 5509-5521.

Leininger, S., T. Urich, M. Schloter, L. Schwark, J. Qi, G. W. Nicol, J. I. Prosser, S. C. Schuster, and C. Schleper. 2006. Archaea predominate among ammonia-oxidizing prokaryotes in soils. *Nature* **442**: 806.

Lin, J. T., and V. Stewart. 1998. Nitrate assimilation in bacteria. *Adv. Microb. Physiol.* **39**: 1-30.

Lontoh, S., A. A. DiSpirito, C. L. Krema, M. R. Whittaker, A. B. Hooper, and J. D. Semrau. 2000. Differential inhibition in vivo of ammonia monooxygenase, soluble methane monooxygenase and membrane-associated methane monooxygenase by phenylacetylene. *Environ. Microbiol.* **2**: 485-494.

Lukat, P., M. Rudolf, P. Stach, A. Messerschmidt, P. M. H. Kroneck, J. Simon, and O. Einsle. 2008. Binding and reduction of sulfite by cytochrome *c* nitrite reductase. *Biochemistry* **47**: 2080-2086.

Mancinelli, R. L., and C. P. McKay. 1988. The evolution of nitrogen cycling. *Orig. Life Evol. Biosph.* **18**: 311-325.

Martens-Habbena, W., P. M. Berube, H. Urakawa, J. R. de la Torre, and D. A. Stahl. 2009. Ammonia oxidation kinetics determine niche separation of nitrifying Archaea and Bacteria. *Nature* **461**: 976-979.

Martinho, M., D. -W. Choi, A. A. DiSpirito, W. E. Antholine, J. D. Semrau, and E. Munck. 2007. Mossbauer studies of the membrane-associated methane monooxygenase from *Methylococcus capsulatus* Bath: evidence for a diiron center. *J. Am. Chem. Soc.* **129**: 15783-15785.

McTavish, H., J. A. Fuchs, and A. B. Hooper. 1993a. Sequence of the gene coding for ammonia monooxygenase in *Nitrosomonas europaea*. *J. Bacteriol.* **175**: 2436-2444.

McTavish, H., F. LaQuier, D. Aciero, M. Logan, G. Mundfrom, J. A. Fuchs, and A. B. Hooper. 1993b. Multiple copies of genes coding for electron transport proteins in the bacterium *Nitrosomonas europaea*. *J. Bacteriol.* **175**: 2445-2447.

Moreno-Vivian, C., P. Cabello, M. Martinez-Luque, R. Blasco, and F. Castillo. 1999. Prokaryotic nitrate reduction: molecular properties and functional distinction among bacteria nitrate reductases. *J. Bacteriol.* **181**: 6573-6584.

Mowat, C. G., E. Rothery, C. S. Miles, L. McIver, M. K. Doherty, K. Drewette, P. Taylor, M. D. Walkinshaw, S. K. Chapman, and G. A. Reid. 2004. Octaheme tetrathionate reductase is a respiratory enzyme with novel heme ligation. *Nat. Struct. Mol. Biol.* **11**: 1023-1024.

Murrell, J. C., B. Gilbert, and I. R. McDonald. 2000. Molecular biology and regulation of methane monooxygenase. *Arch. Microbiol.* **173**: 325-332.

Nakamura, K., T. Kawabata, K. Yura, and N. Go. 2004. Novel types of two-domain multi-copper oxidases: possible missing links in the evolution. *FEBS Lett.* **553**: 239-244.

Nicol, G. W., and C. Schleper. 2006. Ammonia-oxidizing crenarchaeota: important players in the nitrogen cycle? *Trends Microbiol.* **14**: 207.

Norton, J. M., T. M. Low, and M. G. Klotz. 1996. The gene encoding ammonia monooxygenase subunit A exists in three nearly identical copies in *Nitrosospira* sp. NpAV. *FEMS Microbiol. Lett.* **139**: 181-188.

Norton, J. M., J. J. Alzerreca, Y. Suwa, and M. G. Klotz. 2002. Diversity of ammonia monooxygenase operon in autotrophic ammonia-oxidizing bacteria. *Arch. Microbiol.* **177**: 139-149.

Norton, J. M., M. G. Klotz, L. Y. Stein, D. J. Arp, P. J. Bottomley, P. S. G. Chain, L. J. Hauser, M. L. Land, F. W. Larimer, M. W. Shin, and S. R. Starkenburg. 2008. Complete genome sequence of *Nitrosospira multiformis*, an ammonia-oxidizing bacterium from the soil environment. *Appl. Environ.*

Microbiol. **74**: 3559-3572.

Nyerges, G., and L. Y. Stein. 2009. Ammonia cometabolism and product inhibition vary considerably among species of methanotrophic bacteria. *FEMS Microbiol. Lett.* **297**: 131-136.

Op den Camp, H. J., T. Islam, M. B. Stott, H. R. Harhangi, A. Hynes, S. Schouten, M. S. M. Jetten, N. K. Birkeland, A. Pol, and P. F. Dunfield. 2009. Environmental, genomic, and taxonomic perspectives on methanotrophic *Verrucomicrobia*. *Environ. Microbiol. Rep.* **1**: 293-306.

Pereira, M. M., J. N. Carita, and M. Teixeira. 1999. Membrane-bound electron transfer chain of the thermohalophilic bacterium *Rhodothermus marinus*: a novel multihemic cytochrome bc, a new Complex III. *Biochemistry* **38**: 1268-1275.

Pereira, M. M., M. Santana, and M. Teixeira. 2001. A novel scenario for the evoluation of haem-copper oxygen reductases. *Biochim. Biophys. Acta* **1505**: 185-208.

Pol, A., K. Heijmans, H. R. Harhangi, D. Tedesco, M. S. M. Jetten, and H. J. M. Op den Camp. 2007. Methanotrophy below pH 1 by a new Verrucomicrobia species. *Nature* **450**: 874-878.

Poret-Peterson, A. T., J. E. Graham, J. Gulledge, and M. G. Klotz. 2008. Transcription of nitrification genes by the methane-oxidizing bacterium, *Methylococcus capsulatus* strain Bath. *ISME J.* **2**: 1213-1220.

Potter, L., H. Angove, D. Richardson, and J. Cole. 2001. Nitrate reduction in the periplasm of gram-negative bacteria. *Adv. Microb. Physiol.* **45**: 51-86.

Prosser, J. I. 1989. Autotrophic nitrification in bacteria. *Adv. Microb. Physiol.* **30**: 125-181.

Prosser, J. I., and G. W. Nicol. 2008. Relative contributions of archaea and bacteria to aerobic ammonia oxidation in the environment. *Environ. Microbiol.* **10**: 2931-2941.

Purkhold, U., A. Pommerening-Roser, S. Juretschko, M. C. Schmid, H. -P. Koops, and M. Wagner. 2000. Phylogeny of all recognized species of ammonia oxidizers based on comparative 16S rRNA and *amo*A sequence analysis: implications for molecular diversity surveys. *Appl. Environ. Microbiol.* **66**: 5368-5382.

Purkhold, U., M. Wagner, G. Timmermann, A. Pommerening-Roser, and H. -P. Koops. 2003. 16S rRNA and *amo*A-based phylogeny of 12 novel betaproteobacterial ammonia-oxidizing isolates: extension of the dataset and proposal of a new lineage within the nitrosomonads. *Int. J. Syst. Evol. Microbiol.* **53**: 1485-1494.

Raghoebarsing, A. A., A. Pol, K. T. van de Pas-Schoonen, A. J. P. Smolders, K. F. Ettwig, W. I. C. Rijpstra, S. Schouten, J. S. S. Damste, H. J. M. Op den Camp, M. S. M. Jetten, and M. Strous. 2006. A microbial consortium couples anaerobic methane oxidation to denitrification. *Nature* **440**: 918-921.

Rasche, M. E., R. E. Hicks, M. R. Hyman, and D. I. Arp. 1990. Oxidation of monohalogenated ethanes and n-chlorinated alkanes by whole cells of *Nitrosomonas europaea*. *J. Bacteriol.* **172**: 5368-5373.

Raymond, J., J. L. Siefert, C. R. Staples, and R. E. Blankenship. 2004. The natural history of nitrogen fixation. *Mol. Biol. Evol.* **21**: 541-554.

Reigstad, L. J., A. Richter, H. Daims, T. Urich, L. Schwark, and C. Schleper. 2008. Nitrification in terrestrial hot springs of Iceland and Kamchatka. *FEMS Microbiol. Ecol.* **64**: 167-174.

Ren, T., R. Roy, and R. Knowles. 2000. Production and consumption of nitric oxide by three methanotrophic bacteria. *Appl. Environ. Microbiol.* **66**: 3891-3897.

Ridge, P. G., Y. Zhang, and V. N. Gladyshev. 2008. Comparative genomic analyses of copper transporters and cuproproteomes reveal evolutionary dynamics of copper utilization and its link to oxygen. *PLoS One* **3**: e1378.

Rodrigues, M. L., T. F. Oliveira, I. A. Pereira, and M. Archer. 2006. X-ray structure of the membrane-bound cytochrome *c* quinol dehydrogenase NrfH reveals novel haem coordination. *EMBO J*. **25**: 5951-5960.

Rotthauwe, J. H., K. P. Witzel, and W. Liesack. 1997. The ammonia monooxygenase structural gene *amo*A as a functional marker: molecular fine-scale analysis of natural ammonia-oxidizing populations. *Appl. Environ. Microbiol.* **63**: 4704-4712.

Sayavedra-Soto, L. A., N. G. Hommes, and D. J. Arp. 1994. Characterization of the gene encoding hydroxylamine oxidoreductase in *Nitrosomonas europaea*. *J. Bacteriol.* **176**: 504-510.

Sayavedra-Soto, L. A., N. G. Hommes, S. A. Russel, and D. J. Arp. 1996. Induction of ammonia monooxygenase and hydroxylamine reductase mRNAs by ammonium in *Nitrosomonas europaea*. *Mol. Microbiol.* **20**: 541-548.

Sayavedra-Soto, L. A., N. G. Hommes, J. J. Alerreca, D. J. Arp, J. M. Norton, and M. G. Klotz. 1998. Transcription of the *amo*C, *amo*A and *amo*B genes in *Nitrosomonas europaea* and *Nitrosospira* sp. NpAV. *FEMS Microbiol. Lett.* **167**: 81-88.

Schalk, J., S. de Vries, J. G. Kuenen, and M. S. M. Jetten. 2000. Involvement of a novel hydroxylamine oxidoreductase in anaerobic ammonium oxidation. *Biochemistry* **39**: 5405-5412.

Schleper, C. 2008. Microbial ecology: metabolism of the deep. *Nature* **456**: 712-714.

Schmehl, M., A. Jahn, A. Meyer zu Vilsendorf, S. Hennecke, B. Masepohl, M. Schuppler, M. Marxer, J. Oelze, and W. Klipp. 1993. Identification of a new class of nitrogen fixation genes in *Rhodobacter capsulatus*: a putative membrane complex involved in electron transport to nitrogenase. *Mol. Gen. Genet.* **241**: 602-615.

Schmidt, I. 2009. Chemoorganoheterotrophic growth of *Nitrosomonas europaea* and *Nitrosomonas eutropha*. *Curr. Microbiol.* **59**: 130-138.

Schmidt, I., C. Hermelink, K. van de Pas-Schoonen, M. Strous, H. J. op den Camp, J. G. Kuenen, and M. S. M. Jetten. 2002a. Anaerobic ammonia oxidation in the presence of nitrogen oxides (NOx) by two different lithotrophs. *Appl. Environ. Microbiol.* **68**: 5351-5357.

Schmidt, I., O. Sliekers, M. Schmid, I. Cirpus, M. Strous, E. Bock, J. G. Kuenen, and M. S. M Jetten. 2002b. Aerobic and anaerobic ammonia oxidizing bacteria-competitors or natural partners? *FEMS Microbiol. Ecol.* **39**: 175-181.

Schmidt, I., P. J. M. Steenbakkers, H. J. M. op den Camp, K. Schmidt, and M. S. M. Jetten. 2004. Physiologic and proteomic evidence for a role of nitric oxide in biofilm formation by *Nitrosomonas europaea* and other ammonia oxidizers. *J. Bacteriol.* **186**: 2781-2788.

Schmidt, I., R. J. M. van Spanning, and M. S. M. Jetten. 2004. Denitrification and ammonia oxidation by *Nitrosomonas europaea* wild-type, and NirK- and NorB-deficient mutants. *Microbiology* **150**: 4107-4114.

Schneider, D., T. Pohl, J. Walter, K. Dörner, M. Kohlstädt, A. Berger, V. Spehr, and T. Friedrich. 2008. Assembly of the *Escherichia coli* NADH: ubiquinone oxidoreductase (complex I). *Biochim. Biophys. Acta* **1777**: 735-739.

Scott, C., T. W. Lyons, A. Bekker, Y. Shen, S. W. Poulton, X. Chu, and A. D. Anbar. 2008. Tracing the stepwise oxygenation of the Proterozoic Ocean. *Nature* **452**: 456-459.

**Scott, K. M., S. M. Sievert, F. N. Abril, L. A. Ball, C. J. Barrett, R. A. Blake, A. J. Boiler, P. S. G. Chain, J. A. Clark, C. R. Davis, C. Detter, K. F. Do, K. P. Dobrinski, B. I. Faza, K. A. Fitzpatrick, S. K. Freyermuth, T. L. Harmer, L. J. Hauser, M. Uumlgler, C. A. Kerfeld, M. G. Klotz, W. W. Kong, M. Land, A. Lapidus, F. W. Larimer, D. L. Longo, S. Lucas, S. A. Malfatti, S. E. Massey,

D. D. Martin, Z. McCuddin, F. Meyer, J. L. Moore, L. H. Ocampo, J. H. Paul, I. T. Paulsen, D. K. Reep, Q. Ren, R. L. Ross, P. Y. Sato, P. Thomas, L. E. Tinkham, and G. T. Zeruth. 2006. The genome of deep-sea vent chemolithoautotroph *Thiomicrospira crunogena* XCL-2. *PLoS Biol.* **4**: e383.

Shen, Y., A. H. Knoll, and M. R. Walter. 2003. Evidence for low sulphate and anoxia in a mid-Proterozoic marine basin. *Nature* **423**: 632-635.

Sievert, S. M., K. M. Scott, M. G. Klotz, P. S. G. Chain, L. J. Hauser, J. Hemp, M. Hugler, M. Land, A. Lapidus, F. W. Larimer, S. Lucas, S. A. Malfatti, F. Meyer, I. T. Paulsen, O. Ren, and J. Simon. 2008. Genome of the Epsilonproteobacterial chemolithoautotroph *Sulfurimonas denitificans*. *Appl. Environ. Microbiol.* **74**: 1145-1156.

Simon, J. 2002. Enzymology and bioenergetics of respiratory nitrite ammonification. *FEMS Microbiol. Rev.* **26**: 285-309.

Smith, C. J., D. B. Nedwell, L. F. Dong, and A. M. Osborn. 2007. Diversity and abundance of nitrate reductase genes (*nar*G and *nap*A), nitrite reductase genes (*nir*S and *nrf*A), and their transcripts in estuarine sediments. *Appl. Environ. Microbiol.* **73**: 3612-3622.

Starkenburg, S. R., P. S. G. Chain, L. A. Sayavedra-Soto, L. Hauser, M. L. Land, F. W. Larimer, S. A. Malfatti, M. G. Klotz, P. J. Bottomley, D. J. Arp, and W. J. Hickey. 2006. Genome sequence of the chemolithoautotrophic nitrite-oxidizing *bacterium Nitrobacter winogradskyi* Nb-255. *Appl. Environ. Microbiol.* **72**: 2050-2063.

Starkenburg, S. R., F. W. Larimer, L. Y. Stein, M. G. Klotz, P. S. G. Chain, L. A. Sayavedra-Soto, A. T. Poret-Peterson, M. E. Gentry, D. J. Arp, B. Ward, and P. J. Bottomley. 2008. Complete genome sequence of *Nitrobacter hamburgensis* X14 and comparative genomic analysis of species within the genus *Nitrobacter*. *Appl. Environ. Microbiol.* **74**: 2852-9863.

Stein, L. Y., and D. J. Arp. 1998. Ammonium limitation results in the loss of ammonia-oxidizing activity in *Nitrosomonas europaea*. *Appl. Environ. Microbiol.* **64**: 1514-1521.

Stein, L. Y., and D. J. Arp. 1998. Loss of ammonia monooxygenase activity in *Nitrosomonas europaea* upon exposure to nitrite. *Appl. Environ. Microbiol.* **64**: 4098-4102.

Stein, L. Y., D. J. Arp, and M. R. Hyman. 1997. Regulation of the synthesis and activity of ammonia monooxygenase in *Nitrosomonas europaea* by altering pH to affect NH_3 availability. *Appl. Environ. Microbiol.* **63**: 4588-4592.

Stein, L. Y., D. J. Arp, P. M. Berube, P. S. G. Chain. L. J. Hauser, M. S. M. Jetten, M. G. Klotz, F. W. Larimer, J. M. Norton, H. J. M. Op den Camp. M. Shin, and X. Wei. 2007. Whole-genome analysis of the ammonia-oxidizing bacterium, *Nitrosomonas eutropha* C91: implications for niche adaptation. *Environ. Microbiol.* **9**: 1-15.

Stevenson, B. S., and T. M. Schmidt. 1998. Growth rate-dependent accumulation of RNA from plasmid-borne rRNA operons in *Escherichia coli*. *J. Bacteriol.* **180**: 1970-1972.

Strous, M., E. H. M. Kamer, S. Logemann, G. Muyzer, K. T. van De Pas-Schoonen, R. E. Webb, J. G. Kuenen, and M. S. M. Jetten. 1999. Missing lithotroph identified as new planctomycete. *Nature* **400**: 446-449.

Strous, M., E. Pelletier, S. Mangenot, T. Rattei, A. Lehner, M. W. Taylor, M. Horn, H. Daims, D. Bartol-Mavel, P. Wincker, V. r. Barbe, N. Fonknechten, D. Vallenet, B. a. Segurens, C. Schenowitz-Truong, C. Medigue. A. Collingro, B. Snel, B. E. Dutilh, H. J. M. Op den Camp, C. van der Drift, I. Cirpus, K. T. van de Pas-Schoonen, H. R. Harhangi, L. van Niftrik, M. Schmid. J. Keltjens, J. van de Vossenberg, B. Kartal, H. Meier, D. Frishman, M. A. Huynen, H. -W. Mewes, J. Weissenbach, M. S.

M. Jetten, M. Wagner, and D. Le Paslier. 2006. Deciphering the evolution and metabolism of an anammox bacterium from a community genome. *Nature* **440**: 790.

Tao, M., M. S. Casutt, G. N. Fritz, and J. Steuber. 2008. Oxidant-induced formation of a neutral flavosemiquinone in the Na$^+$-translocating NADH: quinone oxidoreductase (Na$^+$-NQR) from *Vibvio cholerae*. *Biochim. Biophys. Acta* **1777**: 696-702.

Tavares, P., A. S. Pereira, J. J. G. Moura, and I. Moura. 2006. Metalloenzymes of the denitrification pathway. *J. Inorg. Biochem.* **100**: 2087-2100.

Tavormina, P. L., V. J. Orphan, M. G. Kalyuzhnaya, M. S. M. Jetten, and M. G. Klotz. 2010. A novel family of functional operons encoding methane/ammonia monooxygenase-related proteins in gammaproteobacterial methanotrophs. *Environ. Microbiol. Rep.* (Online.) DOI: 10.1111/j.1758-2229.2010.00192.X

Terry, K., and A. B. Hooper. 1981. Hydroxylamine oxidoreductase: a 20-heme, 200,000 molecular weight cytochrome *c* with unusual denaturation properties, which forms a 63,000 molecular weight monomer after heme removal. *Biochemistry* **20**: 7026-7032.

Teske, A., E. Alm, J. Regan, S. Toze, B. Rittmann, and D. Stahl. 1994. Evolutionary relationships among ammonia-and nitrite-oxidizing bacteria. *J. Bacteriol.* **176**: 6623-6630.

Tourna, M., T. E. Freitag, G. W. Nicol, and J. I. Prosser. 2008. Growth, activity and temperature responses of ammonia-oxidizing archaea and bacteria in soil microcosms. *Environ. Microbiol.* **10**: 1357-1364.

Treusch, A. H., S. Leininger, A. Kletzin, S. C. Schuster, H.-P. Klenk, and C. Schleper. 2005. Novel genes for nitrite reductase and Amo-related proteins indicate a role of uncultivated mesophilic crenarchaeoya in nitrogen cycling. *Environ. Microbiol.* **7**: 1985-1995.

Trotsenko, Y. A., and J. C. Murrell. 2008. Metabolic aspects of aerobic obligate methanotrophy. *Adv. Appl. Microbiol.* **63**: 183-229.

Unemoto, T., and M. Hayashi. 1993. Na(+)-translocating NADH-quinone reductase of marine and halophilic bacteria. *J. Bioenerg. Biomembr.* **25**: 385-391.

Upadhyay, A. K., A. B. Hooper, and M. P. Hendrich. 2006. NO reductase activity of the tetraheme cytochrome c_{554} of *Nitrosomonas europaea*. *J. Am. Chem. Soc.* **128**: 4330-4337.

Utaker, J. B., L. Bakken, Q. Q. Jiang, and I. F. Nes. 1995. Phylogenetic analysis of seven new isolates of ammonia-oxidizing bacteria based on 16S rRNA gene sequences. *Syst. Appl. Microbiol.* **18**: 549-559.

Utaker, J. B., K. Andersen, A. Aakra, B. Moen, and I. F. Nes. 2002. Phylogeny and functional expression of ribulose 1,5-bisphosphate carboxylase/oxygenase from the autotrophic ammonia-oxidizing bacterium *Nitrosospira* sp. isolate 40KI. *J. Bacteriol.* **184**: 468-478.

van der Star, W. R. L., M. J. van de Graaf, B. Kartal, C. Picioreanu, M. S. M. Jetten, M. C. M. van Loosdrecht. 2008. Response of anaerobic ammonium-oxidizing bacteria to hydroxylamine. *Appl. Environ. Microbiol.* **74**: 4417-4426.

Vannelli, T., D. Bergmann, D. M. Arciero, and A. B. Hooper. 1996. Mechanism of N-oxidation and electron transfer in the ammonia oxidizing autotrophs, p. 80-87. *In* M. E. Lidstrom and F. R. Tabita (ed.), *Microbial Growth on C_1 Compounds*. Kluwer Academic Publishers, Dordrecht, The Netherlands.

Wachtershauser, G. 1994. Life in a ligand sphere. *Proc. Natl. Acad. Sci. USA* **91**: 4283-4287.

Walker, C. B., J. R. de la Torre, M. G. Klotz, H. Urakawa, N. Pinel, D. J. Arp, C. Brochier-Armanet, P. S. Chain, P. P. Chan, A. Gollabgir, J. Hemp, M. Hügler, E. A. Karr, M. Könneke, M. Shin. T. J. Lawton, T. Lowe, W. Martens-Habbena, L. A. Sayavedra-Soto, D. Lang, S. M. Sievert, A. C.

Rosenzweig, G. Manning, and D. A. Stahl. 2010. *Nitrosopumilus maritimus* genome reveals unique mechanisms for nitrification and autotrophy in globally distributed marine crenarchaea. *Proc. Natl. Acad. Sci. USA* **107**: 8818-8823.

Ward, B. B., and G. D. O'Mullan. 2002. Worldwide distribution of *Nitrosococcus oceani*, a marine ammonia-oxidizing gamma-proteobacterium, detected by PCR and sequencing of 16S rRNA and *amo*A genes. *Appl. Environ. Microbiol.* **68**: 4153-4157.

Ward, N., O. Larsen, J. Sakwa, L. Bruseth, H. Khouri, A. S. Durkin, G. Dimotrov, L. Jiang, D. Scanlan, K. H. Kang, M. Lewis, K. E. Nelson, B. Methe, M. Wu, J. F. Heidelberg, I. T. Paulsen, D. Fouts, J. Ravel, H. Tettelin, Q. Ren, T. Read, R. T. DeBoy, R. Seshadri, S. L. Salzberg, H. B. Jensen, N. K. Birkeland, W. C. Nelson, R. J. Dodson, S. H. Grindhaug, I. Holt, I. Eidhammer, I. Jonasen, S. Vanaken, T. Utterback, T. V. Feldblyum, C. M. Fraser, J. R. Lillehaug, and J. A. Eisen. 2004. Genomic insights into methanotrophy: the complete genome sequence of *Methylococcus capsulatus* (Bath). *PLoS Biol.* **2**: e303.

Wei, X., L. A. Sayavedra-Soto, and D. J. Arp. 2004. The transcription of the *cbb* operon in *Nitrosomonas europaea*. *Microbiology* **150**: 1869-1879.

Whittaker, M., D. Bergmann, D. Arciero, and A. B. Hooper. 2000. Electron transfer during the oxidation of ammonia by the chemolithotrophic bacterium *Nitrosomonas europaea*. *Biochim. Biophys. Acta* **1459**: 346-355.

Winogradsky, S. 1892. Contributions à la morphologie des organismes de la nitrification. *Arch. Sci. Biol.* **1**: 88-137.

Wuchter, C., B. Abbas, M. J. L. Coolen, L. Herfort, J. van Bleijswijk, P. Timmers, M. Strous, E. Teira, G. J. Herndl, J. J. Middelburg, S. Schouten, and J. S. Sinninghe Damste. 2006. Archaeal nitrification in the ocean. *Proc. Natl. Acad. Sci. USA* **103**: 12317-12322.

Yanyushin, M. F., M. C. delRosario, D. C. Brune, and R. E. Blankenship. 2005. New class of bacterial membrane oxidoreductases. *Biochemistry* **44**: 10037-10045.

Zehr, J. P., and B. B. Ward. 2002. Nitrogen cycling in the ocean: new perspectives on processes and paradigms. *Appl. Environ. Microbiol.* **68**: 1015-1024.

Zumft, W. G. 1997. Cell biology and molecular basis of denitrification. *Microbiol. Mol. Biol. Rev.* **61**: 522-616.

Zumft, W. G., and P. M. H. Kroneck. 2006. Respiratory transformation of nitrous oxide (N_2O) to dinitrogen by bacteria and archaea. *Adv. Microb. Physiol.* **52**: 107-227.

第 5 章

Anshuman, A., A. Khardenavis, A. Kapley, and H. J. Purohit. 2007. Simultaneous nitrification and denitrification by diverse Diaphorobacter sp. *Appl. Microbiol. Biotechnol.* **77**: 403-409.

Arp, D. J., and L. Y. Stein. 2003. Metabolism of inorganic N compounds by ammonia-oxidizing bacteria. *Crit. Rev. Biochem. Mol. Biol.* **38**: 471-495.

Barraclough, D., and G. Puri. 1995. The use of ^{15}N pool dilution and enrichment to separate the heterotrophic and autotrophic pathways of nitrification. *Soil Biol. Biochem*, **27**: 17-22.

Beaumont, H. J. E., N. G. Hommes, L. A. Sayavedra-Soto, D. J. Arp, D. M. Arciero, A. B. Hooper, H. V. Westerhoff, and R. J. M. van Spanning. 2002. Nitrite reductase of Nitrosomonas europaea is not essential for production of gaseous nitrogen oxides and confers tolerance to nitrite. *J. Bacteriol.* **184**: 2557-2560.

Beaumont, H. J. E., S. I. Lens, W. N. M. Reijnders, H. V. Westerhoff, and R. J. M. van Spanning. 2004a. Expression of nitrite reductase in Nitrosomonas europaea involves NsrR, a novel nitrite sensitive transcription repressor. *Mol. Microbiol.* **54**: 148-158.

Beaumont, H. J. E., B. van Schooten. S. I. Lens, H. V. Westerhoff, and R. J. M. van Spanning. 2004b. Nitrosomonas europaea expresses a nitric oxide reductase during nitrification. *J. Bacteriol.* **186**: 4417-4421.

Beaumont, H. J. E., S. I. Lens, H. V. Westerhoff, and R. J. M. van Spanning. 2005. Novel nirK cluster genes in Nitrosomonas europaea are required for NirK-dependent tolerance to nitrite. *J. Bacteriol.* **187**: 6849-6851.

Belser, L. W., and E. L. Mays. 1980. The specific inhibition of nitrite oxidation by chlorate and its use in assessing nitrification in soils and sediments. *Appl. Envirom. Microbiol.* **39**: 505-510.

Bergmann, D. J., J. A. Zahn, A. B. Hooper, and A. A. DiSpirito. 1998. Cytochrome P460 genes from the methanotroph *Methylococcus capsulatus* Bath. *J. Bacteriol.* **180**: 6440-6445.

Beyer, S., S. Gilch, O. Meyer, and I. Schmidt. 2009. Transcription of genes coding for metabolic key functions in Nitrosomonas europaea during aerobic and anaerobic growth. *J. Mol. Microbiol. Biotechnol.* **16**: 187-197.

Bock, E. 1995. Nitrogen loss caused by denitrifying Nitrosomonas cells using ammonium or hydrogen as electron donors and nitrite as electron acceptor. *Arch. Microbiol.* **163**: 16-20.

Bodelier, P. L. E., and H. J. Laanbroek. 2004, Nitrogen as a regulatory factor of methane oxidation in soils and sediments. *FEMS Microbiol. Ecol.* **47**: 265-277.

Cantera, J. J. L., and L. Y. Stein. 2007a. Interrelationship between nitrite reductase and ammoniaoxidizing metabolism in Nitrosomonas europaea. *Arch. Microbiol.* **188**: 349-354.

Cantera, J. J. L., and L. Y. Stein. 2007b. Molecular diversity of nitrite reductase (nirK) genes in nitrifying bacteria. *Environ. Microbiol.* **9**: 765-776.

Casciotti, K., and B. B. Ward. 2005. Phylogenetic analysis of nitric oxide reductase gene homologues from aerobic ammonia-oxidizing bacteria. *FEMS Microbiol. Ecol.* **52**: 197-205.

Casciotti, K., D. Sigman, and B. Ward. 2003. Linking diversity and stable isotope fractionation in ammonia-oxidizing bacteria. *Geomicrobiol. J.* **20**: 335-353.

Casciotti, K. L, and B. B. Ward. 2001. Dssimilatory nitrite reductase genes from autotrophic ammonia-oxidizing bacteria. *Appl. Environ. Microbiol.* **67**: 2213-2221.

Castignetti, D., R. Yanong, and R. Gramzinski. 1984. Heterotrophic nitrification among denitrifiers. *Appl. Enrviron. Microbiol.* **47**: 620-623.

Charpentier, J., L. Farias, N. Yoshida, N. Boontanon, and P. Raimbault. 2007. Nitrous oxide distribution and its origin in the central and eastern South Pacific Subtropical Gyre, *Biogeosciences* **4**: 729-741.

Colliver, B. B., and T. Stephenson. 2000. Production of nitrogen oxide and dinitrogen oxide by autotrophic nitrifiers. *Biotech. Adv.* **18**: 219-232.

Conrad. R. 1996. Soil microorganisms as controllers of atmospheric trace gases (H_2, CO, CH_4, OCS, N_2O, and NO). *Microbiol. Rev.* **60**: 609-640.

Crossman, L. C., J. W. B. Moir, J. J. Enticknap, D. J. Richardson, and S. Spiro. 1997. Heterologous expression of heterotrophic nitrification genes. *Microbiology* **143**: 3775-3783.

Daum, M., W. Zimmer, H. Papen, K. Kloos, K. Nawrath, and H. Bothe. 1998. Physiological and molecular biological characterization of ammonia oxidation of the heterotrophic nitrifier Pseudomonas putida. *Curr. Microbiol.* **37**: 281-288.

De Boer, W., and G. A. Kowalchuk. 2001. Nitrification in acid soils, micro-organisms and mechanisms. *Soil Biol. Biochem.* **33**: 853-866.

DiSpirito, A. A., L. R. Taaffe, J. D. Lipscomb, and A. B. Hooper. 1985. A 'blue' copper oxidase from *Nitrosomonas europaea*. *Biochim. Biophys. Acta* **827**: 320-326.

Dundee, L., and D. W. Hopkins. 2001. Different sensitivities to oxygen of nitrous oxide production by Nitrosomonas europaea and Nitrosolobus multiformis. *Soil Biol. Biochem.* **33**: 1563-1565.

Erickson, R. H., and A. B. Hooper. 1972. Preliminary characterization of a variant CO-binding heme protein from Nitrosomonas. *Biochim. Biophys. Acta* **275**: 231-244.

Focht, D. D., and W. Verstraete. 1977. Biochemical ecology of nitrification and denitrification, p. 135-214. In M. Alexander (ed.), *Advances in Microbial Ecology*. Plenum Press, New York, NY.

Friedrich, C. G., D. Rother, F. Bardischewsky, A. Quentmeier, and J. Fischer. 2001. Oxidation of reduced inorganic sulfur compounds by bacteria: emergence of a common mechanism? *Appl. Environ. Microbiol.* **67**: 2873-2882.

Galloway, J. N., A. R. Townsend, J. W. Erisman, M. Bekunda, Z. Cai, J. R. Freney, L. A. Martinelli, S. P. Seitzinger, and M. A. Sutton. 2008. Transformation of the nitrogen cycle: recent trends, questions, and potential solutions. *Science* **320**: 889-892.

Garbeva, P., E. M. Baggs, and J. L. Prosser. 2007. Phylogeny of nitrite reductase (nirK) and nitric oxide reductase (norB) genes from Nitrosospira species isolated from soil. *FEMS Microbiol. Lett.* **266**: 83-89.

Goreau, T. J., W. A. Kaplan, S. C. Wofsy, M. B. McElroy, F. W. Valois, and S. W. Watson. 1980. Production of NO_2^- and N_2O by nitrifying bacteria at reduced concentrations of oxygen. *Appl. Environ. Microbiol.* **40**: 526-532.

Goring, C. A. I. 1962. Control of nitrification by 2-chloro-6- (trichloromethyl)-pyridine. *Soil Sci.* **93**: 211-218.

Hakemian, A. S., and A. C. Rosenzweig. 2007. The biochemistry of methane oxidation. *Am. Rev. Biochem.* **76**: 223-241.

Hooper, A. B. 1968. A nitrite-reducing enzyme from Nitrosomonas europaea. Preliminary characterization with hydroxylamine as electron donor. *Biochim. Biophys. Acta* **162**: 49-65.

Hooper, A. B., P. C. Maxwell, and K. R. Terry. 1978. Hydroxylamine oxidoreductase from *Nitrosomonas*: absorption spectra and content of heme and metal. *Biochemistry* **17**: 2984-2989.

Hynes, R. K., and R. Knowles. 1982. Effect of acetylene on autotrophic and heterotrophic nitrification. *Can. J. Microbiol.* **28**: 334-340.

IPCC. 2006. IPCC Guidelines for National Greenhouse Gas Inventories, prepared by the National Greenhouse Gas Inventories Programme, Chapter 11. In H. S. Eggleston, L. Buendia, K. Miwa, T. Ngara, and K. Tanabe (ed.), N_2O *Emissions from Managed Soils, and CO_2 Emissions from Lime and Urea Application*. IGES, Hayama, Japan.

Ishaque, M., and A. H. Cornfield. 1976. Evidence for heterotrophic nitrification in an acid Bangladesh soil lacking autotrophic nitrifying organisms. *Trop. Agric.* **53**: 157-160.

Jetten, M. S. M., P. de Bruijn, and J. G. Kuenen. 1997a. Hydroxylamine metabolism in Pseudomonas PB16: involvement of a novel hydroxylamine oxidoreductase. *Antonie van Leeuwenhoek* **71**: 69-74.

Jetten, M. S. M., S. Logemann, G. Muyzer, L. A. Robertson, S. d. Vries, M. C. M, v. Loosdrecht, and J. G. Kuenen. 1997b. Novel principles in the microbial conversion of nitrogen compounds. *Antonie van Leeuwenhoek* **71**: 75-93.

Joo, H. -S., M. Hirai, and M. Shoda. 2005. Nitrification and denitrification um by Alcaligenes faecalis. *Biotech. Lett.* **27**: 773-778.

Jordan, F. L, J. J. L. Cantera, M. E. Fenn, and L. Y. Stein. 2005. Autotroph tribute minimally to nitrification in a nitrogensaturated forest soil. *Appl. Environ. Micr*

Killham, K. 1986. Heterotrophic nitrification. p. 117-126. *In* J. I. Prosser (e Press, Oxford, United Kingdom.

Kim, S. W, S Fushinobu, S. M. Zhou, T. Wakagi, and H. Shoun. 2009. Euka ding copper-containing nitrite reductase: originating from the protomitochondrion? *biol.* **75**: 2652-2658.

Klotz, M. G., and J. M. Norton. 1998. Multiple copies of ammonia monooxy have evolved under biased AT/GC mutational pressure in ammonia-oxidizing autotr *Microbiol. Lett.* **168**: 303-311.

Klotz, M. G., and L. Y. Stein. 2008. Nitrifier genomics and evolution of the *Microbiol. Lett.* **278**: 146-456.

Klotz, M. G., D. J. Arp, P. S. G. Chain, A. F. E-Sheikh, L. Hauser, N. G. rimer, S. Malfatti, J. M. Norton, A. T. Poret-Peterson, L. Verge, and B. B. Ward genome sequence of the marine, nitrifying purple sulfur bacterium, Nitrosococcus ocean pl. *Environ. Microbiol.* **72**: 6299-6315.

Klotz, M. G., M. C. Schmid, M. Strous. H. J. Mop den Camp, M. S. M. Jetten, a 2008. Evolution of an octahaem cytochrome c protein family that is key to aerobic and ana oxidation by bacteria. *Environ. Microbiol.* **10**: 3150-3163.

Kool, D. M., C. Müller, N. Wrage, O. Oenema, and J. W. Van Groenigen. 2009. Oxy between nitrogen oxides and H_2O can occur during nitrifier pathways. *Soil Biol. Biochem.* **41**:

Kurokawa, M., Y. Fukumori, and T. Yamanaka. 1985. A hydroxylamine-cytochrome c rea curs in the heterotrophic nitrifier Arthrobacter globiformis. *Plant Cell Physiol.* **26**: 1439-1442.

Lawton, T. J., L. A. Sayavedra-Soto, D. J. Arp, and A. C. Rosenzweig. 2009. Crystal struct two-domain multicopper oxidase: implications for the evolution of multicopper blue proteins. *J. Chem.* **284**: 10174-10180.

Lieberman, R. L., and A. C. Rosenzweig. 2004. Biological methane oxidation: regulation, biochen try, and active site structure of particulate methane monooxygenase. *Crit. Rev. Biochem. Mol. Biol.* **39** 147-164.

Lin, Y., H. Kong, Y. He, L. Kuai, and Y. Inamori. 2004. Simultaneous nitrification and denitrification in a membrane bioreactor and isolation of heterotrophic nitrifying bacteria. *Jpn. J. Water Treat. Biol.* **40**: 105-114.

Lipschultz, F., O. C. Zafiriou, S. C. Wofsy, M. B. McElroy, F. W. Valois, and S. W. Watson. 1981. Production of NO and N_2O by soil nitrifying bacteria. *Nature* **294**: 641-643.

Ma, W. K., R. E. Farrell, and S. D. Siciliano. 2008. Soil formate regulates the fungal nitrous oxide emission pathway. *Appl. Environ. Microbiol.* **74**: 6690-6696.

Mandernack, K. W., C. A. Kinney, D. Coleman, Y. -S. Huang, K. H. Freeman, and J. Bogner. 2000. The biogeochemical controls of N_2O production and emission in landfill cover soils: the role of methanotrophs in the nitrogen cycle. *Environ. Microbiol.* **2**: 298-309.

Matsuzaka, E., N. Nomura, H. Maseda, H. Otagaki, T. Nakajima-Kambe, T. Nakahara, and H. Uchiyama. 2003. Participation of nitrite reductase in conversion of NO_2^- to NO_3^- in a heterotrophic nitrifier, cepacia NH-17, with denitrification activity. *Microb. Environ.* **18**: 203-209.

..., and D. Prieur. 2000. Heterotrophic nitrification by a thermophilic Bacillus species as influ- ...erent culture conditions. *Can. J. Microbiol.* **46**: 465-473.

... D. J., and D. J. D. Nicholas. 1985. Characterization of a soluble cytochrome oxidase/nitrite re- ...m *Nitrosomonas europaea*. *J. Gen. Microbiol.* **131**: 2851-2854.

...rry, B. K., M. Wagner, V. Urbain, B. E. Rittman, and D. A. Stahl. 1996. Phylogenetic probes ...ing abundance and spatial organization of nitrifying bacteria. *Appl. Environ. Microbiol.* **62**: ...2.

...r, J. W. B., J. -M. Wehrfritz, S. Spiro, and D. J. Richardson. 1996a. The biochemical character- ...f a novel non-haem-iron hydroxylamine oxidase from *Paracoccus denitrificans* GB17. *Biochem. J.* ...23-827.

...oir, J. W. B., L. C. Crossman, S. Spiro, and D. J. Richardson. 1996b. The purification of ammonia ...oxygenase from Paracoccus denitrificans. *FEBS Lett.* **387**: 71-74.

Molina, J. A. E., and M. Alexander. 1972. Oxidation of nitrite and hydroxylamine by *Aspergillus* ...us, peroxidase and catalase. *Antonie van Leeuwenhoek* **38**: 505-512.

Murphy, L. M., F. E. Dodd, F. K. Yousafzai, R. R. Eady, and S. S. Hasnain. 2002. Electron dona- ...n between copper containing nitrite reductases and cupredoxins: the nature of protein-protein interaction in ...omplex formation. *J. Mol. Biol.* **315**: 859-871.

Nemergut, D. R., and S. K. Schmidt. 2002. Disruption of narH, narJ, and moaE inhibits heterotrophic nitrification in Pseudomonas strain M19. *Appl. Environ. Microbiol.* **68**: 6462-6465.

Nicol, G. W, S. Leininger, C. Schleper, and J. L. Prosser. 2008. The influence of soil pH on the diversity, abundance and transcriptional activity of ammonia oxidizing archaea and bacteria. *Environ. Microbiol.* **10**: 2966-2978.

Nojiri, M., H. Koteishi, T. Nakagami, K. Kobayashi, T. Inoue, K. Yamaguchi, and S. Suzuki. 2009. Structural basis of inter-protein electron transfer for nitrite reduction in denitrification. *Nature* **462**: U117-U132.

Norton, J. M., J. J. Alzerreca, Y. Suwa, and M. G. Klotz. 2002. Diversity of ammonia monooxygenase operon in autotrophic ammonia-oxidizing bacteria. *Arch. Microbiol.* **177**: 139-149.

Norton, J. M, M. G. Klotz, L. Y. Stein, D. J. Arp. P. J. Bottomley, P. S. G. Chain, L. J. Hauser, M. L. Land, F. W. Larimer, M. W. Shin, and S. R. Starkenburg. 2008. Complete genome sequence of Nitrosospira multiformis, an ammonia-oxidizing bacterium from the soil environment. *Appl. Environ. Microbiol.* **74**: 3559-3572.

Numata, M., T. Saito, T. Yamazaki, Y. Fukumori, and T. Yamanaka. 1990. Cytochrome P-460 of Nitrosomonas europaea: further purification and further characterization. *J. Biochem.* **108**: 1016-1021.

Nyerges, G. 2008. New insights into ammonia and nitrite metabolism by methanotrophic bacteria. Ph. D. thesis. University of California, Riverside, CA.

Nyerges, G., and L. Y. Stein. 2009. Ammonia cometabolism and product inhibition vary considerably among species of methanotrophic bacteria. *FEMS Microbiol. Lett.* **297**: 131-136.

Ono, Y., A. Enokiya, D. Masuko, K. Shoji, and T. Yamanaka. 1999. Pyruvic oxime dioxygenase from the heterotrophic nitrifier Alcaligenes faecalis: purification, and molecular and enzymatic properties. *Plant Cell Physiol.* **401**: 47-52.

Otani, Y., K. Hasegawa, and K. Hanaki. 2004. Comparison of aerobic denitrifying activity among three cultural species with various carbon sources. *Water Sci. Tech.* **50**: 15-22.

Otte, S., J. Schalk, J. G. Kuenen, and M. S. M Jetten. 1999. Hydroxylamine oxidation and subsequent nitrous oxide production by the heterotrophic ammonia oxidizer Alcaligenes faecalis. *Appl. Microbiol. Biotechnol.* **51**: 255-261.

Papen, H., and R. von Berg. 1998. A most probably number method (MPN) for the estimation of cell numbers of heterotrophic nitrifying bacteria in soil. *Plant Soil* **199**: 123-130.

Perez, T., D. Garcia-Montiel, S. Trumbore, S. Tyler, P. De Camargo, M. Moreira, M. Piccolo, and C. Cerri. 2006. Nitrous oxide nitrification and denitrification ^{15}N enrichment factors from Amazon Forest soils. *Ecol. Applic.* **16**: 2153-2167.

Poret-Peterson, A. T., J. E. Graham, J. Gulledge, and M. G. Klotz. 2008. Transcription of nitrification genes by the methane-oxidizing bacterium. Methylococcus capsulatus strain Bath. *ISME J.* **2**: 1213-1220.

Poth, M. 1986. Dinitrogen production from nitrite by a *Nitrosomonas* isolate. *Appl. Environ. Microbiol.* **52**: 957-959.

Ralt, D., R. F. Gomez, and S. R. Tannerbaum. 1981. Conversion of acetohydroxamate and hydroxylamine to nitrite by intestinal microorganisms. *Eur. J. Appl. Microbiol. Biotechnol.* **12**: 226-230.

Ritchie, G. A. F., and D. J. D. Nicholas. 1974. The partial characterization of purified nitrite reductase and hydroxylamine oxidase from Nitrosomonas europaea. *Biochem. J.* **138**: 471-480.

Robertson, L. A., and J. G. Kuenen. 1990. Combined heterotrophic nitrification and aerobic denitrification in Thiosphaera pantotropha and other bacteria. *Antonie van Leeuwenhoek* **57**: 139-152.

Robertson, L. A., E. W. J. Van Niel, R. A. M. Torremans, and J. G. Kuenen. 1988. Simultaneous nitrification and denitrification in aerobic chemostat cultures of Thiosphaera pantotropha. *Appl. Environ. Microbiol.* **54**: 2812-2818.

Robertson, L. A., R. Cornelisse, P. De Vos, R. Hadioetomo, and J. G. Kuenen. 1989. Aerobic denitrification in various heterotrophic nitrifiers. *Antonie van Leeuwenhoek* **56**: 289-300.

Röckstrom, J., W. Steffen, K. Noone, A. Persson, F. S. Chapin, E. F. Lambin, T. M. Lenton, M. Scheffer, C. Folke, H. J. Schellnhuber, B. Nykvist, C. A. de Wit, T. Hughes, S. van der Leeuw, H. Rodhe, S. Sorlin, P. K. Snyder, R. Costanza, U. Svedin, M. Falkenmark, L. Karlberg, R. W. Corell, V. J. Fabry, J. Hansen, B. Walker, D. Liverman, K. Richardson, P. Crutzen, and J. A. Foley. 2009. A safe operating space for humanity. *Nature* **461**: 472-475.

Sakai, K., K. Takano, T. Tachiki, and T. Tochikura. 1988. Purification and properties of an enzyme oxidizing nitrite to nitrate from Candida rugosa. *Agric. Biol. Chem.* **52**: 2783-2789.

Sakai, K., Y. Ikenaga, Y. Ikenaga, M. Wakayama, and M. Moriguchi. 1996. Nitrite oxidation by heterotrophic bacteria under various nutritional and aerobic conditions. *J. Ferment. Bioeng.* **82**: 613-617.

Sakai, K., H. Nisijima, Y. Ikenaga, M. Wakayama, and M. Moriguchi. 2000. Purification and characterization of nitrite-oxidizing enzyme from heterotrophic Bacillus badius I-73, with special concern to catalase. *Bioeng. Biotechnol. Biochem.* **64**: 2727-2730.

Schalk, J., S. de Vries, J. G. Kuenen, and M. S. M. Jetten. 2000. Involvement of a novel hydroxylamine oxidoreductase in anaerobic ammonium oxidation. *Biochemistry* **39**: 5405-5412.

Schimel, J. P., M. K. Firestone, and K. S. Killham. 1984. Identification of heterotrophic nitrification in a Sierran forest soil. *Appl. Environ. Microbiol.* **48**: 802-806.

Schmidt, E. L. 1973. Nitrate formation by Aspergillus flavus in ure and mixed culture in natural environments. *Trans. 7th Int. Congr. Soil Sci.* **2**: 600-605.

Schmidt, H. L., R A. Werner, N. Yoshida, and R. Well. 2004. Is the isotopic composition of nitrous oxide an indicator for its origin from, nitrification or denitrification? A theoretical approach from referred data and microbiological and enzyme kinetic aspects. *Rap. Comm. Mass. Spectrom.* **18**: 2036-2040.

Schmidt, I. 2009. Chemoorganoheterotrophic growth of *Nitrosomonas europaea* and *Nitrosomonas eutropha*. *Curr. Microbiol.* **59**: 130-138.

Schmidt, I, and E. Bock. 1997. Anaerobic ammonia oxidation with nitrogen dioxide by Nitrosomonas eutropha. *Arch. Microbiol.* **167**: 106-111.

Schmidt, I., O. Sliekers, M. Schmid, E. Bock, J. Fuerst, J. G. Kuenen, M. S. M. Jetten, and M. Strous. 2003. New concepts of microbial treatment processes for the nitrogen removal in wastewater. *FEMS Microbiol. Rev.* **27**: 481-492.

Schmidt, I., R. J. M. van Spanning, and M. S. M. Jetten. 2004. Denitrification and ammonia oxidation by *Nitrosomonas europaea* wild-type, and NirK-and NorB-deficient mutants. *Microbiology UK* **150**: 4107-4114.

Shaw, L. J., G. W. Nicol, Z. Smith, J. Fear, J. I. Prosser, and E. M. Bags. 2005. Nitrosospira spp. can produce nitrous oxide via a nitritfier denitrification pathway. *Environ. Microbiol.* **8**: 214-222.

Shrestha, N. K., S. Hadano, T. Kamachi, and I. Okura. 2002. Dinitrogen production from ammonia by Nitrosomonas europaea. *Appl. Catal.* **237**: 33-39.

Spiller, H., E. Dietsch, and E. Kessler. 1976. Intracellular appearance of nitrite and nitrate in nitrogen-starved cells of Ankistrodesmus braunii. *Planta* **129**: 175-181.

Starkenburg, S. R., D. J. Arp, and P. J. Bottomley. 2008. Expression of a putative nitrite reductase and the reversible inhibition of nitrite-dependent respiration by nitric oxide in *Nitrobacter winogradskyi* NB-255. *Environ. Microbiol.* **10**: 3036-3042.

Stein, L. Y., and Y. L. Yung. 2003. Production, isotopic composition, and atmospheric fate of biologically produced nitrous oxide. *Ann. Rev. Earth Planet. Sci.* **31**: 329-356.

Stein, L. Y., D. J. Arp, P. M. Berube, P. S. G. Chain, L. Hauser, M. S. M. Jetten, M. G. Klotz, F. W. Larimer, J. M. Norton, H. J. M. op den Camp, M. Shin, and X. Wei. 2007. Whole-genome analysis of the ammonia-oxidizing bacterium, Nitrosomonas eutropha C91: implications for niche adaptation. *Environ. Microbiol.* **9**: 2993-3007.

Stouthammer, A. H., A. P. N. de Boer, J. van der Oost, and R. J. M. van Spanning. 1997. Emerging principles of inorganic nitrogen metabolism in Paracoccus denitrificans and related bacteria. *Antonie can Leeuwenhoek* **71**: 33-41.

Stroo, H. E, T. M. Klein, and M. Alexander. 1986. Heterotrophic nitrification in an acid forest soil and by an acid-tolerant fungus. *Appl. Environ. Microbiol.* **52**: 1107-1111.

Sutka, R. L, N. E. Ostrom, P. H. Ostrom, H. Gandhi, and J. A. Breznak. 2003. Nitrogen isotopomer site preference of N_2O produced by *Nitrosomonas europaea* and *Methylococcus capsulatus* Bath. *Rap. Comm. Mass Spectrom.* **17**: 738-745.

Sutka. R. L, N. E. Ostrom, P. H. Ostrom, J. A. Breznak, H. Gandhi, A. J. Pitt, and F. Li. 2006. Distinguishing nitrous oxide production from nitrification and denitrification on the basis of isotopomer abundances. *Appl. Environ. Microbiol.* **72**: 638-644.

Tachiki, T., K. Sakai, K. Yamamoto, M. Hatanaka, and T. Tochikura. 1988. Conversion of nitrite to nitrate by nitrite-resistant yeasts. *Agric. Biol. Chem.* **52**: 1999-2005.

Takaya, N., S. Kuwazaki, Y. Adachi, S. Suzuki, T. Kikuchi, H. Nakamura, Y. Shiro, and H. Shoun. 2003. Hybrid respiration in the denitrifying mitochondria of *Fusarium oxysporum*. *J. Biochem.* **133**: 461-465.

Van Gool, A. P., and E. L. Schmidt. 1973. Nitrification in relation to growth in *Aspergillus flavus*.

Soil Biol. Biochem. **5**: 259-265.

van Niel, E. W. J, P. A. M. Arts, B. J. Wesselink, L. A. Robertson, and J. G. Kuenen. 1993. Competition between heterotrophic and autotrophic nitrifiers for ammonia in chemostat cultures. *FEMS Microbiol. Ecol.* **102**: 109-118.

Verstraete, W. 1975. Heterotrophic nitrification in soils and aqueous media-a review. *Bull. Acad. Sci. USSR Biol. Ser.* **4**: 515-530.

Verstraete, W., and M. Alexander. 1972. Heterotrophic nitrification by *Arthrobacter sp. J. Bacteriol.* **110**: 955-961.

Wehrfritz, J. -M., A. Reilly, S. Spiro, and D. J. Richardson. 1993. Purification of hydroxylamine oxidase from Thiosphaera pantotropha: identification of electron acceptors that couple heterotrophic nitrification to aerobic denitrification. *FEBS Lett.* **335**: 246-250.

Wehrfritz, J. -M., J. P. Carter, S. Spiro, and D. J. Richardson. 1997. Hydroxylamine oxidation in heterotrophic nitrate-reducing soil bacteria and purification of a hydroxylamine-cytochrome c oxidoreductase from a Pseudomonas species. *Arch. Microbiol.* **166**: 421-424.

Well, R., I. Kurganova, V. L de Gerenyu, and H. Flessa. 2006. Isotopomer signatures of soil-emitted N_2O under different moisture conditions-a microcosm study with arable loess soil. *Soil Biol. Biochem.* **38**: 2923-2933.

Well, R., H. Flessa, L. Xing, X. T. Ju, and V. Romheld. 2008. Isotopologue ratios of N_2O emitted from microcosms with NH_4^+-fertilized arable soils under conditions favoring nitification. *Soil Biol. Biochem.* **40**: 2416-2426.

White, J. P., and G. T. Johnson. 1982. Aflatoxin production correlated with nitrification in Aspergillus flavus group species. *Mycologia* **74**: 718-723.

Whittaker, M., D. Bergmann, D. Arciero, and A. B. Hooper. 2000. Electron transfer during the oxidation of ammonia by the chemolithotrophic bacterium *Nitrosomonas europaea*. *Biochim. Biophys. Acta* **1459**: 346-355.

Wrage, N., G. L. Velthof, M. L. van Beusichem, and O. Oenema. 2001. Role of nitrifier denitrification in the production of nitrous oxide. *Soil Biol. Biochem.* **33**: 1723-1732.

Wrage, N., G. L. Velthof, O. Oenema, and H. J. Laanbroek. 2004. Acetylene and oxygen as inhibitors of nitrous oxide production in Nitrosomonas europaea and Nitrosospira briensis: a cautionary tale. *FEMS Microbiol. Ecol.* **47**: 13-18.

Yamagishi, H., M. B. Westley, B. N. Popp, S. Toyoda, N. Yoshida, S. Watanabe, K. Koba, and Y. Yamanaka. 2007. Role of nitrification and denitrification on the nitrous oxide cycle in the eastern tropical North Pacific and Gulf of California. *J. Geophys. Res-Biogeosci.* **112**: G02015.

Yoshinari, T. 1984. Nitrite and nitrous oxide production by *Methylosinus trichosporium*. *Can. J. Microbiol.* **31**: 139-144.

Zahn, J. A., C. Duncan, and A. A. DiSpirito. 1994. Oxidation of hydroxylamine by cytochrome P-460 of the obligate methylotroph *Methylococcus capsulatus* Bath. *J. Bacteriol.* **176**: 5879-5887.

第三篇

第6章

Agogué, H., M. Brink, J. Dinasquet, and G. J. Herndl. 2008. Major gradients in putatively nitrifying and non-nitrifying Archaea in the deep North Atlantic. *Nature* **456**: 788-791.

Anbar, A. D., and A. H. Knoll. 2002. Proterozoic Ocean chemistry and evolution: a bioinorganic bridge? *Science* **297**: 1137-1142.

Andrade, S. L., and O. Einsle. 2007. The Amt/Mep/Rh family of ammonium transport proteins. *Mol. Membr. Biol.* **24**: 357-365.

Arp, D. J., P. S. Chain, and M. G. Klotz. 2007. The impact of genome analyses on our understanding of ammonia-oxidizing bacteria. *Annu. Rev. Microbiol.* **61**: 503-528.

Bagai, I., C. Rensing, N. J. Blackburn, and M. M. McEvoy. 2008. Direct metal transfer between periplasmic proteins identifies a bacterial copper chaperone. *Biochemistry* **47**: 11408-11414.

Baliga, N. S., and S. DasSarma. 2000. Saturation mutagenesis of the haloarchaeal bop gene promoter: identification of DNA supercoiling sensitivity sites and absence of TFB recognition element and UAS enhancer activity. *Mol. Microbiol.* **36**: 1175-1183.

Bédard, C., and R. Knowles. 1989. Physiology, biochemistry, and specific inhibitors of CH_4, NH_4^+, and CO oxidation by methanotrophs and nitrifiers. *Microbiol. Rev.* **53**: 68-84.

Béjá, O., E. V Koonin, L. Aravind, L. T. Taylor, H. Seit, T. L. Stein, D. C. Bensen, R. A. Feldman, R. V Swanson, and E. E. DeLong. 2002. Comparative genomic analysis of archaeal genotypic variants in a single population and in two different oceanic provinces. *Appl. Environ. Microbiol.* **68**: 335-345.

Berg, I. A., D. Kockelkorn, W. Buckel, and G. Fuchs. 2007. A 3-hydroxypropionate/4-hydroxybutyrate autotrophic carbon dioxide assimilation pathway in archaea. *Science* **318**: 1782-1786.

Bollmann, A., M. -J. Bär-Gilissen, and H. J. Laanbroek. 2002. Growth at low ammonium concentrations and starvation response as potential factors involved in niche differentiation among ammonia-oxidizing bacteria. *Appl. Environ. Microbiol.* **68**: 4751-4757.

Bollmann, A., I. Schmidt, A. M. Saunders, and M. H. Nicolaisen. 2005. Influence of starvation on potential ammonia-oxidizing activity and amoAmRNA levels of *Nitrosospira briensis*. *Appl. Environ. Microbiol.* **71**: 1276-1282.

Brochier-Armanet, C., B. Boussau, S. Gribaldo, and P. Forterre. 2008. Mesophilic crenarchaeota: proposal for a third archaeal phylum, the Thaumarchaeota. *Nat. Rev. Microbiol.* **6**: 245-252.

Burg, M. B., and J. D. Ferraris. 2008. Intracellular organic osmolytes: function and regulation. *J. Biol. Chem.* **283**: 7309-7313.

Bursy, J., A. U. Kuhlmann, M. Pittelkow, H. Hartmann, M. Jebbar, A. J. Pierik, and E. Bremer. 2008. Synthesis and uptake of the compatible solutes ectoine and 5-hydroxyectoine by Streptomyces coelicolor A3 (2) in response to salt and heat stresses. *Appl. Environ. Microbiol.* **74**: 7286-7296.

Button, D. K. 1994. The physical base of marine bacterial ecology. *Microbial. Ecol.* **28**: 273-285.

Button, D. K. 1998. Nutrient uptake by microorganisms according to kinetics parameters from theory as related to cytoarchitecture. *Microbiol. Mol. Biol. Rev.* **62**: 636-645.

Button, D. K. 2000. Effect of nutrient kinetics and cytoarchitecture on bacterioplankter size. *Limnol. Oceanogr.* **45**: 499-505.

Canfield, D. E. 1998. A new model for Proterozoic Ocean chemistry. *Nature* **396**: 450-453.

Cavet, J. S., G. P. Borrelly, and N. J. Robinson. 2003. Zn, Cu and Co in cyanobacteria: selective control of metal availability. *FEMS Microbiol. Rev.* **27**: 165-181.

Chain, P., J. Lamerdin, F. Larimer, W. Regala, V. Lao, M. Land, L. Hauser, A. Hooper, M. Klotz, J. Norton, L. Sayavedra-Soto, D. Arciero, N. Hommes, M. Whittaker, and D. Arp. 2003. Complete genome sequence of the ammonia-oxidizing bacterium and obligate chemolithoautotroph Nitrosomonas europaea. *J. Bacteriol.* **185**: 2759-2773.

Clark, L. L., E. D. Ingall, and R. Benner. 1999. Marine organic phosphorus cycling: novel insights from nuclear magnetic resonance. *Am. J. Sci.* **299**: 724-737.

Coale, K. H., and K. W. Bruland. 1988. Copper complexation in the northeast Pacific. *Limnol. Oceanogr.* **33**: 1084-1101.

Coale, K. H., and K. W. Bruland. 1990. Spatial and temporal variability in copper complexation in the north Pacific. *Deep Sea Res. Part I* **37**: 317-336.

De la Torre, J. R., C. B. Walker, A. E. Ingalls, M. Könneke, and D. A. Stahl. 2008. Cultivation of a thermophilic ammonia oxidizing archaeon synthesizing crenarchaeol. *Environ. Microbiol.* **10**: 810-818.

DeLong, E. F. 1992. Archaea in coastal marine environments. *Proc. Natl. Acad. Sci. USA* **89**: 5685-5689.

DeLong, E. E., K. Y. Wu, B. B. Prezelin, and R. V. Jovine. 1994. High abundance of archaea in Antarctic marine picoplankton. *Nature* **371**: 695-697.

Diamant, S., N. Eliahu, Do Rosenthal, and P. Goloubinoff. 2001. Chemical chaperones regulate molecular chaperones in vitro and in cells under combined salt and heat stresses. *J. Biol. Chem.* **276**: 39586-39591.

Dupont, C. L., S. Yang, B. Palenik, and P. E. Bourne. 2006. Modern proteomes contain putative imprints of ancient shifts in trace metal geochemistry. *Proc. Natl. Acad. Sci. USA* **103**: 17822-17827.

Dyhrman, S. T, and S. T. Haley. 2006. Phosphorus scavenging in the unicellular marine diazotroph *Crocosphaera watsonii*. *Appl. Environ. Microbiol.* **72**: 1452-1458.

Dyhrman, S. T., P. D. Chappell, S. T. Haley, J. W. Moffett, E. D. Orchard, T. B. Waterbury, and E. A. Webb. 2006a. Phosphonate utilization by the globally important marine diazotroph Trichodesmium. *Nature* **439**: 68-71.

Dyhrman, S. T., S. T. Haley, S. R. Birkeland, L. L. Wurch, M. J. Cipriano, and A. G. McArthur. 2006b. Long serial analysis of gene expression for gene discovery and transcriptome profiling in the widespread marine coccolithophore Emiliania huxleyi. *Appl. Environ. Microbiol.* **72**: 252-260.

Ensign, S. A., M. R. Hyman, and D. J. Arp. 1993. In vitro activation of ammonia monooxygenase from *Nitrosomonas europaea* by copper. *J. Bacteriol.* 1971-1980.

Eppley, R. W., and E. H. Renger. 1974. Nitrogen assimilation of an oceanic diatom in nitrogen-limited continuous culture. *J. Phycol.* **10**: 15-23.

Eppley, R. W., J. N. Rogers, and J. J. McCarthy. 1969. Hal-saturation constants for uptake of nitrate and ammonium by marine phytoplankton. *Limnol. Oceanogr.* **14**: 912-920.

Facciotti, M. T., D. J. Reiss, M. Pan, A. Kaur, M. Vuthoori, R. Bonneau, P. Shannon, A. Srivastava, S. M. Donohoe, L. E. Hood, and N. S. Baliga. 2007. General transcription factor specified global gene regulation in Archaea. *Proc. Natl. Acad. Sci. USA*. **104**: 4630-4935.

Francis, C. A., K. J. Roberts, J. M. Beman, A. E. Santoro, and B. B. Oakley. 2005. Ubiquity and diversity of ammonia-oxidizing archaea in water columns and sediments of the ocean. *Proc. Natl. Acad. Sci. USA* **102**: 14683-14688.

Fuhrman, J. A., K. McCallum, and A. A. Davis. 1992. Novel major archaebacterial group from marine plankton. Nature **356**: 148-149.

Fuhrman, J. A., K. McCallum, and A. A. Davis. 1993. Phylogenetic diversity of subsurface marine microbial communities from the Atlantic and Pacific Oceans. *Appl. Environ. Microbiol.* **59**: 1294-1302.

Fukuto, J. M., M. D. Bartberger, A. S. Dutton, N. Paolocci, D. A. Wink, and K. N. Houk. 2005a.

The physiological chemistry and biological activity of nitroxyl (HNO): the neglected, misunderstood, and enigmatic nitrogen oxide. *Chem. Res. Toxicol.* **18**: 790-801.

Fukuto, J. M., A. S. Dutton, and K. N. Houk. 2005b. The chemistry and biology of nitroxyl (HNO): a chemically unique species with novel and important biological activity. *Chembiochemistry* **6**: 612-619.

Fukuto, J. M., C. H. Switzer, K, M. Miranda, and D. A. Wink. 2005c, Nitroxyl (HINO): chemistry, biochemistry, and pharmacology. Anmu. Rev. Pharmacol. Toxicol. **45**: 335-355.

Gibson, D. T., S. M. Resnick, K. Lee, J. M. Brand, D. S. Torok, L. P. Wackett, M. J. Schocken, and B. E. Haigler. 1995. Desaturation, dioxygenation, and monooxygenation reactions catalyzed by naphthalene dioxygenase from *Pseudomonas sp.* strain 9816—4. *J. Bacteriol.* **177**: 2615-2621.

Giovannoni, S. J., and U. Stingl. 2005. Molecular diversity and ecology of microbial plankton. *Nature* **437**: 343-348.

Gold, B., H. Deng, R. Bryk, D. Vargas. D. Eliezer, J. Roberts, X. Jiang, and C. Nathan. 2008. Identification of a copper-binding metallothionein in pathogenic mycobacteria. *Nat, Chem. Biol.* **4**: 609-616.

Grass, G., and C. Rensing. 2001. CueO is a multicopper oxidase that confers copper tolerance in *Escherichia coli*. *Biochem. Biophys. Res. Commun.* **286**: 902-908.

Hallam, S. J., K. T. Konstantinidis, N. Putnam, C. Schleper, Y. Watanabe, J. Sugahara, C. Preston, J. de la Torre, P. M. Richardson, and E. F. DeLong. 2006a. Genomic analysis of the uncultivated marine crenarchaeote Cenarchaeum symbiosum. *Proc. Natl. Acad. Sci. USA* **103**: 18296-18301.

Hallam, S. J., T. J. Mincer, C. Schleper, C. M. Preston, K. Roberts, P. M. Richardson, and E. F. DeLong. 2006b. Pathways of carbon assimilation and ammonia oxidation suggested by environmental genomic analyses of marine *Crenarchaeota*. *PLoS Biol.* **4**: 520-536.

Harder, W., and L. Dijkhuizen. 1983. Physiological responses to nutrient limitation. *Annu. Rev. Microbiol.* **37**: 1-23.

Hashimoto, L. K., W. A. Kaplan, S. C. Wofsy, and M. B. McElroy. 1983. Transformations of fixed nitrogen and N_2O in the Cariaco Trench. *Deep Sea Res*. **30**: 575-590.

Hatzenpichler, R., E. V. Lebecleva, E. Spieck, K. Stoecker, A. Richter, H. Daims, and M. Wagner. 2008. A moderately thermophilic ammonia-oxidizing crenarchaeote from a hot spring. *Proc. Nall. Acad. Sci. USA* **105**: 2134-2139.

Hiniker, A., J. F. Collet, and J. C. Bardwell. 2005. Copper stress causes an in vivo requirement for the *Escherichia coli* disulfide isomerase DsbC. *J. Biol. Chem.* **280**: 33785-33791.

Hjort, K. , and R. Bernander. 1999. Changes in cell size and DNA content in cell size and DNA content in *Sulfolobus* cultures during dilution and temperature shift experiments. *J. Bacteriol.* **181**: 5669-5575.

Holo, H. 1989. Chloroflexus aurantiacus secretes 3-hydroxypropionate a possible intermediate in the assimilation of CO_2 and acetate. *Arch. Microbiol.* **151**: 252-256.

Holo, H., and I. F. Nes. 1989. High-frequency transformation, by electroporation, of Lactococcus lactis subsp. cremoris grown with glycine in osmotically stabilized media. *Appl. Environ. Microbiol.* **55**: 3119-3123.

Huckle, J. W., A. P. Morby, J. S. Turner, and N. J. Robinson. 1993. Isolation of a prokaryotic metallothionein locus and analysis of transcriptional control by trace metal ions. *Mol. Microbiol.* **7**: 177-187.

Ingalls, A. E., S. R. Shah. R. L. Hansman. L. I. Aluwihare. G. M. Santos, E. R. M. Druffel, and A. Pearson. 2006. Quantifying archaeal community autotrophy in the mesopelagic ocean using natural radiocarbon. *Proc. Natl. Acad. Sci. USA* **103**: 6442-6447.

Jia, Z., and R. Conrad. 2009. *Bacteria* rather than Archaea dominate microbial ammonia oxidation in an agricultural soil. *Environ. Microbiol.* **11**: 1658-1671.

Jiang, Q. Q., and L. R. Bakken. 1999. Comparison of Nitrosospira strains isolated from terrestrial environments. *FEMS Microbiol. Ecol.* **30**: 171-186.

Jones, R. D., and R. Y. Morita. 1985. Survival of a marine ammonium oxidizer under energy-source deprivation. *Mar. Ecol. Prog. Ser.* **26**: 175-179.

Karner, M. B., E. F. DeLong, and D. M. Karl. 2001. Archaeal dominance in the mesopelagic zone of the Pacific Ocean. *Nature* **409**: 507-510.

Keen, G. A., and J. I. Prosser. 1987. Steady state and transient growth of autotrophic nitrifying bacteria. *Arch. Microbiol.* **147**: 73-79.

Khademi, S., J. O'Connell 3rd, J. Remis, Y. Robles-Colmenares, L. J. Miercke, and R. M. Stroud. 2004. Mechanism of ammonia transport by Amt/MEP/Rh: structure of AmtB at 1.35 A. *Science* **305**: 1587-1594.

Kittredge, J. S., and E. Roberts. 1969. A carbonphosphorus bond in nature. *Science* **164**: 37-42.

Klotz, M. G., and L. Y. Stein. 2008. Nitrifier genomics and evolution of the nitrogen cycle. *FEMS Microbiol. Lett.* **278**: 146-156.

Klotz, M. G., D. J. Arp, P. S. G. Chain, A. F. ElSheikh, L. J. Hauser, N. G. Hommes, F. W. Larimer, S. A. Malfatti, J. M. Norton, A. T. Poret-Peterson, L. M. Vergez, and B. B. Ward. 2006. Complete genome sequence of the marine, chemolithoautotrophic, ammonia-oxidizing bacterium *Nitrosococcus oceani* ATCC 19707. *Appl. Enrviron. Microbiol.* **72**: 6299-6315.

Könneke, M., A. E. Bernhard, J. R. de la Torre, C. B. Walker, J. B. Waterbury, and D. A. Stahl. 2005. Isolation of an autotrophic ammonia-oxidizing marine archaeon. *Nature* **437**: 543-546.

Kononova, S. V., and M. A. Nesmeyanova. 2002. Phosphonates and their degradation by microorganisms. *Biochemistry (Moscow)* **67**: 184-195.

Kurtz, S., A. Phillippy, A. L. Delcher, M. Smoot, M. Shumway, C. Antonescu, and S. L. Salzberg. 2004. Versatile and open software for comparing large genomes. *Genome Biol.* **5**: R12.

Laanbroek, H. J., and S. Gerards. 1993. Competition for limiting amounts of oxygen between *Nitrosomonas europaea* and *Nitrobacter winogradskyi* grown in mixed continuous cultures. *Arch. Microbiol.* **159**: 453-459.

Laanbroek, H. J., P. L. E. Bodelier, and S. Gerards. 1994. Oxygen consumption kinetics of *Nitrosomonas europaea* and *Nitrobacter hamburgensis* grown in mixed continuous cultures at different oxygen concentrations. *Arch. Microbiol.* **161**: 156-162.

Lebedeva, E. V, M. Alawi, C. Fiencke, B. Namsaraev, E. Bock, and E. Spieck. 2005. Moderately thermophilic nitrifying bacteria from a hot spring of the Baikal rift zone. *FEMS Microbiol. Ecol.* **54**: 297-306.

Lee, S., and J. A. Fuhrman. 1987. Relationships between biovolume and biomass of naturally derived marine bacterioplankton. *Appl. Environ. Microbiol.* **53**: 1298-1303.

Leininger, S., T. Urich, M. Schloter, L. Schwark, J. Qi, G. W. Nicol, J. I. Prosser, S., C. Schuster, and C. Schleper. 2006. Archaea predominate among ammonia-oxidizing prokaryotes in soils. *Nature* **442**: 806-809.

Lindas, A. C., E. A. Karlsson, M. T. Lindgren, T. J. Ettema, and R. Bernander. 2008. A unique cell division machinery in the Archaea. *Proc. Natl. Acad. Sci. USA* **105**: 18942-18946.

Lopez-Garcia, P., C. Brochier, D. Moreira, and F. Rodriguez-Valera. 2004. Comparative analysis of a genome fragment of an uncultivated mesopelagic crenarchaeote reveals multiple horizontal gene transfers. *Environ. Microbiol.* **6**: 19-34.

Loureiro, S., C. Jauzein, E. Garcés, Y. Collos, J. Camp, and D. Vaque. 2009. The significance of organic nutrients in the nutrition of *Pseudonitzschia delicatissima* (Bacillariophyceae). *J. Plankt Res.* **31**: 399-410.

Loveless, J. E., and H. A. Painter. 1968. Influence of metal ion concentrations and pH value on growth of a *Nitrosomonas* strain isolates from activated sludge. *J. Gen. Microbiol.* **52**: 1-14.

Lundgren, M, and R. Bernander. 2005. Archaeal cell cycle progress. *Curr. Opin. Microbiol.* **8**: 662-668.

Lundgren, M., L. Malandrin, S. Eriksson, H. Huber, and R. Bernander. 2008. Cell cycle characteristics of Crenarchaeota: unity among diversity. *J. Bacteriol.* **190**: 5362-5367.

Markowitz, V. M., F. Korzeniewski, K. Palaniappan, E. Szeto, G. Werner, A. Padki, X. L. Zhao, L. Dubchak, P. Hugenholtz, I. Anderson, A. Lykidis, K. Mavromatis, N. Ivanova, and N. C. Kyrpides. 2006. The integrated microbial genomes (IMG) system. *Nucleic Acids Res.* **34**: D344-D348.

Markowitz, V. M., E. Szeto, K. Palaniappan, Y. Grechkin, K. Chu, I. M. A. Chen, I. Dubchak, I. Anderson, A. Lykidis, K. Mavromatis, N. N. Ivanova, and N. C. Kyrpides. 2008. The integrated microbial genomes (IMG) system in2007: data content and analysis tool extensions. *Nucleic Acids Res.* **36**: D528-D533.

Martens-Habbena, W., P. M. Berube, H. Urakawa, J. de la Torre, and D. A. Stahl. 2009. Ammonia oxidation kinetics determines niche separation of nitrifying Archaea and Bacteria. *Nature* **461**: 976-979.

Massana, R., A. E. Murray, C. M. Preston, and E. F. DeLong. 1997. Vertical distribution and Phylogenetic characterization of marine planktonic *Archaea* in the Santa Barbara Channel. *Appl. Environ. Microbiol.* **63**: 50-56.

Miceli, M. V, T. O. Henderson, and T. C. Myers. 1980. 2-Aminoethylphosphonic acid metabolism during embryonic development of the planorbid snail *Helisoma. Science* **209**: 1245-1247.

Mincer, T. J., M. J. Church, L. T. Taylor, C. Preston, D. M. Karl, and E. F. DeLong. 2007. Quantitative distribution of presumptive archaeal and bacterial nitrifiers in Monterey Bay and the North Pacific Subtropical Gyre. *Environ. Microbiol.* **9**: 1162-1175.

Miranda, K. M., R. W. Nims, D. D. Thomas, M. G. Espey, D. Citrin, M. D. Bartberger, N. Paolocci, J. M. Fukuto, M. Feelisch, and D. A. Wink. 2003a. Comparison of the reactivity of nitric oxide and nitroxyl with heme proteins. A chemical discussion of the differential biological effects of these redox related products of NOS. *J. Inorg. Biochem.* **93**: 52-60.

Miranda, K. M., N. Paolocci, T. Katori, D. D. Thomas, E. Ford, M. D. Bartberger, M. G. Espey D. A. Kass, M. Feelisch, J. M. Fukuto, and D. A. Wink. 2003b. A biochemical rationale for the discrete behavior of nitroxyl and nitric oxide in the cardiovascular system. *Proc. Natl. Acad. Sci. USA* **100**: 9196-9201.

Nunoura, T., H. Hirayama, H. Takami, H. Oida, S. Nishi, S. Shimamura, Y. Suzuki, E. Inagaki, K. Takai, K. H. Nealson, and K. Horikoshi. 2005. Genetic and functional properties of uncultivated thermophilic crenarchaeotes from a subsurface gold mine as revealed by analysis of genome fragments. *Environ. Microbiol.* **7**: 1967-1984.

Olson, R. J. 1981. N-15 tracer studies of the primary nitrite maximum. *J. Mar. Res*, **39**: 203-226.

Peers, G., and N. M. Price. 2006. Copper-containing plastocyanin used for electron transport by an oceanic diatom. *Nature* **441**: 341-344.

Pitcher, A., S. Schouten, and J. S. Sinninghe Damsté. 2009. In situ production of crenarchaeol in two

California hot springs. *Appl. Environ. Microbiol.* **75**: 4443-4451.

Preston, C. M., K. Y. Wu, T. E. Molinski, and E. F. DeLong. 1996. A psychrophilic crenarchaeon inhabits a marine sponge: Cenarchaeum *symbiosum* gen. nov., sp. nov. *Proc. Natl. Acad. Sci. USA* **93**: 6241-6246.

Prosser, J. I. 1989. Autotrophic nitrification in bacteria, P. 125-181. In A. H. Rose and D. W Tempest (ed.), *Advances in Microbial Physiology*, vol. 30. Academic Press, San Diego, CA.

Prosser, J. I., and G. W. Nicol. 2008. Relative contributions of archaea and bacteria to aerobic ammonia oxidation in the environment. *Environ. Microbiol.* **10**: 2931-2941.

Quinn, J. P., A. N. Kulakova, N. A. Cooley, and J. W. McGrath. 2007. New ways to break an old bond: the bacterial carbon-phosphorus hydrolases and their role in biogeochemical phosphorus cycling. *Environ. Microbiol.* **9**: 2392-2400.

Rappé, M. S., S. A. Connon, K. L. Vergin, and S. J. Giovannoni. 2002. Cultivation of the ubiquitous SAR 11 marine bacterioplankton clade. *Nature* **418**: 630-633.

Reay, D. S, D. B. Nedwell, J. Priddle, and J. C. Ellis-Evans. 1999. Temperature dependence of inorganic nitrogen uptake: reduced affinity for nitrate at suboptimal temperatures in both algae and bacteria. *Appl. Environ. Microbiol.* **65**: 2577-2584.

Rensing, C., and G. Grass. 2003. Escherichia coli mechanisms of copper homeostasis in a changing environment. *FEMS Microbiol. Rev.* **27**: 197-213.

Reva, O., and B. Tümmler. 2008. Think big-giant genes in bacteria. *Environ. Microbiol.* **10**: 768-777.

Roszak, D. B., and R. R. Colwell. 1987. Survival strategies of bacteria in the natural environment. *Microbiol. Rev.* **51**: 365-379.

Samson, R. Z, T. Obita, S. M. Freund, R. L. Williams, and S. D. Bell. 2008. A role for the ESCRT system in cell division in archaea. *Science* **322**: 1710-1713.

Sandman, K., and J. N. Reeve. 2005. Archaeal chromatin proteins: different structures but common function? *Curr. Opin. Microbiol.* **8**: 656-661.

Schleper, C., G. Jurgens, and M. Jonuscheit. 2005. Genomic studies of uncultivated archaea. *Nat. Rev. Microbiol.* **3**: 479-488.

Schmidt, L, C. Look, E. Bock, and M. S. M Jetten. 2004. Ammonium and hydroxylamine uptake and accumulation in Nitrosomonas. *Microbiology* **150**: 1405-1412.

Schouten, S., E. C. Hopmans, R. D. Pancost, and J. S. Damste. 2000. Widespread occurrence of structurally diverse tetraether membrane lipids: evidence for the ubiquitous presence of low-temperature relatives of hyperthermophiles. *Proc. Natl. Acad. Sci. USA* **97**: 14421-14426.

Schouten, S., E. C. Hopmans, E. Schefuß, and J. S. Sinninghe Damsté. 2002. Distributional variations in marine crenarchaeotal membrane lipids: a new tool for reconstructing ancient sea water temperatures? *Earth Planet. Sci. Lett.* **204**: 265-274.

Schouten, S., E. C. Hopmans, M. Baas, H. Boumann, S. Standfest, M. Konneke, D. A. Stahl, and J. S. Sinninghe Damsté. 2008. Intact membrane lipids of "Candidatus Nitrosopumilus maritimus," a cultivated representative of the Cosmopolitan Mesophilic Group I Crenarchaeota. *Appl. Environ. Microbiol.* **74**: 2433-2440.

Shao, Z, J. A. Blodgett, B. T. Circello, A. C. Eliot, R. Woodyer, G. Li, W. A. van der Donk, W. W. Metcalf, and H. Zhao. 2008. Biosynthesis of 2-hydroxyethylphosphonate, an unexpected intermediate common to multiple phosphonate biosynthetic pathways. *J. Biol. Chem.* **283**: 23161-23168.

Simon, M., and F. Azam. 1989. Protein content and protein synthesis rates of planktonic marine bacteria. *Mar. Ecol. Prog. Ser.* **51**: 201-213.

Solioz, M., and A. Odermatt. 1995. Copper and silver transport by CopB-ATPase in membrane vesicles of *Enterococcus hirae*. *J. Biol. Chem.* **270**: 9217-9221.

Solioz, M, and J. V. Stoyanov. 2003. Copper homeostasis in *Enterococcus hirae*. *FEMS Microbiol. Rev.* **27**: 183-195.

Stark, J. M., and M. K. Firestone. 1996. Kinetic characteristics of ammonium-oxidizer communities in a California oak woodland-annual grassland. *Soil Biol. Biochem.* **28**: 1307-1317.

Stehr, G., B. Böttcher, P. Dittberner, G. Rath, and H. P. Koops. 1995. The ammonia-oxidizing nitrifying population of the River Elbe estuary. *FEMS Microbiol. Ecol.* **17**: 177-186.

Strauss, G., and G. Fuchs. 1993. Enzymes of a novel autotrophic CO_2 fixation pathway in the phototrophic bacterium *Chloroflexus aurantiacus*, the 3-hydroxypropionate cycle. *Eur. J. Biochem.* **215**: 633-643.

Suwa, Y., Y. Imamura, T. Suzuki, T. Tashiro, and Y. Urushigawa. 1994. Ammonia-oxidizing bacteria with different sensitivities to $(NH_4^+)_2SO_4$ in activated sludges. *Water Res.* **28**: 1523-1532.

Suzuki, I., U. Dular, and S. C. Kwok. 1974. Ammonia or ammonium ion as substrate for oxidation by *Nitrosomonas europaea* cells and extracts. *J. Bacteriol.* **120**: 556-558.

Tremblay, P. L., and P. C. Hallenbeck. 2009. Of blood, brains and bacteria, the Amt/Rh transporter family: emerging role of Amt as a unique microbial sensor. *Mol. Microbiol.* **71**: 12-22.

Treusch, A. H, S. Leininger, A. Kletzin, S. C. Schuster, H. P. Klenk, and C. Schleper. 2005. Novel genes for nitrite reductase and Amo-related proteins indicate a role of uncultivated mesophilic crenarchaeota in nitrogen cycling. *Environ. Microbiol.* **7**: 1985-1995.

Valentine, D. L. 2007. Adaptations to energy stress dictate the ecology and evolution of the Archaea. *Nat. Rev. Microbiol.* **5**: 316-323.

van de Vossenberg, J. L., A. J. Driessen, and W. N. Konings. 1998. The essence of being extremophilic: the role of the unique archaeal membrane lipids. *Extremophiles* **2**: 163-170.

Varela, M. M., H. M. van Aken, E. Sintes, and G. J. Herndl. 2008. Latitudinal trends of Crenarchaeota and Bacteria in the meso-and bathypelagic water masses of the Eastern North Atlantic. *Environ. Microbiol.* **10**: 110-124.

Venter, J. C., K. Remington, J. F. Heidelberg, A. L. Halpern, D. Rusch, A. Eisen, D. Wu, I. Paulsen, K. E. Nelson, W. Nelson, D. E. Fouts, S. Levy, A. H. Knap, M. W. Lomas, K. Nealson, O. White, J. Peterson, J. Hoffman, R. Parsons, H. Baden-Tillson, C. Pfannkoch, Y. H. Rogers, and H. O. Smith. 2004. Environmental genome shotgun sequencing of the Sargasso Sea. *Science* **304**: 66-74.

Walker, C. B., J. R. de la Torre, M. G. Klotz, H. Urakawa, N. Pinel, D. J. Arp, C. Brochier-Armanet, P. S. Chain, P. P. Chan, A. Gollabgir, J. Hemp, M. Hügler, E. A. Karr, M. Könneke, M. Shin, T. J. Lawton, T. Lowe, W. Martens-Habbena, L. A. Sayavedra-Soto, D. Lang, S. M. Sievert, A. C. Rosenzweig, G. Manning, and D. A. Stahl. 2010. Nitrosopumilus maritimus genome reveals unique mechanisms for nitrification and autotrophy in globally distributed marine crenarchaea. *Proc. Natl. Acad. Sci. USA* **107**: 8818-8823.

Ward, B. B. 1986. Nitrification in marine environments, p. 157-184. In J. I. Prosser (ed.), *Nitrification*. IRL Press, Oxford, United Kingdom.

Ward, B. B. 1987. Kinetic studies on ammonia and methane oxidation by Nitrosococcus oceanus. *Arch. Microbiol.* **147**: 126-133.

Watson, S. W. 1965. Characteristics of a marine nitrifying bacterium, *Nitrosocystis oceanus* sp. N.

Limnol. Oceanogr. **10**: R274-R289.

Zhang, C. L., A. Pearson, Y. L. Li, G. Mills, and J. Wiegel. 2006. Thermophilic temperature optimum for crenarchaeol synthesis and its implication for archaeal evolution. *Appl. Environ. Microbiol.* **72**: 4419-4422.

第7章

Agogue, H., M. Brink, J. Dinasquet, and G. J. HerndL. 2008. Major gradients in putatively nitrifying and non-nitrifying Archaea in the deep North Atlantic. *Nature.* **456**: 788-791.

Allison, S. M., and J. I. Prosser. 2001. Urease activity in neutrophilic autotrophic ammonia-oxidizing bacteria isolated from acid soils. *Soil Biol. Biochem.* **23**: 45-51.

Avrahami, S., and B. J. Bohannan. 2007. Response of Nitrosospira sp. strain AF-like ammonia oxidizers to changes in temperature, soil moisture content, and fertilizer concentration. *Appl. Environ. Microbiol.* **73**: 1166-1173.

Barns, S. M., C. E Delwiche, J. D. Palmer, and N. R. Pace. 1996. Perspectives on archaeal diversity, thermophily and monophyly from environmental rRNA sequences. *Proc. Natl. Acad. Sci. USA* **93**: 9188-9193.

Bartossek, R., G. W. Nicol, A. Lanzen, H. -P. Klenk, and C. Schleper. 2010. Homologues of nitrite reductases in ammonia-oxidizing archaea: diversity and genomic context. *Environ. Microbiol.* **12**: 1075-1088.

Beja, O., M. T. Suzuki, E. V Koonin, L. Aravind, A. Hadd, L. P. Nguyen, R. Villacorta, M. Amjadi, C. Garrigues, S. B. Jovanovich, R. A. Feldman, and E. F. DeLong. 2000. Construction and analysis of bacterial artificial chromosome libraries from a marine microbial assemblage. *Environ. Microbiol.* **2**: 516-529.

Beja, O., E. V. Koonin, L. Aravind, L. T. Taylor, H. Seitz, J. L. Stein, D. C. Bensen, R. A. Feldman, R. V. Swanson, and E. F. DeLong. 2002. Comparative genomic analysis of archaeal genotypic variants in a single population and in two different oceanic provinces. *Appl. Environ. Microbiol.* **68**: 335-345.

Beman J. M., and C. A. Francis. 2006. Diversity of ammonia oxidizing Archaea and bacteria in the sediments of a hypernutrified subtropical estuary: Bahía del Tóbari, Mexico. *Appl. Environ. Microbiol.* **72**: 7677-7777.

Beman, J. M., K. J. Roberts, L. Wegley, F. Rohwer, and C. A. Francis. 2007. Distribution and diversity of archaeal ammonia monooxygenase genes associated with corals. *Appl. Environ. Microbiol.* **73**: 5642-5647.

Beman, J. M., B. N. Popp, and C. A. Francis. 2008. Molecular and biogeochemical evidence for ammonia oxidation by marine Crenarchaeota in the Gulf of California. *ISME J.* **2**: 429-441.

Berg, I. A., D. Kockelkorn, W. Buckel, and G. Fuchs. 2007. A 3-hydroxypropionate/4-hydroxybutyrate autotrophic carbon dioxide assimilation pathway in Archaea. *Science* **318**: 1782-1786.

Bernhard, A. E., T. Donn, A. E. Giblin, and D. A. Stahl. 2005. Loss of diversity of ammonia-oxidizing bacteria correlates with increasing salinity in an estuary system *Environ. Microbiol.* **7**: 1289-1297.

Bernhard, A. E., J. Tucker, A. E. Giblin, and D. A. Stahl. 2007. Functionally distinct communities of ammonia-oxidizing bacteria along an estuarine salinity gradient. *Environ. Microbiol.* **9**: 1439-1447.

Boyle-Yarwood, S. A., P. J. Bottomley, and D. D. Myrold. 2008. Community composition of ammonia-oxidizing bacteria and archaea in soils understands of red alder and Douglas fir in Oregon. *Environ. Microbiol.* **10**: 2956-2965.

Brochier-Armanet, C., B. Boussau, S. Gribaldo, and P. Forterre. 2008. Mesophilic crenarchaeota: proposal for a third archaeal Phylum, the Thaumarchaeota. *Nat. Rev. Microbiol.* **6**: 245-252.

Buckley, D. H., I. R. Graber, and T. M. Schmidt. 1998. Phylogenetic analysis of nonthermophilic members of the kingdom crenarchaeota and their diversity and abundance in soils. *Appl. Environ. Microbiol.* **64**: 4333-4339.

Cantera, J. J., and L. Y. Stein. 2007. Molecular diversity of nitrite reductase genes (nirK) nitrifying bacteria. *Environ. Microbiol.* **9**: 765-776.

Cebron, A., T. Berthe, and J. Garnier. 2003. Nitrification and nitrifying bacteria in the lower Seine River and estuary (France). *Appl. Environ. Microbiol.* **69**: 7091-7100.

Coolen, M. J., B. Abbas, J. van Bleijswijk, E. C. Hopmans, M. M. Kuypers, S. G. Wakeham, and J. S. Sinninghe Damsté. 2007. Putative ammonia-oxidizing Crenarchaeota in suboxic waters of the Black Sea: a basin-wide ecological study using 16S ribosomal and functional genes and membrane lipids. *Environ. Microbiol.* **9**: 1001-1016.

Corredor, J. E., C. R. Wilkinson, V. P. Vicente, J. M. Morell, and E. Otero. 1988. Nitrate release by Caribbean reef sponges. *Limnol. Oceanogr.* **33**: 114-120.

de Bie, M. J. M, A. Speksnijder, G. A. Kowalchuk, T. Schuurman, G. Zwart, J. R. Stephen, O. E. Diekmann, and H. J. Laanbroek. 2001. Shifts in the dominant populations of ammonia-oxidizing beta-subclass Proteobacteria along the eutrophic Schelde estuary. *Aquatic Microbiol. Ecol.* **23**: 225-236.

De Boer, W., and G. A. Kowalchuk. 2001. Nitrification in acid soils: micro-organisms and mechanisms. *Soil Biol. Biochem.* **33**: 853-866.

de la Torre, J. R., C. B. Walker, A. E. Ingalls, M. Konneke, and D. A. Stahl. 2008. Cultivation of a thermophilic ammonia oxidizing archaeon synthesizing crenarchaeol. *Environ. Microbiol.* **10**: 810-818.

DeLong, E. F. 1992. Archaea in coastal marine environments. *Proc. Nall, Acad. Sci. USA* **89**: 5685-5689.

DeLong, E. F. 1998. Everything in moderation: archaea as "non-extremophiles." *Curr. Opin. Genet. Dev.* **8**: 649-654.

DeLong, E. F., L. T. Taylor, T. L. Marsh, and C. M. Preston. 1999. Visualization and enumeration of marine planktonic archaea and bacteria by using polyribonucleotide probes and fluorescent in situ hybridization. *Appl. Environ. Microbiol.* **65**: 5554-5563.

Di, H. J., K. C. Cameron, J. P. Shen, C. S. Winefield, M. O'Callaghan, S. Bowatte, and J. Z. He. 2009. Nitrification driven by bacteria and not archaea in nitrogen-rich grassland soils. *Nat. Geosci.* **2**: 621-624.

Diaz, M. C, and B. B. Ward. 1997. Sponge-mediated nitrification in tropical benthic communities. *Mar. Ecol. Prog. Ser.* **156**: 97-107.

Diaz, M. C., D. Akob, and C. S. Cary. 2004. Denaturing gradient gel electrophoresis of nitrifying microbes associated with tropical sponges. *Boll. Mus. Ist. Biol. Univ. Genoa* **68**: 279-289.

Galloway, J. N., F. J. Dentener, D. G. Capone, E. W. Boyer, R. W. Howarth, S. P. Seitzinger, G. P. Asner, C. C. Cleveland, P. A. Green, E. A. Holland, D. M. Karl, A. F. Michaels, J. H. Porter, A. R. Townsend, and C. T. Vorosmarty. 2004. Nitrogen cycles: past, present, and future. *Biogeochemistry* **70**: 153-226.

Garcia, J. -L., B. K. C. Patel, and B. Ollivier. 2000. Taxonomic, Phylogenetic, and ecological diversity of methanogenic *Archaea*. *Anaerobe* **6**: 205-226.

Fierer, N., and R. B. Jackson. 2006. The diversity and biogeography of soil bacterial communities.

proc. Natl. Acad. Sci. USA **103**: 626-631.

Francis, C. A., G. D. O'Mullan, and B. B. Ward. 2003. Diversity of ammonia monooxygenase (*amoA*) genes across environmental gradients in Chesapeake Bay sediments. *Geobiology* **1**: 129-140.

Francis, C. A., K. J. Roberts, J. M. Beman, A. E. Santoro, and B. B. Oakley. 2005. Ubiquity and diversity of ammonia-oxidizing archaea in water columns and sediments of the ocean. *Proc. Natl. Acad. Sci. USA* **102**: 14683-14688.

Hallam, S. J., K. T. Konstantinidis, N. Putnam, C. Schleper, Y. Watanabe, J. Sugahara, C. Preston, J. de la Torre, P. M. Richardson, and E. F. DeLong. 2006a. Genomic analysis of the uncultivated marine crenarchaeote Cenarchaeum symbiosum. *Proc. Natl. Acad. Sci. USA* **103**: 18296-18301.

Hallam, S. J., T. J. Mincer, C. Schleper, C. M. Preston, K. Roberts, P. M. Richardson, and E. F. DeLong. 2006b. Pathways of carbon assimilation and ammonia oxidation suggested by environmental genomic analyses of marine Crenarchaeota. *PLoS Biol.* **4**: e95.

Handelsman, J. 2004. Metagenomics: application of genomics to uncultured microorganisms. *Microbiol. Mol. Biol. Rev.* **68**: 669-685.

Hansel, C. M., S. Fendorf, P. M. Jardine, and C. A. Francis. 2008. Changes in bacterial and archaeal community structure and functional diversity along a geochemically variable soil profile. *Appl. Environ. Microbiol.* **74**: 1620-1633.

Hatzenpichler, R., E. V. Lebedeva, E. Spieck, K. Stocker, A. Richter, H. Daims, and M. Wagner. 2008. A moderately thermophilic ammonia-oxidizing crenarchaeote from a hot spring. *Proc. Natl. Acad. Sci. USA* **105**: 2134-2139.

He, J., J. Shen, L. Zhang, Y. Zhu, Y. Zheng, M. Xu, and H. J. Di. 2007. Quantitative analyses of the abundance and composition of ammonia-oxidizing bacteria and ammonia-oxidizing archaea of a Chinese upland red soil under long-term fertilization practices. *Environ. Microbiol.* **9**: 2364-2374.

Herfort, L., S. Schouten, B. Abbas, M. J. Veldhuis, M. J. Coolen, C. Wuchter, J. P. Boon, G. J. Herndl, and J. S. Sinninghe Damsté. 2007. Variations in spatial and temporal distribution of Archaea in the North Sea in relation to environmental variables. *FEMS Microbiol, Ecol.* **62**: 242-257.

Herndl, G. J., T. Reinthaler, E. Teira, H. van Aken, C. Veth, A. Pernthaler, and J. Pernthaler. 2005. Contribution of archaea to total prokaryotic production in the deep Atlantic Ocean. *Appl. Environ. Microbiol.* **71**: 2303-2309.

Hoffmann, F., R. Radax, D. Woebken, M. Holtappels, G. Lavik, H. T. Rapp, M-L. Schläppy, C. Schleper, and M. M. Kuypers. 2010. Complex nitrogen cycling in the sponge Geodia barretti. *Environ. Microbiol.* **11**: 2228-2243.

Holmes, B., and H. Blanch. 2007. Genus-specific associations of marine sponges with group I crenarchaeotes. *Mar. Biol.* **150**: 759-772.

Ingalls, A. E., S. R. Shah, R. L. Hansman, L. I. Aluwihare, G. M. Santos, E. R. Druffel, and A. Pearson. 2006. Quantifying archaeal community autotrophy in the mesopelagic ocean using natural radiocarbon. *Proc. Natl. Acad. Sci. USA* **103**: 6442-6447.

Jia, Z., and R. Conrad. 2009. Bacteria rather than Archaea dominate microbial ammonia oxidation in an agricultural soil. *Environ. Microbiol.* **11**: 1658-1671.

Jimenez, E., and M. Ribes. 2007. Sponges as a source of dissolved inorganic nitrogen: Nitrification mediated by temperate sponges. *Limnol. Oreanogr.* **52**: 948-958.

Karner, M. B., E. F. DeLong, and D. M. Karl. 2001. Archaeal dominance in the mesopelagic zone of the Pacific Ocean. *Nature.* **409**: 507-510.

Koops, H. -P., U. Purkhold, A. Pommerening Rösner, G. Timmermann, and M. Wagner. 2003. The lithoautotrophic ammonia-oxidizing bacteria, p. 778-811. In M. Dworkin, S. Falkow, E. Rosenberg, K. -H. Schleifer, and E. Stackebrandt (ed.), The Prokaryotes: *an Evolving Electronic Resource for the Microbiol Community*, 3rd ed., vol. 5. Springer-Verlag, New York, NY.

Konstantinidis, K. T., J. Braff, D. M. Karl, and E. F. DeLong. 2009. Comparative metagenomic analysis of a microbial community residing at a depth of 4,000 meters at station ALOHA in the North Pacific Subtropical Gyre. *Appl. Environ. Microbiol.* **75**: 5345-5355.

Kvist, T., A. Mengewein, S. Manzel, B. K. Ahring, and P. Westermann. 2005. Diversity of thermophilic and non-thermophilic crenarchaeota at 80 degrees C. *FEMS Microbiol. Lett.* **244**: 61-68.

Kvist, T., B. K. Ahring, and P. Westermann. 2007. Archaeal diversity in Icelandic hot springs. FEMS Microbiol. Ecol. **59**: 71-80.

Könneke, M., A. E. Bernhard, J. R. de la Torre, C. B. Walker, J. B. Waterbury, and D. A. Stahl. 2005. Isolation of an autotrophic ammonia-oxidizing marine archaeon. *Nature* **437**: 543-546.

Kuypers, M. M., P. Blokker, J. Erbacher, H. Kinkel, R. D. Pancost, S. Schouten, and J. S. Sinninghe Damsté. 2001. Massive expansion of marine archaea during a mid-Cretaceous oceanic anoxic event. *Science* **293**: 92-95.

Lam, P., M. M. Jensen, G. Lavik, D. E McGinnis, B. Muller, C. J. Schubert, R. Amann, B. Thamdrup, and M. M. Kuypers. 2007. Linking crenarchaeal and bacterial nitrification to anammox in the Black Sea. *Proc. Natl. Acad. Sci. USA* **104**: 7104-7109.

Lebedeva, E. V., M. Alawi, C. Fiencke, B. Namsaraev, E. Bock, and E. Spieck. 2005. Moderately thermophilic nitrifying bacteria from a hot spring of the Baikal rift zone. *FEMS Microbiol. Ecol.* **54**: 297-306.

Leininger, S., T. Urich, M. Schloter, L. Schwark, J. Qi, G. W. Nicol, J. I. Prosser, S. C. Schuster, and C. Schleper. 2006. Archaea predominate among ammonia-oxidizing prokaryotes in soils. *Nature* **442**: 806-809.

Lieberman, R. L., and A. C. Rosenzweig. 2005. Crystal structure of a membrane-bound metalloenzyme that catalyses the biological oxidation of methane. *Nature* **434**: 177-182.

Lopez-Garcia, P., C. Brochier, D. Moreira, and F. Rodriguez-Valera. 2004. Comparative analysis of a genome fragment of an uncultivated mesopelagic crenarchaeote reveals multiple horizontal gene transfers. *Environ. Microbiol.* **6**: 19-34.

Mahmood, S., and J. I. Prosser. 2006. The influence of synthetic sheep urine on ammonia oxidizing bacterial communities in grassland soil. *FEMS Microbiol. Ecol.* **56**: 44-454.

Martens-Habbena, W., P. M. Berube, H. Urakawa, J. R. de la, Torre, and D. A. Stahl. 2009. Ammonia oxidation kinetics determine niche separation of nitrifying Archaea and Bacteria. Nature **461**: 976-979.

Massana, R., A. E. Murray, C. M. Preston, and E. F. DeLong. 1997. Vertical distribution and phylogenetic characterization of marine planktonic Archaea in the Santa Barbara Channel. *Appl. Environ. Microbiol.* **63**: 50-56.

Mincer, T. J., M. J. Church, L. T. Taylor, C. Preston, D. M. Karl, and E. F. DeLong. 2007. Quantitative distribution of presumptive archaeal and bacterial nitrifiers in Monterey Bay and the North Pacific Subtropical Gyre. *Environ. Microbiol.* **9**: 1162-1175.

Mosier, A. C., and C. A. Francis. 2008. Relative abundance of ammonia-oxidizing archaea and bacteria in the San Francisco Bay estuary. *Environ. Microbiol.* **10**: 3002-3016.

Murray, A. E., C. M. Preston, R. Massana, L. T. Taylor, A. Blakis, K. Wu, and E. F. DeLong.

1998. Seasonal and spatial variability of bacterial and archaeal assemblages in the coastal waters near Anvers Island. Antarctica. *Appl. Environ. Microbiol.* **64**: 2585-2595.

Murray, A. E., A. Blakis, R. Massana, S. Strawzewski, U. Passow, A. Alldredge, and E. F. DeLong. 1999. A time series assessment of planktonic archaeal variability in the Santa Barbara Channel. *Aquat. Microb. Ecol.* **20**: 129-145.

Nakagawa, T., K. Mori, C. Kato, R. Takahashi, and T. Tokuyama. 2007. Distribution of coldadapted ammonia-oxidizing microorganisms in the deep-ocean of the northeastern Japan Sea. *Microbes Environ.* **22**: 365-372.

Nicol, G. W., and C. Schleper. 2006. Ammoniaoxidising Crenarchaeota: important players in the nitrogen cycle? *Trends Microbiol.* **14**: 207-212.

Nicol, G. W., L. A. Glover, and J. I. Prosser. 2003. The impact of grassland management on archaeal Community structure in upland pasture rhizosphere soil. *Environ. Microbiol.* **5**: 152-162.

Nicol, G. W., G. Webster, L. A. Glover, and J. I. Prosser. 2004. Differential response of archaeal and bacterial communities to nitrogen inputs and pH changes in upland pasture rhizosphere soil. *Environ. Microbiol.* **6**: 861-867.

Nicol, G. W., D. Tscherko, T. M. Embley, and J. I. Prosser. 2005. Primary succession of soil Crenarchaeota across a receding glacier foreland. *Environ. Microbiol.* **7**: 337-347.

Nicol, G. W., D. Tscherko, L. Chang, U. Hammesfahr, and J. I. Prosser. 2006. Crenarchaeal community assembly and microdiversity in developing soils at two sites associated with deglaciation. *Environ. Microbiol.* **8**: 1382-1393.

Nicol, G. Wo, S. Leininger, C. Scheper, and J. I. Prosser. 2008. The influence of soil pH on the diversity, abundance and transcriptional activity of ammonia oxidizing archaea and bacteria. *Environ. Microbiol.* **10**: 2966-2978.

Ochsenreiter, T., D. Selezi, A. Quaiser, L. BonchOsmolovskaya, and C. Schleper. 2003. Diversity and abundance of Crenarchaeota in terrestrial habitats studied by 16S RNA surveys and real time PCR. *Environ. Microbiol.* **5**: 787-797.

Offre, P., J. I. Prosser, and G. W. Nicol. 2009. Growth of ammonia-oxidizing archaea in soil microcosms is inhibited by acetylene. *FEMS Microbiol. Ecol.* **70**: 99-108.

O'Mullan, G. D., and B. B. Ward. 2005. Relationship of temporal and spatial variabilities of ammonia-oxidizing bacteria to nitrification rates in Monterey Bay, California. *Appl. Environ. Microbiol.* **71**: 697-705.

Ouverney, C. C., and J. A. Fuhrman. 2000. Marine planktonic archaea take up amino acids. *Appl. Environ. Microbiol.* **66**: 4829-4833.

Pearson, A., A. P. McNichol, B. C. BenitezNelson, J. M. Hayes, and T. I. Eglinton. 2001. Origins of lipid biomarkers in Santa Monica Basin surface sediment: A case study using compoundspecific Delta C-14 analysis. *Geochim. Cosmochim.* **65**: 3123-3137.

Preston, C. M., K. Y. Wu, T. F. Molinski, and E. F. DeLong. 1996. A psychrophilic crenarchaeon inhabits a marine sponge: Cenarchaeum symbiosum gen. nov., sp. nov. *Proc. Natl. Acad. Sci. USA* **93**: 6241-6246.

Prosser, J. I., and G. W. Nichol. 2008. Relative contributions of archaea and bacteria to aerobic ammonia oxidation in the environment. *Environ. Microbiol.* **10**: 2931-2941.

Quaiser, A., T. Ochsenreiter, H. P. Klenk, A. Kletzin, A. H. Treusch, G. Meurer, J. Eck, C. W. Sensen, and C. Schleper. 2002. First insight into the genome of an uncultivated crenarchaeote from soil. *Environ. Microbiol. **4**: 603-611.

Reigstad, L. J., A. Richter, H. Daims, T. Urich, L. Schwark, and C. Schleper. 2008. Nitrification in terrestrial hot spring of Iceland and Kamchatka. *FEMS Microbiol. Ecol.* **64**: 167-174.

Sandaa, R. A., O. Enger, and V. Torsvik. 1999. Abundance and diversity of Archaea in heavymetal-contanfinated soils. *Appl. Environ. Microbiol.* **65**: 3293-2937.

Santoro, A. E., C. A. Francis, N. R. de Sieyes, and A. B. Boehm. 2008. Shifts in the relative abundance of ammonia-oxidizing bacteria and archaea across physicochemical gradients in a subterranean estuary. *Environ. Microbiol.* **10**: 1068-1079,

Schauss, K., A. Focks, S. Leininger, A. Kotzerke, H. Heuer, S. Thiele-Bruhn, S. Sharma, B. -M. Wilke, M. Matthies, K. Smalla, J. C. Munch, W. Amelung, M. Kaupenjohann, M. Schloter, and C. Schleper. 2009. Dynamics and functional relevance of ammonia-oxidizing archaea in two agricultural soils. *Environ. Microbiol.* **11**: 446-456.

Schleper, C., R. V. Swanson, E. J. Mathur, and E. F. DeLong. 1997. Characterization of a DNA polymerase from the uncultivated psychrophilic archaeon *Cenarchaeum symbiosum*. *J. Bacteriol.* **179**: 7803-7811.

Schleper, C., E. F. DeLong, C. M. Preston, R. A. Feldman, K. Y. Wu, and R. V. Swanson. 1998. Genomic analysis reveals chromosomal variation in natural populations of the uncultured psychrophilic archaeon Cenarchaeum symbiosum. *J. Bacteriol.* **180**: 5003-5009.

Schleper, C., G. Jurgens, and M. Jonuscheit. 2005. Genomic studies of uncultivated archaea. *Nat. Tev. Microbiol.* **3**: 479-488.

Seitzinger, S. P. 1988. Denitrification in freshwater and coastal marine ecosystems: ecological and geochemical significance. *Limnol. Oceanogr.* **33**: 702-724.

Seitzinger, S., J. A. Harrison, J. K. hlke, A. F. Bouwman, R. Lowrance, B. Peterson, C. Tobias, and G. V. Drecht. 2006. Denitrification across landscapes and waterscapes: a synthesis. *Ecol. Appl.* **16**: 2064-2090.

Spang, A., R. Hatzenpichler, C. Brochier-Armanet, T. Rattei, P. Tischler, E. Spieck, W. Streit, D. A. Stahl, M. Wagner, and C. Schleper. 2010. Distinct gene set in two different lineages of ammonia-oxidizing archaea supports the phylum Thaumarchaeota. *Trends Microbiol*. **18**: 331-340.

Spear, J. R., H. A. Barton, C. E. Robertson, C. A. Francis, and N. R. Pace. 2007. Microbial community biofabrics in a geothermal mine adit. *Appl. Environ. Microbiol.* **73**: 6172-6180.

Steger, D., P. Ettinger-Epstein, S. Whalan, U. Hentschel, R. de Nys, M. Wagner, and M. W. Taylor. 2008. Diversity and mode of transmission of ammonia-oxidizing archaea in marine sponges. *Environ. Microbiol.* **10**: 1087-1094.

Stein, J. L., T. L. Marsh, K. Y. Wu, H. Shizuya, and E. F. DeLong. 1996. Characterization of uncultivated prokaryotes: isolation and analysis of a 40-kilobase-pair genome fragment from a planktonic marine archaeon. *J. Bacteriol.* **178**: 591-599.

Taylor, M. W., R. Radax, D. Steger, and M. Wagner. 2007. Sponge-associated microorganisms: evolution, ecology, and biotechnological potential. *Microbiol. Mol. Biol. Rev.* **71**: 295-347.

Teira, E., H. van Aken, C. Veth, and G. J. Herndl. 2006a. Archaeal uptake of enantiomeric amino acids in the meso-and bathypelagic waters of the North Atlantic. *Limnol. Oceanogr.* **51**: 60-69.

Teira, E., P. Lebaron, H. van Aken, and G. J. Herndl. 2006b. Distribution and activity of Bacteria and Archaea in the deep water masses of the North Atlantic. *Limnol. Oceanogr.* **51**: 2131-2144.

Treusch, A., and C. Schleper. 2005. Environmental genomics: a novel tool to study uncultivated microorganisms, P. 45-58. In C. W. Sensen (ed.), *Handbook of Genome Research*. Wiley-VCH, Weinheim, Germany.

Treusch, A. H., A. Kletzin, G. Raddatz, T. Ochsenreiter, A. Ouaiser, G. Meurer, S. C. Schuster, and C. Schleper. 2004. Characterization of large-insert DNA libraries from soil for environmental genomic studies of Archaea. *Environ. Microbiol.* **6**: 970-980.

Treusch, A. H., S. Leininger, A. Kletzin, S. C. Schuster, H. P. Klenk, and C. Schleper. 2005. Novel genes for nitrite reductase and Amo-related proteins indicate a role of uncultivated mesophilic crenarchaeota in nitrogen cycling. *Environ. Microbiol.* **7**: 1985-1995.

Tourna, M., T. E. Freitag, G. W. Nicol, and J. I. Proser. 2008. Growth, activity and temperature responses of ammonia oxidising archaea and bacteria in soil microcosms. *Environ. Microbiol.* **10**: 1357-1364.

Valentine, D. L. 2007. Adaptations to energy stress dictate the ecology and evolution of the Archaea. *Nat. Rev. Microbiol.* **5**: 316-323.

Venter, J. C., K. Remington, J. F. Heidelberg, A. L. Halpern, D. Rusch, J. A. Eisen, D. Wu, I. Paulsen, K. E. Nelson, W. Nelson, D. E. Fouts, S. Levy, A. H. Knap, M. W. Lomas, K. Nealson, O. White, J. Peterson, J. Hoffman, R. Parsons, H. Baden-Tillson, C. Pfannkoch, Y. H. Rogers, and H. O. Smith. 2004. Environmental genome shotgun sequencing of the Sargasso Sea. *Science* **304**: 66-74.

Wang, S., X. Xiao, L. Jiang, X. Peng, H. Zhou, J. Meng, and E. Wang. 2009. Diversity and abundance of ammonia-oxidizing Archaea in hydrothermal vent chimneys of the Juan de Fuca Ridge. *Appl. Environ. Microbiol.* **75**: 4216-4220.

Ward, B. B. 2000. Nitrification and the marine nitrogen cycle, p. 427-453. In D. L. Kirchmann (ed), *Microbial Ecology of the Oceans*. Wiley Series, New York, NY.

Ward, B. B. 2005. Temporal variability in nitrification rates and related biogeochemical factors in Monterey Bay, California, USA. *Mar. Ecol. Prog. Ser.* **292**: 97-109.

Weidler, G. W., F. W. Gerbl, and H. Stan-Lotter. 2008. Crenarchaeota and their role in the nitrogen cycle in a subsurface radioactive thermal spring in the Austrian central Alps. *Appl. Environ. Microbiol.* **74**: 5934-5942.

Wells, G. F., H. -D. Park, C. -H. Yeung, B. Eggleston, C. A. Francis, and C. S. Criddle. 2009. Ammonia-oxidizing communities in a highly aerated full-scale activated sludge bioreactor: betaproteobacterial dynamics and low relative abundance of Crenarchaea. *Environ. Microbiol.* **11**: 2310-2328.

Wuchter, C., S. Schouten, H. T. Boschker, and J. S. Sininghe Damste. 2003. Bicarbonate uptake by marine Crenarchaeota. *FEMS Microbiol. Lett.* **219**: 203-207.

Wuchter, C., B. Abbas, M. J. L. Coolen, L. Herfort, J. van Bleijswijk, P. Timmers, M. Strous, E. Teira, G. J. Herndl, J. J. Middeburg, S. Schouten, and J. S. S. Damste. 2006. Archaeal nitrification in the ocean. *Proc. Natl. Acad. Sci. USA* **103**: 12317-12322.

Zhang, C. L., Q. Ye, Z. Huang, W. Li, J. Chen, Z. Song, W. Zhao, C. Bagwell, W. P. Inskeep, C. Ross, L. Gao, J. Wiegel, C. S. Romanek, E. L. Shock, and B. P. Hedlund. 2008. Global occurrence of archaeal *amoA* genes in terrestrial hot springs. *Appl. Environ. Microbiol.* **74**: 6417-6426.

第四篇

第8章

Arrigo, K. R. 2005. Marine microorganisms and global nutrient cycles. *Nature* **437**: 349-355.

参考文献

Baumann, B., M. Snozzi, A. J. B. Zehnder, and J. R. Zander, and J. R vanderMeer. 1996. Dynamics of denitrification activity of Paracoccus denitrificans in continuous culture during aerobic-anaerobic changes. *J. Bacteriol.* **178**: 4367-4374.

Berg, I. A., D. Kockelkorn, W. Buckel, and G. Fuchs. 2007. A 3-hydroxypropionate/4-hydroxybutyrate autotrophic carbon dioxide assimilation pathway in archaea. *Science* **318**: 1782-1786.

Boumann, H. A., E. C. Hopmans, I. van de Leemput, H. J. M. Op den Camp, J. van de Vossenberg, M. Strous, M. S. M. Jetten, J. S. Sinninghe Damsté, and S. Schouten. 2006. Ladderane phospholipids in anammox bacteria comprise phosphocholine and phosphoethanolamine headgroups. *FEMS Microbiol. Lett.* **258**: 297-304.

Brandes, J. A., A. H. Devol, and C. Deutsch. 2007. New developments in the marine nitrogen cycle. *Chem. Rev.* **107**: 577-589.

Broda, E. 1977. Two kinds of lithotrophs missing in nature. *Z. Allg. Microbiol.* **17**: 491-493.

Cole, J. 1996. Nitrate reduction to ammonia by enteric bacteria: redundancy, or a strategy for survival during oxygen starvation? *FEMS Microbiol. Lett.* **136**: 1-11.

Egli, K., U. Fanger, P. J. J. Alvarez, H. Siegrist, J. R. van der Meer, and A. J. B. Zehnder. 2001. Enrichment and characterization of an anammox bacterium from a rotating biological contactor treating ammionium-rich leachate. *Arch. Microbiol.* **175**: 198-207.

Ferry, J. G. 1999. Enzymology of one-carbon metabolism in methanogenic pathways. *FEMS Microbiol. Rev.* **23**: 13-38.

Francis, C. A., J. M. Beman, and M. M. M. Kuypers. 2007. New processes and players in the nitrogen cycle: the microbial ecology of anaerobic and archaeal ammonia oxidation. *ISME J.* **1**: 19-27.

Güven, D., A. Dapena, B. Kartal, M. C. Schmid, B. Maas, K. van de Pas-Schoonen, S. Sozen, R. Mendez, H. J. M. Op den Camp, M. S. M. Jetten, M. Strous, and I. Schmidt. 2005. Propionate oxidation by and methanol inhibition of anaerobic ammonium-oxidizng bacteria. *Appl. Environ. Microbiol.* **71**: 1066-1071.

Haines, T. H. 2001. Do sterols reduce proton and sodium leaks through lipid bilayers? *Prog. Lipid Res.* **40**: 299-324.

Hamersley, M. R., G. Lavik, D. Woebken, J. E. Rattray, P. Lam, E. C. Hopmans, J. S. S. Damste, S. Kruger, M. Graco, D. Gutierrez, and M. M. M. Kuypers. 2007. Anaerobic ammonium oxidation in the Peruvian oxygen minimum zone. *Limnol. Oceanogr.* **52**: 923-933.

Heidelberg, J. F. I. T. Paulsen, K. E. Nelson, E. J. Gaidos, W. C. Nelson, T. D. Read, J. A. Eisen, R. Seshadri, N. Ward, B. Methe, R. A. Clayton, T. Meyer, A. Tsapin, J. Scott, M. Beanan, L, Brinkac, S. Daugherty, R. T. DeBoy, R. J. Dodson, A. S. Durkin, D. H. Haft, J. F. Kolonay, R. Madupu, J. D. Peterson, L. A. Umayam, O. White, A. M. Wolf, J. Vamathevan, J. Weidman, M. Impraim, K. Lee, K. Berry, C. Lee, J. Mueller, H. Khouri, J. Gill, T. R. Utterback, L. A. McDonald, T. V Feldblyum, H. O. Smith, J. C. Venter, K. H. Nealson, and C. M. Fraser. 2002. Genome sequence of the dissimilatory metal ion-reducing bacterium Shewanella oneidensis. *Nat. Biotechnol.* **20**: 1118-1123.

Jetten, M. S. M., S. J. Horn, and M. C. M. van Loosdrecht. 1997. Towards a more sustainable municipal wastewater treatment system. *Water Sci. Technol.* **35**: 171-180.

Kartal, B. 2008. Ecophysiology of the anammox bacteria. Ph. D. thesis. University of Nijmegen, Nijmegen, The Netherlands.

Kartal, B., M. Koleva, R. Arsov, W. van der Star, M. S. M. Jetten, and M. Strous. 2006. Adaptation of a freshwater anammox population to high salinity wastewater. *J. Biotechnol.* **126**: 546-553.

Kartal, B., M. M. M. Kuypers, G. Lavik, J. Schalk, H. J. M. Op den Camp, M. S. M. Jetten, and M. Strous. 2007a. Anammox bacteria disguised as denitrifiers: nitrate reduction to dinitrogen gas via nitrite and ammonium. *Environ. Microbiol.* **9**: 635-642.

Kartal, B., J. Rattray, L. van Niftrik, J. van de Vossenberg, M. Schmid, R. I. Webb, S. Schouten, J. A. Fuerst, J. s. Sinninghe Damsté, M. S. M. Jetten, and M. Strous. 2007b. "Candidatus Anammoxoglobus propionicus" gen. nov., sp. nov., a new propionate oxidizing species of anaerobic ammonium oxidizing bacteria. *Syst. Appl.* Microbiol. **30**: 39-49.

Kartal, B., L. van Niftrik, J. Rattray, J. de Vossenberg, M. C. Schmid, J. S. S. Damste, M. S. M. Jetten, and M. Strous. 2008. "Candidatus Brocadia fulgida": an autofluorescent anaerobic ammonium oxidizing bacterium. *FEMS Microbiol. Ecol.* **63**: 46-55.

Kindaichi, T., I. Tsushima, Y. Ogasawara, M. Shimokawa, N. Ozaki, H. Satoh, and S. Okabe. 2007. In situ activity and spatial organization of anaerobic ammonium-oxidizing (anammox) bacteria in biofilms. *Appl. Environ. Microbiol.* **73**: 4931-4939.

Kuypers, M. M. M, A. O. Sliekers, G. Lavik, M. Schmid, B. B. Jorgensen, J. G. Kuenen, J. S. Sinninghe Damsté, M. Strous, and M. S. M. Jetten. 2003. Anaerobic ammonium oxidation by anammox bacteria in the Black. *Nature* **422**: 608-611.

Kuypers, M. M. M., G. Lavik, D. Woebken, M. Schmid, B. M. Fuchs, R. Amann, B. B. Jorgensen, and M. S. M. Jetten. 2005. Massive nitrogen loss from the Benguela upwelling system through anaerobic ammonium oxidation. *Proc. Natl. Acad. Sci. USA* **102**: 6478-6483.

Lam, P., M. M. Jensen, G. Lavik, D. F. McGinnis, B. Muller, C. J. Schubert, R. Amann, B. Thamdrup, and M. M. Kuypers. 2007. Linking crenarchaeal and bacterial nitrification to anammox in the Black Sea. *Proc. Natl. Acad. Sci. USA* **104**: 7104-7109.

Lindsay, M. R., R. I. Webb, M. Strous, M. S. Jetten, M. K. Butler, R. J. Forde, and J. A. Fuerst. 2001. Cell compartmentalisation in planctomycetes: novel types of structural organisation for the bacterial cell. *Arch. Microbiol.* **175**: 413-429.

Mascitti, V., and E. J. Corey. 2004. Total synthesis of (+/−)-pentacycloanammoxic acid. *J. Am. Chem. Soc.* **126**: 15664-15665.

Methe, B. A., K. E. Nelson, J. A. Eisen, I. T. Paulsen, W. Nelson, J. F. Heidelberg, D. Wu, N. Ward, M. J. Beanan, R. J. Dodson, R. Madupu, L. M. Brinkac, S. C. Daugherty, R. T. DeBoy, A. S. Durkin, M. Gwinn, J. F. Kolonay, S. A. Sullivan, D. H. Haft, J. Selengut, T. M. Davidsen, N. Zafar, O. White, B. Tran, C. Romero, H. A. Forberger, Weidman, H. Khouri, T. V. Feldblyum, T. R. Utterback, S. E. Van Aken, D. R. Lovley, and C. M. Fraser. 2003. Genome of Geobacter sulfurreducens: metal reduction in subsurface environments. *Science* **302**: 1967-1969.

Mulder, A., A. A. Vandegraaf, L. A. Robertson, and J. G. Kuenen. 1995. Anaerobic ammonium oxidation discovered in a denitrifying fluidized-bed reactor. *FEMS Microbiol. Ecol.* **16**: 177-183.

Nielsen, M., A. Bollmann, O. Sliekers, M. Jetten, M. Schmid, M. Strous, I. Schmidt, L. H. Larsen, L. P. Nielsen, and N. P. Revsbech. 2005. Kinetics, diffusional limitation and microscale distribution of chemistry and organisms in a CANON reactor. *FEMS Microbiol. Ecol.* **51**: 247-256.

Op den Camp, H., B. Kartal, D. Guven, L van Niftrik, S. C. M. Haaijer, W. R. L. van der Star, K. T. van de Pas-Schoonen, A. Cabezas, Z. Ying, M. C. Schmid, M. M. M. Kuypers, J. van de Vossenberg, H. R. Harhangi, C. Picioreanu, M. C. M. van Loosdrecht, J. G. Kuenen, M. Strous, and M. S. M. Jetten. 2006. Global impact and application of the anaerobic ammonium-oxidizing (anammox) bacteria. *Biochem. Soc Trans.* **34**: 174-178.

Otte, S., N. G. Grobben, L. A. Robertson, M. S. M. Jetten, and J. G. Kuenen. 1996. Nitrous oxide production by Alcaligenes faecalis under transient and dynamic aerobic and anaerobic conditions. *Appl. Environ. Microbiol.* **62**: 2421-2426.

Penton, C. R., A. H. Devol, and J. M. Tiedje. 2006. Molecular evidence for the broad distribution of anaerobic ammonium-oxidizing bacteria in freshwater and marine sediments. *Appl. Environ. Microbiol.* **72**: 6829-6832.

Ouan, Z. X., S. K. Rhee, J. E. Zuo, Y. Yang, J. W. Bae, J. R. Park, S. T. Lee, and Y. H. Park. 2008. Diversity of ammonium-oxidizing bacteria in a granular sludge anaerobic ammonium-oxidizing (anammox) reactor. *Environ. Microbiol.* **10**: 3130-3139.

Rattray, J. E., J. van de Vossenberg, E. C. Hopmans, B. Kartal, L. van Niftrik, W. I. Rijpstra, M. Strous, M. S. Jetten, S. Schouten, and J. S. Damste. 2008. Ladderane lipid distribution in four genera of anammox bacteria. *Arch. Microbiol.* **190**: 51-66.

Richards, F. A. 1965. Anoxic basins and fjords In J. P. Ripley and G. Skirrow (ed.), *Chemical Oceanography*. Academic Press, London, United Kingdom.

Schalk, J., S. de Vries, J. G. Kuenen, and M. S. M. Jetten. 2000. Involvement of a novel hydroxylamine oxidoreductase in anaerobic ammonium oxidation. *Biochemistry.* **39**: 5405-5412.

Schmid, M., U. Twachtmann, M. Klein, M. Strous, S. Juretschko, M. S. M. Jetten, J. W. Metzger, K. H. Schleifer, and M. Wagner. 2000. Molecular evidence for genus level diversity of bacteria capable of catalyzing anaerobic ammonium oxidation. *Syst. Appl. Microbiol.* **23**: 93-106.

Schmid, M., K. Walsh, R. Webb, W. I. C. Rijpstra, K. van de Pas-Schoonen, M. J. Verbruggen, T. Hill, B. Moffett, J. Fuerst, S. Schouten, J. S. Sinninghe Damsté, J. Harris, P. Shaw, M. Jetten, and M. Strous. 2003. "Candidatus Scalindua brodae," sp nov., "Candidatus Scalindua wagneri," sp nov., two new species of anaerobic ammonium oxidizing bacteria. *Syst. Appl. Microbiol.* **26**: 529-538.

Schmid, M. C., N. Risgaard-Petersen, J. van de Vossenberg, M. M. M. Kuypers, G. Lavik, J. Petersen, S. Hulth, B. Thamdrup, D. Canfield, T. Dalsgaard, S. Rysgaard, M. K. Sejr, M. Strous, H. J. M. Op den Camp, and M. S. M. Jetten. 2007. Anaerobic ammonium-oxidizing bacteria in marine environments: widespread occurrence but low diversity. *Environ. Microbiol.* **9**: 1476-1484.

Schneider, D., and C. L. Schmidt. 2005. Multiple Rieske proteins in prokaryotes: where and why? *Biochim. Biophys. Acta* **1710**: 1-12.

Schouten, S., M. Strous, M. M. M. Kuypers, W. I. C. Rijpstra, M. Baas, C. J. Schubert, M. S. M. Jetten, and J. S. Sinninghe Damsté. 2004. Stable carbon isotopic fractionations associated with inorganic carbon fixation by anaerobic ammonium-oxidizing bacteria. *Appl. Environ. Microbiol.* **70**: 3785-3788.

Schubert, C. J., E. Durisch-Kaiser, B. Wehrli, B. Thamdrup, P. Lam, and M. M M. Kuypers. 2006. Anaerobic ammonium oxidation in a tropical freshwater system (Lake Tanganyika). *Environ. Microbiol.* **8**: 1857-1863.

Shimamura, M., T. Nishiyama, H. Shigetomo, T. Toyomoto, Y. Kawahara, K. Furukawa, and T. Fuji. 2007. Isolation of a multiheme protein from an anaerobic ammonium-oxidizing enrichment culture with features of a hydrazine-oxidizing enzyme. *Appl. Environ. Microbiol.* **73**: 1065-1072.

Shimamura, M., T. Nishiyama, K. Shinya, Y. Kawahara, K. Furukawa, and T. Fui. 2008. Another multiheme protein, hydroxylamine oxidoreductase, abundantly produced in an anammox bacterium besides the hydrazine-oxidizing enzyme. *J. Biosci. Bioeng.* **105**: 243-248.

Simon, J. 2002. Enzymology and bioenergetics of respiratory nitrite ammonification. *FEMS Microbiol. Rev.* **26**: 285-309.

Sinninghe Damsté, J. S., W. I. C. Rijpstra, J. A. J. Geenevasen, M. Strous, and M. S. M. Jetten. 2005. Structural identification of ladderane and other membrane lipids of planctomycetes capable of anaerobic ammonium oxidation (anammox). *FEBS J.* **272**: 4270-4283.

Sinninghe Damsté, J. S., M. Strous, W. I. C. Rijpstra, E. C. Hopmans, J. A. J. Geenevasen, A. C. T. van Duin, L. A. van Niftrik, and M. S. M. Jetten. 2002. Linearly concatenated cyclobutane lipids from a dense bacterial membrane. *Nature* **419**: 708-712.

Sliekers, A. O., N. Derwort, J. L. C. Gomez, M. Strous, J. G. Kuenen, and M. S. M. Jetten. 2002. Completely autotrophic nitrogen removal over nitrite in one single reactor. *Water Res.* **36**: 2475-2482.

Strohm, T. O., B. Griffin, W. G. Zumft, and B. Schink. 2007. Growth yields in bacterial denitrification and nitrate ammonification. *Appl. Environ. Microbiol.* **73**: 1420-1424.

Strous, M., E. Pelletier, S. Mangenot, T. Rattei, A. Lehner, M. W. Taylor, M. Horn, H. Daims, D. Bartol-Mavel, P. Wincker, V. Barbe, N. Fonknechten, D. Vallenet, B. Segurens, C. Schenowitz-Truong, C. Medigue, A. Collingro, B. Snel, B. E. Dutilh, H. J. M. Op den Camp, C. van der Drift, I. Cirpus, K. T. van de PasSchoonen, H. R. Harhangi, L. van Niftrik, M. Schmid, J. Keltjens, J. van de Vossenberg, B. Kartal, H. Meier, D. Frishman, M. A. Huynen, H. W. Mewes, J. Weissenbach, M. S. M. Jetten, M. Wagner, and D. Le Paslier. 2006. Deciphering the evolution and metabolism of an anammox bacterium from a community genome. *Nature* **440**: 790-794.

Strous, M., J. J. Heijnen, J. G. Kuenen, and M. S. M. Jetten. 1998. The sequencing batch reactor as a powerful tool for the study of slowly growing anaerobic ammonium-oxidizing microorganisms. *Appl. Microbiol. Biotechnol.* **50**: 589-596.

Strous, M., J. A. Fuerst, E. H. M. Kramer, S. Logemann, G. Muyzer, K. T. van de Pas-Schoonen, R. Webb, J. G. Kuenen, and M. S. M. Jetten. 1999a. Missing lithotroph identified as new planctomycete. *Nature* **400**: 446-449.

Strous, M., J. G. Kuenen, and M. S. M. Jetten. 1999b. Key physiology of anaerobic ammonium oxidation. *Appl. Environ. Microbiol.* **65**: 3248-3250.

Third, K. A., A. O. Sliekers, J. G. Kuenen, and M. S. M. Jetten. 2001. The CANON system (completely autotrophic nitrogen-removal over nitrite) under ammonium limitation: interaction and competition between three groups of bacteria. *Syst. Appl. Microbiol.* **24**: 588-596.

Tsushima, I., Y. Ogasawara, T. Kindaichi, H. Satoh, and S. Okabe. 2007. Development of highrate anaerobic ammonium-oxidizing (anammox) biofilm reactors. *Water Res.* **41**: 1623-1634.

Van de Graaf, A. A., A. Mulder, P. Debruijn, M. S. M. Jetten, L. A. Robertson, and J. G. Kuenen. 1995. Anaerobic oxidation of ammonium is a biologically mediated process. *Appl. Environ. Microbiol.* **61**: 1246-1251.

Van de Graaf, A. A., P. DeBruijn, L. A. Robertson, M. S. M. Jetten, and J. G. Kuenen. 1996. Autotrophic growth of anaerobic ammonium-oxidizing micro-organisms in a fluidized bed reactor. *Microbiology* **142**: 2187-2196.

Van de Graaf, A. A., P. deBruijn, L. A. Robertson, M. S. M. Jetten, and J. G. Kuenen. 1997. Metabolic pathway of anaerobic ammonium oxidation on the basis of N-15 studies in a fluidized bed reactor. *Microbiology* **143**: 2415-2421.

Van de Pas-Schoonen, K. T., S. Schalk-Otte, S. Haaijer, M. Schmid, H. O. den Camp, M. Strous, J. G. Kuenen, and M. S. M. Jetten. 2005. Complete conversion of nitrate into dinitrogen gas in co-cultures of denitrifying bacteria. *Biochem. Soc. Trams.* **33**: 205-209.

Van de Vossenberg, J., A. J. M. Driessen, W. D. Grant, and W. N. Konings. 1999. Lipid membranes from halophilic and alkali-halophilic archaea have a low H$^+$ and Na$^+$ permeability at high salt concentration. *Extremophiles* **3**: 253-257.

Van de Vossenberg, J., J. E. Rattray, W. Geerts, B. Kartal, L. van Niftrik, E. G. van Donselaar, J. S. Sinninghe Damste, M. Strous, and M. S. Jetten. 2008. Enrichment and characterization of marine anammox bacteria associated with global nitrogen gas production. *Environ Microbiol.* **10**: 3120-3129.

Van der Oost, J., A. P. N. De Boer, J. -W. L. De Gier, W. G. Zumft, A. H. Stouthamer and R. J. M. Van Spanning. 1994. The heme-copper oxidase family consists of three distinct types of terminal oxidases and is related to nitric oxide reductase. *FEMS Microbiol. Lett.* **121**: 1-10.

Van der Star, W. R., A. I. Miclea, U. G. van Dongen, G. Muyzer, C. Picioreanu, and M. C. van Loosdrecht. 2008. The membrane bioreactor: a novel tool to grow anammox bacteria as free cells. *Biotechnol. Bioeng.* **101**: 286-294.

Van der Star, W. R. L., W. R. Abma, D. Blommers, J. W. Mulder, T. Tokutomi, M. Strous, C. Picioreanu, and M. C. M. Van Loosdrecht. 2007. Startup of reactors for anoxic ammonium oxidation: experiences from the first full-scale anammox reactor in Rotterdam. *Water Res.* **41**: 4149-4163.

Van Niftrik, L., W. J. C. Geerts, E. G. van Donselaar, B. M. Humbel, R. I. Webb, J. A. Fuerst, A. J. Verkleij, M. S. M. Jetten, and M. Strous. 2008a. Linking ultrastructure and function in four genera of anaerobic ammonium-oxidizing bacteria: cell plan, glycogen storage, and localization of cytochrome c proteins. *J. Bacteriol.* **190**: 708-717.

Van Niftrik, L., W. J. C. Geerts, E. G. van Donselaar, B. M. Humbel, A. Yakushevska, A. J. Verkleiji, M. S. M. Jetten, and M. Strous. 2008b. Combined structural and chemical analysis of the anammoxosome: a membrane-bounded intracytoplasmic compartment in anammox bacteria. *J. Struct. Biol.* **161**: 401-410.

Ward, B. B. 2003. Significance of anaerobic ammonium oxidation in the ocean. *Trends Microbiol.* **11**: 408-410.

Zehr, J. P., and B. B. Ward. 2002. Nitrogen cycling in the ocean: new perspectives on processes and paradigms. *Appl. Environ. Microbiol.* **68**: 1015-1024.

第 9 章

Aller, R. C., P. O. J. Hall, P. D. Rude, and J. Y. Aller. 1998. Bigoechemical heterogeneity and suboxic diagenesis in hemipelagic sediments of the Panama basin. *Deep Sea Res. Part I* **45**: 133-165.

Andersson, H. J., J. W. M. Wijsman, P. M. J. Herman, J. J. Middelburg, K. Soetaert, and C Heip. 2004. Respiration patterns in the deep ocean. *Geophys. Res. Lett.* **31**: L03304.

Bender, M., R. Jahnke, R. Weiss, W. Martin, D. T. Heggie, J. Orchardo, and T. Sowers. 1989. Organic carbon oxidation and benthic nitrogen and silica dynamics in San Clemente Basin, a continental borderline site. *Geochim. Cosmochim. Acta* **53**: 685-697.

Blaszczyk, M. 1993. Effect of medium composition on the denitrification of nitrate by *Paracoccus denitrificans*. *Appl. Environ. Microbiol.* **59**: 3951-3953.

Brettar, I., and G. Rheinheimer. 1991. Denitrification in the Central Baltic: evidence for H$_2$S-oxidation as a motor for denitrification at the oxic-anoxic interface. *Mar. Ecol. Prog. Ser.* **77**: 157-169.

Brunet, R. C., and L. J. Garcia-Gil. 1996. Sulfide-induced dissimilatory nitrate reduction to ammonia in anaerobic freshwater sediments. *FEMS Microbiol. Ecol.* **21**: 131-138.

Chang, B. X., and A. H. Devol. 2009. Seasonal and spatial patterns of sedimentary denitrification rates in the Chukchi sea. *Deep Sea Res. Part II* **56**: 1339-1350.

Christensen, P. B., S. Rysgaard, N. P. Sloth, T. Dalsgaard, and S. Schæwter. 2000. Sediment mineralization, nutrient fluxes, denitrification, and dissimilatory nitrate reduction to ammonium in an estuarine fjord with sea cage trout farms. *Aquat. Microb. Ecol.* **21**: 73-84.

Codispoti, L. A. 2006. An oceanic fixed nitrogen sink exceeding 400 Tg Na^{-1} vs the concept of homeostasis in the fixed-nitrogen inventory. *Biogeosci. Disc.* **3**: 1203-1246.

Codispoti, L. A., J. A. Brandes, J. P. Christensen, A. H. Devol, S. W A. Naqvi, H. W Paerl, and T. Yoshinari. 2001. The oceanic fixed nitrogen and nitrous oxide budgets: moving targets as we enter the anthropocene? *Sci. Mar.* **65**: 85-105.

Codispoti, L. A., and J. P. Christensen. 1985. Nitrification, denitrification and nitrous oxide cycling in the eastern tropical south Pacific Ocean. *Mar. Chem.* **16**: 277-300.

Conley, D. J., H. W Paerl, R. W Howarth, D. E Boesch, S. P. Seitzinger, K. E. Havens, C. Lancelot, and G. E. Likens. 2009. Ecology. Controlling eutrophication: nitrogen and phosphorus. *Science* **323**: 1014-1015.

Dale, O. R., C. R. Tobias, and B. K. Song. 2009. Biogeographical distribution of diverse anaerobic ammonium oxidizing (anammox) bacteria in Cape Fear River Estuary. *Environ. Microbiol.* **11**: 1194-1207.

Dalsgaard, T., and B. Thamdrup. 2002. Factors controlling anaerobic ammonium oxidation with nitrite in marine sediments. *Appl. Environ. Microbiol.* **68**: 3802-3808.

Dalsgaard, T., D. E. Canfield, J. Petersen, B. Thamdrup, and J. Acuna-González. 2003. N$_2$ production by the anammox reaction in the anoxic water column of Golfo Dulce, Costa Rica. *Nature* **422**: 606-608.

Dalsgaard, T., B. Thamdrup, and D. E. Canfield. 2005. Anaerobic ammonium oxidation (anammox) in the marine environment. *Res. Microbial.* **156**: 457-464.

Devol, A. H. 2003. Nitrogen cycle solution to a marine mystery. *Nature* **422**: 575-576.

Devol, A. H., A. G. Uhlenhopp, S. W. A. Naqvi, J. A. Brandes, D. A. Jayakumar, H. Naik, S. Gaurin, L. A. Codispoti, and T. Yoshinari. 2006. Denitrification rates and excess nitrogen gas concentrations in the Arabian Sea oxygen deficient zone. *Deep Sea Res. Part II* **53**: 1533-1547.

Diaz, R. J., and R. Rosenberg. 2008. Spreading dead zones and consequences for marine ecosystems. *Science* **321**: 926-929.

Dollar, S. J., S. V. Smith, S. M. Vink, S. Brebski, and J. T. Hollibaugh. 1991. Annual cycle of benthic nutrient fluxes in Tomales Bay, California. and contribution of the benthos to total ecosystem metabolism. *Mar. Ecol. Prog. Ser.* **79**: 115-125.

Dong, L. F., C. J. Smith, S. Papaspyrou, A. Stott, M. A. Osborn, and D. B. Nedwell. 2009. Changes in benthic denitrification, nitrate ammonification, and anammox process rates and nitrate and nitrite reductase gene abundances along an estuarine nutrient gradient (the Colne Estuary, United Kingdom). *Appl. Environ. Microbiol.* **75**: 3171-3179.

Engström, P. 2004. The importance of anaerobic ammonium oxidation (anammox) and anoxic nitrification for N removal in coastal marine sediments. Ph. D. thesis. University of Gothenburg, Gothenburg, Sweden.

Engström, P., T. Dalsgaard, S. Hulth, and R. C. Aller. 2005. Anaerobic ammonium oxidation by nitrite (anammox): implications for N$_2$ production in coastal marine sediments. *Geochim. Cosmochim. Acta* **69**: 2057-2065.

Engström, P., C. R. Penton, and A. H. Devol. 2009. Anaerobic ammonium oxidation in deepsea sediments off the Washington margin. *Limnol. Oceanogr.* **54**: 1643-1652.

Falkowski, P. G. 1997. Evolution of the nitrogen cycle and its influence on the biological sequestration of CO_2 in the ocean. *Nature* **387**: 272-275.

Farias, L., M. Castro-Gonzalez, M. Cornejo, J. Charpentier, J. Faundez, N. Boontanon, and N. Yoshida. 2009. Denitrification and nitrous oxide cycling within the upper oxycline of the eastern tropical South Pacific oxygen minimum zone. *Limnol. Oceanogr.* **54**: 132-144.

Fernandez-Polanco, F., M. Fernandez-Polanco, N. Fernandez, M. A. Uruena, P. A. Garcia, and S. Villaverde. 2001. New process for simultaneous removal of nitrogen and sulphur under anaerobic conditions. *Water Res.* **35**: 1111-1114.

Fossing, H., V. A. Gallardo, B. B. Jørgensen, M. Huttel, L. P. Nielsen, and H. Schulz. 1995. Concentration and transport of nitrate by the mat-forming sulfur bacterium Thioploca. *Nature* **374**: 713-715.

Francis, C. A., J. M. Beman, and M. M. M. Kuypers. 2007. New processes and players in the nitrogen cycle: the microbial ecology of anaerobic and archaeal ammonia oxidation. *ISMEJ.* **1**: 19-27.

Fuchsman, C. A., J. W. Murray, and S. K. Konovalov. 2008. Concentration and natural stable isotope profiles of nitrogen species in the Black Sea. *Mar. Chem.* **111**: 90-105.

Galan, A., V. Molina, B. Thamdrup, D. Woebken, G. Lavik, M. M. M. Kuypers, and O. Ulloa. 2009. Anammox bacteria and the anaerobic oxidation of ammonium in the oxygen minimum zone off northern Chile. *Deep Sea Res. Part II* **56**: 1021-1031.

Glud, R. N. 2008. Oxygen dynamics of marine sediments. *Mar. Biol. Res.* **4**: 165-179.

Glud, R. N., B. Thamdrup, H. Stahl, F. Wenzhoefer, A. Glud, H. Nomaki, K. Oguri, N. P. Revsbech, and H. Kitazato. 2009. Nitrogen cycling in a deep ocean margin sediment (Sagami Bay, Japan). *Limnol. Oceanogr.* **54**: 723-734.

Gruber, N., and J. L. Sarmiento. 1997. Global patterns of marine nitrogen fixation and denitrification. *Glob. Biogeochem. Cycles* **11**: 235-266.

Güven, D., A. Dapena, B. Kartal, M. C. Schmind, B. Maas, K. van de Pas-Schoonen, S. Sozen, R. Mendez, H. J. M. Olp den Camp, M. S. M. Jetten, M. Strous, and I. Schmidt. 2005. Propionate oxidation by and methanol inhibition of anaerobic ammonium-oxidizing bacteria. *Appl. Environ. Microbiol.* **71**: 1066-1071.

Halm, H., N. Musat, P. Lam, R. Langlois, F. Musat, S. Peduzzi, G. Lavik, C. J. Schubert, B. Singha, J. LaRoche, and M. M. M. Kuypers. 2009. Cooccurrence of denitrification and nitrogen fixation in a meromictic lake, Lake Cadagno (Switzerland). *Environ. Microbiol.* **11**: 1945-1958.

Hamersley, M. R., G. Lavik, D. Woebken, J. E. Rattray, P. Lam, E. C. Hopmans, J. S. Sinninghe Damste, S. Kruger, M. Graco, D. Gutierrez, and M. M. M. Kuypers. 2007. Anaerobic ammonium oxidation in the Peruvian oxygen minimum zone. *Limnol. Oceanogr.* **52**: 923-933.

Hannig, M., G. Lavik, M. M. M. Kuypers, D. Woebken, W. Martens-Habbena, and K. Juergens. 2007. Shift from denitrification to anammox after inflow events in the central Baltic Sea. *Limnol. Oceanogr.* **52**: 1336-1345.

Hartnett, H. E, and A. H. Devol. 2003. Role of a strong oxygen-deficient zone in the preservation and degradation of organic matter: a carbon budget for the continental margins of northwest Mexico and Washington State. *Geochim. Cosmochim. Acta* **67**: 247-264.

Hauck, R. D., S. W. Melsted, and P. E. Yankwich. 1958. Use of N-isotope distribution in nitrogen gas in the study of denitrification. *Soil Sci.* **86**: 287-296.

Hietanen, S. 2007. Anaerobic ammonium oxidation (anammox) in sediments of the Gulf of Finland. *Aquat. Microb. Ecol.* **48**: 197-205.

Hietanen, S., and J. Kuparinen. 2008. Seasonal and short-term variation in denitrification and anammox at a coastal station on the Gulf of Finland, Baltic Sea. *Hydrobiologia* **596**: 67-77.

Holmes, R. M., A. Aminot, R. Kerouel, B. A. Hooker, and B. J. Peterson. 1999. A simple and precise method for measuring ammonium in marine and freshwater ecosystems. *Can. J. Fish Aquat. Sci.* **56**: 1801-1808.

Hulth, S., R. C. Aller, and F Gilbert. 1999. Coupled anoxic nitrification manganese reduction in marine sediments. *Geochim. Cosmochim. Acta* **63**: 49-66.

Jaeschke, A., C. Rooks, M. Trimmer, J. C. Nicholls, E. C. Hopmans, S. Schouten, and J. S. Sinninghe Damsté. 2009. Comparison of ladderane phospholipid and core lipids as indicators for anaerobic ammonium oxidation (anammox) in marine sediments. *Geochim. Cosmochim. Acta* **73**: 2077-2088.

Jensen, M. M., M. M. M. Kuypers, G. Lavik, and B. Thamdrup. 2008. Rates and regulation of anaerobic ammonium oxidation and denitrification in the Black Sea. *Limnol. Oceanogr.* **53**: 23-36.

Jensen, M., J. Petersen, T. Dalsgaard, and B. Thamdrup. 2009. Pathways, rates, and regulation of N_2 production in the chemocline of an anoxic basin, Mariager Fjord, Denmark. *Mar. Chem.* **113**: 102-113.

Joye, S. B., and J. T. Hollibaugh. 1995. Influence of sulfide inhibition of nitrification on nitrogen regeneration in sediments. *Science* **270**: 623-625.

Kartal, B., M. M. M. Kuypers, G. Lavik, J. Schalk, H. J. M. Op den Camp, M. S. M. Jetten, and M. Strous. 2007. Anammox bacteria disguised as denitrifiers: nitrate reduction to dinitrogen gas via nitrite and ammonium. *Environ. Microbiol.* **9**: 635-642.

Konovalov, S. K., C. A. Fuchsman, V Belokopitov, and J. W Murray. 2008. Modeling the distribution of nitrogen species and isotopes in the water column of the Black Sea. *Mar. Chem.* **111**: 106-124.

Koop-Jakobsen, K., and A. E. Giblin. 2009. Anammox in tidal marsh sediments: the role of salinity, nitrogen loading, and marsh vegetation. *Estuar. Coasts* **32**: 238-245.

Körner, H., and W. G. Zumft. 1989. Expression of denitrification enzymes in response to the dissolved oxygen level and respiratory substrate in continuous culture of *Pseudomonas stutzeri*. *Appl. Environ. Microbiol.* **55**: 1670-1676.

Kuypers, M. M. M., A. O. Sliekers, G. Lavik, M. Schmid, B. Barker Jørgensen, J. G. Kuenen, J. S. Sinninghe Damsté, M. Strous, and M. S. M. Jetten. 2003. Anaerobic ammonium oxidation by anammox bacteria in the Black *Sea*. *Nature* **422**: 608-611.

Kuypers, M. M. M, G. Lavik, D. Woebken. M. Schmid, B. M. Fuchs, R. Amann, B. Barker Jørgensen, and M. S. M. Jetten. 2005. Massive nitrogen loss from the Benguela upwelling system through anaerobic ammoniunl oxidation. *Proc. Natl. Acad. Sci. USA* **102**: 6478-6483.

Lam, P., M. M. Jensen, G. Lavik, D. F McGinnis, B. Muller, C. J. Schubert, R. Amann, B. Thamdrup, and M. M. M. Kuypers. 2007. Linking crenarchaeal and bacterial nitrification to anammox in the Black *Sea*. *Proc. Natl. Acad. Sci. USA* **104**: 7104-7109.

Lam, P., G. Lavik, M. M. Jensen, J. van de Vossenberg, M. Schmid, D. Woebken, D. Gutierrez, R. Amann, M. S. M. Jetten, and M. M. M. Kuypers. 2009. Revising the nitrogen cycle in the Peruvian oxygen mininum zone. *Proc. Natl. Acad. Sci. USA* **106**: 4752-4757.

Lavik, G., T. Stuhrmann, V. Bruchert, A. Van der Plas, V. Mohrholz, P. Lam, M. Muβmann, B. M. Fuchs, R. Amann, U. Lass, and M. M. M. Kuypers. 2009. Detoxification of sulphidic African shelf waters by blooming chemolithotrophs. *Nature* **457**: 581-584.

Lohse, L., H. F. P. Malschaert, C. P. Slomp, W. Helder, and W. van Raaphorst. 1993. Nitrogen cycling in North Sea sediments: interaction of denitrification and nitrification in offshore and coastal areas. *Mar. Ecol. Prog. Ser.* **101**: 283-296.

Meyer, R. L., N. Risgaard-Petersen, and D. E. Allen. 2005. Correlation between anammox activity and microscale distribution of nitrite in a subtropical mangrove sediment. *Appl. Environ. Microbiol.* **71**: 6142-6149.

Middelburg, J. J., K. Soetart, P. M. J. Herman, and C. H. R. Heip. 1996. Denitrification in marine sediments: a model study. *Glob. Biogeochem. Cycles* **10**: 661-673.

Minjeaud, L., P. C. Bonin, and V D. Michotey. 2008. Nitrogen fluxes from marine sediments: quantification of the associated co-occurring bacterial processes. *Biogeochemistry* **90**: 141-157.

Molina, V., and L. Farías. 2009. Aerobic ammonium oxidation in the oxycline and oxygen minimum zone of the eastern tropical South Pacific off northern Chile ($\sim$ 20°S). *Deep Sea Res. Part II* **56**: 1032-1041.

Morrison, J. M, L. A. Codispoti, S. L. Smith, K. Wishner, C. Flagg, W. D. Gardner, S. Gaurin, S. W. A. Naqvi, V. Manghnani, L. Prosperie, and J. S. Gunderson. 1999. The oxygen minimum zone in the Arabian Sea during 1995. *Deep Sea Res. Part II* **46**: 1903-1931.

Mulder, A., A. A. van de Graaf, L. A. Robertson, and J. G. Kuenen. 1995. Anaerobic ammonium oxidation discovered in a denitrifying fluidized bed reactor. *FEMS Microbiol. Ecol.* **16**: 177-184.

Naqvi, S. W. A, R. J. Noronha, M. S. Shailaja, K. Somasunda, and R. S. Gupta. 1992. Some aspects of the nitrogen cycling in the Arabian Sea, p. 285-311. In B. N. Desai (ed.), *Oceanography of the Indian Ocean*. Oxford and IBH Publishers. New Delhi, India.

Naqvi, S. W. A, D. A. Jayakumar, P. V. Narvekar, H. Naik, V. V. S. S. Sarma, W. D. D'Souza, and J. M. D. George. 2000. Increased marine production of N_2O due to intensifying anoxia on the Indian continental shelf. *Nature* **408**: 346-349.

Nedwell, D. B., L. F. Dong, A. Sage, and G. J. C. Underwood. 2002. Variations of the nutrients loads to the mainland U. K. estuaries: correlation with catchment areas, urbanization and coastal eutrophication. *Estuar. Coast. Shelf Sci.* **54**: 951-970.

Nicholls, J. C., C. A. Davies, and M. Trimmer. 2007. High resolution profiles and nitrogen isotope tracing reveal and dominant source of nitrous oxide and multiple pathways of nitrogen gas production in the central Arabian Sea. *Limnol. Oceanogr.* **52**: 156-168.

Nicholls, J. C., and M. Trimmer. 2009. Widespread relationship between the anammox reaction and organic carbon in estuarine sediments. *Aquat. Microb. Ecol.* **55**: 105-113.

Nielsen, L. P. 1992. Denitrification in sediments determined from nitrogen isotope pairing. *FEMS Microbiol. Ecol.* **86**: 357-362.

Nishio, T., I. Koike, and A. Hattori. 1982. Denitrification, nitrate reduction, and oxygen consumption in coastal and estuarine sediments. *Appl. Environ. Microbiol.* **43**: 648-653.

Ogilvie, B., D. B. Nedwell, R. M. Harrison, A. Robinson, and A. Sage. 1997. High nitrate, muddy estuaries as nitrogen sinks: the nitrogen budget of the River Colne estuary (United Kingdom). *Mar. Ecol. Prog. Ser.* **150**: 217-228.

Paulmier, A., and D. Ruiz-Pino. 2009. Oxygen minimum zones (OMZs) in the modern ocean. *Prog. Oceanogr.* **80**: 113-128.

Peirels, B., N. Caraco, M. Pace, and J. Cole. 1991. Human influence on river nitrogen. *Nature* **350**: 386-387.

Reimers, C. E., R. A. Jahnke, and D. C. McCorkel. 1992. Carbon fluxes and burial rates over the continental slope of California with implications for the global carbon cycle. *Glob. Biogeochem. Cycles* **6**: 199-224.

Revsbech, N. P., N. Risgaard-Petersen, A. Schramm, and L. P. Nielsen. 2006. Nitrogen transformations in stratified aquatic microbial ecosystems. *Antonie Leeuwenhoek Int. J. G.* **90**: 361-375.

Rich, J. J., O. R. Dale., B. Song, and B. B. Ward. 2008. Anaerobic ammonium oxidation in Chesapeake Bay sediments. *Microbial. Ecol.* **55**: 311-320.

Richards, F. A., J. D. Cline, W. W. Broenkow, and L. P. Atkinson. 1965. Some consequences of the decomposition of organic matter in Lake Nitinat, an anoxic fjord. *Limnol. Oceanogr.* **10**: R185-R201.

Risgaard-Petersen, N, L. P. Nielsen, S. Rysgaard, T. Dalsgaard, and R. L. Meyer. 2003. Application of the isotope pairing technique in sediments where anammox and denitrification coexist. *Limnol. Oceanogr Methods* **1**: 63-73.

Risgaard-Petersen, N., R. L. Meyer, M. Schmid, M. S. M. Jetten, A. Enrich-Prast, S. Rysgaard, and N. P. Revsbech. 2004. Anaerobic ammonium oxidation in an estuarine sediment. *Aquat. Microb. Ecol.* **36**: 293-304.

Risgaard-Petersen, N., R. L. Meyer, M. and N. P. Revsbech. 2005. Denitrification and anaerobic ammonium oxidation in sediments: effects of microphytobenthos and NO_3^-. *Aquat. Microbiol. Ecol.* **40**: 67-76.

Risgaard-Petersen, N, A. M. Langezaal, S. Ingvardsen, M. C. Schmid, M. S. M. Jetten, H. J. M. Op den Camp, J. W M. Derksen, E. Piña-Ocho, S. P. Eriksson, L. P. Nielsen, N. P. Revsbech, T. Cedhagen, and G. J. van der Zwaan. 2006. Evidence for complete denitrification in a benthic foraminifer. *Nature* **443**: 93-96.

Rysgaard, S., R. N. Glud, N. Risgaard-Petersen, and T. Dalsgaard. 2004. Denitrification and anammox activity in Arctic marine sediments. *Limnol. Oceanogr.* **49**: 1493-1502.

Sanders, I. A., and M. Trimmer. 2006. In-situ application of $^{15}NO_3^-$ isotope pairing technique to measure denitrification in sediments at the surface water-groundwater interface. *Limnol. Oceanog. Methods* **4**: 142-152.

Sayama, M., N. Risgaard-Petersen, L. P. Nielsen, H. Fossing, and P. B. Christensen. 2005. Impact of bacterial NO_3^- transport on sediment biogeochemistry. *Appl. Environ. Microbiol.* **71**: 7575-7577.

Schrum, H. N., A. J. Spivack, M. Kastner, and S. D. Holt. 2009. Sulfate reducing ammonium oxidation: a thermodynamically feasible metabolic pathway in subseafloor sediment. *Geology* **37**: 939-942.

Schubert, C. J., E. Durisch-Kaiser, B. Wehrli, B. Thamdrup, P. Lam, and M. M. M. Kuypers. 2006. Anaerobic ammonium oxidation in a tropical fresh water system (Lake Tanganyika). *Environ. Microbiol.* **10**: 1857-1863.

Seitzinger, S. P. 1988. Denitrification in freshwater and coastal marine ecosystems: ecological and geochemical significance. *Limnol. Oceanogr.* **33**: 702-724.

Seitzinger, S. P., and A. E. Giblin. 1996. Estimating denitrification in North Atlantic continental shelf sediments. *Biogeochemistry* **35**: 235-260.

Smethie, W. M. 1987. Nutrient regeneration and denitrification in low oxygen fjords. *Deep Sea Res.* **34**: 983-1006.

Steif, P., D. De Beer, and D. Neumann. 2002. Small-scale distribution of interstitial nitrite in freshwater sediment microcosms: the role of nitrate and oxygen availability, and sediment permeability. *Microbiol. Ecol.* **43**: 367-378.

Steingruber, S. M., J. Freidrich, R. Gächter, and B. Wehrli. 2001. Measurements of denitrification in sediments with the ^{15}N isotope pairing technique. *Appl. Environ. Microbiol.* **67**: 3771-3778.

Stramma, L, C. G. C. Johnson, J. Sprintall, and V. Mohrholz. 2008. Expanding oxygenminimum zones in the tropical oceans. *Science* **320**: 655-658.

Strous, M., J. G. Kuenen, and M. S. M. Jetten. 1999. Key physiology of anaerobic ammonium oxidation. *Appl. Environ. Microbiol.* **65**: 3248-3250.

Sørensen, J., L. K. Rasmussen, and I. Koike. 1987. Micromolar sulfide concentrations alleviate acetylene blockage of nitrous oxide reduction by denitrifying Pseudomonas fluorescens. *Can. J. Microbiol.* **33**: 1001-1005.

Tal, Y., J. E M. Watts, and H. J. Schreier. 2005. Anaerobic ammonia-oxidizing bacteria and related activity in Baltimore Inner Harbor Sediment. *Appl. Environ. Microbiol.* **71**: 1816-1821.

Thamdrup, B., and T. Dalsgaard. 2002. Production of N_2 through anaerobic ammonium oxidation coupled to nitrate reduction in marine sediments. *Appl. Environ. Microbiol.* **68**: 1312-1318.

Thamdrup, B., T. Dalsgaard, M. M. Jensen, O. Ulloa, L. Farías, and R. Escribano. 2006. Anaerobic ammonium oxidation in the oxygendeficient waters off northern Chile. *Limnol. Oceanogr.* **51**: 2145-2156.

Trimmer, M., and J. C. Nicholls. 2009. Production of nitrogen gas via anammox and denitrification in intact sediment cores along a continental shelf to slope transect in the North Atlantic. *Limnol. Oceanog.* **54**: 577-589.

Trimmer, M., J. C. Nicholls, and B. Deflandre. 2003. Anaerobic ammonium oxidation measured in sediments along the Thames Estuary, United Kingdom. Appl. Environ. Microbiol. **69**: 6447-6454.

Trimmer, M., J. C. Nicholls, N. Morley, C. A. Davies, and J. Aldridge. 2005. Biphasic behavior of anammox regulated by nitrate and nitrite in an estuarine sediment. *Appl. Environ. Microbiol.* **71**: 1923-1930.

Trimmer, M., N. Risgaard-Petersen, J. C. Nicholls, and P. Engström. 2006. Direct measurement of anaerobic ammonium oxidation (anammox) and denitrification in intact sediment cores. *Mar. Ecol. Prog. Ser.* **326**: 37-47.

van de Graaf, A. A., A. Mulder, P. De Bruijn, M. S. M. Jetten, L. A. Robertson, and J. G. Kuenen. 1995. Anaerobic oxidation of ammonium is a biologically mediated process. *Appl. Environ. Microbiol.* **61**: 1246-1251.

van Raaphorst, W., H. T. Kloosterhuis, E. M. Berghuis, A. J. M. Gieles, J. F. P. Malschaert, and G. J. van Noort. 1992. Nitrogen cycling in two types of sediments of the southern North Sea (Frisian Front, Broad Fourteens): field data and mesocosm results. *Neth. J. Sea. Res.* **28**: 293-316.

Ward, B. B., C. B. Tuit, A. Jayakumar, J. J. Rich, J. Moffett, S. Wajih, and A. Naqvi. 2008. Organic carbon, and not copper, controls denitrification in oxygen minimum zones of the ocean. *Deep, Sea Res. Part I* **55**: 1672-1683.

Ward, B. B., A. H. Devol, J. J. Rich, B. X. Chang, S. E. Bulow, H. Naik, A. Pratihary, and A. Jayakumar. 2009. Denitrification as the dominant nitrogen loss process in the Arabian Sea. *Nature* **461**: 78-82.

Wenjing, J., N. Tovell, S. Clegg, M. Trimmer, and J. A. Cole. 2008. A single channel for nitrate uptake, nitrite export and nitrite uptake by Escherichia coli NarU and a role for NirC in nitrite export and uptake. *Biochem. J.* **417**: 295-304.

Wenzhöfer, F., and R. N. Glud. 2002. Benthic carbon mineralization in the Atlantic: a synthesis based on in situ data from the last decade. *Deep Sea Res. Part I* **49**: 1255-1279.

Zhang, Y., X. -H. Ruan, H. J. M. Op den Camp, T. J. M. Smits, M. S. M. Jetten, and M. C. Schmid. 2007. Diversity and abundance of aerobic and anaerobic ammonium-oxidizing bacteria in freshwater sediments of the Xinyi River (China). *Environ. Microbiol.* **9**: 2375-2382.

Zumft, W. G. 1997. Cell biology and molecular basis of denitrification. *Microbiol. Mol. Biol. Rev.*

61: 533-616.

第 10 章

Abma, W., C. E. Schultz, J. W. Mulder, M. C. M. van Loosdrecht, W. R. L. van der Star, M. Strous, and T. Tokutomi. 2007, The advance of Anammox *Water* 21 **36**: 36-37.

Abma, W. R., W. Driessen, R. Haarhuis, and M. C. M. van Loosdrecht. 2010. Upgrading of sewage treatment plant by sustainable and cost-effective separate treatment of industrial wastewater. *Water Sci. Technol.* **61**: 1715-1722.

Anthonisen, A. C., R. C. Loehr, T. B. S. Prakasam, and E. G. Srinath. 1976. Inhibition of nitrification by ammonia and nitrous acid. J. *Water pollut. Control Fed.* **48**: 835-852.

Arrojo, B., M. Figueroa, A. Mosquera-Corral, J. L. campos, and R. Mendez. 2008. Influence of gas flow-induced shear stress on the operation of the Anammox process in a SBR. *Chemosphere* **72**: 1687-1693.

Arvin, E., and P. Harremoës. 1990. Concepts and models for biofilm reactor performance. *Water Sci. Technol.* **22** (1-2): 171-192.

Beier, M., M. Sander, and K. -H. Rosenwinkel. 2008. Kombination anaerober Vorbehandlung mit dem Verfahren der Deammonifikation zur energieeffizienten Behandlung organisch hoch belasteter Industrieabwässer. [(Combination of anaerobic pretreatment and deammonification for efficient treatment of high loaded organic industrial waste-water]. *GWF, Wasser/Abwasser* **149**: 80-87.

Cema, G., B. Szatkowska, E. Plaza, J. Trela, and J. Surmacz-Gorska. 2006. Nitrogen removal rates at a technical-scale pilot plant with the one-stage partial nitritation/ Anammox process. *Water Sci. Technol.* **54**: 209-217.

Chen, X., P. Zheng, R. Jin, B. Hu, S. Zhou, and G. Ding. 2007. Biological nitrogen removal from monosodimn glutamate-containing industrial wastewater with the Anaerobic Ammonium Oxidation (ANAMMOX) process. *Huanjing Kexue Xuebao* **27**: 747-752.

Dalsgaard, T., and B. Thamdrup. 2002. Factors controlling anaerobic ammonium oxidation with nitrite in marine sediments. *Appl. Environ. Microbiol.* **68**: 3802-3808.

Dapena-Mora, A., J. L. Campos, A. Mosquera-Corral, M. S. M. Jetten, and R. Méndez. 2004. Stability of the ANAMMOX process in a gas-lift reactor and a SBR. *J. Biotechmol.* **110**: 159-170.

Dapena-Mora, A., J. L. Campos, A. Mosquera-Corral, and R. Méndez. 2006. Anammox process for nitrogen removal from anaerobically digested fish canning effluents. *Water Sci. Technol.* **53**: 265-274.

Dapena-Mora, A., I Fernández, J. L. Campos, A. Mosquera-Corral, R. Méndez, and M. S. M. Jetten. 2007. Evaluation of activity and inhibition effects on Anammox process by batch tests based on the nitrogen gas production. *Enzyme Microb. Technol.* **40**: 859-865.

De Clippeleir, H., S. E. Vlaeminck, M. Carballa, and W. Verstraete. 2009. A low volumetric exchange ratio allows high autotrophic nitrogen removal in a sequencing batch reactor. *Bioresour. Technol.* **100**: 5010-5015.

de Graaff, M. S., H. Temmink, G. Zeeman, M. C. M. van Loosdrecht, and C. I. M. Buisman. 2011. Autotrophic nitrogen removal from black water: calcium addition as a requirement for settleability. *Water Res.* **45**: 63-74.

Denecke, M., V. Rekers, and U. Walter. 2007. Einsparpotentiale bei der biologischen Reinigung von Deponiesickerwasser. [Cost savings potentials in the biological treatment of landfill leachates]. *Muell Abfall* **39**: 4-7.

Dosta, J., I. Fernandez, J. R. Vazquez-Padin, A. Mosquera-Corral, J. L. Campos, J. MataALvarez,

and R. Mendez. 2008. Short- and long-term effects of temperature on the Anammox process. *J. Hazard. Mater.* **154**: 688-693.

Egli, K., U. Fanger, P. J. J. Alvarez, H. Siegrist, J. R. Van der Meer, and A. J. B. Zehnder. 2001. Enrichment and characterization of an anammox bacterium from a rotating biological contactortreating ammonium-rich leachate. *Arch. Microbiol.* **175**: 198-207.

Fujii, T., H. Sugino, J. Do Rouse, and K. Furukawa. 2002. Characterization of the microbial community in an anaerobic. ammonium-oxidizing biofilm cultured on a nonwoven biomass carrier. *J. Biosci. Bioeng.* **94**: 412-418.

Fux, C., M. Bohler, P. Huber, and H. Siegrist. 2001. Stickstoffelimination durch anaerobe Ammoniumoxidation (Anammox) [Nitrogen elimination during anaerobic ammonium oxidation (Anammox).]*Stuttgarter Berichte zur Siedlungswasserwirtschaft* **166**: 35-49.

Fux, C., V Marchesi, I. Brunner, and H. Siegrist. 2004. Anaerobic ammonium oxidation of ammonium-rich waste streams in fixed-bed reactors. *Water Sci. Technol.* **49**: 77-82.

Gaul, T., S. Maerker, and S. Kunst. 2005. Start-up of moving bed biofilm reactors for deammonification: the role of hydraulic retention time. alkalinity and oxygen supply. *Water Sci Technol.* **52**: 127-133.

Gong, Z, S. Liu, F. Yang, H. Bao, and K. Furukawa. 2008. Characterization of functional microbial community in a membrane-aerated biofilm reactor operated for completely autotrophic nitrogen removal. *Bioresour. Technol.* **99**: 2749-2756.

Güven, D., A. Dapena-Mora, B. Kartal, M. C. Schmid, B. Maas, K. Van de Pas-Schoonen, S. Sozen, R. Méndez, H. J. M. Op den Camp, M. S. M. Jetten, M. Strous, and I. Schmidt. 2005. Propionate oxidation by and methanol inhibition of anaerobic ammonium-oxidizing bacteria. *Appl. Environ. Microbiol.* **71**: 1066-1071.

Hao, X, J. J. Heijnen, and M. C. M. Van Loosdrecht. 2002. Sensitivity analysis of a biofilm model describing a one-stage completely autotrophic nitrogen removal (CANON) process. *Biotechnol. Bioeng.* **77**: 266-277.

Hao, X. Do, and M. C. M. van Loosdrecht. 2004. Model-based evaluation of COD influence on a partial nitrification-Anammox biofilm (CANON) process. *Water Sci. Technol.* **49**: 83-90.

Hao, X. D., X. O. Cao, C. Picioreanu, and M. C. M. van Loosdrecht. 2005. Model-based evaluation of oxygen consumption in a partial nitrification-Anammox biofilm process *Water Sci. Technol.* **52**: 155-160.

Heijnen, J. J., M. C. M. van Loosdrecht, R. Mulder, R. Weltevrede, and A. Mulder. 1993. Development and scale-up of an aerobic biofilm air-lift suspension reactor. *Water Sci. Technol.* **27**: 253-261.

Hellinga, C., A. A. J. C. Schellen, J. W. Mulder, M. C. M. Van Loosdrecht, and J. J. Heijnen. 1998. The SHARON process: an innovative method for nitrogen removal from ammonium-rich waste water. *Water Sci. Technol.* **37**: 135-142.

Hippen, A., K. -H. Rosenwinkel, G. Baumgarten, and C. F. Seyfried. 1997. Aerobic de-ammnonification: a new experience in the treatment of waste-waters. *Water Sci. Technol.* **35**: 111-120.

Hippen, A., C. Helmer, S. Kunst, K. H. Rosenwinkel, and C. F. Seyfried. 2001. Six years' practical experience with aerobic/anoxic deammonification in biofilm systems. *Water Sci. Technol.* **44**: 39-48.

Hwang, I. S., K. S. Min, E. Choi, and Z. Yun. 2005. Nitrogen removal from piggery waste using the combined SHARON and ANAMMOX process. *Water Sci. Technol.* **52**: 487-494.

Isaka, K., Y. Suwa, Y. Kimura, T. Yamagishi, T. Sumino, and S. Tsuneda. 2008. Anaerobic ammonium oxidation (anammox) irreversibly inhibited by methanol. *Appl. Microbiol. Biotechnol.* **81**: 379-385.

Joss, A., D. Salzgeber, J. Eugster, R. Konig, K. Rottermann, S. Burger, P. Fabijan, S. Leurmann,

J. Mohn, and H. Siegrist. 2009. Full-scale nitrogen removal from digester liquid with partial nitritation and anammox in one SBR. *Environ. Sci. Techmol.* **43**: 5301-5306.

Kalyuzhnyi, S., M. Gladchenko, A. Mulder, and B. Versprille. 2006. DEAMOX-New biological nitrogen removal process based on anaerobic ammonia oxidation coupled to sulphide-driven conversion of nitrate into nitrite. *Water Res.* **40**: 3637-3645.

Kampschreur, M. J., c. Picioreanu, N. Tan, R. Kleerebezem, M. S. M. Jetten, and M. C. M. Van Loosdrecht. 2007. Unraveling the source of nitric oxide emission during nitrification. *Water Environ. Res.* **79**: 2499-2509.

Kampschreur, M. J., W. R. L. Van der Star, H. A. Wielders, J. W. Mulder, M. S. M. Jetten, and M. C. M. Van Loosdrecht. 2008. Dynamics of nitric oxide and nitrous oxide emission during full-scale reject water treatment. *Water Res.* **42**: 812-826.

Kampschreur, M. J., R. Poldermans, R. Kleerebezem, W. R. L. van der Star, R. Hanrhuis, W. R. Abma, M. S. M. Jetten, and M. C. M. van Loosdrecht. 2009. Emission of nitrous oxide and nitric oxide from a full-scale single-stage nitritation-anammox reactor. *Water Sci. Technol.* **60**: 3211-3217.

Kartal, B., M. Koleva, R. Arsov, W. van der Star, M. S. M. Jetten, and M. Strous. 2006. Adaptation of a freshwater anammox population to high salinity wastewater. *J. Biotechnol.* **126**: 546-553.

Kartal, B., J. G. Kuenen, and M. C. M. van Loosdrecht. 2010. Sewage treatment with Anammox. *Science* **328**: 702-703.

Kartal, B., M. M. M. Kuypers, G. Lavik, J. Schalk, H. J. M. Op den Camp, M. S. M. Jetten, and M. Strous. 2007. Anammox bacteria disguised as denitrifiers: nitrate reduction to dinitrogen gas via nitrite and ammonium. *Environ. Microbiol.* **9**: 635-642.

Kimura, Y., K. Isaka, F. Kazama, and T. Sumino. 2010. Effects of nitrite inhibition on anaerobic ammonium oxidation. *Appl. Microbiol. Biotechnol.* **86**: 359-365.

Kuai, L., and W. Verstraete. 1998. Ammonium removal by the oxygen-limited autotrophic nitrifcation-denitrification system. *Appl. Environ. Microbiol.* **64**: 4500-4506.

Ladiges, G., R. D. Thierbach, M. Beier, and Focken. 2006. Versuche zur zweistufigen Deammonifikation im Hamburger Klärwerksverbund. (Attempts at two-stage deammonification in the wastewater treament union of Hamburg.) Presented at the 6. Aachener Tagung mit Informationsforum: Sticksoffrückbelastung Stand der Technik 2006. Aachen, Germany.

Lamsam, A., S. Laohaprapanon, and A. P. Annachhatre. 2008. Combined activated sludge with partial nitrification (AS/PN) and anammox processes for treatment of seafood processing wastewater. *J. Environ. Sci. Health, Part A* **43**: 1198-1208.

Lieu, P. K., R. Hatozaki, H. Homan, and K. Furukawa. 2005. Single stage nitrogen removal using Anammox and partial nitritation (SNAP) for treatment of synthetic landfill leachate. *Jpn. J. Water Treat. Biol.* **41**: 103.

Ling, D. 2009. Experience from commissioning of full-scale DeAmmon™ plant at Himmerfjärden (Sweden), p. 403-410. *In* Lemtech Konsulting (ed.), Second IWA specialized conference: Nutrient Management in Wastewater Treatment Systems, Krakow, Poland.

Liu, C., T. Yamamoto, T. Nishiyama, T. Fujii, and K. Furukawa. 2009. Effect of salt concentration in anammox treatment using nonwoven biomass carrier. *J. Biosci. Bioeng.* **107**: 519-523.

Metcalf & Eddy, Inc., G. Tchobanoglous, F. R. Burton, and H. D. Stensel. 2003. Wastewater Engineering: Treatment and Reuse. McGraw-Hill, New York, NY.

Mulder, A., A. A. Van de Graaf, L. A. Robertson, and J. G. Kuenen. 1995. Anaerobic ammonium oxidation discovered in a denitrifying fluidized bed reactor. *FEMS Microbiol. Ecol.* **16**: 177-184.

Nielsen, M., A. Bollmann, O. Sliekers, M. Jetten, M. Schmid, M. Strous, I Schmidt, L. H. Larsen, L. P. Nielsen, and N. P. Revsbech. 2005. Kinetics, diffusional limitation and microscale distribution of chemistry and organisms in a CANON reactor. *FEMS Microbiol. Ecol.* **51**: 247-256.

Pathak, B. K., and F. Kazama. 2007. Influence of temperature and organic carbon on denammox process, p. 402-413. Proceedings CD of Nutrient Removal 2007, Baltimore, MD.

Pathak, B. K., F. Kazama, Y. Saiki, and T. Sumino. 2007. Presence and activity of anammox and denitrification process in low ammonium-fed bioreactors. *Bioresour. Technol.* **98**: 2201-2206.

Picioreanu, C., J. -U Kreft, and M. C. M. Van Loosdrecht. 2004. Particle-based multidimensional multispecies biofilm model. *Appl. Environ. Microbiol.* **70**: 3024-3040.

Qiao, S., T. Yamamoto, M. Misaka, K. Isaka, T. Sumino, Z. Bhatti, and K. Furukawa. 2009. High-rate nitrogen removal from livestock manure digester liquor by combined partial nitritation-anammox process. *Biodegradation* **21**: 11-20.

Rekers, V., M. Denecke, and U. Walter. 2008. Betriebserfahrungen mit der anaeroben Deammonifikation von Deponiesickerwasser. DepoTech, Leoben, Austria.

Ruscalleda, M., H. Lopez, R. Ganigue, S. Puig, M. D. Balaguer, and J. Colprim. 2008. Heterotrophic denitrification on granular anammox SBR treating urban landfill leachate. *Water Sci. Technol.* **58**: 1749-1755.

Rysgaard, S., and R. N. Glud. 2004. Anaerobic N_2 production in Arctic Sea ice. *Litmnol. Oceanogr.* **49**: 86-94.

Rysgaard, S., R. N. Glud, N. Risgaard-Petersen, and T. Dalsgaard. 2004. Denitrification and anammox activity in Arctic marine sediments. *Limnol. Oceanogr.* **49**: 1493-1502.

Scaglione, D., S. Caffaz, E. Bettazzi, and C. Lubello. 2009. Experimental determination of Ananmlox decay coefficient. *J. Chem. Technol. Biotechnol.* **84**: 1250-1254.

Schmid, M., K. Walsh, R. Webb, W. Irene, C. Rijpstra, K. Van de Pas-Schoonen, M. J. Verbruggen, T. Hill, B. Moffett, J. Fuerst, S. Schouten, J. S. Sinninghe Damsté, J. Harris, P. Shaw, M. Jetten, and M. Strous. 2003. Candidatus "Scalindua brodae," sp. nov., Candidatus "Scalindua wagneri," sp. nov., two new species of anaerobic ammonium oxidizing bacteria. Syst. Appl. Microbiol. **26**: 529-538.

Seyfried, C. F., A. Hippen, C. Helmer, S. Kunst, and K. H. Rosenwinkel. 2001. One stage deammonification: nitrogen elimination at low costs. *Water. Sci. Technol,* **1**: 71-80.

Siegrist, H., S. Reithaar, G. Koch, and P. Lais. 1998. Nitrogen loss in a nitrifying rotating contactor treating ammonium-rich wastewater without organic carbon. *Water Sci. Technol,* **38**: 241-248.

Siegrist, H., D. Salzgeber, J. Eugster, and A. Joss. 2008. Anammox brings WWTP closer to energy autarky due to increased biogas production and reduced aeration energy for N-removal. *Water Sci. Technol.* **57**: 383-388.

Sin, G., D. Kaelin, M. J. Kampschreur, I Takacs, B. Wett, K. V. Gernaey, L. Rieger, H. Siegrist, and M. C. M. van Loosdrecht. 2008. Modelling nitrite in wastewater treatment systems: a discussion of different modelling concepts. *Water Sci. Technol.* **58**: 1155-1171.

Sliekers, A. O., N. Derwort, J. L. C. Gomez, M. Strous, J. G. Kuenen, and M. S. M. Jetten. 2002. Completely autotrophic nitrogen removal over nitrite in one single reactor. *Water Res.* **36**: 2475-2482.

Sliekers, A. O., S. Haijer, M. Schmid, H. Har-hangi, K. Verwegen, J. G. Kuenen, and M. S. M. Jetten. 2004. Nitrification and Anammox with urea as the energy source. *Syst. Appl. Microbiol.* **27**: 271-278.

Strous, M. 2000. Microbiology of anaerobic ammonium oxidation. PhD thesis. Delft University of

Technology, Delft, The Netherlands.

Strous, M., E. Van Gerven, J. G. Kuenen, and M. Jetten. 1997. Effects of aerobic and microaerobic conditions on anaerobic ammonium-oxidizing (Anammox) sludge. *Appl. Environ. Microbiol.* **63**: 2446-2448.

Strous, M., J. J. Heijnen, J. G. Kuenen, and M. S. M. Jetten. 1998. The sequencing batch reactor as a powerful tool for the study of slowly growing anaerobic ammonium-oxidizing microorganisms. *Appl. Microbiol. Biotechnol.* **50**: 589-596.

Strous, M., J. G. Kuenen, and M. S. M. Jetten. 1999. Key physiology of anaerobic ammonium oxidation. *Appl. Environ. Microbiol.* **65**: 3248-3250.

Syron, E., and E. Casey. 2008. Membrane-aerated biofilms for high rate biotreatment: performance appraisal, engineering principles, scale-up, and development requirements. *Environ. Sic. Technol.* **42**: 1833-1844.

Third, K. A., A. O. Sliekers, J. G. Kuenen, and M. S. M. Jetten. 2001. The CANON system (completely autotrophic nitrogen-removal over nitrite) under ammonium limitation: interaction and competition between three groups of bacteria. *Syst. Appl. Microbiol.* **24**: 588-596.

Third, K. A., J. Paxman, M. Schmid, M. Strous, M. S. M. Jetten, and R. Cord-Ruwisch. 2005. Enrichment of Anammox from activated sludge and its application in the CANON process. *Microb. Ecol.* **49**: 236-244.

Thöle, D., A. Cornelius, and K. -H. Rosenwinkel. 2005. Großtechnische Erfahrungen zur Deammonification von Schlammwasser auf der Kläranlage Hattingen. Full scale experiences with deammonification of sludge liquor at Hattingen wastewater treatment plant. *GWF, Wasser/Abwasser* **146**: 104-109.

Tokutomi, T., H. Yamauchi, S. Nishihara, M. Yoda, and W. R. Abma. 2007. Demonstration of full-scale Anammox process in Japan. 4th IWA Leading Edge Conference & Exhibition on Water and Wastewater Technologies, Singapore. (Proceedings CD.)

Trela, J., E. Plaza, B. Szatkowska, B. Hultman, J. Bosander, and A. -G. Dahlberg. 2004. Deammonifakation som en ny process for behandling av avloppsströmmar med hög kväivehalt. [Deammonification as a new process for treatment of wastewater with a high nitrogen content.] *Vatten* **60**: 119-127.

Tsushima, I., T. Kindaichi, and S. Okabe. 2007. Quantification of anaerobic ammonium-oxidizing bacteria in enrichment cultures by real-time PCR. *Water Res.* **41**: 785-794.

Van de Graaf, A. A., P. De Bruijn, L. A. Robertson, M. S. M. Jetten, and J. G. Kuenen. 1997. Metabolic pathway of anaerobic ammonium oxidation on the basis of ^{15}N studies in a fluidized bed reactor. *Microbiology* **143**: 2415-2421.

Van de Vossenberg, J., J. E. Rattray, W. Geerts, B. Kartal, L. Van Niftrik, E. G. Van Donselaar, J. S. S. Damsté, M. Strous, and M. S. M. Jetten. 2008. Enrichment and characterization of marine anammox bacteria associated with global nitrogen gas production. *Environ. Microbiol.* **10**: 3120 3129.

Van der Star, W. R. L., W. R. Abma, D. Blommers, J. W. Mulder, T. Tokutomi, M. Strous, C. Picioreanu, and M. C. M. Van Loosdrecht. 2007. Startup of reactors for anoxic ammonium oxidation: experiences from the first full-scale anammox reactor in Rotterdam. *Water Res.* **41**: 4149-4163.

Van der Star, W. R. L., W. R. Abma, D. Blommers, J. W. Mulder, T. Tokutomi, M. Strous, C. Picioreanu, and M. C. M. van Loosdrecht. 2008a. Startup of reactors for anoxic ammonium oxidation: experiences from the first full-scale anammox reactor in Rotterdam. *Water Res.* **42**: 1825-1826. [Erratum, Water Res. **41**: 18, 2007.]

Van der Star, W. R. L., A. I. Miclea, L. G. J. M. Van Dongen, G. Muyzer, C. Picioreanu, and M. C. M. Van Loosdrecht. 2008b. The membrane bioreactor: a novel tool to grow anammox bacteria as free cells. *Biotechnol. Bioeng.* **101**: 286-294.

Van Dongen, U., M. S. M. Jetten, and M. C. M. Vran Loosdrecht. 2001. The SHARON®-Anammox® process for treatment of ammonium rich wastewater. *Water Sci. Technol.* **44** (1): 153-160.

van Loosdrecht, M. C. M. 2008. innovative nitrogen removal, p. 139-153. In M. Henze. M. C. M. van Loosdrecht, G. Ekama, and D. Brdjanovic (ed.), *Biological Wastewater Treatment, Principles, Modelling and Design.* IWA Publishing, London, United Kingdom.

Van Loosdrecht, M. C. M, M. S. M. Jetten, and W Abma. 2001. Improving the sustainability of ammonium removal. *Water 21* **30**: 50-52.

Vlaeminck, S. E., L. F. F. Cloetens, M. Carballa, N. Boon, and W. Verstraete. 2008. Granular biomass capable of partial nitritation and ananunox. *Water Sci. Technol.* **58**: 1113-1120.

Vlaeminck, S. E, A. Terada, B. F. Smets, D. Van der Linden, N. Boon, W. Verstraete, and M. Carballa. 2009. Nitrogen removal from digested black water by one-stage partial nitritation and ananunox. *Environ. Sci. Technol.* **43**: 5035-5041.

Volcke, E. I. P., M. C. M. van Loosdrecht, and P. A. Vanrolleghem. 2006. Continuity-based model interfacing for plant-wide simulation: a general approach. *Water Res.* **40**: 2817-2828.

Walter, U, V Rekers, and M. Denecke. 2007. Betriebserfahrungen mit der Deammonifikation bei der biologischen Behandlung von Deponiesickerwasser. *Umweltmagazin* **37**: 14-16.

Weissenbacher, N., I. Tatacs, S. Murthy, M. Fuerhacker, and B. Wett. 2010. Gaseous nitrogen and carbon emissions from a full-scale deammonification plant. *Water Environ. Res.* **82**: 169-175.

Wett, B. 2006. Solved upscaling problems for implementing deammonification of rejection water. *Water Sci. Technol.* **53**: 121-128.

Wett, B., S. Murthy, I. Takács, M. Hell, G. Bowden, A. Deur, and M. O'Shaughnessy. 2007. Key parameters for control of demon deammonification process. p. 424-236. Proceedings CD of "Nutrient Removal 2007," Baltimore, MD.

Wicht, H., and M. Beier. 1995. N_2O emission aus nitrifizierenden und denitrificierenden Kläranlagen. [N_2O emission from nitrifying wastewater treatment plants.] *Korrespondenz Abwasser* **42**: 404-406, 411-413.

Wiesmann. U. 1994. Biological nitrogen removal from wastewater, p. 113-154. In A. Fiechter (ed.), *Advances in Biochemical Engineering/Biotechnology*, vol. 51. Springer-Verlag, Berlin, Germany.

Wilsenach, J., M. C. Schmid, and M. C. M. van Loosdrecht. 2006. Biological nitrogen removal from urine, p. 139-161. In J. Wilsenach (ed.), *Treatment of Source Separated Urine and Its Effects on Wastewater Systems.* Delft University of Technology, Delft. The Netherlands.

Wyffels, S., P. Boeckx, K. Pynaert, W. Verstraete, and O. Van Cleemput. 2003. Sustained nitrite accumulation in a membrane-assisted bioreactor (MBR) for the treatment of ammonium-rich wastewater. *J. Chem. Technol. Biotechnol.* **78**: 412-419.

Wyffels, S., P. Boeckx, K. Pynaert, D. Zhang, O. Van Cleemput, G. Chen, and W. Verstraete. 2004. Nitrogen removal from sludge reject water by a two-stage oxygen-limited autotrophic nitrification denitrification process. *Water Sci. Technol.* **49**: 57-64.

第五篇

第 11 章

Aamand, J., T. Ahl, and E. Spieck. 1996. Monoclonal antibodies recognizing nitrite oxidoreductase of *Ni-*

trobacter hamburgensis, *N. winogradskyi*, and *N. vulgaris*. *Appl. Environ. Microbiol.* **62**: 2352-2355.

Ahlers, B., W. Konig, and E. Bock. 1990. Nitrite reductase activity in *Nitrobacter vulgaris*. *FEMS Microbiol. Lett.* **67**: 121-126.

Alawi, M., A. Lipski, T. Sanders, E. M. Pfeiffer, and E. Spieck. 2007. Cultivation of a novel cold-adapted nitrite oxidizing betaproteobacterium from the Siberian Arctic. *ISME J.* **1**: 256-264.

Aleem, M. I. 1965. Path of carbon and assimilatory power in chemosynthetic bacteria. I. *Nitrobacter agilis*. *Biochim. Biophys. Acta.* **107**: 14-28.

Aleem, M. I. H., and D. L. Sewell. 1984. Oxidoreductase systems in *Nitrobacter agilis*. P. 185-210. In. W. R. Strohl and O. H Tuovinen (ed.), *Microbial Chemoautotrophy*. Ohio State University Press, Columbus, OH.

Aleem, M. I., G. E. Hoch, and J. E. Varner. 1965. Water as the source of oxidant and reductant in bacterial chemosynthesis. *Proc. Natl. Acad. Sci. USA* **54**: 869-873.

Arcondeguy, T., R. Jack, and M. Merrick. 2001. P (II) signal transduction proteins, pivotal players in microbial nitrogen control. *Microbiol. Mol. Biol. Rev.* **65**: 80-105.

Bartosch, S., I. Wolgast, E. Spieck, and E. Bock. 1999. Identification of nitrite oxidizing bacteria with monoclonal antibodies recognizing the nitrite oxidoreductase. *Appl. Environ. Microbiol.* **65**: 4126-4133.

Bartosch, S., C. Hartwig, E. Spieck, and E. Bock. 2002. Immunological detection of *Nitrospira*-like bacteria in various soils. *Microb. Ecol.* **43**: 26-33.

Beaumont, H. J., S. I. Lens, W. N. Reijnders, H. V. Westerhoff, and R. J. van Spanning. 2004. Expression of nitrite reductase in *Nitrosomonas europaea* involves NsrR, a novel nitrite-sensitive transcription repressor. *Mol. Microbiol.* **54**: 148-158.

Beaumont, H. J., S. I. Lens, H. V. Westerhoff, and R. J. van Spanning. 2005. Novel *nirK* cluster genes in *Nitrosomonas europaea* are required for NirK-dependent tolerance to nitrite. *J. Bacteriol.* **187**: 6849-6851.

Berks, B. C., S. J. Ferguson, J. W. Moir, and D. J. Richardson. 1995. Enzymes and associated electron transport systems that catalyse the respiratory reduction of nitrogen oxides and oxyanions. *Biochim. Biophys. Acta.* **1232**: 97-173.

Biedermann, M., and K. Westphal. 1979. Chemical composition and stability of Nb1-particles from *Nitrobacter agilis*. *Arch. Microbiol.* **121**: 187-191.

Bock, E. 1976. Growth of *Nitrobacter* in the presence of organic matter. II. Chemoorganotrophic growth of *Nitrobacter agilis*. *Arch. Microbiol.* **108**: 305-312.

Bock, E., H. Sundermeyer-Klinger, and E. Stackebrandt. 1983. New facultative lithoautotrophic nitrite-oxidizing bacteria. *Arch. Microbiol*, **136**: 281-284.

Bock, E., H. P. Koops, and H. Harms. 1986. Cell biology of nitrifiers, p. 17-38. In J. I Prosser (ed.), *Nitrification*. IRL, Oxford, United Kingdom.

Bock, E., P. A. Wilderer, and A. Freitag. 1988. Growth of *Nitrobacter* in the absence of dissolved oxygen. *Water Res.* **22**: 245-250.

Bock, E., H. P. Koops, U. C. Möler, and M. Rudert. 1990. A new facultatively nitrite oxidizing bacterium, *Nitrobacter vulgaris* sp. nov. *Arch. Microbiol.* **153**: 105-110.

Bock, E., H. P. Koops, H. Harms, and B. Ahlers. 1991. The biochemistry of nitrifying organisms, p. 171-200. In J. M. Shively and L. L. Barton (ed.), *Variations in Autotrophic Life*. Academic Press, San Diego, CA.

Booth, M. S., J. M. Stark, and E. Rastetter. 2005. Controls on nitrogen cycling in terrestrial ecosystems: a synthetic analysis of literature data. *Ecol. Monogr.* **75**: 139-157.

  Cantera, J. J., and L. Y. Stein. 2007a. Role of nitrite reductase in the ammonia-oxidizing pathway of *Nitrosomonas europaea*. *Arch. Microbiol.* **188**: 349-354.

  Cantera, J. J., and L. Y. Stein. 2007b. Molecular diversity of nitrite reductase genes (*nirK*) in nitrifying bacteria. *Environ. Microbiol* **9**: 765-776.

  Chaudhry, G. R., I Suzuki, and H Lees. 1980. Cytochrome oxidase of *Nitrobacter agilis*: isolation by hydrophobic interaction chromatography. *Can. J. Microbiol.* **26**: 1270-1274.

  Cobley, J. G. 1976a. Energy-conserving reactions in phosphorylating electron-transport particles from *Nitrobacter winogradskyi*. Activation of nitrite oxidation by the electrical component of the protonmotive force. *Biochem. J.* **156**: 481-491.

  Cobley, J. G. 1976b. Reduction of cytochromes by nitrite in electron-transport particles from *Nitrobacter winogradskyi*: proposal of a mechanism for H^+ translocation. *Biochem. J.* **156**: 493-498.

  Codd, G. A. 1988. Carboxysomes and ribulose bisphosphate carboxylase/oxygenase. *Adv. Microb. Physiol.* **29**: 115-164.

  Cot, S. S., A. K. So, and G. S. Espie. 2008. A multiprotein bicarbonate dehydration complex essential to carboxysome function in cyanobacteria. *J. Bacteriol.* **190**: 936-945.

  Daims, H., J. L. Nielsen, P. H. Nielsen, K. H. Schleifer, and M. Wagner. 2001. In situ characterization of *Nitrospira*-like nitrite-oxidizing bacteria active in wastewater treatment plants. *Appl. Environ. Microbiol.* **67**: 5273-5284.

  De Boer, W., and G. A. Kowalchuk. 2001. Nitrification in acid soils: miroorganisms and mechanisms. *Soil. Biol. Biochem.* **33**: 853-866.

  De Boer, W., P. J. Gunnewiek, M. Veenhuis, E. Bock, and H. T. Laanbroek. 1991. Nitrification at low pH by aggregated chemolithotrophic bacteria. *Appl. Environ. Microbiol.* **57**: 3600-3604.

  de la Torre, J. R., C. B. Walker, A. E. Ingalls, M. Konneke, and D. A. Stahl. 2008. Cultivation of a thermophilic ammonia oxidizing archaeon synthesizing crenarchaeol. *Environ. Microbiol.* **10**: 810-818.

  Delwiche, C. C, and M. S. Feinstein. 1965. Carbon and energy sources for the nitrifying autotroph *Nitrobacter*. *J. Bacteriol.* **60**: 102-107.

  Ehrich, S., D. Behrens, E. Lebedeva, W. Ludwig, and E. Bock. 1995. A new obligately chemolithoautotrophic, nitrite-oxidizing bacterium, *Nitrospira moscoviensis* sp. nov. and its phylogenetic relationship. *Arch. Microbiol.* **164**: 16-23.

  Freitag, A., and E. Bock. 1990. Energy conservation in *Nitrobacter*. *FEMS Microbiol. Lett.* **66**: 157-162.

  Freitag, A., M. Rudert, and E. Bock. 1987. Growth of *Nitrobacter* by dissimilatoric nitrate reduction. *FEMS Microbiol. Lett.* **48**: 105-109.

  Griffin, B. M., J. Schott, and B. Schink. 2007. Nitrite, an electron donor for anoxygenic photosynthesis. *Science* **316**: 1870.

  Hankinson, T. R., and E. L. Schmidt. 1988. An acidophilic and aneutrophilic *Nitrobacter* strain Isolated from the numerically predominant nitrite oxidizing population of an acid forest soil. *Appl. Environ. Microbiol.* **54**: 1536-1540.

  Harris, S., A. Ebert, E. Schutze, M. Diercks, E. Bock, and J. M. Shively. 1988. Two difierent genes and gene products for the large subunit of ribulose-1, 5-bisphosphate carboxylase/oxygenase (RuBisCoase) in *Nitrobacter hamburgensis*. *FEMS Microbiol. Lett.* **49**: 267-271.

  Hatzenpichler, R., E. V Lebedeva, E. Spieck, K. Stoecker, A. Richter, H. Daims, and M. Wagner.

2008. A moderately thermophilic ammonia-oxidizing crenarchaeote from a hot spring. *Proc. Natl. Acad. Sci. USA* **105**: 2134-2139.

Hollocher, T. C., S. Kumar, and D. J. Nicholas. 1982. Respiration-dependent proton translocation in *Nitrosomonas europaea* and its apparent absence in *Nitrobacter agilis* during inorganic oxidations. *J. Bacteriol.* **149**: 1013-1020.

Hooper, A. B., and A. A. DiSpirito. 1985. In bacteria which grow on simple reductants, generation of a proton gradient involves extracytoplasmic oxidation of substrate. *Micobiol. Rev.* **49**: 140-157.

Horikiri, S., Y. Aizawa, T. Kai, S. Amachi, H. Shinoyama, and T. Fujii. 2004. Electron acquisition system constructed from an NAD-independent D-lactate dehydrogenase and cytochrome c2 in *Rhodopseudomonas palustris* No. 7. *Biosci. Biotechnol. Biochem.* **68**: 516-522.

Ida, S., and M. Alexander. 1965. Permeability of *Nitrobacter agilis* to organic compounds. *J. Bacteriol.* **90**: 151-156.

Juretschko, S., G. Timmermann, M. Schmid, K. H. Schleifer, A. Pommerening-Roser, H. P. Koops, and M. Wagner. 1998. Combined molecular and conventional analyses of nitrifying bacterium diversity in activated sludge: *Nitrosococcus mobilis* and *Nitrospira-like* bacteria as dominant populations. *Appl. Environ. Microbiol.* **64**: 3042-3051.

King, G. M. 2006. Nitrate-dependent anaerobic carbon monoxide oxidation by aerobic CO-oxidizing bacteria. *FEMS Micrebiol. Ecol.* **56**: 1-7.

Kirstein, K., and E. Bock. 1993. Close genetic relationship between *Nitrobacter hamburgensis* nitrite oxidoreductase and *Escherichia coli* nitrate reductases. *Arch. Microbiol.* **160**: 447-453.

Kirstein, K. O., E. Bock, D. J. Miller, and D. J. D. Nicholas. 1986. Membrane-bound b-type cytochromes in *Nitrobacter*. *FEMS Microbiol. Lett.* **36**: 63-67.

Konneke, M., A. E. Bernhard, J. R. de la Torre, C. B. Walker, J. B. Waterbury, and D. A. Stahl. 2005. Isolation of an autotrophic ammonia-oxidizing marine archaeon. *Nature* **437**: 543-546.

Koops, H. -P., and A. Pommerening-Röser. 2001. Distribution and ecophysiology of the nitrifying bacteria emphasizing cultured species. *FEMS Microbiol. Ecol.* **37**: 1-9.

Kruger, B., O. Meyer, A. Nagel, J. R. Andreesen, M. Meincke, E. Bock, S. Blamle, and W. G. Zumft. 1987. Evidence for the presence of bactopterin in the eubacterial molybdoenzymes nicotinic acid dehydrogenase, nitrite oxidoreductase and respiratory nitrate reductase. *FEMS Microbiol. Leff.* **48**: 225-227.

Laanbroek, H. J., and S. Gerards. 1993. Competition for limiting amounts of oxygen between *Nitrosomonas europaea* and *Nitrobacter winogradskyi* grown in mixed continuous cultures. *Arch. Microbiol.* **159**: 453-459.

Laanbroek, H. J., P. Bodelier, and S. Gerards. 1994. Oxygen consumption kinetics of *Nitrorsomonas europaea*, and *Nitrobacter hamburgensis* growrn in mixed continuous cultures at different oxygen concentrations. *Arch. Microbiol.* **161**: 156-162.

Lebedeva, E. V., M. Alawi, C. Fiencke, B. Namsaraev, E. Bock, and E Spieck. 2005. Moderately thermophilic nitrifying bacteria from a hot spring of the Baikal rift zone. *FEMS Microbiol, Ecol.* **54**: 297-306.

Lebedeva, E. V., M. Alawi, F. Maixner, P. G. Jozsa, H. Daims, and E. Spieck. 2008. Physiological and phylogenetic characterization of a novel lithoautotrophic nitrite-oxidizing bacterium, '*Candidatus* Nitrospira bockiana.' *Int. J. Syst. Evol. Micrbiol.* **58**: 242-250.

Leininger, S., T. Urich, M. Schloter, L. Schwark, J. Qi, G. W. Nicol, J. I. Prosser, S. C. Schuster, and C. Schleper. 2006. Archaea predominate among ammonia-oxidizing prokaryotes in soils. *Nature.* **442**:

806-809.

Lipski, A., E. Spieck, A. Makolla, and K. Alten-dorf. 2001. Fatty acid profiles of nitrite-oxidizing bacteria reflect their phylogenetic heterogeneity. *Syst. Appl. Micrbiol.* **24**: 377-384.

Long, B. M., M. R. Badger, S. M. Whitney, and G. D. Price. 2007. Analysis of carboxysomes from *Synechococcus* PCC7942 reveals multiple Rubisco complexes with carboxysomal proteins CcmM and CcaA. *J. Biol. Chem.* **282**: 29323-29335.

Lorite, M. J., J. Tachil, J. Sanjuán, O. Meyer, and E. J. Bedmar. 2000. Carbon monoxide dehydrogenas activity in *Bradyrhizobium. japonicum. Appl. Environ. Microbiol.* **66**: 1871-1876.

Maixner, F, D. R. Noguera, B. Anneser, K. Stoecker, G. Wegl, M. Wagner, and H. Daims. 2006. Nitrite concentration influences the population structure of *Nitrospira*-like bacteria. *Environ. Microbiol.* **8**: 1487-1495.

Mathews, C. K., K. E. Van Holde, and K. G. Ahern. 2000. *Biochemistry.* 3rd ed. Benjamin Cummings, San Francisco, CA.

Meincke, M., E. Bock, D. Kastrau, and P. M. H. Kroneck. 1992. Nitrite oxidoreductase from *Nitrorbacter hamburgensis*: redox centers and their catalytic role. *Arch. Microbiol.* **158**: 127-131.

Moreno-Vivian, C., and S. J. Ferguson. 1998. Definition and distinction between assimilatory, dissimilatory and respiratory pathways. *Mol. Microbiol.* **29**: 661-669.

Moreno-Vivian, C., P. Cabello, M. MartinezLuque, R. Blasco, and F. Castillo. 1999. Prokaryotic nitrate reduction: molecular properties and functional distinction among bacterial nitrate reductases. *J. Bacteriol.* **181**: 6573-6584.

Nicol, G. W., S. Leininger, C. Schleper, and J. I Prosser. 2008. The influence of soil pH on the diversity, abundance and transcriptional activity of ammonia oxidizing archaea and bacteria. *Environ. Microbiol.* **10**: 2966-2978.

Nomoto, T., Y. Fukumori, and T. Yamanaka. 1993. Membrane-bound cytochrome c is an alternative electron donor for cytochrome aa3 in *Nitrobacter winogradskyi*. *J. Bacteriol.* **175**: 4400-4404.

Peters, K. R. 1974. Reconstruction of capside structures in isometrical viruses with an equidensities rotation method. [Author's translation.] *Mikroskopie* **30**: 270-280.

Poughon, L., C. G. Dussap, and J. B. Gros. 2001. Energy model and metabolic flux analysis for autotrophic nitrifiers. *Biotechnol. Bioeng.* **72**: 416-433.

Prosser, J. L 1989. Autotrophic nitrification in bacteria, p. 125-181., *In* A. H. Rose and J. F. Wilkinson (ed.), *Advances in Microbial Physiology.* Academic Press, London, United Kingdom.

Prosser, J. I., and G. W. Nicol. 2008. Relative contributions of archaea and bacteria to aerobic ammonia oxidation in the environment. *Environ. Microbiol.* **10**: 2931-2941.

Schmidt, L., R. J. van Spaaning, and M. S. Jetten. 2004. Denitrification and ammonia oxidation by *Nitrosomonas europaea* wild-type, and NirK and NorB-deficient mutants. *Microbiology* **150**: 4107-4114.

Schramm, A., D. de Beer, J. C. van den Heuvel, S. Ottengraf, and R. Amann. 1999. Microscale distribution of populations and activities of *Nitrosospire* and *Nitrwspira* spp. along a macroscale gradient in a nitrifying bioreactor: quantification by in situ hybridization and the use of microsensors. *Appl. Environ. Microbiol.* **65**: 3690-3696.

Seewaldt, E., K. H. Schleifer, E. Bock, and E. Stackebrandt. 1982. The close phylogenetic relationship of *Nitrobacter* and *Rhodopseudomonas palustris*. *Arch. Microbiol.* **131**: 287-290.

Shively, J. M, E. Bock, K. Westphal, and G. C. Cannon. 1977. Icosahedral inclusions (carboxysomes) of *Nitrobacter agilis*. *J. Bacteriol.* **132**: 673-675.

Smith, A. J., and D. S. Hoare. 1968. Acetate assimilation by *Nitrobacter agilis* in relation to its "obligate autotrophy." *J. Bacteriol.* **95**: 844-855.

Sone, N. 1986. Measurement of proton pump activity of the thermophilic bacterium PS3 and *Nitrobcter agilis* at the cytochrome oxidase level using total membrane and heptyl thioglucoside. *J. Biochem.* (Tokyo) **100**: 1465-1470.

Sone, N, Y. Yanagita, K. Hon-nami, Y. Fukumori, and T. Yamanaka. 1983. Proton pump activity of *Nitrobacter agilis* and *Thermus thermophilus* cytochrome c oxidase. *FEBS Lett.* **155**: 150-154.

Sorokin, D. Y., G. Muyzer, T. Brinkhoff, J. G. Kuenen, and M. S. Jetten. 1998. Isolation and characterization of a novel facultatively alkaliphilic *Nitrobacter* species, *N. alkalicus* sp. nov. *Arch. Microbiol.* **170**: 345-352.

Spieck, E., and E. Bock. 2005. The lithoautotrophic nitrite-oxidizing bacteria, p. 149-153. In D. J. Brenner, N. R. Krieg, and J. T. Staley (ed.), *Bergey's Manual of Systematic Bacteriology*, 2nd ed. Springer, NewYork, NY.

Spieck, E., J. Aamand, S. Bartosch, and E. Bock. 1996a. Immunocytochemical detection and location of the membrane-bound nitrite-oxidoreductase in cells of *Nitrobacter and Nitrospira*. *FEMS Microbiol. Lett.* **139**: 71-76.

Spieck, E., S. Muller, A. Engel, E. Mandelkow, H. Patel, and E. Bock. 1996b. Two-dimensional structure of membrane-bound nitrite oxidoreductase from *Nitrobacter hamburgensis*. *J. Struct. Biol.* **117**: 117-123.

Spieck, E., S. Ehrich, J. Aamand, and E. Bock. 1998. Isolation and immunocytochemical location of the nitrite-oxidizing system in *Nitrospira moscoviensis*. *Arch. Microbiol.* **169**: 225-230.

Spieck, E., C. Hartwig, I. McCormack, F. Maixner, M. Wagner, A. Lipski, and H. Daims. 2006. Selective enrichment and molecular characterization of a previously uncultured *Nitrospira-like* bacterium from activated sludge. *Environ. Microbiol.* **8**: 405-415.

Stark, J. M., and M. K. Firestone. 1996. Kinetic characteristics of ammonium oxidizer communities in a California oak woodland-annual grassland. *Soil Biol. Biochem.* **28**: 1307-1317.

Starkenburg, S. R., P. S. Chain, L. A. Sayavedra-Soto, L. Hauser, M. L. Land, F. W. Larimer, S. A. Malfatti, M. G. Klotz, P. J. Bottomley, D. J. Arp, and W. J. Hickey. 2006. Genome sequence of the chemolithoautotrophic nitrite-oxidizing bacterium *Nitrobacter winogradskyi* Nb-255. *Appl. Environ. Microbiol.* **72**: 2050-2063.

Starkenburg, S. R., D. J. Arp, and P. J. Bottomley. 2008a. D-Lactate metabolism and the obligate requirement for CO_2 during growth on nitrite by the facultative lithoautotroph *Nitrobacter hamburgensis*. *Microbiology* **154**: 2473-2481.

Starkenburg, S. R., D. J. Arp, and P. J. Bottomley. 2008b. Expression of a putative nitrite reductase and the reversible inhibition of nitrite dependent respiration by nitric oxide in *Nitrobacter winogradskyi* Nb-255. *Environ. Microbiol.* **10**: 3036-3042.

Starkenburg, S. R., F. W. Larimer, L. Y. Stein, M. G. Klotz, P. S. Chain, L. A. Sayavedra-Soto, A. T. Poret-Peterson, M. E. Gentry, D. J. Arp, B. Ward, and P. J. Bottomley. 2008c. Complete genome sequence of *Nitrobacter hamburgensis* X14 and comparative genomic analysis of species within the genus *Nitrobacter*. *Appl. Environ. Microbiol.* **74**: 2852-2863.

Steinmuller, W, and E. Bock. 1976. Growth of *Nitrobacter* in the presence of organic matter. I. Mixotrophic growth. *Arch. Microbiol.* **108**: 299-304.

Steinmuller, W., and E. Bock. 1977. Enzymatic studies on autotrophically, mixotrophically and heterotrophically grown *Nitrobacter agilis* with special reference to nitrite oxidase. *Arch. Microbiol.* **115**: 51-54.

Strous, M., E. Pelletier, S. Mangenot, T. Rattei, A. Lehner, M. W. Taylor, M. Horn, H. Daims, D. Bartol-Mavel, P. Wincker, V. Barbe, N. Fonknechten, D. Vallenet, B. Segurens, C. Schenowitz Truong, C. Medigue, A. Collingro, B. Snel, B. E. Dutilh, H. J. Op den Camp, C. van der Drift, I. Cirpus, K. T. van de Pas-Schoonen, H. R. Harhangi, L. van Niftrik, M. Schmid, J. Keltjens, J. van de Vossenberg, B. Kartal, H. Meier, D. Frishman, M. A. Huynen, H. W. Mewes, J. Weissenbach, M. S. Jetten, M. Wagner, and D. Le Paslier. 2006. Deciphering the evolution and metabolism of anammox bacterium from a community genome. *Nature* **440**: 790-794.

Sundermeyer-Klinger, H., W. Meyer, B. Warninghoff, and E. Bock. 1984. Membrane-bound nitrite-oxidoreductase of *Nitrobacter*. evidence for a nitrate reductase system. *Arch. Microbiol.* **140**: 153-158.

Tanaka, Y., Y. Fukumori, and T. Yamanaka. 1983. Purification of cytochrome alcl from *Nitrobacter agilis* and characterization of the nitrite oxidation system of the bacterium. *Arch. Microbiol.* **135**: 265-271.

Tavares, P., A. S. Pereira, J. J. Moura, and I Moura. 2006. Metalloenzymes of the denitrification pathway *J. lnorg. Biochem.* **100**: 2087-2100.

Teske, A., E. Alm, J. M. Regan, S. Toze, B. E. Rittmann, and D. A. Stahl. 1994. Evolutionary relationships among ammonia- and nitrite-oxidizing bacteria. *J. Bacteriol.* **176**: 6623-6630.

Trainer, M. A., and T. C. Charles. 2006. The role of PHB metabolism in the symbiosis of rhizobia with legumes. *Appl. Microbiol. Biotechnol.* **74**: 377-386.

Vanparys, B., P. Bodelier, and P. De Vos. 2006. Validation of the correct start codon of *norX/nxrX* and universality of the *norAXB/nxrAXB* gene cluster in Nitrobacter species. *Curr. Microbiol.* **53**: 255-257.

Watson, S. W., and J. B. Waterbury. 1971. Characteristics of two marine nitrite oxidizing bacteria, *Nitrospina gracilis* nov. gen. nov. sp. and *Nitrococcus mobilis* nov. gen. nov. sp. *Arch. Microbiol.* **77**: 203-230.

Watson, S. W., E. Bock. F. W. Valois, J. B. Waterbury, and U. Schlosser. 1986. *Nitrospira marina*, gen. nov. sp. nov.: a chemolithotrophic nitrite oxidizing bacterium. *Arch. Microbiol.* **144**: 1-7.

Watson, S. W., E. Bock, H. Harms, H. P. Koops, and A. B. Hooper. 1989. Nitrifying bacteria, p. 1808-1834. *In* J. T. Staley (ed.), *Bergey's Manual of Systematic Bacteriology*. Williams and Wilkins, Baltimore, MD.

Wetzstein, H. G., and S. J. Ferguson. 1985. Respiration dependent proton translocation and the mechanism of proton motive force generation in *Nitrobacter winogradskyi*. *FEMS Microbiol. Lett.* **30**: 87-92.

Wood, P. M. 1986. Nitrification as a bacterial energy source, p. 39-62. *In* J. I. Prosser (ed.), *Nitrification*. IRL Press, Washington, DC.

Wuchter, C., B. Abbas, M. J. Coolen, L. Herfort, J. van Bleijswijk, P. Timmers, M. Strous, E. Teira, G. J. Herndl, J. J. Middelburg, S. Schouten, and J. S. Sinninghe Damsté. 2006. Archaeal nitrification in the ocean. *Proc. Natl. Acad. Sci. USA* **103**: 12317-12322.

Yamanaka, T, and Y. Fukumori. 1988. The nitrite oxidizing system of *Nitrobacter winogradskyi*. *FEMS Microbiol. Rev.* **4**: 259-270.

Yamanaka, T., Y. Kamita, and Y. Fukumori. 1981. Molecular and enzymatic properties of "cytochrome aa3"-type terminal oxidase derived from *Nitrobacter agilis*. *J. Biodtem.* (Tokyo) **89**: 265-273.

Yeates, T. O., C. A. Kerfeld, S. Heinhorst, G. C. Cannon, and J. M. Shively. 2008. Protein-based organelles in bacteria: carboxysomes and related microcompartments. *Nat. Rev. Microbiol.* **6**: 681-691.

Zumft, W. G. 1997. Cell biology and molecular basis of denitrification. *Microbiol. Mol. Biol. Rev.*

61: 533-616.

第 12 章

Alawi, M., A. Lipski, T. Sanders, E. -M. Pfeiffer, and E. Spieck. 2007. Cultivation of a novel cold-adapted nitrite oxidizing betaproteobacterium from the Siberian Arctic. *ISME Journal* **1**: 256-264.

Amann, R. I., W. Ludwig, and K. -H. Schleifer. 1995. Phylogenetic identifycation and in situ detection of individual microbial cells without cultivation. *Microbiol. Rev.* **59**: 143-169.

Ashida, H., Y. Saito, C. Kojima, K. Kobayashi, N. Ogasawara, and A. Yokota. 2003. A functional link between RuBisCO-like protein of Bacillus and photosynthetic RuBisCO. *Science* **302**: 286-290.

Bartosch, S., C. Hartwig, E. Spieck, and E. Bock. 2002. Immunological detection of *Nitrospira*-like bacteria in various soils. *Microl. Ecol.* **43**: 26-33.

Berks, B. C., M. D. Page, D. J. Richardson, A. Reilly, A. Cavill, F. Outen, and S. J. Ferguson. 1995. Sequence analysis of subunits of the membrane-bound nitrate reductase from a denitrifying bacterium: the integral membrane subunit provides a prototype for the dihaem electron-carrying arm of a redox loop. *Mol. Microbiol.* **15**: 319-331.

Bever, J., A. Stein, and H. Teichmann (ed.). 1995. Weitergehende Alruasserrei-nigung. R. Oldenbourg Verlag, München, Germany.

Bock, E. 1976. Growth of Nitrobacter in the presence of organic matter. II. Chemo-organotrophic growth of Nitrobacter agilis. *Arch. Microbiol.* **108**: 305-312.

Bock, E., and M. Wagner. 2001. Oxidation of inorganic nitrogen compounds as an energy source, p. 457-495. In M. Dworkin, S. Falkow. E. Rosenberg. K. H. Schleifer, and E. Stackebrandt (ed.). The Prokaryotes: *a Handbook on the Biology of Bacteria*. 3rd ed. Springer Science+Business Media, New York. NY.

Bock, E., H. Sundermeyer-Klinger, and E. Stackebrandt. 1983. New facultative lithoautotrophic nitrite-oxidizing bacteria. *Arch. Microbiol.* **136**: 281-284.

Bock, E., H. -P. Koops, U C. Möller, and M. Rudert. 1990. A new facultatively nitrite oxidizing bacterium, Nitrobacter vulgaris sp. nov. Arch. *Microbiol.* **153**: 105-110.

Burrell, P. C., J. Keller, and L. L. Blackall. 1998. Microbiology of a nitrite-oxidizing bioreactor. Appl. Environ. *Microbiol.* **64**: 1878-1883.

Campbell, B. J., A. S. Engel, M. L. Porter, and K. Takai. 2006. The versatile epsilon-proteobacteria: key players in sulphidic habitats. *Nat. Rev. Microbiol.* **4**: 458-468.

Cebron, A., and J. Garnier. 2005. *Nitrobacter* and *Nitrospira* genera as representatives of nitrite-oxidizing bacteria: detection, quantification and growth along the lower Seine River (France), *WaterRes* **39**: 4979-4992.

Chain, P., J. Lamerdin, F. Larimer, W. Regala, V. Lao, M. Land, L. Hauser, A. Hooper, M. Klotz, J. Norton, L. Sayavedra-Soto, D. Arciero, N. Hommes, M. Whittaker, and D. Arp. 2003. Complete Genome Sequence of the Ammonia-Oxidizing Bacterium and Obligate Chemolithoautotroph *Nitrosomonas europaea*. *J. Bacteriol.* **185**: 2759-2773.

Coleman, M. L., M. B. Sullivan, A. C. Martiny, C. Steglich, K. Barry, E. F. Delong, and S. W. Chisholm. 2006. Genomic islands and the ecology and evolution of Prochlorococcus. *Science* **311**: 1768-1770.

Coskuner, G., and T. P. Curtis. 2002. In situ characterization of nitrifiers in an activated sludge plant: detection of Nitrobacter spp. *J. Appl. Microbiol.* **93**: 431-437.

Daims. H., J. L. Nielsen, P. H. Niclsen, K. H. Schleifer, and M. Wagner. 2001. In situ characterization of *Nitrospira*-like nitrite-oxidizing bacteria active in wastewater treatment plants. *Appl. Environ. Microbiol.* **67**: 5273-5284.

de la Torre, J. R., C. B. Walker, A. E. Ingalls, M. Konneke, and D. A. Stahl. 2008. Cultivation of a thermophilic ammonia oxidizing archaeon synthesizing crenarchaeo. *Erviron. Microbiol.* **10**: 810-818.

Downing, L. S., and R., Nerenberg. 2008. Effect of oxygen gradients on the activity and microbial community structure of a nitrifying, membraneaerated biofilm. *Biotechnol. Bioeng.* **101**: 1193-1204.

Ehrich, S., D. Behrens, E. Lebedeva, W. Ludwig, and E. Bock. 1995. A new obligately chemolithoautotrophic, nitrite-oxidizing bacterium, *Nitrospira moscoviensis* sp. nov. and its phylogenetic relationship. *Arch. Microbiol.* **164**: 16-23.

Evans, M. C., B. B. Buchanan, and D. I. Arnon. 1966. A new ferredoxin-dependent carbon reduction cycle in a photosynthetic bacterium. *Proc. Natl. Acad. Sci. USA* **55**: 928-934.

Fliermans, C. B., B. B. Bohlool, and E. L. Schmidt. 1974. Autecological Study of the Chemoautotroph *Nitrobacter* by Immunofluorescence. *Appl. Microbiol.* **27**: 124-129.

Freitag, T. E., L. Chang, C. D. Clegg, and J. I. Prosser. 2005. Influence of inorganic nitrogen management regime on the diversity of nitrite-oxidizing bacteria in agricultural grassland soils. *Appl. Erviron. Microbiol.* **71**: 8323-8334.

Gieseke, A., L. Bjerrum, M. Wagner, and R. Amann. 2003. Structure and activity of multiple nitrifying bacterial populations co-existing in a biofilm. *Environ. Microbiol.* **5**: 355-369.

Griffin, B. M., J. Schott, and B. Schink. 2007. Nitrite, an electron donor for anoxygenic photosynthesis. *Science* **316**: 1870.

Grundmann, G. L., and P. Normand. 2000. Microscale diversity of the genus Nitrobacter in soil on the basis of analysis of genes encoding rRNA. *Appl. Environ. Microbiol.* **66**: 4543-4546.

Grundmann, G. L., M. Neyra, and P. Normand. 2000. High-resolution phylogenetic analysis of NO_2^--oxidizing Nitrobacter species using the rrs-rrl IGS sequence and rrl genes. *Int. J. Syst. Evol. Microbiol.* **50**: 1893-1898.

Hankinson, T. R., and E. L. Schmid. 1988. An acidophilic and a neutrophilic nitrobacter strain isolated from the numerically predominant nitrite-oxidizing population of an acid forest soil. *Appl. Environ. Microbiol.* **54**: 1536-1540.

Hanson, T. E., and F. R. Tabita. 2001. A ribulose-1, 5-bisphosphate carboxylase/oxygenase (RubisCO)-like protein from Chlorobium tepidum that is involved with sulfur metabolism and the response to oxidative stress. *Proc. Natl. Acad. Sci. USA* **98**: 4397-4402.

Hatzenpichler, R., E. V. Lebedeva, E. Spieck, K. Stoecker, A. Richter, H. Daims, and M. Wagner. 2008. A moderately thermophilic ammonia-oxidizing crenarchaeote from a hot spring. *Proc. Natl. Acad. Sci. USA* **105**: 2134-2139.

Hentschel, U., J. Hopke, M. Horn, A. B. Friedrich, M. Wagner, J. Hacker, and B. S. Moore. 2002. Molecular evidence for a uniform microbial community in sponges from different oceans. *Appl. Environ. Microbiol.* **68**: 4431-4440.

Holmes, A. J., N. A. Tujula, M. Holley, A. Contos, J. M. James, P. Rogers, and M. R. Gllings. 2001. Phylogenetic structure of unusual aquatic microbial formations in Nullarbor caves, Australia. *Environ. Microbiol.* **3**: 256-264.

Hovanec, T. A., L. T. Taylor, A. Blakis, and E. E. DeLong. 1998. *Nitrospira*-like bacteria associated with nitrite oxidation in freshwater aquaria. *Appl. Environ. Microbiol.* **64**: 258-264.

Hügler, M., C. O. Wirsen, G. Fuchs, C. D. Taylor, and S. M. Sievert, 2005. Evidence for autotrophic CO_2 fixation via the reductive tricarboxylic acid cycle by members of the epsilon subdivision of proteobacteria. *J. Bacterial.* **187**: 3020-3027.

Hunik, J. H., H. J. G. Meijer, and J. Tramper. 1993. Kinetics of Nitrobacter agilis at extreme substrate, product and salt concentrations. *Appl. Microbiol. Biotech.* **40**: 442-448.

Hynes, R. K., and R. Knowles. 1983. Inhibition of chemoautotrophic nitrification by sodium chlorate and sodium chlorite: a reexamination. *Appl. Environ. Microbiol.* **45**: 1178-1182.

Juretschko, S., G. Timmermann, M. Schmid, K. -H. Schleifer, A. Pommerening-Roser, H. -P. Koops, and M. Wagner. 1998. Combined molecular and conventional analyses of nitrifying bacterium diversity in activated sludge: Nitrosococcus mobilis and *Nitrospira*-like bacteria as dominant populations. *Appl. Environ. Microbiol.* **64**: 3042-3051.

Kisker, C., H. Schindelin, D. Baas, J. Retey, R. U. Meckenstock, and P. M. Kroneck. 1998. A structural comparison of molybdenum cofactor-containing enzymes. *FEMS Microbiol. Rev.* **22**: 503-521.

Klotz, M. G., D. J. Arp, P. S. G. Chain, A. F. ElSheikh, L. J. Hauser, N. G. Hommes, F. W. Larimer, S. A. Malfatti, J. M. Norton A. T. Poret-Peterson, L. M. Vergez, and B. B. Ward. 2006. Complete genome sequence of the marine, chemolithoautotrophic, ammonia-oxidizing bacterium *Nitrosococcus oceani* ATCC 19707. *Appl. Environ. Microbiol.* **72**: 6299-6315.

Könneke, M., A. E. Bernhard, J. R. de la Torre, C. B. Walker, J. B. Waterbury, and D. A. Stahl. 2005. Isolation of an autotrophic ammonia-oxidizing marine archaeon. *Nature* **437**: 543-546.

Lebedeva, E. V, N. N. Lialikova, and l. l. Bugel'skii. 1978. Participation of nitrifying bacteria in the disintegration of serpentinous ultrabasic rock. *Mikrobiologiia* **47**: 1101-1107.

Lebedeva, E. V, M. Alawi, C. Fiencke, B. Namsaraev, E. Bock, and E. Spieck. 2005. Moderately thermophilic nitrifying bacteria from a hot spring of the Baikal rift zone. *FEMS Microbiol. Ecol.* **54**: 297-306.

Lebedeva, E. V, M. Alawi, F. Maixner, P. G. Jozsa, H. Daims, and E. Spieck. 2008. Physiological and phylogenetic characterization of a novel lithoautotrophic nitrite-oxidizing bacterium, "*Candidatus* Nitrospira bockiana" sp. nov. *Int. J. Syst. Evol. Microbiol.* **58**: 242-250.

Lees, H., and J. R. Simpson. 1957. The biochemistry of the nitrifying organisms. 5. Nitrite oxidation by Nitrobacter. *Biochem. J.* **65**: 297-305.

Lengeler, J. W., G. Drews, and H. G. Schlegel (ed.). 1999. *Biotogy of the Prokaryotes*. 1st ed. Georg Thieme Verlag, Stuttgart, Germany.

Maisner, F., D. R. Noguera, B. Anneser, K. Stoecker, G. Wegl, M. Wagner, and H. Daims. 2006. Nitrite concentration influences the population structure of *Nitrospira*-like bacteria. *Environ. Microbiol.* **8**: 1487-1495.

Maixner, F., M. Wagner, S. Lücker, E. Pelletier, S. Schmitz-Esser, K. Hace, E. Spieck, R. Konrat, D. Le Paslier, and H. Daims. 2008. Environmental genomics reveals a functional chlorite dismutase in the nitrite-oxidizing bacterium "*Candidatus* Nitrospira defluvii". *Environ. Microbiol.* **10**: 3043-3056.

Mansch, R., and E. Bock. 1998. Biodeterioration of natural stone with special reference to nitrifying bacteria. *Biodegradation* **9**: 47-64.

McDevitt, C. A., P. Hugenholtz, G. R. Hanson, and A. G. McEwan. 2002. Molecular analysis of dimethyl sulphide dehydrogenase from *Rhodovulum sulfidophilum*: its place in the dimethyl sulphoxide reductase family of microbial molybdopterin-containing enzymes. *Mol. Microbiol.* **44**: 1575-1587.

Mincer, T. J., M. J. Church, L. T. Taylor, C. Preston, D. M. Karl, and E. F. DeLong. 2007. Quantitative distribution of presumptive archaeal and bacterial nitrifiers in Monterey Bay and the North Pacific Subtropical Gyre. *Environ. Microbiol.* **9**: 1162-1175.

Mobarry, B. K., M. Wagner, V. Urbain, B. E. Rittmann, and D. A. Stahl. 1996. Phylogenetic probes for analyzing abundance and spatial organization of nitrifying bacteria. *Appl. Environ. Microbiol.* **62**: 2156-2162.

Navarro, E., M. P. Fernandez, F. Grimont, A. Claysjosserand, and R. Bardin. 1992a. Genomic heterogeneity of the genus nitrobacter. *Int. J. Syst. Bacteriol.* **42**: 554-560.

Navarro, E., P. Simonet, P. Normand, and R. Bardin. 1992b. Characterization of natural populations of *Nitrobacter* spp. using PCR/RFLP analysis of the ribosomal intergenic spacer. *Arch. Microbiol.* **157**: 107-115.

Nelson, D. H. 1931. Isolation and characterization of *Nitrosomonas* and *Nitrobacter*. *Zbl. Bakt*, *II*. *Abt.* **83**: 280-311.

Nogueira, R., and L. E Melo. 2006. Competition between *Nitrospira* spp. and *Nitrobacter* spp. in nitrite-oxidizing bioreactors. *Biotechnol. Bioeng.* **95**: 169-175.

Okabe, S., H. Satoh, and Y. Watanabe. 1999. In situ analysis of nitrifying biofilms as determined by in situ hybridization and the use of microelectrodes. *Appl. Environ. Microbiol.* **65**: 3182-3191.

Orso, S., M. Gouy, E. Navarro, and P. Normand. 1994. Molecular phylogenetic analysis of *Nitrobacter* spp. *Int. J. Syst. Bacteriol.* **44**: 83-86.

Pan, P. H. 1971. Lack of distinction between Nitro bacter agilis and *Nitrobacter winogradskyi*. *J. Bacteriol.* **108**: 1416-1418.

Park, H. D., and D. R. Noguera. 2008. *Nitrospira* community composition in nitrifying reactors operated with two different dissolved oxygen levels. *J. Microbiol. Biotechnol.* **18**: 1470-1474.

Poly, E, S. Wertz, E. Brothier, and V Degrange. 2008. First exploration of *Nitrobacter* diversity in soils by a PCR cloning-sequencing approach targeting functional gene nxrA. *FEMS Microbiol. Ecol.* **63**: 132-140.

Prosser, J. I. 1989. Autotrophic nitrification in bacteria. *Adv. Microb. Physiol.* **30**: 125-181.

Quail, M. A., P. Jordan, J. M. Grogan, J. N. Butt, M. Lutz, A. J. Thomson, S. C. Andrews, and J. R. Guest. 1996. Spectroscopic and voltammetric characterisation of the bacterioferritin-associated ferredoxin of *Escherichia coli*. *Biochem. Biophys. Res. Commun.* **229**: 635-642.

Regan, J. M., G. W. Harrington, H. Baribeau, R. De Leon, and D. R. Noguera. 2003. Diversity of nitrifying bacteria in full-scale chloraminated distribution system. *Water Res.* **37**: 197-205.

Reigstad, L. J. A. Richter. H. Daims, T. Urich, L. Schwark, and C. Schleper. 2008. Nitrification in terrestrial hot spring of Iceland and Kainchatka. *FEMS Microbiol. Ecol.* **64**: 167-174.

Rodrigue, A., A. Chanal. K. Beck, M. Muller, and L. F. Wu. 1999. Co-translocation of a periplasmic enzyme complex by a hitchhiker mechanism through the bacterial tat pathway. *J. Biol. Chem.* **274**: 13223-13228.

Rothery, R. A, G. J. Workun, and J. H. Weiner. 2008. The prokaryotic complex iron-sulfur molybdoenzyme family. *Biochim. Biophys. Acta.* **1778**: 1897-1929.

Schloss, P. D. and J. Handelsman. 2004. Status of the microbial census. *Microbiol. Mol. Biol. Rev.* **68**: 686-691.

Schramm. A. D. de Beer. M. Wagner. and R. Amann. 1998. Identification and activities in situ of *Nitrosospira* and *Nitrospira* spp. as dominant populations in a nitrifying fluidized bed reactor. *Appl. Environ. Microbiol.* **64**: 34180-3485.

Schramm, A., D. de Beer. J. C. van den Heuvel. S. Ottengraf. and R. Amann. 1999. Microscale distribution of populations and activities of *Nitrosospira* and *Nirrospira* spp. along a macroscale gradient in a nitrifying bioreactor: quantification by in situ hybridization and the use of microsensors. *Appl. Environ. Microbio.* **65**: 3690-3696.

Schramm. A. D. De Beer. A. Gieseke. and R. Amann. 2000. Microenvironments and distribution of nitrifying bacteria in a membrane-bound biofilm. *Eiron. Microbiol.* **2**: 680-686.

Seewaldt, E. K. H. Schleifer, E. Bock, and E. Stackerandt. 1982. The close phylogenetic relationship of *Nitrobacter* and *Rhodopseudomonas palustris*. *Arch. Microbiol.* **131**: 287-290.

Simmons. S. L. G. Dibartolo. V. Denef. D. S. Goltsman. M. P. Thelen. and. J. F. Banfield. 2008. Population genomic analysis of strain variation in *Leptospirilluw* group II bacteria involved in acid mine drainage formation. *PLOS Biol.* **6**: e177.

Sorokin. D. Y. G. Muvzer. T. Brinkhoff. J. G. Kuenen. and M. S. M. Jetten. 1998. Isolation and characterization of a novel facultatively alkaliphilic Nitrobacter species. *N. alkalicus sp. no. Arct. Micrail.* **170**: 345-352.

Spieck. E, J. Aamand, S. Bartosch. and E. Bock. 1996a. Immunocytochemical detection and location of the membrane-bound nitrite oxidoreductase in cells of *Nitrobacter* and *Nitrospira*. *FEMS Microbiol. Let.* **139**: 71-76.

Spieck. E. S. Müller, A. Engel, E. Mandelkow, H. Patel, and E. Bock. 1996b. Two-dimensional structure of membrane-bound nitrite oxidoreductase from *Nitroacter hamurgensis*. *J. Struct. Biol.* **117**: 117-123.

Spieck. E. S. Ehrich. J. Aamand, and E. Bock. 1998. Isolation and immunocytochemical location of the nitrite-oxidizing system in *Nitrosira moscoviensis*. *Arch. Microiol.* **169**: 225-230.

Spieck. E. C. Hartwig. I. Mccormack F. Maixner. M. Wagner, A. Lipski, and H. Daims. 2006. Selective enrichment and molecular characterization of a previously uncultured *Nitrospira*-like bacterium from activated sludge. *Environ. Micriol.* **8**: 405-415.

Spring. S. R. Amann. W. Ludwig. K. H. Schleifer. H. van Gemerden, and N. Petersen. 1993. Dominating role of an unusual magnetotactic bacterium in the microaerobic zone of a freshwater sediment. *Appl. Environ. Microbiol.* **59**: 2397-2103.

Stackebrandt. E. R. G. E. Murray, and H. G. Trüper. 1988. *Proteobacteria* classis nov., a name for the phylogenetic taxon that includes the "purple bacteria and their relatives". *Int. J. Syst. Bacteriol.* **38**: 321-325.

Stanley. P. M. and E. L. Schmidt. 1981. Serological diversity of *Nitrobacter* spp. form soil and aquatic habitats. *Appl. Environ. Microbiol.* **41**: 1069-1071.

Starkenburg. S. R. P. S. Chain. L. A. Savavedra-soto, L. Hauser. M. L. Land. F. W. Larimer. S. Malfatti, M. G. Klotz. P. J. Bottomley, D J Arp and W. J. Hickey. 2006. Genome sequence of the chemolithoautotrophic nitrite-oxidizing bacterium *Nitrobacter winogradskyi* Nb-255. *Appl. Environ. Microbiol.* **72**: 2050-2063.

Starkenburg. S. R. F. W. Larimer. L. Y. Stein. M. G. Klotz. P. S. Chain. L. A. T. Poret-peterson, M. E. Gentry, D. J. Arp. B. Ward, and P. J. Bottomley. 2008. Complete genome sequence of *Nitrobacter hamburgensis* X14 and comparative genomic analysis of species within the genus *Nitrobacter*. *Appl. Environ. Microiol.* **74**: 2852-2863.

Steger. D., P. Ettinger-Epstein, S. Whalan, U. Hentschel, R. de Nys. M. Wagner, and M. W. Taylor. 2008. Diversity and mode of transmission of ammonia-oxidizing archaea in marine sponges. *Environ. Micobol.* **10**: 1087-1094.

**Stein. L. Y. D. Arp. P. M. Berube, P. S. G. Chain, L. Hauser, M. S. M. Jetten. M. G. Klotz. F.

W. Larimer, J. M Norton. H J. M. Op den Camp. M. Shin and X. Wei 2007. Whole-genome analysis of the ammonia-oxidizing bacterium. *Nitrosomonas europha* C91: implications for niche adaptation. *Environ. Microbiol.* **9**: 2993-3007.

Steinmüller, W., and E. Bock. 1976. Growth of Nitrobacter in the presence of organic matter. I. Mixotrophic growth. *Arch Microbiol.* **108**: 299-304.

Strous, M., E. Pelletier, S. Mangenot, T. Rattei, A. Lehner, M. Taylor, M. Horn, H. Daims, D. Bartol-Mavel, P. Wincker, V. Barbe, N. Fonknechten, D. Vallenet, B. Segurens, C. Schenowitz-Truong, C. Medigue, A. Collingro, B. Snel, B, E. Dutilh, H. J. Op den Camp, C. van der Drift, I. Cirpus, K. T. van de Pas-Schoonen, H. R. Harhangi, L. van Niftrik, M. Schmid, J. Keltjens, J. van de Vossenberg, B. Kartal, H. Meier, D. Frishman, M. A. Huynen, H. W. Mewes, J. Weissenbach, M. S. Jetten, M. Wagner, and D. Le Paslier. 2006. Deciphering the evolution and metabolism of an anammox bacterium fron a community genome. *Nature* **440**: 790-794.

Sundermeyer-Klinger, H., W. Meyer, B. Warning hoff, and E. Bock. 1984. Membrane-bound nitrite oxidoreductase of *Nitrobacter*: evidence for a nitrate reductase system. *Arch. Microbiol.* **140**: 153-158.

Tanaka. Y., Y. Fukumori, and T. Yakamaka. 1983. Purification of cytochrome a_1c_1 from Nitrobacter agilis and characterization of nitrite oxidation system of the bacterium. *Arch. Microbiol.* **135**: 265-271.

Taylor, M. W, R. Radax, D. Steger, and M. Wagner. 2007. Sponge-associated microorganisms: evolution, ecology, and biotechnological potential. *Microbiol. Mol. Biol. Rev.* **71**: 295-347.

Teske, A., E. Alm, J. M. Regan, T. S., B. E. Ritt-mann, and D. A. Stahl. 1994. Evolutionary relationships among ammonia- and nitrite-oxidizing bacteria. *J. Bacterial.* **176**: 6623-6630.

Thorell, H. D., K. Stenklo, J. Karlsson, and T. Nilsson. 2003. A gene cluster for chlorate metabolism in *Ideonella dechloratans*. *Appl. Erviron. Microbiol.* **69**: 5585-5592.

van Ginkel, C. G., G. B. Rikken, A. G. Kroon, and S. W. Kengen. 1996. Purification and characterization of chlorite dismutase: a novel oxygen-generating enzyme. *Arch. Microbiol.* **166**: 321-326.

Vanparys, B., E. Spieck, K. Heylen, L. Wittebolle, J. Geets, N. Boon, and P. De Vos. 2007. The phylogeny of the genus *Nitrobacter* based on comparative rep-PCR, 16S rRNA and nitrite oxidoreductase gene sequence analysis. *Syst. Appl. Microbiol.* **30**: 297-308.

Wächtershauser, G. 1990. Evolution of the first metabolic cycles. *Proc. Natl. Acad. Sci. USA* **87**: 200-204.

Wagner, M., M. Horn, and H. Daims. 2003. Fluorescence in situ hybridisation for the identification and characterisation of prokaryotes. *Curr. Opin. Microbiol.* **6**: 302-309.

Wagner, M., G. Rath, H. -P. Koops, J. Flood, and R. Amann. 1996. In situ analysis of nitrifying bacteria in sewage treatment plants. *Water Sci. Tech.* **34**: 237-244.

Whtson, S. W. 1971. Taxonomic Considerations of the Family *Nitrobacteraceae* Buchanan. *Int. Syst. Bacteriol.* **21**: 254-270.

Watson, S. W., and J. B. Waterbury. 1971. Characteristics of two marine nitrite oxidizing bacteria, *Nitrospina gracilis* nov. gen. nov. sp. and *Nitrococcus mobilis* nov. gen. nov. sp. *Arch. Microbiol.* **77**: 203-230.

Watson, S. W., E. Bock, F. W. Valois, J. B. Water-bury, and U. Schlosser. 1986. *Nitrospira marina* gen. nov. sp. nov: a chemolithotrophic nitrite-oxidizing bacterium. *Arch. Microbiol.* **144**: 1-7.

Wertz, S. F. Poly, X. Le Roux, and V. Degrange. 2008. Development and application of a PCr-denaturing gradient gel electrophoresis tool to study the diversity of *Nitrobacter*-like nxrA sequences in soil. *FEMS Microbiol. Ecol.* **63**: 261-271.

Winogradsky, S. 1892. Contributions a la morphologie des organismes de la nitrification. *Arch. Sci. Biol.* (St. Petersburg). **1**: 88-137.

Window, C. E. A., J. Broadhurst, R. E. Buchanan, J. C. Krummwiede., L. A. Rogers, and G. H. Smith. 1917. The Families and Genera of the Bacteria: Preliminary Report of the Committee of the Society of American Bacteriologists on Characterization and Classification of Bacterial Types. *J. Bacteriol.* **2**: 505-566.

Woese, C. R., E. Stackebrandt, W. G. Weisburg, B. J. Paster, M. T. Madigan, V. J. Fowler, C. M. Hahn, P. Blanz, R. Gupta, K. H. Nealson, and G. E. Fox. 1984. The phylogeny of purple bacteria: the alpha subdivision. *Appl. Microbiol.* **5**: 315-326.

Yamamoto, M., H. Arai, M. Ishii, and Y. Igarashi. 2006. Role of two 2-oxoglutarate: ferredoxin oxidoreductases in Hydrogenobacter thermophilus under aerobic and anaerobic conditions. *FEMS Microbiol. Lett.* **263**: 189-193.

Zhang, C. L., Q. Ye, Z. Huang, W. Li, J. Chen, Z. Song, W. Zhao, C. Bagwell, W. P. Inskeep, C. Ross, L. Gao, J. Wiegel, C. S. Romanek, E. L. Shock, and B. P. Hedlund. 2008. Global occurrence of archaeal amoA genes in terrestrial hot springs. *Appl. Environ. Microbiol.* **74**: 6417-6426.

第六篇

第13章

Agogue, H., M. Brink, J. Dinasquet, and G. J. Herndl. 2008. Major gradients in putatively nitrifying and non-nitrifying Archaea in the deep North Atlantic. *Nature* **456**: 788-791.

Ando, Y., T. Nakagawa, R. Takahashi, K. Yosht-hara, and T. Tokuyama. 2009. Seasonal changes in abundance of ammonia-oxidizing archaea and ammonia-oxidizing bacteria and their nitrification in sand of an eelgrass zone. *Microb. Environ.* **24**: 21-27.

Bange, H. W., T. Rixen, A. M. Johansen, R. L. Siefert, R. Ramesh, V. Ittekkot, M. R. Hoffmann, and M. O. Andreae. 2000. A revised nitrogen budget for the Arabian Sea. *Glob, Biogeochem. Cycles* **14**: 1283-1297.

Bange, H. W., S. W. A. Naqvi, and L. A. Codis-poti. 2005. The nitrogen cycle in the Arabian Sea. *Progr. Oceanogr.* **65**: 145-158.

Bano, N., and J. T. Hollibaugh. 2000. Diversity and distribution of DNA sequences with affinity to ammonia-oxidizing bacteria of the beta subdivision of the class Proteobacteria in the Arctic Ocean. *Appl. Environ. Microbiol.* **66**: 1960-1969.

Beman, M. J., B. N. Popp, and C. A. Francis. 2008. Molecular and biogeochemical evidence for ammonia oxidation by marine Crenarchaeota in the Gulf of California. *ISME J.* **2**: 429-441.

Bender, M. L., K. A. Fanning, P. N. Froelich, and G. R. Heath. 1977. Interstitial nitrate profiles and oxidation of sedimentary organic matter in the eastern Equatorial Atlantic. *Science* **198**: 605-609.

Berelson, W. M. 2001. The flux of particulate organic carbon into the ocean interior: a comparison of four U. S. JGOFS regional studies. *Oceanography.* **14**: 59-67.

Bernhard, A. E., T. Donn, A. E. Giblin, and D. A. Stahl. 2005. Loss of diversity of ammonia, oxidizing bacteria correlates with increasing salinity in an estuary system. *Environ. Microbiol.* **7**: 1289-1297.

Bock, E., and M. Wagner. 2006. Oxidation of Inorganic Nitrogen Compounds as an Energy Source, p.

457-495. In M. Dowkin (ed.), The Prokaryotes: An Evolving Electronic Resource for the Microbiological Community. Springer Verlag, New York. NY.

Bock, E., I. Schmidt, R. Stuven, and D. Zart, 1995. Nitrogen loss caused by denitrifying *Nitrosomonas* cells using ammonium or hydrogen as electron donors and nitrite as electron acceptor. *Arch. Microbiol.* **163**: 16-20.

Caffrey, J. M., N. Bano, K. Kalanetra, and J. T. Hollibaugh. 2007. Ammonia oxidation and ammonia-oxidizing bacteria and archaea from estuaries with differing histories of hypoxia. *ISMEJ*. **1**: 660-662.

Cantera, J. J. L., and L. Y. Stein. 2007. Molecular diversity of nitrite reductase genes (nirK) in nitrifying bacteria. *Erviron. Microbiol.* **9**: 765-776.

Capone, D. G., D. A. Bronk, M. R. Mulholland, and E. J. Carpenter (ed.). 2008. *Nitrogen in the marine environment*, 2nd ed. Academic Press. Burl-ington, MA.

Carlucci, A. F., and P. M. McNally. 1969. Nitrification by marine bacteria in low concentrations of substrate and oxygen. *Limnol. Oceanogr.* **14**: 736.

Casciotti, K. L., and B. B. Ward. 2001. Nitrite reductase genes in ammonia-oxidizing bacteria. *Appl. Environ. Microbiol.* **67**: 2213-2221.

Casciotti, K. L., and B. B. Ward. 2005. Phylogenetic analysis of nitric oxide reductase gene homologues from aerobic ammonia-oxidizing bacteria. *FEMS Microbiol. Ecol.* **52**: 197-205.

Christian. J. R., M. R. Lewis, and D. M. Karl. 1997. Vertical fluxes of carbon, nitrogen, and phosphorus in the North Pacific Subtropical Gyre near Hawaii. *J. Geophys. Res.* **102**: 15667-15677.

Clark, D. R., A. P. Rees, and I. Joint. 2008. Ammonium regeneration and nitrification rates in the oligotrophic Atlantic Ocean: implications for new production estimates. *Limnol and Oceanogr.* **53**: 52-62.

Codispoti. L., J. Brandes, J. Christensen, A. Devol, S. Naqvi, H. Paerl, and T. Yoshinari. 2001. The oceanic fixed nitrogen and nitrous oxide budgets: Moving targets as we enter the anthropocene? *Sci. Marina* **65**: 85-105.

Cohen. Y., and L. I. Gordon. 1978. Nitrous oxide in the oxygen minimum of the eastern tropical North Pacific: evidence for its consumption during denitrification and possible mechanisms for its production. *Deep Sea Res.* **6**: 509-525.

Dalsgaard, T., D. E. Canfield, J. Petersen. B. Thamdrup, and J. Acuna-Gonzalez. 2003. N2 production by the anammox reaction in the anoxic water column of Golfo Dulce, Costa Rica. *Nature* **422**: 606-608.

De Corte, D., T. Yokokawa, M. M. Varela, H. Agogue, and G. J. Herndl. 2009. Spatial distribution of Bacteria and Archaea and amoA gene copy numbers throughout the water column of the Eastern Mediterranean Sea. *ISMEJ.* **3**: 147-158.

Delong. E. F. 1992. Archaea in coastal marine environments. *Proc. Nutl. Acad. Sci. USA* **89**: 5685-5689.

Devol, A. H. 2008. Denitrification, including Anammox, p. 263-301. In D. G. Capone, D. A. Bronk, M. R. Mulholland, and E. J. Carpenter (ed.), Nitrogen in the Marine Environment, 2nd ed. Academic Press, Burlington, MA.

Dore. J. E., and D. M. Karl. 1996. Nitrification in the euphotic zone as a source for nitrite, nitrate, and nitrous oxide at Station ALOHA. *Limnol. Oreanogr.* **41**: 1619-1628.

Dugdale, R. C., and J. J. Goering. 1967. Uptake of new and regenerated forms of nitrogen in primary productivity. *Limnol. Oceanogr.* **12**: 196-206.

Ehrich, S., D. Behrens, E. Lebedeva, W. Ludwig, and E. Bock. 1995. A new obligately chemolithoautotrophic, nitrite-oxidizing bacterium, *Nitrospira moscoviensis* sp. nov. and its phylogenetic relationship.

Arch. Microbiol. **164**: 16-23.

Eppley, R. W., and B. J. Peterson. 1979. Particulate or-ganic-matter flux and planktonic new production in the deep ocean. *Nature* **282**: 677-680.

Erguder, T. H., N. Boon, L. Wittebolle, M. Marzorati, and W. Verstracte. 2009. Environmental factors shaping the ecological niches of ammonia-oxidizing archaea. FEMS Microbiol. *Rev.* **33**: 855-869.

Fernandez, C., and P. Raimbault. 2007. Nitrogen regeneration in the NE Atlantic Ocean and its impact on seasonal new, regenerated and export production. *Mar. Ecol. Prog. Ser.* **337**: 79-92.

Francis, C. A., G. D. O'Mullan, and B. B. Ward. 2003. Diversity of ammonia monooxygenase (amoA) genes across environmental gradients in Chesapeake Bay sediments. *Geobiology* **1**: 129-140.

Francis, C. A., K. J. Roberts, M. J. Beman, A. E. Santoro, and B. B. Oakley. 2005. Ubiquity and diversity of ammonia-oxidizing archaea in water columns and sediments of the ocean. *Proc. Natl. Acad. Sci. USA* **102**: 14683-14688.

Fuhrman, J. A., K. McCallum, and A. A. Davis. 1992. Novel major archaebacterial group from marine plankton. *Nature* **356**: 148-149.

Gorean, T. J., W. A. Kaplan, S. C. Wofsy, M. B. McElroy, F. W. Valois, and S. W. Watson. 1980. Production of NO_2^- and N_2O by Nitrifying Bacteria at Reduced Concentrations of Oxygen. *Appl. Environ. Microbiol.* **40**: 526-532.

Guerrero, M. A., and R. D. Jones. 1996. Photoinhibition of marine nitrifying bacteria. I. Wavelength-dependent response. *Mar. Ecol. Prog. Ser.* **141**: 183-192.

Gundersen, K. 1966. The Growth and Respiration of Nitrosocystis Oceanus at Different Partial Pressures of Oxygen. *J. Gen. Microbiol.* **42**: 387-396.

Hallam, S. J., T. J. Mincer, C. Schleper, C. M. Preston, K. Roberts, P. M. Richardson, and E. F. DeLong. 2006. Pathways of Carbon Assimilation and Ammonia Oxidation Suggested by Environmental Genomic Analyses of Marine Crenarchaeota. *PloS Biol.* **4**: 520-536.

Hansman, R. L., S. Griffin, J. T. Watson, E. R. M. Drufrel, A. E. Ingalls, and A. Pearson. 2009. The radiocarbon signature of microorganisms in the mesopelagic ocean. *Pror. Natl. Acad. Sci. USA* **106**: 6513-6518.

Hemp, J., L. A. Pace, M. G. Klotz, L. Y. Stein, T. J. Martinez, and R. B. Gennis. 2008. Diversity of the heme-copper nitric oxide reductases: evidence for multiple independent origins. *Abstr. Am. Soc. Microbiol.* **108**: 462.

Hollibaugh, J. T., N. Bano, and H. W. Ducklow. 2002. Widespread distribution in polar oceans of a 16S rRNA gene sequence with affinity to Nitrosospira-like ammonia-oxidizing bacteria. *Appl. Environ. Microbiol.* **68**: 1478-1484.

Horrigan, S. G., A. F. Carlucci, and P. M. Wiliams. 1981. Light inhibition of nitrification in sea-surface films. *J. Mar. Res.* **39**: 557-565.

Ingalls, A. E., S. R. Shah, R. L. Hansman, L. I. Aluwihare, G. M. Santos, E. R. M. Druffel, and A. Pearson. 2006. Quantifying archaeal community autotrophy in the mesopelagic ocean using natural radiocarbon. *Proc. Natl. Acad. Sci. USA* **103**: 6442-6447.

Jensen, K. M., M. H. Jensen, and E. Kristensen. 1996. Nitrification and denitrification in Wadden Sea sediments (Knigshafen, Island of Sylt, Germany) as measured by nitrogen isotope pairing and isotope dilution. *Aquat. Microb. Ecol.* **11**: 181-191.

Jorgensen, K. S., H. B. Jensen, and J. Sorensen. 1984. Nitrous oxide production from nitrification and denitrification in marine sediment at low oxygen concentrations. *Gan. J. Microbiol.* **30**: 1073-1078.

Kalanetra, K. M., N. Bano, and J. T. Hollibaugh. 2009. Ammonia-oxidizing Archaea in the Arctic Ocean and Antarctic coastal waters. *Environ. Microbiol.* **11**: 2434-2445.

Karner, M. B., E. F. DeLong, and D. M. Karl. 2001. Archaeal dominance in the mesopelagic zone of the Pacific Ocean. *Nature* **409**: 507-5010.

Konneke, M., A. E. Berhnard., R. de la Torre, C. B. Walker, J. B. Waterbury, and D. A. Stahl. 2005. Isolation of an autotrophic ammonia-oxidizing marine archaeon. *Nature* **437**: 543-546.

Koops, H. P., U. Purkhold, A. Pommerening-Roser, G. Timmermann, and M. Wagner. 2006. The lithoautotrophic ammonia-oxidizing bacteria. p. 778-811. In M. Dworkin (ed). The Prokaryotes: An Evolving Electronic Resource for the Microbiological Community. Springer-Verlag, New York. NY.

Krishnan, K. P., S. O. Fernandes, P. A. L. Bharathi, L. K. Kumari, S. Nair, A. K. Pratihary, and B. R. Raa. 2008. Anoxia over the western continental shelf of India: Bacterial indications of intrinsic nitrification feeding denitrification. *Mar. Environ. Res.* **65**: 445-455.

Kuypers, M. M. M., A. O. Sliekers, G. Lavik, M. Schmid, B. B. Jorgensen, J. G. Kuenen, J. S. S. Damste, M. Strous, and M. S. M. Jetten. 2003. Anaerobic ammonium oxidation by anammox bacteria in the Black Sea. *Nature* **422**: 608-611.

Kuypers, M. M., G. Lavik, D. Woebken, M. Schmid, B. M. Fuchs, R. Amann, B. B. Jør-gensen, and M. S. M. Jetten. 2005. Massive nitrogen loss from the Benguela upwelling system through anaerobic ammonium oxidation. *Proc. Narl. Acad. Sci. USA* **102**: 6478-6483.

Laanbroek, H. J., P. L. E. Bodelier, and S. Gerards. 1994. Oxygen-consumption kinetics of Nitrosomonas europaea and Nitrobacter hamburgensis grown in mixed continuous cultures at different oxygen concentrations. *Arch. Microbiol.* **161**: 156-162.

Lam, P., J. P. Cowen, and R. D. Jones. 2004. Autotrophic ammonia oxidation in a deep-sea hydrothermal plume. *FEMS Microbiol. Ecol.* **47**: 191-206.

Lam, P, M. M. Jensen, G. Lavik, D. F. MeGinnis, B. Muller, C. J. Schubert, R. Amann, B. Thamdrup, and M. M. Kuypers. 2007. Linking crenarchaeal and bacterial nitrification to anammox in the Black Sea. *Proc. Natl. Acad. Sci. USA* **104**: 7104-7109.

Laursen, A. E., and S. P. Seitzinger. 2002. The role of denitrification in nitrogen removal and carbon mineralization in Mid-Atlantic Bight sediments. *Cont. Shelf Res.* **22**: 1397-1416.

Lilley, M., D. Butterfield, E. J. Olson, J. E. Lupton, S. A. Macko, and R. E. McDuff. 1993. Anomalous CH_4 and NH_4^+ concentrations at an unsedimented mid-ocean-ridge hydrothermal. *Nature* **364**: 45-47.

Lipschultz, F., O. C. Zafiriou, S. C. Wofsy, M. B. Melroy, F. W. Valois, and S. W. Watson. 1981. Production of NO and N_2O by soil nitrifying bacteria. *Nature* **294**: 641-643.

Lipschultz, F., S. C. Wofsy, B. B. Ward, L. A. Codis-poti, G. J. W. Friedrich, and J. W. Elkins. 1990. Bacterial transformations of inorganic nitrogen in the oxygen-deficient waters of the Eastern Tropical South Pacific Ocean. *Deep Sea Res.* **37**: 1513-1541.

Lomas, M. W., and F. Lipschultz. 2006. Forming the primary nitrite maximum: Nitrifiers or phytoplankton? *Limnol. Oceanogr.* **51**: 2453-2467.

Martens-Habbena, W. P. M. Berube, H. Urakawa, J. R. de la Torre and D. A. Stahl. 2009. Ammonia oxidation kinetics determine niche separation of nitrifying Archaea and Bacteria. *Nature* **461**: 976-979.

Martin, J. H., G. A. Knauer, D. M. Karl, and W. W. Broenkow. 1987. VERTEX: carbon cycling in the northeast Pacific. *Deep Sea Res. Part A* **34**: 267-285.

Meyer, R. L., D. E. Allen, and S. Schmidt. 2008. Nitrification and denitrification as sources of sediment nitrous oxide production: A microsensor approach. *Mar. Chem.* **110**: 68-76.

Mincer, T. J., M. J. Church, L. T. Taylor, C. Preston, D. M. Kar, and E. F. DeLong. 2007. Quantitative distribution of presumptive archaeal and bacterial nitrifiers in Monterey Bay and the North Pacific Subtropical Gyre. *Environ. Microbiol.* **9**: 1162-1175.

Molina, V., O. Ulloa, L. Farias, H. Urrutia, S. Ramirez, P. Junier, and K. P. Witzel. 2007. Ammonia-oxidizing beta-proteobacteria from the oxygen minimum zone off northern Chile. *Appl. Erviron. Microbiol.* **73**: 3547-3555.

Morris, R. M., M. S. Rappe, S. A. Connon, K. L. Vergin, W. A. Siebold, C. A. Carlson, and S. J. Giovannoni. 2002. SAR11 clade dominates ocean surface bacterioplankton communities. *Nature* **420**: 806-810.

Mosier, A. C., and C. A. Francis. 2008. Relative abundance and diversity of ammonia-oxidizing archaea and bacteria in the San Francisco Bay estuary. *Environ. Microbiol.* **10**: 3002-3016.

Mulder, A., A. A. van de Graaf, L. A. Robertson, and J. G. Kuenen. 1995. Anaerobic ammonium oxidation discovered in a denitrifying fluidized bed reactor. *FEMS Microbiol Ecol.* **16**: 177-183.

Muller-Neugluck, M., and H. Engel. 1961. Photoinaktivierung von Nitrobacter winogmdskyi Buch. *Arch. Microbiol.* **39**: 130-138.

Nevison, C., J. H. Butler, and J. W. Elkins. 2003. Global distribution of N_2O and the ΔN_2O-AOU yield in the subsurface ocean. *Glob. Biogeochem. Cycles* **17**: 1119.

O'Mullan, G. D., and B. B. Ward. 2005. Relationship of Temporal and Spatial Variabilities of Ammonia-Oxidizing Bacteria to Nitrification Rates in Monterey Bay, California. *Appl. Environ. Microbiol.* **71**: 697-705.

Olson, R. J. 1981a. ^{15}N tracer studies of the Primary nitrite maximum. *J. Mar. Res* **39**: 203-226.

Olson, R. J. 1981b. Differential photoinhibition of marine nitrifying bacteria: A possible mechanism for the formation of the primary nitrite maximum. *J. Mar. Res.* **39**: 227-238.

Ouverney, C. C., and J. A. Fuhrman. 2000. Marine Planktonic Archaea Take Up Amino Acids. *Appl. Environ. Microbiol.* **66**: 4829.

Prosser, J. I., and G. W. Nicol. 2008. Relative contribution of archaea and bacteria to aerobic ammonia oxidation in the environment. *Environ. Microbiol.* **10**: 2931-2941.

Purkhold, U., M. Wagner, B. Timmermann, A. Pommerening-Roser, and H. -P. Koops. 2003. 16S rRNA and *amo*A-based phylogeny of 12 novel betaproteobacterial ammonia-oxidizing isolates: extension of the dataset and proposal of a new lineage within the nitrosomonads. *Int. J. Syst. Evol. Microbiol.* **53**: 1485-1494.

Revsbech, N. P., N. Risgaard-Petersen, A. Sclramm, and L. P. Nielsen. 2006. Nitrogen transformations in stratified aquatic microbial ecosystems. *Antonie Van Leeuuenhoek Int. J. Gen. Mol. Microbiol.* **90**: 361 375.

Revsbech, N. P., L. H. Larsen, J. Gundersen, T. Dalsgaard, O. Ulloa, and B. Thamdrup. 2009. Determination of ultra-low oxygen concentrations in oxygen minimum zones by the STOX sensor. *Oceanogr. Methods* **7**: 371-381.

Richards, F. A. 1965. Anoxic basins and fiords, p. 611-645, *In* J. P. Riley and G. Skirrow (ed.), Chemical Oceanography, vol. 1. Academic Press, London, United Kingdom.

Richards, F. A., and W. W. Broenkow. 1971. Chemical changes, including nitrate reduction, in darwin bay, galapagos archipelago, over a 2-month period, 19691. *Limnol. Oceanogr.* **16**: 758.

Santinelli, C., B. B. Manca, G. P. Gasparini, L. Nannicini, and A. Seritti. 2006. Vertical distribution of dissolved organic carbon (DOC) in the Mediterranean Sea. *Clim. Res.* **31**: 205-216.

Schleper, C., G. Jurgens, and M. Jonuscheit. 2005. Genomic studies of uncultivated Archaca. *Nat. Rev. Microbiol.* **3**: 479-488.

Shaw, L. J., G. W. Nicol, Z. Smith, J. Fear, J. I. Prosser, and E. M. Baggs. 2006. Nitrosospira spp. can produce nitrous oxide via a nitrifier denitrification pathway. *Environ. Microbiol.* **8**: 214-222.

Sheridan, C. C., C. Lee, S. G. Wakeham, and J. K. B. Bishop. 2002. Suspended particle organic composition and cycling in surface and midwaters of the equatorial Pacific Ocean. *Deep Sea Res., Part I* **49**: 1983-2008.

Sliekers, A. O., K. A. Third, W. Abma, J. G. Kuenen, and M. S. M. Jetten. 2003. CANON and Anammox in a gas-lift reactor. *FEMS Microbiol. Lett* **218**: 339-344.

Smith, A. J., and D. S. Hoare. 1968. Acetate assimilation by Nitrobacter agilis in relation to its "obligate autotrophy." *J. Bacteriol.* **95**: 844.

Smith, Z, A. McCaig, J. Stephen, T. Embley, and J. L. Prosser. 2001. Species Diversity of Uncultured and Cultured Populations of Soil and Marine Ammonia Oxidizing Bacteria. *Microb. Ecol.* **42**: 228-237.

Starkenburg, S. R., P. S. G. Chain, L. A. Sayavedra-Soto, L. Hauser, M. L. Land, F. W. Larimer, S. A. Malfatti, M. G. Klotz, P. J. Bottomley, D. J. Arp, and W. J. Hickey. 2006. Genome Sequence of the Chemolithoautotrophic Nitrite-Oxidizing Bacterium Nitrobacter winogradskyi Nb-255. *Appl. Environ. Microbiol.* **72**: 2050-2063.

Starkenburg, S. R., F. W. Larimer, L. Y. Stein, M. G. Klotz, P. S. G. Chain, L. A. Sayavedra-Soto, A. T. Poret-Peterson, M. E. Gentry, D. J. Arp, B. Ward, and P. J. Bottomley. 2008. Complete Genome Sequence of Nitrobacter hamburgensis X14 and Comparative Genomic Analysis of Species within the Genus Nitrobacter. *Appl. Environ. Microbiol.* **74**: 2852-2863.

Steinberg, D. K., S. A. Goldthwait, and D. A. Hansell. 2002. Zooplankton vertical migration and the active transport of dissolved organic and inorganic nitrogen in the Sargasso Sea. *Deep Sea Res. Part I* **49**: 1445-1461.

Stephen, J. R., A. E. McCaig, Z. Smith, J. I. Prosser, and T. M. Embley. 1996. Molecular diversity of soil and marine 16S rRNA gene sequences related to beta-subgroup ammonia-oxidizing bacteria. *Appl. Environ. Microbiol.* **62**: 4147-4154.

Suess, E. 1980. Particulate organic-carbon flux in the oceans-surface productivity and oxygen utilization. *Nature* **288**: 260-263.

Suntharalingam, P. and J. L. Sarmiento. 2000. Factors governing the oceanic nitrous oxide distribution: Simulations with an ocean general circulation model. *Glob. Biogeochem. Cycles* **14**: 429-454.

Sutka, R. L., N. E. Ostrom, P. H. Ostrom, and M. S. Phanikumar. 2004. Stable nitrogen isotope dynamics of dissolved nitrate in a transect from the North Pacific Subtropical Gyre to the Eastern Tropical North Pacific. *Geochim. Cosmochim. Acta* **68**: 517-527.

Teira, E., P. Lebaron, H. van Aken, and G. J. Herndl. 2006. Distribution and activity of Bacteria and Archaea in the deep-water masses of the North Atlantic. *Linmol. Oceanogr* **51**: 2131-2144.

Teske, A., E. Aim, J. M. Regan, S. Toze, B. E. Rit-tmann, and D. A. Stahl. 1994. Evolutionary relationships among ammonia- and nitrite-oxidizing bacteria. *J. Bacteriol.* **176**: 6623-6630.

Treusch, A. H., S. Leininger, A. Kletzin, S. C. Schuster., H. P. Klenk, and C. Schleper. 2005. Novel genes for nitrite reductase and Amo-related proteins indicate a role of uncultivated mesophilic crenarchaeota in nitrogen cycling. *Environ. Microbiol.* **7**: 1985-1995.

Usui, T., I. Koike, and N. Ogura. 2001. N_2O Production, Nitrification and Denitrification in an Estuarine Sediment. *Estuar. Coast. Shelf Sci.* **52**: 769-781.

van de Graaf, A. A., A. Mulder, P. Debruijn, M. S. M. Jetten, L. A. Robertson, and J. G. Kuenen. 1995. Anaerobic oxidation of ammonium is abiologically mediated process. *Appl. Environ, Microbiol.* **61**: 1246-1251.

Venter, C. J., K. Remington, J. F. Heidelberg, A. L. Halpern, D. Rusch, J. A. Eisen, D. Wu. 1. Paulsen, K. E. Nelson, W. Nelson, D. E. Fouts, S. Levy, A. H. Knap, M. W. Lomas, K. Nealson, O. White, J. Peterson, J. Hoffman, R. Parsons, H. BaderrTillson, C. Pfannkoch, Y. -H. Rogers, and H. O. Smith. 2004. Environmental Genome Shotgun Sequencing of the Sargasso Sea. *Science* **304**: 66-74.

Voss, MM., J. W. Dippner, and J. P. Montoya. 2001. Nitrogen isotope patterns in the oxygen-deficient waters of the Eastern Tropical North Pacific Ocean. *Deep Sea Res., Part*, **48**: 1905-1921.

Wakeham, S. G., C. Lee, J. I. Hedges, P. J. Hernes, and M. L. Peterson. 1997. Molecular indicators of diagenetic status in marine organic matter. *Geochim. Cosmochim. Acta* **61**: 5363-5369.

Wankel, S. D., C. Kendall, J. T. Pennington, F. P. Chavez, and A. Paytan. 2007. Nitrification in the euphotic zone as evidenced by nitrate dual isotopic composition: Observations from Monterey Bay, California. *Glob. Biogeochem. Cycles*21···.

Ward, B. B. 1987a. Kinetic studies on ammonia and methane oxidation by *Nitrosococcus oceanus*. *Arch. Microbiol.* **147**: 126-133.

Ward, B. B. 1987b. Nitrogen transformations in the Southern California Bight. *Deep Sea Res.* **34**: 785-805.

Ward, B. B. 2005a. Molecular approaches to marine microbial ecology and the marine nitrogen cycle. *Anmu. Rev. Earth Planet. Sci.* **33**: 301-333.

Ward, B. B. 2005b. Temporal variability in nitrification rates and related biogeochemical factors in Monterey Bay, California. *USA. Mar. Ecol. Prog. Ser.* **292**: 97-109.

Ward, B. B. 2008. Nitrification in marine systems, p. 199-261. *In* D. G. Capone, D. A. Bronk, M. R. Mulholland, and E. J. Carpenter (ed.), *Nitrogen in the Marine Environment*, 2nd ed. Academic Press. Burlington, MA.

Ward, B. B., and K. Kilpatrick. 1990. Relationship between substrate concentration and oxidation of ammonium and methane in a stratified water column. *Cont. Shelf Res.* **10**: 1193-1208.

Ward, B. B., and G. D. O'Mullan. 2002. Worldwide Distribution of Nitrosococcus oceani, a Marine Ammonia-Oxidizing γ-Proteobacterium, Detected by PCR and Sequencing of 16S rRNA and amoA Genes. *Appl. Environ. Microbiol.* **68**: 4135-4157.

Ward, B. B., and O. C. Zafiriou. 1988. Nitrification and nitric oxide in the oxygen minimum of the eastern tropical North Pacific. *Deep Sea Res.* **35**: 1127-1142.

Ward, B. B., M. C. Talbot, and M. J. Perry. 1984. Contributions of phytoplankton and nitrifying bacteria to ammonium and nitrite dynamics in coastal water. *Cont. Shelf Res.* **3**: 383-398.

Ward, B. B., K. A. Kilpatrick, E. Renger, and R. W. Eppley. 1989. Biological nitrogen cycling in the nitracline. *Limnol. Ocranogr.* **34**: 493-513.

Watson, S. W, and J. B. Waterbury. 1971. Characteristics of two marine nitrite oxidizing bacteria, *Nitrospina gracilis* nov. gen. nov. sp. and *Nitrococcus mobilis* nov. gen. nov. sp. *Arch. Microbiol.* **77**: 203-230.

Watson, S. W. E. Bock, F. W. Valois, J. B. Wate-bury, and U. Schlosser. 1986. *Nitrospira marina* gen. nov. sp. nov.: a chemolithotrophic nitrite-oxidizing bacterium. *Arch. Microbiol.* **144**: 1-7.

Woese, C. R., L. J. Magrum, and G. E. Fox. 1978. Archacbacteria. *J. Mol. Evol.* **11**: 245-252.

**Wuchter, C., B. Abbas, M. J. L. Coolen, L. Herfort, J. van Bleijswijk, P. Timmers, M. Strous, E.

Teira, G. H. Herndl, J. J. Middelburg, S. Schouten, and J. S. S. Damste. 2006. Archaeal nitrification in the ocean. *Proc. Narl. Acad. Sci. USA* **103**: 12317-12322.

Yakimov, M. M., V. La Cono, and R. Denaro. 2009. A first insight into the occurrence and expression of functional amoA and accA genes of autotrophic and ammonia-oxidizing bathypelagic Crenarchaeota of Tyrrhenian Sea. *Deep Sea Res. Part li* **56**: 748-754.

Yool, A., A. P. Martin, C. Fernandez, and D. R. Clark. 2007. The significance of nitrification for oceanic new production. *Nature* **447**: 999-1002.

Zart, D., and E. Bock. 1998. High rate of aerobic nitrification and denitrification by Nitrosomonas eutropha grown in a fermentor with complete biomass retention in the presence of gaseous NO_2 or NO. *Arch. Microbiol.* **169**: 282-286.

第 14 章

Aakra, A., M. Hesselsoe, and L. R. Bakken. 2000. Surface attachment of ammonia-oxidizing bacteria in soil. *Microb. Ecol.* **39**: 222-235.

Aakra, A., J. B. Utåker, and L. F. Nes. 2001. Comparative phylogeny of the ammonia mono-oxygenase subunit A and 16S rRNA genes of ammonia-oxidizing bacteria. *FEMS Microbiol. Lett.* **205**: 237-242.

Allison, S. M., and J. I. Prosser. 1991a. Survival of ammonia oxidizing bacteria in air-dried soil. *FEMS Microbiol. Lett.* **79**: 65-68.

Allison, S. M., and J. I. Prosser. 1991b. Urease activity in neutrophilic autotrophic ammonia-oxidizing bacteria isolated from acid soils. *Soil. Biol. Fertil.* **23**: 45-51.

Allison, S. M., and J. I. Prosser. 1993. Ammonia oxidation at low pH by attached populations of nitrifying bacteria. *Soil Biol. Biochem.* **25**: 935-941.

Armstrong, E. F., and J. I. Prosser. 1988. Growth of *Nitrosomonas europaea* on ammonia-treated vermiculite. *Soil Biol. Biochem.* **20**: 409-411.

Arp, D. J., and L. Y. Stein. 2003. Metabolism of inorganic N compounds by ammonia-oxidizing bacteria. *Crit. Rev. Biochem. Mol. Biol.* **38**: 471-495.

Avrahami, S., and B. J. M. Bohannan. 2007. Response of *Nitrosospira sp.* strain AF-like ammonia oxidizers to changes in temperature, soil moisture content, and fertilizer concentration. *Appl. Environ. Microbiol.* **73**: 1166-1173.

Avrahami, S., and R. Conrad. 2003. Patterns of community change among ammonia oxidizers in meadow soils upon long-term incubation at different temperatures. *Appl. Environ. Microbiol.* **69**: 6152-6164.

Avrahami, S., and R. Conrad. 2005. Cold-temperate climate: a factor for selection of ammonia oxidizers in upland soil? *Can. J. Microbiol.* **51**: 709-714.

Avrahami, S., R. Conrad, and G. Braker. 2002. Effect of soil ammonium concentration on N_2O release and on the community structure of ammonia oxidizers and denitrifiers. *Appl. Environ. Microbiol.* **68**: 5685-5692.

Avraharmi, S., W. Liesack, and R. Conrad. 2003. Effects of temperature and fertilizer on activity and community structure of soil ammonia oxidizers. *Environ. Microbiol.* **5**: 691-705.

Backman, J. S. K., A. Hermansson, C. C. Tebbe, and P. E. Lindgren. 2003. Liming induces growth of a diverse flora of ammonia-oxidizing bacteria in acid spruce forest soil as determined by SSCP and DGGE. *Soil Biol. Biochem.* **35**: 1337-1347.

Bäckman, J. S. K., A. K. Klemedtsson, L. Klemedtsson, and P. E. Lindgren. 2004. Clearcutting affects the ammonia-oxidizing community differently in limed and non-limed coniferous forest soils. *Biol. Fertil. *Soils* **40**: 260-267.

Baker-Austin, C., and M. Dopson. 2007. Life in acid: pH homeostasis in acidophiles. *Trends Microbiol.* **15**: 165-171.

Barnard, R., L Barthes, X. Le Roux, and P. W. Leadley. 2004. Dynamics of nitrifying activities, denitrifying activities, and nitrogen in grassland mesocosms as altered by elevated CO_2. *New Phytol.* **162**: 365-376.

Barnard, R., X Le Roux, B. A. Hungate, E. E. Cleland, J. C. Blankinship, L. Barthes, and P. W. Leadley. 2006. Several components of global change alter nitrifying and denitrifying activities in an annual grassland. *Funct. Ecol.* **20**: 557-564.

Batchelor, S. E., M. Cooper, S. R. Chhabra, L. A. Glover, G. S. A. B. Stewart, P. Williams, and J. I. Prosser. 1997. Cell density-regulated recovery of starved biofilm populations of ammonia-oxidizing bacteria. *Appl. Environ. Microbiol.* **63**: 2281-2286.

Bollmann, A., I. Schmidt, A. M. Saunders, and M. H. Nicolaisen. 2005. Influence of starvation on potential ammonia-oxidizing activity and amoA mRNA levels of *Nitrosospira briensis*. *Appl. Environ. Microbiol.* **71**: 1276-1282.

Booth, M. S., J. M. Stark, and E. Rastetter. 2005. Controls on nitrogen cycling in terrestrial ecosystems: a synthetic analysis of literature data. *Ecol. Monogr.* **75**: 139-157.

Bottomley, P. J., A. E. Taylor, S. A. Boyle, S. K. McMahon, J. J. Rich, K. Cromack Jr., and D. D. Myrold. 2004. Responses of nitrification and ammonia-oxidizing bacteria to reciprocal transfers of soil between adjacent coniferous forest and meadow vegetation in the Cascade Mountains of Oregon. *Microb. Ecol.* **48**: 500-508.

Boyle-Yarwood, S. A., P. J. Bottomley, and D. D. Myrold. 2008. Community composition of ammonia-oxidizing bacteria and archaea in soils understands of red alder and Douglas fir in Oregon. *Environ. Microbiol.* **10**: 2956-2965.

Brandt, K. K., A. Pedersen, and J. Sorensen. 2002. Solid-phase contact assay that uses a lux-marked *Nitrosomonas europaea* reporter strain to estimate toxicity of bioavailable linear alkylbenzene sulfonate in soil. *Appl. Environ. Microbiol.* **68**: 3502-3508.

Bruns, M. A., M. R. Fries, J. M. Tiedje, and E. A. Paul. 1998. Functional gene hybridization patterns of terrestrial ammonia oxidizing bacteria. *Microb. Ecol.* **36**: 293-302.

Bruns, M. A., J. R. Stephen, G. A. Kowalchuk, J. L. Prosser, and E. A. Paul. 1999. Comparative diversity of ammonia oxidizer 16S rRNA gene sequences in native, tilled, and successional soils. *Appl. Environ. Microbiol.* **65**: 2994-3000.

Burton, S. A. Q., and J. L. Prosser. 2001. Autotrophic ammonia oxidation at low pH through urea hydrolysis. *Appl. Environ. Microbiol.* **67**: 2952-2957.

Cantera, J. J. L., F. L. Jordan, and L. Y. Stein. 2006. Effects of irrigation sources on ammonia-oxidizing bacterial communities in a managed turf-covered aridisol. *Biol. Fertil. Soils* **43**: 247-255.

Cantera, J. J. L., and L. Y. Stein. 2007. Molecular diversity of nitrite reductase genes (*nirK*) in nitrifying bacteria. *Environ. Microbiol.* **9**: 765-776.

Carnol, M., L. Hogenboom, M. E. Jach, J. Remacle, and R. Ceulemans. 2002. Elevated atmospheric CO_2 in open top chambers increases net nitrification and potential denitrification. *Global Change Biol.* **8**: 590-598.

Carnol, M., G. A. Kowalchuk, and W. De Boer. 2002. *Nitrosomonas europaea*-like bacteria detected as the dominant beta-subclass proteobacteria ammonia oxidisers in reference and limed acid forest soils. *Soil*

Biol. Biochem. **34**: 1047-1050.

Casciotti, K. L., and B. B. Ward. 2005. Phylogenetic analysis of nitric oxide reductase gene homologues from aerobic ammonia-oxidizing bacteria. *FEMS Microbiol. Ecol.* **52**: 197-205.

Chen, D., Y. Li, P. Grace, and A. R. Mosier. 2008. N_2O emissions from agricultural lands: A synthesis of simulation approaches. *Plant Soil* **309**: 169-189.

Daims, H., P. H. Nielsen, J. L. Nielsen, s. Juretschko, and M. Wagner. 2000. Novel *Nitrospira*-like bacteria as dominant nitrite-oxidizers in biofilms from wastewater treatment plants: Diversity and in situ physiology. *Water Sci. Technol.* **41**: 85-90.

De Boer, W., and G. A. Kowalchuk. 2001. Nitrification in acid soils: micro-organisms and mechanisms. *Soil Biol. Biochem.* **33**: 853-866.

De Boer, W., P. J. A. K. Gunnewiek, M. Veenhuis, E. Bock, and H. J. Laanbroek. 1991. Nitrification at low pH by aggregated chemolithotrophic bacteria. *Appl. Environ. Microbiol.* **57**: 3600-3604.

De Klein, C. A. M., and S. F. Ledgard. 2005. Nitrous oxide emissions from New Zealand agriculture-key sources and mitigation strategies. *Nutr. Cycling Agroecosyst.* **72**: 77-85.

Dell, E. A., D. Bowman, T. Rufty and W. Shi. 2008. Intensive management affects composition of betaproteobacterial ammonia oxidizers in turfgrass systems. *Microbial Ecol.* **56**: 178-190.

Dundee, L., and D. W. Hopkins. 2001. Different sensitivities to oxygen of nitrous oxide production by *Nitrosomonas europaea* and *Nitrosolobus multiformis*. *Soil Biol. Biochem.* **33**: 1563-1565.

Fierer, N., and R. B. Jackson. 2006. The diversity and biogeography of soil bacterial communities. *Proc. Natl. Acad. Sci. USA* **103**: 626-631.

Frankland, P. E, and G. Frankland. 1890. The nitrifying process and its specific ferment. *Trans. R. Soc. (London)* **B181**: 107.

Freitag, T. E., and J. I. Prosser. 2009. Correlation of methane production and functional gene transcriptional activity in a peat soil. *Appl. Environ. Microbiol.* **75**: 6679-6687.

Freitag, T. E., L. Chang, C. D. Clegg, and J. I. Prosser. 2005. Influence of inorganic nitrogen-management regime on the diversity of nitrite oxidizing bacteria in agricultural grassland soils. *Appl. Environ. Microbiol.* **71**: 8323-8334.

Freitag, T. E., L. Chang, and J. I. Prosser. 2006. Changes in the community structure and activity of betaproteobacterial ammonia-oxidizing sediment bacteria along a freshwater-marine gradient. *Environ. Microbiol.* **8**: 684-696.

Garbeva, P., E. M. Baggs, and J. I. Prosser. 2007. Phylogeny of nitrite reductase (*nirK*) and nitric oxide reductase (*norB*) genes from *Nitrosospira* species isolated from soil. *FEMS Microbiol. Lett.* **266**: 83-89.

Gödde, M., and R. Conrad. 1999. Immediate and adaptational temperature effects on nitric oxide production and nitrous oxide release from nitrification and denitrification in two soils. *Biol. Fertil. Soils.* **30**: 33-40.

Goreau, T. J., W. A. Kaplan, and S. C. Wofsy. 1980. Production of NO_2^- and N_2O by nitrifying bacteria at reduced concentrations of oxygen. *Appl. Environ. Microbiol.* **40**: 526-532.

Green, M., M. Beliavski, N. Denekamp, A. Gieseke, D. De Beer, and S. Tarre. 2006. High nitrification rate at low pH in a fluidized bed reactor with either chalk or sintered glass as the biofilm carrier. *Israel J. Chem.* **46**: 53-58.

Groffman, P. M., C. W. Rice, and J. M. Tiedje. 1993. Denitrification in a tallgrass prairie landscape. *Ecol.* **74**: 855-862.

Gruber, N., and J. N. Galloway. 2008. An earthsystem perspective of the global nitrogen cycle. *Nature.* **451**: 293-296.

Grundmann, G. L. 2004. Spatial scales of soil bacterial diversity - the size of a clone. *FEMS Microbiol. Ecol.* **48**: 119-127.

Grundmann, G. L., and D. Debouzie. 2000. Geostatistical analysis of the distribution of NH_4^+ and NO_2^--oxidizing bacteria and serotypes at the millimeter scale along a soil transect. *FEMS Microbiol. Ecol.* **34**: 57-62.

Grundmann, G. L., and P. Normand. 2000. Microscale diversity of the genus *Nitrobacter* in soil on the basis of analysis of genes encoding rRNA. *Appl. Environ. Microbiol.* **66**: 4543-4546.

Grundmann, G. L., P. Renault, L. Rosso, and R. Bardin. 1995. Differential effects of soil water content and temperature on nitrification and aeration. *Soil Sci. Soc. Am. J.* **59**: 1342-1349.

Grundmann, G. L., A. Dechesne, F Bartoli, J. P. Flandrois, J. L. Chasse, and R. Kizungu. 2001. Spatial modeling of nitrifier microhabitats in soil. *Soil Sci. Soc. Am. J.* **65**: 1709-1716.

Hawkes, C. V., I. Wren, D. J. Herman, and M. K. Firestone. 2005. Plant invasion alters nitrogen cycling by modifying the soil nitrifying community. *Ecol. Lett.* **8**: 976-985.

Hermansson, A., J. S. K. Backman, B. H. Svensson, and P. -E. Lindgren. 2004. Quantification of ammonia-oxidizing bacteria in limed and non-limed acidic coniferous forest soil using real-tine PCR. *Soil. Biol. Fertil.* **36**: 1935-1941.

Hommes, N. G., s. A. Russell, P. J. Bottomley, and D. J. Arp. 1998. Effects of soil on ammonia, ethylene, chloroethane, and 1, 1, 1-trichloroethane oxidation by *Nitrosomonas europaea*. *Appl. Environ. Microbiol.* **64**: 1372-1378.

Horz, H. P., A. Barbrook, C. B. Field, and B. J. Bohannan. 2004. Ammonia-oxidizing bacteria respond to multifactorial global change. *Proc. Natl. Acad. Sci. USA* **101**: 15136-15141.

Jia, Z. and R. Conrad. 2009. Bacteria rather than Archaea dominate microbial ammonia oxidation in an agricultural soil. *Environ. Microbiol.* **11**: 1658-1671.

Jiang, Q. Q., and L. R. Bakken. 1999a. Comparison of *Nitrosospira* strains isolated from terrestrial environments. *FEMS Microbiol. Ecol.* **30**: 171-186.

Jiang, Q. Q., and L. R. Bakken. 1999b. Nitrous oxide production and methane oxidation by different ammonia-oxidizing bacteria. *Appl. Environ. Microbiol.* **65**: 2679-2684.

Johnson, S. L., C. R. Budinoff, J. Belnap, and F Garcia-Pichel. 2005. Relevance of ammonium oxidation within biological soil crust communities. *Environ. Microbiol.* **7**: 1-12.

Jordan, F. L., J. J. L. Cantera, M. E. Fenn, and L. Y. Stein. 2005. Autotrophic ammonia oxidizing bacteria contribute minimally to nitrification in a nitrogen-impacted forested ecosystem. *Appl. Environ. Microbiol.* **71**: 197 206.

Keen, G. A., and J. I. Prosser. 1987. Interrelationship between pH and surface growth of *Nitrobacter*. *Soil. Biol. Fertil.* **19**: 665-672.

Kester, R. A., W. De Boer, and H. J. Laanbroek. 1997. Production of NO and N_2O by pure cultures of nitrifying and denitrifying bacteria during changes in aeration. *Appl. Environ. Microbiol.* **63**: 3872-3877.

Klemedtsson, L., Q. Jiang, A. K. Klemedtsson, and L. Bakken. 1999. Autotrophic ammonium-oxidizing bacteria in Swedish mor humus. *Soil Biol. Biochem.* **31**: 839-847.

Könneke, M., A. E. Bernhard, J. R. De La Torre, C. B. Walker, J. B. Waterbury, and D. A. Stahl. 2005. Isolation of an autotrophic ammonia-oxidizing marine archaeon. *Nature* **437**: 543-546.

Kool, D. M., N. Wrage, O. Oenema, J. Dolfing, and J. W. Van Groenigen. 2007. Oxygen exchange between (de)nitrification intermediates and H_2O and its implications for source determination of NO_3^- and N_2O: a review. *Rapid Comm. Mass Spec.* **21**: 3569-3578.

Koops, H. P., and A. Pommerening-Röser. 2001. Distribution and ecophysiology of the nitrifying bacteria emphasizing cultured species. *FEMS Microbiol. Ecol.* **37**: 1-9.

Koper, T. E., A. F El-Sheikh, J. M. Norton, and M. G. Klotz. 2004. Urease-encoding genes in ammonia-oxidizing bacteria. *Appl. Environ. Microbiol.* **70**: 2342-2348.

Kowalchuk, G. A., and J. R. Stephen. 2001. Ammonia-oxidizing bacteria: A model for molecular microbial ecology. *Annu. Rev Microbiol.* **55**: 485-529.

Kowalchuk, G. A., Z. S. Naoumenko, P. J. L. Derikx, A. Felske, J. R. Stephen, and I. A. Arkhipchenko. 1999. Molecular analysis of ammonia-oxidizing bacteria of the beta subdivision of the class proteobacteria in compost and composted materials. *Appl. Environ. Microbiol.* **65**: 396-403.

Kowalchuk, G. A., A. W. Stienstra, G. H. Heilig, J. R. Stephen, and J. W. Woldendorp. 2000. Changes in the community structure of ammonia-oxidizing bacteria during secondary succession of calcareous grasslands. *Environ. Microbiol.* **2**: 99-110.

Kyveryga, P. M., A. M. Blackmer, J. W. Ellsworth, and R. Isla. 2004. Soil pH effects on nitrification of fall-applied anhydrous ammonia. *Soil Sci. Soc. Am. J.* **68**: 545-551.

Laverman, A. M., A. G. C. L. Speksnijder, M. Braster, G. A. Kowalchuk, H. A. Verhoef, and H. W. van Verseveld. 2001. Spatiotemporal stability of an ammonia-oxidizing community in a nitrogen-saturated forest soil. *Microb Ecol.* **42**: 35-45.

Le Roux, X., M. Bardy, P. Loiseau, and F. Louault. 2003. Stimulation of soil nitrification and denitrification by grazing in grasslands: do changes in plant species composition matter? *Oecologia* **137**: 417-425.

Le Roux, X., F Poly, P. Currey, C. Commeaux, B. Hai, G. W. Nicol, J. I. Prosser, M. Schloter, E. Attard, and K. Klumpp. 2008. Effects of aboveground grazing on coupling among nitrifier activity, abundance, and community structure. *ISME J.* **2**: 221-232.

Leininger, S., T. Urich, M. Schloter, L. Schwark, J. Qi, G. W. Nicol, J. I. Prosser, S. C. Schuster, and C. Schleper. 2006. Archaea predominate among ammonia-oxidizing prokaryotes in soils. *Nature* **442**: 806-809.

Low, A. P, J. M. Stark, and L. M. Dudley. 1997. Effects of soil osmotic potential on nitrification, ammonification, N-assimilation, and nitrous oxide production. *Soil Sci.* **162**: 16-27.

Mahmood, S., and J. I. Prosser. 2006. The influence of synthetic sheep urine on ammonia oxidizing bacterial communities in grassland soil. *FEMS Microbiol. Ecol.* **56**: 444-454.

Maixner, F, D. R. Noguera, B. Anneser, K. Stoecker, G. Wegl, M. Wagner, and H. Daims. 2006. Nitrite concentration influences the population structure of *Nitrospira*-like bacteria. *Environ. Microbiol.* **8**: 1487-1495.

Matulewich, V. A., P. Strom, and M. S. Finstein. 1975. Length of incubation for enumerating nitrifying bacteria present in various environments. *Appl. Microbiol.* **29**: 265-268.

Mendum, T. A., and P. R. Hirsch. 2002. Changes in the population structure of beta-group autotrophic ammonia oxidizing bacteria in arable soils in response to agricultural practice. *Soil Biol. Biochem.* **34**: 1479-1485.

Mendum, T. A., R. E. Sockett, and P. R. Hirsch. 1999. Use of molecular and isotopic techniques to monitor the response of autotrophic ammonia-oxidizing populations of the beta subdivision of the class proteobacteria in arable soils to nitrogen fertilizer. *Appl. Environ. Microbiol.* **65**: 4155-4162.

Mintie, A. T., R. S. Heichen, K. Cromack, D. D. Myrold, and P. J. Bottomley. 2003. Ammonia-oxidizing bacteria along meadow-to-forest transects in the Oregon cascade mountains. *Appl. Environ. Microbiol.* **69**: 3129-3136.

Molina, J. A. E. 1985. Components of rates of ammonium oxidation in soil. *Soil Soc. Am. J.* **49**: 603-609.

Nicol, G. W., S. Leininger, C. Schleper, and J. I. Prosser. 2008. The influence of soil pH on the diversity, abundance and transcriptional activity of ammonia oxidizing archaea and bacteria. *Environ. Microbiol.* **10**: 2966-2978.

Okano, Y., K. R. Hristova, C. M. Leutenegger, L. E. Jackson, R. F Denison, B. Gebreyesus, D. Lebauer, and K. M. Scow. 2004. Application of real-time PCR to study effects of ammonium on population size of ammonia-oxidizing bacteria in soil. *Appl. Environ. Microbiol.* **70**: 1008-1016.

Ostrom, N. E., A. Piit, R. Sutka, P. H. Ostrom, A. S. Grandy, K. M. Huizinga, and G. P. Robertson. 2007. Isotopologue effects during N_2O reduction in soils and in pure cultures of denitrifiers. *J. Geoplys. Res.* **112**. doi: /10. 1029/72006JG000287.

Oved, T., A. Shaviv, T. Goldrath, R. T. Mandelbaum, and D. Minz. 2001. Influence of effluent irrigation on community composition and function of ammonia-oxidizing bacteria in soil. *Appl. Environ. Microbiol.* **67**: 3426-3433.

Patra, A. K., L. Abbadie, A. Clays-Josserand, V. Degrange, S. J. Grayston, P. Loiseau, F. Louault, S. Mahmood, S. Nazaret, L. Philippot, F. Poly, J. I. Prosser, A. Richaume, and X. Le Roux. 2005. Effects of grazing on microbial functional groups involved in soil N dynamics. *Ecol. Monogr.* **75**: 65-80.

Patra, A. K., L. Abbadie, A. Clays-Josserand, V. Degrange, S. J. Grayston, N. Guillaumaud, P. Loiseau, F. Louault, S. Mahmood, S. Nazaret, L. Philippot, F. Poly, J. I. Prosser, and X. LeRoux. 2006. Effects of management regime andplant species on the enzyme activity and genetic structure of N-fixing, denitrifying, and nitrifying bacterial communities in grassland soils. *Environ. Microbiol.* **8**: 1005-1016.

Phillips, C. J., D. Harris, S. L. Dollhopf, K. L. Gross, J. I. Prosser, and E. A. Paul. 2000a. Effects of agronomic treatments on structure and function of ammonia-oxidizing communities. *Appl. Environ. Microbiol.* **66**: 5410-5418.

Phillips, C. J., E. A. Paul, and J. I. Prosser. 2000b. Quantitative analysis of ammonia oxidizing bacteria using competitive PCR. *FEMS Microbiol. Ecol.* **32**: 167-175.

Poly, F, S. Wertz, E. Brothier, and V. Degrange. 2008. First exploration of *Nitrobacter* diversity in soils by a PCR cloning-sequencing approach targeting functional gene *nxrA*. *FEMS Microbiol. Ecol.* **63**: 132-140.

Powell, S. J., and J. I. Prosser. 1986. Inhibition of ammonium oxidation by nitrapyrin in soil and liquid culture. *Appl. Environ. Microbiol.* **52**: 782-787.

Powell, S. J., and J. L. Prosser. 1991. Protection of *Nitrosomonas europaea* colonizing clay minerals from inhibition by nitrapyrin. *J. Gen. Microbiol.* **137**: 1923-1929.

Powell, S. J., and J. I. Prosser. 1992. Inhibition of biofilm populations of Nitrosomonas europaea. *Microb. Ecol.* **24**: 43-50.

Prosser, J. I. 1989. Autotrophic nitrification in bacteria. *Adv. Microb. Physiol.* **30**: 125-181.

Prosser, J. I., and G. W Nicol. 2008. Relative contributions of archaea and bacteria to aerobic ammonia oxidation in the environment. *Environ. Microbiol.* **10**: 2931-2941.

Purkhold, U., A. Pommerening-Roser, S. Juretschko, M. C. Schmid, H. P. Koops, and M. Wagner. 2000. Phylogeny of all recognized species of ammonia oxidizers based on comparative 16S rRNA and *amoA* sequence analysis: implications for molecular diversity surveys. *Appl. Environ. Microbiol.* **66**: 5368-5382.

Raun, W. R., and G. V. Johnson. 1999. Improving nitrogen use efficiency for cereal production. *Agron. J.* **91**: 357-363.

Remde, A., and R. Conrad. 1991. Role of nitrification and denitrification for NO metabolism in soil. *Biogeochemistry* **12**: 189-205.

Ritz, K., H. I. J. Black, C. D. Campbell, J. A. Harris, and C. Wood. 2009. Selecting biological indicators for monitoring soils: a framework for balancing scientific and technical opinion to assist policy development. *Ecol. Ind.* **9**: 1212-1221.

Robertson, G. P., and J. M. Tiedje. 1987. Nitrousoxide sources in aerobic soils: nitrification, denitrification and other biological processes. *Soil. Biol. Fertil.* **19**: 187-193.

Rodgers, G. A., and J. Ashworth. 1982. Bacteriostatic action of nitrification inhibitors. *Can. J. Microbiol.* **28**: 1093-1100.

Ross, D. S., B. C. Wemple, A. E. Jamison, G. Fredriksen, J. B. Shanley, G. B. Lawrence, S. W. Bailey, and J. L. Campbell. 2009. A cross-site comparison of factors influencing soil nitrification rates in northeastern USA forested watersheds. *Ecosystems* **12**: 158-178.

Roux-Michollet, D., S. Czarnes, B. Adam, D. Berry, C. Commeaux, N. Guillaumaud, X. Le Roux, and A. Clays-Josserand. 2008. Effects of steam disinfestation on community structure, abundance and activity of heterotrophic, denitrifying and nitrifying bacteria in an organic farming soil. *Soil. Biol. Fertil.* **40**: 1836-1845.

Russell, C. A., I. R. P Fillery, N. Bootsma, and K. J. McInnes. 2002. Effect of temperature and nitrogen source on nitrification in a sandy soil. *Commnun. Soil Sci. Plant. Anal.* **33**: 1975-1989.

Schauss, K., A. Focks, S. Leininger, A. Kotzerke, H. Heuer, S. Thiele-Bruhn, S. Sharma, B. -M. Wilke, M. Matthies, K. Smalla, J. C. Munch, W. Amelung, M. Kaupenjohann, M. Schloter, and C. Schleper. 2009. Dynamics and functional relevance of ammonia-oxidizing archaea in two agricultural soils. *Environ. Microbiol.* **11**: 446-456.

Schloesing, J., and A. Muntz. 1877a. Sur la nitrification par les ferments organises. *Comptes Rend. Acad. Sci. Paris* **84**: 301-303.

Schloesing, J., and A. Muntz. 1877b. Sur la nitrification par les ferments organises. *Comptes Rend. Acad. Sci. Paris* **85**: 1018.

Schloesing, J., and A. Muntz. 1879. Sur la nitrification par les ferments organises. *Comptes Rend. Acad. Sci, Paris* **87**: 1074.

Schmidt, C. S., K. A. Hultman, D. Robinson, K. Killham, and J. I. Prosser. 2007. PCR profiling of ammonia-oxidizer communities in acidic soils subjected to nitrogen and sulphur deposition. *FEMS Microbiol. Ecol.* **61**: 305-316.

Shaw, L. J., G. W. Nicol, Z. Smith, J. Fear, J. I. Prosser, and E. M. Baggs. 2006. *Nitrosospira* spp. can produce nitrous oxide via a nitrifier denitrification pathway. *Environ. Microbiol.* **8**: 214-222.

Shi, W., H. Yao, and D. Bowman. 2006. Soil microbial biomass, activity and nitrogen transformations in a turfgrass chronosequence. *Soil. Biol. Fertil.* **38**: 311-319.

Singh, S. N., and A. Verma. 2007. The potential of nitrification inhibitors to manage the pollution effect of nitrogen fertilizers in agricultural and other soils: a review. *Environ. Pract.* **9**: 266-279.

Sitaula, B. K., J. I. B. Sitaula, A. Aakra, and L. R. Bakken. 2001. Nitrification and methane oxidation in forest soil: acid deposition, nitrogen input and plant effects. *Water Air Soil Pollut.* **130**: 1061-1066.

Smith, C. J., D. B. Nedwell, L. F. Dong, and A. M. Osborn. 2006. Evaluation of quantitative polymerase chain reaction-based approaches for determining gene copy and gene transcript numbers in environmental samples. *Environ. Microbiol.* **8**: 804-815.

Smith, Z., A. E. McCaig, J. R. Stephen, T. M. Embley, and J. I. Prosser. 2001. Species diversity of uncultured and cultured populations of soil and marine ammonia oxidizing bacteria. *Microb. Ecol.* **42**: 228-237.

Stark, J. M. 1996. Modeling the temperature response of nitrification. *Biogeochemistry* **35**: 433-445.

Stark, J. M., and M. K. Firestone. 1995. Mechanisms for soil moisture effects on activity of nitrifying bacteria. *Appl. Environ. Microbiol.* **61**: 218-221.

Stark, J. M., and M. K. Firestone. 1996. Kinetic characteristics of ammonium-oxidizer communities in a California oak woodland-annual grassland. *Soil. Biol. Fertil.* **28**: 1307-1317.

Stark, J. M., and S. C. Hart. 1997. High rates of nitrification and nitrate turnover in undisturbed coniferous forests. *Nature* **385**: 61-64.

Stehr, G., S. Zorner, B. Bottcher, and H. P. Koops. 1995. Exopolymers: an ecological characteristic of a floc-attached, ammonia-oxidizing bacterium. *Microb. Ecol.* **30**: 115-126.

Stein, L. Y., and Y. L. Yung. 2003. Production, isotopic composition, and atmospheric fate of biologically produced nitrous oxide. *Annu. Rev. Earth Planet. Sci.* **31**: 329-356.

Stephen, J. R., A. E. McCaig, Z. Smith, J. I. Prosser, and T. M. Embley. 1996. Molecular diversity of soil and marine 16S rRNA gene sequences related to beta-subgroup ammonia-oxidizing bacteria. *Appl. Environ. Microbiol.* **62**: 4147-4154.

Stephen, J. R., G. A. Kowalchuk, M. A. V. Bruns, A. E. McCaig, C. J. Phillips, T. M. Embley, and J. I. Prosser. 1998. Analysis of beta-subgroup proteobacterial ammonia oxidizer populations in soil by denaturing gradient gel electrophoresis analysis and hierarchical phylogenetic probing. *Appl. Environ. Microbiol.* **64**: 2958-2965.

Subbarao, G., O. Ito, K. Sahrawat, W. Berry, K. Nakahara, T. Ishikawa, T. Watanabe, K. Suenaga, M. Rondon, and I. Rao. 2006. Scope and strategies for regulation of nitrification in agricultural systems-challenges and opportunities. *Crit. Rev. Plant Sci.* **25**: 303-335.

Subbarao, G. V., M. Rondon, O. Ito, T. Ishikawa, I. M. Rao, K. Nakahara, C. Lascano, and W. L. Berry. 2007a. Biological nitrification inhibition (BNI) -is it a widespread phenomenon? *Plant. Soil* **294**: 5-18.

Subbarao, G. V, B. Tomohiro, K. Masahiro, I. Osamu, H. Samejima, H. Y. Wang, S. J. Pearse, S. Gopalakrishnan, K. Nakahara, A. K. MZakir Hossain, H. Tsujimoto, and W. L. Berry. 2007b. Can biological nitrification inhibition (BNI) genes from perennial *Leymus racemosus* (*triticeae*) combat nitrification in wheat farming? *Plant. Soil* **299**: 55-64.

Sutka, R. L., N. E. Ostrom, P. H. Ostrom, J. A. Breznak, H. Gandhi, A. J. Pitt, and F. Li. 2006. Distinguishing nitrous oxide production from nitrification and denitrification on the basis of isotopomer abundances. *Appl. Environ. Microbiol.* **72**: 638-644.

Suzuki, I., U. Dular, and S. C. Kwok. 1974. Ammonia or ammonium ion as substrate for oxidation by *Nitrosononas europaea* cells and extracts. *J. Bacteriol.* **120**: 556-558.

Taylor, A. E., and P. J. Bottomley. 2006. Nitrite production by *Nitrosomonas europaea* and *Nitrosospira* sp. AV in soils at different solution concentrations of ammonium. *Soil. Biol. Fertil.* **38**: 828-836.

Tourna, M., T. E. Preitag, G. W. Nicol, and J. I. Prosser. 2008. Growth, activity and temperature responses of ammonia-oxidizing archaea and bacteria in soil microcosms. *Environ. Microbiol.* **10**: 1357-1364.

Treusch, A. H., S. Leininger, C. Schleper, A. Kietzin, H. -J. Klenk, and S. C. Schuster. 2005. Novel genes for nitrite reductase and *amo*-related proteins indicate a role of uncultivated mesophilic crenarchaeota in nitrogen cycling. *Environ. Microbiol.* **7**: 1985-1995.

Utaker, J. B., L. Bakken, Q. Q. Jiang, and I. F Nes. 1996. Phylogenetic analysis of seven new isolates of ammonia-oxidizing bacteria based on 16S rRNA gene sequences. *Syst. Appl. Microbiol.* **18**: 549-559.

Verhagen, R J. M., and H. J. Laanbroek. 1991. Competition for ammonium between nitrifying and heterotrophic bacteria in dual energy-limited chemostats. *Appl. Environ. Microbiol.* **57**: 3255-3263.

Warington, R. 1891. On nitrification. *J. Chem. Soc.* **59**: 484.

Webster, E. A., and D. W. Hopkins. 1996a. Contributions from different microbial processes to N_2O emission from soil under different moisture regimes. *Biol. Fertil. Soils* **22**: 331-335.

Webster, E. A., and D. W. Hopkins. 1996b. Nitrogen and oxygen isotope ratios of nitrous oxide emitted from soil and produced by nitrifying and denitrifying bacteria. *Biol. Fertil. Soils* **22**: 326-330.

Webster, G., T. M. Embley, and J. I. Prosser. 2002. Grassland management regimens reduce small-scale heterogeneity and species diversity of beta-proteobacterial ammonia oxidizer populations. *Appl. Environ. Microbiol.* **68**: 20-30.

Webster, G., T. M. Embley, T. E. Freitag, Z. Smith, and J. I. Prosser. 2005. Links between ammonia oxidiser species composition, functional diversity and nitrification kinetics in grassland soils. *Environ. Microbiol.* **7**: 676-684.

Wertz, S., V. Degrange, J. I. Prosser, F. Poly, C. Commeaux, T. Freitag, N. Guillaumaud, and X. Le Roux. 2006. Maintenance of soil functioning following erosion of microbial diversity. *Environ. Microbiol.* **8**: 2162-2169.

Wertz, S., V. Degrange, J. I. Prosser, Poly, C. Commeaux, N. Guillaumaud, and X. LeRoux. 2007. Decline of soil microbial diversity does not influence the resistance and resilience of key soil microbial functional groups following a model disturbance. *Environ. Microbiol.* **9**: 2211-2219.

Wertz, S., Poly, X. Le Roux, and V. Degrange. 2008. Development and application of a PCr-denaturing gradient gel electrophoresis tool to study the diversity of *Nitrobacter*-like *nxrA* sequences in soil. *FEMS Microbiol. Ecol.* **63**: 261-271.

White, R. E., R. A. Haigh, and J. Macduff. 1987. Frequency distributions and spatially dependent variability of ammonium and nitrate concentrations in soil under grazed and ungrazed grassland. *Fertil. Res.* **11**: 193-208.

Winogradsky, S. 1890—1891. Recherches sur les organismes de la nitrification. *Ann. Inst. Pasteur* **4**: 213-231, 257-275, 760-771; *Ibid.*, **5**: 92-100, 577-616.

Wolt, J. D. 2004. A meta-evaluation of nitrapyrin agronomic and environmental effectiveness with emphasis on corn production in the midwestern USA. *Nut. Cycl. Agroecosys.* **69**: 23-41.

Woodcock, S., C. J. Van Der Gast, T. Bell, M. Lunn, T. P. Curtis, I. M. Head, and W. T. Sloan. 2007. Neutral assembly of bacterial communities. *FEMS Microbiol. Ecol.* **62**: 171-180.

Wrage, N., G. L. Velthof, M. L. van Beusichem, and O. Oenema. 2001. Role of nitrifier denitrification in the production of nitrous oxide. *Soil Biol. Biochem.* **33**: 1723-1732.

Wrage, N., G. L. Velthof, H. J. Laanbroek, and O. Oenema. 2004a. Nitrous oxide production in grassland soils: assessing the contribution of nitrifier denitrification. *Soil Biol. Biochem.* **36**: 229-236.

Wrage, N., G. L Velthof, O. Oenema, and H. J. Laanbroek. 2004b. Acetylene and oxygen as inhibitors of nitrous oxide production in *Nitrosomonas europaea* and *Nitrosospira briensis*: a cautionary tale. *FEMS Microbiol. Ecol.* **47**: 13-18.

Wrage, N., J. W. Van Groenigen, O. Oenema, and E. M. Baggs. 2005. A novel dual-isotope labelling method for distinguishing between soil sources of N_2O. *Rapid Commun. Mass Spectr.* **19**: 3298-3306.

第 15 章

Admiraal, W. I. M., and Y. J. H. Botermans. 1989. Comparison of nitrification rates in 3 branches of the lower river Rhine. *Biogeochemistry* **8**: 135-151.

Ahlgren, I., F. Sorensson, T. Waara, and K. Vrede. 1994. Nitrogen budgets in relation to microbial transformations in lakes. *Ambio* **23**: 367-377.

Anonymous. 2007. United Nations Millennium Ecosystem Assessment. The Stationery Office, House of Commons, London. United Kingdom.

Anthoni, U., C. Christophersen, J. O. Madse, S. Wiumandersen, and N. Jacobsen. 1980. Biologically active sulfur-compounds from the greenalga *Chara globularis*. *Phytochemistry* **19**: 1228-1229.

Belser, L. W. 1979. Population ecology of nitrifying bacteria. *Annu. Rev. Microbiol.* **33**: 309-335.

Beman, J. M., and C. A. Francis. 2006. Diversity of ammonia-oxidizing archaea and bacteria in the sediments of a hypernutrified subtropical estuary: Bahia del Tobari. Mexico. *Appl. Emiron. Microbiol.* **72**: 7767-7777.

Bernhard, A. E., T. Donn, A. E. Giblin, and D. A. Stahl. 2005. Loss of diversity of ammonia-oxidizing bacteria correlates with increasing salinity in an estuary system. *Environ. Microbiol.* **7**: 1289-1297.

Bernhardt, E. S., R. O. Hall, and G. E. Likens. 2002. Whole-system estimates of nitrification and nitrate uptake in streams of the Hubbard Brook Experimental Forest. *Ecosystems* **5**: 419-430.

Beutel, M. W. 2001. Oxygen consumption and ammonia accumulation in the hypolimnion of Walker Lake, Nevada. *Hydrobiologia* **466**: 107-117.

Beutel, M. W. 2006. Inhibition of ammonia release from anoxic profundal sediments in lakes using hypolimnetic oxygenation. *Ecol. Eng.* **28**: 271-279.

Billen, G. 1975. Nitrification in the scheldt estuary (Belgium and the Netherlands). *Estuar. Coas. Mar. Sci.* **9**: 79-89.

Bodelier, P. L. E., J. A. Libochant, C. W. P. M. Blom. and H. J. Laanbroek. 1996. Dynamics of nitrification and denitrification in root-oxygenated sediments and adaptation of ammonia-oxidizing bacteria to low-oxygen or anoxic habitats. *App. Environ. Microbiol.* **62**: 4100-4107.

Bollmann, A., and H. J. Laanbroek. 2001. Continuous culture enrichments of ammonia-oxidizing bacteria at low ammonium concentrations. *FEMS Microbiol. Ecol.* **37**: 211-221.

Bollmann, A., and H. J. Laanbroek. 2002. Influence of oxygen partial pressure and salinity on the community composition of ammonia-oxidizing bacteria in the Schelde estuary. *Aquat. Microb. Ecol.* **28**: 239-247.

Brion, N., G. Billen, L. Guezennec, and A. Ficht. 2000. Distribution of nitrifying activity in the Seine River (France) from Paris to the estuary. *Estuaries* **23**: 669-682.

Caffrey, J. M., N. Harrington, l. Solem, and B. B. Ward. 2003. Biogeochemical processes in a small California estuary. 2. Nitrification activity, community structure and role in nitrogen budgets. *Mar. Ecol. Prog. Ser.* **248**: 27-40.

Carini, S. A., and S. B. Joye. 2008. Nitrification in Mono Lake, California: activity and community composition during contrasting hydrological regimes. *Limnol. Oceanogr.* **53**: 2546-2557.

Cebron, A., T. Berthe, and J. Garnier. 2003. Nitrification and nitrifying bacteria in the lower Seine River and estuary (France). *App. Environ. Microbiol.* **69**: 7091-7100.

Cebron, A., M. Coci, J. Garnier, and H. J. Laanbroek. 2004. Denaturing gradient gel electrophoretic analysis of ammonia-oxidizing bacterial community structure in the lower Seine River: impact of Paris wastewater effluents. *Appl. Environ. Microbiol.* **70**: 6726-6737.

Cebron, A., J. Garnier, and G. Billen. 2005. Nitrous oxide production and nitrification kinetics by natural bacterial communities of the lower Seine River (France). *Aquat. Microb. Ecol.* **41**: 25-38.

Christofi, N., T. Preston, and W. D. P. Stewart. 1981. Endogenous nitrate production in an experimental enclosure during summer stratification. *Water Res.* **15**: 343-349.

Coci, M. 2007. Niche differentiation between ammonia-oxidizing bacteria in aquatic environments. Ph. D. thesis. Utrecht University, Utrecht, The Netherlands.

Coci, M., D. Riechmann, P. L. E. Bodelier, S. Stefani, G. Zwart, and H. J. Laanbroek. 2005. Effect of salinity on temporal and spatial dynamics of ammonia- oxidizing bacteria from intertidal freshwater sediment. *FEMS Microbiol. Ecol.* **53**: 359-368.

Coci, M., P. L. E. Bodelier, and H. J. Laanbroek. 2008. Epiphyton as a niche for ammonia-oxidizing bacteria: Detailed comparison with benthic and pelagic compartments in shallow freshwater lakes. *Appl. Environ. Microbiol.* **74**: 1963-1971.

Cooper, A. B. 1984. Activities of benthic nitrifiers in streams and their role in oxygen consumption. *Microb. Ecol.* **10**: 316-333.

Curtis, E. J. C., K. Durrant, and M. M. I. Harman. 1975. Nitrification in rivers in the Trent Basin. *Water Res.* **9**: 255-268.

De Bie, M. J. M., A. G. C. L. Speksnijder, G. A. Kowalchuk, T. Schuurman, G. Zwart, J. R. Stephen, et al. 2001. Shifts in the dominant populations of ammonia-oxidizing beta-subclass Proteobacteria along the eutrophic Schelde estuary. *Aquat. Microb Ecol.* **23**: 225-236.

De Bie, M. J. M., J. J. Middelburg, M. Starink, and H. J. Laanbroek. 2002a. Factors controlling nitrous oxide at the microbial community and estuarine scale. *Mar. Ecol. Prog. Ser.* **240**: 1-9.

De Bie, M. J. M., M. Starink, H. T. S. Boschker, J. J. Peene, and H. J. Laanbroek. 2002b. Nitrification in the Schelde estuary: methodological aspects and factors influencing its activity. *FEMS Microbiol. Ecol.* **42**: 99-107.

De Wilde, H. P. J., and M. J. M. De Bie. 2000. Nitrous oxide in the Schelde estuary: production by nitrification and emission to the atmosphere. Mar. Chem. **69**: 203-216.

Delaune, R. D., L. M. Salinas, R. S. Knox, M. N. Sarafyan, and C. J. Smith. 1991. Water quality of a coastal river receiving nutrient inputs-ammonium nitrogen transformations. *J. Environ. Sci. Health A.* **26**: 1287-1302.

Eriksson, P. G. 2001. Interaction effects of flow velocity and oxygen metabolism on nitrification and denitrification in biofilms on submersed macrophytes. *Biogeochemistry.* **55**: 29-44.

Eriksson, P. G., and J. L. Andersson. 1999. Potential nitrification and cation exchange on litter of emergent, freshwater macrophytes. *Freshwater Biol.* **42**: 479-486.

Eriksson, P. G., and S. E. B Weisner. 1999. An experimental study on effects of submersed macrophytes on nitrification and denitrification in ammonium-rich aquatic systems. *Limnol. Oceanogr.* **44**: 1993-1999.

Finlay, J. C., R. W. Sterner, and S. Kumar. 2007. Isotopic evidence for in-lake production of accumulating nitrate in Lake Superior. *Ecol. Applic.* **17**: 2323-2332.

Francis, C. A., G. D. O'Mullan, and B. B. Ward. 2003. Diversity of ammonia monooxygenase (*amoA*) genes across environmental gradients in Chesapeake Bay sediments. *Geobiology* **1**: 129-140.

Freitag, T. E., L. Chang, and J. I. Prosser. 2006. Changes in the community structure and activity of betaproteobacterial ammonia oxidizing sediment bacteria along a freshwater-marine gradient. *Environ. Microbiol.* **8**: 684-696.

Garland, J. H. N. 1978. Nitrification in the River Trent, p. 167. In A. James (ed.), Mathematical Models in Water Pollution Control. Wiley, Chichester, United Kingdom.

Gillan, D. C., A. Speksnijder, G. Zwart, and C. De Ridder. 1998. Genetic diversity of the biofilm covering *Montacuta ferruginosa* (Mollusca, Bivalvia) as evaluated by denaturing gradient gel electrophoresis analysis and cloning of PCr-amplified gene fragments coding for 16S rRNA. *Appl. Environ. Microbiol.* **64**: 3464-3472.

Gorra, R., M. Coci, R. Ambrosoli, and H. J. Laanbroek. 2007. Effects of substratum on the diversity and stability of ammonia-oxidizing communities in a constructed wetland used for wastewater treatment. *J. Appl. Microbiol.* **103**: 1442-1452.

Graetz, D. A, D. R. Keeney, and R. B. Aspiras. 1973. E_h status of lake sediment-water systems in relation to nitrogen transformations. *Limnol. Oceanogr.* **18**: 908-917.

Hall, G. H. 1986. Nitrification in lakes, p. 127-156. In J. I. Prosser (ed), Nitrification. IRL Press, Oxford, United Kingdom.

Hastings, R. C., J. R. Saunders, G. H. Hall, R. W. Pickup, and A. J. McCarthy. 1998. Application of molecular biological techniques to a seasonal study of ammonia oxidation in a eutrophic freshwater lake. *Appl. Environ. Microbiol.* **64**: 3674-3682.

Helder, W., and R. T. P. Devries. 1983. Estuarine nitrite maxima and denitrifying bacteria (Ems-Dollard estuary). *Neth. J. Sea Res.* **17**: 1-18.

Hermansson, A., and P. E. Lindgren. 2001. Quantification of ammonia-oxidizing bacteria in arable soil by real-time PCR. *Appl. Environ. Microbiol.* **67**: 972-976.

Hiorns, W. D., R. C. Hastings, L. M. Head, A. T. McCarthy, J. R. Saunders, R. W. Pickup, and G. H. Hall. 1995. Amplification of 16S ribosomal RNA genes of autotrophic ammonia-oxidizing bacteria demonstrates the ubiquity of nitrosospiras in the environment. *Microbiology.* **141**: 2793-2800.

Horne, A. J., and C. R. Goldman (ed.). 1994. Limnology. McGraw-Hill Inc., New York, NY.

Hornek, R., A. Pommerening-Roser, H. P. Koops, A. H. Farnleitner, N. Kreuzinger, A. Kirschner, and R. L. Mach. 2006. Primers containing universal bases reduce multiple amoA gene specific DGGE band patterns when analysing the diversity of beta-ammonia oxidizers in the environment. *J. Microbiol. Methods.* **66**: 147-155.

Horz, H. P., J. H. Rotthauwe, T. Lukow, and W. Liesack. 2000. Identification of major subgroups of ammonia-oxidizing bacteria in environmental samples by T-RFLP analysis of amoA PCR products. *J. Microbiol. Methods.* **39**: 197-204.

Joye, S. B., and J. T. Hollibaugh. 1995. Influence of sulfide inhibition of nitrification on nitrogen regeneration in sediments. *Science* **270**: 623-625.

Kaste, O., and A. Lyche-Solheim. 2005. Influence of moderate phosphate addition on nitrogen retention in an acidic boreal lake. *Can. J. Fish. Aquat. Sci.* **62**: 312-321.

Kemp, M. J., and W. K. Dodds. 2001. Centimeter-scale patterns in dissolved oxygen and nitrification rates in a prairie stream. *J. North Am. Benthol. Soc.* **20**: 347-357.

Kemp, M. J., and W. K. Dodds. 2002. The influence of ammonium, nitrate, and dissolved oxygen concentrations on uptake, nitrification, and denitrification rates associated with prairie stream substrata. *Limnol. Oceanogr.* **47**: 1380-1393.

Kester, R. A, W. De Boer, and H. J. Laanbroek. 1997. Production of NO and N_2O by pure cultures of nitrifying and denitrifying bacteria during changes in aeration. *Appl. Environ. Microbiol.* **63**: 3872-3877.

Kim, O. S., P. Junier, J. F. Imhoff, and K. P. Witzel. 2006. Comparative analysis of ammonia-oxidizing bacterial communities in two lakes in North Germany and the Baltic Sea. *Arch. Hydrobiol.* **167**: 335-350.

Kim, O. S., P. Junier, J. F. Imhoff, and K. P. Witzel. 2008. Comparative analysis of ammonia monooxy-genase (amoA) genes in the water column and sediment-water interface of two lakes and the Baltic Sea. *FEMS Microbiol. Ecol.* **66**: 367-378.

Konneke, M., A. E. Bernhard, J. R. de la Torre, C. B. Walker, J. B. Waterbury, and D. A. Stahl. 2005. Isolation of an autotrophic ammonia-oxidizing marine archaeon. *Nature* **437**: 543-546.

Koops, H. P., and H. Harms. 1985. Deoxyribonucleic-acid homologies among 96 strains of ammonia-oxidizing bacteria. *Arch. Microbiol.* **141**: 214-218.

Koops, H. P., and A. Pommerening-Röser. 2001. Distribution and ecophysiology of the nitrifying bacteria emphasizing cultured species. *FEMS Microbiol. Ecol.* **37**: 1-9.

Koops, H. -P., U. Purkhold, A. Pommerening- Röser, G. Timmermann, and M. Wagner. 2003. The lithotrophic ammonia-oxidizing bacteria. *In* M. Dworkin, S. Falcow, E. Rosenberg, K. -H. Schleifer, and E. Stackebrandt (ed.), The *Procaryotes*, an Evolving Electronic Resource for the Microbiological Community, 3rd ed. Springer, New York, NY.

Kowalchuk, G. A., and J. R. Stephen. 2001, Ammonia-oxidizing bacteria: a model for molecular microbial ecology. *Annu. Rev. Microbiol.* **55**: 485-529.

Kowalchuk, G. A., J. R. Stephen, W. De Boer, J. I. Prosser, T. M. Embley, and J. W. Woldendorp. 1997. Analysis of ammonia-oxidizing bacteria of the beta subdivision of the class proteobacteria in coastal sand dunes by denaturing gradient gel electrophoresis and sequencing of PCr-amplified 16S ribosomal DNA fragments. *Appl. Environ. Microbiol.* **63**: 1489-1497.

Kowalchuk, G. A., P. L. E. Bodelier, G. H. J. Heilig, J. R. Stephen, and H. J. Laanbroek. 1998. Community analysis of ammonia-oxidizing bacteria, in relation to oxygen availability in soils and root-oxygenated sediments, using PCR, DGGE, and oligonucleotide probe hybridisation. *FEMS Microbiol. Ecol.* **27**: 339-350.

Laanbroek, H. J. and M. -J. Bar-Gilissen. 2002. Weakened activity of starved ammonia-oxidizing bacteria by the presence of pre-activated *Nitrobactcr winogradskyi*, *Microb. Enviro.* **17**: 122-127.

Laanbroek, H. J., and S. Gerards. 1993. Competition for limiting amounts of oxygen between *Nitrosomonas europaea* and *Nitrobacter winogradskyi* grown in mixed continuous cultures. *Arch. Microbiol.* **159**: 453-459.

Laanbroek, H. J., and A. Speksnijder. 2008. Niche separation of ammonia-oxidizing bacteria across a tidal freshwater marsh. *Environ. Microbiol.* **10**: 3017-3025.

Laanbroek, H. J., P. L. E. Bodelier, and S. Gerards. 1994. Oxygen consumption kinetics of nitrosomonas europaea and nitrobacter hamburgensis grown in mixed continuous cultures at ditterent oxygen concentrations. *Arch. Microbiol.* **161**: 156-162.

Leininger, S., T. Urich, M. Schloter, L. Schwark, J. Qi, G. W. Nicol, et al. 2006. Archaea predominate among ammonia-oxidizing prokaryotes in soils. *Nature*. **442**: 806-809.

Lepisto, A., K. Granlund, P. Kortelainen, and A. Raike. 2006. Nitrogen in river basins: sources, retention in the surface waters and peatlands, and fluxes to estuaries in Finland. *Sci. Total Environ*. **365**: 238-259.

Lipschultz, F., S. C. Wofsy, and L. E. Fox. 1986. Nitrogen-metabolism of the eutrophic Delaware reiver ecosystem. *Limnol. Oceanogr*. **31**: 701-716.

McCaig, A. E., T. M. Embley, and J. I. Prosser. 1994. Molecular analysis of enrichment cultures of marine ammonia oxidizers. *FEMS Microbiol. Lett*. **120**: 363-367.

Molot, L. A., and P. J. Dillon. 1993. Nitrogen mass balances and denitrification rates in central Ontario lakes. *Biogeochemistry*. **20**: 195-212.

Mosier, A. C., and C. A. Francis. 2008. Relative abundance and diversity of ammonia-oxidizing archaea and bacteria in the San Francisco Bay estuary. *Environ. Microbiol*. **10**: 3002-3016.

Mulholland, P. J., J. L. Tank, D. M. Sanzone, W. M. Wollheim, B. J. Peterson, J. R. Webster, and J. L. Meyer. 2000. Nitrogen cycling in a forest stream determined by a N-15 tracer addition. *Ecol. Monogr*. **70**: 471-493.

Muyzer, G., E. C. Dewaal, and A. G. Uitterlinden. 1993. Profiling of complex microbial populations by denaturing gradient gel-electrophoresis analysis of polymerase chain reaction-amplified genes coding for 16S ribosomal RNA. *Appl. Environ. Microbiol*. **59**: 695-700.

Owens, N. J. P. 1986. Estuarine nitrification-a naturally occurring fluidized-bed reaction *Estuar. Coast. Shelf Sci*. **22**: 31-44.

Pauer, J. J., and M. T. Auer. 2000. Nitrification in the water column and sediment of a hypereutrophic lake and adjoining river system. *Water Res*. **34**: 1247-1254.

Penton, C. R., A. H. Devol, and J. M. Tiedje. 2006. Molecular evidence for the broad distribution of anaerobic ammonium-oxidizing bacteria in fresh water and marine sediments. *Appl. Environ. Microbiol*. **72**: 6829-6832.

Peterson, B. J., W. M. Wollheim, P. J. Mulholland, J. R. Webster, J. L. Meyer, J. L. Tank, et al. 2001. Control of nitrogen export from watersheds by headwater streams. *Science*. **292**: 86-90.

Purkhold, U., A. Pommerening-Roser, S. Juretschko, M. C. Schmid, H. P. Koops, and M. Wagner. 2000. Phylogeny of all recognized species of ammonia oxidizers based on comparative 16S rRNA and *amoA* sequence analysis: implications for molecular diversity surveys. *Appl. Environ. Microbiol*. **66**: 5368-5382.

Purkhold, U., M. Wagner, G. Timmermann, A. Pommerening-Roser, and H. P. Koops. 2003. 16SrRNA and *amoA*-based phylogeny of 12 novel betaproteobacterial ammonia-oxidizing isolates: extension of the dataset and proposal of a new lineage within the nitrosomonads. *Int. J. Syst. Evol. Microbiol*. **53**: 1485-1494.

Rysgaard, S., N. Risgaardpetersen, N. P. Sloth, K. Jensen, and L. P. Nielsen. 1994. Oxygen regulation of nitrification and denitrification in sediments. *Limnol. Oceanogr*. **39**: 1643-1652.

Satoh, K., C. Itoh, D. L. Kang, H. Sumida, R. Takahashi, K. Isobe, et al. 2007. Characteristics of newly Isolated ammonia-oxidizing bacteria from acid sulfate soil and the rhizoplane of leucaena grown in that soil. *Soil Sci. Nutr*. **53**: 23-31.

Schleper, C., G. Jurgens, and M. Jonuscheit. 2005. Genomic studies of uncultivated archaea. *Nat. Rev. Microbiol*. **3**: 479-488.

Schwert, D. P., and J. P. White. 1974. Method for in situ measurement of nitrification in a stream. *Appl. Environ. Microbiol*. **28**: 1082-1083.

Skielkvale, B. L., J. L. Stoddard, D. S. Jeffries, K. Torseth, T. Hogasen, J. Bowman, et al. 2005. Regional scale evidence for improvements in surface water chemistry 1990—2001. *Environ. Pollut.* **137**: 165-176.

Speksnijder, A., G. A. Kowalchuk, K. Roest, and H. J. Laanbroek. 1998. Recovery of a Nitrosomonas-like 16S rDNA sequence group from freshwater habitats. *Syst. Appl. Microbiol.* **21**: 321-330.

Stehr, G., S. Zorner, B. Bottcher, and H. P. Koops. 1995a. Exopolymers: an ecological characteristic of a floc-attached, ammonia-oxidizing bacterium. *Microb. Ecol.* **30**: 115-126.

Stehr, G., B. Bottcher, P. Dittberner, G. Rath, and H. P. Koops. 1995b. The ammonia-oxidizing nitrifying population of the River Elbe estuary. *FEMS Microbiol. Ecol.* **17**: 177-186.

Sterner, R. W., E. Anagnostou, S. Brovold, G. S. Bullerjahn, J. C. Finlay, S. Kumar, et al. 2007. Increasing stoichiometric imbalance in North America's largest lake: nitrification in Lake Superior. *Geophys. Res. Lett.* **34**: 10406.

Stewart, W. D. P., T. Preston, H G. Peterson, and N. Christofi. 1982. Nitrogen cycling in eutrophic freshwaters. *Philos. Trans. R. Soc. Lond. B.* **296**: 491-509.

Stoddard, J. L., D. S. Jeffries, A. Lukewille, T. A. Clair, P. J. Dillon, C. T. Driscoll, et al. 1999. Regional trends in aquatic recovery from acidification in North America and Europe. *Nature* **401**: 575-578.

Strauss, E. A., and G. A. Lamberti. 2000. Regulation of nitrification in aquatic sediments by organic carbon. *Limnol. Oceanogr.* **45**: 1854-1859.

Strauss, E. A., N. L. Mitchell, and G. A. Lamberti. 2002. Factors regulating nitrification in aquatic sediments: effects of organic carbon, nitrogen availability, and pH. *Can. J. Fish. Aquat. Sci.* **59**: 554-563.

Strous, M., E. Pelletier, S. Mangenot, T. Rattei, A. Lehner, M. W. Taylor, et al. 2006. Deciphering the evolution and metabolism of an anammox bacterium from a community genome. *Nature.* **440**: 790-794.

Urakawa, H, S. Kurata, T. Fujiwara, D. Kuroiwa, H. Maki, S. Kawabata, et al. 2006. Characterization and quantification of ammonia-oxidizing bacteria in eutrophic coastal marine sediments using polyphasic molecular approaches and immunofluorescence staining. *Environ. Microbiol.* **8**: 787-803.

Van de Graaf, A. A., A. Mulder, P. De Bruijn, M. S. M. Jetten, L. A. Robertson, and J. G. Kuenen. 1995. Anaerobic oxidation of ammonium is a biologically mediated process. *Appl. Emtiromn. Micwbiol.* **61**: 1246-1251.

Verhagen, F. J. M., and H. J. Laanbroek. 1991. Competition for ammonium between nitrifying and heterotrophic bacteria in dual energy-limited chemostats. *Appl. Environ. Microbiol.* **57**: 3255-3263.

Verhagen, F. J. M., H. Duyts, and H. J. Laanbroek. 1992. Competition for ammonium between nitrifying and heterotrophic bacteria in continuously percolated soil columns. *Appl. Environ. Microbiol.* **58**: 3303-3311.

Vincent, W. E., and M. T. Downes. 1981. Nitrate accumulation in aerobic hypolimnia-relative importance of benthic and planktonic nitrifiers in an oligotrophic lake. *App. Environ. Microbiol.* **42**: 565-573.

Whitby, C. B., J. R. Saunders, J. Rodriguez, R. W. Pickup, and A. MeCarthy. 1999. Phylogenetic differentiation of two closely related *Nitrosomonas* spp. that inhabit different sediment environments in an oligotrophic freshwater lake. *Appl. Environ. Microbiol.* **65**: 4855-4862.

Whitby, C. B., J. R. Saunders, R. W. Pickup, and A. J. McCarthy. 2001. A comparison of ammonia-oxidizer populations in eutrophic and oligotrophic basins of a large freshwater lake. *Antonie Van Leeuwenhoek lnt. J. Gen. Mol. Microbiol.* **79**: 179-188.

Ye, W. J., X. L. Liu, S. Q. Lin, J. Tan, J. L. Pan, D. T. Li, and H. Yang. 2009. The vertical distribution of bacterial and archaeal communities in the water and sediment of Lake Taihu. *FEMS. Microbiol. Ecol.* **70**: 263-276.

第 16 章

Abeling, U., and C. F. Seyfried, 1992. Anaerobic aerobic treatment of high-strength ammonium wastewater-nitrogen removal via nitrite. *Water Sci. Technol.* **26**: 1007-1015.

Adamczyk, J., M. Hesselsoe, N. Iversen, M. Horn, A. Lehner, P. Nielsen, M. Schloter, P. Roslev, and M. Wagner. 2003. The isotope array, a new tool that employs substrate-mediated labeling of rRNA for determination of microbial community structure and function. *Appl. Environ. Microbiol.* **69**: 6875-6887.

Ahn, J., R. Yu, and K. Chandran. 2008. Distinctive microbial ecology and biokinetics of autotrophic ammonia and nitrite oxidation in a partial nitrification bioreactor, *Biotechnol. Bioeng.* **100**: 1078-1087.

Alpkvist, E., and L Klapper. 2007. A multidimensional multispecies continuum model for heterogeneous biofilm development. *Bull. Math, Biol.* **69**: 765-789.

Alpkvist, E., C. Picioreanu, M. van Loosdrecht. and A. Heyden, 2006. Three-dimensional biofilm model with individual cells and continuum EPS matrix *Biotechnol. Bioeng.* **94**: 961-979.

Amor, L., M. Eiroa, C. Kennes, and M. C. Veiga. 2005. Phenol biodegradation and its effect on the nitrification process. *Water Res.* **39**: 2915-2920.

Anthonisen, A. C., B. C. Loehr, T. B. s. prakasam, and E. G. Srinath, 1976. Inhibition of nitrification by ammonia and nitrous acid. *J. Water Pollut. Control Fed.* **48**: 835-852.

Bai, Y. H., Q. H. Sun, C. Zhao, D. H. Wen, and X. Y. Tang. 2009. Aerobic degradation of pyridine by a new bacterial strain, Shinella zoogloeoides BC026. *J. Ind. Microbiol. Biotechnol.* **36**: 1391-1400.

Barker, D. J., and D. C. Stuckey. 1999. A review of soluble microbial products (SMP) in wastewater treatment systems. *Water Res.* **33**: 3063-3082.

Barnard, J. L. 1975. Biological nutrient removal without the addition of chemicals. *Water Res.* **9**: 485-490.

Bell, A, Y. Aoi, A. Terada, S. Tsuneda, and A. Hirata. 2005. Comparison of spatial organization in top-down and membrane-aerated biofihns: a numerical study. *Water Sci. Teclmol.* **52**: 173-180.

Bernet, N., P. Dangcong, J. Delgenes, and R. Moletta. 2001. Nitrification at low oxygen concentration in biofilm reactor. *J. Environ. Eng.* **127**: 266-271.

Blackall, L. L., and P. Burrell. 1999. The microbiology of nitrogen removal in activated sludge systems, p. 203-226. In R. Seviour and L. L. Blackall (ed.), The *Microbiology of Activated Sludge*. Kluwer Academic Publishers, Dordrecht, The Netherlands.

Blackburne, R., V. Vadivelu, Z. Yuan, and J. Keller. 2007. Kinetic characterisation of an enriched Nitro spire culture with comparison to *Nitrobacter*. *Water Res.* **41**: 3033-3042.

Bossier, P., and W. Verstraete. 1996. Triggers for microbial aggregation in activated sludge? *Appl. Microbiol. Biotechnol.* **45**: 1-6.

Briones, A., and L. Raskin. 2003. Diversity and dynamics of microbial communities in engineered environments and their implications for process stability. *Curr. Opin. Biotechnol.* **14**: 270-276.

Chen, G., M. Wong, S. Okabe, and Y. Watanabe. 2003. Dynamic response of nitrifying activated sludge batch culture to increased chloride concentration, *Water Res.* **37**: 3125-3135.

Dahl, C., C. Sund, G, H, Kristensen, and L. Vredenbregt. 1997. Combined biological nitrification and denitrification of high-salinity wastewater. *Water Sci. Technol.* **36**: 345-352.

Daims, H., S. Lucker, and M. Wagner. 2006. daime, a novel image analysis program for microbial ecology and biofilm research, *Environ. Microbiol.* **8**: 200-213.

Daims, H., J. L. Nielsen, P. H. Nielsen, K. -H. Schleifer, and M. Wagner. 2001a, In situ characterization of *Nitrospira*-like nitrite-oxidizing bacteria active in wastewater treatment plants. *Appl. Environ. Microbiol.* **67**: 5273-5284.

Daims, H, U, Purkhold, L, Bjerrum, E. Arnold, P. A. Wilderer, and M. Wagner. 2001b. Nitrification in sequencing biofilm batch reactors: lessons from molecular approaches. *Water Sci. Technol.* **43**: 9-18.

de Beer, D., A. Schramm, C. Santegoeds, and M. Kuhl. 1997. A nitrite microsensor for profiling environmental biofilms. *Appl. Environ. Microbiol.* **63**: 973-977.

de Kreuk, M. K., M. Pronk, and M. C. M. van Loosdrecht. 2005. Formation of aerobic granules and conversion processes in an aerobic granular sludge reactor at moderate and low temperatures. *Water Res* **39**: 4476-4484.

Dincer, A., and F. Kargi. 2001. Salt inhibition kinetics in nitrification of synthetic saline wastewater. *Enzyme Microb. Technol.* **28**: 661-665.

Dionisi, H. M., A. C. Layton, G. Harms, I. R. Gregory, K. G. Robinson, and G. S. Sayler. 2002 Quantification of *Nitrosomonas oligotrophalike* ammonia-oxidizing bacteria and *Nitrospira* spp. from full-scale wastewater treatment plants by competitive PCR. *Appl. Environ. Microbiol.* **68**: 245-253.

Eberal, H. J. 2003. What do biofilm models, mechanical ducks and artifcial life have in common? Mathematical modeling in biofilm research, p. 9-31. In S Wuertz, P. L. Bishop. and P. A. Wildere (ed.), *Biofilms in Wastewater Treatment: An Interdisciplinary Spproach*. IWA Publishing, London, United Kingdom.

Eilersen, A., M. Henze, and L. Kloft. 1994. Effect of volatile fatty acids and trimethylamine on ntrification in activated sludge. *Water Res.* **28**: 1329-1336.

Focht, D. D., and A. C. Chang. 1975. Nitrification and denitrification processes related to wastewater treatment. *Adv. Appl. Microbiol.* **19**: 153-186.

Furukawa, K. A. Ike, and M. Fujita. 1993. Preparation of marine nitrifying sludge. *J. Ferment Bioeng.* **76**: 134-139.

Garrido, J., W. van Benthum, M. vanLoosdrecht, and J. Heijnen. 1997. Influence of dissolved oxygen concentration on nitrite accumulation in a biofilm airlift suspension reactor. *Biotechnol. Bioeng.* **53**: 168-178.

Gieseke, A., U. Purkhold, M. Wagner, R. Amann, and A. Schramm. 2001. Community structure an activity dynamic of nitrifying bacteria in a phosphate- removing biofilm. *Appl. Environ. Microbiol.* **67**: 1351-1362.

Gujer, W. 2006. Activated sludge modelling: past, present, and future. *Water Sci. Technol.* **53**: 111-119.

Gujer, W. 2010 Nitrification and me-a subjective review. *Water Res.* **44**: 1-19.

Gujer, W, M. Henze, T. Mino, and M. C. M. van Loosdrecht. 1999. Activated sludge model NO. 3. *Water Sci. Technol* **39**: 183-193.

Hanaki, K., C. Wantawin, and S. Ohgaki. 1990. Ettects of the activity of heterotrophs on nitrification in a suspended-growth reactor. *Water Res.* **24**: 289-296.

Head, I., W. Hiorns, T. Embley, A. McCarthy, and J. Saunders. 1993. The phylogeny of autotrophic anamonia-oxidizing bacteria as determined by analysis of 16S ribosomal RNA gene sequences. *J. Gen. Microbiol.* **139**: 1147-1153.

Hellinga, C., A. Schellen, J. Mulder, M. van Loosdrecht, and J. Heijnen, 1998. The SHARON process: an innovative method for nitrogen removal from ammonium- rich wastewater. *Water Sci. Technol.* **37**: 135-142.

Henze, M., W. Gujer, T. Matsuo, and M. C. M. van Loosdrecht. 2000. Activated sludge models ASM1, ASM2, ASM2d and ASM3. *Scientific and Technical Reports*. IWA publishing, London, United Kingdom.

Hoilijoki, T., R. Kettunen, and J. Rintala. 2000. Nitrification of anaerobically pretreated municipal landfill leachate at low temperature. *Water Res.* **34**: 1435-1446.

Ichihashi, O., H. Satoh, and T. Mino. 2006. Effect of soluble microbial products on microbial metabolisms related to nutrient removal, *Water Res.* **40**: 1627-1633.

Isaka, K, S. Yoshie, T. Sumino, Y. Inamori, and S. Tsuneda. 2007. Nitrification of landfill leachate using immobilized nitrifying bacteria at low temperatures. *Biochem. Eng. J.* **37**: 49-55.

Isaka, K., T. Sumino, and S. Tsuneda. 2008. Novel nitritation process using heat-shocked nitrifying bacteria entrapped in gel carriers. *Process Biochem.* **43**: 265-270.

Jin, R., P. Zheng, Q. Mahmood, and B. Hu. 2007. Osmotic stress on nitrification in an airlift bioreactor. *J. Hazard. Mater.* **146**: 148-54.

Joo, H. S., M. Hirai, and M. Shoda. 2006. Piggery wastewater treatment using Alcaligenes faecalis strain No. 4 with heterotrophic nitrifcation and aerobic denitrification. *Mater Res.* **40**: 3029-3036.

Juretschko, S., G. Timmermann, M. Schmid, K. H. Schleifer, A. Pommerening-Roser, H. P. Koops, and M. Wagner. 1998. Combined molecular and conventional analyses of nitrifying bacterium diversity in activated sludge: Nitrosococcus mobilis and *Nitrospira*-like bacteria as dominant populations. *Appl. Environ, Microbiol.* **64**: 3042-3051.

Juretschko, S., A. Loy, A. Lehner, and M. Wagner. 2002. The microbial community composition of a nitrifying-denitrifling activated sludge from an industrial sewage treatment plant analyzed by the full-cycle rRNA approach. *Syst. Appl. Microbiol.* **25**: 84-99.

Jürgens, K, and C. Matz. 2002. Predation as a shaping force for the phenotypic and genotypic composition of planktonic bacteria. *Antonie Van Leeuwenhoek lnt. J. Gen. Mol. Microbiol.* **81**: 413-434.

Khardenavis, A. A., A. Kapley, and H, J. Purohit. 2007. Simultaneous nitrification and denitrification by diverse Diaphorobacter sp. *Appl. Microbiol. Biotechnol.* **77**: 403-409.

Kim, D. J., and S. H. Kim. 2006. Effect of nitrite concentration on the distribution and competition of nitrite-oxidizing bacteria in nitratation reactor systems and their kinetic characteristics. Water Res. **40**: 887-894.

Kim, Y. M., D. Park, D. S. Lee, and J. M. Park. 2008. Inhibitory effects of toxic compounds on nitrification process for cokes wastewater treatment. *J. Hazard. Mater.* **152**: 915-921.

Kindaichi, T., T. Ito, and S. Okabe. 2004. Ecophvsiological interaction between nitrifying bacteria and heterotrophic bacteria in autotrophic nitrifying biofilms as determined by microautoradiography-fluorescence in situ hybridization, *Appl. Environ. Microbiol.* **70**: 1641-1650.

Kishino, H., H. Ishida, H. Iwabu, and L Nakano. 1996. Domestic wastewater reuse using a submerged membrane bioreactor. *Desalination* **106**: 115-119.

Konneke, M., A. E. Bernhard, J. R de la Torre, C. B. Walker, J. B. Waterbury, and D. A. Stahl. 2005. Isolation of an autotrophic ammonia-oxidizing marine archaeon, *Nature* **437**: 543-546.

Kos, P. 1998. Short SRT (solids retention time) nitrification process/flowsheet. *Water Sci. Techol.* **38**: 23-29.

Kreft, J. U., and J. W. T. Wimpenny. 2001. Effect of biofilm structure and function as revealed by an individual- based model of biofilm growth. *Water Sci. Technol.* **43**: 135-141.

Larsen, P., J. Nielsen, T. Svendsen, and P. Nielsen. 2008. Adhesion characteristics of nitrifying bacteria in activated sludge. *Water Res.* **42**: 2814-2826.

Lay-Son, M., and C. Dramdes. 2008. New approach to optimize operational conditions for the biological treatment of a high-strength thiocyanate and ammonium waste: pH as key factor. *Water Res.* **42**: 774-780.

Lee, N, P. Nielsen, K. Andreasen, S. Juretschko, J. Nielsen, K. Schleifer, and M. Wagner. 1999. Combination of fluorescent in situ hybridization and microautoradiography-a new tool for struc-ture-function analyses in microbial ecology. *Appl. Environ. Microbiol.* **65**: 1289-1297.

Lens, P., M. Depoorter, C. Cronenberg, and W. Verstraete. 1995. Sulfate-reducing and methane producing bacteria in aerobic waste-water treatment systems. *Water Res.* **29**: 871-880.

Li, B. K., and P. L. Bishop. 2004. Micro-profiles of activated sludge floc determined using microelectrodes. *Water Res.* **38**: 1248-1258.

Logemann, s., J. Schantl, S. Bijvank, M. van Loosdrecht, J. G. Kuenen, and M. Jetten. 1998. Molecular microbial diversity in a nitrifying reactor system without sludge retention, *FEMS Microbiol. Ecol.* **27**: 239-249.

Lydmark, P. M. Lind, F. Sorensson, and M. Hermansson. 2006. Vertical distribution of nitrifying populations in bacterial biofilms from a full-scale nitrifying trickling filter. *Erviron. Microbiol.* **8**: 2036-2049.

Madoni, P. D. Davoli, and L. Guglielmi. 1999. Response of sOUR and AUR to heavy metal contamination in activated sludge. *Water Res.* **33**: 2459-2464.

Matsumoto, S., A. Terada, Y. Aoi, S. Tsuneda, E. Alpkvist, C. Picioreanu, and M. van Loosdrecht. 2007. Experimental and simulation analysis of community structure of nitrifying bacteria in a membrane-aerated biofilm. *Water Sci. Technol.* **55**: 283-290.

Matsumoto, S., M. Katoku, G, Saeki, A. Terada, Y. Aoi, S. Tsuneda, C. Picioreanu, and M. van Loosdrecht. 2010. Microbial community structure in autotrophic nitrifying granules characterized by experimental and simulation analyses. *Environ. Microbiol.* **12**: 192-206.

Mobarry, B. K., M. Wagner, V Urbain, B. E. Rittmann, and D. A. Stahl. 1996. Phylogenetic probes for analyzing abundance and spatial organization of nitrifying bacteria. *Appl. Envirn. Microbiol.* **62**: 2156-2162.

Noguera, D., G. Pizarro, Do Stahl, and B. Rittmann. 1999. Simulation of multispecies biofilm development in three dimensions. *Water Sci. Technol.* **39**: 123-130.

Okabe S., Hirata K., and Watanabe Y. 1995. Dynamic changes in spatial microbial distribution in mixed-population biofilms: experimental results and model simulation. *Water Sci. Technol.* **32**: 67-74.

Okabe, S., K. Hiratial, Y Ozawa, and Y Watanabe. 1996. Spatial microbial distributions of nitrifiers and heterotrophs in mixed-population biofilms. *Biotechnol. Bioeng.* **50**: 24-35.

Okabe, S, T. Itoh, H. Satoh, and Y. Watanabe. 1999a. Analyses of spatial distributions of sulfate-reducing bacteria and their activity in aerobic wastewater biofilms. *Appl. Environ, Microbiol.* **65**: 5107-5116.

Okabe, S., H. Satoh, and Watanabe. 1999b. *In situ* analysis of nitrifying biofilms as determined by in situ hybridization and the use of microelectrodes. *Appl. Environ. Microbiol.* **65**: 3182-3191.

Okabe, S., H, Naitoh, H, Satoh, and Y. Watanabe. 2002. Structure and function of nitrifying biofilms as determined by molecular techniques and the use of microelectrodes. *Water Sci. Technol.* **46**: 233-241.

Okabe, S., T., Kindaichi, and T. Ito. 2004. MARFISH-an ecophysiological approach to link phylogenetic affiliation and, in situ metabolic activity of microorganisms at a single-cell resolution. *Microk Environ.* **19**: 83-98.

Okabe, S., T. Kindaichi, and T. Ito. 2005. Fate of ^{14}C-labeled microbial products derived from nitrifying bacteria in autotrophic nitrifying biofilms. *Appl. Environ. Microbiol.* **71**: 3987-3994.

Oleszkiewicz, J., and S. Berquist. 1988. Low-temperature nitrogen removal in sequencing batch reactors. *Water Res.* **22**: 1163-1171.

Painter, H. A. 1970. A review of literature on inorganic nitrogen metabolism in microorganisms. *Water Res.* **4**: 393-450.

Painter, H. A. 1986. Nitrification in the treatment of sewage and waste-waters, p. 185-213. In J. I. Prosser (ed.), *Nitrification*, vol. 20. IRL Press Limited, Oxford, United Kingdom.

Park, H. D., and D. R. Noguera. 2004. Evaluating the effect of dissolved oxygen on ammonia-oxidizing bacterial communities in activated sludge. *Water Res.* **38**: 3275-3286.

Park, S. J. J. W. Oh, and T. I. Yoon. 2003. The role of powdered zeolite and activated carbon carriers on nitrification in activated sludge with inhibitory materials. *Process Biochem.* **39**: 211-219.

Park, H. D., G. E. Wells, H. Bae, C. S. Criddle, and C. A. Francis. 2006. Occurrence of ammonia-oxidizing archaea in wastewater treatment plant bioreactors. *Appl. Environ. Microbiol.* **72**: 5643-5647.

Picioreanu, C., M. van Loosdrecht, and J. Heijnen. 1999. Discrete-differential modeling of biofilm structure. *Water Sci. Technol.* **39**: 115-122.

Picioreanu, C., J. U. Kheft, and M. C. M. van Loosdrecht. 2004. Particle-based multidimensional multispecies biofilm model. *Appl. Erviron. Microbiol.* **70**: 3024-3040.

Pogue, A., and K. Gilbride. 2007. Impact of protozoan grazing on nitrification and the ammoniaand nitrite-oxidizing bacterial communities in activated sludge. *Can. J. Microbiol.* **53**: 559-571.

Prosser, J. I. 1989. Autotrophic nitrification in bacteria. *Aav. Microb. Physiol.* **30**: 125-181.

Reichert, P. 1998. AQUASIM 2.0-Computer program for the identification and simulation of aquatic systems version 2.0. EAWAG, Dubendorf, Switzerland.

Rittmann, B. E, and P. L. McCarty. 2001. Environmental biotechnology: principles and applications. McGraw Hill, NewYork. NY.

Rittmann, B. E., and R. Whiteman. 1994. Bioaugmentation: a coming of age. *Water Qual. Int.* **1**: 12-16.

Rittmann, B. E, J. M. Regan, and D. A. Stahl. 1994. Nitrification as a source of soluble organic substrate in biological treatment. *Water Sci. Technol.* **30**: 1-8.

Rittmann, B., D. Stilwell, and A. Ohashi. 2002. The transient-state, multiple-species biofilm model for biofiltration processes. *Water Res.* **36**: 2342-2356.

Rowan, A. K., J. R. Snape, D. Fearnside, M. R. Barer, T. P. Curtis, and I. M. Head. 2003. Composition and diversity of ammonia-oxidising bacterial communities in wastewater treatment reactors of different design treating identical wastewater. *FEMS Mjcrobiol. Ecol.* **43**: 195-206.

Santegoeds, C., A. Schramm, and D. de Beer. 1998. Microsensors as a tool to determine chemical microgradients and bactcrial activity in wastewater biofilms and flocs. *Biodegradation* **9**: 159-167.

Sato, C., S. W. Leung, and J. L. Schnoor. 1988. Toxic response of *Nitrosomonas europaea* to copper in inorganic medium and wastewater. *Water Res.* **22**: 1117-1127.

Satoh, H., S. Okabe, N. Norimatsu, and Y. Wata-nabe. 2000. Significance of substrate C/N ratio on structure and activity of nitrifying biofilms determined by in situ hybridization and the use of microelectrodes. *Water Sci. Technol.* **41**: 317-321.

Satoh, H., Y. Nakamura, H. Ono, and S. Okabe. 2003a. Effect of oxygen concentration on nitrification and denitrification in single activated sludge flocs. *Biotechnol. Bioeng.* **83**: 604-607.

Satoh, H., S. Okabe, Y. Yamaguchi, and Y. Watanabe. 2003b. Evaluation of the impact of bioaugmentation and biostimulation by in situ hybridization and microelectrode. *Water Res.* **37**: 2206-2216.

Schramm, A. 2003. In situ analysis of structure and activity of the nitrifying community in biofilms, aggregates, and sediments. *Geomicrobiol. J.* **20**: 313-333.

Schramm, A., L. Larsen, N. Revsbech, N. Ramsing, R. Amann. and K. Schleifer. 1996. Structure and function of a nitrifying biofilm as determined by in situ hybridization and the use of microelectrodes. *Appl. Envirom. Microbiol.* **62**: 4641-4647.

Schramm, A., D. de Beer, J. van den Heuvel, S. Ottengraf, and R Amann. 1999a. Microscale distribution of populations and activities of *Nitrosospire* and *Nitrospira* spp. along a macroscale gradient in a nitrifying bioreactor: quantification by in situ hybridization and the use of microsensors. *Appl. Environ. Microbiol.* **65**: 3690-3696.

Schramm, A., C. M. Santegoeds, H, K. Nielsen, H, Ploug, M. Wagner, M. Pribyl, J. Wanner, R. Amann, and D. De Beer. 1999b. On the Occurrence of anoxic microniches, denitrification, and sulfate reduction in aerated activated sludge. *Appl. Environ. Microbiol.* **65**: 4189-4196.

Semerci, N., and F. Cecen. 2007. Importance of cadmium speciation in nitrification inhibition. *J. Hazard. Mater.* **147**: 503-512.

Sharma, B., and R. C. Ahlert. 1977. Nitrification and nitrogen removal. *Water Res.* **11**: 897-925.

Stutzer, H., and R Hartleb. 1894. Uber Nitratbildung. *Zentralbl. Bakteriol. Parasitenkd. Infektionskr. Hya. Abt. 1 Orig Reihe A* **22**: 701.

Suwa, Y., Y. Imamura, T. Suzuki T. Tashiro, and Y. Urushigawa. 1994. Ammonia-oxidizing bacteria with different sensitivities to $(NH_4)_2SO_4$. in activated sludges. *Water Res.* **28**: 1523-1532.

Suwa, Y., T. Sumino, and K. Noto. 1997. Phylogenetic relationships of activated sludge isolates of ammonia oxidizers with different sensitivities to ammonium sulfate. *J. Gen. Appl. Microbiol.* **43**: 373-379.

Tanaka, J., K. Syutsubo, K. Watanabe, H Izumida, and S. Harayama. 2003. Activity and population structure of nitrifying bacteria in an activated-sludge reactor containing polymer beads. *Environ. Microbiol.* **5**: 278-286.

Tay, J., Q. Liu, and Y. Liu. 2002. Characteristics of aerobic granules grown on glucose and acetate in sequential aerobic sludge blanket reactors. *Environ. Technol.* **23**: 931-936.

Tchobanoglous, G., F. L. Burton, and H. D. Stensel. 2003. *Wasterwater Engineerint: Treatment and Reuse*, 4th ed, McGraw-Hill, New York, NY.

Tokutomi, T. 2004. Operation of a nitrite-type airlift reactor at low DO concentration. *Water Sci. Technol.* **49**: 81-88.

Tsuneda, S., Z Nagano, Z Hoshino, Y Ejiri, N Noda, and A. Hirata. 2003. Characterization of nitrifying granules produced in an aerobic upflow fluidized bed reactor. *Water Res.* **37**: 4965-4973.

Udert, K. M., T. A. Larsen, and W. Gujer. 2005. Chemical nitrite oxidation in acid solutions as a consequence of microbial ammonium oxidation, *Environ, Sci. Technol.* **39**: 4066-4075.

van Dongen, U., M. S. M. Jetten, and M. C. M. van Loosdrecht. 2001a. The SHARONAnammox process for treatment of ammonium rich wastewater. *Water Sci. Technol.* **44**: 153-160.

van Dongen, U., M. S. M. Jetten, and M. C. M. van Loosdrecht. 2001b. The combined SHARON/anammox process: a sustainable method for N-removal from sludge water, Stowa. IWA Publishing, London, United Kingdom.

van Niel, E. W. J., L. A. Robertson, and J. G. Kuenen. 1993. A mathematical description of the behaviour of mixed chemostat cultures of an autotrophic nitrifier and a heterotrophic nitrifier/ aerobic denitrifier: a comparison with experimental data. *FEMS Microbiol. Ecol.* **102**: 99-108.

Volcke, E., M. van Loosdrecht, and P. VanroL-leghem. 2006. Controlling the nitrite: ammonium ratio in a SHARON reactor in view of its coupling with an Anammox process. *Water Sci. Technol.* **53**: 45-54.

Wagner, M., G. Rath, R. Amann, H. P. Koops, and K. H. Schleifer. 1995. In situ identification of ammonia-oxidizing bacteria. *Syst. Appl. Microbiol.* **18**: 251-264.

Wanner, O., and W Guier. 1986. A multispecies biofilm model, Biotechnol. Bioeng. **28**: 314-328.

Wanner, O., and P. Reichert. 1996. Mathematical modeling of mixed-culture biofilms. *Biotechnol. Bioeng.* **49**: 172-184.

Wells, G., H. Park, C. Yeung, B. Eggleston, C. Francis. and C. Criddle 2009. Ammonia-oxidizing communities in a highly aerated full-scale activated sludge bioreactor: betaproteobacterial dynamics and low. relative abundance of Crenarchaea, *Environ. Microbiol.* **11**: 2310-2328.

Wittebolle, L, H. Vervaeren. W. Vrstraete, and N. Boon. 2008. Quantifying community dynamics of nitrifiers in functionally stable reactors. *Appl. Environ. Microbiol.* **74**: 286-293.

Xavier, J., and K. Foster. 2007. Cooperation and conflict in microbial biofilms. *Proc. Natl. Acad. Sci. USA* **104**: 876-881.

Xavier, J., C. Picioreanu, and M. van Loosdrecht. 2005. A framework for multidimensional modeling of activity and structure of multispecies biofilms. *Environ. Microbiol.* **7**: 1085-1103.

Yamagishi, T., J. Leite, S. Ueda, F. Yamaguchi, and Y. Suwa. 2001. Simultaneous removal of phenol and ammonia by an activated sludge process with crossflow filtration. *Water Res.* **35**: 3089-3096.

You, J., A. Das, E. Dolan, and Z. Hu. 2009. Ammonia-oxidizing archaea involved in nitrogen removal. *Water Res.* **43**: 1801-1809.

Zhang, T., L. Ding, H. Ren, and X. Xiong. 2009a. Ammonium nitrogen removal from coking wastewater by chemical precipitation recycle technology. *Water Res.* **43**: 5209-5215.

Zhang, T., T. Jin, Q. Yan, M. Shao, G. Wells, C. Criddle, and H. H. P. Fang. 2009b. Occurrence of anmaonia-oxidizing Archaea in activated sludges of a laboratory scale reactor and two wastewater treatment plants. *J. Appl. Microbiol.* **107**: 970-977.